本科层次职业教育改革创新教材

高等数学

GAODENG SHUXUE

主　编　王江荣
副主编　刘　硕　蒙　頔　刘静芳
刘建清　靳存程

高等教育出版社·北京

内容提要

本书是根据本科层次职业院校教学需求编写而成的.

本书按项目式编写,由应用数学和数学实验两部分组成.应用数学部分主要内容包括:函数、极限与连续、一元函数微分学、导数的应用、不定积分、定积分、定积分的应用、微分方程、空间解析几何、多元函数微分学、重积分、曲线积分与曲面积分、无穷级数.数学实验部分主要内容包括:MATLAB 的 M 文件与程序设计、MATLAB 绘图、MATLAB 符号计算、MATLAB 数值分析、常微分方程的 MATLAB 数值解.

为方便教学,书中引入了大量二维码.二维码链接多种媒体形式的助学助教资源,有力支撑教学模式改革,助力提高教学质量和高技术技能人才的培养.

本书可作为本科层次职业院校高等数学课程教学用书,亦可作为高等职业院校高等数学课程的教学用书.

图书在版编目(CIP)数据

高等数学/王江荣主编.—北京:高等教育出版社,2021.9(2021.9重印)

ISBN 978-7-04-056789-2

Ⅰ.①高… Ⅱ.①王… Ⅲ.①高等数学-高等职业教育-教材 Ⅳ.①O13

中国版本图书馆 CIP 数据核字(2021)第 171134 号

策划编辑 万宝春 责任编辑 张尕琳 万宝春 封面设计 张文豪 责任印制 高忠富

出版发行	高等教育出版社	网　　址	http://www.hep.edu.cn
社　　址	北京市西城区德外大街 4 号		http://www.hep.com.cn
邮政编码	100120		http://www.hep.com.cn/shanghai
印　　刷	当纳利(上海)信息技术有限公司	网上订购	http://www.hepmall.com.cn
开　　本	787 mm×1092 mm 1/16		http://www.hepmall.com
印　　张	26.75		http://www.hepmall.cn
字　　数	667 千字	版　　次	2021 年 9 月第 1 版
购书热线	010-58581118	印　　次	2021 年 9 月第 2 次印刷
咨询电话	400-810-0598	定　　价	56.00 元

物 料 号 56789-00

配套学习资源及教学服务指南

二维码链接资源

本教材配套视频、动画、释疑解难等学习资源，在书中以二维码链接形式呈现。手机扫描书中的二维码进行查看，随时随地获取学习内容，享受学习新体验。

教师教学资源索取

本教材配有课程相关的教学资源，例如，教学课件、习题及参考答案等。选用教材的教师，可扫描下方二维码，关注微信公众号“高职智能制造教学研究”；或联系教学服务人员（021-56961310/56718921，800078148@b.qq.com）索取相关资源。

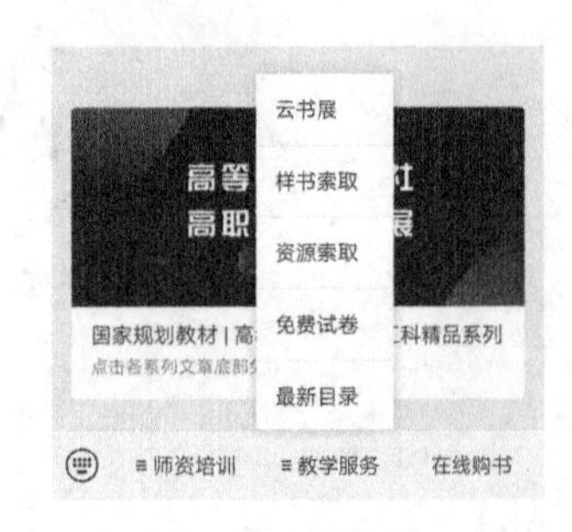

本书二维码资源列表

页码	类型	内　容	页码	类型	内　容
6	动画	区间	102	动画	函数单调性的几何分析
6	动画	邻域	104	动画	函数的极值
9	动画	反函数	105	动画	极值存在的充分条件
12	动画	函数的有界性	108	释疑解难	函数最大(小)值的求法
13	动画	函数的单调性	114	动画	曲线的凹凸性
13	动画	函数的周期性	114	释疑解难	曲线凹凸性的判定法
20	习题答案	项目一	119	习题答案	项目四
22	数学家小传	祖冲之	124	释疑解难	原函数与不定积分的概念 1
25	动画	数列极限的定义	124	释疑解难	原函数与不定积分的概念 2
25	动画	自变量趋于无穷大时函数极限的定义	126	知识回顾	三角函数公式
28	动画	自变量趋于有限值时函数极限的定义	130	视频	凑微分两种类型
36	动画	第一个重要极限的证明	131	视频	凑微分技巧(拆、造、凑)
41	释疑解难	无穷大量与无穷小量	134	释疑解难	换元积分法
43	释疑解难	等价无穷小代换 1	135	视频	两类换元法的异同点
43	释疑解难	等价无穷小代换 2	139	视频	分部积分法推导过程
47	释疑解难	连续函数	140	释疑解难	分部积分法 1
48	释疑解难	间断点	140	释疑解难	分部积分法 2
49	动画	函数的增量	147	习题答案	项目五
52	动画	闭区间连续函数性质	151	动画	曲边梯形
52	动画	介值定理	152	动画	求曲边梯形面积
53	动画	零点存在定理	154	动画	定积分的几何意义
55	习题答案	项目二	156	动画	定积分的性质 3
59	动画	曲线的切线	157	动画	定积分的性质 5
61	动画	导数的几何意义	157	动画	定积分的性质 5 推论 1
64	释疑解难	可导与连续的关系 1	157	动画	定积分的性质 7
65	释疑解难	可导与连续的关系 2	162	释疑解难	微积分重要概念之间的关系和区别
70	释疑解难	链式法则	166	释疑解难	定积分的换元积分法
75	释疑解难	参数式函数的求导法则	167	释疑解难	定积分的分部积分法
77	释疑解难	求函数高阶导数常用的方法	170	视频	脉冲函数
84	动画	微分的几何意义	175	习题答案	项目六
89	习题答案	项目三	177	文本	数学家小传——开普勒
93	动画	罗尔定理	179	视频	微元法思想
94	动画	拉格朗日中值定理	180	动画	求曲边梯形的面积
95	动画	柯西中值定理	181	动画	直角坐标系下求面积
97	释疑解难	洛必达法则 1	182	动画	极坐标系下求面积
98	释疑解难	洛必达法则 2	184	动画	直角坐标系下求旋转体体积

续表

页码	类型	内　　容	页码	类型	内　　容
189	知识拓展	边际函数	294	知识拓展	梯度
193	习题答案	项目七	296	习题答案	项目十
200	释疑解难	微分方程的通解 1	305	动画	二重积分积分区域
201	释疑解难	微分方程的通解 2	306	动画	X-型二重积分计算
204	释疑解难	分离变量法 1	306	动画	Y-型二重积分计算
204	释疑解难	分离变量法 2	311	动画	利用极坐标系计算二重积分
206	释疑解难	一阶齐次微分方程	316	动画	求曲面的面积
208	释疑解难	一阶线性微分方程 1	323	动画	直角坐标系下计算三重积分
209	释疑解难	一阶线性微分方程 2	323	习题答案	项目十一
210	释疑解难	一阶线性微分方程 3	326	动画	曲线型构件的质量
212	释疑解难	高阶可降阶微分方程的解法 1	332	动画	变力沿曲线所做的功
213	释疑解难	高阶可降阶微分方程的解法 2	339	动画	格林公式及其证明
214	释疑解难	高阶可降阶微分方程的解法 3	348	习题答案	项目十二
217	动画	欧拉(Euler)公式	352	释疑解难	数项级数的概念及性质 1
221	视频	例 3 讲解	354	释疑解难	数项级数的概念及性质 2
223	动画	降落伞下落问题求解	354	释疑解难	数项级数的概念及性质 3
226	习题答案	项目八	354	释疑解难	数项级数的概念及性质 4
232	动画	空间直角坐标系	356	知识拓展	定理 13-2 证明
232	动画	三个坐标面	356	释疑解难	比较审敛法
232	动画	空间点与坐标对应关系	357	释疑解难	比值审敛法
233	动画	向量的几何表示	358	释疑解难	比较审敛法和比值审敛法各自的优点
233	动画	向量加法运算的平行四边形法则	358	释疑解难	交错级数的莱布尼茨判别法
233	动画	向量加法运算的三角形法则	362	知识拓展	阿贝尔定理证明
237	动画	两个向量的数量积	369	释疑解难	函数的幂级数展开
239	动画	两个向量的向量积	370	释疑解难	用间接展开法将函数展开成幂级数
255	动画	旋转曲面	381	习题答案	项目十三
258	动画	空间曲线的一般方程	388	数学实验	实操演练 1
261	习题答案	项目九	390	数学实验	实操演练 2
265	动画	二元函数的几何意义	393	数学实验	实操演练 3
272	动画	二元函数偏导数的几何意义	394	数学实验	实操演练 4
276	释疑解难	全微分的概念	395	数学实验	实操演练 5
277	释疑解难	二元函数的可微性	397	数学实验	实操演练 6
284	释疑解难	求隐函数或偏导数的方法	398	数学实验	实操演练 7
285	动画	空间曲线的切线	404	数学实验	实操演练 8
286	动画	曲线的切平面与法线	406	数学实验	实操演练 9
291	释疑解难	多元函数的极值	407	数学实验	实操演练 10
292	释疑解难	条件极值的求法	408	数学实验	实操演练 11
294	知识拓展	方向导数	410	数学实验	实操演练 12

前言

2014 年颁布的《国务院关于加快发展现代职业教育的决定》，对我国职业教育发展做出了重大部署，要求 2020 年后，基本形成具有中国特色、世界水平的现代职业教育体系。构建以实践为导向的职业本科课程体系以及与之相适应的教材建设已成为当前的紧迫任务。“高等数学”是职业本科一门重要的公共基础课，是学校提高教学质量、深化教学改革、实现应用型人才培养目标的重要保证，同时为学生进一步可持续发展提供有力支撑。我们在认真研究了我国本科层次职业教育及应用型本科院校“高等数学”教学现状的基础上编写了本书，以适应本科层次职业教育的教学需要。

本书在编写过程中，调研了部分本科层次职业院校的生源情况及教学中出现的共性问题。在编写时力求做到由“实”求“理”、先“实”后“理”、以“实”融“理”和从“实”生“理”，按项目式编写。

本书具有如下特点：

1. 突出问题导入。尽可能从学生熟悉且易于接受的案例或实际问题入手，引出重要概念或新知识。表述尽可能简单且不失严谨，略去较为复杂的定理和理论推导，强化基本概念、基本定理的应用。

2. 增设了任务工作页。本书以任务驱动法调动学生学习积极性，有利于学生做好课前预习，完成学习任务，培养学生的自主学习能力。

3. 易教、利学。围绕重点、难点在书中安排了“随堂练习”，对其中的练习题给出了答案和提示。对需要强调的内容或需要提醒的事项，通过【注意】等加以标识。

4. 突出数学应用。强化利用基本知识、方法解决实际问题能力的培养。本书编排了“综合应用实训”内容，体现了“做中学”和“学中做”的职业教育实践导向。

5. 增加了数学文史内容。让学生了解数学概念、数学知识的发展史，加强培养学生的人文素养。

6. 引入了大量二维码。学生可以通过扫描书中的二维码学习到更多的数学知识、数学文史等，有助于对重点知识、重点方法及难点进一步理解、消化。

7. 编排了数学实验内容。本书分两部分内容，第一部分为应用数学，第二部分为数学实验。通过第二部分学习，学生不仅能掌握数学软件 MATLAB 的使用方法，而且能体会到该软件解决实际问题的优势及魅力。

总之，本书在编写过程中注重本科层次职业院校人才培养方案的总体设计（不少于 120 学时）和在“双创”背景下应用型人才培养的总体要求，充分体现了“信息技术和数学软件”的应用，体现了职业教育案例式教学、学生自主学习（翻转课堂）、以应用为目的的教学理念。本书既有完备的理论知识，又有丰富的应用实践，是一本多维立体化教材，充分能满足现代本科层次职业教育的需要。

本书由两部分组成(应用数学、数学实验),共18个项目,由王江荣任主编(统稿),刘硕、蒙頔、刘静芳、刘建清、靳存程任副主编。编写分工如下:应用数学部分项目一、项目二由王江荣编写;项目三至项目七由刘硕编写;项目八与项目十三由刘静芳编写;项目九至项目十二由蒙頔编写。数学实验部分项目一至项目五由王江荣和刘建清共同编写。书中二维码内容(知识回顾、知识拓展、视频)由刘建清提供。配套教学资源(电子教案等)由靳存程编写制作。

由于编写时间及编写水平有限,书中难免存在错误和不妥之处,恳请同仁和读者批评指正。

编　者

2021年6月

CONTENTS

目 录

第一部分 应用数学

第二部分　数 学 实 验

第一部分　应用数学

项目一 函 数

任务1.1 函数的概念、基本初等函数及初等函数

任务内容

- 完成与函数概念及基本初等函数性质关联的任务工作页；
- 学习与函数有关的知识；
- 学习基本初等函数的实际应用；
- 完成与初等函数相关的任务工作页；
- 学习与初等函数相关的知识；
- 对特殊函数的表达式分组讨论；
- 学习基本初等函数与初等函数之间的分解与复合.

任务目标

- 掌握函数的基本概念和解析法表示；
- 掌握求函数定义域的方法；
- 掌握判断函数奇偶性、单调性的方法；
- 掌握基本初等函数的概念及性质；
- 掌握三角函数和反三角函数的基本运算；
- 掌握特殊函数的表达形式及应用；
- 掌握复合函数的复合、分解过程；
- 能够利用函数解决实际问题，解决专业案例.

任务工作页

了解任务内容并学习相关知识后，在教师指导下完成任务工作页内各项内容的填写.

1. 函数的三要素：(1) ________；(2) ________；(3) ________.
2. 求函数定义域时应注意的是：________________________________.
3. 判断两个函数是同一个函数的标准是：________________________.
4. 如何判断函数是否有界？
____.
5. 如何判断函数是奇函数、偶函数？
____.

6. 基本初等函数包括哪些函数?

____.

7. 幂函数与指数函数在表达式上有何区别?

8. 三角函数在四个象限内的符号规律是:______________________________

____.

9. 三角函数关系式有哪些?

____.

10. 反三角函数 $\arcsin x$、$\arccos x$、$\arctan x$ 及 $\operatorname{arccot} x$ 的定义域、值域分别是

____.

11. 复合函数的复合过程:______________________________.

12. 复合函数的分解过程:______________________________.

13. 所有基本初等函数都能复合成复合函数吗? 为什么?

____.

14. 分段函数是初等函数吗? 为什么?

____.

15. 王某某的月工资为 8 200 元,请计算王某某一年上缴的个人所得税是多少?

____.

16. 集合元素应满足的三个属性是指:______________________________.

17. 所有刻苦学习的同学能构成集合吗? 为什么?

____.

案例【个人所得税问题】 根据 2018 年 8 月 31 日第十三届全国人民代表大会常务委员会第五次会议《关于修改〈中华人民共和国个人所得税法〉的决定》,关于修改个人所得税法的决定通过,起征点每月 5 000 元,2018 年 10 月 1 日起实施最新起征点和税率,自 2019 年 1 月 1 日起施行.个人所得税税率见表 1-1.

表 1-1 个人所得税税率表(工资、薪金所得)

级数	全月应纳税所得额(超出 5 000 元的数额)	税率/%
1	不超过 3 000 元的部分	3
2	超过 3 000 元至 12 000 元的部分	10
3	超过 12 000 元至 25 000 元的部分	20
4	超过 25 000 元至 35 000 元的部分	25
5	超过 35 000 元至 55 000 元的部分	30
6	超过 55 000 元至 80 000 元的部分	35
7	超过 80 000 元的部分	45

(1) 求应纳税函数 $f(x)$;

(2) 若刘先生 2020 年 12 月收入为 38 000 元(已扣除了社会保险、医疗保险、住房公积金等),则刘先生 12 月应纳税多少元?

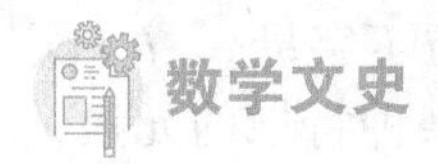

函数概念的发展简史

17 世纪，伽利略(Galileo，1564—1642)在《两门新科学》一书中，几乎从头到尾包含着函数或称为变量的关系这一概念.1637 年前后，笛卡儿(Descartes，1596—1650)注意到一个变量对于另一个变量的依赖关系，但由于当时尚未意识到需要提炼一般的函数概念，因此直到 17 世纪后期微积分建立的时候，绝大部分函数还是被当作曲线来研究.

最早提出函数概念的是德国数学家莱布尼茨.他既用“函数”一词表示幂，又表示在直角坐标系中曲线上一点的横、纵坐标.他的学生贝努利(Bernoulli，1667—1748)在此基础上，定义函数为：“由某个变量及任意的一个常数结合而成的数量.”

1755 年，欧拉(Euler，1707—1783)定义函数为：“若某些变量，以某一种方式依赖于另一些变量，则把前面的变量称为后面变量的函数.”并给出了沿用至今的函数符号.

1821 年，柯西(Cauchy，1789—1857)定义函数为：“在某些变数间存在着一定的关系，当已经给定其中某一变数的值，其他变数的值可随之确定时，则将最初的变数叫自变量，其他各变数叫做函数.” 在此定义中，首先出现了自变量一词.

1822 年，傅立叶(Fourier，1768—1830)发现某些函数既可用曲线表示，也可用个式子表示，肯定了函数概念可用唯一一个式子表示，提高对函数的认识到一个新的层次.

1837 年，狄利克雷(Dirichlet，1805—1859)拓展了函数的概念，指出：“对于在某区间上的每一个确定的 x 值，y 都有一个或多个确定的值，那么 y 叫做 x 的函数.”至此，函数的本质定义已经形成.

等到康托尔(Cantor，1845—1918)创立的集合论被大家接受后，用集合对应关系来定义函数概念就是现在通常的形式.

相关知识

函数是高等数学的主要研究对象，它反映了物质世界中各种变量之间的相互依存关系，是揭示现实生活中现象本质的重要工具.

一、函数的概念

1. 变量及其变化范围

我们在观察各种自然现象或研究实际问题的时候，会遇到许多变量，这些变量一般可分为两种：一种是在我们所考察的过程中保持不变的量，这种量称为**常量**，还有一种是在考察变化过程中会起变化的量，称为**变量**.例如，刹车时间和刹车距离是变量，而车的质量在这一过程中可以看为常量.再如将一密封容器内的气体加热，气体的体积和分子数目显然是常量，而气体的温度和压力是变量.

在观察各种运动的过程中，有些变量具有一定的变化范围.例如刹车的时间和距离只有在车静止前才意义.变量的变化范围，也就是变量的取值范围，也称为数的**集合**.

下面我们给出集合的概念.

数学上将满足某种确定性质的对象的全体称为**集合**，集合中的每一个对象称作该集合的**元素**.通常,用大写拉丁字母 A、B、C、X、Y…表示集合,用小写拉丁字母 a、b、c、x、y…表示集合中的元素.通常集合可按如下形式表示:设 X 是具有某种特性的元素 x 的全体组成集合,可记作

$$X=\{x \mid x\ 所具有的特性\}.$$

如果集合中的元素都是数,此集合称为数集.自然数集 **N**,整数集 **Z**,有理数集 **Q**,实数集 **R** 都是数集.本课程涉及的集合都是数集,讨论的量都是实数集中的数.

集合有"列举法"和"描述法"两种表法形式;主要的运算有交集、并集和补集运算.

例如:① 不小于 0 且不超过 5 的整数构成的集合 A 用列举法可表示为 $A=\{0,1,2,3,4,5\}$,用描述法可表示为 $A=\{m\in\mathbf{Z}\mid 0\leqslant m\leqslant 5\}$;平面上的所有点构成的集合可表示为 $\{(x,y)\mid x\in\mathbf{R},y\in\mathbf{R}\}$(描述法),此集合不能用列举法表示.

② $A=\{x\mid -2<x\leqslant 4\}$,$B=\{x\mid -5\leqslant x\leqslant 3\}$,则 $A\cap B=\{x\mid -2<x\leqslant 3\}$,$A\cup B=\{x\mid -5\leqslant x\leqslant 4\}$.

【注意】在进行集合运算时可借助数轴求解(图 1-1).

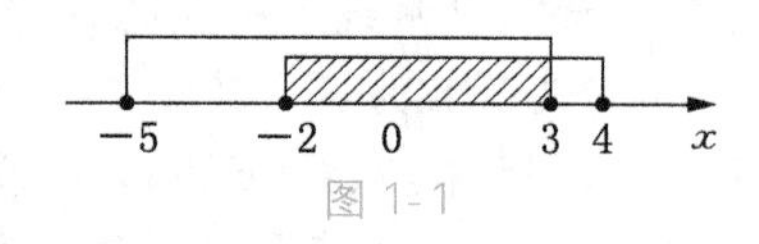

图 1-1

动画 区间

2. 区间与邻域

变量的变化范围,往往用区间表示,区间是一种特殊数集的表示形式(它可以是数轴上的线段、射线或直线),以后经常会遇到用区间表示数集.如:

$(-\infty,+\infty)=\{x\mid -\infty<x<+\infty\}$,即全体实数 **R**.

$[a,b)=\{x\mid a\leqslant x<b\}$,即满足 $a\leqslant x<b$ 的全体实数 x 的集合.

$(-\infty,b]=\{x\mid x\leqslant b\}$,即满足 $x\leqslant b$ 的全体实数构成的集合等等.

下面介绍特殊的开区间邻域的概念,设 x_0,$\delta>0$,实数集合 $\{x\mid |x-x_0|<\delta\}$ 称为点 x_0 的 **δ 邻域**,记作 $U(x_0,\delta)$.由于不等式 $|x-x_0|<\delta\Leftrightarrow x_0-\delta<x<x_0+\delta\Leftrightarrow x\in(x_0-\delta,x_0+\delta)$,所以邻域 $U(x_0,\delta)$ 实质上表示以点 x_0 为中心,长度为 2δ 的开区间(图 1-2),即

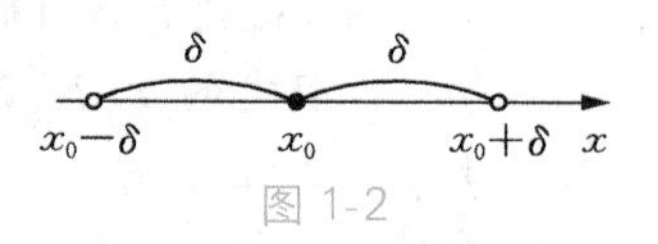

图 1-2

$$U(x_0,\delta)=\{x\mid |x-x_0|<\delta,\ \delta>0\}=(x_0-\delta,x_0+\delta),$$

动画 邻域

其中将 x_0 称为**邻域中心**,将 δ 称为**邻域半径**.有时我们还要用到去掉中心的邻域,叫做**去心邻域**.把点 x_0 的去心 δ 邻域记作 $U^0(x_0,\delta)$,即

$$U^0(x_0,\delta)=\{x\mid 0<|x-x_0|<\delta,\ \delta>0\}=(x_0-\delta,x_0)\cup(x_0,x_0+\delta).$$

此外,我们还常用到以下两种邻域:

点 x_0 的 δ 右半邻域 $U_+(x_0)=\{x\mid x_0<x<x_0+\delta\}$;

点 x_0 的 δ 左半邻域 $U_-(x_0)=\{x\mid x_0-\delta<x<x_0\}$.

3. 函数的概念

实例 1 气象观测站的气温自动记录仪把某天的气温变化描绘在记录纸上,得到如图 1-3 所示的曲线.根据这条曲线,我们就能知道这一天内(从 0 点到 24 点)任何时刻 t 的气温 T.

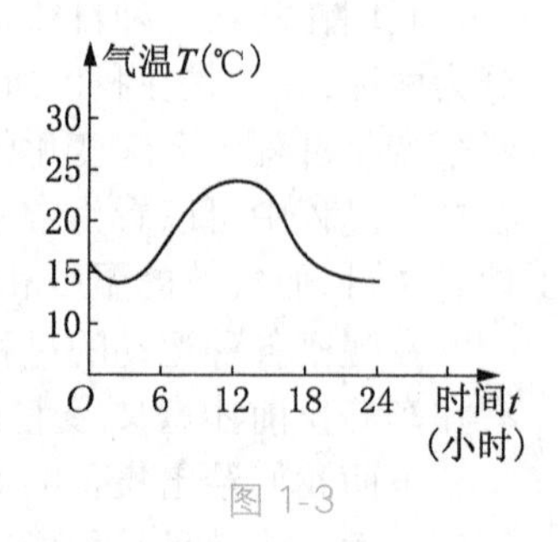

图 1-3

实例 2 统计了一组同学在新生入学体检中的身高测量数据,见表 1-2.

表 1-2

学号 N	01	02	03	04	05	06	07	08	09	10
身高 H/m	1.87	1.75	1.51	1.83	1.90	1.71	1.68	1.85	1.80	1.68

如果把学生的学号 N 和身高 H 看成变量，则表 1-2 反映了 N 和 H 之间的对应关系.

实例 3　在刹车过程中，车行速度 v 随时间 t 变化的关系为

$$v=v_0-at,\ t\in[0,\ T].$$

其中 T 是从踩刹车到车静止的时间，a 是加速度.当时间 t 在$[0,\ T]$内任取一个数值时，就可由上式确定出 v 的对应值.

上述 3 个实例分别通过数学表达式、表格、图形方式描述了两个变量之间的依赖关系.当其中一个变量在一定的范围取定值时，按照一个确定的规则，另一个变量的值随之确定.在数学上把这种变量之间的依赖关系称为**函数**.

定义 1-1　设 x 和 y 是两个变量，D 是给定的一个数集.如果对于每个 $x\in D$，变量 y 按照一定的法则 f 总有唯一确定的数值与之对应，则称变量 y 是变量 x 的函数，记作 $y=f(x),\ x\in D$.其中变量 x 称为自变量，变量 y 称为因变量.给定的集合 D 称为**函数的定义域**，因变量 y 的取值范围

$$W=\{y\,|\,y=f(x),\ x\in D\}$$

称为**函数的值域**.

当 x 的取值为 $x_0\in D$ 时，则通过法则 f，函数 y 有唯一确定的值 y_0 与之相对应，称 y_0 为函数 $y=f(x)$在 x_0 处的函数值，记作 $y_0=y|_{x=x_0}=f(x_0)$.

【注意】函数实质上是由其定义域 D 和对应法则 f 所确定.通常称函数的定义域 D、对应法则 f 和值域称为**函数的三要素**，而函数的值域一般称为派生要素.只要函数的定义域相同，对应法则也相同，它们就是相同的函数，而与变量用什么字母或符号表示无关.反之，如果函数的两个要素不同，就称它们为不同的函数.

例如圆的面积 A 与圆周长 C 都是半径 $r>0$ 的函数，但它们是不同的函数，即它们的对应法则不同.因此，把它们记成：

$$A=f(r)=\pi r^2,\ C=g(r)=2\pi r,$$

这里，$f()$与 $g()$分别表示对括号内的数应作 $\pi()^2$ 与 $2\pi()$这样一些运算.例如，当 $r=1$ 时，分别有

$$A=f(1)=\pi,\ C=g(1)=2\pi.$$

这里，$f(1)$与 $g(1)$分别表示函数 A 与 C 在 $r=1$ 时所取得的函数值.

[例 1]　设 $f(x)=\dfrac{1}{1-x}$，求 $f(2)$、$f\left(\dfrac{1}{x}\right)$及 $f[f(x)]$.

解　分别用 2，$\dfrac{1}{x}$，$f(x)\left(即\dfrac{1}{1-x}\right)$替代 $f(x)=\dfrac{1}{1-x}$中的 x 得

$$f(2)=\frac{1}{1-2}=-1,$$

$$f\left(\frac{1}{x}\right)=\frac{1}{1-\frac{1}{x}}=\frac{x}{x-1}(x\neq 0,\ x\neq 1),$$

$$f[f(x)]=\frac{1}{1-f(x)}=\frac{1}{1-\frac{1}{1-x}}=\frac{x-1}{x}(x\neq 0,\ x\neq 1).$$

［例 2］ 求下列函数的定义域：

(1) $y=\frac{1}{x^2-x}$； (2) $y=\sqrt{2-|x|}$； (2) $y=\log_{x-5}3x$.

解 (1) 分式中的分母不能为零.因此，$x^2-x=x(x-1)\neq 0$，即 $x\neq 0$ 且 $x\neq 1$，所以函数的定义域即 x 的取值范围为 $x\in(-\infty,\ 0)\cup(0,\ 1)\cup(1,\ +\infty)$.

(2) 偶次方根下的数(或式)大于或等于零.因此，$2-|x|\geqslant 0$，即 $|x|\leqslant 2\Leftrightarrow -2\leqslant x\leqslant 2$ 所以函数的定义域也就是 x 的取值范围为 $x\in[-2,\ 2]$.

(3) 对数式的底数大于零且不等于 1，真数大于零.因此，$0<x-5\neq 1$ 且 $3x>0$，即 $5<x\neq 6$，所以函数的定义域为 $x\in(5,\ 6)\cup(6,\ +\infty)$.

【注意】以上几个方面有两个或两个以上同时出现时，先分别求出满足每一个条件的自变量的范围，再取它们的交集，就得到函数的定义域.实际问题中的定义域除了要使解析式有意义外，还须考虑实际上的有效范围.

随堂练习

(1) 求下列不等式的解集：

① $|x-1|\leqslant 2$； ② $|2x-3|\geqslant 1$； ③ $x^2-3>0$.

答案:① 原不等式等价于 $-2\leqslant x-1\leqslant 2$，进而有 $-1\leqslant x\leqslant 3$；

② 原不等式等价于 $2x-3\leqslant -1$ 或 $2x-3\geqslant 1$，从而有 $x\leqslant 1$ 或 $x\geqslant 2$；

③ $x^2-3>0\Leftrightarrow x^2>3\Leftrightarrow |x|>\sqrt{3}\Leftrightarrow x<-\sqrt{3}$ 或 $x>\sqrt{3}$.

(2) 求下列函数的定义域：

① $y=\frac{2x-1}{\sqrt{x^2-2x-3}}$； ② $y=\ln(4+3x-x^2)$； ③ $y=\sqrt{3-|x-1|}+\frac{5}{x+1}$；

④ $f(x)=\lg\frac{x}{x-2}+\sqrt{x-3}$.

答案:① $(-\infty,\ -1)\cup(3,\ +\infty)$； ② $\{x|-1<x<4\}$； ③ $[-2,\ -1)\cup(-1,\ 4]$； ④ $[3,\ +\infty)$.

［例 3］ 判断下列函数是否是相同的函数：

(1) $y=|x|$ 与 $u=\sqrt{v^2}$； (2) $y=1$ 与 $y=\sin^2x+\cos^2x$；

(3) $y=x+1$ 与 $y=\frac{x^2-1}{x-1}$； (4) $y=\ln x^2$ 与 $y=2\ln x$；

(5) $y=\cos x$ 与 $y=\sqrt{1-\sin^2x}$； (6) $y=\ln 5x$ 与 $y=\ln 5\cdot\ln x$.

解 两个函数相等的充分必要条件是其定义域、对应法则分别相同，而与所用字母无关.

因为(1)与(2)中两函数的两要素分别相同，所以是相同的函数；(3)与(4)中两函数的定义域不同，所以是不同的函数；(5)与(6)中两函数的对应法则不同，所以是不同的函数.

4. 反函数

定义 1-2　设函数 $y=f(x)$，定义域为 D，值域为 W. 如果对于 W 中的每一个 y 值，都由 $y=f(x)$ 确定唯一的 x 值与之对应，这样就确定了一个以 y 为自变量的函数 x，该函数称为函数 $y=f(x)$ 的**反函数**，记作 $x=f^{-1}(y)$. 为了习惯(以 x 为自变量)，互换 x，y 得反函数 $y=f^{-1}(x)$，定义域为 W，值域为 D.

对函数 $f(x)(x\in D)$，如果自变量的取值不同，对应的函数值也不同时，则称这类函数为一一对应函数，只有这类函数才有反函数. 事实上，反函数是原函数 $f(x)$ 的值域到定义域上的一种反对应. 原函数 $f(x)$ 与反函数 $f^{-1}(x)$ 的对应关系可用如图 1-4 所示的例子反映.

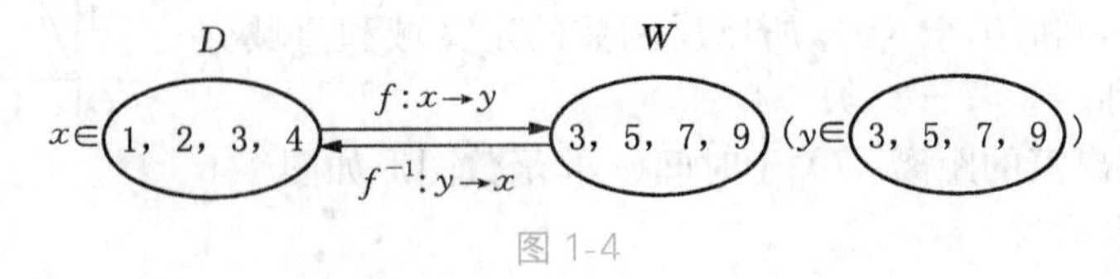

图 1-4

由图 1-4 可看出从集合 D 到集合 W 的对应关系式为 $y=f(x)=2x+1$(原函数)，而从集合 W 到集合 D 的反对应关系式为 $x=f^{-1}(y)=\dfrac{y-1}{2}$(反函数)，称 $x=\dfrac{y-1}{2}$ 为 $y=2x+1$ 的反函数. 我们习惯用 x 表示自变量，用 y 表示因变量，互换 x，y 后得到的反函数 $y=f^{-1}(x)=\dfrac{x-1}{2}$. 显然 $f(3)=7$，$f^{-1}(7)=3$. 在同一坐标系内作出原函数 $y=2x+1$ 与反函数 $y=\dfrac{x-1}{2}$ 的图像(图 1-5)，可以看出两图像关于直线 $y=x$ 对称.

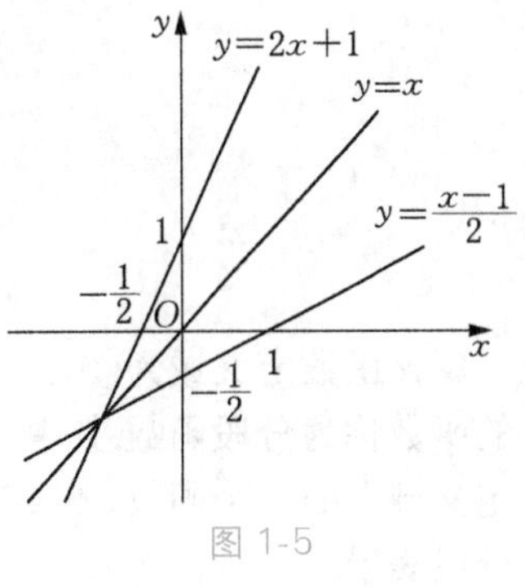
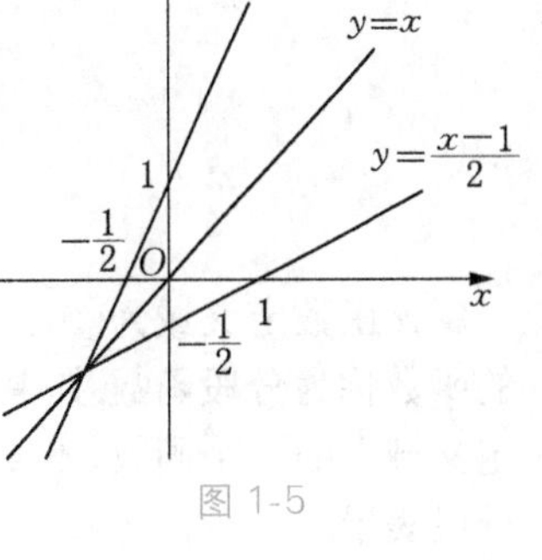

图 1-5

【注意】(1) 在同一坐标系里画出原函数与反函数的图像，则原函数图像与反函数图像始终关于直线 $y=x$ 对称.

(2) 反函数的定义域和值域分别是原函数的值域和定义域.

随堂练习

(1) 求列函数的反函数：

① $y=3x-5$；　　② $y=\sqrt{2x+3}$；　　③ $y=\mathrm{e}^{-x+3}$.

【提示】求反函数的问题实际上是解方程的问题，即将 x 视为未知量，y 视为已知量，求解 x 便得反函数.

(2) 求(1)中各函数的反函数的定义域和值域.

(3) 王先生到郊外去观景，以 2 km/h 的速度匀速步行 1 h 后，他发现一骑车人的自行车坏了，便花 1 h 帮这个人把车修好，随后加快速度，以 3 km/h 的速度匀速步行一小时到达终点，然后立即以匀速折返，耗时两小时返回到出发点. 请把王先生离家的距离关于时间的函数用图像法描绘出来.

动画

反函数

答案与提示:(1) ①求得的 $x=\frac{y+5}{3}$,互换 x, y 后得到的反函数为 $y=\frac{x+5}{3}$;②方程两边同时平方求得的 $x=\frac{y^2-3}{2}$,互换 x, y 后得到的反函数为 $y=\frac{x^2-3}{2}$;③因为 $-x+3=\ln y$,所以 $x=3-\ln y$,互换 x, y 后得到的反函数为 $y=3-\ln x$.

(2) ①原函数的定义域和值域都为$(-\infty, +\infty)$,所以反函数的定义域和值域都为$(-\infty, +\infty)$;②原函数的定义域和值域分别为$\left[-\frac{3}{2}, +\infty\right)$和$[0, +\infty)$,所以反函数的定义域和值域分别为$[0, +\infty)$和$\left[-\frac{3}{2}, +\infty\right)$;③原函数的定义域和值域分别为$(-\infty, +\infty)$和$(0, +\infty)$,所以反函数的定义域和值域分别为$(0, +\infty)$和$(-\infty, +\infty)$.

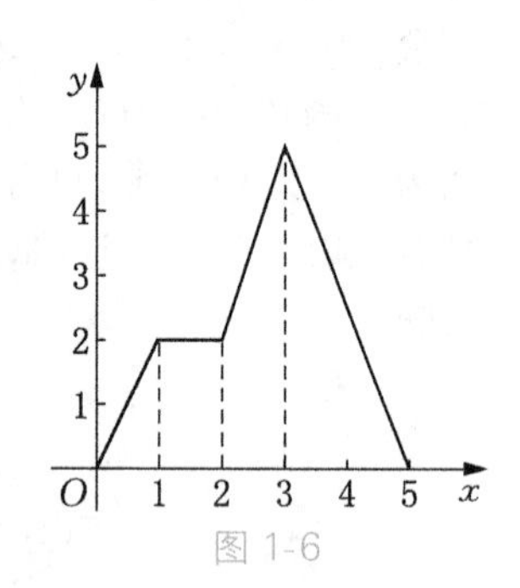

图 1-6

(3) 王先生离家的距离 y 关于时间 x 的函数图形如图 1-6 所示.用解析式表示为

$$y=\begin{cases}2x, & 0\leqslant x\leqslant 1,\\ 2, & 1<x\leqslant 2,\\ 3x-4, & 2<x\leqslant 3,\\ -\frac{5}{2}x+\frac{25}{2}, & 3<x\leqslant 5.\end{cases}$$

该函数定义域为$[0, 5]$,它在其定义域内不同的区间上是用不同的解析式表示,这样的函数称为**分段函数**.其中 $x=1$, $x=2$ 和 $x=3$ 称为分段函数的分段点.分段函数是整个定义域上的一个函数,不要理解为多个函数.一般来说,分段函数需要分段求值,分段作图,分段表示.

【注意】(1) 分段函数是一个函数,不要因其有多个不同解析式就认为是多个函数.

(2) 分段函数的定义域是各段定义域的并集,值域是各段值域的并集.求分段函数的值时,首先应确定自变量在定义域中所在的范围,然后按相应的对应法则求值.

[例 4] 设函数 $f(x)=\begin{cases}2x+1, & x\geqslant 0,\\ x-1, & x<0.\end{cases}$ 求:$f(-1)$, $f(3)$, $f(0)$.

解 $f(-1)=-1-1=-2$, $f(3)=2\times 3+1=7$, $f(0)=2\times 0+1=1$.

[例 5] 绝对值函数 $y=|x|$ 的定义域 $D=(-\infty, +\infty)$,值域 $W=[0, +\infty)$,如图 1-7 所示.

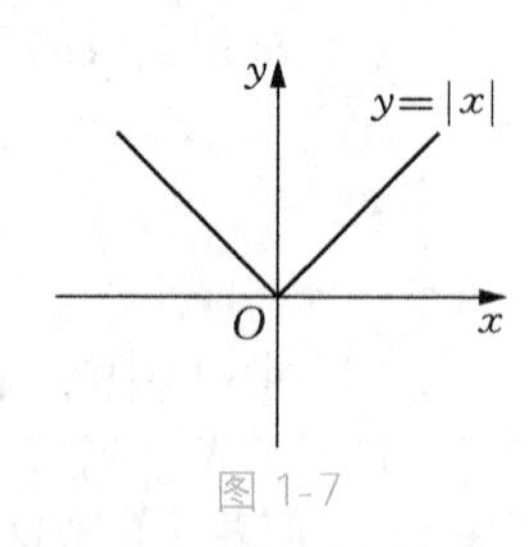

图 1-7

[例 6] 狄利克雷函数 $D(x)=\begin{cases}1, & x \text{ 是有理数},\\ 0, & x \text{ 是无理数}\end{cases}$ 的定义域 $D=\mathbf{R}$,值域 $W=\{0, 1\}$.

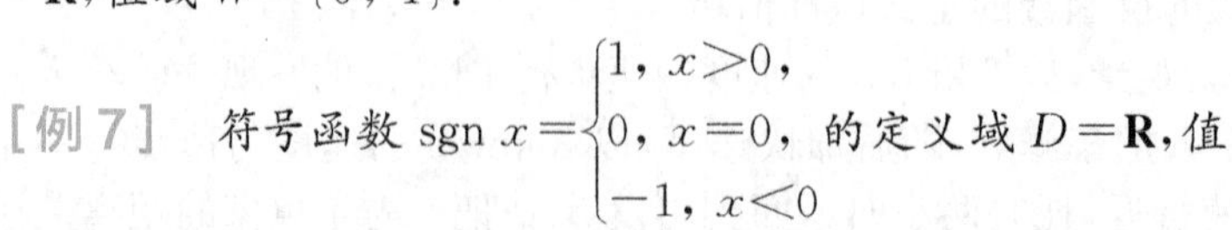

[例 7] 符号函数 $\operatorname{sgn} x=\begin{cases}1, & x>0,\\ 0, & x=0,\\ -1, & x<0\end{cases}$ 的定义域 $D=\mathbf{R}$,值域 $W=\{-1, 0, 1\}$.

记号 sgn 由拉丁文 signum(符号,正负号)得来,用符号函数可以表示函数的符号.绝

对值函数可以用记号 sgn 表示为$|x|=x\operatorname{sgn}x$，如图 1-8 所示.

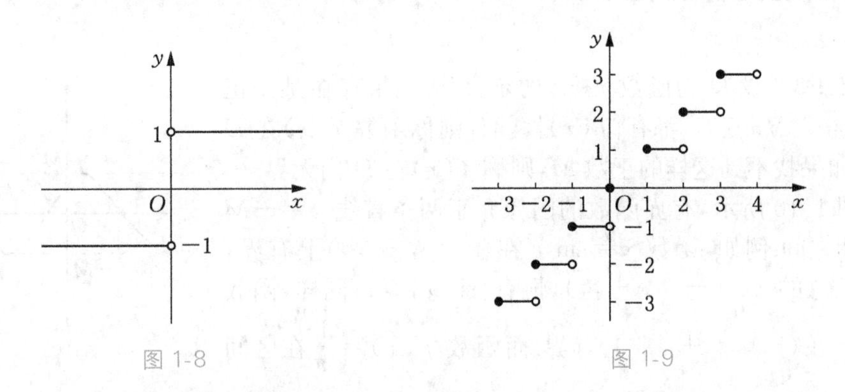

图 1-8　　　图 1-9

［例 8］　取整函数.设 x 为任一实数，不超过 x 的最大整数称为 x 的整数部分，记作$[x]$，称 $y=[x]$为取整函数.它的定义域 $D=\mathbf{R}$，值域 $W=\mathbf{Z}$，如图 1-9 所示.

习题 1.1.1

1. 下列各组函数是否相同？

(1) $y=\sin x$ 与 $y=\sqrt{1-\cos^2 x}$；　(2) $y=\ln\dfrac{1+x}{1-x}$与 $y=\ln(1+x)-\ln(1-x)$；

(3) $y=\dfrac{x^3-1}{x-1}$与 $y=x^2+x+1$；　(4) $f(x)=\mathrm{e}^{2x}$与 $g(x)=(\mathrm{e}^x)^2$.

2. 求下列函数的定义域.

(1) $y=\dfrac{1}{x}-\sqrt{1-x^2}$；　(2) $y=\dfrac{2}{x^2-3x+2}$；　(3) $y=\sqrt{x-1}+\lg(4-x)$.

3. 已知函数 $f(x)=\begin{cases}1-x, & x<-2,\\ \sin x, & -2<x<2,\\ 1+x, & x>2,\end{cases}$ 求 $f(-4)$，$f(0)$，$f(4)$.

4. 若 $f(0)=-2$，$f(3)=5$，求：

(1) 线性函数 $f(x)=ax+b$；　(2) $f(1)$及 $f(2)$.

5. 设 $f(x)=\begin{cases}x, & x\leqslant 0,\\ 0, & x>0,\end{cases}$ 求 $f(-x)$.

6. 试作出函数 $f(x)=\begin{cases}3x, & |x|>1,\\ x^2, & |x|<1,\\ 3, & |x|=1\end{cases}$ 的图像.

7. 求下列函数的反函数.

(1) $y=2x-3$；　(2) $y=\ln(x-1)-1$；　(3) $y=\sqrt[3]{x-1}$.

8. 把一半径为 R 的圆形铁片自中心处剪去中心角为 θ 的一扇形后围成一无底圆锥，试将圆锥的体积 V 表示为 θ 的函数.

二、函数的几种特性

1. 函数的有界性

定义 1-3 设 D 为函数 $f(x)$ 的定义域.如果存在某一正数 M,使得对 $\forall x\in D$,都有 $|f(x)|\leqslant M$,则称函数 $f(x)$ 在 D 内有界.如果找不到这样的正数 M,则称 $f(x)$ 在 D 内无界.

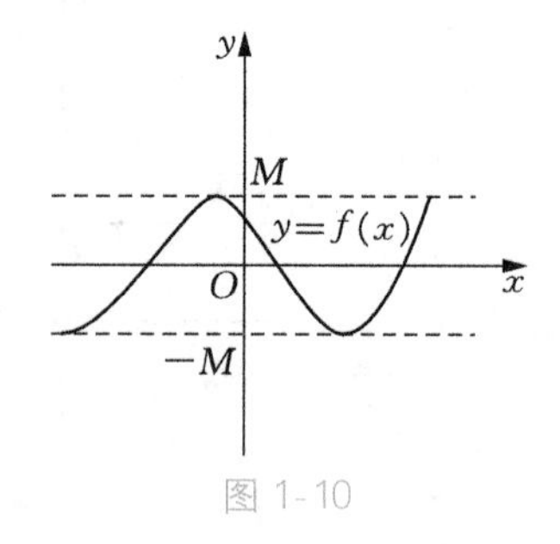

图 1-10

动画

函数的有界性

如图 1-10 所示,有界函数的图像介于两条直线 $y=-M$ 与 $y=M$ 之间.例如,函数 $y=\sin x$ 在 $(-\infty,+\infty)$ 上有界,因为对任意的 $x\in(-\infty,+\infty)$,恒有 $|\sin x|\leqslant 1$;同样,函数 $y=\cos x$ 在 $(-\infty,+\infty)$ 上有界.而函数 $f(x)=\dfrac{1}{x}$ 在区间 $(0,1)$ 内无界,但在区间 $(1,2)$ 内有界(可通过图像观察).另外,当 $x\to\dfrac{\pi}{2}$ 时,$\tan x\to\infty$,因此,函数 $y=\tan x$ 在区间 $\left(-\dfrac{\pi}{2},\dfrac{\pi}{2}\right)$ 上无界(可通过图像观察).

【注意】讨论函数有界或无界,必须先指明自变量 x 所在的区间.

2. 函数的奇偶性

定义 1-4 设函数 $f(x)$ 的定义域 D 关于原点对称,如果对任一 $x\in D$,恒有:

(1) $f(-x)=-f(x)$,则称 $f(x)$ 为奇函数;

(2) $f(-x)=f(x)$,则称 $f(x)$ 为偶函数.

【注意】有一类函数,它们既不是奇函数,也不是偶函数,把它们称为非奇非偶函数.

[例 9] 判断下列函数的奇偶性:

(1) $f(x)=5x^2+1$; (2) $f(x)=2x+3\sin x$; (3) $f(x)=x^2+x$.

解 (1) $f(-x)=5(-x)^2+1=5x^2+1=f(x)$,故 $f(x)$ 是偶函数.

(2) $f(-x)=-2x+3\sin(-x)=-(2x+3\sin x)=-f(x)$,故 $f(x)$ 为奇函数.

(3) $f(-x)=x^2-x$,$f(-x)$ 既不等于 $-f(x)$ 又不等于 $f(x)$,所以该函数为非奇非偶函数.如图 1-11a 所示;奇函数的图形是关于原点对称的,如图 1-11b 所示.

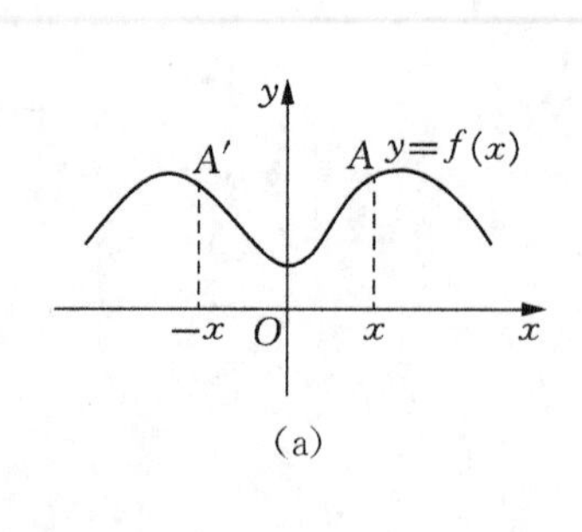

(a)

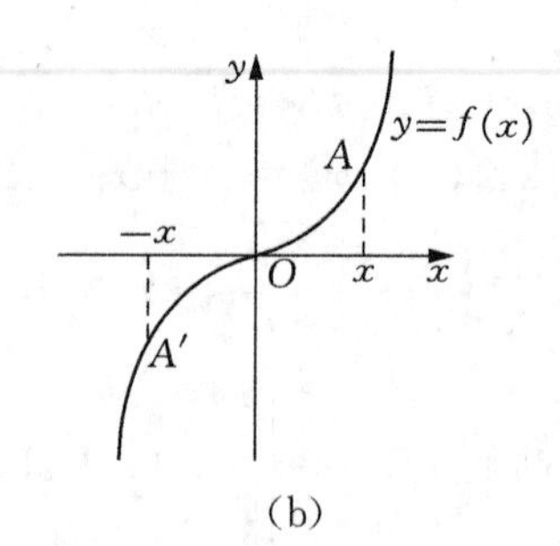

(b)

图 1-11

3. 函数的单调性

定义 1-5 设函数 $f(x)$ 的定义域为 D,区间 $I\subseteq D$.若对 $\forall x_1,x_2\in I$,当 $x_1<x_2$ 时,总有 $f(x_1)<f(x_2)$(或 $f(x_1)>f(x_2)$)成立,则称函数 $f(x)$ 在 I 上单调增加(或单调减少).

如果函数 $y=f(x)$ 在某个区间上是**单调增加(或单调减少)**,就说函数 $f(x)$ 在这一区间上具有单调性,函数 $y=f(x)$ 称为**单调函数**,这个区间称为函数 $f(x)$ 的**单调区间**.

显然，单调增加函数是图像沿 x 轴正向是逐渐上升的(图 1-12)；单调减少函数的图像沿 x 轴正向是逐渐下降的(图 1-13).

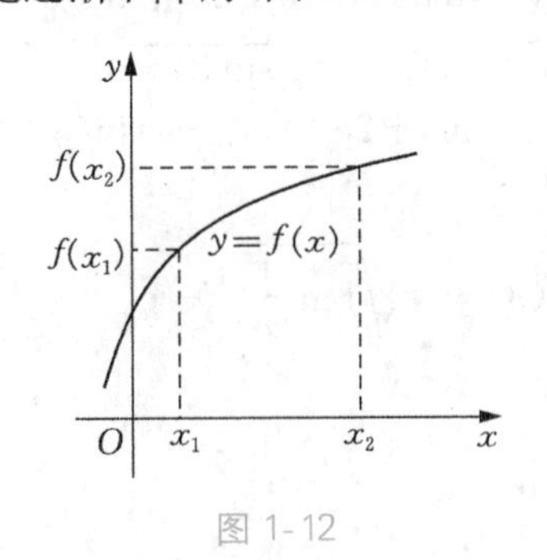

图 1-12

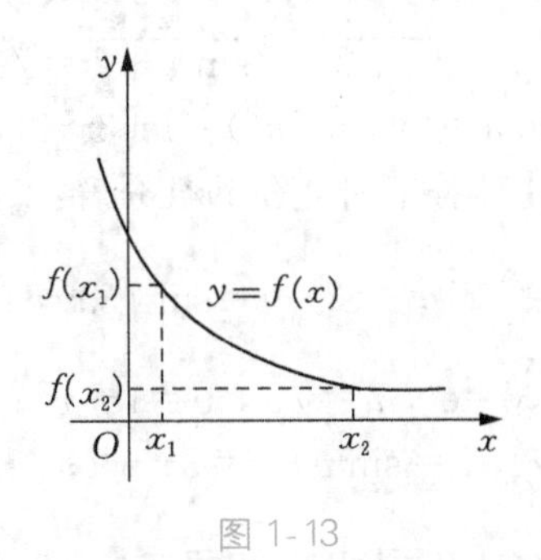

图 1-13

动画

函数的单调性

例如，$y=x^3$ 与 $y=e^x$ 在$(-\infty, +\infty)$内是单调递增函数；$y=x^2$ 在$(-\infty, 0]$内单调递减，在$[0, +\infty)$内单调递增，所以在$(-\infty, +\infty)$内函数 $y=x^2$ 不是单调函数.

【注意】讨论函数的单调性，也必须先指明自变量 x 所在的区间.

动画

函数的周期性

4. 函数的周期性

如果某日是星期三，那么从该日开始(不含该日)每过 7 天还是星期三；从该日开始(不含该日)每退后 7 天也是星期三.如果换成星期四，会有同样的现象，这表明 7 就是的星期三和星期四的周期.2021 年 3 月 10 日是星期三，如果用函数表示，则有 $f(10)=3$(用“3”代表星期三)，那么 $f(10+7n)=3(n\in \mathbf{N})$成立.自然界中的许多现象存在周期，请读者自行举例.

定义 1-6 设函数 $f(x)$的定义域为 D，如果存在一个正数 T，使得对于 $\forall x\in D$ 且 $x+T\in D$，都有 $f(x\pm T)=f(x)$，则称 $f(x)$为周期函数，T 称为 $f(x)$的周期.

通常所说的周期函数的周期是指它的**最小正周期**.

【注意】周期函数的定义域为无限(无穷)区间.显然，如图 1-14 所示的函数是一个周期函数，且周期为 1.于是有 $f(x+1)=f(x)$.

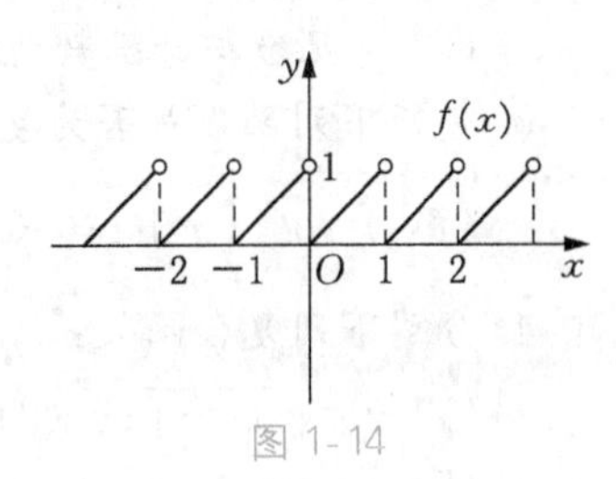

图 1-14

显然 $f\left(\frac{1}{2}+k\times 1\right)=f\left(\frac{1}{2}\right)=\frac{1}{2}(k\in \mathbf{Z})$.另外高中数学中的正弦函数、余弦函数、正切函数和余切函数都是**周期函数**.其中 $\sin x$、$\cos x$ 是以 2π 为周期的周期函数；$\tan x$、$\cot x$ 是以 π 为周期的周期函数.

周期为 π 的周期函数 $y=f(x)$的图形沿 x 轴每隔一个周期 T 重复一次，因此对于周期函数只须讨论其在一个周期上的性态，描绘其图形时只须作出一个周期上的图像，然后沿 x 轴向两端延伸即可.

5. 复合函数

在日常生活中，存在很多复杂的现象，有时用一个函数并不能简单地揭示事件的本质，这时我们通过函数之间的复合得到新的函数.例如，设 $y=\sin u$，$u=e^v$，$v=3x-2$，则将 $v=3x-2$ 代入 $u=e^v$，可得 $u=e^{3x-2}$，再把 $u=e^{3x-2}$ 代入 $y=\sin u$，可得 $y=\sin e^{3x-2}$，于是称 $y=\sin e^{3x-2}$是由 $y=\sin u$，$u=e^v$ 及 $v=3x-2$ 复合而成的复合函数，把 u，v 称为中间变量.

定义 1-7 设 $y=f(u)$，$u=\varphi(x)$，若 $y=f[\varphi(x)]$有意义，则称 $y=f[\varphi(x)]$为函数 $y=f(u)$，$u=\varphi(x)$复合而成的复合函数，称 u 为中间变量.

对于 $y=f[\varphi(x)]$，φ 是内层函数，f 是外层函数.

［例 10］ 将下列各函数表示成 x 的复合函数：

(1) $y=\sqrt[3]{u+2}$，$u=\sin v$，$v=3x$； (2) $y=\ln u$，$u=3+2v^2$，$v=\mathrm{e}^x$.

解 (1) $y=\sqrt[3]{u+2}=\sqrt[3]{\sin v+2}=\sqrt[3]{\sin 3x+2}$，即 $y=\sqrt[3]{\sin 3x+2}$.

(2) $y=\ln u=\ln(3+2v^2)=\ln[3+2(\mathrm{e}^x)^2]=\ln(3+2\mathrm{e}^{2x})$，即 $y=\ln(3+2\mathrm{e}^{2x})$.

［例 11］ 将下列复合函数分解：

(1) $y=\mathrm{e}^{\sqrt{1-x^2}}$； (2) $y=\sin^5(3x-1)$； (3) $y=\sqrt{\tan\dfrac{1}{x}}$.

解 (1) $y=\mathrm{e}^u$，$u=\sqrt{v}$，$v=1-x^2$；

(2) $y=u^5$，$u=\sin v$，$v=3x-1$；

(3) $y=\sqrt{u}$，$u=\tan v$，$v=\dfrac{1}{x}$.

【注意】(1) 复合不是简单的加减乘除，而是构建了一种新运算.

(2) 复合函数的分解一般从最外层(或最左层)向内层一层一层分解，每次分解函数大多是基本初等函数.

(3) 函数的复合与复合函数的分解顺序相反，一般从最内层(或最右层)一层一层代入，最终复合成复合函数.

习题 1.1.2

1. 举出函数 $f(x)$ 的例子，使 $f(x)$ 在闭区间 $[0, 1]$ 上无界.
2. 试证函数的下列性质.

   (1) 奇函数的和、差为奇函数； (2) 偶函数的和、差为偶函数；

   (3) 奇函数与奇函数之积是偶函数； (4) 奇函数与偶函数之积是奇函数.
3. 判断下列函数是否为复合函数.

   (1) $y=x^2+x+1$； (2) $y=\sin 3x$； (3) $y=\sqrt{2+\mathrm{e}^x}$； (4) $y=\dfrac{\lg x}{\tan x}$.
4. 分解下列复合函数：

   (1) $y=\sqrt{3x-1}$； (2) $y=\sin 5x$； (3) $y=\lg(1+2x)$； (4) $y=\mathrm{e}^{\sqrt{x+1}}$；

   (5) $y=\cos^3(2x+1)$.
5. 下列函数中，哪些是周期函数？对于周期函数，求出它的周期.

   (1) $y=|\sin x|$； (2) $y=x\cos x$； (3) $y=\sin x+\cos\dfrac{x}{2}$.

三、初等函数

定义 1-8 常量函数、幂函数、指数函数、对数函数、三角函数、反三角函数六大类函数称为**基本初等函数**.

说明：三角函数除了正弦函数 $y=\sin x$、余弦函数 $y=\cos x$、正切函数 $y=\tan x$ 和余切函数 $y=\cot x$ 外，还包括正割函数 $y=\sec x$ 和余割函数 $y=\csc x$，并根据三角函数的定义知 $\sec x=\dfrac{1}{\cos x}$，$\csc x=\dfrac{1}{\sin x}$，$\tan x=\dfrac{1}{\cot x}$.

在电学及工程学中，三角函数占有重要地位，是计算交流电源、频率必不可少的数学工具.特殊角的三角函数值见表1-3.

表1-3

α	0	$\frac{\pi}{6}$	$\frac{\pi}{4}$	$\frac{\pi}{3}$	$\frac{\pi}{2}$	π	$\frac{3\pi}{2}$
$\sin\alpha$	0	$\frac{1}{2}$	$\frac{\sqrt{2}}{2}$	$\frac{\sqrt{3}}{2}$	1	0	-1
$\cos\alpha$	1	$\frac{\sqrt{3}}{2}$	$\frac{\sqrt{2}}{2}$	$\frac{1}{2}$	0	-1	0
$\tan\alpha$	0	$\frac{\sqrt{3}}{3}$	1	$\sqrt{3}$	不存在	0	不存在
$\cot\alpha$	不存在	$\sqrt{3}$	1	$\frac{\sqrt{3}}{3}$	0	不存在	0

另外，反三角函数是三角函数的反函数.众所周知，三角函数是周期函数（非一一对应函数），因此三角函数在其自然定义域内无反函数，但在其自然定义域的局部范围内单调递增或单调递减（单调增函数和单调减函数是一一对应函数），所以存在反函数.

下面给出常用的反三角函数的表达形式：

1. 反正弦函数

如图1-15所示，$y=\sin x$ 在 $\left[-\frac{\pi}{2},\frac{\pi}{2}\right]$ 上单调递增，具有反函数.如何求 x 呢？只能引入特定符号“arcsin”表示 x 被解出，即 $x=\arcsin y$，互换 x，y 后得到反正弦函数 $y=\arcsin x$.因为 $\sin\frac{\pi}{6}=\frac{1}{2}$，$\sin\left(-\frac{\pi}{3}\right)=-\frac{\sqrt{3}}{2}$，所以 $\frac{\pi}{6}=\arcsin\frac{1}{2}$，$-\frac{\pi}{3}=\arcsin\left(-\frac{\sqrt{3}}{2}\right)$.

【注意】反正弦函数 $y=\arcsin x$ 的定义域和值域是原函数 $y=\sin x$ 的值域和定义域，即在 $y=\arcsin x$ 中 $x\in[-1,1]$，$y\in\left[-\frac{\pi}{2},\frac{\pi}{2}\right]$.反正弦函数图像如图1-16所示.

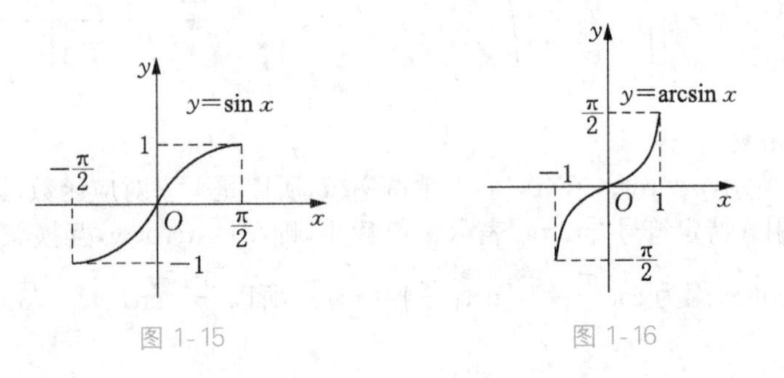

图1-15　　图1-16

2. 反余弦函数

如图1-17所示，$y=\cos x$ 在$[0,\pi]$上单调递减，所以是一一对应函数，具有反函数.如何求 x 呢？只能引入特定符号“arccos”表示 x 被解出，即 $x=\arccos y$，互换 x，y 后得到反余弦函数 $y=\arccos x$.因为 $\cos\frac{\pi}{6}=\frac{\sqrt{3}}{2}$，$\cos\left(\frac{2\pi}{3}\right)=-\frac{1}{2}$，所以 $\frac{\pi}{6}=\arccos\frac{\sqrt{3}}{2}$，$\frac{2\pi}{3}=\arccos\left(-\frac{1}{2}\right)$.

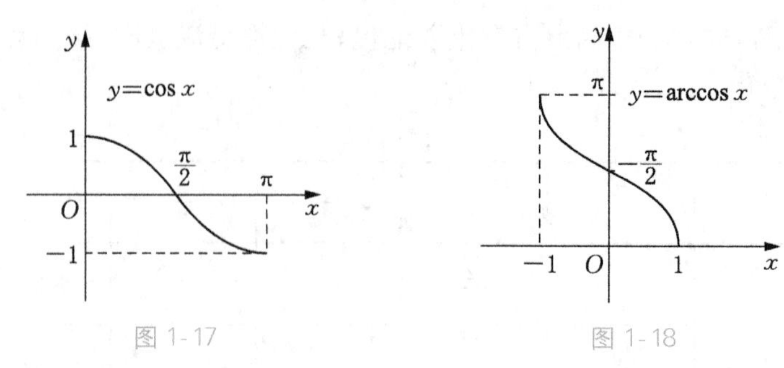

图 1-17　　图 1-18

【注意】反余弦函数 $y=\arccos x$ 的定义域和值域是原函数 $y=\cos x$ 的值域和定义域，即在 $y=\arccos x$ 中 $x\in[-1,1]$，$y\in[0,\pi]$. 反余弦函数图像如图 1-18 所示.

3. 反正切函数

如图 1-19 所示，$y=\tan x$ 在 $\left(-\frac{\pi}{2},\ \frac{\pi}{2}\right)$ 上单调递增，所以是一一对应函数，具有反函数.如何求 x 呢？只能引入特定符号“arctan”表示 x 被解出，即 $x=\arctan y$，互换 x，y 后得到反正切函数 $y=\arctan x$. 因为 $\tan\frac{\pi}{6}=\frac{\sqrt{3}}{3}$，$\tan\left(-\frac{\pi}{3}\right)=-\sqrt{3}$，所以 $\frac{\pi}{6}=\arctan\frac{\sqrt{3}}{3}$，$-\frac{\pi}{3}=\arcsin(-\sqrt{3})$.

【注意】反正切函数 $y=\arctan x$ 的定义域和值域是原函数 $y=\tan x$ 的值域和定义域，即在 $y=\arctan x$ 中 $x\in(-\infty,+\infty)$，$y\in\left(-\frac{\pi}{2},\ \frac{\pi}{2}\right)$. 反正切函数的图形如图 1-20 所示.

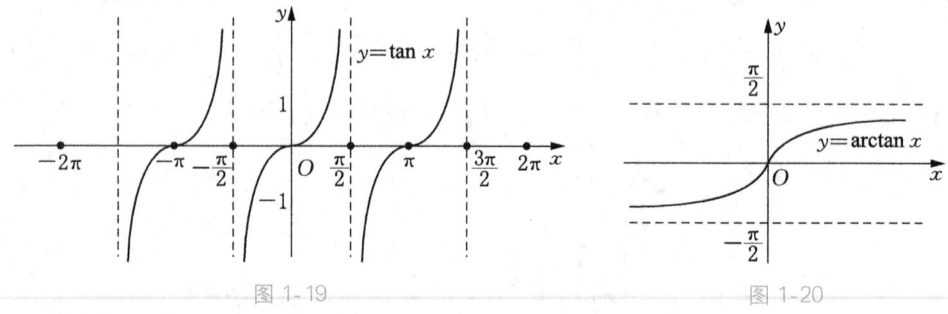

图 1-19　　图 1-20

4. 反余切函数

如图 1-21 所示，$y=\cot x$ 在 $(0,\ \pi)$ 上单调递减，所以是一一对应函数，具有反函数.如何求 x 呢？只能引入特定符号“arccot”表示 x 被解出，即 $x=\operatorname{arccot} y$，互换 x，y 后得到反余切函数 $y=\operatorname{arccot} x$. 因为 $\cot\frac{\pi}{4}=1$，$\cot\left(\frac{5\pi}{6}\right)=-\sqrt{3}$，所以 $\frac{5\pi}{6}=\operatorname{arccot}(-\sqrt{3})$，$\frac{\pi}{4}=\operatorname{arccot} 1$.

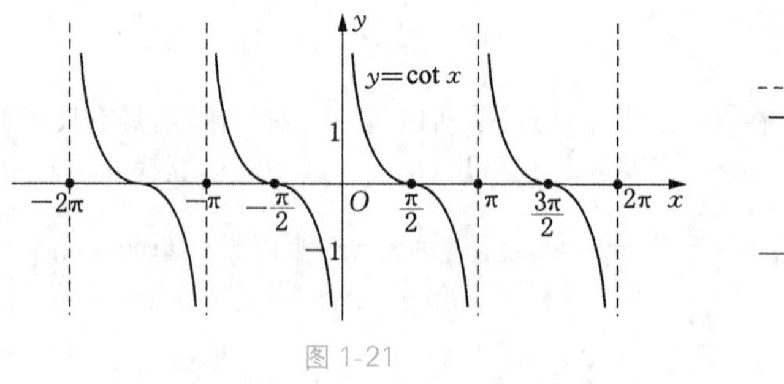

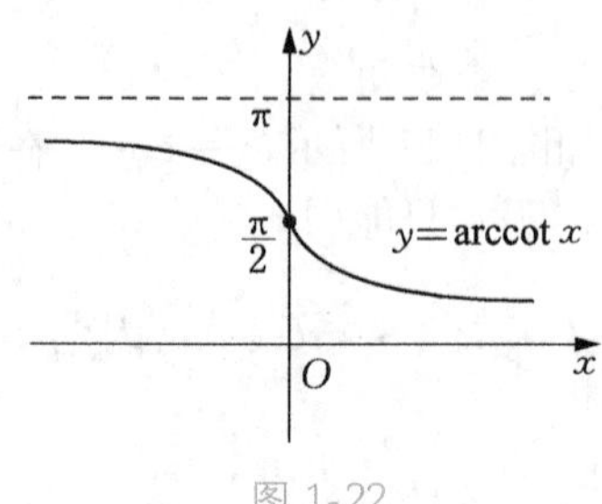

图 1-21　　图 1-22

【注意】反余切函数 $y=\operatorname{arccot} x$ 的定义域和值域是原函数 $y=\cot x$ 的值域和定义域，即在 $y=\operatorname{arccot} x$ 中 $x\in(-\infty,+\infty]$，$y\in(0,\pi)$.反余切函数的图形如图 1-22 所示.

定义 1-9 由常数及基本初等函数经过有限次四则运算和有限次函数复合所构成的并且可以用一个式子表示的函数,称为**初等函数**.

例如，$y=3\sin x+\dfrac{2}{\sqrt{x}}-e^{x}+5$、$y=\lg(x^2+x-2)$ 及 $y=\tan\sqrt{x}+\dfrac{x}{1+x^2}$ 是初等函数.

【注意】初等函数的特点是在定义域上解析式统一.因此分段函数大多数不是初等函数.例如函数 $f(x)=\begin{cases}\sin x, & x\geqslant 0,\\ x+2, & x<0\end{cases}$ 就不是初等函数.下面的分段函数是初等函数：

$$y=\begin{cases}x, & x\geqslant 0,\\ -x, & x<0.\end{cases}$$

该分段函数的解析式可化成 $y=|x|=\sqrt{x^2}$，所以是初等函数.

随堂练习

(1) 试比较下列两组数的大小(在横线上填上“>”或“<”).

① $1.5^{\frac{1}{2}}$____$1.5^{\frac{2}{3}}$；② $0.25^{-\frac{2}{3}}$____$0.25^{-\frac{3}{4}}$；③ $\left(\dfrac{1}{2}\right)^{-2.15}$____$\left(\dfrac{2}{3}\right)^{-2.15}$；④ $3.5^{\frac{3}{4}}$____$4.5^{\frac{3}{4}}$；⑤ $\log_{0.8}1.5$____$\log_{0.8}2.1$；⑥ $\ln 3.7$____$\ln 2.5$；⑦ $\log_{0.5}3$____$\log_{1.5}2$.

(2) 求下列不等式的解集：

① $e^{x}<1$；② $\left(\dfrac{1}{2}\right)^{2x+3}>\left(\dfrac{1}{2}\right)^{x-1}$；③ $\left(\dfrac{2}{3}\right)^{3x-6}<1$；④ $\log_{0.5}(2x-1)\geqslant\log_{0.5}(x+1)$.

答案与提示：

上述两题中的各小题可通过构造幂函数、或构造指数函数、或构造对数函数，并利用其单调性解答.题(1)中的第⑦小题，因 $\log_{0.5}3<0$，$\log_{1.5}2>0$，故 $\log_{0.5}3<\log_{1.5}2$；题(2)中的第①小题和第③小题，可将 1 分别看成 e^0 和 $\left(\dfrac{2}{3}\right)^0$，再利用单调性将原不等式转化成代数不等式(这里是一次不等式)求解.具体答案：(1)① <；② <；③ >；④ <；⑤ >；⑥ >；⑦ <. (2)① $x<0$；② $x<-4$；③ $x>2$；④ $\dfrac{1}{2}<x\leqslant 2$.

案例解答【个人所得税问题】

解 (1) 设工资，薪金所得为 x 元，由表 1-1 可得.

$$f(x)=\begin{cases}0, & x\leqslant 5\,000,\\ (x-5\,000)\cdot 3\%, & 5\,000<x\leqslant 8\,000,\\ 90+(x-8\,000)\cdot 10\%, & 8\,000<x\leqslant 17\,000,\\ 90+900+(x-17\,000)\cdot 20\%, & 17\,000<x\leqslant 30\,000,\\ 90+900+2\,600+(x-30\,000)\cdot 25\%, & 30\,000<x\leqslant 40\,000,\\ 90+900+2\,600+2\,500+(x-40\,000)\cdot 30\%, & 40\,000<x\leqslant 60\,000,\\ 90+900+2\,600+2\,500+6\,000+(x-60\,000)\cdot 35\%, & 60\,000<x\leqslant 85\,000,\\ 90+900+2\,600+2\,500+6\,000+8\,750+(x-85\,000)\cdot 45\%, & x>85\,000.\end{cases}$$

(2) 刘先生 2020 年 12 月收入为 38 000 元，而 30 000<38 000≤40 000 则刘先生 12

月应纳税为 $f(38\,000)=90+900+2\,600+(38\,000-30\,000)\cdot 25\%=5\,590$ 元.

习题 1.1.3

1. 写出下列复合函数的复合过程:

(1) $y=\sin^2(2x+3)$; (2) $y=\lg(x^2+x-2)$; (3) $y=\sqrt{\tan\dfrac{1}{x}}$; (4) $y=\dfrac{1}{\sqrt{x+1}}$.

2. 求下列函数的定义域:

(1) $y=\sqrt{x^2-5x+6}$; (2) $y=\ln(2x+3)$; (3) $y=\arcsin\dfrac{x+1}{2}$.

3. 求函数 $f(x)=\dfrac{1}{\lg(4-x)}+\sqrt{36-x^2}$ 的定义域,并计算 $f[f(-6)]$.

4. 求函数 $f(x)=\tan x+\cos(5x+1)$ 的周期.

5. 欲制造一个容积为 500 cm^2 的圆柱体易拉罐,如何设计可使用料最省?(利用均值不等式求最小值.)

任务 1.2 综合应用实训

实训 1 某人在一山坡 P 处观看对面崖顶上的一座铁塔.如图 1-23 所示,塔及所在的山崖可视为图中的竖直线 OC,塔高 $BC=80$ m,山高 $OB=220$ m, $OA=200$ m,图中所示的山坡可视为直线 l 且点 P 在直线 l 上,l 与水平地面的夹角为 α, $\tan\alpha=\dfrac{1}{2}$.试问,此人距山崖的水平距离多远时,观看塔的视角 $\angle BPC$ 最大(不计此人的身高)?

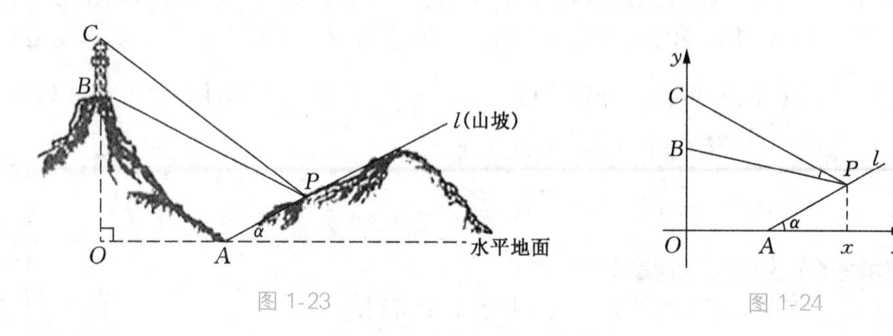

图 1-23　　图 1-24

解 如图 1-24 所示,建立平面直角坐标系,则 $A(200,0)$, $B(0,220)$, $C(0,300)$.直线 l 的方程为 $y=\tan\alpha(x-200)$,即 $y=\dfrac{1}{2}(x-200)$.

设此人距山崖脚水平距离为 x,则 $P\left(x,\dfrac{x-200}{2}\right)(x>200)$.

由两点的斜率公式得

$$k_{PB}=\frac{\dfrac{x-200}{2}-220}{x}=\frac{x-640}{2x},$$

$$k_{PC}=\frac{\frac{x-200}{2}-300}{x}=\frac{x-800}{2x}.$$

由直线 PC 到直线 PB 的角的公式得

$$\tan\angle BPC=\frac{\frac{x-640}{2x}-\frac{x-800}{2x}}{1+\frac{x-640}{2x}\cdot\frac{x-800}{2x}}=\frac{64x}{x^2-288x+160\times640}=\frac{64}{x+\frac{160\times640}{x}-288}.$$

要使 $\tan\angle BPC$ 达到最大值，只需 $x+\frac{160\times640}{x}-288$ 最小.由均值不等式

$$x+\frac{160\times640}{x}-288\geqslant2\sqrt{160\times640}-288=992,$$

当且仅当 $x=\frac{160\times640}{x}$ 时上式等号成立，故 $x=320$ 时，$\tan\angle BPC$ 最大.

由此可知，$0<\angle BPC<\frac{\pi}{2}$，所以 $\tan\angle BPC$ 最大，即 $\angle BPC$ 最大.

故当此人距山崖水平距离为 300 m 时，观看铁塔的视角最大.

实训 2 某工厂有 216 名工人接受了生产 1 000 台 G 型高科技产品的总任务.已知每台 G 型产品由 4 个 A 型装置和 3 个 B 型装置配套组成，每个工人每小时能加工 6 个 A 型装置或 3 个 B 型装置.现将工人分成两组同时开始加工，每组分别加工一种装置.设加工 A 型装置的工人有 x 人，他们加工完 A 型装置所需时间为 $g(x)$，其余工人加工完 B 型装置所需时间为 $h(x)$（单位：h）.

(1) 写出 $g(x)$ 和 $h(x)$ 解析式；

(2) 比较 $g(x)$ 与 $h(x)$ 的大小，并写出这 216 名工人完成总任务的时间 $f(x)$ 的解析式；

(3) 应怎样分组，才能使完成总任务用的时间最少？

解 (1) 依题意知，需要加工 A 型装置 4 000 个，加工 B 型装置 3 000 个，所用工人分别是 x 人，$216-x$ 人.所以

$$g(x)=\frac{4\,000}{6x},\ h(x)=\frac{3\,000}{3(216-x)},$$

即 $$g(x)=\frac{2\,000}{3x},\ h(x)=\frac{1\,000}{216-x}(0<x<216,\ x\in\mathbf{N}^*).$$

(2) $g(x)-h(x)=\frac{2\,000}{3x}-\frac{1\,000}{216-x}=\frac{1\,000(432-5x)}{3x(216-x)}$.

因为 $0<x<216$，所以 $216-x>0$.

当 $0<x\leqslant86(x\in\mathbf{N}^*)$ 时，$g(x)>h(x)$；当 $87\leqslant x<216(x\in\mathbf{N}^*)$ 时，$g(x)<h(x)$.

因此，$f(x)=\max\{g(x),\ h(x)\}=\begin{cases}\frac{2\,000}{3x},\ 0<x\leqslant86,\\ \frac{1\,000}{216-x},\ 87\leqslant x<216\end{cases}(x\in\mathbf{N}^*)$.

(3) 完成总任务时间最少,即求 $f(x)$ 的最小值.

当 $0<x\leqslant 86(x\in\mathbf{N}^*)$ 时,$f(x)$ 是减函数,所以 $f(x)_{\min}=f(86)=\dfrac{1\,000}{129}$,此时 $216-x=130$;

当 $87\leqslant x<216(x\in\mathbf{N}^*)$ 时,$f(x)$ 是增函数,所以 $f(x)_{\min}=f(87)=\dfrac{1\,000}{129}$,此时 $216-87=129$.

所以 $f(x)_{\min}=f(86)=f(87)=\dfrac{1\,000}{129}$.

故加工 1 000 台 G 型装置,当生产 A, B 型装置的人数分别为 86, 130 或 87, 129 时所需时间最少.

习题答案

项目一

项目一习题

一、填空题

1. 将函数 $y=\dfrac{x^3}{\sqrt[3]{x^2}}$ 化成幂函数所得的标准形式为________.

2. $\left(\dfrac{4}{9}\right)^{\frac{1}{2}}+(-3.9)^0+(0.125)^{-\frac{1}{3}}=$________.

3. 已知 $\log_2 64+\log_2 x=5$,则 $x=$________.

4. $\log_4 25-2\log_4 10=$________.

5. 已知 $\tan\alpha=2$,且 α 为锐角,则 $\sec\alpha=$________.

6. α 为锐角,$\log_{\sin\alpha}(1-\cos^2\alpha)=$________.

7. 化简 $\dfrac{2\cos^2\alpha-1}{2\sin\alpha\cos\alpha}=$________.

8. 函数 $y=\dfrac{\sqrt{2-x}}{\lg(x+1)}$ 的定义域是________.

9. 已知 $f(2x)=3x^2+1$,则 $f(x)=$________.

10. 函数 $y=x^{\frac{1}{3}}$ 的增区间是________.

11. $y=\mathrm{e}^{x-1}$ 的反函数是________.

12. 函数 $y=\sqrt{\log_{\frac{1}{2}}(x-1)}$ 的定义域________.

13. 设 $f(x+1)=x+2\sqrt{x}+1$,则函数 $f(x)=$________.

14. $\dfrac{3}{8}\pi=$________°.

15. $1\,400^\circ=$________弧度(实数).

二、选择题

1. 设集合 $M=\{-2,\ 0,\ 2\}$, $N=\{0\}$,则( ).

A. N 为空集　　B. $N\in M$　　C. $N\subset M$　　D. $M\subset N$

2. 使函数 $f(x)=\dfrac{1}{x^2}$ 为增函数的区间是( ).

A. $(0,\ +\infty)$　　B. $(-\infty,\ 0)$　　C. $(-\infty,\ +\infty)$　　D. $(-1,\ 1)$

3. 不等式 $x^2-x-6>0$ 的解集是( ).

A. $x>3$ B. $x<-2$ C. $x<-2$ 或 $x>3$ D. $-2<x<3$

4. 若 $3^{2+\log_3 x}=27$,则 x 等于( ).

A. -3 B. 3 C. 18 D. $\frac{1}{3}$

三、解答题

1. 设 $f(x)=\begin{cases}2+x, & x<0,\\ 0, & x=0,\\ x^2-1, & 0<x\leqslant 2,\end{cases}$ 求 $f(x)$ 的定义域及 $f(-1)$, $f(1.5)$ 的值,并作出它的图像.

2. 求下列函数的定义域:

(1) $y=\frac{1}{x}-\sqrt{1-x^2}$; (2) $y=\ln(4-x)+\arcsin\frac{x-1}{5}$.

3. 下列两组函数 $f(x)$ 与 $g(x)$ 是否相同?

(1) $f(x)=\sqrt{(x-2)^2}$ 与 $g(x)=|2-x|$; (2) $f(x)=\lg x^2$ 与 $g(x)=2\lg x$.

4. 判断下列函数中哪些是奇函数,哪些是偶函数,哪些是非奇非偶函数.

(1) $f(x)=x^{-3}$; (2) $f(x)=e^x$; (3) $f(x)=x\sin x$; (4) $f(x)=\lg\frac{1+x}{1-x}$.

5. 下列函数是由哪些简单函数复合而成?

(1) $y=\sqrt[3]{1+x}$; (2) $y=\lg(1-x^2)$; (3) $y=\sin^2(x+1)$; (4) $y=e^{\cos^2 x}$;

(5) $y=\arccos\sqrt{x^2-1}$; (6) $y=\arctan(1+\sqrt{1+x^2})$.

四、计算题

1. $\arccos(-1)-\arccos\left(\frac{1}{2}\right)$.

2. $\arctan(-\sqrt{3})-\arctan(-1)$.

3. 画反正切函数 $y=\arctan x$ 的图像,并比较 $\arctan 1.5$ 与 $\arctan 2.5$ 的大小.

4. 判断:(1) 函数 $f(x)=\frac{x\cos x}{x^2+1}$ 的奇偶性; (2) 函数 $f(x)=xe^{\cos x}$ 的奇偶性.

5. 在半径为 R 的球内作一内接圆柱体,试将圆柱体的体积 V 表示为圆柱体的高 h 的函数,并求此函数的定义域.

项目二　极限与连续

任务 2.1　极限

任务内容

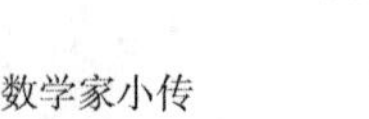

数学家小传

祖冲之

- 完成与极限概念及性质相关的任务工作页；
- 学习与极限相关的知识；
- 理解函数（含数列）极限、分段函数极限存在的充要条件；
- 理解无穷小的概念、相关性质及应用；
- 掌握两个重要极限并学会应用.

任务目标

- 掌握极限的基本概念及相关性质；
- 掌握求函数极限的方法；
- 会用无穷小量的等价性进行数值近似计算.

任务工作页

了解任务内容并学习相关知识后，在教师指导下完成任务工作页内各项内容的填写.

1. 自变量 x（或自然数 n）的 7 种趋近形式：

   ____.

2. 若函数（含数列）在自变量的某种变化趋势下有极限，则该极限一定是某个函数值（或数列值），此说法对吗？为什么？

   ____.

3. 函数（含数列）在自变量的某种变化趋势下可以多个极限，此说法正确吗？为什么？

   ____.

4. 自变量趋向 x_0（或∞）的路径有多种，则函数 $f(x)$ 在 x_0（或∞）处的极限会因路径的不同而不同，此结论正确吗？为什么？

   ____.

5. 函数 $f(x)$ 在 x_0 处无定义，则函数在 x_0 处一定无极限，此说法正确吗？

   ____.

6. 利用极限的四则运算法则求极限的前题条件是：

   ____.

7. 函数 $f(x)$ 在 x_0 有极限的充分必要条件是：____________.
8. 无穷小的判断方法是：____________.
9. 利用无穷小量等价式能解决哪些问题：____________.
10. 求极限的10种方法：(1)______；(2)______；
(3)______；(4)______；
(5)______；(6)______；
(7)______；(8)______；
(9)______；(10)______.

案例【截不尽的木棒】 中国春秋战国时期的哲学家庄子（公元4世纪）于《庄子·天下篇》中有这样的记载："一尺之棰，日取其半，万世不竭."这句话的意思为：有一根一尺长的木棒，每天截取它的一半，随着天数的增加，木棒的长度会越来越短，但木棒总有剩余，不可穷尽（万世不竭），这反映了两千多年前我国古人就有了初步的**极限思想**.经过 n 天截取后，剩余木棒的长度依次为 $\frac{1}{2}$，$\frac{1}{4}$，$\frac{1}{8}$，…，$\frac{1}{2^n}$，当 n 无限增大时，该数列的变化趋势即数列项值最终趋向何值？

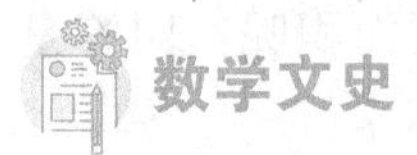

数学文史

中国古典数学的奠基者——刘徽

刘徽（约225—约295），魏晋期间杰出的数学家，中国古典数学理论的奠基者之一，其传世著作《九章算术注》和《海岛算经》在数学理论、数学思想上有诸多创新，对后世有着极其深远的影响.

刘徽

刘徽曾于幼年学习《九章算术》，成年后又继续深入研究，在魏景元四年（公元263年）著《九章算术注》，全面论述了《九章算术》所载的方法和公式，指出并且纠正了其中的错误，在数学方法和数学理论方面做出了杰出的贡献.其中最著名的工作之一是他提出的"割圆术"思想.该思想是他创造的一种运用**极限思想**证明圆面积公式的方法：首先从圆内接正六边形开始割圆，依次得正十二边形、正二十四边形、……，割得越细，正多边形的面积与圆面积之差越小，"割之又割，以至于不可割，则与圆周合体而无所失矣".这一思想提供了计算圆周率的科学方法.正是借助这一方法，祖冲之进一步将圆周率可靠数字推进到八位，奠定了此后千余年中国圆周率计算结果在世界上的领先地位.

"割圆术"思想将**无穷小分割**方法与**极限思想**引入圆面积公式的证明，这是刘徽最杰出的贡献.可以说，刘徽的极限思想的深度超过同时期古希腊的同类思想.

在代数方面，刘徽提出了正负数的概念及其加减运算的法则，改进了线性方程组的解法.另外他是世界上最早提出十进制小数概念、并用十进制小数来表示无理数的立方根的人.

除了这些具体的数学成果之外，刘徽的重要贡献还体现在他的数学思想上.他以严密的数学用语定义了有关数学概念，从而改变了以前靠约定俗成确定数学概念的含义的做法.他还提出了许多公认正确的判断作为证明的前提.他的推理、证明过程合乎逻辑且十分严谨，从而把《九章算术》及他自己提出的解法、公式建立在必然性的基础之上.通过"析理以辞、解体用图"，刘徽给概念以定义，给判断和命题以逻辑证明，并建立了它们之间的有机联系.

刘徽的工作不仅对中国古代数学发展产生了深远影响，而且在世界数学史上也占据着重要的地位.吴文俊院士曾这样评价刘徽："从对数学贡献的角度来衡量，刘徽应该与欧几里得、阿基米德等相提并论."

相关知识

函数概念刻画了变量之间的相依关系，而极限概念则着重刻画变量的变化趋势.极限是学习高等数学的基础和工具.在微积分课程中几乎所有的概念都以极限概念为基础，极限理论是微积分中最为基础的理论.

一、极限的概念

1. 自变量趋于无穷大∞时的极限概念

实例 1【刘徽的割圆术】 早期人们只会计算直边图形的面积(如正方形、矩形、三角形、梯形等)，对于圆这种特殊曲边图形能不能转化成直边图形来计算其面积呢？回答是肯定的，但要动起来并且要有"愚公"移山的精神才行.

先将圆周分割作圆内接正六边形(图 2-1)，其面积记为 A_1；再对每段圆弧二等分作圆内接正十二边形，其面积记为 A_2；再对每段圆弧二等分作圆内接正二十四边形，其面积记为 A_3；循此下去，每分割一次次边数成倍增加，则得到一系列圆内接正多边形的面积 $A_1, A_2, A_3, \cdots, A_n, \cdots$，其中 A_n 表示圆内接正 $6\times 2^{n-1}(n\in\mathbf{N})$ 边形的面积，如图 2-2 所示.另外，每个正多边形的面积都是圆面积的近似值(均可采用初等方法算出)，只有不断地分割下去(即 n 无限变大时)才能获得圆面积的精确值 A_0.可见，正多边形面积的变化趋势是逼近圆面积(常数)，而正多边形随着边数的无限增大变成了圆.

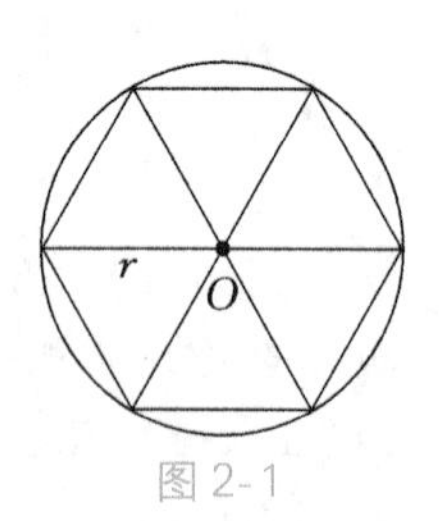

图 2-1

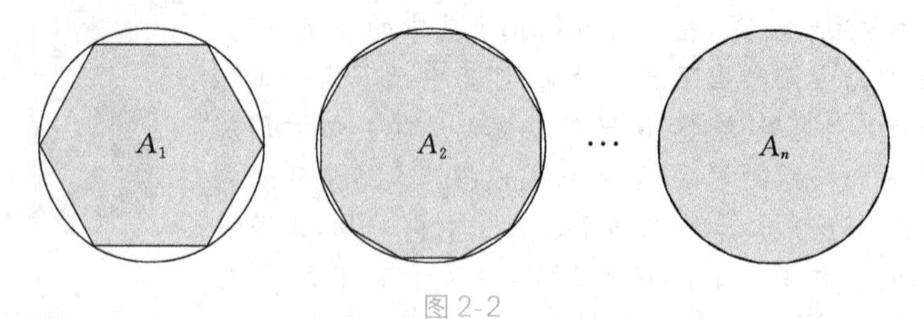

图 2-2

【注意】在上述圆面积计算过程中，初等数学只能解决近似值计算，不能解决精确值计算.任何有限次地分割，不论 n 有多大，所得正多边形面积都是圆面积的近似值.只有让 n "运动"起来(即无限变大时)，所得正多边形面积才能逼近圆面积的精确值.所以说初等数学解决的是在 n 给定("静止")时的计算问题，而高等数学解决的是在 n"运动"起来时的计算问题.或者说初等数学能解决近似计算，而高等数学能解决精确计算；从近似到精确要经历一个无限的变化过程.

实例 2【水温的变化趋势】 将一盆 100 ℃的开水放在一间室温为 20 ℃的房间里，水温逐渐降低，随着时间 t 的推移，水温会越来越接近室温 20 ℃.

实例 3【盐的溶解度】 在室温下，将盐逐渐加入 100 g 的水中，水中盐的含量会逐渐增加.但随着时间 t 的推移，水中盐的含量不可能无限增加，盐水会达到饱和状态.此饱和状态就是时间 $t\to\infty$时水中盐的含量为 36 g，该数值即为盐的溶解度.

尽管实例 1 中的变量属于离散型(数列)，实例 2 和实例 3 中的变量是连续型的，但它们有一个共同的特征：即当自变量逐渐增大时，相应的函数值(实例 2 中的水温是函数；实例 3 中的含盐量是函数)会趋于某一个常数.针对这种情况，我们给出下面的定义.

定义 2-1 如果当自然数 n 无限增大(即 $n\to\infty$)时，数列 $a_n=f(n)$无限接近一个确定的常数 A(唯一)，那么 A 就叫作**数列 a_n 当 $n\to\infty$时的极限**，记作

$$\lim_{n\to\infty} a_n=A(\text{或当 } n\to\infty \text{ 时}, a_n\to A).$$

上式读作数列 a_n 的极限等于 A，或读作当 $n\to\infty$时，a_n 无限趋近于 A，此时也称数列 a_n 收敛于 A.若数列 a_n 的极限不存在，则称数列 a_n 发散.

动画

数列极限的定义

定义 2-2 如果当 x 的绝对值无限增大(即 $x\to\infty$)时，函数 $f(x)$无限接近一个确定的常数 A，那么 A 就叫作**函数 $f(x)$当 $x\to\infty$时的极限**，记作

$$\lim_{x\to\infty} f(x)=A(\text{或当 } x\to\infty \text{ 时}, f(x)\to A).$$

上式读作函数 $f(x)$在 $x\to\infty$时的极限等于 A，或读作当 $x\to\infty$时，$f(x)$无限趋近于 A.在上述定义中，“$x\to\infty$”表示 x 既取正值而无限增大，也取负值而绝对值无限增大.

动画

自变量趋于无穷大时函数极限的定义

如果当 $x\to+\infty$(读作“x 趋于正无穷大”)时，函数 $f(x)$无限接近一个确定的常数 A，那么 A 就叫作**函数 $f(x)$当 $x\to+\infty$时的极限**，记作

$$\lim_{x\to+\infty} f(x)=A(\text{或当 } x\to+\infty \text{ 时}, f(x)\to A).$$

如果当 $x\to-\infty$(读作“x 趋于负无穷大”)时，函数 $f(x)$无限接近一个确定的常数 A，那么 A 就叫作**函数 $f(x)$当 $x\to-\infty$时的极限**，记作

$$\lim_{x\to-\infty} f(x)=A(\text{或当 } x\to-\infty \text{ 时}, f(x)\to A).$$

【注意】在实数范围内 $x\to\infty$包含 $x\to+\infty$和 $x\to-\infty$两种形式，即 x 趋向无穷远点∞时有两条路径：左路径($x\to-\infty$)和右路径($x\to+\infty$).不论沿着哪条路径趋向无穷远点∞，对应的函数 y 的趋向(极限)不能变；如果两条路径下函数的趋向(极限)发生了改变，或者在其中的一条路径下极限不存在，则函数在无穷远点∞无极限(或称发散).总之，函数在无穷远点∞的极限与路径无关.于是：

定理 2-1 $\lim\limits_{x\to\infty} f(x)=A$ 的充分必要条件是 $\lim\limits_{x\to-\infty} f(x)=\lim\limits_{x\to+\infty} f(x)=A$ 存在.

【注意】(1) **(极限的唯一性)**若函数(含数列)在自变量的某种变化趋势下有极限，则**极限是唯一的**.

(2) 极限涉及两个无限变化过程：一个是自变量的无限变化；另一个是对应函数值的无限变化(无限趋近于一个常数).极限反映了函数值的变化趋势，不要求函数值等于极限，函数与其极限通常是近似关系(即 $a_n\approx A$；$f(x)\approx A$)，只有无限“运动”后才能变成相等关系(即$\lim\limits_{n\to\infty} a_n=A$；$\lim\limits_{x\to\infty} f(x)=A$).

[例1] 借助数形结合法讨论下列极限的存在性.

(1) $\lim\limits_{n\to\infty}\left[1+\dfrac{(-1)^n}{n}\right]$； (2) $\lim\limits_{n\to\infty}\dfrac{n}{n+1}$； (3) $\lim\limits_{n\to\infty}2^n$； (4) $\lim\limits_{n\to\infty}(-1)^n$；

(5) $\lim\limits_{x\to\infty}\dfrac{1}{x}$； (6) $\lim\limits_{x\to\infty}\arctan x$； (7) $\lim\limits_{x\to\infty}\mathrm{e}^{\frac{1}{x}}$.

解 数列 $a_n=1+\dfrac{(-1)^n}{n}$，$a_n=\dfrac{n}{n+1}$，$a_n=2^n$ 及 $a_n=(-1)^n$ 在 $n\to\infty$(默认为 $+\infty$)时的变化趋势分别如图 2-3 至图 2-6 所示.函数 $y=\dfrac{1}{x}$，$y=\arctan x$ 及 $y=\mathrm{e}^{\frac{1}{x}}$ 随 $x\to\infty$ 时的变化趋势分别如图 2-7 至图 2-9 所示.

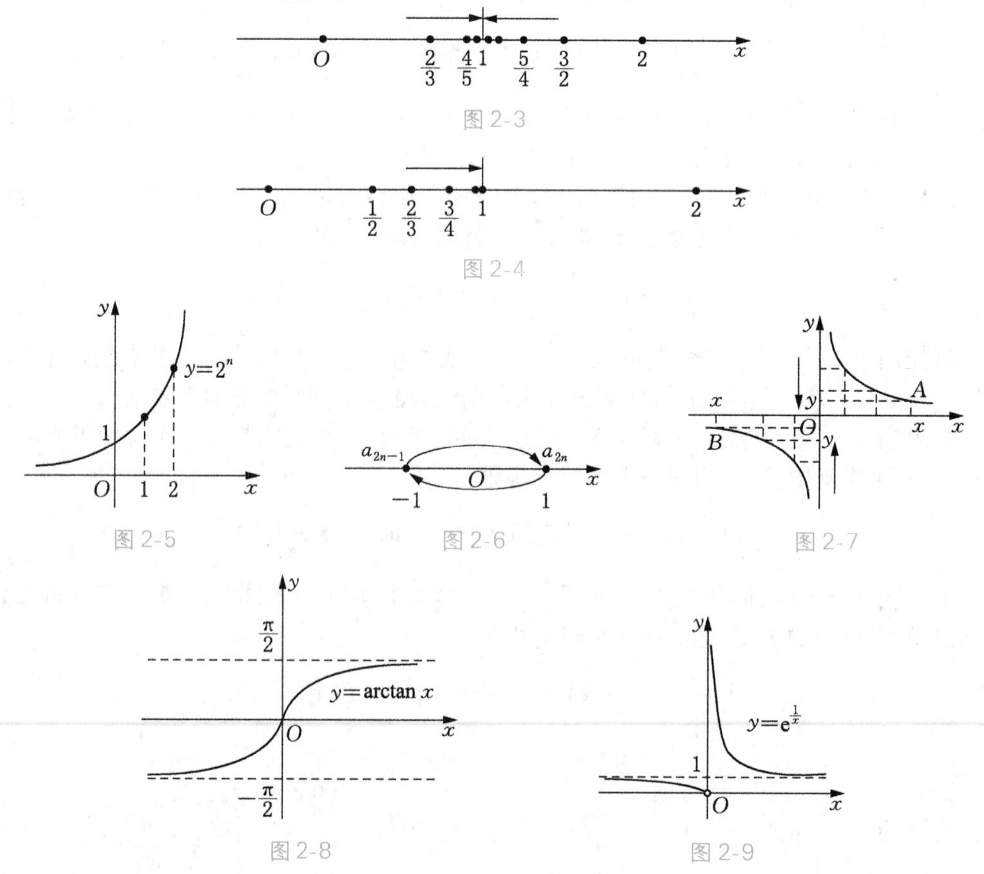

图 2-3

图 2-4

图 2-5

图 2-6

图 2-7

图 2-8

图 2-9

分析与结论：由图 2-3 和图 2-4 可知，当 $n\to+\infty$ 时 $1+\dfrac{(-1)^n}{n}\xrightarrow{\text{无限趋近}}1$，$\dfrac{n}{n+1}\xrightarrow{\text{无限趋近}}1$.因此，$\lim\limits_{n\to\infty}\left(1+\dfrac{(-1)^n}{n}\right)=1$，$\lim\limits_{n\to\infty}\dfrac{n}{n+1}=1$.

由图 2-5 可知，当 $n\to\infty$ 时，$2^n\to\infty$，所以数列 2^n 发散(极限 $\lim\limits_{n\to\infty}2^n$ 不存在).

由图 2-6 可知，当 n 以偶数方式趋向无穷大时项值始终为 1，所以这种情形下的极限为 1；而当 n 以奇数方式趋向无穷大时项值始终为 -1，此时的极限为 -1，出现了“多头”(多目标)现象，故该数列无极限(发散)，即 $\lim\limits_{n\to\infty}(-1)^n$ 不存在.又如：数列 3, 0, 3, 0, 3, 0, … 也无极限.

由图 2-7 可知，当 $x\to+\infty$ 时，对应到曲线上的点 A 到 x 轴的距离 y 越来越小，即距离 y 趋近于 0，从而 $\lim\limits_{x\to+\infty} y=\lim\limits_{x\to+\infty}\frac{1}{x}=0$；当 $x\to-\infty$ 时，对应到曲线上的点 B 到 x 轴的距离 $-y$ 越来越小，即距离 $-y$ 趋近于 0，从而 $\lim\limits_{x\to-\infty} y=\lim\limits_{x\to-\infty}\frac{1}{x}=0$，因此 $\lim\limits_{x\to\infty}\frac{1}{x}=0$.

值得注意的是，$x\to\infty \Leftrightarrow x\to+\infty, x\to-\infty$，这点与数列中 n 只能 $n\to+\infty$ 不同.

由图 2-8 可知，当 x 无限增大（$x\to+\infty$）时，函数曲线越来越接近渐近线 $y=\frac{\pi}{2}$，即 x 对应曲线上的点到渐近线的距离越来越小（趋近于 0），也就是说对应的函数值无限靠近 $\frac{\pi}{2}$，所以 $\lim\limits_{x\to+\infty}\arctan x=\frac{\pi}{2}$；当 x 无限减小（$x\to-\infty$）时，函数曲线越来越接近渐近线 $y=-\frac{\pi}{2}$，即 x 对应曲线上的点到渐近线的距离越来越小（趋近于 0），也就是说对应的函数值无限靠近 $-\frac{\pi}{2}$，因此有 $\lim\limits_{x\to-\infty}\arctan x=-\frac{\pi}{2}$. 由定理 1 知 $\lim\limits_{x\to\infty}\arctan x$ 不存在.

由图 2-9 可知，因 $\lim\limits_{x\to+\infty} e^{\frac{1}{x}}=1$，$\lim\limits_{x\to-\infty} e^{\frac{1}{x}}=1$，所以 $\lim\limits_{x\to\infty} e^{\frac{1}{x}}=1$.

随堂练习

（1）用图像法判定下列极限的存在性.

① $\lim\limits_{n\to\infty}\frac{(-1)^n}{n}$；　② $\lim\limits_{x\to\infty}\frac{1}{x^2}$；　③ $\lim\limits_{n\to\infty}\left(-\frac{1}{2}\right)^n$；

④ $\lim\limits_{x\to+\infty}\left(1+\frac{1}{\sqrt{x}}\right)$；　⑤ $\lim\limits_{x\to\infty}\frac{|x|}{x}$；　⑥ $\lim\limits_{x\to\infty}\left(\frac{1}{2}\right)^x$.

（2）学校餐厅每天供应 1 000 名学生用餐，每周一有 A、B 两种菜谱可供选择（每人限选一种），调查表明：凡周一选 A 菜谱的人，下周一会有 20% 的人改选 B 菜谱，而选 B 菜谱的人，下周一有 30% 的人改选 A 菜谱. 试问，无论原来选 A 菜谱的人有多少，随着时间的推移，选 A 菜谱的人将趋近于多少人？

答案与提示：

（1）①通过数轴观察知极限存在且为 0；②由函数 $y=x^{-2}$ 图像（图 2-10）可知极限存在且为 0；③通过数轴观察知极限等于 0；④由图 2-11 可知极限存在且为 1；⑤由图 2-12 可知 $\lim\limits_{x\to+\infty}\frac{|x|}{x}=\lim\limits_{x\to+\infty}1=1$（**约定常数的极限就是该常数本身**），$\lim\limits_{x\to-\infty}\frac{|x|}{x}=\lim\limits_{x\to+\infty}-1=-1$，故 $\lim\limits_{x\to\infty}\frac{|x|}{x}$ 不存在；⑥画图便知 $\lim\limits_{x\to-\infty}\left(\frac{1}{2}\right)^x=\infty$（不存在），$\lim\limits_{x\to+\infty}\left(\frac{1}{2}\right)^x=0$，所以 $\lim\limits_{x\to\infty}\left(\frac{1}{2}\right)^x$ 极限不存在.

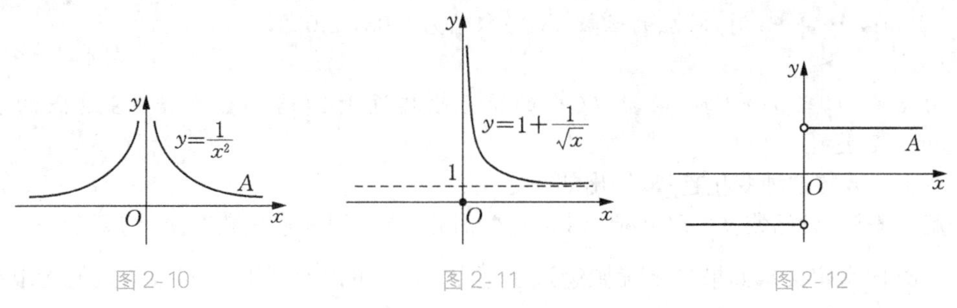

图 2-10　　图 2-11　　图 2-12

(2) 设 A_n，B_n 是第 n 周分别选 A、B 菜谱的人数，则

$$A_{n+1}=\frac{4}{5}A_n+\frac{3}{10}B_n=\frac{4}{5}A_n+\frac{3}{10}(1\,000-A_n)=\frac{1}{2}A_n+300$$

(递推形式，即用第 n 天的情形推算第 $n+1$ 天的情形). 本问题需要考虑 $n\to\infty$ 的情形，即求 $\lim\limits_{n\to\infty}A_n$. 所以只需给上式递推式两端同时取极限(**和的极限等于极限的和**)便可. 从而有 $a=\frac{1}{2}a+300$(式中 $a=\lim\limits_{n\to\infty}A_n$)，求得 $a=600$. 所以，选 A 菜谱的人将趋近 600 人.

2. 自变量无限趋近于点 x_0 时的极限概念

动画

自变量趋于有限值时函数极限的定义

实例 4【人影长度】 若一个人沿直线走向路灯，其终点是路灯的正下方，根据生活常识可知，人距离路灯越近，其影子长度越短，当人越来越接近终点时，其影子长度越来越接近 0.

如图 2-13 所示，设路灯的高为 H，人的高为 h，人离终点的距离为 x，人影长为 y，于是

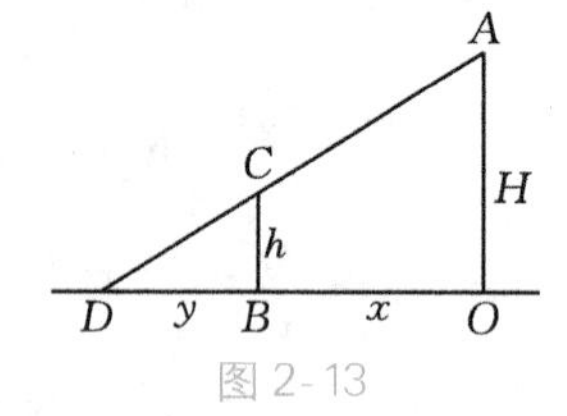

图 2-13

$$\frac{y}{y+x}=\frac{h}{H},$$

所以

$$y=\frac{h}{H-h}x.$$

易见，当人越来越接近终点时，即 $x\to 0$ 时，y 也跟着趋近于 0.

实例 4 讨论的是当自变量 x 无限趋近于某一定值时相应的函数值 y 的变化趋势.

这里，$x\to x_0$(读作"x 趋近于 x_0")表示 x 无限趋近于定值 x_0($x\neq x_0$)，它包含三种情况：

(1) x 从大于 x_0 的一侧趋近于 x_0，记作 $x\to x_0^+$；

(2) x 从小于 x_0 的一侧趋近于 x_0，记作 $x\to x_0^-$；

(3) x 从 x_0 的两侧趋近于 x_0，记作 $x\to x_0$.

[例 2] 考察当 $x\to 3$ 时，函数 $f(x)=\begin{cases}\frac{1}{3}x+1, & x\neq 3,\\ 4, & x=3\end{cases}$ 的变化趋势.

解 如图 2-14 所示，当 x 从 3 的左侧无限接近于 3 时，记为 $x\to 3^-$，例如 x 取 2.9，2.99，2.999，…，→3 时，对应的函数 $f(x)$ 取值为

$$1.97,\ 1.997,\ 1.999\,7,\ \cdots,\ \to 2;$$

当 x 从 3 的右侧无限接近于 3 时，记为 $x\to 3^+$，例如 x 取 3.1，3.01，3.001，…，→3 时，对应的函数 $f(x)$ 取值为 2.03，2.003，2.000 3，…，→2.

图 2-14

由此可知，当 $x\to 3$ 时，函数 $f(x)$ 的值无限接近于 2(与函数在 $x=3$ 这点的定义 $f(3)=4$ 无关).

对于函数的这种变化趋势，给出如下定义：

定义 2-3 设函数 $y=f(x)$ 在 x_0 的近旁有定义(一般要求函数在 x_0 的某个去心邻域 $\mathring{U}(x_0,\delta)$ 内有定义)，如果当 x 无限趋近于定点 x_0(x 可以不等于 x_0)时，函数值无限趋近

于一个确定的常数 A，那么 A 就叫作函数 $y=f(x)$ 当 $x\to x_0$ 时的极限. 记作

$$\lim_{x\to x_0} f(x)=A\text{（或当 } x\to x_0 \text{ 时，} f(x)\to A\text{）.}$$

【注意】当 $x\to x_0$ 时，函数 $f(x)$ 的极限是否存在与函数在 $x=x_0$ 处是否有定义无关. 即讨论函数在某点极限的存在性时，不考虑函数在该点有没有定义.

【注意】数列极限不定义点极限（请读者思考这是为什么）.

［例 3］　讨论下列极限

(1) $\lim\limits_{x\to x_0} C$；　　　　(2) $\lim\limits_{x\to x_0} x$.

解　(1) 因为函数 $y=C$ 是常值函数，即函数值恒等于常数（图略），所以

$$\lim_{x\to x_0} C=C.$$

(2) 因为函数 $y=x$ 的函数值与自变量相等（图略），所以当 $x\to x_0$ 时函数值 $y=x$ 也趋近于 x_0，因此

$$\lim_{x\to x_0} x=x_0.$$

随堂练习

(1) 讨论函数 $f(x)=\dfrac{x^2-4}{x-2}(x\neq 2)$ 在 $x\to 2$ 时极限的存在性.

(2) 设函数 $f(x)=\begin{cases}1, & x\neq 0\\ 0, & x=0\end{cases}$. 当 $x\neq 0$ 且无限接近于 0 时，函数极限的存在性.

答案与提示：(1) 当 $x\neq 2$ 时，$f(x)=x+2$. 当自变量 $x\neq 2$ 而无限接近于 2 时，对应的函数值无限接近于常数 4（图 2-15），即 $\lim\limits_{x\to 2}\dfrac{x^2-4}{x-2}=\lim\limits_{x\to 2}(x+2)=4$. 虽然函数 $f(x)=\dfrac{x^2-4}{x-2}$ 在 $x=2$ 处无定义，但当 $x\to 2$ 时，函数 $f(x)$ 的极限是存在的.

(2) 当 $x\neq 0$ 且无限接近于 0 时，对应的函数值无限接近于常数 1（图 2-16）. 尽管函数在 $x=0$ 处有定义，但极限不等于 $f(0)=0$.

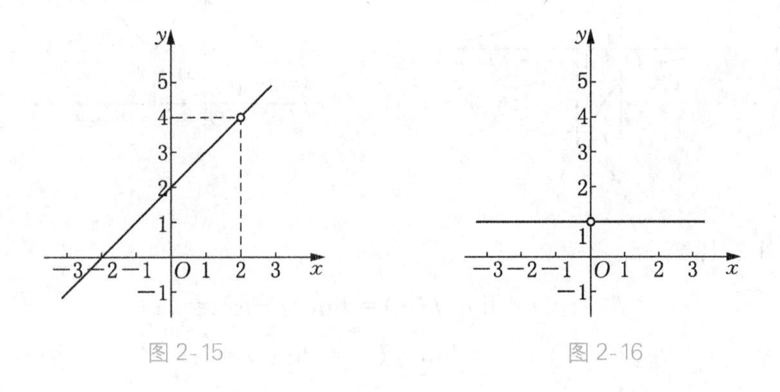

图 2-15　　　　图 2-16

【注意】自变量 $x\to x_0$ 的方式是任意的，即同时从 x_0 的左右两侧向 x_0 靠近. 不论以何种方式趋近于 x_0，极限值都是相同的（即唯一），则称函数在 x_0 处有极限；如果极限值发生了变化，或者以某种方式趋近于 x_0 时，极限不存在，则称函数在 x_0 处无极限.

定理 2-2 $\lim\limits_{x\to x_0}f(x)=A$ 的充要条件是 $\lim\limits_{x\to x_0^+}f(x)=\lim\limits_{x\to x_0^-}f(x)=A$.

今后称 $f(x_0+0)=\lim\limits_{x\to x_0^+}f(x)$ 为**函数 $f(x)$ 当 $x\to x_0$ 时的右极限**(即自变量从 x_0 右侧趋近于 x_0 时的极限);称 $f(x_0-0)=\lim\limits_{x\to x_0^-}f(x)$ 为**函数 $f(x)$ 当 $x\to x_0$ 时的左极限**(即自变量从 x_0 左侧趋近于 x_0 时的极限).

由例 2 可知

$$f(3+0)=\lim_{x\to 3^+}f(x)=\lim_{x\to 3^+}\left(\frac{1}{3}x+1\right)=2,$$

$$f(3-0)=\lim_{x\to 3^-}f(x)=\lim_{x\to 3^-}\left(\frac{1}{3}x+1\right)=2,$$

所以
$$\lim_{x\to 3}f(x)=\lim_{x\to 3}\left(\frac{1}{3}x+1\right)=2.$$

[例 4] 判断下列极限的存在性

(1) $\lim\limits_{x\to 0}\frac{|x|}{x}$; (2) $\lim\limits_{x\to 1}\frac{1}{x-1}$; (3) $f(x)=\begin{cases}x, & x>1,\\ 2-x^2, & x<1.\end{cases}$ 讨论 $\lim\limits_{x\to 1}f(x)$ 的存在性.

解 点极限的存在性一般要考虑左右极限是否存在、是否相等,必要时可借助图像观察,只有左右极限都存在且相等时才能断定有极限.

(1) 参照图 2-12, $\lim\limits_{x\to 0^-}\frac{|x|}{x}=\lim\limits_{x\to 0^-}\frac{-x}{x}=\lim\limits_{x\to 0^-}(-1)=-1$, $\lim\limits_{x\to 0^+}\frac{|x|}{x}=\lim\limits_{x\to 0^+}\frac{x}{x}=\lim\limits_{x\to 0^-}1=1$,左右极限都存在,但不相等,所以 $\lim\limits_{x\to 0}\frac{|x|}{x}$ 不存在.

(2) 如图 2-17 所示,当 x 从 1 的左侧趋近于 1 时,函数 y 无限减小($y\to-\infty$);当 x 从 1 的右侧趋近于 1 时,函数 y 无限增大($y\to+\infty$).所以 $\lim\limits_{x\to 1}\frac{1}{x-1}$ 不存在,也可以记成 $\lim\limits_{x\to 1}\frac{1}{x-1}=\infty$.

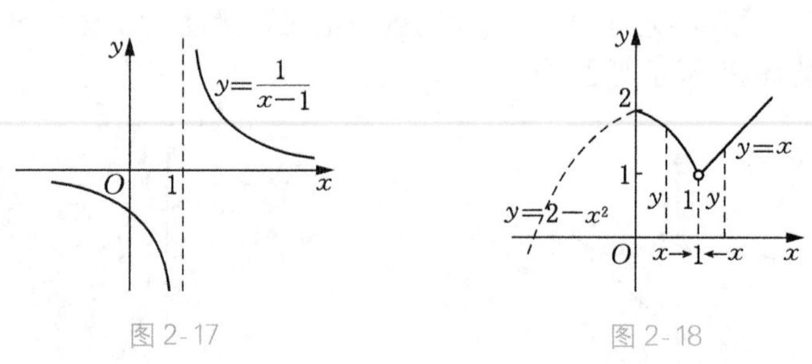

图 2-17　　图 2-18

(3) 如图 2-18 所示,

$$f(1-0)=\lim_{x\to 1^-}f(x)=\lim_{x\to 1^-}(2-x^2)=1;$$
$$f(1+0)=\lim_{x\to 1^+}f(x)=\lim_{x\to 1^+}x=1.$$

因 $f(1-0)=f(1+0)$,所以 $\lim\limits_{x\to 1}f(x)=1$(存在).

【注意】对于分段函数(绝对值函数也是分段函数)分界点处极限的存在性一定要考察左右极限,即要遵循下面的定理 2-2.

随堂练习

(1) 设函数 $f(x)=\begin{cases}\dfrac{x^2-1}{x-1}, & x\neq 1,\\ 1, & x=1,\end{cases}$ 讨论$\lim\limits_{x\to 1}f(x)$的存在性.

(2) ① 计算$\lim\limits_{x\to\frac{\pi}{2}}\sin x$；② 讨论$\lim\limits_{x\to\infty}\sin x$ 的存在性.

答案与提示：(1) 当 $x\neq 1$ 时，$f(x)=x+1$，画图观察，结果为$\lim\limits_{x\to 1}f(x)=2\neq f(1)$.

(2) ① 画图观察得$\lim\limits_{x\to\frac{\pi}{2}}\sin x=1$；② 画图观察得$\lim\limits_{x\to\infty}\sin x$ 不存在.

二、极限的运算

对简单函数(含数列)的极限可通过作图观察求其极限，但对复杂函数(含数列)则不可行.因此，需要掌握一些求极限的基本方法.记着几个常用极限和四则运算法则会使许多极限问题迎刃而解.

1. 几个常用极限

(1) $\lim\limits_{\substack{x\to x_0\\ x\to\infty\\ n\to\infty}}C=C$；(2) $\lim\limits_{n\to\infty}q^n=0(|q|<1)$；(3) $\lim\limits_{x\to\infty}\dfrac{C}{x^n}=0(0<n\in\mathbf{N},\ C$ 是常数).

【注意】在自变量的某个变化过程中，只要分子是常数或有界量，而分母能无限变大(趋向正无穷大或趋向负无穷大)，则极限一定等于 0.这点很重要，可依此求极限(直接写结果).

例如：$\lim\limits_{n\to\infty}3=3$；$\lim\limits_{n\to\infty}\dfrac{5}{n}=0$；$\lim\limits_{n\to\infty}\dfrac{5}{\sqrt{n}}=0$；$\lim\limits_{x\to\infty}\dfrac{2}{x^3}=0$；$\lim\limits_{n\to\infty}\dfrac{1}{2^n}=\lim\limits_{n\to\infty}\left(\dfrac{1}{2}\right)^n=0\left(|q|=\dfrac{1}{2}<1\right)$；

$\lim\limits_{n\to\infty}\left(-\dfrac{2}{3}\right)^n=0\left(|q|=\dfrac{2}{3}<1\right)$；$\lim\limits_{x\to\infty}5=5$；$\lim\limits_{x\to 2}4=4$.

又例如：$\lim\limits_{n\to\infty}\dfrac{1}{\sqrt{n+1}}=0$；$\lim\limits_{x\to+\infty}\dfrac{1}{\sqrt{x+1}+\sqrt{x}}=0$；$\lim\limits_{x\to\infty}\dfrac{5}{x^2+3x-2}=0$；$\lim\limits_{n\to\infty}\dfrac{3}{2^n+4}=0$；

$\lim\limits_{n\to\infty}\dfrac{3}{2^n}=0$；$\lim\limits_{x\to\infty}\dfrac{\sin x}{x+1}=0$(分子有界，分母趋向无穷大).

仅有常用极限还远远不够，还需要掌握一些极限运算法则才可以，否则将寸步难行.

2. 极限四则运算法则

定理 2-3 设在自变量的同一变化过程中，极限 $\lim f(x)$，$\lim g(x)$都存在，则有

(1) $\lim[f(x)\pm g(x)]=\lim f(x)\pm\lim g(x)$；

(2) $\lim[f(x)\cdot g(x)]=\lim f(x)\cdot\lim g(x)$；

(3) $\lim\dfrac{f(x)}{g(x)}=\dfrac{\lim f(x)}{\lim g(x)}(\lim g(x)\neq 0)$.

【注意】(1) 对于 $x\to x_0$，$x\to\infty$，$n\to\infty$(n 为自然数)等情形上述法则均成立.

(2) 法则(1)和法则(2)均可推广到有限个函数的情形.并有如下推论：

推论 $\lim[Cf(x)]=C\lim f(x)$(C 为常数)；

$\lim[f(x)]^k=[\lim f(x)]^k$($k$ 为正整数).

［例5］ 求下列数列的极限.

① $\lim\limits_{n\to\infty}\left(2-\frac{1}{n}\right)$；② $\lim\limits_{n\to\infty}\frac{3n+2}{n}$；③ $\lim\limits_{n\to\infty}\frac{(2n-3)(n+2)}{n^2}$；④ $\lim\limits_{n\to\infty}5\left[\left(\frac{1}{2}\right)^n+3\right]$.

解 ① $\lim\limits_{n\to\infty}\left(2-\frac{1}{n}\right)=\lim\limits_{n\to\infty}2-\lim\limits_{n\to\infty}\frac{1}{n}=2-0=2$.

② $\lim\limits_{n\to\infty}\frac{3n+2}{n}=\lim\limits_{n\to\infty}\left(3+\frac{2}{n}\right)=\lim\limits_{n\to\infty}3+\lim\limits_{n\to\infty}\frac{2}{n}=3+0=3$(第一步裂项很关键).

错误作法: $\lim\limits_{n\to\infty}\frac{3n+2}{n}=\frac{\lim\limits_{n\to\infty}(3n+2)}{\lim\limits_{n\to\infty}n}=\frac{\infty}{\infty}=1$(只有分子分母都有极限时才能利用法则).

③ $\lim\limits_{n\to\infty}\frac{(2n-3)(n+2)}{n^2}=\lim\limits_{n\to\infty}\frac{2n-3}{n}\cdot\frac{n+2}{n}=\lim\limits_{n\to\infty}\left(\frac{2n-3}{n}\right)\cdot\lim\limits_{n\to\infty}\left(\frac{n+2}{n}\right)=2\cdot1=2$.(第一步裂项较合理，意在用乘积法则，后续的作法同②，但决不能采用②的错误作法.)

④ $\lim\limits_{n\to\infty}5\left[\left(\frac{1}{2}\right)^n+3\right]=5\cdot\lim\limits_{n\to\infty}\left[\left(\frac{1}{2}\right)^n+3\right]=5\left[\lim\limits_{n\to\infty}\left(\frac{1}{2}\right)^n+\lim\limits_{n\to\infty}3\right]=5(0+3)=15$.

【注意】极限运算法则必须建立在参与运算的数列都要有极限的基础上，如果参与运算的数列没有极限时需恒等变形后再计算.

［例6］ 求下列数列的极限.

(1) $\lim\limits_{n\to\infty}\frac{2n-3}{4n+5}$； (2) $\lim\limits_{n\to\infty}\frac{2n^2-3n+1}{4n^2+5}$； (3) $\lim\limits_{n\to\infty}\sqrt{n}(\sqrt{n+1}-\sqrt{n})$；

(4) $\lim\limits_{n\to\infty}\frac{n}{\sqrt{n^2+2}}$； (5) $\lim\limits_{n\to\infty}\frac{3^n-2^n}{4\cdot3^n+5}$； (6) $\lim\limits_{n\to\infty}\left(\frac{1}{1\cdot2}+\frac{1}{2\cdot3}+\cdots+\frac{1}{n(n+1)}\right)$；

(7) $\lim\limits_{n\to\infty}\left(1+\frac{1}{2}+\frac{1}{4}+\cdots+\frac{1}{2^n}\right)$.

解 (1) $\lim\limits_{n\to\infty}\frac{2n-3}{4n+5}\overset{\frac{\infty}{\infty}}{=}\lim\limits_{n\to\infty}\frac{2-\frac{3}{n}}{4+\frac{5}{n}}=\frac{\lim\limits_{n\to\infty}\left(2-\frac{3}{n}\right)}{\lim\limits_{n\to\infty}\left(4+\frac{5}{n}\right)}=\frac{2}{4}=\frac{1}{2}$(不能直接用商式法则，因为分子、分母都没有极限，属于$\frac{\infty}{\infty}$型；求这类极限必须先对数列进行恒等变形才可以，方法就是分子、分母同除以 n 的最高次幂，然后再用商式法则求解).

(2) $\lim\limits_{n\to\infty}\frac{2n^2-3n+1}{4n^2+5}\overset{\frac{\infty}{\infty}}{=}\lim\limits_{n\to\infty}\frac{2-\frac{3}{n}+\frac{1}{n^2}}{4+\frac{5}{n^2}}=\frac{\lim\limits_{n\to\infty}\left(2-\frac{3}{n}+\frac{1}{n^2}\right)}{\lim\limits_{n\to\infty}\left(4+\frac{5}{n^2}\right)}=\frac{2}{4}=\frac{1}{2}$(理由同①).

(3) $\lim\limits_{n\to\infty}\sqrt{n}(\sqrt{n+1}-\sqrt{n})=\lim\limits_{n\to\infty}\frac{\sqrt{n}}{\sqrt{n+1}+\sqrt{n}}=\lim\limits_{n\to\infty}\frac{1}{\sqrt{1+\frac{1}{n}}+1}=\frac{1}{2}$(不能用和差法则，因为减号前后两个数列都没有极限，属于$\infty-\infty$型；求这类极限时必须对数列进行恒等变形，方法是将分母看成 1 进行分子有理化，有时需要通分才行).

(4) $\lim\limits_{n\to\infty}\frac{n}{\sqrt{n^2+2}}\overset{\frac{\infty}{\infty}}{=}\lim\limits_{n\to\infty}\frac{1}{\frac{\sqrt{n^2+2}}{n}}=\lim\limits_{n\to\infty}\frac{1}{\sqrt{\frac{n^2+2}{n^2}}}=\lim\limits_{n\to\infty}\frac{1}{\sqrt{1+\frac{2}{n^2}}}=1$(方法同①②).

(5) $\lim\limits_{n\to\infty}\frac{3^n-2^n}{4\cdot 3^n+5}\overset{\frac{\infty}{\infty}}{=}\lim\limits_{n\to\infty}\frac{1-\left(\frac{2}{3}\right)^n}{4+\frac{5}{3^n}}=\frac{1-0}{4+0}=\frac{1}{4}$(尽管 3^n 与 2^n 都能趋向无穷大,但随着 n 增大,3^n 的变化速度远快于 2^n 的变化速度,所以 3^n-2^n 最终趋向无穷大,致使该数列的变化属于$\frac{\infty}{\infty}$型,算法上同①②,分子、分母同除以变化速度最快的量 3^n).

(6) $\lim\limits_{n\to\infty}\left(\frac{1}{1\cdot 2}+\frac{1}{2\cdot 3}+\cdots+\frac{1}{n(n+1)}\right)=\lim\limits_{n\to\infty}\left[\left(\frac{1}{1}-\frac{1}{2}\right)+\left(\frac{1}{2}-\frac{1}{3}\right)+\cdots+\left(\frac{1}{n}-\frac{1}{n+1}\right)\right]$

$=\lim\limits_{n\to\infty}\left(1-\frac{1}{n+1}\right)=1$(“+”数量随 n 的增大而增大,不能直接用法则,应采用“裂项相消”法求和化简,再用法则).

(7) $\lim\limits_{n\to\infty}\left(\frac{1}{2}+\frac{1}{2^2}+\cdots+\frac{1}{2^n}\right)=\lim\limits_{n\to\infty}\frac{\frac{1}{2}\left[1-\left(\frac{1}{2}\right)^n\right]}{1-\frac{1}{2}}=\frac{\frac{1}{2}}{\frac{1}{2}}=1$(“+”数量随 n 的增大而增大,不能直接用法则,应先利用等比数列$\{a_n\}_{n=1}^{\infty}$求和公式 $S_n=\frac{a_1(1-q^n)}{1-q}$化简,式中 a_1 为首项,$q\neq 1$ 为公比).

[例7]　求极限$\lim\limits_{n\to\infty}\left(\frac{1}{\sqrt{n^2+1}}+\frac{1}{\sqrt{n^2+2}}+\cdots+\frac{1}{\sqrt{n^2+n}}\right)$.

解　由于　$\frac{n}{\sqrt{n^2+n}}\leqslant\frac{1}{\sqrt{n^2+1}}+\frac{1}{\sqrt{n^2+2}}+\cdots+\frac{1}{\sqrt{n^2+n}}\leqslant\frac{n}{\sqrt{n^2+1}}$,

又　$\lim\limits_{n\to\infty}\frac{n}{\sqrt{n^2+1}}=\lim\limits_{n\to\infty}\frac{1}{\sqrt{1+\frac{1}{n^2}}}=1$ 及$\lim\limits_{n\to\infty}\frac{n}{\sqrt{n^2+n}}=\lim\limits_{n\to\infty}\frac{1}{\sqrt{1+\frac{1}{n}}}=1$.

所以$\lim\limits_{n\to\infty}\left(\frac{1}{\sqrt{n^2+1}}+\frac{1}{\sqrt{n^2+2}}+\cdots+\frac{1}{\sqrt{n^2+n}}\right)=1$.(这里用到了数列极限的“迫敛性”,即若三个数列 a_n, b_n, c_n 满足 $a_n\leqslant b_n\leqslant c_n$,且$\lim\limits_{n\to\infty}a_n=\lim\limits_{n\to\infty}c_n=A$,则$\lim\limits_{n\to\infty}b_n=A$.)

[例8]　判断数列$\sqrt{2}$,$\sqrt{2+\sqrt{2}}$,$\sqrt{2+\sqrt{2+\sqrt{2}}}$,…的收敛性,并求其极限.

解　记 $u_{n+1}=\sqrt{2+u_n}$,易见数列 u_n 是单调递增的,现用归纳法证明有上界.

显然 $u_1=\sqrt{2}<2$,假设 $u_n<2$,则有 $u_{n+1}=\sqrt{2+u_n}<\sqrt{2+2}=2$,从而对一切 n,$u_n<2$,即数列 u_n 有上界.利用“**单调有界数列一定有极限**”原理知该数列有极限.

设$\lim\limits_{n\to\infty}u_n=A$,则有 $A=\sqrt{2+A}$,解得 $A=2$.

[例9]　求极限$\lim\limits_{x\to 2}(x^2+3x-2)$.

解　$\lim\limits_{x\to 2}(x^2+3x-2)=\lim\limits_{x\to 2}x^2+\lim\limits_{x\to 2}3x-\lim\limits_{x\to 2}2=(\lim\limits_{x\to 2}x)^2+3\lim\limits_{x\to 2}x-2$

$=2^2+3\cdot 2-2=8$.

【注意】$\lim\limits_{x\to x_0}x=x_0$;$\lim\limits_{x\to x_0}x^n=(\lim\limits_{x\to x_0}x)^n=x_0^n(n\in\mathbf{N})$.

[例 10] 求下列极限.

(1) $\lim\limits_{x\to 1}\dfrac{2x^2-3}{x+1}$；　　(2) $\lim\limits_{x\to 3}\dfrac{x^2-9}{x^2-5x+6}$.

解 (1) 因为$\lim\limits_{x\to 1}(x+1)=2\neq 0$，所以$\lim\limits_{x\to 1}\dfrac{2x^2-3}{x+1}=\dfrac{\lim\limits_{x\to 1}(2x^2-3)}{\lim\limits_{x\to 1}(x+1)}=-\dfrac{1}{2}$.

(2) 当 $x\to 3$ 时分子和分母的极限均为零，但可约去公因子$(x-3)$，即

$$\lim_{x\to 3}\frac{x^2-9}{x^2-5x+6}=\lim_{x\to 3}\frac{(x-3)(x+3)}{(x-3)(x-2)}=\lim_{x\to 3}\frac{x+3}{x-2}=6.$$

【提示】例 9 及例 10(1)均可采用“代入法”求值，即将自变量的趋近值代入函数解析式.该法适用于代入 x 的趋近值后可得确切数值的情况.另外，若将自变量的趋近值代入出现$\dfrac{0}{0}$型(分子、分母同时为零)的情况，这时需要观察分子、分母能不能因式分解，如果能因式分解，则约掉公因式后再代入自变量的趋近值.

[例 11] 求下列函数的极限.

(1) $\lim\limits_{x\to\infty}\dfrac{2x^3-3x^2+1}{4x^3+2x}$；　　(2) $\lim\limits_{x\to\infty}\dfrac{2x^2+x-1}{7x^3+3}$.

解 (1) $\lim\limits_{x\to\infty}\dfrac{2x^3-3x^2+1}{4x^3+2x}=\lim\limits_{x\to\infty}\dfrac{2-\dfrac{3}{x}+\dfrac{1}{x^3}}{4+\dfrac{2}{x^2}}=\dfrac{\lim\limits_{x\to\infty}\left(2-\dfrac{3}{x}+\dfrac{1}{x^3}\right)}{\lim\limits_{x\to\infty}\left(4+\dfrac{2}{x^2}\right)}=\dfrac{2}{4}=\dfrac{1}{2}$.

(2) $\lim\limits_{x\to\infty}\dfrac{2x^2+x-1}{7x^3+3}=\lim\limits_{x\to\infty}\dfrac{\dfrac{2}{x}+\dfrac{1}{x^2}-\dfrac{1}{x^3}}{7+\dfrac{3}{x^3}}=\dfrac{\lim\limits_{x\to\infty}\left(\dfrac{2}{x}+\dfrac{1}{x^2}-\dfrac{1}{x^3}\right)}{\lim\limits_{x\to\infty}\left(7+\dfrac{3}{x^3}\right)}=\dfrac{0}{7}=0$.

此类解法称为**同除以 x 的最高次幂法**.

[例 12] 求下列函数的极限.

(1) $\lim\limits_{x\to 3}\dfrac{\sqrt{x+1}-2}{x-3}$；　　(2) $\lim\limits_{x\to 1}\left(\dfrac{1}{x-1}-\dfrac{2}{x^2-1}\right)$.

解 (1) 当 $x\to 3$ 时分子和分母的极限均为零，不能用商的极限运算法则.采用分子有理化，再约去公因式$(x-3)$，此方法称为**消零因子法**.即得

$$\begin{aligned}\lim_{x\to 3}\frac{\sqrt{x+1}-2}{x-3}&=\lim_{x\to 3}\frac{(\sqrt{x+1}-2)(\sqrt{x+1}+2)}{(x-3)(\sqrt{x+1}+2)}=\lim_{x\to 3}\frac{x-3}{(x-3)(\sqrt{x+1}+2)}\\&=\lim_{x\to 3}\frac{1}{\sqrt{x+1}+2}=\frac{1}{4}.\end{aligned}$$

此题解法称**共轭有理式法**$\left(\text{适用于有根号且代入自变量趋近值后为}\dfrac{0}{0}\text{型或}\dfrac{\infty}{\infty}\text{型的情况}\right)$.

(2) 当 $x\to 1$ 时，两项的极限均不存在，不能用差的极限运算法则.可采用先通分再求极限.

$$\lim_{x\to1}\left(\frac{1}{x-1}-\frac{2}{x^2-1}\right)=\lim_{x\to1}\frac{x-1}{(x+1)(x-1)}=\lim_{x\to1}\frac{1}{x+1}=\frac{1}{2}.$$

【注意】使用极限的四则运算法则时，一定要注意法则条件.只有当各项极限存在且商中还要求分母极限不为零时，才能使用极限的四则运算法则.另外，如果所求极限不能直接运用极限法则，如“$\frac{0}{0}$”“$\frac{\infty}{\infty}$”“$\infty-\infty$”型未定式等，可采取先对原式进行恒等变形，如采用约分、通分、分子或分母有理化、变量代换、分子与分母同除以分子与分母的最高次方等方法化简，然后利用极限法则求极限.

习题 2.1.1

1. 求下列数列的极限.

(1) $\lim\limits_{n\to\infty}\frac{n+1}{n}$；　(2) $\lim\limits_{n\to\infty}\frac{3n}{2n+1}$；

(3) $\lim\limits_{n\to\infty}\frac{4n^2-5n-1}{7+2n-8n^2}$；　(4) $\lim\limits_{n\to\infty}\frac{5n^2+3n}{n^3+2n^2-5}$；

(5) $\lim\limits_{n\to\infty}\sqrt{n+1}-\sqrt{n-1}$；　(6) $\lim\limits_{n\to\infty}\frac{1+2+3+\cdots+(n-1)}{n^2}$.

2. 求下列函数的极限.

(1) $\lim\limits_{x\to0}\tan x$；　(2) $\lim\limits_{x\to0}\cos x$；

(3) $\lim\limits_{x\to3}(3x-1)$；　(4) $\lim\limits_{x\to1}\frac{x^2-1}{x-1}$；

(5) $\lim\limits_{x\to\infty}\frac{1}{1+x^2}$；　(6) $\lim\limits_{x\to\infty}\mathrm{e}^x$.

3. 设函数 $f(x)=\begin{cases}x^2+1, & x<0,\\ x, & x>0,\end{cases}$ 画出其图形，求极限 $\lim\limits_{x\to0^-}f(x)$ 及 $\lim\limits_{x\to0^+}f(x)$，并判定极限 $\lim\limits_{x\to0}f(x)$ 是否存在.

4. 判断极限 $\lim\limits_{x\to\infty}\frac{\mathrm{e}^x-1}{\mathrm{e}^x+1}$ 的存在性.

5. 求下列极限.

(1) $\lim\limits_{x\to2}\frac{x^2+5}{x-3}$；　(2) $\lim\limits_{x\to\sqrt{3}}\frac{x^2-3}{2x^2-x-1}$；　(3) $\lim\limits_{x\to1}\frac{x^2-1}{x^2-5x+4}$；

(4) $\lim\limits_{x\to2}\frac{4x^2-x}{2x^2-x}$；　(5) $\lim\limits_{x\to0}\frac{(a+x)^2-a^2}{x}$；　(6) $\lim\limits_{x\to0}\frac{\sqrt{1+x}-1}{x}$；

(7) $\lim\limits_{x\to1}\frac{x-1}{\sqrt{x+3}-2}$；　(8) $\lim\limits_{x\to\infty}x(\sqrt{x^2+1}-x)$；　(9) $\lim\limits_{x\to9}\frac{3-\sqrt{x}}{9-x}$；

(10) $\lim\limits_{x\to2}\frac{x^2-2x+1}{x^2-1}$；　(11) $\lim\limits_{x\to0}\frac{x^3-2x^2+x}{3x^2+2x}$；　(12) $\lim\limits_{x\to4}\frac{x^2-6x+8}{x^2-5x+4}$；

(13) $\lim\limits_{x\to\infty}\frac{x^2-1}{2x^2-x-1}$；　(14) $\lim\limits_{x\to\infty}\frac{x^2+x}{x^4-3x^2+1}$.

6. 假设某种疾病随着时间的延续，感染的人数越来越多，感染的人数 N 与时间 t 的函数关系为

$$N(t)=\frac{10^6}{1+5\times10^3\mathrm{e}^{-0.1t}},$$

问从长远来看，将有多少人染上这种疾病？

7. 一物体放在温度恒为 150 ℃的火炉上，它的温度满足如下模型：

$$T=100-100\mathrm{e}^{-0.029t},$$

t 表示时间(单位：min)，问：当 $t\to+\infty$ 时，物体的温度为多少？

三、两个重要极限

有两类函数极限，它们风格迥异，但在实际应用和工程科学计算中发挥着重要作用.下面分别介绍这两类极限.

1. 第一个重要极限

如图 2-19 所示，当 $x\to0$ 时，函数$\frac{\sin x}{x}\to1$，即$\lim\limits_{x\to0}\frac{\sin x}{x}=1$，此极限称为第一个重要极限.

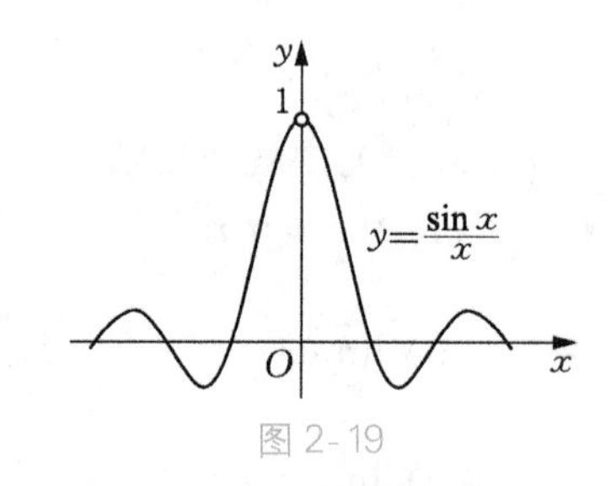

图 2-19

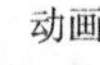

第一个重要极限的证明

需要指出的是，极限$\lim\limits_{x\to0}\frac{\sin x}{x}=1$ 是"$\frac{0}{0}$"型结构，为强调其形式，可将其进一步推广为

$$\lim_{x\to M}\frac{\sin\varphi(x)}{\varphi(x)}=1,$$

式中：当 $x\to M$(M 可以是∞，$-\infty$，$+\infty$，x_0，x_0^-，x_0^+)时，$\varphi(x)\to0$.结构特点：①$\frac{0}{0}$型；②正弦符号 sin 后的函数和分母上的函数相同.例如$\lim\limits_{x\to1}\frac{\sin(x-1)}{(x-1)}=1$.

试问：$\lim\limits_{x\to\infty}\frac{\sin x}{x}=1$ 对吗？$\left(\text{错，不是}\frac{0}{0}\text{型，应等于 0.}\right)$

［例 13］ 求下列极限.

(1) $\lim\limits_{x\to0}\frac{\sin 3x}{x}$；　(2) $\lim\limits_{x\to\pi}\frac{\sin x}{\pi-x}$；　(3) $\lim\limits_{x\to\infty}x\sin\frac{1}{x}$；

(4) $\lim\limits_{x\to0}\frac{\tan x}{x}$；　(5) $\lim\limits_{x\to2}\frac{\sin(x^2-4)}{x-2}$；　(6) $\lim\limits_{x\to0}\frac{1-\cos x}{x^2}$.

解 (1) $\lim\limits_{x\to0}\frac{\sin 3x}{x}=\lim\limits_{x\to0}\frac{3\sin 3x}{3x}=3\lim\limits_{x\to0}\frac{\sin 3x}{3x}=3\times1=3$$\left(\frac{0}{0}\right.$型，结构与重要极限相近，通过恒等变形可化成重要极限的标准形式$\left.\right)$；

(2) $\lim\limits_{x\to\pi}\frac{\sin x}{\pi-x}=\lim\limits_{x\to\pi}\frac{\sin(\pi-x)}{\pi-x}=1$$\left(\frac{0}{0}\right.$型，利用三角函数的诱导公式 $\sin(\pi-x)=\sin x$ 化成重要极限的标准形式$\left.\right)$；

(3) $\lim\limits_{x\to\infty} x\sin\dfrac{1}{x}=\lim\limits_{x\to\infty}\dfrac{\sin\dfrac{1}{x}}{\dfrac{1}{x}}=1$ $\left(\infty\cdot 0\text{ 型可转化成}\dfrac{0}{0}\text{型，结构标准化}\right)$；

试问：$\lim\limits_{x\to 0} x\sin\dfrac{1}{x}=\lim\limits_{x\to 0}\dfrac{\sin\dfrac{1}{x}}{\dfrac{1}{x}}=1$ 成立吗？$\left(\text{不成立，要看是不是}\dfrac{0}{0}\text{型.}\right)$

(4) $\lim\limits_{x\to 0}\dfrac{\tan x}{x}=\lim\limits_{x\to 0}\dfrac{\dfrac{\sin x}{\cos x}}{x}=\lim\limits_{x\to 0}\dfrac{\sin x}{x\cdot\cos x}=\lim\limits_{x\to 0}\left(\dfrac{\sin x}{x}\cdot\dfrac{1}{\cos x}\right)=\lim\limits_{x\to 0}\dfrac{\sin x}{x}\cdot\lim\limits_{x\to 0}\dfrac{1}{\cos x}=$ $1\times 1=1$ $\left(\text{三角函数的}\dfrac{0}{0}\text{型，大多数能转化成重要极限，恒等变形很关键}\right)$.

(5) $\lim\limits_{x\to 2}\dfrac{\sin(x^2-4)}{x-2}=\lim\limits_{x\to 2}\dfrac{\sin(x^2-4)}{x^2-4}\cdot(x+2)=\lim\limits_{x\to 2}\dfrac{\sin(x^2-4)}{x^2-4}\cdot\lim\limits_{x\to 2}(x+2)=1\times$ $4=4$.

(6) $\lim\limits_{x\to 0}\dfrac{1-\cos x}{x^2}=\lim\limits_{x\to 0}\dfrac{2\sin^2\dfrac{x}{2}}{x^2}=\lim\limits_{x\to 0}\dfrac{2\sin^2\dfrac{x}{2}}{4\cdot\dfrac{x^2}{4}}=\dfrac{2}{4}\lim\limits_{x\to 0}\left(\dfrac{\sin\dfrac{x}{2}}{\dfrac{x}{2}}\right)^2=\dfrac{1}{2}$ $\left(\text{用公式 }1-\cos x=2\sin^2\dfrac{x}{2}\text{转化成重要极限}\right)$.

【注意】能否用重要极限，关键看将函数形式化成$\dfrac{\sin\varphi(x)}{\varphi(x)}$后是不是$\dfrac{0}{0}$型，熟记一些三角公式是很重要的.

随堂练习

利用重要极限计算下列各题：

① $\lim\limits_{x\to 0}\dfrac{\tan 3x}{x}$； ② $\lim\limits_{x\to 0}\dfrac{\sin 3x}{\sin 4x}$； ③ $\lim\limits_{x\to\frac{\pi}{2}}\dfrac{\cos x}{x-\dfrac{\pi}{2}}$； ④ $\lim\limits_{x\to 0}\dfrac{\sin 3x}{\tan 4x}$.

答案与提示：① 3；② $\dfrac{3}{4}$；③ -1；④ $\dfrac{3}{4}$ $\left(\text{③的解答要用到公式 }\sin\left(\dfrac{\pi}{2}-x\right)=\cos x\right)$.

2. 第二个重要极限

$$\lim_{x\to\infty}\left(1+\frac{1}{x}\right)^x=\mathrm{e}\quad\text{或}\quad\lim_{x\to 0}(1+x)^{\frac{1}{x}}=\mathrm{e}.$$

列出函数$\left(1+\dfrac{1}{x}\right)^x$在$x$的绝对值无限增大时的部分函数值，见表 2-1.

表 2-1

x	10	100	1 000	10 000	100 000	1 000 000	…
$\left(1+\frac{1}{x}\right)^x$	2.593 74	2.704 81	2.716 92	2.718 15	2.718 27	2.718 28	…

续　表

x	-10	-100	$-1\,000$	$-10\,000$	$-100\,000$	$-1\,000\,000$	…
$\left(1+\frac{1}{x}\right)^x$	2.867 97	2.732 00	2.719 64	2.718 42	2.718 30	2.718 28	…

从表 2-1 可以看出，当 $x\to\infty$ 时，函数 $\left(1+\frac{1}{x}\right)^x$ 的值越来越接近于无理数 e（2.718 281 828 459 045…）.

重要极限 $\lim\limits_{x\to\infty}\left(1+\frac{1}{x}\right)^x=\mathrm{e}$ 可进一步推广为

$$\lim_{x\to M}(1+\varphi(x))^{\frac{1}{\varphi(x)}}=\mathrm{e},$$

上式中当 $x\to M$（M 可以是 ∞，$-\infty$，$+\infty$，x_0，x_0^-，x_0^+）时，$\varphi(x)\to 0$.其结构特点为 1^∞ 型.这也是无理数 e 的一个来源.

为了便于记忆，可以将此类极限的本质特征总结成以下四点：

(1) 函数有 1；(2) 1 后面要有"+"号；(3) "+"号后面的变量一定趋于 0；(4) 次数与"+"后面的变量要互为倒数.符合这四点，那么极限值就为 e.

[例 14]　利用第二个重要极限求下列极限.

(1) $\lim\limits_{x\to\infty}\left(1-\frac{4}{x}\right)^x$；　(2) $\lim\limits_{x\to\infty}(1+9x)^{\frac{1}{x}}$；　(3) $\lim\limits_{x\to\infty}\left(1+\frac{1}{2x}\right)^{6x+4}$；　(4) $\lim\limits_{x\to\infty}\left(\frac{2x+1}{2x-1}\right)^x$；

(5) $\lim\limits_{x\to\frac{\pi}{2}}(1+\cos x)^{3\sec x}$.

解　(1) $\lim\limits_{x\to\infty}\left(1-\frac{4}{x}\right)^x=\lim\limits_{x\to\infty}\left(1+\frac{4}{-x}\right)^{\frac{-x}{4}\cdot(-4)}=\lim\limits_{x\to\infty}\left[\left(1+\frac{4}{-x}\right)^{\frac{-x}{4}}\right]^{-4}=\mathrm{e}^{-4}$（利用 $a^{mn}=(a^m)^n$ 将函数结构化成标准形，以下类似）；

(2) $\lim\limits_{x\to 0}(1+9x)^{\frac{1}{x}}=\lim\limits_{x\to 0}[(1+9x)^{\frac{1}{9x}}]^9=\mathrm{e}^9$；

(3) $\lim\limits_{x\to\infty}\left(1+\frac{1}{2x}\right)^{6x+4}=\lim\limits_{x\to\infty}\left(1+\frac{1}{2x}\right)^{2x\cdot\frac{1}{2x}\cdot 6x+4}=\lim\limits_{x\to\infty}\left[\left(1+\frac{1}{2x}\right)^{2x}\right]^3\cdot\left(1+\frac{1}{2x}\right)^4=\mathrm{e}^3$（用到了指数运算法则：$a^{m+n}=a^m\cdot a^n$）；

(4) $\lim\limits_{x\to\infty}\left(\frac{2x+1}{2x-1}\right)^x=\lim\limits_{x\to\infty}\left(1+\frac{2x+1}{2x-1}-1\right)^x=\lim\limits_{x\to\infty}\left(1+\frac{2}{2x-1}\right)^x$

$$=\lim_{x\to\infty}\left[\left(1+\frac{2}{2x-1}\right)^{\frac{2x-1}{2}}\right]^{\frac{2}{2x-1}\cdot x}=\lim_{x\to\infty}\mathrm{e}^{\frac{2x}{2x-1}}=\mathrm{e}.$$

(5) $\lim\limits_{x\to\frac{\pi}{2}}(1+\cos x)^{3\sec x}=\lim\limits_{x\to\frac{\pi}{2}}(1+\cos x)^{\frac{3}{\cos x}}\overset{1^\infty}{=}\lim\limits_{x\to\frac{\pi}{2}}[(1+\cos x)^{\frac{1}{\cos x}}]^3=\mathrm{e}^3$（本例用到了 $\cos x\cdot\sec x=1$，即正割和余弦互倒关系，变换后知是 1^∞ 型，可用重要极限）.

随堂练习

利用重要极限计算下列函数的极限.

① $\lim\limits_{x\to\infty}\left(1+\frac{3}{x}\right)^x$；　② $\lim\limits_{x\to\infty}\left(\frac{x}{1+x}\right)^{2x}$；　③ $\lim\limits_{x\to\infty}\left(\frac{2-x}{3-x}\right)^x$；　④ $\lim\limits_{x\to 0}(1-2x)^{\frac{1}{x}}$.

答案：① e^3；② e^{-2}；③ e；④ e^{-2}.

习题 2.1.2

求下列函数的极限.

(1) $\lim\limits_{x\to 0}\dfrac{\sin \omega x}{x}$； (2) $\lim\limits_{x\to 0}\dfrac{\tan 3x}{x}$； (3) $\lim\limits_{x\to 0}\dfrac{\sin 2x}{\sin 5x}$；

(4) $\lim\limits_{x\to 0}\dfrac{\sin 3x}{\tan 2x}$； (5) $\lim\limits_{x\to 0} x\cot x$； (6) $\lim\limits_{x\to 0}\dfrac{1-\cos 2x}{x\sin x}$；

(7) $\lim\limits_{x\to\infty} x\sin\dfrac{3}{x}$； (8) $\lim\limits_{n\to\infty} 2^n\sin\dfrac{x}{2^n}$（$x$ 为不等于零的常数）；

(9) $\lim\limits_{n\to\infty}\left(1+\dfrac{3}{n}\right)^n$； (10) $\lim\limits_{n\to\infty}\left(1+\dfrac{1}{2n}\right)^{4n}$； (11) $\lim\limits_{x\to\infty}\left(\dfrac{1+x}{x}\right)^{2x}$；

(12) $\lim\limits_{x\to 0}(1-x)^{\frac{3}{x}}$； (13) $\lim\limits_{x\to\infty}\left(1+\dfrac{1}{x}\right)^{\frac{x}{2}}$； (14) $\lim\limits_{x\to 0}(1+3\tan^2 x)^{\cot^2 x}$.

四、无穷小量与无穷大量

在实际问题中，经常会遇到两种特殊类型的极限：一是在自变量的某一变化过程中，函数 $f(x)$的绝对值“无限变小”，即极限为零；二是在自变量的某一变化过程中，函数 $f(x)$的绝对值“无限变大”，即极限为无穷大. 下面分别讨论这两种情形.

1. 无穷小量

(1) 无穷小量的定义

实例 5【容器中的空气含量】 一个容器中装满了空气，用抽气机来抽容器中的空气，在抽气过程中，容器中的空气含量随着抽气时间的增加而逐渐减少并趋近于零.

在对许多事物进行研究时，常遇到事物数量逐渐趋近于零的情形. 对于这种变量，给出下面的定义.

定义 2-4 如果在自变量的某一变化过程中，函数 $f(x)$的极限为零，则称函数 $f(x)$是自变量在该变化过程中的一个**无穷小量**，简称**无穷小**.

上述定义可表述为：若 $\lim\limits_{x\to()} f(x)=0$，则称 $f(x)$为 $x\to()$时的无穷小量. 其中 $x\to()$的括弧中可以添加不同的极限过程. 例如，函数 $f(x)=2x-4$ 是 $x\to 2$ 时的无穷小，函数 $f(x)=\dfrac{1}{x-1}$是 $x\to\infty$时的无穷小.

【注意】(1) 无穷小量是以零为极限的函数，不是指很小很小的数，也不是指负无穷大. 当我们说函数 $f(x)$是无穷小量时，必须同时指明自变量 x 的变化趋向.

例如，当 $x\to\infty$时，函数 $f(x)=\dfrac{1}{x}$是无穷小量，而当 $x\to 1$ 时，函数 $f(x)=\dfrac{1}{x}$就不是无穷小量.

(2) 常数中只有“0”是无穷小量，这是因为 $\lim\limits_{x\to()} 0=0$. 对于其他常数，尽管它的值可以很小，因其值已取定(不为零)，极限都不是 0，因此都不能说成是无穷小量.

(2) 函数、极限与无穷小的关系

设 $\lim\limits_{x\to()} f(x)=A$，则当 $x\to()$时，必有 $f(x)-A\to 0$. 若记 $\alpha=f(x)-A$，则当 $x\to()$时 α 为无穷小量，且 $f(x)=A+\alpha$. 于是得到有极限的变量与无穷小量的关系：

定理 2-4 $\lim\limits_{x\to()} f(x)=A$ 的充分必要条件是 $f(x)=A+\alpha$(其中 $\lim\limits_{x\to()}\alpha=0$).

定理 2-4 表明在自变量的某个变化过程中,如果函数有极限,则该函数可以表示成它的极限值与一个无穷小量的和;反之,如果函数能够表示成一个常数与一个无穷小量的和,那么该常数就是这个函数的极限.

(3) 无穷小的性质

性质 1 两个无穷小的和(或差)是无穷小.

性质 2 两个无穷小的乘积是无穷小.

性质 3 有界函数与无穷小的乘积是无穷小.

【注意】利用性质 3 可以求一些函数的极限.

[例 15] 求下列函数的极限.

(1) $\lim\limits_{x\to0} x^2\sin\frac{1}{x^3}$; (2) $\lim\limits_{x\to\infty}\frac{\sin x}{x}$; (3) $\lim\limits_{n\to\infty}\left(\frac{1}{n^2}+\frac{2}{n^2}+\cdots+\frac{n}{n^2}\right)$.

解 (1) 因为 $\lim\limits_{x\to0} x^2=0$,即当 $x\to0$ 时 x^2 是无穷小量,而 $\left|\sin\frac{1}{x^3}\right|\leqslant1$,即 $\sin\frac{1}{x^3}$ 是有界函数,所以,由性质 3 得,当 $x\to0$ 时 $x^2\sin\frac{1}{x^3}$ 是无穷小量,即

$$\lim_{x\to0} x^2\sin\frac{1}{x^3}=0.$$

(2) $\lim\limits_{x\to\infty}\frac{\sin x}{x}=\lim\limits_{x\to\infty}\frac{1}{x}\cdot\sin x$.因为在 $(-\infty,+\infty)$ 内,$|\sin x|\leqslant1$,所以函数 $\sin x$ 在 $(-\infty,+\infty)$ 内是有界函数.因为 $\lim\limits_{x\to\infty}\frac{1}{x}=0$,所以函数 $\frac{1}{x}$ 是 $x\to\infty$ 时的无穷小.根据性质 3 知 $\lim\limits_{x\to\infty}\frac{\sin x}{x}=0$.

(3) $\lim\limits_{n\to\infty}\left(\frac{1}{n^2}+\frac{2}{n^2}+\cdots+\frac{n}{n^2}\right)=\lim\limits_{n\to\infty}\frac{1+2+\cdots+n}{n^2}=\lim\limits_{n\to\infty}\frac{\frac{1}{2}(1+n)n}{n^2}=\lim\limits_{n\to\infty}\frac{1+n}{2n}=\frac{1}{2}$.

由此说明无穷多个无穷小之和不一定是无穷小.

随堂练习

计算① $\lim\limits_{x\to0} x\sin\frac{1}{x}$; ② $\lim\limits_{n\to\infty}\frac{(-1)^n}{n}$; ③ $\lim\limits_{x\to\infty}\frac{\arctan x}{x}$.

答案:① 0; ② 0; ③ 0.

2. 无穷大量

(1) 无穷大量的定义

实例 6【存款本利和】 小张有本金 A,银行的一年期存款利率为 r,到期自动转存,不考虑个人所得税,第 n 年,小张所得的本利和为 $A(1+r)^n$,存款时间越长,本利和越多,当存款时间无限延长时,本利和将无限增大.

定义 2-5 在自变量的某一变化过程中,若函数 $f(x)$ 的绝对值无限增大,则称函数 $f(x)$ 是自变量在该变化过程中的无穷大量,简称无穷大.记作 $\lim\limits_{x\to()} f(x)=\infty$.

例如，当 $x\to+\infty$ 时，e^x 是无穷大量；当 $x\to0$ 时，$\frac{1}{x}$ 也是无穷大量；当 $x\to\frac{\pi}{2}$ 时，$\tan x$ 是无穷大量.

【注意】(1) 当我们说函数 $f(x)$ 是无穷大量，必须同时指明自变量 x 的变化趋势.例如，当 $x\to1$ 时，函数 $f(x)=\frac{1}{x-1}$ 是无穷大量，但当 $x\to\infty$ 时，函数 $f(x)=\frac{1}{x-1}$ 就是无穷小量.

(2) 一定要把绝对值很大的数与无穷大量区分开来.绝对值很大的数，其绝对值无论多么大都是常数，不会随着自变量的变化而无限增大，所以都不是无穷大量.

(3) 无穷大量不趋向于任何确定的常数，所以无穷大量的极限不存在.此时 $\lim\limits_{x\to()} f(x)=\infty$ 只是一种记号，其实际意义表示当 $x\to(\ )$ 时，$|f(x)|$ 无限增大.

(4) 两个无穷大的和、差、商的极限没有确定的结果.

[例 16]　当 $x\to+\infty$ 时，2^x 取正值而且无限增大，所以称 2^x 为 $x\to+\infty$ 时的正无穷大量，记作 $\lim\limits_{x\to+\infty} 2^x=+\infty$.

[例 17]　当 $x\to0^+$ 时，$\ln x$ 取负值但其绝对值无限增大，所以称 $\ln x$ 为 $x\to0^+$ 时的负无穷大量，即 $\lim\limits_{x\to0^+} \ln x=-\infty$.

随堂练习

下列函数在什么情况下是无穷小或无穷大？

① 当 $x\to$________时，$\frac{x-2}{x^2+3}$ 是无穷小；② 对于函数 $y=\frac{x}{x^2-x-2}$，当 $x\to$________时是无穷大，当 $x\to$________时是无穷小.

答案：① 2 或∞；② -1 或 2，0 或∞.

(2) 无穷大量与无穷小量的关系

为了说明无穷大量与无穷小量的关系，我们先看下面的例子.

当 $x\to\infty$ 时，函数 $f(x)=\frac{1}{x}$ 是无穷小量，而函数 $\frac{1}{f(x)}=x$ 则是无穷大量；

当 $x\to1$ 时，函数 $f(x)=\frac{1}{x-1}$ 是无穷大量，而函数 $\frac{1}{f(x)}=x-1$ 是无穷小量.

一般地，在自变量的同一变化过程中，如果 $f(x)$ 是无穷大量，那么 $\frac{1}{f(x)}$ 是无穷小量；如果 $f(x)$ 是无穷小量，且 $f(x)\neq0$，那么 $\frac{1}{f(x)}$ 是无穷大量.

释疑解难

无穷大量与无穷小量

[例 18]　求极限 $\lim\limits_{x\to2}\frac{2x+5}{x-2}$.

解　因为当 $x\to2$ 时，分母的极限为 0，所以不能运用极限运算法则.而极限

$$\lim_{x\to2}\frac{x-2}{2x+5}=0,$$

即当 $x\to2$ 时，$\frac{x-2}{2x+5}$ 是无穷小量，所以 $x\to2$ 时，$\frac{2x+5}{x-2}$ 是无穷大量，即

$$\lim_{x\to 2}\frac{2x+5}{x-2}=\infty.$$

[例 19] 求极限$\lim\limits_{x\to\infty}(x^2-3x+1)$.

解 因为当 $x\to\infty$时，x^2，$3x$ 的极限都不存在，所以不能运用极限运算法则，而

$$\lim_{x\to\infty}\frac{1}{x^2-3x+1}=\lim_{x\to\infty}\frac{\frac{1}{x^2}}{1-\frac{3}{x}+\frac{1}{x^2}}=0,$$

即当 $x\to\infty$时，$\frac{1}{x^2-3x+1}$是无穷小量，那么当 $x\to\infty$时，x^2-3x+1 是无穷大量，因此，

$$\lim_{x\to\infty}(x^2-3x+1)=\infty.$$

说明：例 4 与例 5 的解法可称为“颠倒法”，适用于$\frac{1}{0}$型或∞型的情况.

3. 无穷小量的比较

无穷小量虽然都是趋近于 0 的变量，但不同的无穷小量趋近于 0 的速度却不一定相同，有时可能差别很大.

如当 $x\to 0$ 时，x，$2x$，x^2 都是无穷小量，但它们趋近于 0 的速度却不一样，见表 2-2.

表 2-2 不同无穷小量趋近于 0 的速度

x 取值	1	0.5	0.1	0.01	0.001	$\cdots\to 0$
x 的值	1	0.5	0.1	0.01	0.001	$\cdots\to 0$
$2x$ 的值	2	1	0.2	0.02	0.002	$\cdots\to 0$
x^2	1	0.25	0.01	0.000 1	0.000 001	$\cdots\to 0$

显然，x^2 比 x 与 $2x$ 趋近于 0 的速度都快得多.快慢是相对的，是相互比较而言的.下面通过比较两无穷小量趋近于 0 的速度引入无穷小量的阶的概念.

定义 2-6 设$\lim\limits_{x\to x_0}f(x)=0$，$\lim\limits_{x\to x_0}g(x)=0$(极限过程 $x\to x_0$ 可换成 $x\to\infty$等).

若$\lim\limits_{x\to x_0}\frac{f(x)}{g(x)}=0$，则称当 $x\to x_0$ 时，$f(x)$是比 $g(x)$**较高阶的无穷小量**，记作 $f(x)=o(g(x))$.

若$\lim\limits_{x\to x_0}\frac{f(x)}{g(x)}=\infty$，则称当 $x\to x_0$ 时，$f(x)$是比 $g(x)$**较低阶的无穷小量**.

若$\lim\limits_{x\to x_0}\frac{f(x)}{g(x)}=k\neq 0$($k$ 为常数)，则称当 $x\to x_0$ 时，$f(x)$与 $g(x)$是**同阶无穷小量**.特别当 $k=1$ 时，称 $f(x)$与 $g(x)$是**等阶无穷小量**，记作 $f(x)\sim g(x)$.

例如，因为$\lim\limits_{x\to 0}\frac{x^2}{x}=0$，$\lim\limits_{x\to 0}\frac{x}{x^2}=\infty$，$\lim\limits_{x\to 0}\frac{5x}{x}=5$，$\lim\limits_{x\to 0}\frac{\sin x}{x}=1$，所以，当 $x\to 0$ 时，$x^2=o(x)$，x 是比 x^2 低阶的无穷小；$5x$ 与 x 是同阶无穷小；$\sin x\sim x$.

【注意】两个无穷小量的和、差、积仍然是无穷小量，但两个无穷小量的商就不一定是无穷小量.

等价无穷小在求极限过程中具有重要的作用，对此有下面的等价无穷小代换定理：

释疑解难

等价无穷小代换1

定理 2-5　设在自变量的同一变化过程中，$\alpha\sim\alpha'$，$\beta\sim\beta'$，且 $\lim\dfrac{\alpha'}{\beta'}=A$（或$\infty$），则

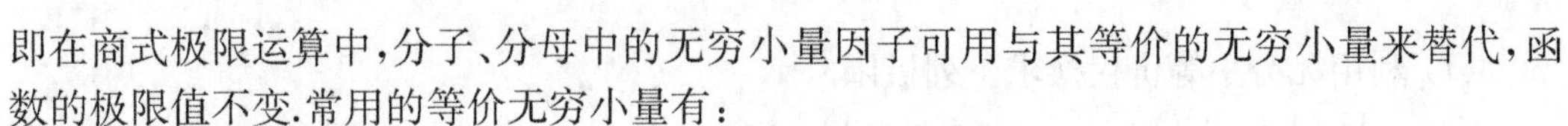

$$\lim\frac{\alpha}{\beta}=\lim\frac{\alpha'}{\beta'}=A\text{（或}\infty\text{）}.$$

即在商式极限运算中，分子、分母中的无穷小量因子可用与其等价的无穷小量来替代，函数的极限值不变.常用的等价无穷小量有：

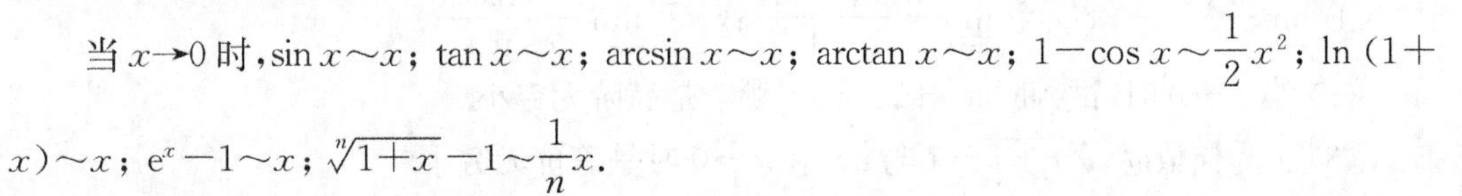

当 $x\to0$ 时，$\sin x\sim x$；$\tan x\sim x$；$\arcsin x\sim x$；$\arctan x\sim x$；$1-\cos x\sim\dfrac{1}{2}x^2$；$\ln(1+x)\sim x$；$e^x-1\sim x$；$\sqrt[n]{1+x}-1\sim\dfrac{1}{n}x$.

［例 18］　求下列极限.

(1) $\lim\limits_{x\to0}\dfrac{\tan 5x}{\sin 3x}$；

(2) $\lim\limits_{x\to0}\dfrac{1-\cos x}{3x^2}$；

(3) $\lim\limits_{x\to0}\dfrac{(1+x)^a-1}{x}$（$a$ 为常数且 $a\neq0$）；

(4) $\lim\limits_{x\to0}\dfrac{\tan x-\sin x}{\sin^3 x}$.

解　(1) 由于 $x\to0$ 时，$\tan 5x\sim5x$，$\sin 3x\sim3x$，则 $\lim\limits_{x\to0}\dfrac{\tan 5x}{\sin 3x}=\lim\limits_{x\to0}\dfrac{5x}{3x}=\dfrac{5}{3}$.

(2) 由于 $x\to0$ 时，$1-\cos x\sim\dfrac{1}{2}x^2$，于是 $\lim\limits_{x\to0}\dfrac{1-\cos x}{3x^2}=\lim\limits_{x\to0}\dfrac{\frac{1}{2}x^2}{3x^2}=\dfrac{1}{6}$.

(3) 由于 $x\to0$ 时，$e^x-1\sim x$，$\ln(1+x)\sim x$，所以

$$\lim_{x\to0}\frac{(1+x)^a-1}{x}=\lim_{x\to0}\frac{e^{a\ln(1+x)}-1}{x}=\lim_{x\to0}\frac{a\ln(1+x)}{x}=\lim_{x\to0}\frac{ax}{x}=a.$$

(4) 由于 $x\to0$ 时，$\sin x\sim x$，$\tan x\sim x$，$1-\cos x\sim\dfrac{1}{2}x^2$，于是

$$\lim_{x\to0}\frac{\tan x-\sin x}{\sin^3 x}=\lim_{x\to0}\frac{\tan x(1-\cos x)}{\sin^3 x}=\lim_{x\to0}\frac{x\cdot\frac{1}{2}x^2}{x^3}=\frac{1}{2}.$$

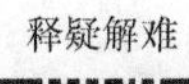
释疑解难

等价无穷小代换2

【注意】等价无穷小代换只能对分子或分母中的因式进行代换.若极限式中分子或分母中的无穷小是以和或差的形式出现时，则不能代换，否则将可能导致错误的结果.如上例中，若 $\sin x$ 与 $\tan x$ 分别用其等价无穷小代换，将导致如下错误的结果.

$$\lim_{x\to0}\frac{\tan x-\sin x}{\sin^3 x}=\lim_{x\to0}\frac{x-x}{x^3}=0.$$

另外，还可以利用等价无穷小进行**近似计算**：例如不通过计算器或数学用表计算

$\sqrt{1.001}$，因为$\sqrt{1.001}-1=\sqrt{1+0.001}-1\approx\frac{1}{2}\times0.001=0.0005\left(\sqrt{1+x}-1\sim\frac{1}{2}x\right)$，所以$\sqrt{1.001}\approx1.0005$.又 $e^{0.05}\approx1+0.05=1.05(e^x-1\sim x)$.

说明：在利用等价式进行近似计算时，要求$|x|$尽可能小，一般不超过 0.05.

随堂练习

(1) 利用无穷小等价代换求下列极限.

① $\lim\limits_{x\to0}\frac{\ln(1-x)}{x}$； ② $\lim\limits_{x\to1}\frac{\sin(x^2-1)}{x-1}$； ③ $\lim\limits_{x\to0}\frac{1-\cos 2x}{x\sin x}$.

(2) 当 $x\to0$ 时，试判断 x^2+x 与 x^2 哪个是高阶无穷小.

(3) a 为何值时，$\sqrt{x+1}-1$ 与 ax 在 $x\to0$ 时是等价无穷小？

答案：(1) ① -1，② 2，③ 2；(2) x^2；(3) $\frac{1}{2}$.

习题 2.1.3

1. 指出下列各题中，哪些是无穷小量，哪些是无穷大量.

(1) $y=\sin x$，当 $x\to0$ 时；　(2) $y=e^{-x}$，当 $x\to+\infty$时；

(3) $y=\ln|x|$，当 $x\to0$ 时；　(4) $y=\frac{1}{2^x}$，当 $x\to+\infty$时.

2. 指出下列函数在什么情况下是无穷小量，在什么情况下是无穷大量.

(1) $y=\frac{x+2}{x-1}$；　(2) $y=\ln x$；　(3) $y=\frac{x+3}{x^2-1}$.

3. 求下列极限.

(1) $\lim\limits_{x\to0}\sin x\cos\frac{1}{x}$；　(2) $\lim\limits_{x\to\infty}\frac{\sin x}{x}$；

(3) $\lim\limits_{x\to+\infty}\frac{x\sin(3x+1)}{\sqrt{x^3+2}}$；　(4) $\lim\limits_{x\to\infty}\left(\tan\frac{1}{x}\cdot\arctan x\right)$.

4. 证明当 $x\to0$ 时，x^3+2x^2是比 x 高阶的无穷小量.

5. 证明当 $x\to\frac{1}{2}$时，$\arctan(1-2x)$与 $4x^2-1$ 是同阶的无穷小量.

6. 比较当 $x\to0$ 时，无穷小量 x^2 与$\sqrt{1+x}-\sqrt{1-x}$阶数的高低.

7. 求下列极限.

(1) $\lim\limits_{x\to0^-}\frac{\sqrt{1-\cos 2x}}{\tan x}$；　(2) $\lim\limits_{x\to0}\frac{\tan 3x}{2x}$；

(3) $\lim\limits_{x\to0}\frac{x}{\sqrt[4]{1+2x}-1}$；　(4) $\lim\limits_{x\to0}\frac{\sin 2x}{x^3+3x}$；

(5) $\lim\limits_{x\to1}\frac{x^2+1}{x-1}$；　(6) $\lim\limits_{x\to\infty}\left(1+\frac{1}{2x}\right)\left(2-\frac{1}{x^3}\right)$；

(7) $\lim\limits_{n\to\infty}\frac{n^3+2n^2-5}{5n^2+3n}$；　(8) $\lim\limits_{x\to\infty}\frac{x^2+x+1}{5x-1}$.

任务 2.2 连续性

任务内容

- 完成与函数连续相关的任务工作页；
- 学习与函数连续相关的知识；
- 对函数不连续(间断)分类的讨论；
- 学习基本初等函数、初等函数的连续情况.

任务目标

- 掌握函数连续的表达形式及应用；
- 掌握基本初等函数的连续情况；
- 掌握初等函数的连续情况；
- 了解函数不连续(间断)的分类；
- 理解闭区间上连续函数的几个重要性质.

任务工作页

了解任务内容并学习相关知识后，在教师指导下完成任务工作页内各项内容的填写.

1. 若李某一月份至三月工资为 3 600，四月份晋升岗位，工资为 4 800 元，十月份请事假五天，扣发 500 元工资，十二月份上班半个月辞职.请计算李某一年的工资，并作出图像，观察它的连续状况.

______________________________.

2. 函数连续的两种定义形式：______________________________.
3. 函数不连续(间断)分哪几类？

______________________________.

4. 基本初等函数的连续情况：______________________________.
5. 初等函数的连续情况：______________________________.
6. 归纳闭区间上连续函数的性质及实际意义：______________________________.
7. 闭区间上连续函数的性质所满足的条件是充分条件还是必要条件，请举例说明.

______________________________.

相关知识

一、连续函数的概念

连续性是函数的重要性质之一，它反映了许多自然现象的一个共性.例如水的流动、气温的变化、动植物的生长、空气的流动等，都是随着时间而连续不断地变化着.这些现象反映在数学上，就是函数的连续性.

实例 1【气温变化】 温度是时间的函数,时间改变很小时,相应的温度改变也很小.如果此时温度是 20 ℃,再过 1 s 后,我们能否感受到温度的改变吗?显然不能,究其原因是温度的改变量很小以致让我们没有觉察到.这表明温度函数是时间的连续函数,不会出现断崖式或脉冲式变化现象(如果出现这种现象,说明温度变化非连续).

实例 2【身高的增长】 婴儿的身高是时间的函数.当时间段很小时(比如一晚上),身高的增长量也很小(几乎察觉不出),而且时间的改变量越小,身高的改变量也就越小.这表明人的身高是随时间变化而连续变化,不会出现之夜间长高的现象,几年后再看身高明显增高.

再看几个函数图像(图 2-20).

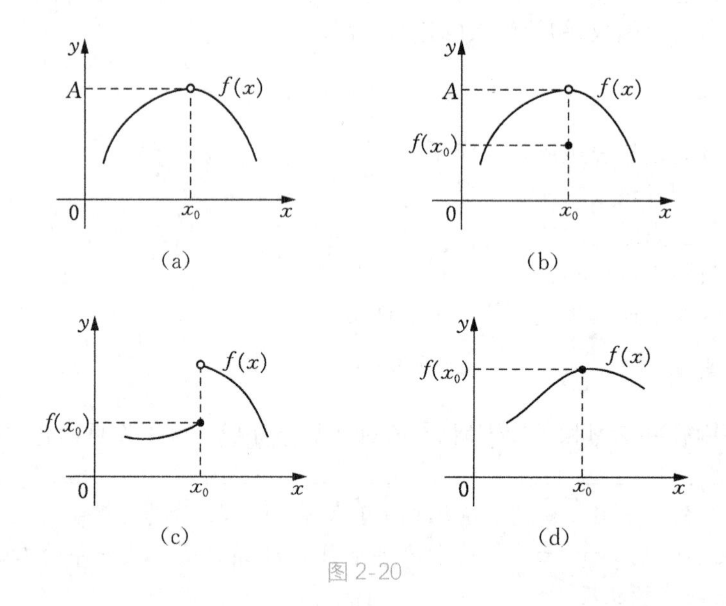

图 2-20

以上 4 幅图中,只有图 2-20d 中函数图像能够一笔画完,其他三图中的函数图像需要两笔或两笔以上才能画完.造成这种情况的原因是其他 3 幅图中的函数图像在 x_0 处间断(用横坐标描述),今后称此 x_0 为间断点;而图 2-20d 中的函数图像则在 x_0 处连续(也用横坐标描述),今后称此 x_0 为连续点.下面用极限来描述连续和间断.

从图 2-20 可看出 $\lim\limits_{x \to x_0} f(x)=A$(函数在 x_0 无定义,但极限存在);从图 2-20b 可看出 $\lim\limits_{x \to x_0} f(x)=A \neq f(x_0)$(函数在 x_0 有定义,但极限不等于定义);从图 2-20c 可看出 $\lim\limits_{x \to x_0} f(x)$ 不存在(左右极限存在,但不相等);从图 2-20d 可看出 $\lim\limits_{x \to x_0} f(x)=f(x_0)$(极限存在且等于定义).

由此可见,函数 $f(x)$ 要在 x_0 处连续,必须满足如下三个条件:

(1) 函数 $f(x)$ 在 x_0 及其近旁(即某个邻域 $U(x_0, \delta)$)有定义(无定义必间断);

(2) 函数 $f(x)$ 在 x_0 有极限(无极限必间断);

(3) 函数 $f(x)$ 在 x_0 有极限,且极限等于定义 $f(x_0)$,即 $\lim\limits_{x \to x_0} f(x)=f(x_0)$ 成立.

下面给出连续的定义:

定义 2-7 设函数 $y=f(x)$ 在点 x_0 的某个邻域 $U(x_0, \delta)$ 内有定义,如果当 $x \to x_0$ 时,函数 $f(x)$ 的极限存在,且等于 $f(x)$ 在 x_0 点处的函数值 $f(x_0)$,即 $\lim\limits_{x \to x_0} f(x)=f(x_0)$,

则称函数 $f(x)$ 在点 x_0 处连续.

如果 $\lim\limits_{x \to x_0^-} f(x) = f(x_0)$，则称函数 $f(x)$ 在点 x_0 处**左连续**.

如果 $\lim\limits_{x \to x_0^+} f(x) = f(x_0)$，则称函数 $f(x)$ 在点 x_0 处**右连续**.

函数 $f(x)$ 在点 x_0 处连续的充要条件是 $f(x)$ 在点 x_0 处既左连续又右连续.从而有下面的定理.

【注意】函数在某点处极限的存在性不涉及该点处的定义，而连续性涉及该点处的定义.

定理 2-6　函数 $f(x)$ 在点 x_0 处连续 $\Leftrightarrow f(x_0-0)=f(x_0+0)=f(x_0)$.

［例 1］　$f(x)=\begin{cases} \dfrac{x^2-4}{x-2}, & x\neq 2, \\ 4, & x=2. \end{cases}$ 判断函数 $f(x)$ 在 $x=2$ 处的连续性.

解　$\lim\limits_{x\to 2} f(x)=\lim\limits_{x\to 2}\dfrac{x^2-4}{x-2}=\lim\limits_{x\to 2}(x+2)=4$，又 $f(2)=4$，所以 $\lim\limits_{x\to 2} f(x)=f(2)$，从而说明函数 $f(x)$ 在 $x=2$ 处连续.

［例 2］　判断下列函数在给定点的连续性.

(1) $f(x)=\begin{cases} 1-\dfrac{x}{2}, & x\geqslant 1, \\ \cos\dfrac{\pi}{3}x, & x<1. \end{cases}$ 讨论 $f(x)$ 在 $x=1$ 处的连续性.

(2) $f(x)=\begin{cases} 2x-3, & x\geqslant 0, \\ \dfrac{\sin ax}{x}(a\neq 0), & x<0. \end{cases}$ 当 a 为何值时 $f(x)$ 在 $x=0$ 处连续？

解　(1) 因为

$$f(1+0)=\lim_{x\to 1^+} f(x)=\lim_{x\to 1^+}\left(1-\frac{x}{2}\right)=\frac{1}{2},$$

$$f(1-0)=\lim_{x\to 1^-} f(x)=\lim_{x\to 1^-}\cos\frac{\pi}{3}x=\cos\frac{\pi}{3}=\frac{1}{2},$$

又因为 $f(1)=\dfrac{1}{2}$，所以

$$f(1-0)=f(1+0)=f(0),$$

从而 $\lim\limits_{x\to 1} f(x)=f(1)$，即 $f(x)$ 在 $x=1$ 处连续性.

(2) 因为

$$f(0-0)=\lim_{x\to 0^-} f(x)=\lim_{x\to 0^-}\frac{a\sin ax}{ax}=a\lim_{x\to 0^-}\frac{\sin ax}{ax}=a\cdot 1=a,$$

$$f(0+0)=\lim_{x\to 0^+} f(x)=\lim_{x\to 0^+}(2x-3)=-3,$$

又因为 $f(0)=-3$，所以，仅当 $a=-3$ 时，才有 $f(0-0)=f(0+0)=f(0)$，即 $\lim\limits_{x\to 0} f(x)=f(0)$，说明 $f(x)$ 在 $x=0$ 处连续性.

[例 3] 函数 $f(x)=\frac{\sin x}{x}$ 在点 $x=0$ 处无定义，所以 $x=0$ 是它的间断点.但 $\lim\limits_{x \to 0}\frac{\sin x}{x}=1$，如果补充定义，令 $f(0)=\lim\limits_{x \to 0}f(x)=1$，则函数在点 $x=0$ 处连续，我们称此类间断点为函数的**可去间断点**.

[例 4] 函数 $f(x)=\begin{cases} x, & x \neq 1, \\ \frac{1}{2}, & x=1 \end{cases}$ 在点 $x=1$ 处有定义，但 $\lim\limits_{x \to 1}f(x)=\lim\limits_{x \to 1}x=1 \neq f(1)$，所以 $x=1$ 是函数 $f(x)$ 的间断点(图 2-21).如果改变函数 $f(x)$ 在 $x=1$ 处的定义，令 $f(1)=\lim\limits_{x \to 1}f(x)=1$，则函数 $f(x)$ 在 $x=1$ 处连续.故 $x=1$ 也是函数 $f(x)$ 的**可去间断点**.

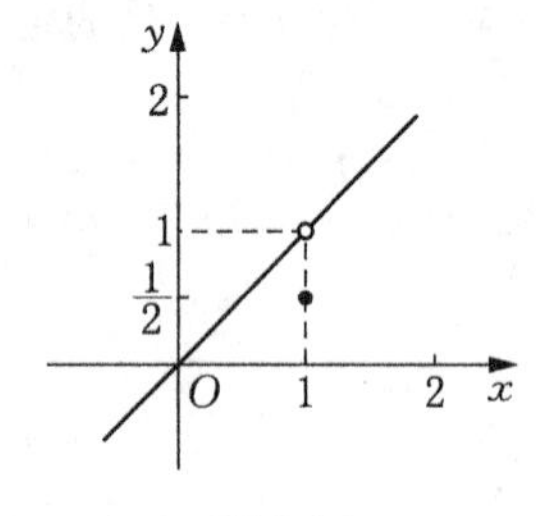

图 2-21

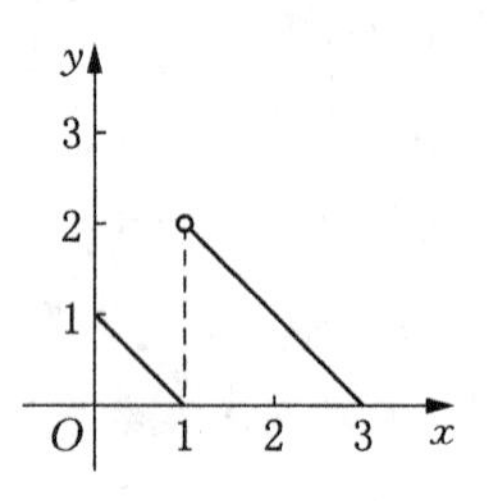

图 2-22

[例 5] 设函数 $f(x)=\begin{cases} -x+1, & 0 \leqslant x \leqslant 1, \\ -x+3, & 1 < x \leqslant 3. \end{cases}$ 因为 $f(x)$ 在分段点 $x=1$ 处的左、右极限为

$$f(1-0)=\lim_{x \to 1^-}f(x)=\lim_{x \to 1^-}(-x+1)=0,$$
$$f(1+0)=\lim_{x \to 1^+}f(x)=\lim_{x \to 1^+}(-x+3)=2,$$

虽然存在但不相等，所以极限 $\lim\limits_{x \to 1}f(x)$ 不存在，因此 $x=1$ 是 $f(x)$ 的间断点.从函数图像可以看到(图 2-22)，函数 $f(x)$ 在点 $x=1$ 处产生了跳跃现象，于是我们称 $x=1$ 是函数 $f(x)$ 的**跳跃间断点**，且称 $|f(1-0)-f(1+0)|=2$ 为跳跃度.

[例 6] 函数 $y=\frac{1}{x}$ 在点 $x=0$ 处无定义，所以 $x=0$ 是函数的间断点.由于 $\lim\limits_{x \to 0}\frac{1}{x}=\infty$，则称 $x=0$ 是该函数的**无穷间断点**.

[例 7] 函数 $y=\sin\frac{1}{x}$ 在点 $x=0$ 处无定义，所以 $x=0$ 是它的间断点.当 $x \to 0$ 时，$y=\sin\frac{1}{x}$ 在 -1 到 1 之间作无限次振荡(图 2-23).这样的间断点称为**振荡间断点**.

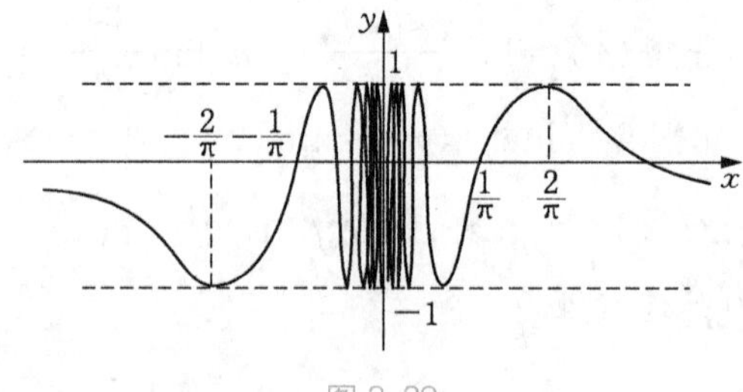

图 2-23

随堂练习

(1) 若$\lim\limits_{x \to x_0} f(x)=A$，$f(x_0)=1$，又$f(x)$在$x_0$连续，则$A=$________.

(2) 若$f(x)=\begin{cases}1+x, & x \geqslant 1, \\ \sin \dfrac{\pi}{2} x, & x<1,\end{cases}$讨论$f(x)$在$x=1$的连续性.

(3) 讨论函数$f(x)=\begin{cases}x \sin \dfrac{1}{x}, & x \neq 0, \\ 0, & x=0\end{cases}$在点$x=0$处的连续性.

(4) 求$f(x)=\dfrac{x-1}{x^2-2x-3}$的间断点.

答案与提示:(1) $A=1$(用连续定义求解)；(2) 不连续(依定理 2-6 判断)；(3) 连续；(4) $x=-1$，$x=3$(函数在这两个点处无定义).

另外，函数连续性还可以用增量形式来定义.若自变量x由初始值x_0变到x_1(称x_1为终值或末值)，如图 2-24 所示，所产生的偏差(增量)记成Δx_1，则$\Delta x_1=x_1-x_0$，并称作**自变量的增量**.显然Δx_1可正可负(终值大于初值时增量为正，反之为负)，也可以是零.相应地，函数的终值$f(x_1)$与初值$f(x_0)$之差$f(x_1)-f(x_0)=f(x_0+\Delta x)-f(x_0)$称为**函数的增量**，记为$\Delta y=f(x_0+\Delta x)-f(x_0)$.

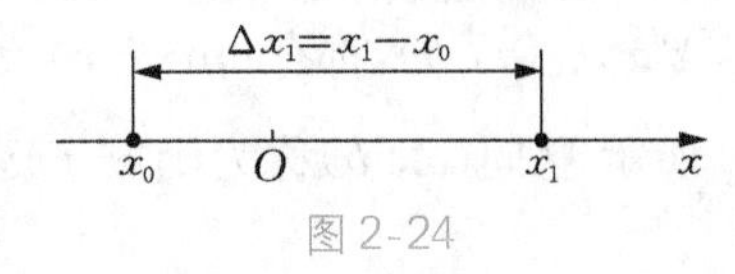

图 2-24

动画

函数的增量

当自变量的终值用x表示时，则$\Delta x=x-x_0$.显然变量x可用它的初始值和增量表示:$x=x_0+\Delta x$.相应函数的增量$\Delta y=f(x)-f(x_0)$.

[例 8] 设$y=x^2+1$，求适合下列条件的自变量的增量Δx和函数的增量Δy.

(1) x从 1 变到 1.5 时；(2)x从 1 变到 0.5 时；(3)x从 1 变到$1+\Delta x$时.

解 (1) $\Delta x=1.5-1=0.5$，$\Delta y=f(1.5)-f(1)=(1.5^2+1)-(1^2+1)=1.25$.

(2) $\Delta x=0.5-1=-0.5$，$\Delta y=f(0.5)-f(1)=(0.5^2+1)-(1^2+1)=-0.75$.

(3) $\Delta x=(1+\Delta x)-1=\Delta x$，$\Delta y=[(1+\Delta x)^2+1]-(1^2+1)=2\Delta x+(\Delta x)^2$.

结合实例 1 与实例 2 给出连续性的增量定义.

定义 2-8 设函数$y=f(x)$在点x_0的某个邻域$U(x_0, \delta)$内有定义，如果在x_0处自变量x的增量Δx趋近于 0 时，相应函数值的增量Δy也趋近于 0，即$\lim\limits_{\Delta x \to 0} \Delta y=0$，则称函数 $f(x)$ **在点** x_0 **处连续**.定义 2-8 可用图 2-25a 描述.

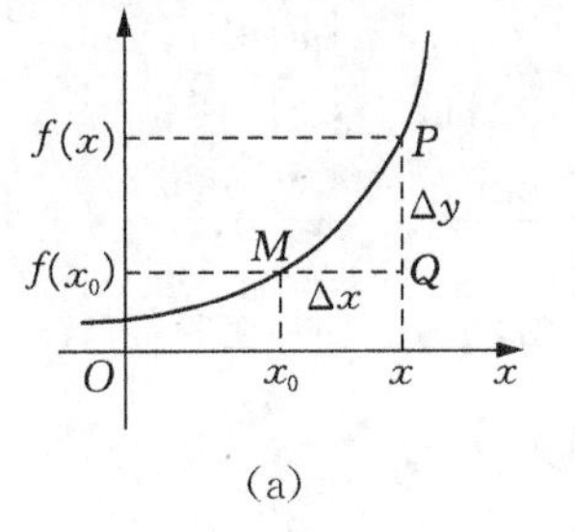

(a)

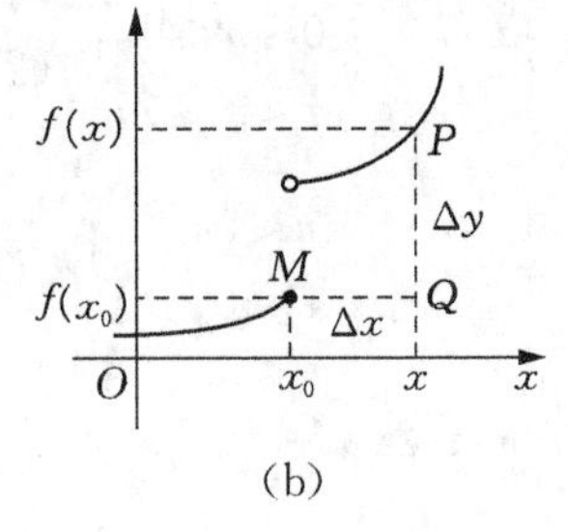

(b)

图 2-25

从图 2-25a 可看出$\Delta x \to 0$时，$\Delta y \to 0$，表明函数在x_0连续；从图 2-25b 可看出$\Delta x \to 0$时，Δy并不趋近于 0，所以函数在x_0不连续.

[例 9] 利用定义证明函数 $y=x^2+1$ 在点 $x=1$ 处连续.

证明 在 $x=1$ 处给自变量一个增量 Δx，由例 1 知，相应函数的增量为 $\Delta y=2\Delta x+(\Delta x)^2$，于是 $\lim\limits_{\Delta x\to 0}\Delta y=\lim\limits_{\Delta x\to 0}[2\Delta x+(\Delta x)^2]=0$，所以，函数 $y=x^2+1$ 在点 $x=1$ 的连续.

随堂练习

(1) $y=x^2+2x$，自变量 x 由 1 变到 1.5，求 Δx 和 Δy.

(2) $f(x)=\dfrac{1}{x}$，自变量的初值 $x_0=2$，增量 $\Delta x=-0.5$，求 Δy，并判断函数 $f(x)$ 在 $x_0=2$ 处的连续性.

答案：(1) $\Delta x=0.5$，$\Delta y=2.25$；(2) $\Delta y=\dfrac{1}{6}$，在 $x_0=2$ 处连续.

二、函数 f(x) 在开区间和闭区间上的连续性

如果函数 $f(x)$ 在开区间 (a, b) 内每一点都连续，则称 $f(x)$ 在区间 (a, b) 上连续；或对 $\forall x_0\in(a, b)$，都有 $\lim\limits_{x\to x_0}f(x)=f(x_0)$ 成立，则称 **$f(x)$ 在开区间 (a, b) 上连续**，如图 2-26a 所示. 区间 (a, b) 称为函数 $f(x)$ 的**连续区间**.

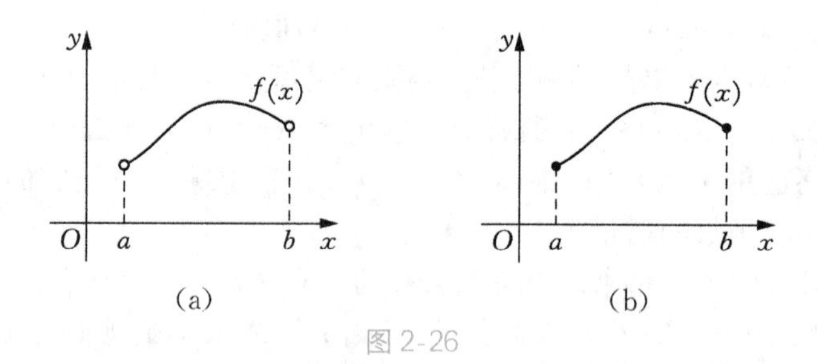

(a)　　(b)

图 2-26

如果函数 $f(x)$ 在开区间 (a, b) 内连续，且 $\lim\limits_{x\to a^+}f(x)=f(a)$（函数 $f(x)$ 在点 a 右连续），$\lim\limits_{x\to b^-}f(x)=f(b)$（函数 $f(x)$ 在点 b 左连续），则称**函数 $f(x)$ 在闭区间 $[a, b]$ 上连续**，如图 2-26b 所示. 区间 $[a, b]$ 称为函数 $f(x)$ 的**连续区间**.

习题 2.2.1

1. 讨论下列分段函数在分段点处的连续性，若为间断点，判定其类型，并写出连续区间.

(1) $f(x)=\begin{cases}x^2, & 0\leqslant x\leqslant 1,\\ 2-x, & 1<x\leqslant 2;\end{cases}$　(2) $f(x)=\begin{cases}x, & |x|\leqslant 1,\\ 1, & |x|>1;\end{cases}$

(3) $f(x)=\begin{cases}e^{\frac{1}{x}}, & x<0,\\ \sin x, & x\geqslant 0;\end{cases}$　(4) $f(x)=\begin{cases}\dfrac{\sin x}{x}, & x\neq 0,\\ 2, & x=0.\end{cases}$

2. 设 $f(x)=\begin{cases}\dfrac{1}{x}\sin 2x, & x<0,\\ a, & x=0,\\ x\sin\dfrac{1}{x}+b, & x>0,\end{cases}$ 试确定常数 a，b 之值，使 $f(x)$ 在点 $x=0$ 连续.

三、初等函数的连续性

定理 2-7　初等函数在其定义区间上连续.

例如:函数 $y=\sin x$ 在区间$(-\infty, +\infty)$上连续;函数 $y=\ln(x+1)$在区间$(-1, +\infty)$上连续.此定理表明:

(1) 求初等函数的连续区间,其实质就是求出它的定义区间;

(2) 对分段函数,除考虑每一段函数的连续性外,还必须讨论分段点处的连续性;

(3) 若 $f(x)$是初等函数,其定义区间为 D,则对任何 $x_0\in D$,都有

$$\lim_{x\to x_0} f(x)=f(x_0).$$

从而提供了一种求极限的方法:**初等函数在其定义区间内某点处的极限值等于函数在该点处的函数值.**

另外,对于初等复合函数 $y=f[\varphi(x)]$,如果外层函数 $y=f(u)$在里层函数 $u=\varphi(x)$的极限 $u_0=\lim\limits_{x\to()}\varphi(x)$处连续,则 $\lim\limits_{x\to()} f[\varphi(x)]=f[\lim\limits_{x\to()}\varphi(x)]=f(u_0)$.即求复合函数 $f[\varphi(x)]$的极限时,**极限符号和函数符号可以交换次序**.例如

$$\lim_{x\to 0}\frac{\ln(1+x)}{x}=\lim_{x\to 0}\ln(1+x)^{\frac{1}{x}}=\ln[\lim_{x\to 0}(1+x)^{\frac{1}{x}}]=\ln e=1.$$

[例 10]　求极限$\lim\limits_{x\to 2}\dfrac{x^2+\sin x}{e^x\sqrt{1+x^2}}$.

解　因为$\dfrac{x^2+\sin x}{e^x\sqrt{1+x^2}}$是初等函数,且在 $x=2$ 处有定义,所以

$$\lim_{x\to 2}\frac{x^2+\sin x}{e^x\sqrt{1+x^2}}=\frac{2^2+\sin 2}{e^2\sqrt{1+2^2}}=\frac{4+\sin 2}{e^2\sqrt{5}}.$$

[例 11]　当 a, b 分别为何值时,下列函数在$(-\infty, +\infty)$上连续?

$$f(x)=\begin{cases}\dfrac{\sin x}{x}+a, & x<0,\\ b, & x=0,\\ \dfrac{x}{\sqrt{1+x}-1}, & x>0.\end{cases}$$

解　因为 $f(x)$在$(-\infty, 0)$与$(0, +\infty)$上都是初等函数,由初等函数的连续性知,$f(x)$在$(-\infty, 0)$与$(0, +\infty)$上都连续.在分段点点 $x=0$ 处,$f(0)=b$,又

$$f(0-0)=\lim_{x\to 0^-}\left(\frac{\sin x}{x}+a\right)=a+1,\ f(0+0)=\lim_{x\to 0^+}\frac{x}{\sqrt{x+1}-1}=2.$$

因为当 $f(0-0)=f(0+0)=f(0)$时,函数 $f(x)$在点 $x=0$ 处连续,由此得

$$a+1=b=2,\text{解得 } a=1,\ b=2.$$

因此当 $a=1$, $b=2$ 时,函数 $f(x)$在点 $x=0$ 处连续.

综上所述,当 $a=1$, $b=2$ 时,函数 $f(x)$在$(-\infty, +\infty)$上连续.

[例 12] 求下列函数的连续区间.

(1) $y=\dfrac{x^2-1}{x(x-1)}$；(2) $y=\dfrac{\sqrt{x+2}}{(x+1)(x-4)}$.

解 (1) 函数在实数集内除在 $x=0$ 及 $x=1$ 处无意义外处处有意义，又因为函数是初等函数，所以在其定义区间上连续，故所求连续区间：$(-\infty,0)$，$(0,1)$和$(1,+\infty)$.

(2) 因为函数是初等函数，所以函数在其定义区间上连续，函数的定义区间为$[-2,-1)$，$(-1,4)$和$(4,+\infty)$，这三个区间就是所求连续区间.

习题 2.2.2

1. 求下列函数的极限.

(1) $\lim\limits_{x\to 0}\sqrt{x^2-2x+5}$；

(2) $\lim\limits_{x\to 0}\dfrac{\log_a(1+x)}{x}(a>0$ 且 $a\neq 1)$；

(3) $\lim\limits_{x\to 0}\dfrac{\ln(x+a)-\ln a}{x}(a>0)$；

(4) $\lim\limits_{x\to\frac{\pi}{6}}\ln(2\cos 2x)$；

(5) $\lim\limits_{x\to 0}\dfrac{\sqrt{x+1}-1}{x}$；

(6) $\lim\limits_{x\to 1}\dfrac{\sqrt{5x-4}-\sqrt{x}}{x-1}$；

(7) $\lim\limits_{x\to+\infty}(\sqrt{x^2+x}-\sqrt{x^2-x})$；

(8) $\lim\limits_{x\to 0}\ln\dfrac{\sin x}{x}$；

(9) $\lim\limits_{x\to\infty}\left(\dfrac{2x+3}{2x+1}\right)^{x+1}$；

(10) $\lim\limits_{x\to\infty}\left(1-\dfrac{1}{x+3}\right)^{x}$.

2. 设函数 $f(x)=\begin{cases}\mathrm{e}^x, & x<0,\\ a+x, & x\geqslant 0,\end{cases}$ 应当怎样选择数 a，使得 $f(x)$ 成为在$(-\infty,+\infty)$内的连续函数？

3. 求函数 $y=\dfrac{1}{\ln(2x-1)}$ 的连续区间.

四、闭区间上连续函数的性质

在闭区间上连续的函数有很多重要的性质，这些性质的几何直观是非常明显，对于这些性质我们都不加证明，仅作必要的几何解释.

动画

闭区间连续函数性质

定理 2-8(最值定理) 闭区间上连续的函数在该区间上一定有最大值和最小值.

【注意】定理的条件是充分的，即在定理的条件满足时，函数一定在闭区间上取得最大值和最小值.但当定理的条件不全满足时，函数不一定在区间上取得最大值和最小值.

设 $f(x)$在$[a,b]$上连续，它的最大值为 M，最小值为 m，则对任何 $x\in[a,b]$，都有 $m\leqslant f(x)\leqslant M$，若取 $K=\max\{|m|,|M|\}$，则对任意的 $x\in[a,b]$，都有$|f(x)|\leqslant K$，即 $f(x)$在$[a,b]$上有界，于是得到有界性定理 2-9.

动画

介值定理

定理 2-9(有界性定理) 闭区间上连续的函数在该区间上一定有界.

对于闭区间$[a,b]$上的连续函数 $y=f(x)$，当 $f(a)\neq f(b)$且 μ 介于 $f(a)$与 $f(b)$之间时，连续曲线 $y=f(x)$的两端点 $A(a,f(a))$与 $B(b,f(b))$位于水平线 $y=\mu$ 的两侧，因此曲线 $y=f(x)$与直线 $y=\mu$ 必有交点(图 2-27a).于是得介值性定理 2-10.

定理 2-10(介值定理)　设 $f(x)$ 在闭区间 $[a, b]$ 上连续，且 $f(a) \neq f(b)$，则对介于 $f(a)$ 与 $f(b)$ 之间的任何数 μ，至少存在一点 $\xi \in (a, b)$，使得 $f(\xi)=\mu$.

推论(零点存在定理)　设 $f(x)$ 在闭区间 $[a, b]$ 上连续，且 $f(a)f(b)<0$，则至少存在一点 $\xi \in (a, b)$，使得 $f(\xi)=0$(图 2-27b).

换句话说，在推论条件下，方程 $f(x)=0$ 在开区间 (a,b) 内至少有一个实根.

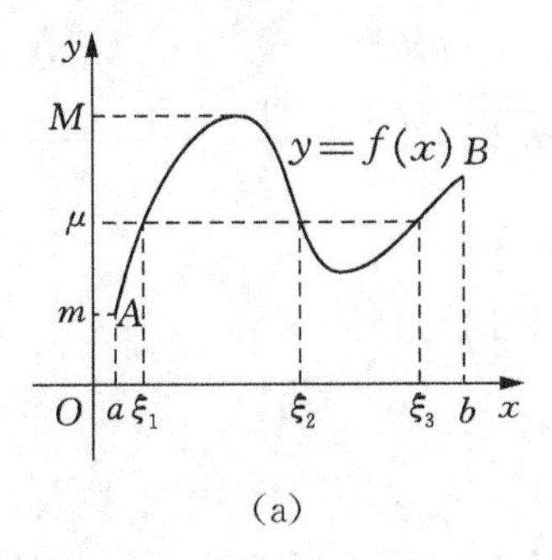

(a)

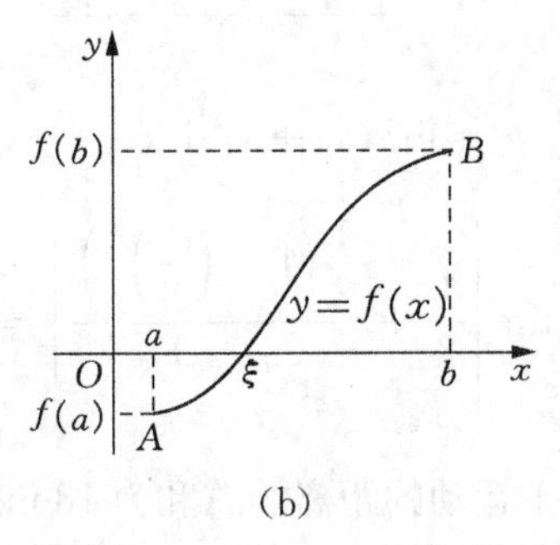

(b)

图 2-27

[例 13]　证明方程 $\sin x-x+1=0$ 在 0 与 π 之间有实根.

证明　设 $f(x)=\sin x-x+1$，显然 $f(x)$ 在 $[0, \pi]$ 上连续，且

$$f(0)=1>0,\ f(\pi)=-\pi+1<0.$$

所以由根的存在性定理知，至少存在一点 $\xi \in (0, \pi)$，使得 $f(\xi)=0$，即方程 $\sin x-x+1=0$ 在 $(0, \pi)$ 内至少有一个实根.

习题 2.2.3

1. 证明方程 $x^5-3x=1$ 在区间 $(1, 2)$ 中至少有一个实根.
2. 证明方程 $x \cdot 2^x=1$ 至少有一个小于 1 的正根.
3. 设 $f(x)$，$g(x)$ 在区间 $[a, b]$ 上连续，且 $f(a)>g(a)$，$f(b)<g(b)$，证明方程 $f(x)=g(x)$ 在 (a, b) 内必有实根.
4. 若 $f(x)$ 在 $[a,b]$ 上连续，$a<x_1<x_2<\cdots<x_n<b$，则在 $[x_1, x_n]$ 上必有 ξ，使 $f(\xi)=\dfrac{f(x_1)+f(x_2)+\cdots+f(x_n)}{n}$.

任务 2.3　综合应用实训

实训 1【皮球弹落距离】　一个皮球自高处落下，每次跳起的高度是原来下落距离的 $\dfrac{1}{2}$，如果皮球由 6 m 高的地方落下，到落在地上为止(停下来)，则这个球上、下运动的距离的总和是多少？

解　设皮球第 n 次弹落的距离为 s_n，依题意，有

$$s_0=6=2\times6\times\frac{1}{2};\ s_1=2\times\left(6\times\frac{1}{2}\right)=2\times6\times\frac{1}{2};$$

$$s_2=2\times\left(6\times\frac{1}{2}\times\frac{1}{2}\right)=2\times6\times\frac{1}{2^2};\ s_3=2\times\left(6\times\frac{1}{2}\times\frac{1}{2}\times\frac{1}{2}\right)=2\times6\times\frac{1}{2^3};\ \cdots;$$

$$s_n=2\times\left(6\times\underbrace{\frac{1}{2}\times\frac{1}{2}\times\frac{1}{2}\times\cdots\times\frac{1}{2}}_{n\text{个}}\right)=2\times6\times\frac{1}{2^n}.$$

$$s=\sum_{n=0}^{\infty}s_n=\lim_{n\to\infty}(s_0+s_1+s_2\cdots+s_n)=\lim_{n\to\infty}12\cdot\left(\frac{1}{2}+\frac{1}{2}+\frac{1}{2^2}+\cdots+\frac{1}{2^n}\right),$$

$$=12\lim_{n\to\infty}\left[\frac{1}{2}+\frac{\frac{1}{2}\left(1-\left(\frac{1}{2}\right)^n\right)}{1-\frac{1}{2}}\right]=12\left(\frac{1}{2}+1\right)=18.$$

故这个球上、下运动的距离的总和为 18 m.

实训 2【椅子问题】 4 条腿长度相等的椅子放在起伏不平的地面上，问能不能把椅子放稳，即椅子的 4 条腿能否同时着地？

我们要建立一个简单而又巧妙的模型来回答这个问题，在下面两个合理的假设下，问题的答案是肯定的.

假设 (1) 椅子的四条腿一样长，四角的连线是正方形.

(2) 地面是数学上的光滑曲面，即沿任何方向，切面能连续移动.

建模的关键在于恰当地寻找表示椅子位置的变量，并把要证明的"着地"这个结论归结为某个简单的数学关系.

假定椅子中心不动，4 条腿着地点视为几何上的点，用 A、B、C、D 表示，将 AC、BD 连线看作 x 轴、y 轴，建立如图 2-28 所示的坐标系.引入坐标系后，将几何问题代数化，即用代数方法去研究这个几何问题.

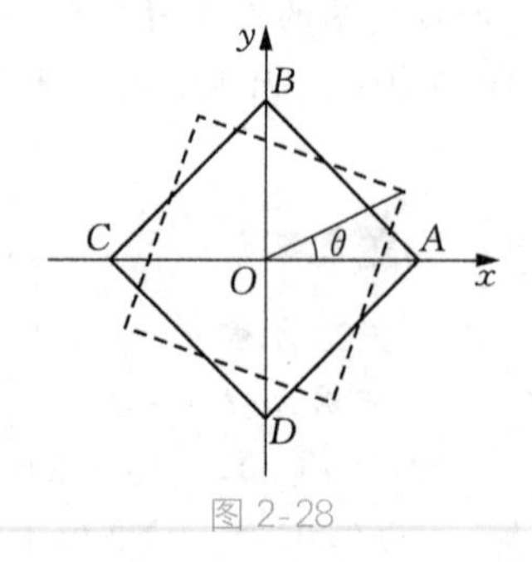

图 2-28

人们习惯于，当一次放不平稳椅子时，总是转动一下椅子(这里假定椅子中心不动)，因而将转动椅子联想到坐标轴的旋转.

设 θ 为对角线 AC 转动后与初始位置 x 轴夹角，如果定义距离为椅脚到地面的竖直距离.则"着地"就是椅脚与地面的距离等于零.由于椅子在不同位置时，椅脚与地面的距离不同，因而这个距离为 θ 的函数，设 $f(\theta)$ 为 A、C 两脚与地面之和；$g(\theta)$ 为 B、D 两脚与地面之和.

因地面光滑，所以 $f(\theta)$ 和 $g(\theta)$ 为连续函数，而椅子在任何位置总有三只脚可同时"着地"，即对任意的 θ，$f(\theta)$ 和 $g(\theta)$ 总有一个为零，从而有 $f(\theta)g(\theta)=0$.不失一般性，设 $g(\theta)=0$，$f(\theta)>0$，于是椅子问题便抽象成如下数学问题：

已知 $f(\theta)$ 和 $g(\theta)$ 是 θ 的连续函数，$g(0)=0$，$f(0)>0$，且对任意 θ，$f(\theta)g(\theta)=0$.求证：存在 θ_0，使得 $f(\theta_0)=g(\theta_0)=0$，$0<\theta_0<\frac{\pi}{2}$.

证明 令 $h(\theta)=f(\theta)-g(\theta)$，则 $h(0)=f(0)-g(0)=f(0)>0$.将椅子转动 $\frac{\pi}{2}$，对角

线互换，由 $g(0)=0$，$f(0)>0$，有 $f\left(\frac{\pi}{2}\right)=0$ 和 $g\left(\frac{\pi}{2}\right)>0$，从而 $h\left(\frac{\pi}{2}\right)<0$.

而 $h(\theta)$ 在 $\left[0,\ \frac{\pi}{2}\right]$ 上连续，由闭区间上连续函数的零点存在定理，必存在 $\theta_0\in\left(0,\ \frac{\pi}{2}\right)$，使得 $h(\theta_0)=0$.即 $f(\theta_0)=g(\theta_0)$.

又因对任意 θ，$f(\theta)g(\theta)=0$，从而 $f(\theta_0)g(\theta_0)=0$.所以 $f(\theta_0)=g(\theta_0)=0$.这表明在 θ_0 方向上四条腿能同时"着地".

习题答案

项目二

项目二习题

一、填空题

1. $\lim\limits_{x\to 0} x\sin\frac{1}{x}=$________，$\lim\limits_{x\to\infty}\frac{1}{x}\sin x=$________.

2. 已知函数 $f(x)=\begin{cases}\frac{1}{x}(\mathrm{e}^x-1), & x<0,\\ x+a, & x\leqslant 0\end{cases}$ 在 $x=0$ 点极限存在，则 $a=$________.

3. 设 $\lim\limits_{x\to 0}\frac{f(2x)}{x}=\frac{2}{3}$，则 $\lim\limits_{x\to 0}\frac{x}{f(3x)}=$________.

4. 设 $f(x)$ 在 $x=1$ 处连续，且 $\lim\limits_{x\to 1}\frac{f(x)-2}{x-1}=1$，则 $f(1)=$________.

二、判断题

1. $\lim\limits_{x\to 0}\frac{|x|}{x}$ 不存在.(　　)

2. 函数 $y=\frac{1}{(x-1)^2}$ 是无穷大量.(　　)

3. $\lim\limits_{x\to\infty}\mathrm{e}^{\frac{1}{x}}=1$.(　　)

4. 当 $x\to 0$ 时，$\arctan x$ 与 x 是等价无穷小量.(　　)

5. $y=\cos x$ 在 $(-\infty,\ +\infty)$ 内是连续函数.(　　)

三、选择题

1. 当 $x\to a$ 时，若 $f(x)$ 是(　　)，则必有 $\lim\limits_{x\to a}(x-a)f(x)=0$.

A. 任意函数　　B. 有界函数　　C. 无穷小量　　D. 无穷大量

2. $\lim\limits_{x\to 1}\frac{\sin(x^2-1)}{x-1}=$(　　).

A. 1　　B. 0　　C. 2　　D. $\frac{1}{2}$

3. 当 $x\to 0$ 时，(　　)与 x 是等价无穷小量.

A. $\frac{\sin x}{\sqrt{x}}$　　B. $\ln(x+1)$

C. $\sqrt{1+x}-\sqrt{1-x}$　　D. $x^2(x+1)$

四、综合题

1. 求下列极限.

(1) $\lim\limits_{n\to\infty}\dfrac{(n+1)(n+2)(n+3)}{5n^3}$； (2) $\lim\limits_{x\to0}\dfrac{\tan x-\sin x}{x}$； (3) $\lim\limits_{x\to0}\dfrac{x-\sin x}{x+\sin x}$；

(4) $\lim\limits_{x\to+\infty}\left(1-\dfrac{1}{x}\right)^{\sqrt{x}}$； (5) $\lim\limits_{x\to0}\dfrac{\ln(1+2x)}{\sin 3x}$.

2. 已知$\lim\limits_{x\to\infty}\left(\dfrac{x+c}{x-c}\right)^{x}=4$,求 c 的值.

3. 求下列函数的间断点.

(1) $y=\dfrac{x^2-1}{x^2-3x+2}$； (2) $f(x)=\begin{cases}\dfrac{1-x^2}{1-x}, & x\neq1,\\ 0, & x=1.\end{cases}$

4. 设 $f(x)=\mathrm{e}^x-2$.求证区间$(0,2)$内至少有一点 x_0,使 $\mathrm{e}^{x_0}-2=x_0$(提示 $\varphi(x)=\mathrm{e}^x-2-x$).

项目三　一元函数微分学

任务 3.1　导数的概念

任务内容

- 完成与导数概念相关的任务工作页；
- 学习与导数有关的知识；
- 完成导数的概念及其几何意义的学习；
- 学习函数的可导与连续间的关系.

任务目标

- 理解导数的基本概念；
- 掌握用导数定义计算简单函数或抽象函数的导数；
- 掌握求曲线的切线方程、法线方程的步骤；
- 掌握函数在某个点处可导性和连续性的判断方法；
- 能够利用导数解决实际问题，解决专业案例.

任务工作页

了解任务内容并学习相关知识后，在教师指导下完成任务工作页内各项内容的填写.

1. 导数的定义式：________________.
2. 导数的表示方法：________________.
3. 导数的几何意义：________________.
4. 求函数切线方程、法线方程的步骤：________________

________________.
5. 导数的物理意义：________________.
6. 函数可导的充要条件：________________.
7. 可导与连续间的关系：________________.

案例 1【航船航向问题】　17 世纪欧洲的文艺复兴促进了科学技术和数学的快速发展，尤其航海业发展迅猛，于是人们希望能确定出航船在某一时刻的航向，即运动轨迹（曲线）上某一点的切线方向（斜率），它给当时的数学家提出了新的挑战.

案例 2【速度问题】　在高台跳水运动中，运动员相对水面的高度 h（单位：m）与起跳后的时间 t（单位：s）存在函数关系 $h(t)=-4.9t^2+6.5t+10$.计算运动员在 $0\sim\frac{65}{49}$ s 这段时间里的平均速度,并思考:(1)运动员在这段时间里是静止的吗?(2)能用平均速度描述运动员的运动状态吗?

数学文史

微积分的起源

微积分是微分学和积分学的统称,它的萌芽、产生与发展经历了漫长的时期.早在古希腊时期,欧多克斯就提出了穷竭法,这是微积分的先驱,而我国《庄子·天下篇》中也有"一尺之棰,日取其半,万世不竭"的极限思想.公元263年,刘徽为《九章算术》作注时提出了"割圆术",是极限论思想的成功运用.

16、17世纪,科学技术和生产力迅猛发展,哥伦布发现新大陆,哥白尼创立日心说,伽利略出版《力学对话》,开普勒发现行星运动规律,航海的发展、矿山的开发、天体的观测等提出了一系列力学和数学的问题,微积分在这样的条件下诞生是必然的.

微分方法的先驱工作起源于1629年费马陈述的概念,他给出了如何确定极大值和极小值的方法.其后剑桥大学巴罗教授又给出了求切线的方法,进一步推动了微分学概念的产生.前人工作终于使牛顿和莱布尼茨在17世纪下半叶各自独立创立了微积分.1665年5月20日,在牛顿手写的一篇文章中开始有"流数术"的记载,微积分的诞生便以这一天为标志.牛顿在1665—1676年间的许多著作中,他完整地提出了微积分是一对互逆运算,并且给出换算的公式,就是后来著名的牛顿-莱布尼茨公式.

如果说牛顿是从力学研究中提出了"流数术",那么莱布尼茨则是从几何学上考察切线问题得出了微分法.从始创微积分的时间上讲,牛顿比莱布尼茨大约早10年,但从正式公开发表的时间来说,牛顿要比莱布尼茨晚,因此后人将他们两人并列为微积分的创始人.

相关知识

在解决实际问题时,除了需要了解变量间的函数关系以外,有时还需要研究变量变化的快慢程度.例如,物体运动的速度、加速度,电学中交流电路的电流强度,城市人口的增长率,热力学中的膨胀率,经济学中的效率,几何学中的切线斜率等.针对这些实际问题,我们可以用**微分学**的有关知识来解释、说明.

一、引例

引例1【瞬时速度问题】 学校体育课进行1 000 m测试,小明用了4 min完成.那么小明完成1 000 m测试的速度是多少?

很显然,小明的平均速度为 $\bar{v}=\dfrac{1\,000}{4}=250(\mathrm{m/min})$.

但是否意味着小明一直是以250 m/min的速度跑步呢?当然不是,一般情况下跑步的速度不完全相同.那么怎样求小明在某一时刻的瞬时速度呢?类似这样的问题有很多(例如火箭升空,飞机降落和起飞等),下面我们来讨论这类问题.

设物体做变速直线运动,其路程函数(或称路程方程)为 $s=s(t)$,其中 t 表示时间,s

表示路程，$s(t)$是连续函数.试求质点在时刻t_0的瞬时速度$v(t_0)$.

分析：当物体做均速直线运动时，任意时刻的瞬时速度(即点速度)等于平均速度.而当物体做变速度直线运动时，如何求t_0时刻的速度呢？通常先用含t_0时刻在内时间段的平均速度来近似t_0时刻的速度，然后不断地修改近似值使其越来越接近t_0时刻速度的实际值(含t_0时刻在内的时间段越小，近似效果越好)，即用**无限逼近的方法**(即极限方法)求出精确值(这也是高等数学解决实际的基本思路).具体如下：

当时间由t_0改变到$t_0+\Delta t$时，物质在Δt这段时间内所经过的距离为

$$\Delta s=s(t+\Delta t)-s(t_0).$$

当物体做匀速直线运动时，它的速度不随时间而改变，即

$$v=\frac{\Delta s}{\Delta t}=\frac{s(t+\Delta t)-s(t_0)}{\Delta t}$$

是一个常量，它是物体在t_0时刻的速度，也是物体在任意时刻的速度.

但是，当物体做变速直线运动时，它的速度随时间而变化，此时$\frac{\Delta s}{\Delta t}$表示物体从$t_0$到$t_0+\Delta t$这一段时间内的平均速度$\bar{v}$，即

$$\bar{v}=\frac{\Delta s}{\Delta t}=\frac{s(t_0+\Delta t)-s(t_0)}{\Delta t}.$$

当Δt很小时，可以用$\bar{v}$近似地表示物体在时刻t_0的速度，Δt越小，近似程度越好.当Δt无限趋近于零时，平均速度将无限趋近于瞬时速度.当$\Delta t\to 0$时，如果极限$\lim\limits_{\Delta t\to 0}\frac{\Delta s}{\Delta t}$存在，就称此极限为物体在时刻$t_0$时的瞬时速度，即

$$v(t_0)=\lim_{\Delta t\to 0}\bar{v}=\lim_{\Delta t\to 0}\frac{\Delta s}{\Delta t}=\lim_{\Delta t\to 0}\frac{s(t_0+\Delta t)-s(t_0)}{\Delta t}. \tag{3.1}$$

案例2解答【速度问题】　在所给时间段的平均速度为$\bar{v}=\frac{\Delta h}{\Delta t}=\frac{h(65/49)-h(0)}{\Delta t}=0$，实际上，运动员一直在运动，没有静止.因此，不能用平均速度描述运动员的运动状态.也表明光有平均速度是不够的，还得研究运动员的瞬时速度.

引例2【平面曲线上某点处的切线斜率】　在平面几何中，圆的切线被定义为“与圆只相交于一点的直线”.而对一般曲线来说，这个定义显然不适用.例如对于曲线$y=x^2$，所有与y平行的直线与该曲线都有唯一交点，但它们都不是切线；另外，过曲线$y=x^2$上任一点都有无数条直线仅交曲线于该点，但切线只有一条(图3-1)；而如图3-2所示的直线与曲线相交于两点，但仍是曲线的切线.因此，有必要给出平面曲线在某一点处切线的普遍性定义(**用极限思想定义切线**).

动画

曲线的切线

设点M是曲线L上一点(图3-3)，在L上除点M外另取一点N，做割线MN.当点N沿曲线L趋近于点M时，割线MN绕点M转动而无限接近于它的极限位置MT，则称直线MT为曲线L在点M处的切线.现在我们来求切线MT的斜率.

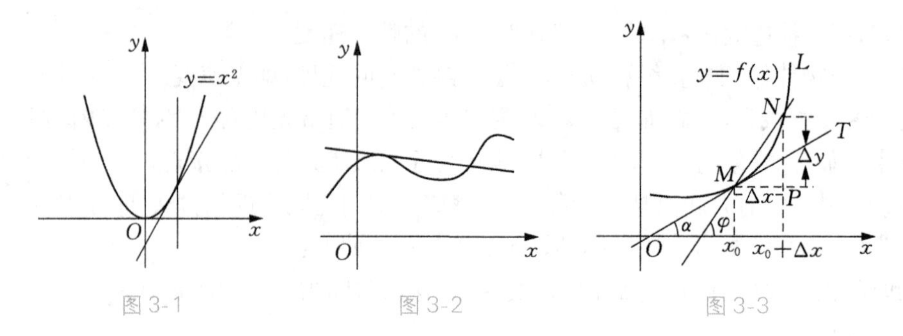

图 3-1 图 3-2 图 3-3

设曲线 L 的方程为 $y=f(x)$，点 M 和 N 的横坐标分别为 x_0 和 $x_0+\Delta x$，则割线 MN 的斜率为

$$\tan\varphi=\frac{\Delta y}{\Delta x}=\frac{f(x_0+\Delta x)-f(x_0)}{\Delta x}.$$

其中 φ 是割线 MN 的倾斜角.当点 N 沿曲线 L 趋于点 M(即 $\Delta x\to 0$)时，割线 MN 趋于切线 MT.设切线 MT 的倾角为 α，那么，当 $\Delta x\to 0$ 时，$\varphi\to\alpha$，$\tan\varphi\to\tan\alpha$.

即割线 MN 的斜率的极限就是切线 MT 的斜率，即

$$k_{切}=\tan\alpha=\lim_{\Delta x\to 0}\tan\varphi=\lim_{\Delta x\to 0}\frac{\Delta y}{\Delta x}=\lim_{\Delta x\to 0}\frac{f(x_0+\Delta x)-f(x_0)}{\Delta x}. \tag{3.2}$$

由此可见，曲线 $y=f(x)$ 在点 M 处的纵坐标的增量 Δy 与横坐标的增量 Δx 之比，当 $\Delta x\to 0$ 时的极限即为曲线 $y=f(x)$ 在点 M 处的切线斜率.同时也解答了**案例【航船航向问题】**.

以上两个例子，尽管实际意义不同，但它们所使用的数学方法是相同的，都可归结为求函数增量与自变量增量之比当自变量增量趋向零时的极限.在自然科学和工程技术中还有很多问题，如交流电路中的电流强度、角速度、线密度等都可以归结为这种极限形式.我们抛开这些量的具体意义，抓住它们在数量关系上的共性——即函数值的增量与自变量增量比当自变量增量趋向于零时的极限，给出函数导数的概念.

二、导数的概念

定义 3-1 设函数 $y=f(x)$ 在点 x_0 的某个邻域内有定义，当自变量 x 在点 x_0 处有增量 Δx($\Delta x\neq 0$，$x_0+\Delta x$ 仍在该邻域内)时，相应地函数有增量 $\Delta y=f(x_0+\Delta x)-f(x_0)$，若极限 $\lim\limits_{\Delta x\to 0}\dfrac{\Delta y}{\Delta x}$ 存在，则称函数 $y=f(x)$ 在点 x_0 处可导，并称此极限值为**函数 $y=f(x)$ 在点 x_0 处的导数**，记作

$$f'(x_0),\ y'\big|_{x=x_0},\ \frac{\mathrm{d}y}{\mathrm{d}x}\bigg|_{x=x_0} 或 \frac{\mathrm{d}f(x)}{\mathrm{d}x}\bigg|_{x=x_0},$$

即

$$f'(x_0)=\lim_{\Delta x\to 0}\frac{\Delta y}{\Delta x}=\lim_{\Delta x\to 0}\frac{f(x_0+\Delta x)-f(x_0)}{\Delta x}. \tag{3.3}$$

函数 $y=f(x)$ 在点 x_0 处可导有时也说成 $y=f(x)$ 在点 x_0 处有导数或导数存在.如果上述极限不存在，则称函数 $y=f(x)$ 在点 x_0 处不可导.

于是，在引例1中物体在时刻 t_0 时的运动速度可表示为 $v(t_0)=s'(t_0)=s'|_{t=t_0}$，引例2中曲线 $y=f(x)$ 在 $M(x_0,\ y_0)$ 切线斜率可表示为 $k=f'(x_0)$.

在实际中，点 x_0 处函数 $f(x)$ 的导数也经常 u 表示为如下形式：

$$f'(x_0)=\lim_{\Delta x\to 0}\frac{\Delta y}{\Delta x}=\lim_{x\to x_0}\frac{f(x)-f(x_0)}{x-x_0}.$$

【注意】导数的实质是点变化率.例如，物体运动的平均速度是时间间隔上的平均变化率，而瞬时速度则是点变化率.

动画
导数的几何意义

［例1］　用导数定义求函数 $y=x^3$ 在点 x_0 处的导数 $(x^3)'|_{x=x_0}$.

解　由导数的定义，$\Delta y=(x_0+\Delta x)^3-x_0^3$，

$$\frac{\Delta y}{\Delta x}=\frac{(x_0+\Delta x)^3-x_0^3}{\Delta x},$$

$$\begin{aligned}(x^3)'|_{x=x_0}&=\lim_{\Delta x\to 0}\frac{(x_0+\Delta x)^3-x_0^3}{\Delta x}\\&=\lim_{\Delta x\to 0}\frac{3x_0^2\Delta x+3x_0(\Delta x)^2+(\Delta x)^3}{\Delta x}\\&=\lim_{\Delta x\to 0}(3x_0^2+3x_0\Delta x+(\Delta x)^2)=3x_0^2.\end{aligned}$$

［例2］　设 $f(x)=|x|$，判断 $f'(0)$ 是否存在.

解　$f'(0)=\lim\limits_{x\to 0}\dfrac{f(x)-f(0)}{x-0}=\lim\limits_{x\to 0}\dfrac{|x|}{x}$.

由于 $\lim\limits_{x\to 0^-}\dfrac{|x|}{x}=\lim\limits_{x\to 0^-}\dfrac{-x}{x}=\lim\limits_{x\to 0^-}(-1)=-1$，$\lim\limits_{x\to 0^+}\dfrac{|x|}{x}=\lim\limits_{x\to 0^+}\dfrac{x}{x}=\lim\limits_{x\to 0^+}1=1$，据此可知 $\lim\limits_{x\to 0}\dfrac{|x|}{x}$ 不存在，即 $f'(0)$ 不存在.

随堂练习

(1) 某质点的运动方程为 $s=2t^2+1$（s 是路程，t 是时间），求质点在 $t=2$ 时的速度.

(2) 讨论 $f(x)=|x-1|$ 在点 $x=1$ 的可导性.

(3) 利用导数定义求抛物线 $y=x^2+1$ 在点(1, 2)处的切线斜率.

答案与提示：(1) $s'(2)=8$；(2) $f'(1)$ 不存在（仿例2）；(3) 斜率 $k=2$.

三、导函数

如果函数 $y=f(x)$ 在区间 $(a,\ b)$ 内的每一点处都可导，则称函数 $y=f(x)$ 在区间 $(a,\ b)$ 内可导.这时对于区间 $(a,\ b)$ 内的每一个 x 值，都有唯一确定的导数值 $f'(x)$ 与之对应，这样就确定了一个新的函数，我们称这个新函数为函数 $y=f(x)$ 在区间 $(a,\ b)$ 内的**导函数**，记作 $f'(x)$，y'，$\dfrac{\mathrm{d}y}{\mathrm{d}x}$ 或 $\dfrac{\mathrm{d}f(x)}{\mathrm{d}x}$，即

$$f'(x)=\lim_{\Delta x\to 0}\frac{f(x+\Delta x)-f(x)}{\Delta x}.$$

显然，函数 $y=f(x)$ 在点 x_0 处的导数就是导函数 $f'(x)$ 在点 x_0 处的函数值 $f'(x_0)$，即

$$f'(x_0)=f'(x)|_{x=x_0}.$$

今后,在不至于引起混淆的情况下,导函数也简称为导数.

【注意】若函数 $y=f(x)$ 在区间 (a, b) 内有一点处不可导,则称函数在区间 (a, b) 上不可导.

四、求导举例

由导数的定义可知,求函数 $y=f(x)$ 的导数可分为以下三个步骤:

(1) 求增量:$\Delta y=f(x+\Delta x)-f(x)$;

(2) 算比值:$\dfrac{\Delta y}{\Delta x}=\dfrac{f(x+\Delta x)-f(x)}{\Delta x}$;

(3) 取极限:$y'=\lim\limits_{\Delta x\to 0}\dfrac{\Delta y}{\Delta x}=\lim\limits_{\Delta x\to 0}\dfrac{f(x+\Delta x)-f(x)}{\Delta x}$.

通常将以上三个步骤合在一起来写.下面我们求几个基本初等函数的导数,得出的结果以后可作为公式使用,要牢记.

[例 3] 求函数 $f(x)=C$ 的导数.

解 $f'(x)=\lim\limits_{\Delta x\to 0}\dfrac{f(x+\Delta x)-f(x)}{\Delta x}=\lim\limits_{\Delta x\to 0}\dfrac{C-C}{\Delta x}=0.$

即常量函数的导数为

$$(C)'=0.$$

[例 4] 求函数 $y=\sin x$ 的导数.

解
$$y'=\lim_{h\to 0}\frac{f(x+h)-f(x)}{h}=\lim_{h\to 0}\frac{\sin(x+h)-\sin x}{h}=\lim_{h\to 0}\frac{2\cos\left(x+\frac{h}{2}\right)\sin\frac{h}{2}}{h}$$
$$=\lim_{h\to 0}\cos\left(x+\frac{h}{2}\right)\cdot\frac{\sin\frac{h}{2}}{\frac{h}{2}}=\lim_{h\to 0}\cos\left(x+\frac{h}{2}\right)\cdot\lim_{h\to 0}\frac{\sin\frac{h}{2}}{\frac{h}{2}}=\cos x,$$

即

$$(\sin x)'=\cos x.$$

用类似的方法可求得

$$(\cos x)'=-\sin x.$$

[例 5] 求对数函数 $y=\log_a x(a>0, a\neq 1)$ 的导数.

解
$$y'=\lim_{h\to 0}\frac{f(x+h)-f(x)}{h}=\lim_{h\to 0}\frac{\log_a(x+h)-\log_a x}{h}=\lim_{h\to 0}\frac{\log_a\frac{x+h}{x}}{h}$$
$$=\lim_{h\to 0}\frac{\ln\left(1+\frac{h}{x}\right)}{h\ln a}=\lim_{h\to 0}\frac{\frac{h}{x}}{h\ln a}=\frac{1}{x\ln a}\left(\text{因为 }\ln\left(1+\frac{h}{x}\right)\sim\frac{h}{x},\ h\to 0\right),$$

即

$$(\log_a x)'=\frac{1}{x\ln a}.$$

特别地，当 $a=\mathrm{e}$ 时，有

$$(\ln x)'=\frac{1}{x}.$$

据此来验证第二个重要极限 $\lim\limits_{x\to0}(1+x)^{\frac{1}{x}}=\mathrm{e}$.

设 $f(x)=\ln x$，则 $f'(1)=\left.\frac{1}{x}\right|_{x=1}=1$.根据导数的定义，又有

$$f'(1)=\lim_{h\to0}\frac{f(1+h)-f(1)}{h}=\lim_{h\to0}\frac{\ln(1+h)-\ln 1}{h}=\lim_{h\to0}\frac{1}{h}\ln(1+h)$$
$$=\lim_{h\to0}\ln(1+h)^{\frac{1}{h}}=\ln\lim_{h\to0}(1+h)^{\frac{1}{h}}.$$

因此，$\ln\lim\limits_{h\to0}(1+h)^{\frac{1}{h}}=1$，由此可得

$$\lim_{h\to0}(1+h)^{\frac{1}{h}}=\mathrm{e}\text{ 或 }\lim_{x\to0}(1+x)^{\frac{1}{x}}=\mathrm{e}.$$

[例 6]　求指数函数 $y=a^x(a>0,\ a\neq1)$ 的导数.

解　$$y'=\lim_{h\to0}\frac{f(x+h)-f(x)}{h}=\lim_{h\to0}\frac{a^{x+h}-a^x}{h}=a^x\lim_{h\to0}\frac{a^h-1}{h}=a^x\lim_{h\to0}\frac{\mathrm{e}^{h\ln a}-1}{h}$$
$$=a^x\lim_{h\to0}\frac{h\ln a}{h}=a^x\ln a\text{（因为 }\mathrm{e}^{h\ln a}-1\sim h\ln a,\ h\to0\text{）},$$

即

$$(a^x)'=a^x\ln a\,(a>0,\ a\neq1).$$

特别地，当 $a=\mathrm{e}$ 时，有 $(\mathrm{e}^x)'=\mathrm{e}^x$.

另外，在例 1 中如果将 x_0 换成 x 便可得 $(x^3)'=3x^2$；还可利用导数定义求得 $(x^2)'=2x$，$(x^{-1})=-x^{-2}$.

一般地，对于幂函数 $f(x)=x^\alpha$（α 是任意实数）有导数公式

$$(x^\alpha)'=\alpha x^{\alpha-1}.$$

随堂练习

(1) 利用导数定义求函数 $s=2t^2+1$ 的导数 s' 及 $s'(1)$.

(2) 求下列函数导数.

① $y=\sqrt{x}$；　② $y=x\cdot\sqrt[3]{x^2}$；　③ 函数 $y=\sin x$ 在 $x=\frac{\pi}{6}$ 的导数.

答案：(1) $s'(t)=4t$，$s'(1)=4$；(2) ① $y'=\frac{1}{2\sqrt{x}}$，② $y'=\frac{5}{3}\cdot\sqrt[3]{x^2}$，③ $\frac{\sqrt{3}}{2}$.

五、导数的几何意义

由引例 2 知，函数 $y=f(x)$ 在点 x_0 处的导数 $f'(x_0)$ 等于曲线 $y=f(x)$ 在点 $M(x_0,\ f(x_0))$ 处的切线斜率，即 $k=\tan\alpha=f'(x_0)$，其中 α 为切线的倾角，这就是导数的几何意义.

如果函数 $y=f(x)$ 在点 x_0 处的导数存在，则曲线 $y=f(x)$ 在点 $M(x_0,\ f(x_0))$ 处的

切线方程为

$$y-f(x_0)=f'(x_0)(x-x_0).$$

若 $f'(x_0)=\infty$(说明倾角是 90°),则曲线 $y=f(x)$ 在点 $M(x_0, y_0)$ 处具有垂直于 x 轴的切线 $x=x_0$;若 $f'(x_0)$ 不存在且不为无穷大,则曲线在点 $M(x_0, y_0)$ 处没有切线.

过点 $M(x_0, f(x_0))$ 且与该点切线垂直的直线叫作曲线 $y=f(x)$ 在该点处的**法线**.若 $f'(x_0)\neq 0$,则过点 $M(x_0, f(x_0))$ 的法线方程为

$$y-f(x_0)=-\frac{1}{f'(x_0)}(x-x_0).$$

而当 $f'(x_0)=0$ 时,过点 $M(x_0, f(x_0))$ 的法线为垂直于 x 轴的直线 $x=x_0$.

顺便指出,若函数 $y=f(x)$ 在区间 (a, b) 内可导,则对应于区间 (a, b) 的函数曲线上每一点处都有不垂直于 x 轴的切线,从而这段曲线为光滑曲线(无"尖点").

[例 7] 求抛物线 $y=x^2$ 在点 $(2, 4)$ 处的切线方程和法线方程.

解 由导数的几何意义知,抛物线 $y=x^2$ 在点 $(2, 4)$ 处的切线斜率为

$$y'|_{x=2}=2x|_{x=2}=2\times 2=4,$$

所求的切线方程为

$$y-4=4(x-2),\text{即 } y=4x-4;$$

法线方程为

$$y-4=-\frac{1}{4}(x-2),\text{即 } y=-\frac{1}{4}x+\frac{9}{2}.$$

 **随堂练习**

求曲线 $y=x^3-1$ 在点 $(1, 0)$ 处的切线方程和法线方程.(已知 $y'=3x^2$.)

答案:切线方程为 $y=3x-3$;法线方程为 $y=-\frac{1}{3}x+\frac{1}{3}$.

六、可导与连续的关系

定义 3-2(单侧导数) 若下面两个极限

$$\lim_{\Delta x\to 0^-}\frac{\Delta y}{\Delta x}=\lim_{\Delta x\to 0^-}\frac{f(x_0+\Delta x)-f(x_0)}{\Delta x},$$

$$\lim_{\Delta x\to 0^+}\frac{\Delta y}{\Delta x}=\lim_{\Delta x\to 0^+}\frac{f(x_0+\Delta x)-f(x_0)}{\Delta x}$$

存在,则称它们分别为函数 $f(x)$ 在点 x_0 处的左导数和右导数,且分别记作 $f'_-(x_0)$ 和 $f'_+(x_0)$,也可分别记作 $f'(x_0-0)$ 和 $f'(x_0+0)$.

释疑解难

可导与连续的关系 1

定理 3-1 函数 $y=f(x)$ 在点 x_0 处可导的充分必要条件是 $f(x)$ 在点 x_0 处的左导数和右导数都存在且相等,即 $f'_-(x_0)=f'_+(x_0)$.

[例 8] 讨论函数 $f(x)=\sin|x|$ 在 $x=0$ 处的连续性和可导性.

解 因为 $f(x-0)=\lim\limits_{x\to 0^-}\sin|x|=-\lim\limits_{x\to 0^-}\sin x=0$,

$f(x+0)=\lim\limits_{x\to 0^+}\sin|x|=\lim\limits_{x\to 0^+}\sin x=0$，又 $f(0)=0$，所以函数 $f(x)=\sin|x|$ 在 $x=0$ 处的连续(图 3-4).

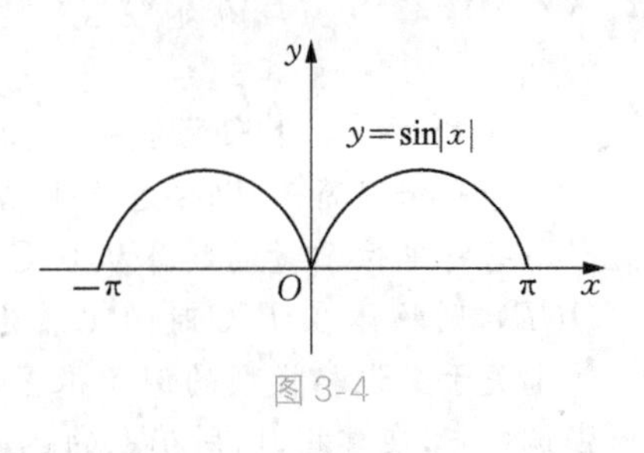

图 3-4

$$f'_+(0)=\lim_{x\to 0^+}\frac{f(x)-f(0)}{x-0}=\lim_{x\to 0^+}\frac{\sin x}{x}=1,$$

$$f'_-(0)=\lim_{x\to 0^-}\frac{f(x)-f(0)}{x-0}=\lim_{x\to 0^-}\frac{-\sin x}{x}=-1.$$

由于 $f'_+(0)\neq f'_-(0)$，所以函数 $y=|x|$ 在 $x=0$ 处不可导.

从图形上看，曲线 $f(x)=\sin|x|$ 在原点 O 处出现“尖点”，没有确定的切线(图 3-4).

例 8 表明，一个函数在一点连续，但在该点未必可导.但可以严格证明，可导则必然连续，即有以下定理：

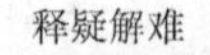

可导与连续的关系 2

定理 3-2 如果函数 $y=f(x)$ 在点 x_0 处可导，则函数 $f(x)$ 在点 x_0 处一定连续.

［例 9］ 考察函数 $f(x)=\sqrt[3]{x}$ 在 $x=0$ 处的连续性与可导性.

解 因为 $\lim\limits_{x\to 0}f(x)=\lim\limits_{x\to 0}\sqrt[3]{x}=0=f(0)$，因此在 $x=0$ 处连续.又因为

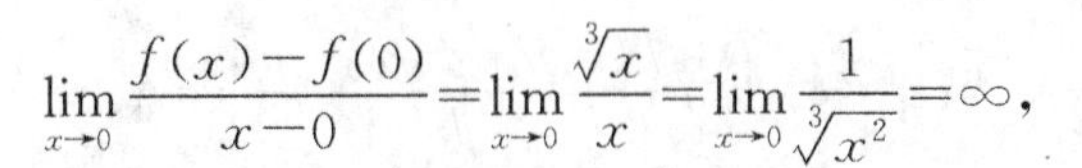

$$\lim_{x\to 0}\frac{f(x)-f(0)}{x-0}=\lim_{x\to 0}\frac{\sqrt[3]{x}}{x}=\lim_{x\to 0}\frac{1}{\sqrt[3]{x^2}}=\infty,$$

所以 $f(x)=\sqrt[3]{x}$ 在 $x=0$ 处不可导.从图形上看，曲线 $y=\sqrt[3]{x}$ 在原点 O 处具有垂直于 x 轴的切线(图 3-5).这也说明函数 $f(x)=\sqrt[3]{x}$ 在其定义$(-\infty, +\infty)$不可导，但除 0 外，处处可导.因 $f(x)=\sqrt[3]{x}$ 在$(-\infty, +\infty)$是等初函数，所以处处连续.

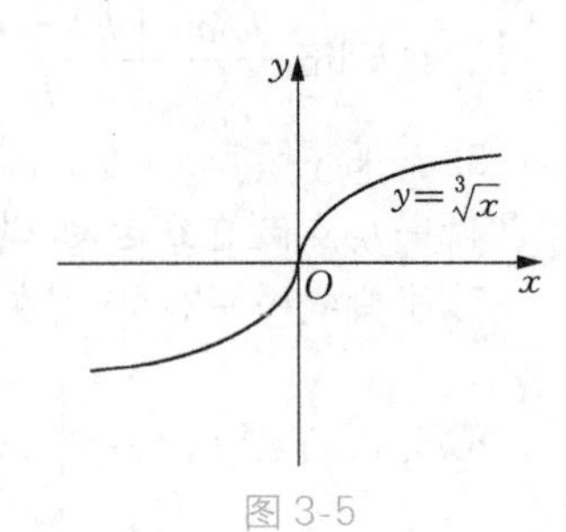

图 3-5

随堂练习

若函数 $f(x)=\begin{cases}x^2, & x\leqslant 1,\\ ax+b, & x>1\end{cases}$ 处处可导，试求 a，b 的值.

答案与提示：$f(x)$ 在 $x=1$ 点可导，则一定连续，得 $a=2$，$b=-1$.

七、专业应用案例

［例 10］ **边际变量模型**

在经济管理中，边际是一个重要的概念，它是经济变量 $y=f(x)$ 关于自变量 x 在“边际上”的变化.用 $\frac{\Delta y}{\Delta x}$ 表示平均每单位 x 改变引起 y 的关于 x 的相对变化，而极限 $\lim\limits_{\Delta x\to 0}\frac{\Delta y}{\Delta x}=\lim\limits_{x\to x_0}\frac{f(x)-f(x_0)}{x-x_0}$ 则准确地反映了经济变量 y 关于 x 在“边际上”的变化率，被称作边际经济变量.可见边际经济变量就是经济变量 $y=f(x)$ 的导数 $f'(x)$.

若用 $C=C(x)$ 表示总成本函数，则其边际成本函数就是 $C'=C'(x)$；若用 $R=R(x)$ 表示总收益函数，则其边际收益函数就是 $R'=R'(x)$；若用 $L=L(x)$ 表示总利润函数，则其边际利润函数就是 $L'=L'(x)$.

【注意】边际成本是指增加一个单位产量相应增加的单位成本.边际成本和单位平均成

本不一样,单位平均成本考虑了全部的产品,而边际成本忽略了最后一个产品之前的.其他类似.

[例 11] **物理领域——物体的比热**

专业知识简介:比热是物体热量的变化率,因此,比热就是热量关于温度的导数.

若将单位质量的物体从 0 ℃加热到 T ℃,物体所吸收的热量 Q 是温度 T 的函数:$Q(T)$,则物体在 T ℃时的比热为 $C=Q'(T)$.

关于变化率模型的例子很多,如比热容、角速度、出生率等,我们不再一一列举,但要强调一点,在建模时,所确立的函数最好是连续函数,否则所建模型不能真实地反映实际问题.

习题 3.1

1. 用导数定义求 $y=\sqrt{x}$ 在 $x=4$ 处的导数.
2. 设 $f'(x_0)$ 或 $f'(0)$ 存在,按照导数定义观察下列极限,指出 A 各表示什么?

(1) $\lim\limits_{\Delta x\to 0}\dfrac{f(x_0+\Delta x)-f(x_0)}{\Delta x}=A$; (2) $\lim\limits_{x\to 0}\dfrac{f(x)}{x}=A$,其中 $f(0)=0$;

(3) $\lim\limits_{h\to 0}\dfrac{f(x_0+h)-f(x_0-h)}{h}=A$; (4) $\lim\limits_{h\to 0}\dfrac{f(x_0)-f(x_0-h)}{h}=A$.

3. 如果 $y=f(x)$ 为偶函数,且 $f'(0)$ 存在,证明 $f'(0)=0$.
4. 一质点做直线运动,其运动方程为 $s=3t^2+1$,求 $t=2$ 时的瞬时速度.
5. 求曲线 $y=2x^3+1$ 在点 $(1, 0)$ 处的切线方程和法线方程.
6. 讨论函数 $f(x)=\begin{cases}2, & x\leqslant 0,\\ 3x+1, & 0<x\leqslant 1,\\ x^3+3, & x>1\end{cases}$ 在 $x=0$ 和 $x=1$ 处的连续性与可导性.

任务 3.2 求导法则

任务内容

- 完成与初等函数求导、复合函数求导、反函数求导、隐函数求导相关的任务工作页;
- 学习与初等函数求导、复合函数求导、反函数求导、隐函数求导有关的知识;
- 学习基本初等函数导数公式.

任务目标

- 掌握导数的四则运算法则;
- 掌握导数四则运算的口诀;
- 掌握复合函数求导的步骤;
- 掌握反函数求导公式;
- 掌握隐函数求导公式;
- 能够利用导数解决实际问题,解决专业案例.

任务工作页

了解任务内容并学习相关知识后，在教师指导下完成任务工作页内各项内容的填写.

1. 函数加减法求导公式：
______________________________.
2. 函数乘法求导公式：
______________________________.
3. 函数除法求导公式：
______________________________.
4. 复合函数求导的步骤：
______________________________.
5. 反函数求导公式：
______________________________.

案例 1【图书印刷量问题】 出版社出版图书的成本是与图书的印刷量有关的.印刷量越多，单本书的成本越低，但随着印数的增多，印刷出来的书的次品、废品数也成指数型增长. 设印刷某种图书 q 本书的总成本函数为

$$C(q)=30\,000+4q+0.003q^2.$$

如果该书销售单价 $p=28$ 元，当印刷 5 000 本时是否要继续增大印刷数呢？

案例 2【降雨强度问题】 在气象学中，通常把单位时间内的降雨量称作降雨强度，它是反映一次降雨大小的一个重要指标.现在假设通过一次降雨过程中一段时间内的降雨量数据，得到降雨量 y(mm)关于时间 t(min)的函数的近似表达式为 $y=\sqrt{10t}$，那么在 $t=40$ min 时降雨强度是多少？

相关知识

在任务 3.1 中，我们利用导数定义得到了几个基本初等函数的导数公式，但对大多数函数来说，直接用定义去求导数往往很困难，甚至不可能.在高等数学中，我们面对的函数主要是初等函数，而初等函数是由六种基本初等函数经过有限次的四则运算和有限次的复合运算形成的.因此，要求初等函数的导数，须先掌握六类基本初等函数的求导公式，再依据导数运算法则对其求导.

一、求导法则

定理 3-3 设函数 $u=u(x)$ 与 $v=v(x)$ 在点 x 处可导，则它们的和、差、积、商(分母为零的点除外)都在点 x 处可导，且有如下求导法则：

(1) $(u\pm v)'=u'\pm v'$；

(2) $(uv)'=u'v+uv'$；

(3) $[cu(x)]'=cu'(x)$(c 是常数)；

(4) $\left(\dfrac{u}{v}\right)'=\dfrac{u'v-uv'}{v^2}$($v\neq 0$).

另外，上述法则(1)与(2)可推广到有限多个可导函数的情形，例如

$$(u+v-w)'=u'+v'-w',$$
$$(uvw)'=u'vw+uv'w+uvw'.$$

[例1] 已知 $f(x)=\log_a\sqrt{x}+\sqrt{x}\cos x-e^{2x}+\sin\frac{\pi}{3}$，求 $f'(x)$.

解 $f'(x)=(\log_a\sqrt{x})'+(\sqrt{x}\cos x)'-(e^{2x})'+\left(\sin\frac{\pi}{3}\right)'$

$$=\left(\frac{1}{2}\log_a x\right)'+(\sqrt{x})'\cdot\cos x+\sqrt{x}\cdot(\cos x)'-(e^x\cdot e^x)'+0$$

$$=\frac{1}{2}\cdot\frac{1}{x\ln a}+\frac{1}{2}\cdot\frac{1}{\sqrt{x}}\cdot\cos x+\sqrt{x}\cdot(-\sin x)-2e^x\cdot(e^x)'$$

$$=\frac{1}{2x\ln a}+\frac{\cos x}{2\sqrt{x}}-\sqrt{x}\sin x-2e^{2x}.$$

[例2] 求 $y=\tan x$ 的导数.

解 $y'=(\tan x)'=\left(\frac{\sin x}{\cos x}\right)'=\frac{(\sin x)'\cos x-\sin x(\cos x)'}{\cos^2 x}$

$$=\frac{\cos^2 x+\sin^2 x}{\cos^2 x}=\frac{1}{\cos^2 x}=\sec^2 x,$$

即

$$(\tan x)'=\sec^2 x.$$

用类似的方法可得

$$(\cot x)'=-\csc^2 x.$$

[例3] 求 $y=\sec x$ 的导数.

解 $y'=(\sec x)'=\left(\frac{1}{\cos x}\right)'=-\frac{(\cos x)'}{\cos^2 x}=\frac{\sin x}{\cos^2 x}=\sec x\tan x,$

即

$$(\sec x)'=\sec x\tan x.$$

用类似的方法可得

$$(\csc x)'=-\csc x\cot x.$$

[例4] 设 $f(x)=\frac{x\sin x}{1+\cos x}$，求 $f'(x)$.

解 $f'(x)=\frac{(x\sin x)'(1+\cos x)-x\sin x(1+\cos x)'}{(1+\cos x)^2}$

$$=\frac{(\sin x+x\cos x)(1+\cos x)-x\sin x(-\sin x)}{(1+\cos x)^2}$$

$$=\frac{\sin x(1+\cos x)+x(1+\cos x)}{(1+\cos x)^2}=\frac{\sin x+x}{1+\cos x}.$$

[例5] 在一个并联电路中，含有一个阻值为 3 Ω 的恒定电阻和一个阻值为 r 的可变电阻，求总电阻 R 对 r 的变化率.

解 在该并联电路中，总电阻 R 与 r 的关系为 $\frac{1}{R}=\frac{1}{3}+\frac{1}{r}$，由此可得

$$R=\frac{3r}{3+r},$$

故 R 对 r 的变化率为

$$\frac{\mathrm{d}R}{\mathrm{d}r}=\left(\frac{3r}{3+r}\right)'=\frac{3(3+r)-3r}{(3+r)^2}=\frac{9}{(3+r)^2}.$$

案例 1 解答【图书印刷量问题】

专业背景分析：经济领域——边际.

(1) 边际成本.设总成本函数为 $C=C(q)$，C 表示总成本，q 表示销售量，则 $C'(q)$ 称为销售量为 q 个单位时的边际成本.

边际成本的经济含义：销售量达到 q 个单位时，再增加一个单位的销量，相应的总成本增加 $C'(q)$ 个单位.

(2) 边际收入.设总收入函数为 $R=R(q)$，R 表示总成本，q 表示销售量，则 $R'(q)$ 称为销售量为 q 个单位时的边际收入.

边际收入的经济含义：销售量达到 q 个单位时，再增加一个单位的销量，相应的总收入增加 $R'(q)$ 个单位.

(3) 边际利润.设总利润函数为 $L=L(q)$，L 表示总成本，q 表示销售量，则 $L'(q)$ 称为销售量为 q 个单位时的边际利润.

边际利润的经济含义：销售量达到 q 个单位时，再增加一个单位的销量，相应的总利润增加 $L'(q)$ 个单位.

解　现设印刷 q 本书的总成本函数为

$$C(q)=30\,000+4q+0.003q^2.$$

如果该书销售单价 $p=28$ 元，则可得总收入函数为

$$R(q)=pq=28q.$$

因此总利润函数为

$$\begin{aligned}L(q)=R(q)-C(q)&=28q-30\,000-4q-0.003q^2\\&=24q-30\,000-0.003q^2.\end{aligned}$$

边际利润函数为

$$L'(q)=(24q-30\,000-0.003q^2)'=24-0.006q,$$

故

$$L'(5\,000)=24-0.006\times5\,000=-6.$$

这说明，印刷量达到 5 000 本时，多印刷一本，总利润减少 6 元.

随堂练习

求下列函数的导数.

① $y=\ln x-\frac{3}{x^2}+\tan\frac{\pi}{3}$；　　② $y=x\mathrm{e}^x\tan x$；

③ $y=x\arctan x+3\log_2 x-\sqrt{x\sqrt{x}}$；　　④ 设 $f(x)=(1+x^2)\left(1-\frac{1}{x^2}\right)$，求 $f'(1)$；

⑤ $y=x\ln x+\frac{1-\ln x}{1+\ln x}$.

答案与提示：① $y'=\frac{1}{x}+\frac{6}{x^3}$；② $y'=[(xe^x)\tan x]'=e^x\tan x+xe^x\tan x+xe^x\sec^2 x$；③ $y'=\arctan x+\frac{x}{1+x^2}+\frac{3}{x\ln 2}-\frac{3}{4}x^{-\frac{1}{4}}$（提示：$\sqrt{x\sqrt{x}}=x^{\frac{3}{4}}$）；④ $f'(x)=2x+\frac{2}{x^3}$，$f'(1)=4$；⑤ $y'=\ln x+1-\frac{2}{x(1+\ln x)^2}$.

二、复合函数的求导法则

前面我们利用导数的四则运算法则和一些基本初等函数的导数公式求出了一些比较复杂的初等函数的导数.但是产生初等函数的方法除了四则运算外，还有函数的复合运算.因而必须学习复合函数的求导法则.不妨先讨论如下具体问题.

设 $y=\sin 2x$，求 y'.

方法一：由于 $y=\sin 2x=2\sin x\cos x$，

所以 $y'=(\sin 2x)'=2(\sin x)'\cdot\cos x+2(\cos x)'\cdot\sin x=2(\cos^2 x-\sin^2 x)=2\cos 2x$.

方法二：简单套用公式 $(\sin x)'=\cos x$ 求解：$y'=\cos 2x$.

哪一个计算结果对呢？两者选其一.事实上，方法一正确，方法二错误，究其原因：函数 $\sin 2x$ 是复合函数，不用直接套用基本初等函数 $\sin x$ 的求导公式，方法一利用二倍角公式将复合函数转化成两个基本初等函数的乘积后再按法则求解，过程和结果都正确；而方法二没有将复合函数化成基本初等函数求解，盲目套用了基本公式，故做法错误，今后求导时要注意函数的复合性.如何求一般复合函数的导数呢？下面给出复合函数的求导法则：

释疑解难

链式法则

定理 3-4(链式法则) 如果函数 $u=\varphi(x)$ 在点 x 处可导，而函数 $y=f(u)$ 在对应点 u 处可导，那么复合函数 $y=f[\varphi(x)]$ 在点 x 处可导，且有

$$\frac{dy}{dx}=\frac{dy}{du}\cdot\frac{du}{dx}\text{或}(f[\varphi(x)])'=f'(u)\cdot\varphi'(x).$$

求复合函数 $y=f[\varphi(x)]$ 对 x 的导数时，首先将其分解为几个简单函数 $y=f(u)$ 和 $u=\varphi(x)$，然后使用复合函数的求导法则即可.在对复合函数求导时，关键在于弄清函数的复合关系，准确地将一个复合函数分解为若干个简单函数，再由外向内，逐层求导后相乘，最后**回代中间变量**.另外，复合函数求导法则也可用于多次复合的情形，即可以推广到 y 含有多个中间变量的情形.

例如，设 $y=f(u)$，$u=\varphi(v)$，$v=\psi(x)$ 都可导，则有

$$\frac{dy}{dx}=\frac{dy}{du}\cdot\frac{du}{dv}\cdot\frac{dv}{dx}\text{或}y'=f'(u)\cdot\varphi'(v)\cdot\psi'(x).$$

[例 6] 求 $y=\sin\sqrt{x}$ 的导数.

解 函数 $y=\sin\sqrt{x}$ 可看作由 $y=\sin u$ 与 $u=\sqrt{x}$ 复合而成，由链式法则得

$$y'=(\sin u)'(\sqrt{x})'=\cos u\cdot\frac{1}{2\sqrt{x}}=\frac{\cos\sqrt{x}}{2\sqrt{x}}.$$

[例 7] 求函数 $y=\ln\tan\frac{x}{2}$ 的导数.

解 此函数可看作由 $y=\ln u$，$u=\tan v$，$v=\frac{x}{2}$ 复合而成，因此

$$\frac{dy}{dx}=\frac{dy}{du}\cdot\frac{du}{dv}\cdot\frac{dv}{dx}=(\ln u)'\cdot(\tan v)'\cdot\left(\frac{x}{2}\right)'=\frac{1}{u}\cdot\sec^2 v\cdot\frac{1}{2}$$
$$=\frac{1}{\tan\frac{x}{2}}\cdot\sec^2\frac{x}{2}\cdot\frac{1}{2}=\frac{1}{\sin x}=\csc x.$$

【注意】对复合函数的分解与复合函数的求导法则比较熟练后，就可以不写出中间变量，只要认清函数的复合层次并默记在心，然后由外向内，逐层求导就可以了，关键是必须清楚每一步对哪个变量求导.

[例 8]　设 $y=2^{\sin^2\frac{1}{x}}$，求 y'.

解　$y'=(2^{\sin^2\frac{1}{x}})'=2^{\sin^2\frac{1}{x}}\ln 2\cdot\left(\sin^2\frac{1}{x}\right)'=2^{\sin^2\frac{1}{x}}(\ln 2)\cdot 2\sin\frac{1}{x}\cdot\left(\sin\frac{1}{x}\right)'$

$$=2^{\sin^2\frac{1}{x}}(\ln 2)\cdot 2\sin\frac{1}{x}\cdot\cos\frac{1}{x}\cdot\left(\frac{1}{x}\right)'=2^{\sin^2\frac{1}{x}}(\ln 2)\cdot\sin\frac{2}{x}\cdot\left(-\frac{1}{x^2}\right)$$
$$=-\frac{\ln 2}{x^2}\cdot 2^{\sin^2\frac{1}{x}}\cdot\sin\frac{2}{x}.$$

[例 9]　证明幂函数的导数公式 $(x^{\mu})'=\mu x^{\mu-1}(\mu\in\mathbf{R},\ x>0)$.

证明　$(x^{\mu})'=(e^{\mu\ln x})'=e^{\mu\ln x}\cdot(\mu\ln x)'=x^{\mu}\cdot\frac{\mu}{x}=\mu x^{\mu-1}$.

[例 10]　如果将空气以 100 cm^3/s 的常速注入球状的气球，假定气体的压力不变，那么，当半径为 10 cm 时，气球半径增加的速率是多少？

解　设在 t 时刻气球的体积与半径分别为 V 和 r，显然

$$V=\frac{4}{3}\pi r^3,\ r=r(t),$$

所以 V 通过中间变量 r 与时间 t 发生联系，是一个复合函数

$$V=\frac{4}{3}\pi[r(t)]^3.$$

由题意知，$\frac{dV}{dt}=100\ cm^3/s$，要求 $\frac{dr}{dt}\Big|_{r=10\ cm}$ 的值.根据复合函数求导法则，得

$$\frac{dV}{dt}=\frac{4}{3}\pi\times 3[r(t)]^2\cdot\frac{dr}{dt}=4\pi[r(t)]^2\cdot\frac{dr}{dt}.$$

将已知数据代入上式，得

$$100=4\pi\times 10^2\times\frac{dr}{dt}.$$

所以 $\frac{dr}{dt}=\frac{1}{4\pi}$(cm/s)，即在 $r=10$ cm 这一瞬间，半径以 $\frac{1}{4\pi}$ cm/s 的速度增加.

案例 2 解答【降雨强度问题】　求降雨量 y 关于时间 t 的瞬时变化率(即降雨强度).

因为 $y'=\frac{5}{\sqrt{10t}}$，所以 $t=40$ min 时的降雨强度为 $y'|_{t=40}=\frac{5}{\sqrt{10\times 40}}=0.25$ mm/min.

随堂练习

(1) 求下列函数的导数.

① $y=\ln\sin x$； ② $y=\arctan(\ln x)$； ③ $y=\sin\frac{x}{2}$；

④ $y=\frac{1}{1+2x}$； ⑤ $y=\sqrt{5x-x^2}$； ⑥ $y=2^{\sin\frac{1}{x}}$.

(2) 对电容器充电时,电容器电压的变化规律为 $u_C=E(1-\mathrm{e}^{-\frac{t}{RC}})(t>0)$,求电容器电压的变化速度.

答案:(1) ① $y'=\cot x$；② $y'=\frac{1}{x(1+\ln^2 x)}$；③ $y'=\frac{1}{2}\cos\frac{x}{2}$；④ $y=-\frac{2}{(1+2x)^2}$；⑤ $y'=\frac{5-2x}{2\sqrt{5x-x^2}}$；⑥ $y'=-\frac{1}{x^2}\cos\frac{1}{x}2^{\sin\frac{1}{x}}\ln 2$.

(2) 电容器电压的变化速度为$\frac{\mathrm{d}u_C}{\mathrm{d}t}=\frac{E}{RC}\mathrm{e}^{-\frac{t}{RC}}$.

三、反函数的求导法则

定理 3-5 如果函数 $x=\varphi(y)$在点 y 处单调可导,且 $\varphi'(y)\neq 0$,那么它的反函数 $y=f(x)$在对应点 x 处可导,且有

$$f'(x)=\frac{1}{\varphi'(y)} \text{ 或 } \frac{\mathrm{d}y}{\mathrm{d}x}=\frac{1}{\frac{\mathrm{d}x}{\mathrm{d}y}}.$$

定理 3-5 表明,反函数的导数等于直接函数导数的倒数.下面借助于反函数的求导法则来导出几个反三角函数的导数公式.

[例 11] 求 $y=\arcsin x$ 的导数.

解 因为 $y=\arcsin x$ 是 $x=\sin y$ 的反函数,$x=\sin y$ 在区间$\left(-\frac{\pi}{2},\frac{\pi}{2}\right)$内单调、可导,且$\frac{\mathrm{d}x}{\mathrm{d}y}=\cos y\neq 0$,所以

$$y'=\frac{1}{\frac{\mathrm{d}x}{\mathrm{d}y}}=\frac{1}{\cos y}=\frac{1}{\sqrt{1-\sin^2 y}}=\frac{1}{\sqrt{1-x^2}},$$

即

$$(\arcsin x)'=\frac{1}{\sqrt{1-x^2}}.$$

同理可得

$$(\arccos x)'=-\frac{1}{\sqrt{1-x^2}}.$$

[例 12] 求 $y=\arctan x$ 的导数.

解 因为 $y=\arctan x$ 是 $x=\tan y$ 的反函数,$x=\tan y$ 在区间$\left(-\frac{\pi}{2},\frac{\pi}{2}\right)$内单调、可

导，且$\frac{dx}{dy}=\sec^2 y\neq 0$，所以

$$y'=\frac{1}{\frac{dx}{dy}}=\frac{1}{\sec^2 y}=\frac{1}{1+\tan^2 y}=\frac{1}{1+x^2},$$

即

$$(\arctan x)'=\frac{1}{1+x^2}.$$

同理可得

$$(\text{arccot}\, x)'=-\frac{1}{1+x^2}.$$

[例 13]　设 $y=e^{\arctan\sqrt{x}}$，求 y'.

解　$y'=e^{\arctan\sqrt{x}}\cdot\frac{1}{1+(\sqrt{x})^2}\cdot\frac{1}{2\sqrt{x}}=\frac{e^{\arctan\sqrt{x}}}{2\sqrt{x}(1+x)}.$

四、基本初等函数的导数公式

前面已经求出了所有基本初等函数的导数，建立了函数的和、差、积、商的求导法则，复合函数的求导法则，这样我们就基本解决了初等函数的求导问题.为了便于查阅，我们将所有基本初等函数的求导公式归纳如下：

(1) $(C)'=0$（C 为常数）；	(2) $(x^{\mu})'=\mu x^{\mu-1}(\mu\in\mathbf{R})$；
(3) $(\log_a x)'=\frac{1}{x\ln a}$；	(4) $(\ln x)'=\frac{1}{x}$；
(5) $(a^x)'=a^x\ln a\,(a>0,\ a\neq 1)$；	(6) $(e^x)'=e^x$；
(7) $(\sin x)'=\cos x$；	(8) $(\cos x)'=-\sin x$；
(9) $(\tan x)'=\frac{1}{\cos^2 x}=\sec^2 x$；	(10) $(\cot x)'=-\frac{1}{\sin^2 x}=-\csc^2 x$；
(11) $(\sec x)'=\sec x\tan x$；	(12) $(\csc x)'=-\csc x\cot x$；
(13) $(\arcsin x)'=\frac{1}{\sqrt{1-x^2}}$；	(14) $(\arccos x)'=-\frac{1}{\sqrt{1-x^2}}$；
(15) $(\arctan x)'=\frac{1}{1+x^2}$；	(16) $(\text{arccot} x)'=-\frac{1}{1+x^2}$.

五、隐函数和参数式函数的导数

1. 隐函数的导数

如果一个函数的解析式是以 $y=f(x)$ 的形式给出，那么就称该函数为显函数.以往我们学习过的函数都是显函数，显函数的特点是自变量与因变量分列在等号两边，它们的依赖关系清晰明确.但在实际中，很多函数是以含有 x，y 的方程 $F(x, y)=0$ 的形式来表示的，这样的函数称为**隐函数**.对于显函数和隐函数有如下关系：①所有的显函数均可化为隐函数；②有些隐函数可化为**显函数**（叫做隐函数的显化）.例如，$x+y^3-1=0$（隐函数）可化为 $y=\sqrt[3]{1-x}$（显函数），而方程 $e^{xy}=x+y$ 所确定的函数 y 则不能显化，且函数 y 与自变

量 x 间的依赖关系不明确，但每给定一个 x 值，通过方程能找到唯一的 y 值与之对应（如 $x=0$ 时，求得 $y=1$，即 1 是 0 对应的函数值）.那么如何求隐函数的导数呢？下面给出求隐函数导数的一种方法：

求由方程 $F(x, y)=0$ 所确定的隐函数 $y=f(x)$ 的导数，只需给方程两边同时求导（无需将隐函数显化），再从求导后的表达式（含 y' 的方程）中求出 y' 即可.

［例 14］ 设 $y=f(x)$ 是方程 $x^2+y^2=1$ 所确定的函数，求 y'.

解 将 $y=f(x)$ 代入方程 $x^2+y^2=1$，得 $x^2+f^2(x)=1$.

给方程两边同时求导，得

$$2x+2f(x)\cdot f'(x)=0,$$

即

$$2x+2y\cdot y'=0$$

所以

$$y'=-\frac{x}{y}.$$

（此题的关键是对 $f^2(x)$ 的求导，要注意 $f^2(x)$ 是复合函数，应按复合函数求导法则求导.另外，可以直接对 y^2 求导，由于 y^2 是复合函数，所以 $(y^2)'=2yy'$，而不是 $(y^2)'=2y$.）

【注意】隐函数求导时需注意：①求导时切记 y 是 x 的函数，在遇到关于 y 的复合函数时应按复合函数求导法则去求导；②解出的 y' 的表达式中除了可能含自变量 x 外，还含函数 y.

［例 15］ 求由方程 $2y^3+\sin y-y-5x^2=0$ 所确定的隐函数 y 导数 $\frac{\mathrm{d}y}{\mathrm{d}x}$.

解 给方程两边同时求导，有

$$6y^2y'+\cos y y'-y'-10x=0,$$

所以

$$y'=\frac{10x}{6y^2+\cos y-1}.$$

y^3，$\sin y$ 都是复合函数，因为 y 本身是关于 x 的函数，对它们的求导应遵守复合函数求导法则，切记不可得出 $(y)'=1$.

［例 16］ 求椭圆 $4x^2+9y^2=36$ 在点 $(0, 2)$ 处的切线方程.

解 给方程两边同时求导（x 为自变量），得 $8x+18yy'=0$（注意 y^2 是关于 x 的复合函数），解方程，得 $y'=-\frac{4x}{9y}$.把点 $(0, 2)$ 代入，得切线的斜率 $k=0$，故所求切线方程为 $y=2$.

【注意】利用隐函数的求导法则来求显函数的导数，有时更方便高效.

例如，在求 $y=(1+x)^{\cos x}$ 的导数时，先两边同取对数转成化方程 $\ln y=\cos x\ln(1+x)$，再两边同时求导，得 $\frac{y}{\ }=-\sin x\ln(1+x)+\frac{\cos x}{1+x}$，整理后，得

$$y'=(1+x)^{\cos x}\left[-\sin x\ln(1+x)+\frac{\cos x}{1+x}\right].$$

这就是对数求导法.

随堂练习

(1) 求由方程 $y^5+2xy-x-3x^7=1$ 所确定的隐函数 y 在 $x=0$ 处的导数$\left.\frac{\mathrm{d}y}{\mathrm{d}x}\right|_{x=0}$.

(2) 求由方程 $\mathrm{e}^x+y^3=\sin(x+y)$所确定的隐函数的导数$\frac{\mathrm{d}y}{\mathrm{d}x}$.

(3) 求圆 $x^2+y^2=4$ 在点$(1,\sqrt{3})$处的切线方程.

答案:(1) $\left.\frac{\mathrm{d}y}{\mathrm{d}x}\right|_{x=0}=0.2$；(2) $y'=\frac{\mathrm{d}y}{\mathrm{d}x}=\frac{\cos(x+y)-\mathrm{e}^x}{3y^2-\cos(x+y)}$；(3) $x+\sqrt{3}y-4=0$.

2. 参数式函数的导数

两个变量 x，y 之间的函数关系，经常会通过它们与第三个变量 t 的关系来建立，这就是参数式函数，一般形式为

$$\begin{cases}x=\varphi(t),\\ y=\psi(t)\end{cases}\quad(a\leqslant t\leqslant b),$$

其中第三个变量 t 称为参数.

在研究物体运动的轨迹时，常需要计算由参数方程所确定的函数的导数.但参数函数要消去参数 t 化为普通函数有时会有困难，这就需要有一种直接由参数函数求导的方法.

可以证明，当 $x=\varphi(t)$，$y=\psi(t)$都可导，且 $\varphi'(t)\neq0$ 时，由参数方程所确定的函数 $y=f(x)$的导数为

$$\frac{\mathrm{d}y}{\mathrm{d}x}=\frac{\psi'(t)}{\varphi'(t)}.$$

【注意】参数函数的导数是用参数 t 表达的.

[例 17]　求由参数方程$\begin{cases}x=2t,\\ y=t^2\end{cases}$($t$ 为参数)确定的函数 y 的导数.

解　$$\frac{\mathrm{d}y}{\mathrm{d}x}=\frac{\frac{\mathrm{d}y}{\mathrm{d}t}}{\frac{\mathrm{d}x}{\mathrm{d}t}}=\frac{(t^2)'}{(2t)'}=\frac{2t}{2}=t.$$

[例 18]　求星形线$\begin{cases}x=\cos^3t,\\ y=\sin^3t,\end{cases}$　$0\leqslant t\leqslant2\pi$，在 $t=\frac{\pi}{4}$时的切线方程.

解　$\frac{\mathrm{d}y}{\mathrm{d}x}=\frac{(\sin^3t)'}{(\cos^3t)'}=\frac{\sin^2t\cos t}{-\cos^2t\sin t}=-\tan t$，所以 $k=\left.\frac{\mathrm{d}y}{\mathrm{d}x}\right|_{t=\frac{\pi}{4}}=-1$.

当 $t=\frac{\pi}{4}$时，$x=y=\frac{\sqrt{2}}{4}$，即切点坐标为$\left(\frac{\sqrt{2}}{4},\frac{\sqrt{2}}{4}\right)$.所以切线方程为

$$y-\frac{\sqrt{2}}{4}=-\left(x-\frac{\sqrt{2}}{4}\right)，即\ 2x+2y-\sqrt{2}=0.$$

随堂练习

(1) 设 y 与 x 之间的函数关系由参数方程 $\begin{cases}x=3\cos t+t^2\\ y=2\sqrt{t}-3\end{cases}$ 确定，求导数 $\dfrac{\mathrm{d}y}{\mathrm{d}x}$.

(2) 求旋轮线 $\begin{cases}x=a(\theta-\sin\theta)\\ y=a(1-\cos\theta)\end{cases}$ 在 $\theta=\dfrac{\pi}{4}$ 时的切线方程.

答案：(1) $\dfrac{\mathrm{d}y}{\mathrm{d}x}=\dfrac{1}{(2t-3\sin t)\sqrt{t}}$；(2) $y-a\left(1-\dfrac{\sqrt{2}}{2}\right)=\dfrac{\sqrt{2}}{2-\sqrt{2}}\left[x-a\left(\dfrac{\pi}{4}-\dfrac{\sqrt{2}}{2}\right)\right]$.

习题 3.2

1. 求下列函数的导数.

(1) $y=x-\dfrac{1}{3}\tan x$； (2) $y=\dfrac{x^2}{1-x^2}$； (3) $y=x\cot x$；

(4) $y=\sqrt{2}x^2\sec x$； (5) $y=\dfrac{2}{x^3-1}$； (6) $y=\dfrac{\sin x}{\sin x+\cos x}$.

2. 求下列函数在给定点处的导数值.

(1) $y=x^2-2\sin x$，求 $y'|_{x=0}$.

(2) $f(x)=\dfrac{1}{1+x}$，求 $f'(0)$ 和 $f'(2)$.

3. 求曲线 $y=x-2x^2+1$ 在点 $x=0$ 处的切线方程和法线方程.

4. 在曲线 $y=\dfrac{1}{1+x^2}$ 上求一点，使得通过该点的切线平行于 x 轴.

5. 求下列函数的导数.

(1) $y=(2x^2+7)^{10}$； (2) $y=\ln\tan x$；

(3) $y=\sqrt{a^2-x^2}$； (4) $y=\sqrt[3]{1-2x^2}$；

(5) $y=\ln(1-x^2)$； (6) $y=\dfrac{\sin x^2}{x+1}$；

(7) $y=\sec^2(\ln x)$； (8) $y=\arctan\dfrac{1+x}{1-x}$；

(9) $y=\ln\cos(\mathrm{e}^x)$； (10) $y=\mathrm{e}^{\sin\frac{1}{x}}$；

(11) $y=\tan^3\ln x$； (12) $y=\ln[\ln(\ln x)]$；

(13) $y=\mathrm{e}^{2x}+\mathrm{e}^{-\frac{1}{x}}$； (14) $y=\mathrm{e}^{(1-\sin x)^{\frac{1}{2}}}$.

6. 设 $f(x)$ 可导，求下列函数的导数 $\dfrac{\mathrm{d}y}{\mathrm{d}x}$.

(1) $y=f(x^2)$； (2) $y=f(\sin^2 x)+f(\cos^2 x)$；

(3) $y=f(\mathrm{e}^x+x^e)$； (4) $y=f(\mathrm{e}^x)\mathrm{e}^{f(x)}$.

7. 求曲线 $y=\dfrac{x^2-3x+6}{x^2}$ 在 $x=3$ 对应曲线上点处的切线方程和法线方程.

任务 3.3　高阶导数

任务内容

- 完成与高阶导数相关的任务工作页；
- 学习与高阶导数有关的知识.

任务目标

- 掌握高阶导数求导步骤；
- 掌握特殊函数的高阶导数.

任务工作页

了解任务内容并学习相关知识后，在教师指导下完成任务工作页内各项内容的填写.

1. 高阶导数求导步骤： ____.
2. 二阶导数的物理意义： ____.
3. $y=\mathrm{e}^x$ 的 n 阶导数为： ____.
4. $y=\sin x$ 的 n 阶导数为： ____.
5. $y=\cos x$ 的 n 阶导数为： ____.
6. $y=x^{\mu}$ 的 n 阶导数为： ____.
7. $y=\ln(1+x)$的 n 阶导数为： ____.

案例【刹车问题】　设某种汽车刹车后运动规律为 $s=19.2t-0.4t^2$，假设汽车做直线运动，求汽车在 $t=4$ s 时的速度和加速度.

相关知识

一、高阶导数

释疑解难

求函数高阶导数常用的方法

定义 3-3　一般地，若函数 $y=f(x)$的导数 $f'(x)$仍是 x 的可导函数，则称 $f'(x)$的导数为 $f(x)$的二阶导数，记作 y''，$f''(x)$，$\dfrac{\mathrm{d}^2y}{\mathrm{d}x^2}$或$\dfrac{\mathrm{d}^2f}{\mathrm{d}x^2}$，即

$$y''=(y')' \text{或} \frac{d^2y}{dx^2}=\frac{d}{dx}\left(\frac{dy}{dx}\right).$$

类似地，二阶导数的导数叫做三阶导数，三阶导数的导数叫做四阶导数，……一般地，函数 $f(x)$ 的 $n-1$ 阶导数的导数叫做函数 $f(x)$ 的 n 阶导数，分别记作

$$y''', y^{(4)}, \cdots, y^{(n)}; f'''(x), f^{(4)}(x), \cdots, f^{(n)}(x); \frac{d^3y}{dx^3}, \frac{d^4y}{dx^4}, \cdots, \frac{d^ny}{dx^n}$$

$$\text{或} \frac{d^3f}{dx^3}, \frac{d^4f}{dx^4}, \cdots, \frac{d^nf}{dx^n},$$

且有

$$y^{(n)}=[y^{(n-1)}]' \text{或} \frac{d^ny}{dx^n}=\frac{d}{dx}\left(\frac{d^{n-1}y}{dx^{n-1}}\right).$$

二阶及二阶以上的导数统称作高阶导数.相应地，把 $y=f(x)$ 的导数 $f'(x)$ 叫做函数 $f(x)$ 的一阶导数.显然，求高阶导数并不需要引入新的公式和法则，只需用一阶导数的公式和法则逐阶求导即可，所以仍可沿用前面学过的求导方法来计算高阶导数.

[例 1] 求下列函数的二阶导数.

(1) $y=4x^3-3x^2+5$; (2) $y=x\sin x$.

解 (1) $y'=12x^2-6x$，$y''=(12x^2-6x)'=24x-6$.

(2) $y'=\sin x+x\cos x$,

$y''=(\sin x+x\cos x)'=\cos x+\cos x-x\sin x=2\cos x-x\sin x$.

课堂练习

(1) 求下列函数的二阶导数.

① $y=\ln x+\cos x$; ② $y=x^2e^x$; ③ $y=\ln(1+2x)$.

(2) 设 $f(x)=3x+\sin x$，求 $f''\left(\frac{\pi}{2}\right)$.

答案：(1) ① $y''=-\frac{1}{x^2}-\cos x$；② $y''=(2+4x+x^2)e^x$；③ $y''=\frac{-4}{(1+2x)^2}$.

(2) $f''\left(\frac{\pi}{2}\right)=-1$.

二、二阶导数的物理意义

设物体运动的路程函数为 $s=s(t)$，则物体运动的速度函数为 $v=s'(t)$，这就是一阶导数的物理意义.

加速度是反映速度变化快慢的物理量，也是速度对时间的变化率.若物体运动的速度函数为 $v=v(t)$，则物体运动的加速度 $a=v'(t)$，即 $a=v'(t)=[s'(t)]'=s''(t)$，所以二阶导数的物理意义是物体运动的加速度.

[例 2] 质点做变速直线运动，其运动方程为 $s=t+\frac{1}{t}$，求 $t=3$ 时的速度与加速度.

解 由 $v=s'(t)=\left(t+\frac{1}{t}\right)'=1-\frac{1}{t^2}$，$a=v'=[s'(t)]'=s''(t)=\left(1-\frac{1}{t^2}\right)'=\frac{2}{t^3}$，可知

质点在 $t=3$ 时的速度为 $v=\frac{8}{9}$，加速度为 $a=\frac{2}{27}$.

案例解答【刹车问题】 刹车后的速度为 $v=s'(t)=(19.2t-0.4t^3)'=19.2-1.2t^2$(m/s).
当 $t=4$ s 时汽车的速度为 $v=(19.2-1.2t^2)|_{t=4}=0$，此时的加速度为

$$a=s''(t)|_{t=4}=-2.4t|_{t=4}=-9.6(\mathrm{m/s^2}).$$

三、几个特殊函数的高阶导数

[例3] 求 n 次多项式 $y=a_0x^n+a_1x^{n-1}+\cdots+a_n$ 的各阶导数.

解 $y'=na_0x^{n-1}+(n-1)a_1x^{n-2}+\cdots+a_{n-1}$,
$y''=n(n-1)a_0x^{n-2}+(n-1)(n-2)a_1x^{n-3}+\cdots+2a_{n-2}$.
可见每经过一次求导运算，多项式的次数就降低一次，继续求导得

$$y^{(n)}=n!\,a_0.$$

这是一个常数，因而 $y^{(n+1)}=y^{(n+2)}=\cdots=0$，即 n 次多项式的一切高于 n 阶的导数都是零.

[例4] 求指数函数 $y=a^x$ 的 n 阶导数.

解 $y'=a^x\ln a$，$y''=a^x\ln^2 a$，$y'''=a^x\ln^3 a$，依此类推 $y^{(n)}=a^x\ln^n a$，即

$$(a^x)^{(n)}=a^x\ln^n a. \tag{3.4}$$

特别地

$$(\mathrm{e}^x)^{(n)}=\mathrm{e}^x.$$

[例5] 设 $y=\sin x$，求 $y^{(n)}$.

解 $y'=\cos x=\sin\left(x+\frac{\pi}{2}\right)$，$y''=\cos\left(x+\frac{\pi}{2}\right)=\sin\left(x+\frac{\pi}{2}+\frac{\pi}{2}\right)=\sin\left(x+2\cdot\frac{\pi}{2}\right)$,

$y'''=\cos\left(x+2\cdot\frac{\pi}{2}\right)=\sin\left(x+3\cdot\frac{\pi}{2}\right)$，$\cdots$.

一般地，可以得到

$$y^{(n)}=\sin\left(x+n\cdot\frac{\pi}{2}\right),$$

即

$$(\sin x)^{(n)}=\sin\left(x+n\cdot\frac{\pi}{2}\right),\ n\in\mathbf{Z}. \tag{3.5}$$

同理可得

$$(\cos x)^{(n)}=\cos\left(x+n\cdot\frac{\pi}{2}\right),\ n\in\mathbf{Z}. \tag{3.6}$$

式(3.4)(3.5)(3.6)可看作相应函数的 n 阶导数公式，利用这些公式可以直接求出该函数的任意阶导数，而不必连续多次求导.例如由式(3.5)，可得

$$(\sin x)^{(2\,020)}=\sin\left(x+2\,020\cdot\frac{\pi}{2}\right)=\sin x.$$

关于两个函数相乘的 n 阶导数，有如下定理.

定理 3-6 设函数 $u=u(x)$，$v=v(x)$ 在 x 处有 n 阶导数，则

$$(uv)^{(n)}=\sum_{k=0}^{n}C_n^k u^{(n-k)}v^{(k)}.$$

这一公式称为**莱布尼茨(Leibniz)公式**，它与中学的二项展开公式在表示形式上类似.

[例6] 设 $y=x^3\cdot e^x$，求 $y^{(10)}$.

解 利用莱布尼茨公式，有

$$\begin{aligned}y^{(10)}&=C_{10}^0(x^3)^{(0)}(e^x)^{(10-0)}+C_{10}^1(x^3)^{(1)}(e^x)^{(10-1)}+C_{10}^2(x^3)^{(2)}(e^x)^{(10-2)}\\&\quad+C_{10}^3(x^3)^{(3)}(e^x)^{(10-3)}+C_{10}^4(x^3)^{(4)}(e^x)^{(10-4)}+\cdots+C_{10}^{10}(x^3)^{(10)}(e^x)^{(10-10)}\\&=x^3\cdot e^x+10\cdot(3\cdot x^2)\cdot e^x+45\cdot(3\cdot 2\cdot x)\cdot e^x+120\cdot(3\cdot 2\cdot 1)\cdot e^x\\&=e^x(x^3+30x^2+270x+720).\end{aligned}$$

课堂练习

(1) 求下列函数的 n 阶导数.

① $y=x^\mu$ 的 n 阶导数；② $y=\ln(1+x)$ 的 n 阶导数.

(2) 求下列函数的 n 阶导数：① $y=e^x$；② $y=2^x$；③ $y=e^{3x}$.

(3) 某物体做直线运动时的路程函数为 $s(t)=5\sin 3t$，则物体在 $t=\frac{\pi}{2}$ 时的运动速度与加速度.

答案：(1) ① $(x^n)^{(n)}=n(n-1)(n-2)\cdot\cdots\cdot 3\cdot 2\cdot 1=n!$，$(x^n)^{(n+1)}=0$；

② $[\ln(1+x)]^{(n)}=(-1)^{n-1}(n-1)!\ (1+x)^{-n}$.

(2) ① $y^{(n)}=e^x$；② $y^{(n)}=2^x(\ln 2)^n$；③ $y^{(n)}=3^n e^{3x}$.

(3) 速度为 0；加速度为 45.

习题 3.3

1. 求下列函数指定阶的导数.

(1) $f(x)=e^{2x}(x^2+1)$，求 $f''(x)$； (2) $f(x)=\ln\sin x$，求 $f''(x)$；

(3) $f(x)=xe^x$，求 $f^{(n)}(x)$； (4) $f(x)=\ln(1+x)$，求 $y^{(n)}$.

2. 利用莱布尼茨公式计算.

(1) $f(x)=e^x\sin x$，求 $f'''(x)$； (2) $f(x)=x^2\sin 2x$，求 $f^{(50)}(x)$.

任务 3.4 函数的微分

任务内容

- 完成与微分概念及性质相关的任务工作页；
- 学习与微分有关的知识；
- 学习微分的计算方法.

任务目标

- 掌握微分的基本概念；
- 掌握求微分的基本公式；
- 理解微分的概念及其几何意义；
- 能够运用微分解决实际问题.

任务工作页

了解任务内容并学习相关知识后，在教师指导下完成任务工作页内各项内容的填写.

1. 微分的表示方法：

____.

2. 微分基本公式：

(1) ________________；　(2) ________________；

(3) ________________；　(4) ________________；

(5) ________________；　(6) ________________；

(7) ________________；　(8) ________________；

(9) ________________；　(10) ________________.

3. 微分与导数的关系：

____.

4. 微分的几何意义：

____.

5. 复合函数的微分法则：

____.

6. 微分主要有哪方面应用：

____.

案例 1【球体体积变化】　半径为 R 的铁球，体积为 $V=\frac{4}{3}\pi R^3$，为提高表面光洁度，要镀上厚为 ΔR 的铜，那么球的体积增加了多少？

案例 2【扇形面积变化】　设扇形的圆形角是 α，半径是 R，则扇形面积是 $S=\frac{1}{2}\alpha R^2$.问当 R 不变，α 增加 ΔR 时，扇形面积大约改变了多少？

案例 3【坡度变化】　某高速公路路基边坡设计坡角为 45°，施工后测得的坡角为 46°，试问坡度（坡角的正切）增加了多少？

相关知识

函数 $y=f(x)$的导数表示函数在点 x 处的变化率，它所描述的是函数 $y=f(x)$在点 x 处变化的快慢程度.在工程技术中，有时还需要了解当自变量取一个微小的增量时，函数取得相应增量的大小. 比如，药物成分含量（自变量）的增加或减少，对疾病治疗效果（函数值）的影响. 一般来说，计算函数增量的精确值相当困难.基于此，人们用近似值代替精确值

(在允许的精度范围内)对实际问题进行分析研究,取得了不错的效果.在众多近似算法中,“微分”是一种被广泛应用的计算方法,下面我们从简单问题入手,给出微分概念.

一、微分的概念

引例【金属薄片热胀后的面积变化】 如图 3-6 所示,一块正方形金属薄片受热膨胀,其边长由 x_0 变到 $x_0+\Delta x$,问此金属薄片的面积改变了多少?

设正方形的面积为 S,面积增加量为 ΔS,则

$$\Delta S=(x_0+\Delta x)^2-x_0^2=2x_0\Delta x+(\Delta x)^2.$$

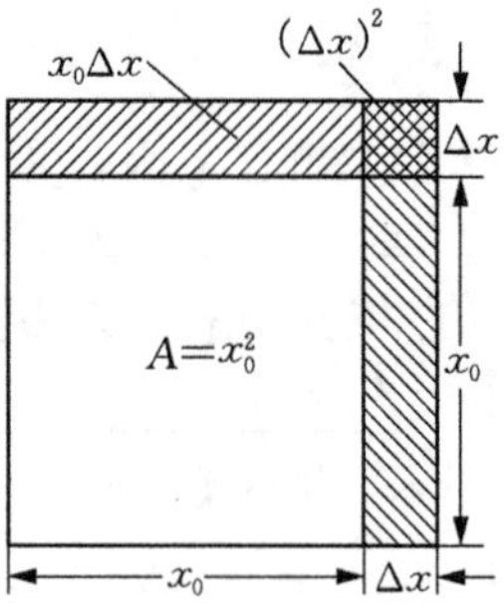

由上式可知,ΔS 由两部分组成:第一部分 $2x_0\Delta x$(图 3-6 中两个长方形面积之和)是 Δx 的线性函数,当 $\Delta x\to 0$ 时,它是 Δx 的同阶无穷小,也称作 ΔS 的线性主部;而第二部分 $(\Delta x)^2$,当 $\Delta x\to 0$ 时,它是 Δx 的高阶无穷小量(图 3-6 中小正方形的面积),即 $(\Delta x)^2=o(\Delta x)$.于是

$$\Delta S=2x_0\Delta x+o(\Delta x).$$

图 3-6

因此,对 ΔS 来说,当 $|\Delta x|$ 很小时,$(\Delta x)^2$ 可以忽略不计,$2x_0\Delta x$ 可以作为其较好的近似值,即 $\Delta S\approx 2x_0\Delta x$,此近似值计算简便且能满足精度要求.

在数学上把 ΔS 的线性主部 $2x_0\Delta x$ 称为面积函数 $S=x^2$ 在点 x_0 处的微分.

案例 1 解答【球体体积变化】

$\Delta V=\frac{4}{3}\pi(R+\Delta R)^3-\frac{4}{3}\pi R^3=4\pi R^2\Delta R+4\pi R(\Delta R)^2+\frac{4}{3}\pi(\Delta R)^3$,其中 $4\pi R^2\Delta R$ 是 ΔR 的线性函数,它是 ΔR 的同阶无穷小,也称作 ΔV 的线性主部;$4\pi R(\Delta R)^2+\frac{4}{3}\pi(\Delta R)^3$ 是 ΔR 的高阶无穷小,记作 $o(\Delta R)$.于是

$$\Delta V=4\pi R^2\Delta R+o(\Delta R)\approx 4\pi R^2\Delta R(|\Delta R|\text{很小时}).$$

上述两例中的线性主部 $2x_0\Delta x$ 和 $4\pi R^2\Delta R$ 分别称作面积函数 $S=x^2$ 在点 x_0 处的微分和体积函数 $V=\frac{4}{3}\pi R^3$ 在点 R 处的微分.下面给出微分的定义.

定义 3-4 如果函数 $y=f(x)$在点 x_0 处可导,并且函数增量 $\Delta y=f(x_0+\Delta x)-f(x_0)$ 能表示成

$$\Delta y=A\cdot\Delta x+o(\Delta x),$$

其中 A 与 Δx 无关,$o(\Delta x)$为 $\Delta x(\Delta x\to 0)$的高阶无穷小,则称函数 $y=f(x)$在点 x_0 处**可微**,并称其线性主部 $A\cdot\Delta x$ 为函数 $y=f(x)$在点 x_0 处的**微分**,记作 $\mathrm{d}y$ 或 $\mathrm{d}f(x)$,即

$$\mathrm{d}y=A\cdot\Delta x.$$

上述关于可微及微分的定义非常抽象,用该定义判断一个具体函数的可微性很不方便,特别是定义式中的常数 A 究竟与什么有关? 下面给出可微与可导、微分与导数间的内在联系,以此对函数微分概念作进一步认识.

二、微分与导数的关系

定理 3-7 设函数 $y=f(x)$在点 x_0 处可微的充分必要条件是函数 $y=f(x)$在点 x_0

处可导.给定义 3-4 中的 $\Delta y=A\cdot\Delta x+o(\Delta x)$ 两边同除 Δx，得 $\frac{\Delta y}{\Delta x}=A+\frac{o(\Delta x)}{\Delta x}$，所以

$$f'(x_0)=\lim_{x\to x_0}\frac{\Delta y}{\Delta x}=\lim_{x\to x_0}\left(A+\frac{o(\Delta x)}{\Delta x}\right)=A.$$

于是

$$\mathrm{d}y=f(x_0)\cdot\Delta x.$$

另外，定理 3-7 说明，函数 $y=f(x)$ 在点 x_0 处可导与可微是等价的.如果函数 $y=f(x)$ 在其定义区间 (a,b) 上处处可微，则其微分可表示成

$$\mathrm{d}y=f'(x)\Delta x.$$

如果函数 $y=x$，则函数的微分 $\mathrm{d}y=\mathrm{d}x=x'\Delta x=\Delta x$，即 $\mathrm{d}x=\Delta x$.因此我们规定：自变量的微分等于自变量的增量.于是函数 $y=f(x)$ 的微分又可以写成

$$\mathrm{d}y=f'(x)\mathrm{d}x.$$

在上式两边同除以 $\mathrm{d}x$，有 $\frac{\mathrm{d}y}{\mathrm{d}x}=f'(x)$.由此可见，导数等于函数的微分与自变量的微分之商，这也就是在第一节中为什么把导数记作 $\frac{\mathrm{d}y}{\mathrm{d}x}$ 的道理，从此我们可以把记号 $\frac{\mathrm{d}y}{\mathrm{d}x}$ 理解为两个微分之商，因此导数也称为"微商".

【注意】微分与导数虽然有着密切的联系，但它们具有本质上的区别：导数是函数在一点处的变化率，而微分是函数在一点处由自变量增量所引起的函数变化量的主要部分；导数的值只与 x 有关，而微分的值与 x 和 Δx 都有关.

[例 1]　求函数 $y=x^3+1$ 在 $x=1$，$\Delta x=0.02$ 时的增量、微分及 $x=2$ 时的微分.

解　增量 $\Delta y=f(x_0+\Delta x)-f(x_0)=(1.02)^3+1-(1^3+1)=0.061\,208$.因为

$$f'(1)=(x^3+1)'|_{x=1}=(3x^2)|_{x=1}=3,\text{且 }\mathrm{d}x=\Delta x=0.02,$$

所以

$$\mathrm{d}y|_{\substack{x=1\\ \Delta x=0.02}}=f'(x_0)dx=3\times0.02=0.06.$$

$$\mathrm{d}y|_{x=2}=f'(2)\mathrm{d}x=(3x^2)|_{x=2}\mathrm{d}x=3\times2^2\mathrm{d}x=12\mathrm{d}x.$$

由此例看出，当 $|\Delta x|$ 很小时，$\Delta y\approx\mathrm{d}y|_{x=x_0}=f'(x_0)\mathrm{d}x$，且精确度较高.

[例 2]　求下列函数的微分.

(1) $y=\log_2 x+x^2\ln x$；　　(2) $y=\sin^3 x$.

解　(1) $y'=\frac{1}{x\ln2}+2x\ln x+x$，$\mathrm{d}y=y'\mathrm{d}x=\left(\frac{1}{x\ln2}+2x\ln x+x\right)\mathrm{d}x$.

(2) $y'=3\sin^2 x\cos x=\frac{3}{2}\sin x\sin2x$，$\mathrm{d}y=y'\mathrm{d}x=\left(\frac{3}{2}\sin x\sin2x\right)\mathrm{d}x$.

【注意】由 $\mathrm{d}y=f'(x)\mathrm{d}x$ 可知，求微分 $\mathrm{d}y$ 只要计算出函数的导数 $f'(x)$，再乘以自变量的微分 $\mathrm{d}x$ 即可.

案例 2 解答【扇形面积变化】　扇形面积变化量的近似值为 $\Delta S\approx\left(\frac{1}{2}\alpha R^2\right)'\Delta R=\alpha R\Delta R$.

案例 3 解答【坡度变化】

$$\tan 46^\circ-\tan 45^\circ=\tan\left(\frac{\pi}{4}+\frac{\pi}{180}\right)-\tan\left(\frac{\pi}{4}\right)\approx(\tan x)'\big|_{x=\frac{\pi}{4}}\cdot\frac{\pi}{180}$$

$$=\sec^2\frac{\pi}{4}\cdot\frac{\pi}{180}=\frac{\pi}{90}.$$

即坡度增加了$\frac{\pi}{90}$.

随堂练习

(1) 求函数 $y=x^2$ 在 $x=2,\Delta x=-0.001$ 时的改变量与微分.

(2) 求下列函数的微分.

① $y=\frac{\cos x}{x}$；② $y=\frac{x+\sqrt{x}}{x}-\tan x$；③ $y=\ln\sqrt{x}+e^{5x}$.

答案:(1) $\Delta y=f(x_0+\Delta x)-f(x_0)=(2-0.001)^2-2^2=-0.003\ 99$；

$dy\big|_{\substack{x=2\\ \Delta x=-0.001}}=f'(x_0)dx=4\times(-0.001)=-0.004$.

(2) ① $dy=\frac{-x\sin x+\cos x}{x^2}dx$；② $dy=-\left(\frac{1}{2x\sqrt{x}}+\sec^2 x\right)dx$；

③ $dy=\left(\frac{1}{2x}+5e^{5x}\right)dx$.

三、微分的几何意义

动画

微分的几何意义

为了对微分有比较直观的认识,我们来讨论微分的几何意义.如图 3-7 所示,点 $M(x_0, y_0)$是曲线 $y=f(x)$上一点,当自变量 x 有微小改变量 Δx 时,得到曲线上另一点 $N(x_0+\Delta x, y_0+\Delta y)$,于是

$$MQ=\Delta x,\ QN=\Delta y.$$

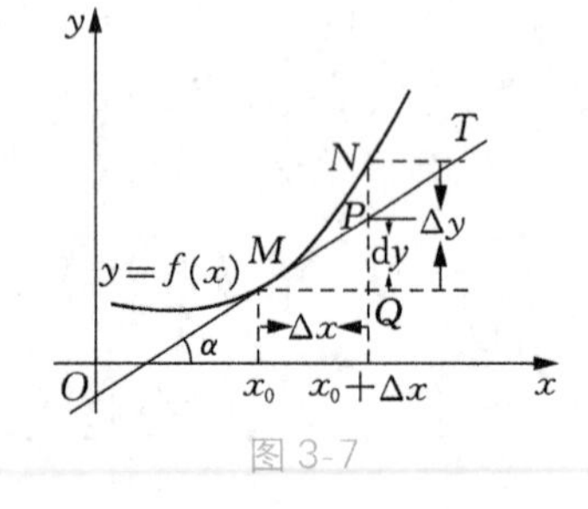

图 3-7

过点 M 作曲线的切线 MT,其倾角为 α,则 $QP=MQ\cdot\tan\alpha=f'(x_0)\Delta x$,即 $dy=QP$.

由此可知,微分 $dy=f'(x_0)\Delta x$ 是当 x_0 处有改变量 Δx 时,曲线 $y=f(x)$在点 $M(x_0, y_0)$处的切线的纵坐标的改变量.用 dy 近似代替 Δy 就是用点 $M(x_0, y_0)$处的切线的纵坐标的改变量 QP 来近似代替曲线 $y=f(x)$的纵坐标的改变量 QN,并且有$|\Delta y-dy|=PN$(是 Δx 的高阶无穷小).

四、微分的运算法则

因为函数 $y=f(x)$的微分 $dy=f'(x)dx$,所以根据导数公式和导数运算法则,就能直接得到相应的微分公式和微分运算法则.为了便于查找和记忆,列举如下：

1. 微分基本公式

(1) $d(C)=0$(C 为常数)；

(2) $d(x^\mu)=\mu x^{\mu-1}dx(\mu\in\mathbf{R})$；

(3) $d(\sin x)=\cos x\,dx$；

(4) $d(\cos x)=-\sin x\,dx$；

(5) $d(\tan x)=\sec^2 x\,dx$；

(6) $d(\cot x)=-\csc^2 x\,dx$；

(7) $d(\sec x)=\sec x\tan x dx$； (8) $d(\csc x)=-\csc x\cot x dx$；

(9) $d(\log_a x)=\frac{1}{x\ln a}dx$； (10) $d(\ln x)=\frac{1}{x}dx$；

(11) $d(a^x)=a^x\ln a dx$； (12) $d(e^x)=e^x dx$；

(13) $d(\arcsin x)=\frac{1}{\sqrt{1-x^2}}dx$； (14) $d(\arccos x)=-\frac{1}{\sqrt{1-x^2}}dx$；

(15) $d(\arctan x)=\frac{1}{1+x^2}dx$； (16) $d(\text{arccot}\, x)=-\frac{1}{1+x^2}dx$.

2. 函数的和、差、积、商的微分运算法则（其中 $u=u(x)$，$v=v(x)$可微）

(1) $d(u\pm v)=du\pm dv$； (2) $d(uv)=vdu+udv$；

(3) $d(Cu)=Cdu$（C 为常数）； (4) $d\left(\frac{u}{v}\right)=\frac{vdu-udv}{v^2}(v\neq 0)$.

3. 复合函数的微分法则

由微分的定义可知，当 u 是自变量时，函数 $y=f(u)$的微分是

$$dy=f'(u)du.$$

如果 u 不是自变量，而是关于 x 的可导函数 $u=\varphi(x)$，则复合函数 $y=f[\varphi(x)]$的导数为 $y'=f'(u)\varphi'(x)$. 于是复合函数 $y=f[\varphi(x)]$的微分为

$$dy=f'(u)\varphi'(x)dx=f'(u)d\varphi(x)=f'(u)du.$$

由此可见，不论 u 是自变量还是中间变量，函数 $y=f(u)$的微分总保持同一形式：$dy=f'(u)du$，这个性质称为**一阶微分形式不变性**. 有时利用一阶微分形式不变性求复合函数的微分比较方便.

［例 3］ 设 $y=\cos\sqrt{x}$，求 dy.

解法 1 由公式 $dy=f'(x)dx$，得 $dy=(\cos\sqrt{x})'dx=-\frac{1}{2\sqrt{x}}\sin\sqrt{x}\,dx$.

解法 2 由一阶微分形式不变性，得

$$dy=d(\cos\sqrt{x})=-\sin\sqrt{x}\,d\sqrt{x}=-\sin\sqrt{x}\cdot\frac{1}{2\sqrt{x}}dx=-\frac{1}{2\sqrt{x}}\sin\sqrt{x}\,dx.$$

［例 4］ 设 $y=e^{\sin x}$，求 dy.

解法 1 由公式 $dy=f'(x)dx$，得 $dy=(e^{\sin x})'dx=e^{\sin x}\cos x dx$.

解法 2 由一阶微分形式不变性，得

$$dy=de^{\sin x}=e^{\sin x}d\sin x=e^{\sin x}\cos x dx.$$

［例 5］ 求由方程 $x^2+2xy-y^2=a^2$ 确定的隐函数 $y=f(x)$的微分及导数.

解 对方程两边同时求微分，得

$$2xdx+2(ydx+xdy)-2ydy=0,$$

即

$$(x+y)dx=(y-x)dy,$$

所以

$$dy=\frac{y+x}{y-x}dx,\ \frac{dy}{dx}=\frac{y+x}{y-x}.$$

[例 6] 求由方程$\begin{cases}x=a\cos^3 t,\\ y=a\sin^3 t\end{cases}$ $(0\leqslant t\leqslant 2\pi)$确定的函数 $y=f(x)$的一阶及二阶导数.

解 因为 $\mathrm{d}x=-3a\cos^2 t\sin t\,\mathrm{d}t$, $\mathrm{d}y=3a\sin^2 t\cos t\,\mathrm{d}t$,所以利用微商得

$$\frac{\mathrm{d}y}{\mathrm{d}x}=\frac{3a\sin^2 t\cos t\,\mathrm{d}t}{-3a\cos^2 t\sin t\,\mathrm{d}t}=-\tan t,$$

$$\frac{\mathrm{d}^2 y}{\mathrm{d}x^2}=\frac{\mathrm{d}}{\mathrm{d}x}\left(\frac{\mathrm{d}y}{\mathrm{d}x}\right)=\frac{\mathrm{d}(-\tan t)}{\mathrm{d}x}=\frac{-\sec^2 t\,\mathrm{d}t}{-3a\cos^2 t\sin t\,\mathrm{d}t}=\frac{1}{3a\sin t\cos^4 t}.$$

随堂练习

计算下列微分 $\mathrm{d}y$.

(1) $y=\dfrac{\sin(2x-1)}{x}$; (2) $x^2+\dfrac{y^2}{2}=4$.

答案:(1) $\mathrm{d}y=\dfrac{2x\cos(2x-1)-\sin(2x-1)}{x^2}\mathrm{d}x$; (2) $\mathrm{d}y=-\dfrac{2x}{y}\mathrm{d}x$.

五、微分在近似计算中的应用

由微分的定义可知,当 $f'(x)\neq 0$ 且 $|\Delta x|$很小时,用 $\mathrm{d}y$ 近似代替 Δy 所引起的误差是 Δx 的高阶无穷小量,从而有近似公式

$$\Delta y=f(x_0+\Delta x)-f(x_0)\approx f'(x_0)\Delta x, \tag{3.7}$$

或

$$f(x_0+\Delta x)\approx f(x_0)+f'(x_0)\Delta x. \tag{3.8}$$

上式中,若令 $x_0+\Delta x=x$,则有

$$f(x)\approx f(x_0)+f'(x_0)(x-x_0), \tag{3.9}$$

特别地,当 $x_0=0$ 时,

$$f(x)\approx f(0)+f'(0)x. \tag{3.10}$$

根据式(3.7)可以求函数增量的近似值,而式(3.8)(3.9)(3.10)可用来求函数值的近似值.当 $|x|$很小时,运用式(3.10)可以得到如下一些常用近似公式.

(1) $\sin x\approx x$; (2) $\tan x\approx x$; (3) $\ln(1+x)\approx x$;

(4) $\mathrm{e}^x\approx 1+x$; (5) $\sqrt[n]{1+x}\approx 1+\dfrac{1}{n}x$; (6) $\arctan x\approx x$.

[例 7] 计算 arctan 1.05 的近似值.

解 设 $f(x)=\arctan x$,则 $f'(x)=\dfrac{1}{1+x^2}$,由式(3.4.3),有

$$\arctan(x_0+\Delta x)\approx\arctan x_0+\frac{1}{1+x_0^2}\Delta x,$$

取 $x_0=1$, $\Delta x=0.05$,则有

$$\arctan 1.05=\arctan(1+0.05)\approx\arctan 1+\frac{1}{1+1^2}\times 0.05=\frac{\pi}{4}+\frac{0.05}{2}\approx 0.810.$$

［例 8］　计算$\sqrt[3]{65}$的近似值.

解　因为$\sqrt[3]{65}=\sqrt[3]{64+1}=\sqrt[3]{64\left(1+\frac{1}{64}\right)}=4\sqrt[3]{1+\frac{1}{64}}$，由近似公式(3.4.3)得

$$\sqrt[3]{65}=4\sqrt[3]{1+\frac{1}{64}}\approx 4\left(1+\frac{1}{3}\times\frac{1}{64}\right)=4+\frac{1}{48}\approx 4.021.$$

随堂练习

(1) 半径为 10 cm 的金属圆片加热后，半径伸长 0.05 cm，问面积大约增大了多少？

(2) 计算 $\cos 60°30'$的近似值.

答案与提示：(1) $\Delta s\approx \mathrm{d}s=2\pi r\,\mathrm{d}r=2\pi\times 10\times 0.05=\pi\ \mathrm{cm}^2$；

(2) $\cos 60°30'=\cos\left(\frac{\pi}{3}+\frac{\pi}{360}\right)\approx\cos\frac{\pi}{3}+(\cos x)'|_{x=\frac{\pi}{3}}\cdot\frac{\pi}{360}=0.5-\frac{\sqrt{3}\pi}{720}=0.492\,4.$

习题 3.4

1. 已知 $y=x^3-x$，计算当 $x=2$，$\Delta x=0.1$ 时的 Δy 及 $\mathrm{d}y$ 的值.
2. 求下列函数的微分.

   (1) $y=\frac{1}{x}+2\sqrt{x}$；　　(2) $y=x\sin 2x$；

   (3) $y=[\ln(1-x)]^2$；　　(4) $y=(\mathrm{e}^x+\mathrm{e}^{-x})^2$.
3. 利用微分求近似值.

   (1) $\sqrt[5]{1.03}$；　　(2) $\ln 1.02$.
4. 某公司生产一种新型电子产品，若能全部出售，收入函数 $R(x)=18x-\frac{x^2}{60}$(其中 x 为公司的日产量)，若日产量从 150 增加到 160，请估算公司每天收入的增加量.
5. 如果外径为 10 cm，壳厚为 0.125 cm 的球壳体积的近似值(π 取值为 3.14).

任务 3.5　综合应用实训

实训 1【水位上升速度】

若水以 2 m^3/s 的速度灌入高为 10 m，底面半径为 5 m 的圆锥形容器中(如图 3-8 所示)，当水深为 6 m 时，水位的上升速度为多少？

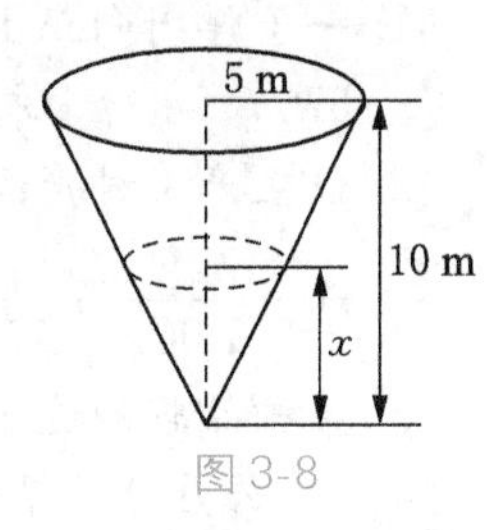

图 3-8

解　设在时间为 t 时，容器中水的体积为 V，水面的半径为 r，容器中水的深度为 x.由题意，有

$$V=\frac{1}{3}\pi r^2 x.$$

又$\frac{r}{5}=\frac{x}{10}$，即$r=\frac{x}{2}$，因此$V=\frac{1}{12}\pi x^3$.

因为水的深度x是时间t的函数，即$x=x(t)$，所以水的体积V通过中间变量x与时间t发生联系，是时间t的复合函数，即

$$V=\frac{1}{12}\pi[x(t)]^3.$$

在上式中，两端关于t求导数，得

$$\frac{\mathrm{d}V}{\mathrm{d}t}=\frac{\mathrm{d}V}{\mathrm{d}x}\cdot\frac{\mathrm{d}x}{\mathrm{d}t}=\frac{1}{12}\pi\cdot 3x^2\cdot\frac{\mathrm{d}x}{\mathrm{d}t},$$

其中$\frac{\mathrm{d}V}{\mathrm{d}t}$是体积的变化率，$\frac{\mathrm{d}x}{\mathrm{d}t}$是水的深度的变化率.由已知条件，$\frac{\mathrm{d}V}{\mathrm{d}t}=2\ \mathrm{m^3/s}$，$x=6$代入上式，得

$$\frac{\mathrm{d}x}{\mathrm{d}t}=\frac{4}{\pi x^2}\cdot\frac{\mathrm{d}V}{\mathrm{d}t}=\frac{4}{\pi\times 6^2}\times 2=\frac{2}{9\pi}\approx 0.071(\mathrm{m/s}),$$

所以，当水深6 m时，水位上升速度约为0.071 m/s.

实训2【热胀冷缩】

某一机械挂钟的钟摆周期为1 s，在冬季摆长因热胀冷缩而缩短了0.01 cm，已知单摆的周期为$T=2\pi\sqrt{\frac{l}{g}}$，其中$g=980\ \mathrm{cm/s^2}$，问这只钟周期大约改变了多少？

解 钟摆的周期为$T=1$，由$T=2\pi\sqrt{\frac{l}{g}}$解得钟表的摆长为$l=\frac{g}{(2\pi)^2}$，又摆长的改变量为$\Delta l=-0.01\ \mathrm{cm}$，$T'(l)=\frac{\mathrm{d}T}{\mathrm{d}l}=\pi\frac{1}{\sqrt{gl}}$，用$\mathrm{d}T$近似计算$\Delta T$，得

$$\Delta T\approx\mathrm{d}T=T'(l)\Delta l=\pi\frac{1}{\sqrt{gl}}\cdot\Delta l=\pi\frac{1}{\sqrt{g\cdot\frac{g}{(2\pi)^2}}}\times(-0.01)$$

$$=\frac{2\pi^2}{g}\times(-0.01)=-0.000\ 2\ \mathrm{s}.$$

即由于摆长缩短了0.01 cm，使得钟摆的周期相应地减少了0.000 2 s.

习题 3.5

1. 一子弹射向正上方，子弹离地面的距离s(单位：m)与时间t(单位：s)的关系为$s=670t-4.9t^2$，求子弹的加速度.
2. 设生产某种产品的固定成本为60 000元，变动成本为每件30元，价格函数为$p=50-\frac{x}{1\ 000}$(x为销售量)，试求边际利润函数.
3. 某种品牌的洗衣机每台售价为500元时，每月可销售2 000台，每台售价为450元时，每月可多销售400台.试求该洗衣机的线性需求函数及边际需求函数.

4. 已知在测量一球体的直径 d 时有 0.5% 的相对误差，在用公式 $V=\frac{\pi}{6}d^3$ 计算球体体积时会产生多少相对误差？

5. 某公司一个月生产 x 单位的产品的收入函数为 $R(x)=36x-\frac{1}{20}x^2$（单位：百元），已知该公司某年 6 月份的产量从 250 单位增加到 260 单位，求该公司 6 月份的收入大约增加了多少？

6. 若一笔钱存入银行的年复利为 $i\%$，则当 $i\%$ 很小时，需要 $70/i$ 年可以翻倍.例如，若年利率为 7%，则 10 年后的本利和就是最初存数的两倍.试证之.

习题答案

项目三

项目三习题

一、填空题

1. 若 $y=f(x)$ 在点 $(x_0, f(x_0))$ 处有切线，则 $f'(x_0)$ 一定存在.（　　）

2. $f''(x_0)=[f'(x_0)]'$.（　　）

3. 函数 $f(x)$ 在 x 处可微与可导是等价的.（　　）

4. 若导数 $f'(x_0)$ 存在，则 $f(x)$ 在 $x=x_0$ 点处一定连续.（　　）

5. 函数的增量就是函数的微分.（　　）

6. 若 $f'(x_0)=0$，则点 x_0 必是函数 $f(x)$ 的极值点.（　　）

7. 若 $u(x)$, $v(x)$, $w(x)$ 都是 x 的可导函数，则 $(uvw)'=u'vw+uv'w+uvw'$.（　　）

8. 函数 $f(x)$ 在 x_0 处可导，则 $|f(x)|$ 在 x_0 处一定连续.（　　）

9. 初等函数在其定义域内一定可导.（　　）

10. 如果 $y=f(x)$ 在 x_0 处的导数为无穷大，那么 $y=f(x)$ 在该点处的切线垂直 x 轴.（　　）

二、填空题

1. 函数 $y=3x^2-x^3$ 的导数为________.

2. 某物体作直线运动时的路程函数为 $s(t)=t^2-\frac{1}{t}$，则物体在 $t=1$ 时的运动速度 $v=$________，加速度 $a=$____________.

3. 已知 $y=e^{2x}$，则 $y^{(n)}|_{x=0}=$________.

4. 已知 $f(x)=\begin{cases}x, & x<0,\\ x^2, & x\geqslant 0,\end{cases}$ 则 $f'(0)=$__________.

5. 若 $f(x)$ 在点 $x=1$ 处可导且 $\lim\limits_{x\to 1}f(x)=3$，则 $f(1)=$________.

6. 曲线 $y=2x^2-3x-1$ 在点 $(2, 1)$ 处的切线方程__________，法线方程为____________.

7. 已知 $f'(1)=1$，则 $\lim\limits_{x\to 0}\frac{f(1+x)-f(1)}{2x}=$__________.

8. $f(x)=(2x+a)^2$，且 $f'(2)=20$，则 $a=$__________.

9. $y=\frac{\ln x}{x}$, $y'=$__________.

10. 已知 $y=2\sqrt{x}$ 当 $x=1$，$\Delta x=-0.01$ 时 $dy=$__________.

三、计算题

1. 求下列函数的导数.

(1) $y=\log_2 x+3^x-\dfrac{2}{x^2}+\sin\dfrac{\pi}{6}$；　　(2) $y=\dfrac{\sqrt{x^3}+2x+3}{\sqrt{x}}$；

(3) $y=\arctan x+\sin\dfrac{x}{2}\cos\dfrac{x}{2}$；　　(4) $y=\dfrac{\sin x+\cos x}{x}$；

(5) $y=x^2 3^x$；　　(6) $y=\ln(1+x^2)$；

(7) $y=\dfrac{1}{\sqrt{1-2x}}$；　　(8) $y=\ln\sin\dfrac{x}{2}$；

(9) $y=2^x e^x-x\cos x$；　　(10) $y=(1-x^2)\ln x$；

(11) $y=e^{4x}-e^x$；　　(12) $y=x^3\sin 2x$.

2. 求下列函数的高阶导数.

(1) $y=x\sqrt{x}+\sin x+1$，求 y''；　　(2) $y=\ln\cos x$，求 y''；

(3) $f(x)=2x^2-\cos x$，求 $f''\left(\dfrac{\pi}{2}\right)$；　　(4) $y=x^6-2x^5+7x^3+1$，求 $y^{(6)}$，$y^{(7)}$.

3. 求下列函数的微分.

(1) $y=\dfrac{1}{x^3}+5^x-\sqrt{x}-\ln x$；　　(2) $y=\log_2^{\sqrt{x^3-5}}$；

(3) $y=x^3\sec 2x$；　　(4) $y=e^{-x}+\dfrac{x}{x-1}$；

(5) $y=[2x-\sin(\ln x)]^2$.

四、解答题

1. 用导数定义求函数 $y=2x-x^3$ 在点(1, 1)处切线方程和法线方程.

2. 求 $y=\ln(x-1)$ 的 n 阶导数.

3. 求 $y=\ln x-x\cos x$ 在 $x=1$ 时的微分.

五、应用题

1. 设某消费模型为 $y=8+0.5x+0.01x^{\frac{1}{2}}$，其中 y 为总消费，x 为可支配收入，当 $x=199.05$ 时，总消费约是多少？

2. 落在平静水面上的石头，产生同心的波纹.若圈波纹半径 r 随着时间 t 的增大率总是 6 m/s，问在 2s 末扰动水面面积的增大率为多少？

项目四　导数的应用

任务 4.1　微分中值定理

任务内容

- 完成与微分中值定理相关的任务工作页；
- 完成罗尔中值定理及其几何意义的学习；
- 完成拉格朗日中值定理及其应用的学习；
- 完成柯西中值定理及其应用的学习；
- 学习罗尔中值定理、拉格朗日中值定理、柯西中值定理三者的关系.

任务目标

- 掌握罗尔中值定理；
- 掌握拉格朗日中值定理；
- 掌握柯西中值定理；
- 理解罗尔中值定理、拉格朗日中值定理、柯西中值定理三者的关系；
- 能够应用中值定量解决一些实际问题.

任务工作页

了解任务内容并学习相关知识后，在教师指导下完成任务工作页内各项内容的填写.

1. 罗尔中值定理：

______________________________.

2. 罗尔中值定理的几何意义：

______________________________.

3. 拉格朗日中值定理：

______________________________.

4. 拉格朗日中值定理的几何意义：

______________________________.

5. 柯西中值定理：

______________________________.

6. 罗尔中值定理、拉格朗日中值定理、柯西中值定理三者的关系：

______________________________.

案例【高速路测速问题】 扬子晚报的官方网站上有这么一则消息：江苏高速路测速将有新手段，通过计算路程和时间看是否超速？具体手段为计算同一辆车通过两个检测点的时间，再根据两个检测点间的距离算出该车在这一区间路段的平均车速，然后把检测到的车速数据提供给出入口现场执法站服务器. 假定一辆汽车 9 时通过一检测点，11 时经过另一检测点，若此段路程为 240 km，并且限速 120 km/h，试问这辆车有没有超速？

分析：司机用了 2 h 走完了 240 km，则平均速度为 120 km/h.如果这辆汽车是匀速行驶的，则每时每刻速度相等，不会出现超速现象.但实际情况是汽车车速是随时间连续变化的，不会是匀速行驶，所以我们就需要判断该汽车在行驶中哪些时刻速度是大于 120 km/h. 而目前只能得到平均速度为 120 km/h，而平均速度反映的是一个整体的运动，肯定会有某时刻的速度比平均速度 120 km/h 大，也有某些时刻的速度小于 120 km/h，又因为车速是连续变化的，故存在某时刻的车速等于 120 km/h，即等于平均速度.这样我们就得到了这辆车肯定有超速的时刻.

根据上述分析，若某车辆的路程函数为 $s=s(t)$，则车辆从时刻 a 行驶到时刻 b 的平均速等于时间段$[a,\ b]$内某一时刻 ξ 的瞬时速度 $s'(\xi)$，即$\dfrac{s(b)-s(a)}{b-a}=s'(\xi)$.此式揭示了一个函数在某个给定区间上的平均变化率与此函数在该区间某点处点变化率之间的关系，也体现了整体与局部间的关系.这正是本任务将要学习的**微分中值定理**.

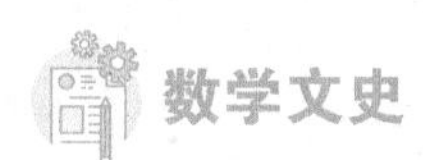
数学文史

微分中值定理的起源与发展

人们对微分中值定理的认识可以追溯到古希腊时代.古希腊数学家在几何研究中得出："过抛物线弓形的顶点的切线必平行于抛物线弓形的底."数学家阿基米德（Archimedes）巧妙地利用这一结论，求出抛物弓形的面积.意大利卡瓦列里（Cavalieri）在《不可分量几何学》的卷一中给出的引理 3 也叙述了同样一个事实：曲线段上必有一点的切线平行于曲线的弦.这就是几何形式的微分中值定理，被称为卡瓦列里定理.

人们对微分中值定理的研究始于微积分建立初期.1691 年，数学家罗尔（Rolle）在《方程的解法》一文中给出多项式形式的罗尔定理，此时的罗尔定理和微积分并没有什么联系.现在的罗尔定理，是后人根据微积分理论重新证明，并把它推广为一般函数."罗尔定理"这一名称是由数学家德罗比什（Drobisch）在 1834 年给出.1797 年，数学家拉格朗日（Lagrange）在《解析函数论》一书中给出拉格朗日定理及其最初证明.对微分中值定理进行系统研究的是数学家柯西（Cauchy），他的三部巨著《分析教程》《无穷小计算教程概论》《微分计算教程》，以严格化为其主要目标，对微积分理论进行了重构.他首先赋予中值定理以重要作用，使其成为微分学的核心定理.在《无穷小计算教程概论》中，柯西首先严格地证明了拉格朗日定理，又在《微分计算教程》中将其推广为广义中值定理——柯西定理，从而给出了最后一个微分中值定理.

相关知识

在微分定义中，我们看到函数在某个可微点附近可以用一个线性函数来近似（逼近），这对研究函数的局部特质及做一些近似计算有重要作用.本次任务我们要学习微分中值定理. 而微分中值定理揭示了一个函数在所给区间上的整体变化量与其在该区间某点（称为中值）处导数之间等量关系，从而为用导数研究函数开辟了一种新途径.微分中值定理包括罗尔定理、拉格朗日中值定理和柯西中值定理等，它们是导数应用的理论基础.

一、罗尔(Rolle)定理

实例 1　图 4-1 中曲线弧$\overset{\frown}{AB}$是函数$y=f(x)(x\in[a, b])$的图形.这是一条连续的曲线弧，除端点外处处具有不垂直于 x 轴的切线，且两端点处的纵坐标相等，即 $f(a)=f(b)$.现把过 A、B 的直线（显然平行于 x 轴）向上或向下平行移动，会发现总可以到达该曲线上某个点（如图 4-1 中的 C 点），使移动后的直线成为该点的切线.换言之，曲线在该点的切线平行于 x 轴，即函数 $y=f(x)$在该点的导数为 0.

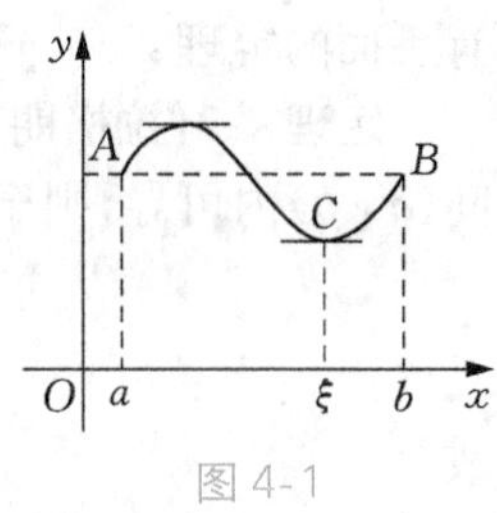

图 4-1

用严格的数学语言描述上述现象，即有下面的罗尔定理.

定理 4-1(罗尔定理)　如果函数 $y=f(x)$在闭区间$[a, b]$上连续，在开区间(a, b)内可导，且在区间$[a, b]$的端点处函数值相等，即 $f(a)=f(b)$，则至少存在一点$\xi\in(a, b)$，使得 $f'(\xi)=0$.

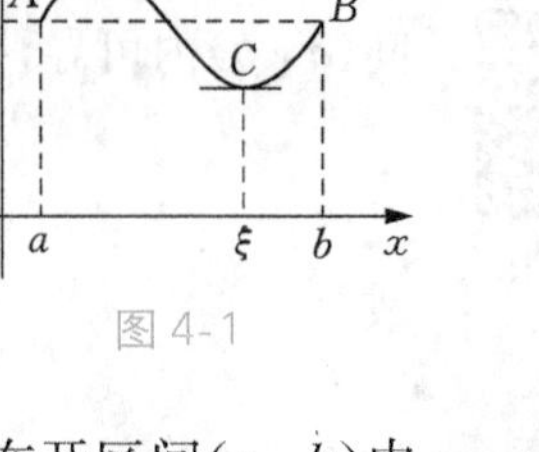

罗尔定理的**几何意义**：满足罗尔定理三个条件的函数曲线上至少存在一条水平切线.

【注意】罗尔定理的三个条件缺一不可，如果有一个不满足，罗尔定理不一定成立；满足 $f'(\xi)=0$ 的点 ξ 并不一定是唯一的.

[例 1]　验证函数 $f(x)=x^2-6x+5$ 在区间$[1, 5]$上满足罗尔中值定理，并求出相应的 ξ 点.

解　函数 $f(x)=x^2-6x+5$ 为初等函数，在闭区间$[1, 5]$上连续；导数 $f'(x)=2x-6$ 在$(1, 5)$内存在，且 $f(1)=f(5)=0$，所以 $f(x)$在$[1, 5]$上满足罗尔定理的条件.因此，在开区间$(1, 5)$内一定存在 ξ，使得 $f'(\xi)=0$.

令 $f'(x)=2x-6=0$，解得 $x=3$，且 $\xi=3\in(1, 5)$，使 $f'(\xi)=f'(3)=0$.

随堂练习

不求函数 $f(x)=(x-1)(x-2)(x-3)$的导数，判断方程 $f'(x)=0$ 有几个实根，并指出根存在的区间范围？

答案与提示：因为 $f(x)$在闭区间$[1, 2]$和$[2, 3]$上连续，在开区间$(1, 2)$和$(2, 3)$内可导，且 $f(1)=f(2)=f(3)=0$，由罗尔定理知，至少存在一点 $\xi_1\in(1, 2)$，使得 $f'(\xi_1)=0$；至少存在一点 $\xi_2\in(2, 3)$，使得 $f'(\xi_2)=0$，即 ξ_1 和 ξ_2 都是方程 $f'(x)=0$ 的实根.

【注意】罗尔定理的实质是方程根的存在性定理，它指出在定理的条件下，方程 $f'(x)=0$ 在(a, b)内必有根.

二、拉格朗日(Lagrange)中值定理

罗尔中值定理中 $f(a)=f(b)$这个条件相当特殊，这使得罗尔中值定理的应用受到

了很大限制.如果把这个条件取消,仍保留其余两个条件,那么就得到了拉格朗日中值定理.

实例 2 图 4-2 所示,曲线弧$\overset{\frown}{AB}$是把实例 1 中的曲线弧旋转一定的角度所得,即这时两端点处的函数值不再相等,即 $f(a)\neq f(b)$.可以看出当把该直线 AB 向上或向下平行移动时,动直线总会到达该曲线上的某个点(如图 4-2 中的 C 点),使其成为该点的切线,即曲线在该点的切线平行于弦 AB.

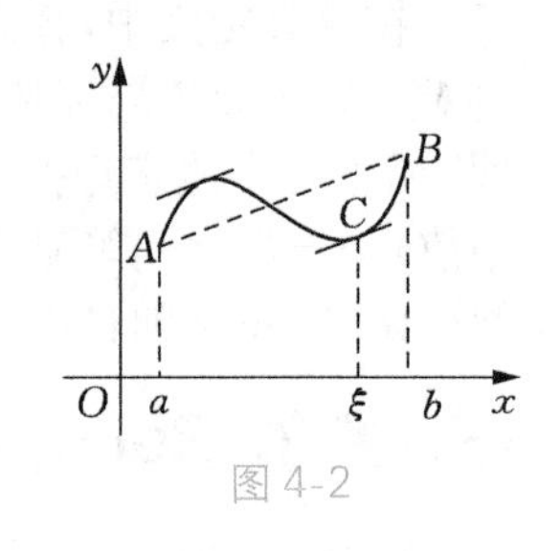

图 4-2

若记点 C 的横坐标为 ξ,则曲线在点 C 处切线的斜率为 $f'(\xi)$,而弦 AB 的斜率为$\dfrac{f(b)-f(a)}{b-a}$.因此,$\dfrac{f(b)-f(a)}{b-a}=f'(\xi)$.于是有下面的定理:

动画

拉格朗日中值定理

定理 4-2(拉格朗日中值定理) 设函数 $y=f(x)$满足在闭区间$[a,b]$上连续,在开区间(a,b)内可导,则至少存在一点 $\xi\in(a,b)$,使得

$$f'(\xi)=\frac{f(b)-f(a)}{b-a}, \tag{4.1}$$

或

$$f(b)-f(a)=f'(\xi)(b-a). \tag{4.2}$$

式(4.1)的右端是弦 AB 的斜率,左端是曲线在点 C 处的切线斜率,因此拉格朗日中值定理的**几何意义**是:如果在闭区间$[a,b]$上连续的一条曲线弧 $y=f(x)$除端点外处处具有不垂直于 x 轴的切线,则在曲线上至少存在一点 C,使得曲线在 C 点处的切线平行于连接曲线两端点的弦 AB.

在拉格朗日中值定理中,如果附加条件 $f(a)=f(b)$,则式(4.1)变为 $f'(\xi)=0$,即定理 4-2 转化为罗尔定理.因此拉格朗日中值定理是罗尔定理的推广,罗尔定理是拉格朗日中值定理的特殊情形.

设 x, $x+\Delta x\in[a,b]$,在以 x 与 $x+\Delta x$ 为端点的闭区间上应用拉格朗日中值定理,得

$$f(x+\Delta x)-f(x)=f'(\xi)\Delta x.$$

即

$$\Delta y=f'(\xi)\Delta x\ (\xi\text{ 介于 }x\text{ 与 }x+\Delta x\text{ 之间}). \tag{4.3}$$

将公式(4.3)与近似公式 $\Delta y\approx \mathrm{d}y=f'(x)\Delta x$ 相比较可以看出,函数的微分 $f'(x)\Delta x$ 只是函数增量 Δy 的近似表达式,当 Δx 为有限时其误差一般不为零;而式(4.3)是当 Δx 为有限时增量 Δy 的精确表达式.所以该定理又叫作**有限增量定理**,也叫做**微分中值定理**.

拉格朗日中值定理是微分学的一个基本定理,在理论和应用上都有很重要的价值,它建立了函数在一个区间上的改变量和函数在这个区间内某点处的导数之间的联系,从而使我们有可能用某点处的导数去研究函数在区间上的性态.

利用拉格朗日中值定理容易得以下结论:

【推论 1】 若函数 $f(x)$在区间 I 上的导数恒为零,则 $f(x)$在区间 I 上是一个常数.

【推论 2】 若对区间 I 上的任一点 x,都有 $f'(x)=g'(x)$,则 $f(x)$和 $g(x)$在 I 上最多相差一个常数,即 $f(x)=g(x)+C$,其中 C 为常数.

［例 2］　证明恒等式 $\arcsin x+\arccos x=\frac{\pi}{2}$，$x\in[-1,1]$.

证明　设 $f(x)=\arcsin x+\arccos x$，则 $f(x)$ 在 $(-1,1)$ 内可导，且有

$$f'(x)=\frac{1}{\sqrt{1-x^2}}-\frac{1}{\sqrt{1-x^2}}=0,\ x\in(-1,1).$$

所以 $f(x)$ 在 $(-1,1)$ 内为常数，又 $f(x)$ 在 $[-1,1]$ 上连续，故 $f(x)$ 在 $[-1,1]$ 上为常数，即

$$\arcsin x+\arccos x=C,\ x\in[-1,1].$$

令 $x=0$，得 $C=\frac{\pi}{2}$，故

$$\arcsin x+\arccos x=\frac{\pi}{2},\ x\in[-1,1].$$

随堂练习

(1) 证明当 $a>b>0$，且 $n>1$ 时，$nb^{n-1}(a-b)<a^n-b^n<na^{n-1}(a-b)$.

(2) 证明当 $x>0$ 时，$\frac{x}{1+x}<\ln(1+x)<x$.

答案与提示：(1) 设 $f(x)=x^n$，则 $f'(x)=nx^{n-1}$. 显然 $f(x)$ 在区间 $[b,a]$ 上满足拉格朗日中值定理的条件.

(2) 设 $f(t)=\ln(1+t)$，则 $f'(t)=\frac{1}{1+t}$. 显然 $f(t)$ 在区间 $[0,x]$ 上满足拉格朗日中值定理的条件.

动画

柯西中值定理

二、柯西中值定理

定理 4-3(柯西中值定理)　设函数 $f(x)$ 与 $g(x)$ 均在闭区间 $[a,b]$ 上连续，在开区间 (a,b) 内可导，且 $g'(x)\neq 0$，则在 (a,b) 内至少存在一点 ξ，使得

$$\frac{f(b)-f(a)}{g(b)-g(a)}=\frac{f'(\xi)}{g'(\xi)}. \tag{4.4}$$

在这个定理中，若取 $g(x)=x$，$g(b)-g(a)=b-a$，$g'(x)=1$，于是式(4.4)变为

$$\frac{f(b)-f(a)}{b-a}=f'(\xi).$$

这就是拉格朗日中值定理，可见拉格朗日中值定理是柯西中值定理的特殊情况，而柯西中值定理是拉格朗日中值定理的推广.

综上所述，罗尔中值定理、拉格朗日中值定理和柯西中值定理三者关系如图 4-3 所示.

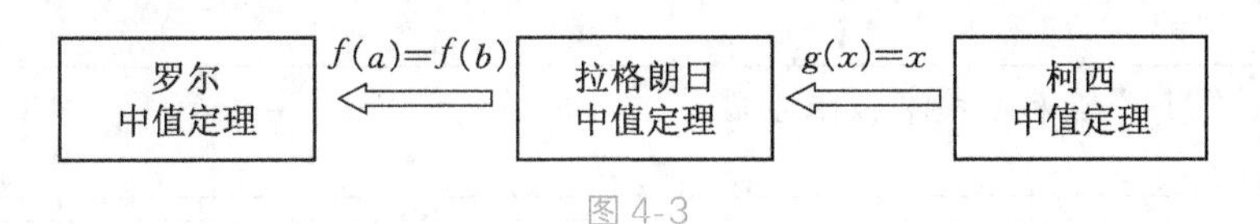

图 4-3

习题 4.1

1. 验证函数 $y=\ln x$ 在区间$[1, e]$上满足拉格朗日中值定理，并求出 ξ 值.
2. 验证函数 $y=4x^3-5x^2+x-2$ 在区间$[0, 1]$上满足拉格朗日中值定理.
3. 证明：$\arcsin x=\arctan\dfrac{x}{\sqrt{1-x^2}}$, $x\in(-1, 1)$.
4. 证明下列不等式.

(1) $|\tan x-\tan x|\geqslant|x-y|\quad x, y\in\left(-\dfrac{\pi}{2}, \dfrac{\pi}{2}\right)$；　(2) 当 $x>1$ 时，$e^x>e\cdot x$.

任务 4.2 洛必达法则

任务内容

- 完成与洛必达法则相关的任务工作页；
- 学习如何将其它未定式转化成“$\dfrac{0}{0}$”型或“$\dfrac{\infty}{\infty}$”型的方法；
- 学习洛必达法则适用条件的充分性和非必要性.

任务目标

- 会用洛必达法则求“$\dfrac{0}{0}$”型未定式的极限；
- 会用洛必达法则求“$\dfrac{\infty}{\infty}$”型未定式的极限；
- 掌握将其他未定式转化成“$\dfrac{0}{0}$”型或“$\dfrac{\infty}{\infty}$”型的方法.

任务工作页

了解任务内容并学习相关知识后，在教师指导下完成任务工作页内各项内容的填写.

1. 洛必达法则 1　求极限满足条件：
____
2. 洛必达法则 2　求极限满足条件：
____
3. “$0\cdot\infty$”型未定式求极限步骤：
____
4. “$\infty-\infty$”型未定式求极限步骤：
____
5. “0^0”“∞^0”“1^∞”型未定式求极限步骤：
____

相关知识

在学习无穷小量阶的比较时，我们已经遇到过两个无穷小量之比的极限，这种极限可能存在，也可能不存在，通常把两个无穷小量之比或两个无穷大量之比统称为未定式，分别简记为“$\frac{0}{0}$”型或“$\frac{\infty}{\infty}$”.未定式的极限不能直接利用“商的极限等于极限的商”这一运算法则来求.洛必达(L'Hospital)法则是以导数为工具来研究未定式极限的重要方法，柯西中值定理是洛必达法则的理论依据.

一、“$\frac{0}{0}$”型或“$\frac{\infty}{\infty}$”型未定式的极限

在 x 的某个变化过程中，如果两个函数 $f(x)$ 与 $g(x)$ 都趋于零或都趋于无穷大，那么，极限$\lim\limits_{x\to W}\frac{f(x)}{g(x)}$可能存在，也可能不存在.这类“$\frac{0}{0}$”型或“$\frac{\infty}{\infty}$”型未定式极限不能直接用商式极限运算法则计算.实证分析表明建立在柯西中值定理基础上的洛必达法则是求这类极限的一种有效方法.

定理 4-4(洛必达法则)　如果函数 $f(x)$ 与 $g(x)$ 满足条件：

(1) $\lim\limits_{x\to W}f(x)=0$，$\lim\limits_{x\to W}g(x)=0$；

(2) 在点的某去心邻域内可导，且 $g'(x)\neq 0$；

(3) $\lim\limits_{x\to W}\frac{f'(x)}{g'(x)}$存在(或无穷大).

那么 $\lim\limits_{x\to W}\frac{f(x)}{g(x)}=\lim\limits_{x\to W}\frac{f'(x)}{g'(x)}$.

上述定理 4-4 中若将两个无穷小改成两个无穷大，即$\lim\limits_{x\to W}f(x)=\infty$，$\lim\limits_{x\to W}g(x)=\infty$，其他条件不变，则结论仍成立.

【注意】如果$\lim\limits_{x\to x_0}\frac{f'(x)}{g'(x)}$仍为“$\frac{0}{0}$”或“$\frac{\infty}{\infty}$”型未定式，且 $f'(x)$与 $g'(x)$满足定理 4-4 中 $f(x)$与 $g(x)$所满足的条件，则可继续使用洛必达法则，依此类推，即

$$\lim_{x\to x_0}\frac{f(x)}{g(x)}=\lim_{x\to x_0}\frac{f'(x)}{g'(x)}=\lim_{x\to x_0}\frac{f''(x)}{g''(x)}=\cdots.$$

释疑解难

洛必达法则 1

[例 1]　求下列函数的极限：

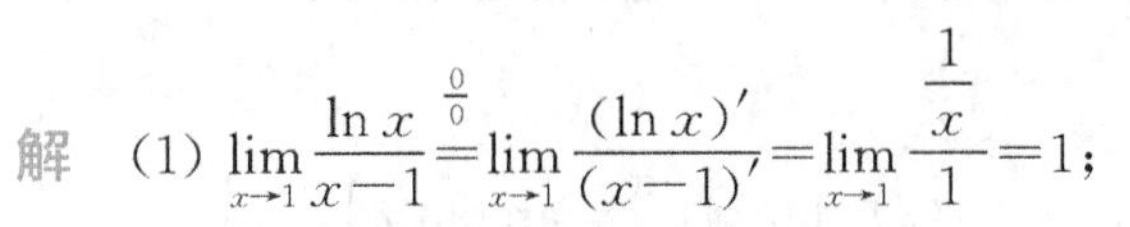

(1) $\lim\limits_{x\to 1}\frac{\ln x}{x-1}$；　(2) $\lim\limits_{x\to 0}\frac{e^x-e^{-x}}{\sin x}$；　(3) $\lim\limits_{x\to 0}\frac{x-\sin x}{x}$；　(4) $\lim\limits_{x\to 1}\frac{x^3-3x+2}{x^3-x^2-x+1}$.

解　(1) $\lim\limits_{x\to 1}\frac{\ln x}{x-1}\overset{\frac{0}{0}}{=}\lim\limits_{x\to 1}\frac{(\ln x)'}{(x-1)'}=\lim\limits_{x\to 1}\frac{\frac{1}{x}}{1}=1$；

(2) $\lim\limits_{x\to 0}\frac{e^x-e^{-x}}{\sin x}\overset{\frac{0}{0}}{=}\lim\limits_{x\to 0}\frac{(e^x-e^{-x})'}{(\sin x)'}=\lim\limits_{x\to 0}\frac{e^x+e^{-x}}{\cos x}=2$；

(3) $\lim\limits_{x\to 0}\frac{x-\sin x}{x}\overset{\frac{0}{0}}{=}\lim\limits_{x\to 0}\frac{(x-\sin x)'}{x'}=\lim\limits_{x\to 0}\frac{1-\cos x}{1}=0$；

(4) $\lim\limits_{x\to1}\dfrac{x^3-3x+2}{x^3-x^2-x+1}\overset{\frac{0}{0}}{=}\lim\limits_{x\to1}\dfrac{3x^2-3}{3x^2-2x-1}\overset{\frac{0}{0}}{=}\lim\limits_{x\to1}\dfrac{6x}{6x-2}=\dfrac{3}{2}$.

【注意】只要是"$\frac{0}{0}$"或"$\frac{\infty}{\infty}$"未定型就可以一直使用洛必达法则,但上式中$\lim\limits_{x\to1}\dfrac{6x}{6x-2}$已经不是"$\frac{0}{0}$"型未定式,不能继续使用洛必达法则,否则会导致错误的结果.

[例 2] 求下列函数的极限:

(1) $\lim\limits_{x\to+\infty}\dfrac{\ln x}{x^2}$; (2) $\lim\limits_{x\to0^+}\dfrac{\ln x}{\ln\sin x}$; (3) $\lim\limits_{x\to+\infty}\dfrac{x^n}{e^x}$($n$为正整数); (4) $\lim\limits_{x\to\frac{\pi}{2}}\dfrac{\sin 2x}{\sin 5x}$.

解 (1) $\lim\limits_{x\to+\infty}\dfrac{\ln x}{x^2}\overset{\frac{\infty}{\infty}}{=}\lim\limits_{x\to+\infty}\dfrac{(\ln x)'}{(x^2)'}=\lim\limits_{x\to+\infty}\dfrac{1}{2x^2}=0$;

(2) $\lim\limits_{x\to0^+}\dfrac{\ln x}{\ln\sin x}\overset{\frac{\infty}{\infty}}{=}\lim\limits_{x\to0^+}\dfrac{(\ln x)'}{(\ln\sin x)'}=\lim\limits_{x\to0^+}\dfrac{\frac{1}{x}}{\frac{\cos x}{\sin x}}=\lim\limits_{x\to0^+}\dfrac{1}{\cos x}\cdot\lim\limits_{x\to0^+}\dfrac{\sin x}{x}=1$;

(3) $\lim\limits_{x\to+\infty}\dfrac{x^n}{e^x}\overset{\frac{\infty}{\infty}}{=}\lim\limits_{x\to+\infty}\dfrac{nx^{n-1}}{e^x}\overset{\frac{\infty}{\infty}}{=}\lim\limits_{x\to+\infty}\dfrac{n(n-1)x^{n-2}}{e^x}\overset{\frac{\infty}{\infty}}{=}\cdots\overset{\frac{\infty}{\infty}}{=}\lim\limits_{x\to+\infty}\dfrac{n!}{e^x}=0$.

(4) $\lim\limits_{x\to\frac{\pi}{2}}\dfrac{\sin 2x}{\sin 5x}=0$(既不是$\frac{0}{0}$型,也不是$\frac{\infty}{\infty}$,不能用洛必达法则,宜采用直接代入法).

随堂练习

求下列极限.

① $\lim\limits_{x\to0}\dfrac{a^x-b^x}{x}(a, b>0)$; ② $\lim\limits_{x\to0}\dfrac{\ln(1+x)}{x^2}$;

③ $\lim\limits_{x\to0}\dfrac{\tan x-x}{x-\sin x}$; ④ $\lim\limits_{x\to+\infty}\dfrac{\ln^2 x}{x}$.

答案与提示:① $\ln\dfrac{a}{b}$; ② ∞; ③ 2(应用两次洛必达法则); ④ 0.

释疑解难

洛必达法则 2

二、其它未定式的极限

除了上述"$\frac{0}{0}$"和"$\frac{\infty}{\infty}$"型未定式外,还有"$0\cdot\infty$""$\infty-\infty$""1^∞""0^0""∞^0"等五种未定式型.一般总可将其化为"$\frac{0}{0}$"型或"$\frac{\infty}{\infty}$"型未定式,然后再应用洛必达法则.

[例 3] 求下列极限.

(1) $\lim\limits_{x\to+\infty}x\left(\sin\dfrac{1}{x}-\sin\dfrac{1}{x+1}\right)$; (2) $\lim\limits_{x\to+\infty}x\left(\dfrac{\pi}{2}-\arctan x\right)$;

(3) $\lim\limits_{x\to0^+}x^x$; (4) $\lim\limits_{x\to1}\left(\dfrac{x}{x-1}-\dfrac{1}{\ln x}\right)$;

(5) $\lim\limits_{x\to0^+}\left(\dfrac{1}{x}\right)^{\tan x}$; (6) $\lim\limits_{x\to1}x^{\frac{1}{1-x}}$.

解　(1) $$\lim_{x\to+\infty} x\left(\sin\frac{1}{x}-\sin\frac{1}{x+1}\right)\overset{\infty\cdot 0}{=}\lim_{x\to+\infty}\frac{\sin\frac{1}{x}-\sin\frac{1}{x+1}}{\frac{1}{x}}$$

$$\overset{\frac{0}{0}}{=}\lim_{x\to+\infty}\frac{-\frac{1}{x^2}\cos\frac{1}{x}+\frac{1}{(x+1)^2}\cos\frac{1}{x+1}}{-\frac{1}{x^2}}$$

$$=\lim_{x\to+\infty}\left[\cos\frac{1}{x}-\frac{x^2}{(x+1)^2}\cos\frac{1}{x+1}\right]=0.$$

(2) $$\lim_{x\to+\infty} x\left(\frac{\pi}{2}-\arctan x\right)\overset{\infty\cdot 0}{=}\lim_{x\to+\infty}\frac{\frac{\pi}{2}-\arctan x}{\frac{1}{x}}\overset{\frac{0}{0}}{=}\lim_{x\to+\infty}\frac{-\frac{1}{1+x^2}}{-\frac{1}{x^2}}=\lim_{x\to+\infty}\frac{x^2}{1+x^2}=1.$$

(3) $$\lim_{x\to 0^+} x^x\overset{0^0}{=}\lim_{x\to 0^+}e^{x\ln x}=e^{\lim\limits_{x\to 0^+}x\ln x}\overset{0\cdot\infty}{=}e^{\lim\limits_{x\to 0^+}\frac{\ln x}{\frac{1}{x}}}\overset{\frac{\infty}{\infty}}{=}e^{\lim\limits_{x\to 0^+}\frac{\frac{1}{x}}{-\frac{1}{x^2}}}=e^{-\lim\limits_{x\to 0^+}x}=e^0=1;$$

(4) $$\lim_{x\to 1}\left(\frac{x}{x-1}-\frac{1}{\ln x}\right)\overset{\infty-\infty}{=}\lim_{x\to 1}\frac{x\ln x-x+1}{(x-1)\ln x}\overset{\frac{0}{0}}{=}\lim_{x\to 1}\frac{\ln x+1-1}{\ln x+\frac{x-1}{x}}$$

$$=\lim_{x\to 1}\frac{\ln x}{\ln x+1-\frac{1}{x}}\overset{\frac{0}{0}}{=}\lim_{x\to 1}\frac{\frac{1}{x}}{\frac{1}{x}+\frac{1}{x^2}}=\frac{1}{2};$$

(5) 这是“∞^0”型未定式，设 $y=\left(\frac{1}{x}\right)^{\tan x}$，两边取对数，得

$$\ln y=-\tan x\ln x.$$

再取极限

$$\lim_{x\to 0^+}\ln y=-\lim_{x\to 0^+}\tan x\ln x=-\lim_{x\to 0^+}x\ln x\,(\tan x\sim x)$$

$$\overset{0\cdot\infty}{=}-\lim_{x\to 0^+}\frac{\ln x}{\frac{1}{x}}\overset{\frac{\infty}{\infty}}{=}-\lim_{x\to 0^+}\frac{\frac{1}{x}}{-\frac{1}{x^2}}=-\lim_{x\to 0^+}x=0.$$

所以

$$\lim_{x\to 0^+}\left(\frac{1}{x}\right)^{\tan x}=\lim_{x\to 0^+}y=\lim_{x\to 0^+}e^{\ln y}=e^{\lim\limits_{x\to 0^+}\ln y}=e^0=1.$$

(6) $$\lim_{x\to 1}x^{\frac{1}{1-x}}\overset{1^\infty}{=}\lim_{x\to 1}e^{\frac{1}{1-x}\ln x}=\lim_{x\to 1}e^{\frac{\ln x}{1-x}}=e^{\lim\limits_{x\to 1}\frac{\ln x}{1-x}}=e^{\lim\limits_{x\to 1}\frac{\frac{1}{x}}{-1}}=e^{-1}.$$

【注意】(1) 在使用洛必达法则求极限时必须检查是否属于“$\frac{0}{0}$”型或“$\frac{\infty}{\infty}$”型未定式；

(2) 在使用洛必达法则求极限时要善于与其他求极限的方法相结合，如：等价无穷小代换、重要极限、非零极限值的因子用其极限值代替、分子(分母)有理化、分子与分母同除

以分子与分母的最高次、约分等，这样可使运算更简捷.

(3) 洛必达法则的条件是充分条件而不是必要条件，遇到$\lim\limits_{x\to W}\dfrac{f'(x)}{g'(x)}$不存在且不为无穷大时，并不能判定$\lim\limits_{x\to W}\dfrac{f(x)}{g(x)}$也不存在，这时我们只能用其他方法求极限.

例如，$\lim\limits_{x\to\infty}\dfrac{\sin x+x}{x}\overset{\frac{\infty}{\infty}}{=}\lim\limits_{x\to\infty}\dfrac{\cos x+1}{1}$不存在，且不为无穷大，洛必达法则失效，而事实上$\lim\limits_{x\to\infty}\dfrac{\sin x+x}{x}=\lim\limits_{x\to\infty}\left(\dfrac{\sin x}{x}+1\right)=1$.

随堂练习

求下列极限.

① $\lim\limits_{x\to1}\dfrac{x^3-3x+2}{x^3-x^2-x+1}$； ② $\lim\limits_{x\to+\infty}\dfrac{\frac{\pi}{2}-\arctan x}{\frac{1}{x}}$； ③ $\lim\limits_{x\to\infty}\dfrac{2x^2+x}{1-3x}$；

④ $\lim\limits_{x\to+\infty}\dfrac{\ln x}{x}$； ⑤ $\lim\limits_{x\to\frac{\pi}{2}}\dfrac{\tan x}{\tan 3x}$； ⑥ $\lim\limits_{x\to0}\dfrac{\tan x-x}{x^2\tan x}$.

答案：(1) $\dfrac{3}{2}$；(2) 1；(3) ∞；(4) 0；(5) 3；(6) $\dfrac{1}{3}$.

习题 4.2

1. 在求下列极限的过程中，都应用了洛必达法则，解法有无错误？

(1) $\lim\limits_{x\to0}\dfrac{x^2+1}{x-1}=\lim\limits_{x\to0}\dfrac{(x^2+1)'}{(x-1)'}=\lim\limits_{x\to0}\dfrac{2x}{1}=0$；

(2) $\lim\limits_{x\to\infty}\dfrac{\sin x+x}{x}=\lim\limits_{x\to\infty}\dfrac{(\sin x+x)'}{(x)'}=\lim\limits_{x\to\infty}\dfrac{\cos x+1}{1}$.

因为极限$\lim\limits_{x\to\infty}\dfrac{\cos x+1}{1}$不存在，所以$\lim\limits_{x\to\infty}\dfrac{\sin x+x}{x}$不存在.

2. 求下列极限.

(1) $\lim\limits_{x\to0}\dfrac{e^x-e^{-x}}{\sin x}$； (2) $\lim\limits_{x\to\frac{\pi}{2}}\dfrac{\ln\sin x}{(\pi-2x)^2}$； (3) $\lim\limits_{x\to0}\dfrac{\tan x-x}{x^2\sin x}$；

(4) $\lim\limits_{x\to0}\left(\dfrac{1}{x}-\dfrac{1}{e^x-1}\right)$； (5) $\lim\limits_{x\to0}\dfrac{x}{\ln\cos x}$； (6) $\lim\limits_{x\to0^+}\dfrac{\ln\cot x}{\ln x}$；

(7) $\lim\limits_{x\to0^+}(\cot x)^{\tan x}$； (8) $\lim\limits_{x\to\frac{\pi}{4}}(\tan x)^{\tan 2x}$； (9) $\lim\limits_{x\to1}(1-x)\tan\left(\dfrac{\pi}{2}x\right)$；

(10) $\lim\limits_{x\to0^+}x^n\ln x\,(n>0)$ (11) $\lim\limits_{x\to0^+}(\cot x)^{\frac{1}{\ln x}}$； (12) $\lim\limits_{x\to+\infty}\left(\dfrac{2}{\pi}\arctan x\right)^x$.

任务 4.3　函数的单调性与极值

任务内容

- 完成与函数单调性、极值相关的任务工作页；
- 学习函数单调性的判定方法及如何求函数单调区间；
- 学习函数极值的概念及函数极值的判定.

任务目标

- 会用导数求函数的单调区间；
- 会用导数求函数的极值；
- 能够用函数的单调性和极值解决实际问题.

任务工作页

了解任务内容并学习相关知识后，在教师指导下完成任务工作页内各项内容的填写.

1. 函数的驻点是：
______________________________.
2. 如何求函数单调区间的划分点？或者说函数单调区间的划分点分布在哪些点上？
______________________________.
3. 函数的驻点和不可导点一定是单调区间的划分点吗？
______________________________.
4. 函数的驻点和不可导点一定是函数的极值点吗？______________.
5. 求函数极值的一般步骤：______________________.

案例【房屋定价问题】　一个星级旅馆有 150 间客房，经过一段时间的经营实践，旅馆经理得到一些数据：若每间客房定价为 160 元，住房率为 55%；每间客房定价为 140 元，住房率为 65%；每间客房定价为 120 元，住房率为 75%；每间客房定价为 100 元，住房率为 85%.欲使每天收入最高，每间客房定价应为多少？

相关知识

函数的单调性是函数的一个重要特性，它反映了函数在某个区间上随自变量的增大而增大(或减小)的一个特征.但是利用函数单调性的定义判断函数的单调性往往是比较困难的.而建立在拉格朗日微分中值定理基础上的单调性判定法(即用导数判断函数的单调性)，则是一种简便、快捷及有效的方法.

一、函数单调性的判定

我们从函数图形入手进行分析.如图 4-4 所示，如果函数 $f(x)$在区间$[a, b]$上单调增加(或减小)，则它的图形是一条沿 x 轴正向上升(或下降)的曲线.如果所给曲线上每点处都存在非垂直的切线(即函数 $f(x)$在区间$[a, b]$上可导),则曲线上各点处的切线斜率都是正的(或负的),即 $f'(x)=\tan\alpha>0$(或 $f'(x)=\tan\alpha<0$).反过来,能否用导数的正负来判定函数的单调性呢?回答是肯定的.下面给出单调性的判定定理.

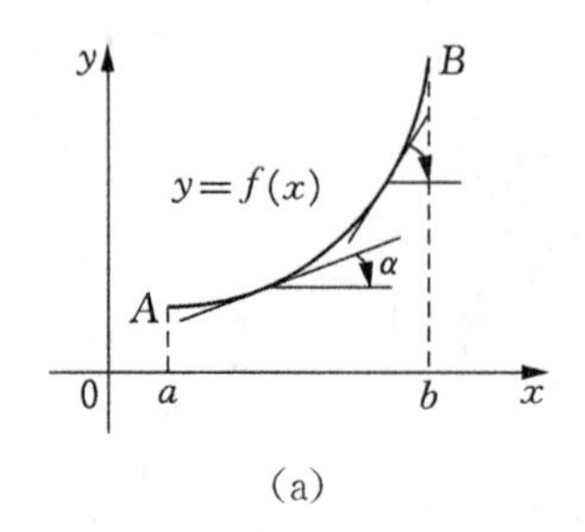

(a)

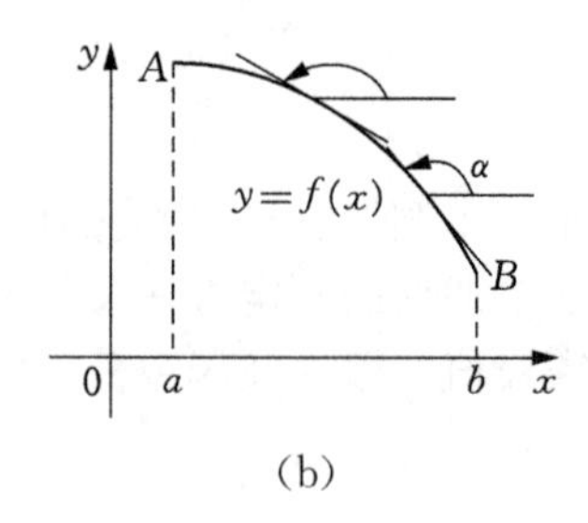

(b)

图 4-4

函数单调性的几何分析

定理 4-5 设函数 $y=f(x)$在$[a, b]$上连续,在(a, b)内可导,则有

(1) 如果函数 $y=f(x)$在(a, b)内 $f'(x)\geqslant 0$(等号仅在有限多个点处成立),那么函数 $y=f(x)$在$[a, b]$上单调增加.(也称区间$[a, b]$为 $f(x)$的单调增加区间);

(2) 如果函数 $y=f(x)$在(a, b)内 $f'(x)\leqslant 0$(等号仅在有限多个点处成立),那么函数 $y=f(x)$在$[a, b]$上单调减少.(也称区间$[a, b]$为 $f(x)$的单调减少区间).

随堂练习

试证明定理 4-5.

证明 (1) 任取 $x_1, x_2\in[a, b]$,且设 $x_1<x_2$,由拉格朗日中值定理有

$$f(x_2)-f(x_1)=f'(\xi)(x_2-x_1)\quad(x_1<\xi<x_2),$$

因为 $x_2-x_1>0$,且由假设知 $f'(\xi)>0$,所以 $f(x_2)-f(x_1)>0$,即 $f(x_2)>f(x_1)$.又由于 x_1, x_2 是$[a, b]$上的任意两点,所以 $f(x)$在$[a, b]$上单调增加.

类似可证明情形(2).

【注意】(1) 在区间内个别点处导数等于零,不影响函数的单调性.如幂函数 $y=x^3$,其导数 $y'=3x^2$ 在原点处值为 0,但它在其定义域$(-\infty, +\infty)$内是单调递增的.

(2) 如果把判定定理中的闭区间换成其他区间(包括无穷区间),那么结论仍然成立.

[例 1] 判断函数 $y=x^3+\mathrm{e}^x$ 的单调性.

解 函数 $y=x^3+\mathrm{e}^x$ 的定义域$(-\infty, +\infty)$,求导数,得 $y'=3x^2+\mathrm{e}^x>0$,所以函数 $y=x^3+\mathrm{e}^x$ 在其定义域$(-\infty, +\infty)$内是单调递增的.

这里指出,我们经常会遇到讨论函数单调性的问题,对这类问题的解答就是在函数定义域内找出函数的所有增区间和所有减区间,即单调区间.如何找单调区间的划分点呢?或者说单调区间的划分点分布在哪些点上呢?如图 4-5 所示,图中函数 $f(x)$共有 6 个单调区间,在$(-\infty, x_1)$、(x_2, x_3)和(x_4, x_5)上单调递增,在(x_1, x_2)、(x_3, x_4)和$(x_5, +\infty)$单调递减. x_1, x_2, x_3, x_4, x_5 是函数单调区间的划分点,在这些划分点中除 x_3 外,它们都是可导点(光滑点),对应在曲线上有水平切线,故切线斜率等于 0,由导数几何意义知 $f'(x_1)=f'(x_2)=f'(x_4)=f'(x_5)=0$. x_3 是"尖点",即在该点不可导,对应在曲线上无水平切线.由此可知单调区间的划分点分布在导数为零的点(今后将导数为零的点称作"驻点")或不可导点上.

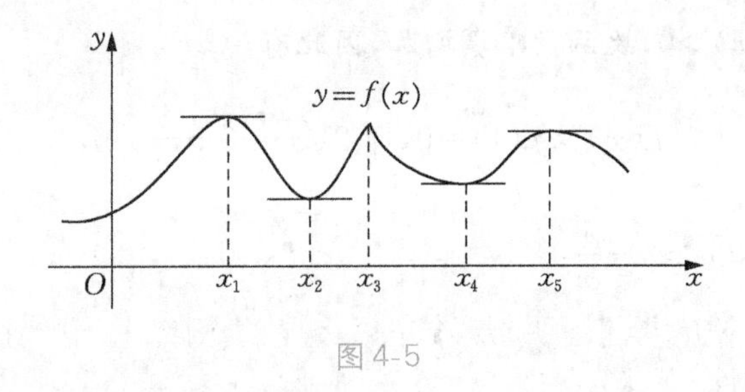

图 4-5

因此得到判断函数单调性的步骤如下：

(1) 确定函数的定义域；

(2) 求出使 $f'(x)=0$ 的点(驻点)和 $f'(x)$不存在的点(不可导点)；

(3) 用求得的驻点和不可导点将函数的定义域划分成若干个子区间，在每个子区间上确定一阶导数 $f'(x)$的正负号，从而确定出 $y=f(x)$的单调区间；

(4) 最后给出结论(在哪些区间上递增，在哪些区间递减).

[例 2]　讨论函数 $f(x)=x^3-6x^2+9x-2$ 的单调性.

解　函数 $f(x)$的定义域为$(-\infty,\ +\infty)$，且 $f'(x)=3x^2-12x+9=3(x-1)(x-3)$. 令 $f'(x)=0$，得驻点 $x_1=1$，$x_2=3$(多项式函数没有不可导点).

列表讨论如下.

x	$(-\infty,\ 1)$	1	$(1,\ 3)$	3	$(3,\ +\infty)$
$f'(x)$	+	0	−	0	+
$f(x)$	↗		↘		↗

表中“↗”表示单调增加，“↘”表示单调减少，以后相同.

因此，$f(x)$在$(-\infty,\ 1]$和$[3,\ +\infty)$上均单调增加，在$[1,\ 3]$上单调减少.

[例 3]　求函数 $f(x)=(x-4)\sqrt[3]{(x+1)^2}$ 的单调区间.

解　该函数的定义域为$(-\infty,\ +\infty)$，且 $f'(x)=\dfrac{5(x-1)}{3\sqrt[3]{x+1}}$. 令 $f'(x)=\dfrac{5(x-1)}{3\sqrt[3]{x+1}}=0$，得驻点 $x_1=1$. 因为 $f'(-1)$不存在，所以 $x_2=-1$ 是 $f(x)$的不可导点.

列表讨论如下.

x	$(-\infty,\ -1)$	-1	$(-1,\ 1)$	1	$(1,\ +\infty)$
$f'(x)$	+	不存在	−	0	+
$f(x)$	↗		↘		↗

由上表可知，$f(x)$的单调减少区间为$(-1,\ 1)$，单调增加区间为$(-\infty,\ -1)$和$(1,\ +\infty)$.

利用函数的单调性可以证明一些不等式.

[例 4]　证明当 $x>1$ 时，不等式 $2\sqrt{x}>3-\dfrac{1}{x}$成立.

证明　设 $f(x)=2\sqrt{x}-3+\dfrac{1}{x}$，则 $f'(x)=\dfrac{1}{\sqrt{x}}-\dfrac{1}{x^2}=\dfrac{1}{\sqrt{x}}\left(1-\dfrac{1}{x\sqrt{x}}\right)$.

当 $x>1$ 时，$f'(x)>0$，故函数单调增加，因此有

$$f(x)>f(1)=0,\text{即 } 2\sqrt{x}-3+\frac{1}{x}>0,$$

从而有当 $x>1$ 时，$2\sqrt{x}>3-\frac{1}{x}$.

【注意】运用函数的单调性证明不等式的关键在于构造适当的辅助函数，然后研究它在指定区间内的单调性.

随堂练习

(1) 讨论函数 $f(x)=e^x-x-1$ 的单调性.

(2) 讨论函数 $f(x)=2x^3-9x^2+12x-3$ 的单调性.

答案：(1) 函数在区间 $(-\infty, 0]$ 上单调递减，在区间 $(0, +\infty)$ 上单调递增.

(2) $f(x)$ 在区间 $(-\infty, 1)$ 和 $(2, +\infty)$ 上单调增加，在区间 $(1, 2)$ 上单调减少.

二、函数的极值及其求法

在实际生产和工程中，经常会遇到在一定条件下，如何使"成本最低""用料最少""能耗最小"等问题.这类问题在数学上往往可以归结为求某一函数（称为目标函数）在某个区间内的最大值或最小值的问题，这其中有相当一部分问题与函数的极值有关.下面先介绍函数极值的概念，函数的最值问题将放在后续学习任务中讨论.

1. 函数的极值

如图 4-6 所示，函数 $y=f(x)$ 在点 x_1, x_3 处的函数值 $f(x_1)$, $f(x_3)$ 比其左右两边邻近点处的函数值都大；而在点 x_2, x_4 处的函数值 $f(x_2)$, $f(x_4)$ 比其左右两边邻近点处的函数值都小.对于这种特殊点及其对应的函数值，我们给出如下定义.

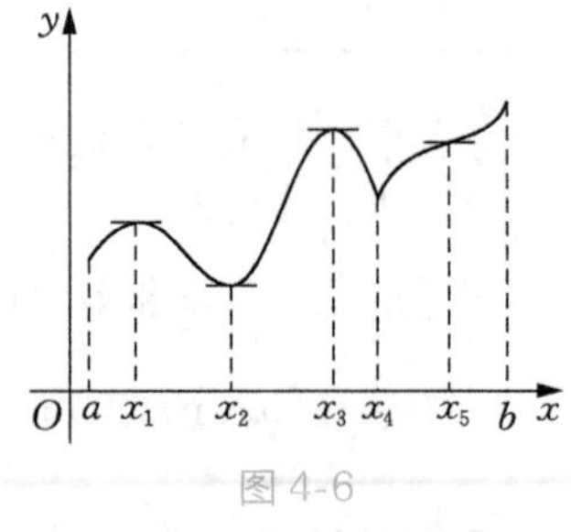

图 4-6

动画

函数的极值

定义 4-1 设函数 $y=f(x)$ 在点 x_0 的某邻域内有定义，如果对此邻域内任意一点 $x(x\neq x_0)$ 都有 $f(x)<f(x_0)$（或 $f(x)>f(x_0)$），则称 $f(x_0)$ 是函数 $y=f(x)$ 的一个**极大值（或极小值）**，点 x_0 称为函数 $y=f(x)$ 的**极大值点（或极小值点）**.极大值和极小值统称为**极值**，极大值点和极小值点统称为**极值点**.

图 4-6 中的点 x_1 和 x_3 是函数 $f(x)$ 的极大值点，$f(x_1)$ 和 $f(x_3)$ 为 $f(x)$ 的极大值；点 x_2 和 x_4 是函数 $f(x)$ 的极小值点，$f(x_2)$ 和 $f(x_4)$ 是 $f(x)$ 的极小值.

【注意】(1) 极值只是一个局部概念，它仅是与极值点邻近的函数值比较而言较大或较小，而不是在整个区间上的最大值或最小值.函数的极值点一定出现在区间的内部，在区间的端点处不定义极值；(2) 函数的极大值与极小值可能有很多个，极大值不一定比极小值大，极小值也不一定比极大值小；(3) 函数在可导极值点处有水平切线，不可导点（"尖点"）也有可能是极值点.

2. 函数极值的判定

从图 4-6 可以看出，曲线在可导点 x_1, x_2, x_3 取得极值处的切线都是水平的，故有 $f'(x_1)=0$, $f'(x_2)=0$, $f'(x_3)=0$.尽管 $f'(x_5)=0$，但 x_5 并不是极值点.x_4 为极小值

点，但函数在 x_4 点处不可导，对此，我们给出函数存在极值的必要条件.

定理 4-6(极值存在的必要条件)　设函数 $f(x)$ 在点 x_0 处可导，且在 x_0 处取得极值，那么 $f'(x_0)=0$（即 x_0 为函数的驻点）.

【注意】(1) 可导函数的极值点必定是驻点，但驻点不一定是极值点.例如，点 $x=0$ 是函数 $f(x)=x^3$ 的驻点，但不是极值点（因为 $f'(x)\geqslant 0$，所以函数在定义域内单调递增，增函数或减函数没有极值点）；

(2) 导数不存在的点也有可能是极值点.例如，函数 $f(x)=|x|$ 在 $x=0$ 处不可导，但 $x=0$ 是该函数的极小值点.

由以上分析可知，函数的极值点包含于它的驻点及不可导点之中，那么怎样从这些点中筛选出极值点呢？通常可用下面的两个充分条件来判定.

定理 4-7(极值判定第一充分条件)　设函数 $f(x)$ 在点 x_0 的某个邻域内连续、可导（点 x_0 可以除外）.

(1) 若在点 x_0 的左侧邻近有 $f'(x)>0$，在点 x_0 的右侧邻近有 $f'(x)<0$，则函数 $f(x)$ 在点 x_0 处取得极大值；

(2) 若在点 x_0 的左侧邻近有 $f'(x)<0$，在点 x_0 的右侧邻近有 $f'(x)>0$，则函数 $f(x)$ 在点 x_0 处取得极小值；

(3) 若在点 x_0 的左右邻近 $f'(x)$ 具有相同的符号，则函数 $f(x)$ 在点 x_0 处无极值.

一般地，求函数 $f(x)$ 的极值的**步骤**为：

① 确定函数的定义域，并求其导数 $f'(x)$；

② 求出使 $f'(x)=0$ 和 $f'(x)$ 不存在的点，即求出定义域内所有的驻点与不可导点；

③ 利用极值的第一充分条件判别驻点和不可导点是否为极值点，并求出极大(小)值；

④ 给出结论.

动画

极值存在的充分条件

[例 5]　求函数 $f(x)=\dfrac{x^3}{3}+x^2-1$ 的极值.

解　该函数的定义域为 $(-\infty, +\infty)$，且 $f'(x)=x^2+2x$.

令 $f'(x)=x^2+2x=0$，得驻点 $x_1=-2$，$x_2=0$.

列表讨论如下.

x	$(-\infty, -2)$	-2	$(-2, 0)$	0	$(0, +\infty)$
$f'(x)$	$+$	0	$-$	0	$+$
$f(x)$	↗	极大值	↘	极小值	↗

由以上讨论知，函数的极大值为 $f(-2)=\dfrac{1}{3}$，极小值为 $f(0)=-1$.

[例 6]　求函数 $f(x)=x\cdot\sqrt[3]{(x-2)^2}$ 的极值.

解　该函数的定义域为 $(-\infty, +\infty)$，且 $f'(x)=\dfrac{5x-6}{3\sqrt[3]{x-2}}$.

令 $f'(x)=\dfrac{5x-6}{3\sqrt[3]{x-2}}=0$，得驻点 $x_1=\dfrac{6}{5}$.因为 $f'(2)$ 不存在，所以 $x_2=2$ 是 $f(x)$ 的不可导点.

列表讨论如下.

x	$\left(-\infty, \frac{6}{5}\right)$	$\frac{6}{5}$	$\left(\frac{6}{5}, 2\right)$	2	$(2, +\infty)$
$f'(x)$	+	0	−	不存在	+
$f(x)$	↗	极大值	↘	极小值	↗

由以上讨论知，函数的极大值为 $f\left(\frac{6}{5}\right)=\frac{12}{25}\sqrt[3]{10}$，极小值为 $f(2)=0$.

从上两例看出，求函数的极值和讨论函数的的单调性可同时进行.

若可导函数在驻点处具有不为零的二阶导数，则有极值判定的第二充分条件.

定理 4-8(极值判定第二充分条件) 设函数 $f(x)$ 在点 x_0 处具有二阶导数，且 $f'(x_0)=0$，则

(1) 当 $f''(x_0)<0$ 时，函数 $f(x)$ 在点 x_0 处取得极大值；

(2) 当 $f''(x_0)>0$ 时，函数 $f(x)$ 在点 x_0 处取得极小值；

(3) 当 $f''(x_0)=0$ 时，不能确定 x_0 是否为 $f(x)$ 的极值点.

说明一点：关于定理 4-8 的证明要用到函数的凹凸性，在此略去.

[例 7] 求函数 $y=x^4-8x^2+2$ 的极值.

解 该函数的定义域为 $(-\infty, +\infty)$，且 $y'=4x^3-16x$，$y''=12x^2-16$.

令 $y'=0$，解得 $x_1=-2$，$x_2=0$，$x_3=2$.

$y''|_{x=-2}=32>0$，所以 $y|_{x=-2}=-14$ 为函数的极小值；

$y''|_{x=0}=-16<0$，所以 $y|_{x=0}=2$ 为函数的极大值；

$y''|_{x=2}=32>0$，所以 $y|_{x=2}=-14$ 为函数的极小值.

案例【房屋定价问题】 依题意定价每降低 20 元，住房率便增加 10%，这就意味着定价每降低 1 元，住房率便增加 10%/20=0.005. 以定价为 160 元，住房率为 55% 为基准解题.

设旅馆一天的总收入为 y 元，每间房定价为 $(160-x)$ 元，则有

$$y=150(160-x)(0.55+0.005x).$$

因为 $0.55+0.005x\leqslant 1$，所以 $0\leqslant x\leqslant 90$. 求导，得

$$y'=-150(0.55+0.005x)+150(160-x)\cdot 0.005,\ y''=-1.5.$$

令 $y'=-150(0.55+0.005x)+150(160-x)\cdot 0.005=0$，得 $x=25$.

所以 $y''|_{x=25}=-1.5<0$. 由极值判定的第二充分条件知函数在 $x=25$ 处取得极大值（区间内的唯一极大值也是最大值）. 即，房价定为 135 元时旅馆一天的总收入最高.

随堂练习

(1) 求函数 $f(x)=x^3-3x^2-9x+5$ 的极值.

(2) 求函数 $f(x)=(x-4)\sqrt[3]{(x+1)^2}$ 的极值.

答案：(1) 函数的极大值为 $f(-1)=10$，极小值为 $f(3)=-22$.

(2) 极大值为 $f(-1)=0$，极小值为 $f(1)=-3\sqrt[3]{4}$.

习题 4.3

1. 求下列函数的单调区间.

(1) $y=e^x-x-1$；　　(2) $y=\frac{x^2}{1+x}$.

2. 求下列函数的极值.

(1) $f(x)=2x^3-3x^2-12x+14$；　　(2) $f(x)=\frac{2x}{1+x^2}$；

(3) $y=x+\sqrt{1-x}$；　　(4) $y=x^2\ln x$.

3. 证明下列不等式.

(1) 当 $x\leqslant 0$ 时，$x\leqslant \arctan x$，当 $x\geqslant 0$ 时，$x\geqslant \arctan x$；

(2) $\ln(1+x)\geqslant \frac{\arctan x}{1+x}\ (x\geqslant 0)$；

(3) 当 $x\neq 0$ 时，$e^x>1+x$.

任务 4.4　函数的最值和最优化模型

任务内容

- 完成与最值和最优化模型相关的任务工作页；
- 学习闭区间上连续函数的最值求法；
- 学习开区间上连续函数的最值求法；
- 学习最值模型的建立方法.

任务目标

- 掌握用导数求函数最值的方法；
- 理解最值与极值的区别和联系；
- 能够根据实际问题建立优化模型并求解之.

任务工作页

了解任务内容并学习相关知识后，在教师指导下完成任务工作页内各项内容的填写.

1. 最值与极值的区别及联系：
____.

2. 闭区间上求最值的一般步骤：
____.

3. 如果某实际问题确定有最大值(或最小值)，而解决该问题的数学模型有唯一驻点，则该驻点一定是最大值点(或最小值点)，此说法对吗？______________
____.

案例【交通优化问题】 交管部门遵循公交优先的原则，在某路段开设了一条仅供车身长为 10 m 的公共汽车行驶的专用车道.据交安管部门收集的大量数据分析发现，该车道上行驶的前、后两辆公共汽车间的安全距离 d(m)与车速 v(km/h)之间满足二次函数关系 $d=f(v)$.现已知车速为 15 km/h 时，安全距离为 8 m；车速为 45 km/h 时，安全距离为 38 m；出现堵车状况时，两车安全距离为 2 m.

(1) 试确定 d 关于 v 的函数关系 $d=f(v)$.

(2) 车速 v(km/h)为多少时，单位时段内通过这条车道的公共汽车数量最多，最多是多少辆?

相关知识

生产实践中通常会遇到“最大”“最小”“最省”等问题.例如，厂家生产一种一定容量的圆柱形杯子，要考虑杯子的直径和高取多少时，用料最省；又如在销售某种商品时，怎样确定零售价才能使商品售出最多、获得利润最大等. 这类问题在数学上叫作最大值、最小值问题，简称最值问题.

定义 4-2(最值) 设函数 $f(x)$在数集 I 上有定义，$x_0\in I$，对于 I 上的任意一点 x，若都有(1)$f(x)\leqslant f(x_0)$，则 $f(x)$在点 x_0 处取得**最大值** $f(x_0)$，x_0 称为**最大值点**；(2)$f(x)\geqslant f(x_0)$，则 $f(x)$在点 x_0 处取得**最小值** $f(x_0)$，x_0 称为**最小值点**.最大值与最小值统称为**最值**，最大值点与最小值点统称为**最值点**.

【注意】函数的最值有如下特点：①函数的最值是在整个定义域上讨论的，是总体概念，这一点与极值是局部概念不同；②函数的最值唯一，但最值点可能不唯一，而极值通常不唯一；③函数的最值可在区间内取得，也可在端点处取得；④函数的最大值不会小于最小值，而极大值可能小于极小值.

一、有界区间上连续函数的最值

设函数 $f(x)$在闭区间$[a, b]$上连续，由闭区间上连续函数的性质可知，$y=f(x)$在闭区$[a, b]$上一定有最大值和最小值.

如图 4-7 所示，函数的最值只可能在驻点，不可导点及端点处取得.于是，只须比较这三种点上的函数值的大小，即可求出函数的最值.

图 4-7

求闭区间$[a, b]$上连续函数最值的**基本步骤**：

释疑解难

函数最大(小)值的求法

(1) 求出函数 $f(x)$在区间(a, b)上所有可能的极值点(驻点或不可导点)；

(2) 计算函数在驻点、不可导点和端点处的函数值；

(3) 比较这些函数值的大小，其中最大者为函数 $f(x)$在$[a, b]$上的最大值，最小者为函数 $f(x)$在$[a, b]$上的最小值.

[例 1] 求函数 $f(x)=x^3-3x^2-9x+1$ 在$[-2, 6]$上的最大值和最小值.

解 因为 $f(x)=x^3-3x^2-9x+1$ 在$[-2, 6]$上连续，所以函数在该区间上存在着最大值和最小值.

第一步：求驻点和不可导点.令

$$f'(x)=3x^2-6x-9=3(x+1)(x-3)=0,$$

得函数在$(-2, 6)$内的驻点 $x_1=-1$，$x_2=3$；

第二步：求驻点与区间两个端点处的函数值：

$$f(-2)=-1,\ f(-1)=6,\ f(3)=-26,\ f(6)=55;$$

第三步：比较各值的大小，得 $f_{\min}(x)=f(3)=-26$，$f_{\max}(x)=f(6)=55$.

特别地，若函数 $f(x)$ 在区间 $[a, b]$ 上单调递增（或单调递减），则函数 $f(x)$ 必在区间 $[a, b]$ 的两个端点处取得最大值和最小值；当连续函数在 $[a, b]$ 上有唯一极值点 x_0 时，如果 $f(x_0)$ 是极大值（或极小值），则它必是函数 $f(x)$ 在 $[a, b]$ 上的最大值（或最小值），无须再与端点函数值作比较.这个结论对于区间 (a, b) 及 $(-\infty, +\infty)$ 的情况也成立.

［例 2］　求函数 $f(x)=x^{\frac{1}{x}}$ 在定义区间 $(0, +\infty)$ 上的最值.

解　易得 $f'(x)=x^{\frac{1}{x}-2}(1-\ln x)$，令 $f'(x)=0$，得函数的驻点 $x=\mathrm{e}$.
当 $0<x<\mathrm{e}$ 时，$f'(x)>0$，函数单调增加；当 $\mathrm{e}<x<+\infty$ 时，$f'(x)<0$，函数单调减少.故当 $x=\mathrm{e}$ 时，函数 $f(x)$ 取得最大值 $f(\mathrm{e})=\mathrm{e}^{\frac{1}{\mathrm{e}}}$.

随堂练习

求函数 $f(x)=\frac{1}{4}x^4-\frac{3}{2}x^2$ 在 $[-1, 4]$ 的最大值和最小值.

答案：最大值和最小值分别为 $f(4)=40$，$f(\sqrt{3})=-\frac{9}{4}$.

二、最优问题——专业应用案例

利用函数的最值来解决实际问题，可按如下几个步骤进行：

(1) 据实际问题列出函数表达式及它的定义区间；

(2) 求出该函数在定义区间上的可能极值点（驻点和一阶导数不存在的点）；

(3) 通过比较，确定函数在可能极值点处是否取得最值.

如果实际问题在所论区间内存在最大值（或最小值），且函数在该区间内只有一个极值点 x_0（驻点或不可导点），那么该实际问题的最大值（或最小值），就是 $f(x_0)$.

1. 几何领域——最大体积

［例 3］　试求单位球的内接圆锥体体积最大者的高（图 4-8），并求此体积的最大值.

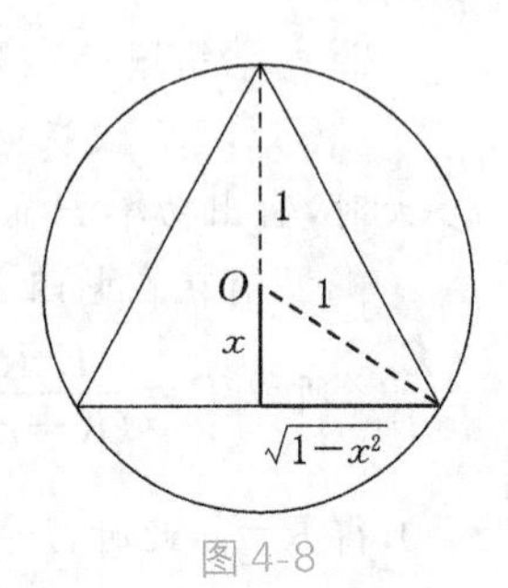

图 4-8

解　设球心到锥底面的垂线长为 x，则圆锥的高为 $1+x$ $(0<x<1)$，圆锥面底面半径为 $\sqrt{1-x^2}$，圆锥体积为

$$V(x)=\frac{1}{3}\pi(\sqrt{1-x^2})^2(1+x)$$

$$=\frac{\pi}{3}(1-x^2)(1+x).$$

由 $V'=\frac{\pi}{3}(1+x)(1-3x)=0$，得驻点 $x=\frac{1}{3}$ 和 $x=-1$（不符合题意，舍去）.

在所求区间 $(0, 1)$ 上，驻点唯一，故 $x=\frac{1}{3}$ 是函数的最大值点，$V\left(\frac{1}{3}\right)$ 是函数 $V(x)$ 的最大值.于是最大的体积为 $V\left(\frac{1}{3}\right)=\frac{32}{31}\pi$，此时的高为 $\frac{4}{3}$.

［例4］ 如图4-9所示，将一块边长为a的正方形铁皮，从每个角截去同样的小正方形，然后把四边折起来，成为一个无盖的方盒，为使其容积最大，问截去的小正方形的边长为多少？

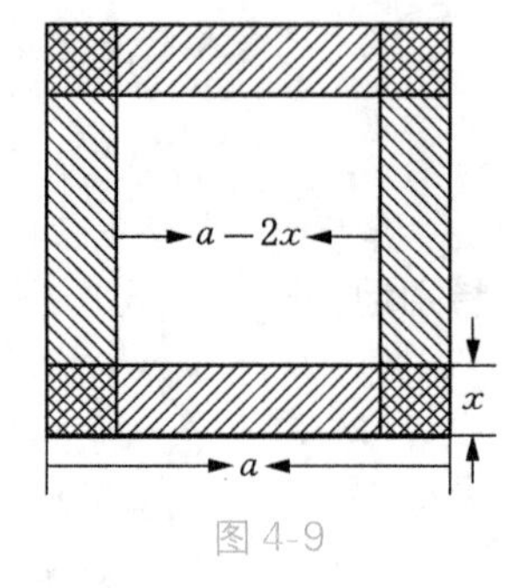

图4-9

解 设截去的小正方形的边长为x，则方盒的容积为

$$V=(a-2x)^2x\left(0<x<\frac{a}{2}\right).$$

$$V'=a^2-8ax+12x^2=(a-2x)(a-6x).$$

令$V'=0$，得驻点$x=\frac{a}{2}$（不合题意舍去）和$x=\frac{a}{6}$. 由于V在$\left(0,\ \frac{a}{2}\right)$内只有一个驻点，且盒子的最大容积是存在的，所以当$x=\frac{a}{6}$时，$V$取得最大值，即方盒的容积最大.

［例5］ 欲制造一个容积为500 cm^2的圆柱体易拉罐，如何设计可使用料最省？

解 设易拉罐的高为h，底圆半径为r，则所需材料（表面积）为

$$S=2\pi r^2+2\pi rh.$$

依题意$500=\pi r^2h$，则$h=\frac{500}{\pi r^2}$，代入上式得

$$S=2\pi r^2+\frac{1\ 000}{r},\ 0<r<+\infty$$

这样，就归结为求函数$S=S(r)$在区间$(0,\ +\infty)$上的最小值问题.

求得$S'=4\pi r-\frac{1\ 000}{r^2}$，再令$S'=4\pi r-\frac{1\ 000}{r^2}=0$，得唯一驻点$r=\sqrt[3]{\frac{250}{\pi}}\approx4.30$ cm. 此时$h=\frac{500}{\pi r^2}=2\sqrt[3]{\frac{250}{\pi}}=8.60$(cm). 因此，当底半径$r\approx4.30$ cm，$h=2r\approx8.60$ cm时用料最省.

2. 电学领域——最大输出功率

［例6］ 设在电路中，电源电动势为E，内阻为r（E，r均为常数），问负载电阻R多大时，输出功率P最大？

解 消耗在电阻R上的功率$P=I^2R$，其中I是回路中的电流，由欧姆定律知$I=\frac{E}{R+r}$，所以$P=\frac{E^2R}{(R+r)^2}(0<R<\infty)$. 要使$P$最大，应使$\frac{\mathrm{d}P}{\mathrm{d}R}=0$，即$\frac{\mathrm{d}P}{\mathrm{d}R}=\frac{E^2}{(R+r)^3}(r-R)=0$，得$R=r$. 此时，$P=\frac{E^2}{4R}$.

由于此闭合电路的最大输出功率一定存在，且在$(0,\ \infty)$内取得，所以必在P的唯一驻点$R=r$处取得. 因此，当$R=r$时，输出功率最大为$P=\frac{E^2}{4R}$.

3. 经济领域——利润最大问题

［例7］ 某厂生产某种电子元件，如果生产出一件正品，可获利200元，如果生产出一件次品，则损失100元. 已知该厂在制造电子元件过程中次品率p与日产量x的函数关

系是 $p=\dfrac{3x}{4x+32}(x\in\mathbf{N}^*)$.

(1) 求该厂的日盈利额 T(元)用日产量 x(件)表示的函数.

(2) 为获最大盈利,该厂的日产量应定为多少件?

解　由题意可知,次品率 p=日产次品数/日产量,设每天生产 x 件,次品数为 xp,正品数为 $x(1-p)$,又 $p=\dfrac{3x}{4x+32}(x\in\mathbf{N}^*)$,故

$$T=200\cdot x\left(1-\frac{3x}{4x+32}\right)-100\cdot x\cdot\frac{3x}{4x+32}=25\cdot\frac{64x-x^2}{x+8}.$$

由于 $T'=-25\cdot\dfrac{(x+32)(x-16)}{(x+8)^2}$,令 $T'=0$,得 $x_1=16$, $x_2=-32$(舍去),而当 $0<x<16$ 时,$T'>0$;当 $x>16$ 时,$T'<0$;所以当 $x=16$ 时,T 取最大值,即该厂的日产量定为 16 件时,能获取最大盈利.

4. 经济领域——费用最省问题

[例 8]　商品成本为 9 元,售价为 30 元,每星期卖出 432 件,如果降低价格,销售量可以增加,且每星期多卖出的商品件数与商品单价的降低值 x(单位:元,$0\leqslant x\leqslant 30$)的平方成正比.已知商品单价降低 2 元时,一星期多卖出 24 件.

(1) 求一个星期的商品销售利润函数;

(2) 如何定价才能使一个星期的商品销售利润最大?

分析　商品销售利润是根据卖出的件数与实际售价共同决定的,由于每星期多卖出的商品件数与商品单价的降低值的平方成正比,合理降价,可促进销量. 因此必然存在一种售价能使商品销售利润最大.

解　设商品降价 x 元,则多卖的商品数为 kx^2.若记商品一个星期的获利为 $f(x)$,则依题意有

$$f(x)=(30-x-9)(432+kx^2)=(21-x)(432+kx^2).$$

又由已知条件知 $24=k\cdot 2^2$,所以 $k=6$,于是有

$$f(x)=-6x^3+126x^2-432x+9072,\ x\in[0,\ 30].$$

令 $f'(x)=-18x^2+252x-432=-18(x-2)(x-12)=0$ 得 $x=2$ 或 $x=12$.

因为 $f(0)=9\,072$, $f(2)=8\,664$, $f(12)=11\,264$, $f(30)=-52\,488$,所以定价为 $30-12=18$ 元时能使一个星期的商品销售利润最大.

习题 4.4

1. 求下列函数在给定区间上的最大值与最小值.

(1) $f(x)=\dfrac{x-1}{x+1}$, $x\in[0,\ 4]$;　　(2) $y=x^4-2x^2+5$, $x\in[-2,\ 2]$;

(3) $y=x+\sqrt{x}$, $x\in[0,\ 4]$;　　(4) $y=\ln(1+x^2)$, $x\in[-1,\ 2]$.

2. 将 8 分为两数之和,使其立方之和最小.
3. 要做一个圆锥形漏斗,其母线长 20 cm,问其高应为多少时才能使漏斗体积最大?
4. 某地区防空洞的截面拟建成矩形加半圆.截面的面积为 5 m^2.问底宽 x 为多少时才能使截面的周长最小,从而使建造时所用的材料最省?

任务 4.5 曲线的凹凸性及函数图像的描绘

任务内容

- 完成与曲线凹凸性及函数图像描绘相关的任务工作页；
- 学习二阶导数应用相关的知识；
- 学习求函数拐点的方法；
- 学习判断函数凹凸区间的方法.

任务目标

- 掌握函数凹凸性的判断方法；
- 会求函数的凹凸区间；
- 能够利用函数的凹凸性及其他性质准确描绘函数图像.

任务工作页

了解任务内容并学习相关知识后，在教师指导下完成任务工作页内各项内容的填写.

1. 凹曲线和凸曲线的定义是：________________________.
________________________.
2. 如何利用导数判断函数的凹凸性？________________________.
3. 如何求函数的凹凸区间？________________________.
4. 描绘函数曲线图像的基本步骤：
________________________.

案例【液面距离问题】 液体从一圆锥形漏斗流入某锥形容器(图 4-10)，开始时漏斗盛满液体，经过 50 秒漏完，H_1 是漏斗液面下落的距离，H_2 是容器液面上升距离，则 H_1，H_2 与液体流出流入时间 t(s)的函数关系图分别如图 4-11a 和图 4-11b 所示.

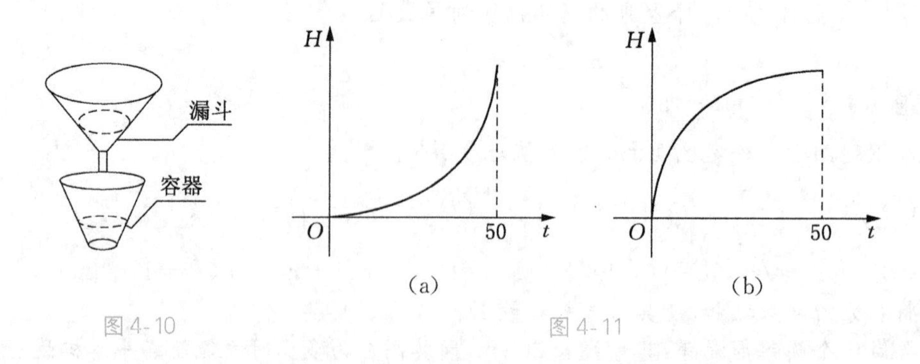

图 4-10　　图 4-11

从图 4-11 可看出两个距离函数尽管都是单调递增的，但它们的曲线弯向不同.其中漏斗液面距离函数曲线向下弯曲，称为凹曲线；容器液面距离函数曲线向上弯曲，称为凸曲线.函数曲线的弯曲方向反映了函数变化速度的快慢.如图 4-11a 所示,函数变化呈先慢后快的特点,而图 4-11b 中函数变化呈先快后慢的特点.本任务我们就来研究曲线弯曲方向问题,即曲线的凹凸性.

相关知识

描绘函数的图形是一件非常繁琐的事情.在中学时期我们学会了用描点法描绘函数的图形.若再结合函数的单调性、周期性、奇偶性、极值等信息,会使描绘的图形更加准确.但仅有这些还不够,还要知道曲线的弯曲方向、不同弯曲方向的分界点、以及曲线无限延伸时的走向和趋势等.下面逐步来研究这些问题.

一、曲线的凹凸定义和判定法

问题导入:如果函数 $y=f(x)$ 在闭区间$[a, b]$上连续且单调递增,在开区间(a, b)内可导,在区间端点的值分别为 $f(a)=c_1$, $f(b)=c_2$,那么函数 $y=f(x)$ 在区间$[a, b]$上的图形大体有几种情形呢?

分析:由于不知道函数曲线在区间$[a, b]$上的弯曲方向,所以函数曲线至少有四种情形,如图 4-12 所示.

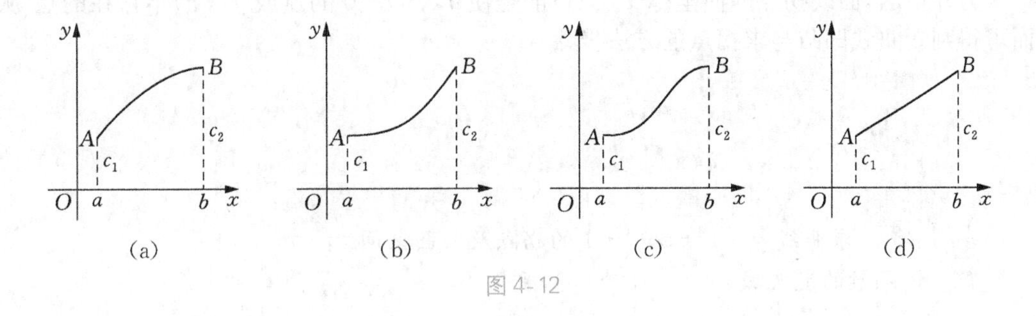

图 4-12

由此可见,要准确地描绘函数的图形,不仅要知道该函数的单调性、极值等,还要知道曲线的弯曲方向以及不同弯曲方向的分界点.为此给出以下定义.

定义 4-3　若在某区间(a, b)内,曲线弧总位于其上每一点处切线的上方,则称曲线弧段为**凹曲线**,或称在(a, b)内是向上凹的(简称**凹的**);若曲线弧总位于其上每一点处切线的下方,则称此曲线弧段是**凸曲线**,或称在(a, b)内是向下凹的(也称**凸的**).

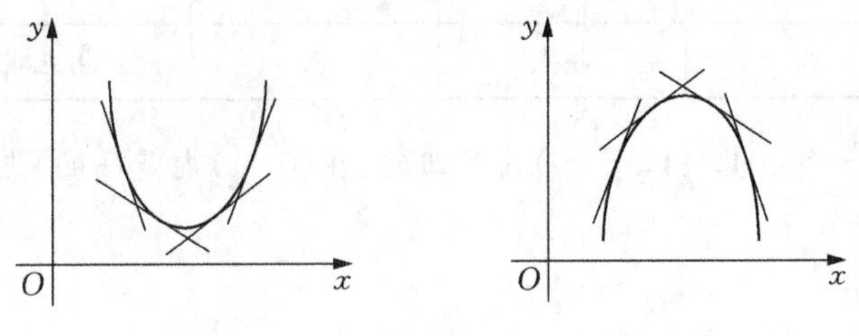

图 4-13

如何判定曲线 $y=f(x)$ 在区间$[a, b]$上是凹还是凸呢?

从图 4-13 中可以看出,当曲线弧是凹曲线时,其切线的斜率是随着 x 增加而逐渐增加,即函数 $f'(x)$ 是增函数;当曲线弧是凸曲线时,其切线的斜率随着 x 的增加而逐渐减少，即函数 $f'(x)$ 是减函数.根据函数单调性的判定方法，有如下定理.

动画

曲线的凹凸性

定理 4-9(曲线凹凸的判别法)　设函数 $y=f(x)$ 在 (a, b) 内具有二阶导数，则

(1) 若在 (a, b) 内 $f''(x)\geqslant 0$，则曲线 $y=f(x)$ 在 (a, b) 内是凹的；

(2) 若在 (a, b) 内 $f''(x)\leqslant 0$，则曲线 $y=f(x)$ 在 (a, b) 内是凸的.

［例 1］　判定曲线 $y=x-\ln(x+1)$ 的凹凸性.

解　所给函数的定义域为 $(-1, +\infty)$，因为 $y'=1-\dfrac{1}{x+1}$，$y''=\dfrac{1}{(x+1)^2}>0$，因此，曲线 $y=x-\ln(x+1)$ 在其定义域为 $(-1, +\infty)$ 内是凹的.

［例 2］　判定曲线 $y=x^3$ 的凹凸性.

解　函数 $y=x^3$ 的定义域为 $(-\infty, +\infty)$，$y'=3x^2$，$y''=6x$.

当 $x\in(-\infty, 0)$ 时，$y''<0$，故曲线是凸的；

当 $x\in(0, +\infty)$ 时，$y''>0$，故曲线是凹的.

例 2 中点 $(0, 0)$ 是曲线由凸变凹的分界点.对于这样的点，我们给出下面的定义.

定义 4-4　连续曲线 $y=f(x)$ 的凹弧与凸弧的分界点，称为曲线 $y=f(x)$ 的**拐点**.

【注意】由曲线拐点的定义可知，如果在某点两侧的区间内，函数二阶导数的符号相反，那么该点就是拐点；否则，该点就不是拐点.

另外指出，曲线拐点的横坐标 x_0 只可能是使 $f''(x)=0$ 的点或 $f''(x)$ 不存在的点.从而可得判断曲线凹凸与求拐点的方法步骤：

(1) 确定函数的定义域；

(2) 求出 $f'(x)$、$f''(x)$，找出使 $f''(x)=0$ 的点及 $f''(x)$ 不存在的点；

(3) 用上述各点把函数的定义域分成若干个子区间，再在各子区间内考察 $f''(x)$ 的符号，从而判定曲线在各小区间的凹凸及曲线的拐点，并写出最后的结论.

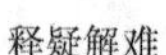

曲线凹凸性的判定法

［例 3］　求曲线 $y=x^4-2x^3+1$ 的拐点及凹凸区间.

解　该函数的定义域为 $(-\infty, +\infty)$，且

$$y'=4x^3-6x^2,\ y''=12x^2-12x=12x(x-1).$$

令 $y''=0$，得 $x=0$，$x=1$.

列表讨论如下.

x	$(-\infty, 0)$	0	$(0, 1)$	1	$(1, +\infty)$
y''	+	0	−	0	+
y	凹	拐点	凸	拐点	凹

所以曲线在 $(-\infty, 0)$，$(1, +\infty)$ 内是凹的，在 $(0, 1)$ 内是凸的，点 $(0, 1)$ 和 $(1, 0)$ 是曲线的拐点.

随堂练习

(1) 求曲线 $f(x)=3x^4-4x^3+1$ 的拐点，并指出其凹凸区间.

(2) 求曲线 $f(x)=2-\sqrt[3]{x-4}$ 的凹凸区间及其拐点.

答案：(1) 曲线在区间 $(-\infty, 0)$ 和 $\left(\dfrac{2}{3}, +\infty\right)$ 内是凹的，在区间 $\left(0, \dfrac{2}{3}\right)$ 内是凸的；拐

点为(0，1)，$\left(\frac{2}{3}, \frac{11}{27}\right)$.

(2) 曲线在区间$(-\infty, 4)$内是凸的，在区间和$(4, +\infty)$内是凹的；拐点为$(4, 2)$.

二、曲线的渐近线

当曲线$y=f(x)$上的一动点沿着曲线移向无穷远时，如果点到某定直线l的距离趋向于零，那么直线l就称为曲线$y=f(x)$的一条**渐近线**. 渐近线描述了曲线无限延伸时的走向和趋势.渐近线分为水平渐近线、垂直渐近线和斜渐近线.下面给出三种渐近线的定义.

定义 4-5　对于曲线$y=f(x)$，如果$\lim\limits_{x\to x_0} f(x)=\infty$($\lim\limits_{x\to x_0^-} f(x)=\infty$或$\lim\limits_{x\to x_0^+} f(x)=\infty$)，则称直线$x=x_0$为曲线$y=f(x)$的一条**垂直渐近线**.

定义 4-6　设曲线$y=f(x)$的定义域是无穷区间，如果$\lim\limits_{x\to\infty} f(x)=b$($\lim\limits_{x\to-\infty} f(x)=b$或$\lim\limits_{x\to+\infty} f(x)=b$)，则称直线$y=b$为曲线$y=f(x)$的一条**水平渐近线**.

定义 4-7　设曲线$y=f(x)$的定义域是无穷区间，如果$\lim\limits_{x\to\infty}\left(\frac{f(x)}{x}\right)=k$(存在)，$\lim\limits_{x\to\infty}(f(x)-kx)=b$(存在)，则称直线$y=kx+b$为曲线$y=f(x)$的一条**斜渐近线**.

例如，因为$\lim\limits_{x\to0^+}\ln x=-\infty$，所以直线$x=0$是曲线$y=\ln x$的一条垂直渐近线.

因为$\lim\limits_{x\to+\infty}\arctan x=\frac{\pi}{2}$，$\lim\limits_{x\to-\infty}\arctan x=-\frac{\pi}{2}$，所以曲线$y=\arctan x$有两条水平渐近线$y=\frac{\pi}{2}$和$y=-\frac{\pi}{2}$.

[例 4]　求曲线$y=3x+1+\frac{2}{x-1}(x\neq1)$的垂直渐近线和斜渐近线.

解　因为$\lim\limits_{x\to1}\left(3x+1+\frac{2}{x-1}\right)=\infty$，所以$x=1$是曲线$y=3x+1+\frac{2}{x-1}$的一条垂直渐近线.

又因为$\lim\limits_{x\to\infty}\frac{y}{x}=\lim\limits_{x\to\infty}\left(3+\frac{1}{x}+\frac{2}{x(x-1)}\right)=3$，而$\lim\limits_{x\to\infty}(y-3x)=\lim\limits_{x\to\infty}\left(1+\frac{2}{x-1}\right)=1$，所以$y=3x+1$是曲线的一条斜渐近线.

三、函数图形的描绘

函数的图形有助于直观地了解函数的性态，所以研究函数图形的描绘方法很有必要.为了更准确、更全面地描绘平面曲线，必须确定出反映曲线主要特征的点与线.我们知道，利用函数的一阶导数可以确定函数图形的单调性；利用函数的二阶导数可以确定函数图形的凹凸区间和拐点；利用渐进线，可使我们对函数图形无限远部分的趋势有所了解；通过考察函数的奇偶性及周期性等几何特征以及某些特殊点的坐标，就可以比较全面地掌握函数的性态，这样就可较准确地描绘出函数的几何图形.综上，可以得出描绘函数图形的一般步骤如下：

(1) 确定函数的定义域与值域；

(2) 考察函数的奇偶性及周期性；

(3) 求出$f'(x)$与$f''(x)$，找出使$f'(x)=0$与$f''(x)=0$的点及$f'(x)$与$f''(x)$不存在的点；

(4) 列表讨论函数的单调区间和极值,凹凸区间和拐点;
(5) 考察曲线的渐近线;
(6) 考察某些特殊点的坐标,如曲线与坐标轴的交点、极值点、拐点等;
(7) 用光滑的曲线描绘出函数的图形.

[例 5] 描绘函数 $y=\frac{4(x+1)}{x^2}-2$ 的图形.

解 该函数的定义域为 $(-\infty, 0)\cup(0, +\infty)$,且

$$y'=-\frac{4(x+2)}{x^3},\ y''=\frac{8(x+3)}{x^4}.$$

令 $y'=0$,得驻点 $x=-2$;令 $y''=0$,得 $x=-3$.由于使 y' 和 y'' 不存在的点 $x=0$ 不在定义区间内部,所以不予考虑.

列表讨论单调性与极值、凹凸性与拐点如下.

x	$(-\infty, -3)$	-3	$(-3, -2)$	-2	$(-2, 0)$	0	$(0, +\infty)$
y'	$-$		$-$	0	$+$		$-$
y''	$-$	0	$+$		$+$		$+$
y	↘ 凸	拐点 $\left(-3, -2\frac{8}{9}\right)$	↘ 凹	极小值点 $(-2, -3)$	↗ 凹	间断	↘ 凹

因为 $\lim\limits_{x\to\pm\infty}\left(\frac{4(x+1)}{x^2}-2\right)=-2$,所以 $y=-2$ 是水平渐近线.又因 $\lim\limits_{x\to 0}\left(\frac{4(x+1)}{x^2}-2\right)=\infty$,故 $x=0$ 是垂直渐近线.

描出几个点 $A(-1, -2)$, $B(1, 6)$, $C(2, 1)$, $D\left(3, -\frac{2}{9}\right)$,极小值点为 $E(-2, -3)$,拐点为 $F\left(-3, -2\frac{8}{9}\right)$,与坐标轴的交点为 $(1+\sqrt{3}, 0)$, $(1-\sqrt{3}, 0)$.

根据以上讨论作出函数的图形,如图 4-14 所示.

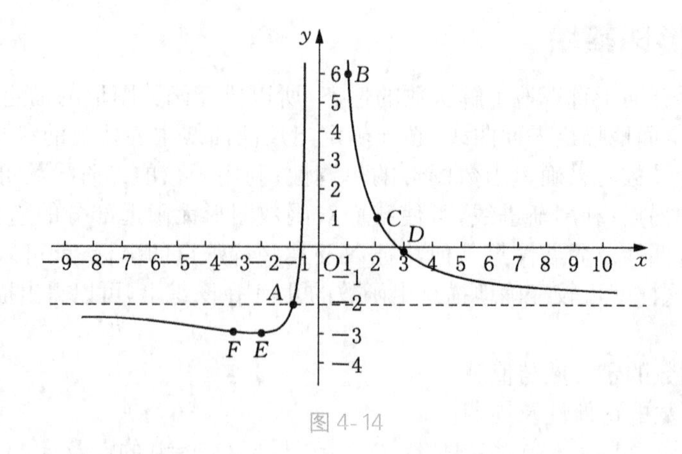

图 4-14

随堂练习

描绘函数 $y=\frac{x^2}{1+x}$ 的图形.

提示:根据描绘函数图形的一般步骤进行作图.

习题 4.5

1. 求下列函数图形的凹凸区间和拐点.

(1) $y=(2x-1)^4+1$;　　(2) $y=\sqrt[3]{x-4}+2$;

(3) $y=xe^x$;　　(4) $y=3x^4-4x^3+1$.

2. 问 a, b 为何值时,点(1, 3)为曲线 $y=ax^3+bx^2$ 的拐点.

3. 求下列曲线的渐近线.

(1) $y=\arctan x$;　　(2) $y=\frac{x^2}{x^2-1}$;

(3) $y=x+\frac{2}{x}$;　　(4) $y=\frac{1}{\sqrt{2\pi}}e^{-\frac{x^2}{2}}$.

4. 已知点(1, −1)是曲线 $y=x^3+mx^2+nx+p$ 的拐点,且 $x=0$ 时曲线上的点的切线平行于 x 轴,试确定常数 m, n, p.

5. 作出下列函数的图形.

(1) $y=x^3-x^2-x+1$;　　(2) $y=\frac{x}{x^2+1}$;

(3) $y=xe^{-x}$;　　(4) $y=\frac{\ln x}{x}$;

(5) $y=\frac{4(x+1)}{x^2}-2$.

任务 4.6 综合应用实训

实训 1【鱼群的适度捕捞问题】

鱼群是一种可再生资源.若目前鱼群的总数为 x(单位:kg).经过一年的成长与繁殖,第二年鱼群的总数为 y(单位:kg).反映 x 与 y 之间相互关系的曲线称为再生产曲线,记为 $y=f(x)$.

现设鱼群的再生产曲线 $y=rx\left(1-\frac{x}{N}\right)$,其中 r 是鱼群的自然增长率($r>1$), N 是自然环境能够负荷的最大鱼群数量.为使鱼群的数量保持稳定,在捕鱼时必须注意适度捕捞.问鱼群的数量控制在多大时,才能获得最大的持续捕捞量?

解 首先,我们对再生产曲线 $y=rx\left(1-\frac{x}{N}\right)$ 的实际意义作简略解释.

由于 r 是鱼群的自然增长率,故一般可认为 $y=rx$.但是,由于自然环境的限制,当鱼群的数量过大时,其生长环境就会恶化,导致鱼群增长率的降低.为此,我们乘上一个修正因子$\left(1-\frac{x}{N}\right)$，于是 $y=rx\left(1-\frac{x}{N}\right)$，这样，当 $x\to N$ 时，$y\to 0$，即 N 是自然环境所能容纳的鱼群的极限量.

设每年的捕获量为 $h(x)$，则第二年的鱼群总量为 $y=f(x)-h(x)$.要限制鱼群总量保持在某一数值 x，则 $x=f(x)-h(x)$，所以

$$h(x)=f(x)-x=rx\left(1-\frac{x}{N}\right)-x=(r-1)x-\frac{r}{N}x^2.$$

现在求 $h(x)$ 的最大值.

由 $h'(x)=(r-1)-\frac{2r}{N}x=0$，得驻点 $x_0=\frac{(r-1)}{2r}N$.

由于 $h''(x)=-\frac{2r}{N}<0$，所以 $x_0=\frac{(r-1)}{2r}N$ 是 $h(x)$ 的最大值点.因此，鱼群规模控制在 $x_0=\frac{(r-1)}{2r}N$ 时，可以使我们获得最大的持续捕鱼量.此时

$$h(x_0)=(r-1)x_0-\frac{r}{N}x_0^2=(r-1)\frac{r-1}{2r}N-\frac{r}{N}\frac{(r-1)^2}{4r^2}N^2=\frac{(r-1)^2}{4r}N.$$

即最大持续捕鱼量为$\frac{(r-1)^2}{4r}N$.

实训 2 案例解答【交通优化问题】

解 (1) 由题意可令所求函数关系 $f(v)=av^2+bv+c$.由题意得 $v=0$ 时，$d=2$；$v=15$ 时，$d=8$；$v=45$ 时，$d=38$.则

$$\begin{cases}c=2,\\ a\times 15^2+15b+c=8,\\ a\times 45^2+45b+c=38,\end{cases}$$

所以 d 关于 v 的函数关系为 $d=\frac{1}{75}v^2+\frac{1}{5}v+2(v\geqslant 0)$.

(1) 两车间的安全距离 d(m)，则一辆车占去的道路长为 $d+10$(m).

设 1 小时内通过该车道的公共汽车数量为 y 辆，则

$$y=\frac{1\,000v}{\frac{v^2}{75}+\frac{v}{5}+12},$$

由 $y'=\frac{1\,000\left(-\frac{v^2}{75}+12\right)}{\left(\frac{v^2}{75}+\frac{v}{5}+12\right)^2}=0$，解得 $v=30$.当 $0<v<30$ 时，$y'>0$；当 $v>30$ 时，$y'<0$.于是函数 $y=\frac{1\,000v}{\frac{v^2}{75}+\frac{v}{5}+12}$ 在区间 $(0,\ 30)$ 上递增，在区间 $(30,\ +\infty)$ 上递减，因此 $v=30$ 时，函数取最大值 $y=1\,000$.

所以，汽车车速定为 30 km/h 时，每小时通过这条专用车道的公共汽车数量最多，能通过 1 000 辆.

习题答案

项目四

项目四习题

一、填空题

1. 当 $x=$________,函数 $y=x\cdot 2^x$ 取最小值.

2. $f(x)=x(x-1)(x-2)$, $f'(x)=0$,有________个实根.

3. $f(x)=x^{\frac{2}{3}}$ 的极小值点是____________________.

4. 曲线 $y=x^3-3x+1$ 的拐点是________________.

5. 曲线 $y=6x-24x^2+x^4$ 的凸区间为____________.

二、判断题

1. 函数的驻点一定是它的极值点.(　　)

2. 函数的极值可能在区间端点取得.(　　)

3. 函数的极大值一定大于它的极小值.(　　)

4. 若 $f''(x_0)=0$,则点 $(x_0, f(x_0))$ 必是曲线 $y=f(x)$ 的拐点.(　　)

5. 若 $f(x)$ 在 $[0, +\infty)$ 内连续,且在 $(0, +\infty)$ 内 $f'(x)<0$,则 $f(0)$ 为 $f(x)$ 在 $[0, +\infty)$ 上的最大值.(　　)

三、选择题

1. 在下列四个函数中,在 $[-1, 1]$ 上满足罗尔定理条件的函数是(　　).

A. $y=8|x|+1$　　B. $y=4x^2+1$　　C. $y=\dfrac{1}{x^2}$　　D. $y=|\sin x|$

2. 若对任意 $x\in(a, b)$, 有 $f'(x)=g'(x)$,则(　　).

A. 对任意 $x\in(a, b)$,有 $f(x)=g(x)$

B. 存在 $x_0\in(a, b)$,使 $f(x_0)=g(x_0)$

C. 对任意 $x\in(a, b)$,有 $f(x)=g(x)+C_0$(C_0 是某个常数)

D. 对任意 $x\in(a, b)$,有 $f(x)=g(x)+C$(C 是任意常数)

3. 求极限 $\lim\limits_{x\to 0}\dfrac{x^2\sin\dfrac{1}{x}}{\sin x}$ 时,下列各种解法正确的是(　　).

A. 用洛必达法则后,求得极限为 0　　B. 因为 $\lim\limits_{x\to 0}\dfrac{1}{x}$ 不存在,所以上述极限不存在

C. 原式 $=\lim\limits_{x\to 0}\dfrac{x}{\sin x}\cdot x\sin x=0$　　D. 因为不能用洛必达法则,故极限不存在

4. 函数 $f(x)=3x^5-5x^3$ 在 $\mathbf{R}$ 上有(　　).

A. 四个极值点　　B. 三个极值点　　C. 两个极值点　　D. 一个极值点

5. 曲线 $y=\dfrac{e^x}{1+x}$(　　).

A. 有一个拐点　　B. 有两个拐点　　C. 有三个拐点　　D. 无拐点

四、综合题

1. 验证罗尔中值定理对函数 $f(x)=\dfrac{1}{1+x^2}$ 在区间 $[-2, 2]$ 上的正确性,如果正确,则求出 ξ.

2. 证明不等式$|\sin x_2-\sin x_1|<|x_2-x_1|$.

3. 求下列函数的极限.

(1) $\lim\limits_{x\to 0}\dfrac{\ln(1+x)}{x}$; (2) $\lim\limits_{x\to 0}\dfrac{e^x-e^{-x}}{\sin x}$; (3) $\lim\limits_{x\to\frac{\pi}{2}}\dfrac{\sec x}{\tan x}$;

(4) $\lim\limits_{x\to 0}x\cot 2x$; (5) $\lim\limits_{x\to 0}x^2e^{\frac{1}{x^2}}$; (6) $\lim\limits_{x\to 1}\left(\dfrac{2}{x^2-1}-\dfrac{1}{x-1}\right)$;

(7) $\lim\limits_{x\to\infty}\left(1+\dfrac{a}{x}\right)^x$; (8) $\lim\limits_{x\to\infty}\dfrac{\sin x}{x}$; (9) $\lim\limits_{x\to 0}\dfrac{x^2\sin\dfrac{1}{x}}{\sin x}$.

4. 求下列函数的单调区间和极值.

(1) $y=x-e^x$; (2) $y=1-(x-2)^{\frac{2}{3}}$.

5. 企业在设计易拉罐时，为了用最小的成本获得最大的利润，需要考虑在体积一定的情况下用料最省的问题.测量一个你身边的易拉罐，分析它的设计是否达到了企业的期望，如果没有达到，请你给出改进的方法.

6. 有甲乙两城，甲城位于一直线形的河岸，乙城离岸 40 km，乙城到岸的垂足与甲城相距 50 km，两城要在此河边合建一水厂取水，从水厂到甲城和到乙城的水管费用分别为每公里 500 元和 700 元，问此水厂应建在河边何处，才能使水管费用最省？

项目五 不定积分

任务5.1 不定积分的概念

任务内容

- 完成与不定积分的概念及性质相关的任务工作页；
- 学习与不定积分相关的知识；
- 学习不定积分基本公式；
- 学习不定积分的运算法则.

任务目标

- 理解不定积分概念及相关性质；
- 领会不定积分的几何意义；
- 掌握不定积分的基本公式和运算法则；
- 能够直接利用基本分式和运算法则求不定积分；
- 能够应用不定积分解决实际问题.

任务工作页

了解任务内容并学习相关知识后，在教师指导下完成任务工作页内各项内容的填写.

1. 积分与求导(微分)的关系： ______________________________.
2. 不定积分的表示方法：______________.
3. 不定积分的几何意义：______________.
4. 不定积分的性质：______________ ______________________________.
5. 不定积分的基本公式：______________ ______________________________ ______________________________.
6. 不定积分的基本运算法则：______________ ______________________________.

案例1【石油消耗量的估计】 近年来，世界范围内每年的石油消耗率呈指数增长，增长指数大约为0.07.1970年初，消耗率大约为每年161亿桶.设$R(t)$表示从1970年起第t

年的石油消耗率,则 $R(t)=161\mathrm{e}^{0.07t}$(亿桶).试用此式估算从1970年到2010年间石油消耗总量.

分析:$T(t)$表示从1970年起($t=0$)直到第 t 年的石油消耗总量.我们要求从1970年到2010年间石油消耗总量,即求 $T(40)$.由于 $T(t)$是石油消耗总量,所以 $T'(t)$就是石油消耗率 $R(t)$,即 $T'(t)=R(t)$.称 $T(t)$是 $R(t)$的一个原函数.那么如何求原函数 $T(t)$呢?

案例2【电量计算】 电路中某点处的电流(电流强度)i 是通过该点处的电量 q 关于时间 t 的瞬时变化率,如果一电路中的电流为 $i(t)=t^3$,且 $q(0)=1$,求其电量函数 $q(t)$.根据函数变化率的知识可知

$$i(t)=\lim_{t\to 0}\frac{\Delta q}{\Delta t}=q'(t)=\frac{\mathrm{d}q}{\mathrm{d}t},$$

那么,如何求 $q(t)$(称 $q(t)$为 $i(t)=t^3$ 的一个原函数)呢?

以上两个案例的共同点就是已知某个函数的导数,寻求这个函数.这与前述任务已知一个函数,求这个函数的导数相反.对于这两个问题的解决要用到本任务将要学习的**不定积分**.

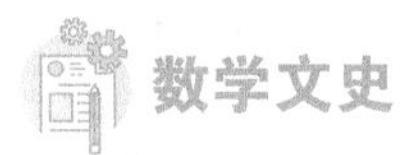

莱布尼茨与微积分

17世纪下半叶,欧洲科学技术迅猛发展,由于生产力的提高和社会各方面的迫切需要,经各国科学家的努力与历史的积累,建立在函数与极限概念基础上的微积分理论应运而生.微积分思想,最早可以追溯到希腊由阿基米德等人提出的计算面积和体积的方法.1665年牛顿创始了微积分,莱布尼茨在1673—1676年间也发表了微积分思想的论著.以前,微分和积分作为两种数学运算、两类数学问题,是分别加以研究的.卡瓦列里、巴罗、沃利斯等人得到了一系列求面积(积分)、求切线斜率(导数)的重要结果,但这些结果都是孤立的,不连贯的.只有莱布尼茨和牛顿将积分和微分真正沟通起来,明确地找到了两者内在的直接联系.

微分和积分是互逆的两种运算,而这是微积分建立的关键所在.只有确立了这一基本关系,才能在此基础上构建系统的微积分学.并从对各种函数的微分和求积公式中,总结出共同的算法程序,使微积分方法普遍化,发展成用符号表示的微积分运算法则.因此,微积分是牛顿和莱布尼茨大体上完成的,但不是由他们发明的.

然而关于微积分创立的优先权,数学上曾起了一场激烈的争论.实际上,牛顿在微积分方面的研究虽早于莱布尼茨,但莱布尼茨成果的发表则早于牛顿.莱布尼茨在1684年10月发表在《教师学报》上的论文"一种求极大极小的奇妙类型的计算",在数学史上被认为是最早发表的微积分文献.牛顿在1687年出版的《自然哲学的数学原理》的第一版和第二版也写道:"十年前在我和最杰出的几何学家莱布尼茨的通信中,我表明我已经知道确定极大值和极小值的方法、作切线的方法以及类似的方法,但我在交换的信件中隐瞒了这方法,……"这位最卓越的科学家在回信中写道,他也发现了一种同样的方法.

他并诉述了他的方法:"它与我的方法几乎没有什么不同,除了他的措辞和符号而外."因此,后来人们公认牛顿和莱布尼茨是各自独立地创建微积分的.牛顿从物理学出发,运用

几何方法研究微积分，其应用上更多地结合了运动学，造诣高于莱布尼茨.莱布尼茨则从几何问题出发，运用分析学方法引进微积分概念，得出运算法则，其数学的严密性与系统性是牛顿所不及的.莱布尼茨认识到好的数学符号能节省思维劳动，运用符号的技巧是数学成功的关键之一.因此，他发明了一套适用的符号系统，如引入“$\mathrm{d}x$”表示 x 的微分，“$\int$”表示积分，“$\mathrm{d}^n x$”表示 n 阶微分等等.这些符号进一步促进了微积分学的发展.1713 年，莱布尼茨发表了《微积分的历史和起源》一文，总结了自己创立微积分学的思路，说明了自己成就的独立性.

相关知识

微分学所研究的问题是求一个已知函数的导数，但在实际问题中，常常会遇到相反的问题，即寻求一个可导函数，使得它的导函数(或微分)等于已知函数.解决这类问题的方法就是不定积分法，不定积分在不同领域已得到了广泛应用.学好这部分内容具有重要意义.

一、原函数与不定积分的概念

引例 1　已知一个作变速运动的物体在 t 时刻的速度为 $v=2t$，且它在 $t=1$ 时，经过的路程为 3，求此物体的运动方程(或称路程函数).

分析：在微分学中我们解决的问题是已知路程函数 $s(t)$，求速度 $v(t)$；而该问题与之相反，已知速度 $v(t)$，求路程函数 $s(t)$.因为 $s'(t)=v(t)$，故前者是求函数的导数，后者是求导运算的逆运算. 由于 $(t^2+C)'=2t$，所以 $s(t)=t^2+C$，其中，C 是任意常数.因为 $t=1$ 时，$s=3$，所以 $C=2$，即此物体的运动方程为 $s(t)=t^2+2$.

引例 2　在括号内填入适当的函数，使等式成立.

(1) $\mathrm{d}(\quad)=\cos x\,\mathrm{d}x$；　(2) $\mathrm{d}(\quad)=\dfrac{1}{1+x^2}\mathrm{d}x$.

分析：由微分定义知 $\mathrm{d}F(x)=F'(x)\mathrm{d}x$，相比较，便知这是一个已知未知函数 $F(x)$ 的微分 $F'(x)\mathrm{d}x$，求未知函数 $F(x)$ 的问题.

解　(1) 因为 $(\sin x+C)'=\cos x$，所以括号内的函数应填入 $\sin x+C$.即

$$\mathrm{d}(\sin x+C)=\cos x\,\mathrm{d}x;$$

(2) 因为 $(\arctan x+C)'=\dfrac{1}{1+x^2}$，所以 $\mathrm{d}(\arctan x+C)=\dfrac{1}{1+x^2}\mathrm{d}x$.

引例 2 说明，已知未知函数的微分，求未知函数的问题可化为已知未知函数的导数，求未知函数的问题，属于微分运算的逆运算.引例 2 这类题型叫**凑微分**，今后将上述两例中所求得的函数叫作已知函数的原函数.下面给出原函数定义.

定义 5-1　若在区间 I 上，可导函数 $F(x)$ 的导函数为 $f(x)$，即对任意 $x\in I$，都有

$$F'(x)=f(x),$$

那么称函数 $F(x)$ 为 $f(x)$ 在区间 I 上的一个**原函数**.

定理 5-1(原函数存在定理)　如果 $f(x)$ 区间 I 上连续，则在 I 内 $f(x)$ 的原函数一定存在.

例如，在 $(-\infty,+\infty)$ 内，$(\sin x)'=\cos x$，故 $\sin x$ 是 $\cos x$ 的一个原函数.又如 $(x^2)'=2x$，$(x^2+1)'=2x$，$(x^2-7)'=2x$，故 x^2，x^2+1，x^2-7 均是 $2x$ 的原函数.

从上面的例子可知，如果某函数有一个原函数，那么它就有无限多个原函数(即原函数不唯一)，并且**任意两个原函数之间只相差一个常数**.因此，对一般情况，有下面的定理.

定理 5-2(原函数族定理) 如果 $F(x)$ 是 $f(x)$ 在 I 内的一个原函数，则 $F(x)+C$ 就是 $f(x)$ 在 I 内的全体原函数(称为**原函数族**)，其中 C 为任意常数.

定理 5-1 表明，原函数存在的条件是连续，故**初等函数在其定义域上存在原函数**；定理 5-2 表明，若一个函数的原函数存在，则它的原函数就一定有无穷多个，并且任意两个原函数之间最多相差一个常数.即若要求全体原函数，只需求出一个原函数，再加上任意常数便可.为此，引入下面的概念.

释疑解难

原函数与不定积分的概念 1

定义 5-2 如果函数 $F(x)$ 是 $f(x)$ 在区间 I 上的一个原函数，那么函数 $f(x)$ 的全体原函数 $F(x)+C$ 称作 $f(x)$ 在区间 I 上的**不定积分**，记作 $\int f(x)\mathrm{d}x$，即

$$\int f(x)\mathrm{d}x=F(x)+C,\text{其中 } F'(x)=f(x).$$

其中记号“$\int$”称为**积分号**，$f(x)$ 称为**被积函数**，$f(x)\mathrm{d}x$ 称为**被积表达式**，x 称为**积分变量**，C 称为**积分常数**，它有特殊含义，要取遍一切实数值.

求 $f(x)$ 的不定积分 $\int f(x)\mathrm{d}x$，就是求 $f(x)$ 所有的原函数.为此，只需求得 $f(x)$ 的一个原函数，再加上任意常数 C 就行了.

[例 1] 求下列不定积分.

(1) $\int \cos x\,\mathrm{d}x$；(2) $\int \frac{\mathrm{d}x}{\sqrt{1-x^2}}$；(3) $\int x^\mu\mathrm{d}x\,(\mu\neq-1)$；(4) $\int \frac{1}{x}\mathrm{d}x$.

解 (1) 由于 $(\sin x)'=\cos x$，所以 $\int \cos x\,\mathrm{d}x=\sin x+C$.

(2) 由于 $(\arcsin x)'=\frac{1}{\sqrt{1-x^2}}$，所以 $\int \frac{\mathrm{d}x}{\sqrt{1-x^2}}=\arcsin x+C$.

(3) 由于 $\left(\frac{x^{\mu+1}}{\mu+1}\right)'=x^\mu$，所以 $\int x^\mu\mathrm{d}x=\frac{x^{\mu+1}}{\mu+1}+C$.

(4) 当 $x>0$ 时，因为 $(\ln x)'=\frac{1}{x}$，所以 $\int \frac{1}{x}\mathrm{d}x=\ln x+C$；

释疑解难

原函数与不定积分的概念 2

当 $x<0$ 时，因为 $(\ln(-x))'=\frac{1}{x}$，所以 $\int \frac{1}{x}\mathrm{d}x=\ln(-x)+C$；

综上得，$\int \frac{1}{x}\mathrm{d}x=\ln|x|+C$.

【注意】求出被积函数的一个原函数之后，不要忘记加积分常数 C.

随堂练习

求下列不定积分.

① $\int \mathrm{d}x$；② $\int \sec x\tan x\,\mathrm{d}x$；③ $\int \mathrm{e}^x\mathrm{d}x$；④ $\int 3^x\mathrm{d}x$.

答案：① $\int \mathrm{d}x=x+C$；② $\int \sec x\tan x\,\mathrm{d}x=\sec x+C$；

③ $\int e^x dx = e^x + C$；④ $\int 3^x dx = \frac{3^x}{\ln 3} + C$.

二、不定积分的几何意义

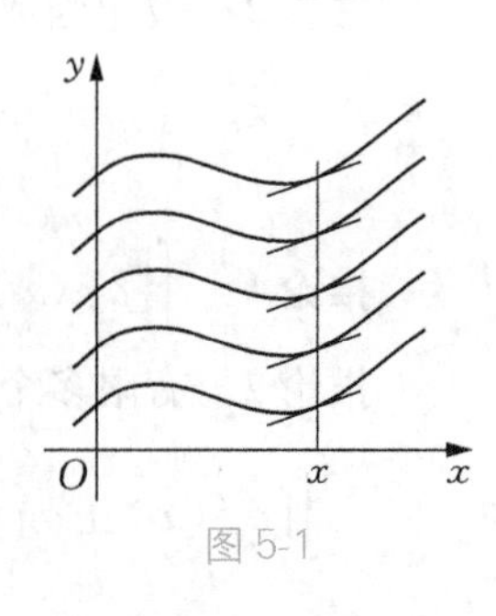

图 5-1

若 $F(x)$ 是 $f(x)$ 的一个原函数，则称 $y=F(x)$ 的图像为 $f(x)$ 的一条积分曲线，于是不定积分 $\int f(x)dx$ 在几何上就表示积分曲线族 $y=F(x)+C$.其中任何一条积分曲线都可以由某一条积分曲线沿 y 轴方向平移而得到.又因不论常数 C 取什么值，都有 $[F(x)+C]'=f(x)$，所以在积分曲线族上横坐标相同的点处作切线，这些切线都是相互平行的(图 5-1).

三、不定积分的性质

求不定积分的运算叫做积分运算，由定义知，积分运算与微分运算有如下的互逆关系：

(1) $\left(\int f(x)dx\right)' = f(x)$ 或 $d\left(\int f(x)dx\right) = f(x)dx$；

(2) $\int F'(x)dx = F(x) + C$ 或 $\int dF(x) = F(x) + C$.

四、基本积分公式

因为积分运算是微分运算的逆运算，所以由基本导数公式可以得到相应的积分公式.

(1) $\int 0dx = C$ (C 为常数)；

(2) $\int k dx = kx + C$ (k 是常数)；

(3) $\int x^\mu dx = \frac{x^{\mu+1}}{\mu+1} + C(\mu \neq -1)$；

(4) $\int \frac{dx}{x} = \ln|x| + C$；

(5) $\int e^x dx = e^x + C$；

(6) $\int a^x dx = \frac{1}{\ln a}a^x + C(a > 0, a \neq 1)$；

(7) $\int \cos x dx = \sin x + C$；

(8) $\int \sin x dx = -\cos x + C$；

(9) $\int \sec^2 x dx = \tan x + C$；

(10) $\int \csc^2 x dx = -\cot x + C$；

(11) $\int \sec x \tan x dx = \sec x + C$；

(12) $\int \csc x \cot x dx = -\csc x + C$；

(13) $\int \frac{1}{\sqrt{1-x^2}}dx = \arcsin x + C = -\arccos x + C$；

(14) $\int \frac{1}{1+x^2}dx = \arctan x + C = -\text{arccot}\, x + C$.

以上 14 个基本积分公式是求不定积分的基础，学习时应与相应求导公式对照记忆.

五、不定积分的基本运算法则

性质 1　两个函数代数和的不定积分等于各函数不定积分的代数和，即

$$\int[f(x)\pm g(x)]\mathrm{d}x=\int f(x)\mathrm{d}x\pm\int g(x)\mathrm{d}x.$$

性质 2 被积函数中的非零常数因子可以提到积分号外，即

$$\int kf(x)\mathrm{d}x=k\int f(x)\mathrm{d}x\,(k \text{ 是常数}, k\neq 0).$$

推论 1 $\int[af(x)\pm bg(x)]\mathrm{d}x=a\int f(x)\mathrm{d}x\pm b\int g(x)\mathrm{d}x\,(a\neq 0,\ b\neq 0).$

推论 2 有限多个函数的代数和的不定积分等于它们各自不定积分的代数和.如

$$\int[af(x)\pm bg(x)\pm ch(x)]\mathrm{d}x=a\int f(x)\mathrm{d}x\pm b\int g(x)\mathrm{d}x\pm c\int h(x)\mathrm{d}x.$$

【注意】在不定积分运算法则里没有乘积法则和商式法则，仅限于上述性质 1 和性质 2，这两条运算法则也称“线性运算”法则.

利用基本积分公式、不定积分的基本运算法则，再配合一些恒等变形，就可以求出一些简单函数的不定积分，通常把这种求不定积分的方法叫做**直接积分法**，下面举例说明.

[例 2] 求下列不定积分.

(1) $\int(3\sqrt{x}-\cos x)\mathrm{d}x$；　　(2) $\int(10^x+\tan^2 x)\mathrm{d}x$；

(3) $\int\frac{1}{\sin^2 x\cos^2 x}\mathrm{d}x$；　　(4) $\int\frac{1}{\sin^2\frac{x}{2}\cos^2\frac{x}{2}}\mathrm{d}x$；

(5) $\int\frac{\mathrm{d}x}{1+\cos 2x}$；　　(6) $\int\frac{1+x+x^2}{x(1+x^2)}\mathrm{d}x$；

(7) $\int\frac{x^4}{1+x^2}\mathrm{d}x$；　　(8) $\int\frac{2\cdot 3^x-5\cdot 2^x}{3^x}\mathrm{d}x$；

(9) $\int\sin^2\frac{x}{2}\mathrm{d}x$.

解 (1) $\int(3\sqrt{x}-\cos x)\mathrm{d}x=\int 3\sqrt{x}\,\mathrm{d}x-\int\cos x\,\mathrm{d}x=2x^{\frac{3}{2}}-\sin x+C.$

(2) $$\int(10^x+\tan^2 x)\mathrm{d}x=\int 10^x\mathrm{d}x+\int\tan^2 x\,\mathrm{d}x=\int 10^x\mathrm{d}x+\int(\sec^2 x-1)\mathrm{d}x$$
$$=\int 10^x\mathrm{d}x+\int\sec^2 x-\int\mathrm{d}x=\frac{10^x}{\ln 10}+\tan x-x+C.$$

知识回顾

三角函数公式

(3) $$\int\frac{1}{\sin^2 x\cos^2 x}\mathrm{d}x=\int\frac{\sin^2 x+\cos^2 x}{\sin^2 x\cos^2 x}\mathrm{d}x=\int\left(\frac{1}{\cos^2 x}+\frac{1}{\sin^2 x}\right)\mathrm{d}x$$
$$=\int\frac{\mathrm{d}x}{\cos^2 x}+\int\frac{\mathrm{d}x}{\sin^2 x}=\tan x-\cot x+C.$$

(4) $\int\frac{1}{\sin^2\frac{x}{2}\cos^2\frac{x}{2}}\mathrm{d}x=\int\frac{4\mathrm{d}x}{\sin^2 x}=-4\cot x+C.$

(5) $\int\frac{\mathrm{d}x}{1+\cos 2x}=\int\frac{\mathrm{d}x}{2\cos^2 x}=\frac{1}{2}\tan x+C.$

(6) $\int \frac{1+x+x^2}{x(1+x^2)}dx=\int \frac{x+(1+x^2)}{x(1+x^2)}dx=\int \frac{dx}{1+x^2}+\int \frac{dx}{x}=\arctan x+\ln|x|+C.$

(7) $\int \frac{x^4}{1+x^2}dx=\int \frac{x^4-1+1}{1+x^2}dx=\int\left(x^2-1+\frac{1}{1+x^2}\right)dx=\frac{1}{3}x^3-x+\arctan x+C.$

(8) $\int \frac{2\cdot 3^x-5\cdot 2^x}{3^x}dx=\int\left[2-5\cdot\left(\frac{2}{3}\right)^x\right]dx=2x-\frac{5}{\ln\frac{2}{3}}\left(\frac{2}{3}\right)^x+C.$

(9) $\int \sin^2\frac{x}{2}dx=\int \frac{1-\cos x}{2}dx=\frac{1}{2}\int(1-\cos x)dx=\frac{1}{2}(x-\sin x)+C.$

【注意】分项积分时，不必在每个积分结果中都加“C”，只需总的加一个C即可.

[例 3]　已知曲线 $y=f(x)$ 在其上任一点 (x, y) 处的切线斜率 $k=3x^2$，且曲线过点 $(1, 0)$，求此曲线方程.

解　由一阶导数几何意义知：$f'(x)=3x^2$.积分得 $f(x)=\int 3x^2dx=x^3+C$；又因为曲线过点 $(1, 0)$，所以 $C=-1$.故此曲线方程为 $y=x^3-1$.

随堂练习

(1) 求下列不定积分.

① $\int \frac{4x^3-3x^2+2x-5}{x^2}dx$；　② $\int\left(\sin x-4e^x+\frac{3}{\sqrt{1-x^2}}+e^2\right)dx$；

③ $\int (x-2)^2dx$；　④ $\int \frac{1}{x^2(1+x^2)}dx$.

(2) 已知物体以速度为 $v=3\cos t$ m/s 沿一直线运动，当 $t=\frac{\pi}{2}$ s 时，经过的路程为 5 m，求此物体的运动方程.

答案与提示：(1) ① $2x^2-3x+2\ln|x|+\frac{5}{x}+C$；② $-\cos x-4e^x+3\arcsin x+e^2x+C$；

③ $\frac{1}{3}x^3-2x^2+4x+C$；④ $-\frac{1}{x}-\arctan x+C$.

(2) $s(t)=\int 3\cos t\,dt=3\sin t+C$，由题意，得 $C=2$，故 $s(t)=3\sin t+2$.

案例 1 解答【石油消耗量的估计】

因为 $\left(161\times\frac{e^{0.07t}}{0.07}\right)'=161e^{0.07t}$，所以

$$T(t)=\int 161e^{0.07t}dt=\frac{161e^{0.07t}}{0.07}+C=2\,300e^{0.07t}+C.$$

由 $T(0)=0$，得 $C=-2\,300$，所以 $T(t)=2\,300(e^{0.07t}-1)$，从 1970 年到 2010 年间石油消耗总量为：$T(40)\approx 35\,523$(亿桶).

案例 2 解答【电量计算】

$q'(t)=i(t)=t^3$，两边同时积分，有

$$q(t)=\int \frac{dq}{dt}dt=\int i(t)dt=\int t^3dt=\frac{1}{4}t^4+C.$$

再由 $q(0)=1$ 知，$C=1$.所以 $q(t)=\frac{1}{4}t^4+1$.

习题 5.1

1. 下列等式是否正确？为什么？

(1) $d\left(\int f(x)dx\right)=f(x)$；　　(2) $d\left(\int f(x)dx\right)=f(x)dx$.

2. 填写下列括号.

(1) $d(\quad)=3dx$，$\int 3dx=(\quad)$；

(2) $(\quad)'=\frac{1}{\sqrt{1-x^2}}$，$\int \frac{1}{\sqrt{1-x^2}}dx=(\quad)$.

3. 求下列不定积分.

(1) $\int \frac{dx}{x^2\sqrt{x}}$；　　(2) $\int \csc^2 x\,dx$；

(3) $\int (3+\cos x)dx$；　　(4) $\int \frac{1}{x^2}dx$；

(5) $\int (1-3x^2)dx$；　　(6) $\int x\sqrt{x}\,dx$；

(7) $\int \frac{1+2x^2}{x^2(1+x^2)}dx$；　　(8) $\int (2^x+x^2)dx$；

(9) $\int \frac{x^2}{x^2+1}dx$；　　(10) $\int e^{x-4}dx$.

4. 一曲线通过点$(e^2, 3)$，且在任意一点处的切线斜率等于该点横坐标的倒数，求该曲线的方程.

任务 5.2 换元积分法

任务内容

- 完成与换元积分法相关的任务工作页；
- 学习与换元积分法相关的知识；
- 学习第一类换元积分(凑微分法)的方法；
- 学习第二类换元积分(拆微分法)的方法.

任务目标

- 掌握凑微分法求不定积分的方法；
- 掌握根式代换法求不定积分的方法；
- 掌握三角代换求不定积分的方法；
- 正确区别凑微分法与拆微分法，并在积分运算中灵活使用.

任务工作页

了解任务内容并学习相关知识后，在教师指导下完成任务工作页内各项内容的填写.

1. 常用的凑微分公式：____.
2. 凑微分有两种类型，一种是线性凑微分，即将 $\mathrm{d}x$ 中 x 凑成线性函数，即 $\mathrm{d}x=\frac{1}{a}\mathrm{d}(ax+b)$，另一种是________________，例如 $\mathrm{e}^x\mathrm{d}x=\mathrm{d}(\quad)$，$\left(\sqrt{x}+\frac{1}{x}\right)\mathrm{d}x=\mathrm{d}(\quad)$，$\frac{1}{\sqrt{1-x^2}}\mathrm{d}x=\mathrm{d}(\quad)$，$x(\sqrt{x}+2)\mathrm{d}x=\mathrm{d}(\quad)$.
3. 用凑微分求复合函数的不定积分时需要将 $\mathrm{d}x$ 中 x 凑成什么样的函数：____.
4. 不定积分的第一类换元法与第二类换元法有何异同点？____.
5. 第二类换元法的换元函数主要两种：________________和________________.

相关知识

利用直接积分法所能计算的不定积分是非常有限的.对于被积函数是复合函数或无理函数的积分，如 $\int \mathrm{e}^{3x}\mathrm{d}x$、$\int \frac{\mathrm{d}x}{1+\sqrt{x}}$ 等就无法用直接积分的方法求解，因此，非常有必要进一步研究不定积分的求法.下面我们将探索这类积分的求解方法——**换元积分法**(简称**换元法**).

换元积分法就是通过适当的变量替换，使所求积分在新变量下具有积分基本公式的形式或可用直接积分法求解.

一、第一换元积分法(凑微分法)

先看一个简单的例子.

[例 1] 求 $\int \mathrm{e}^{2x}\mathrm{d}x$.

解 被积函数 e^{2x} 是一个复合函数，在基本积分公式中没有这样的公式，但与其相似的有 $\int \mathrm{e}^u\mathrm{d}u=\mathrm{e}^u+C$，为了套用这个公式，先把原积分作如下变形，然后进行计算.

$$\int \mathrm{e}^{2x}\mathrm{d}x \xlongequal[\mathrm{d}x=\frac{1}{2}\mathrm{d}(2x)]{\text{凑微分}} \frac{1}{2}\int \mathrm{e}^{2x}\mathrm{d}(2x) \xlongequal[\text{令}2x=u]{\text{变量代换}} \frac{1}{2}\int \mathrm{e}^u\mathrm{d}u \xlongequal{\text{积分}} \frac{1}{2}\mathrm{e}^u+C \xlongequal[u=2x]{\text{回代}} \frac{1}{2}\mathrm{e}^{2x}+C.$$

由于 $\left(\frac{1}{2}\mathrm{e}^{2x}+C\right)'=\mathrm{e}^{2x}$，可见上述演算过程是正确的.

例 1 的解法是引入新变量 $u=2x$，从而将原积分化为积分变量为 u 的积分，再用积分基本公式进行求解.

定理 5-3 若$\int f(u)\mathrm{d}u=F(u)+C$，且$u=\varphi(x)$有连续导数，则有换元积分公式

$$\int f[\varphi(x)]\varphi'(x)\mathrm{d}x \xlongequal[\varphi'(x)\mathrm{d}x=\mathrm{d}\varphi(x)]{\text{凑微分}} \int f[\varphi(x)]\mathrm{d}\varphi(x) \xlongequal[\text{令}\varphi(x)=u]{\text{变量代换}} \int f(u)\mathrm{d}u$$

$$\xlongequal{\text{积分}} F(u)+C \xlongequal[u=\varphi(x)]{\text{回代}} F[\varphi(x)]+C.$$

定理 5-3 给出了一种求不定积分的方法，叫做**第一类换元积分法**，又叫做“**凑微分**”法. 这个定理表明：欲求不定积分$\int f[\varphi(x)]\varphi'(x)\mathrm{d}x$，可令$u=\varphi(x)$，将原不定积分转化新不定积分$\int f(u)\mathrm{d}u$（易求），同时原来的积分变量$x$换成了新的积分变量$u$，求出新不定积分$\int f(u)\mathrm{d}u$之后，再把$u=\varphi(x)$代换回去.

[例 2] 求下列不定积分.

(1) $\int \frac{\mathrm{d}x}{2x+3}$；(2) $\int x\sqrt{1-x^2}\,\mathrm{d}x$；(3) $\int \mathrm{e}^x\cos(\mathrm{e}^x+1)\mathrm{d}x$；(4) $\int \tan x\,\mathrm{d}x$.

凑微分
两种类型

解 (1) $\int \frac{\mathrm{d}x}{2x+3}=\frac{1}{2}\int\frac{\mathrm{d}(2x+3)}{2x+3}\xlongequal{\text{令}u=2x+3}\frac{1}{2}\int\frac{\mathrm{d}u}{u}=\frac{1}{2}\ln|u|+C$

$=\frac{1}{2}\ln|2x+3|+C.$

(2) $\int x\sqrt{1-x^2}\,\mathrm{d}x=-\frac{1}{2}\int\sqrt{1-x^2}\,\mathrm{d}(1-x^2)\xlongequal{\text{令}u=1-x^2}-\frac{1}{2}\int\sqrt{u}\,\mathrm{d}u$

$=-\frac{1}{3}u^{\frac{3}{2}}+C=-\frac{1}{3}(1-x^2)^{\frac{3}{2}}+C.$

(3) $\int \mathrm{e}^x\cos(\mathrm{e}^x+1)\mathrm{d}x=\int\cos(\mathrm{e}^x+1)\mathrm{d}(\mathrm{e}^x+1)\xlongequal{\text{令}u=\mathrm{e}^x+1}\int\cos u\,\mathrm{d}u$

$=\sin u+C=\sin(\mathrm{e}^x+1)+C$

(4) $\int\tan x\,\mathrm{d}x=\int\frac{\sin x}{\cos x}\mathrm{d}x=-\int\frac{\mathrm{d}\cos x}{\cos x}\xlongequal{\text{令}u=\cos x}-\int\frac{\mathrm{d}u}{u}=-\ln|u|+C$

$=-\ln|\cos x|+C.$

即

$$\int\tan x\,\mathrm{d}x=-\ln|\cos x|+C.$$

同理，得

$$\int\cot x\,\mathrm{d}x=\ln|\sin x|+C.$$

【注意】(1) 在线性凑微分中是将$\mathrm{d}x$中的x替换成一次函数，但要注意恒等性；(2)在非线性凑微分中，是将$f(x)\mathrm{d}x$中的$f(x)$扔到 d 后使其以原函数$F(x)$的身份出现在 d 后，即$f(x)\mathrm{d}x=\mathrm{d}F(x)$；(3)凑微分本身是一次积分，即通过不定积分$\int f(x)\mathrm{d}x$求出被凑函数的原函数，并将其置入 d(　)的括号里，其中积分常数可舍去，或根据需要添加具体常数.

随堂练习

(1) 凑微分.

① $\frac{1}{\sqrt{1-x^2}}\mathrm{d}x=\mathrm{d}(\quad)$；　　　② $x(\sqrt{x}+2)\mathrm{d}x=\mathrm{d}(\quad)$.

(2) 把 $\mathrm{d}x$ 凑成 $\mathrm{d}(x+3)$，$\mathrm{d}(2x)$，$\mathrm{d}\left(\frac{x}{3}-1\right)$形式.

答案:(1) ①$\frac{1}{\sqrt{1-x^2}}\mathrm{d}x=\mathrm{d}(\arcsin x+C)$；② $x(\sqrt{x}+2)\mathrm{d}x=\mathrm{d}\left(\frac{2}{5}x^{\frac{5}{2}}+x^2+C\right)$.

(2) $\mathrm{d}x=\mathrm{d}(x+3)$；$\mathrm{d}x=\frac{1}{2}\mathrm{d}(2x)$；$\mathrm{d}x=3\mathrm{d}\left(\frac{x}{3}-1\right)$.

利用换元积分法求不定积分时，常见的凑微分类型有：

(1) $\int f(ax+b)\mathrm{d}x=\frac{1}{a}\int f(ax+b)\mathrm{d}(ax+b)\quad(a\neq 0)$；

(2) $\int f(ax^b)x^{b-1}\mathrm{d}x=\frac{1}{ab}\int f(ax^b)\mathrm{d}(ax^b)\quad(ab\neq 0)$；

(3) $\int f(\mathrm{e}^x)\mathrm{e}^x\mathrm{d}x=\int f(\mathrm{e}^x)\mathrm{d}\mathrm{e}^x$；

视频

凑微分技巧（拆、造、凑）

(4) $\int f\left(\frac{1}{x}\right)\frac{1}{x^2}\mathrm{d}x=-\int f\left(\frac{1}{x}\right)\mathrm{d}\left(\frac{1}{x}\right)$；

(5) $\int f(\ln x)\frac{1}{x}\mathrm{d}x=\int f(\ln x)\mathrm{d}\ln x$；

(6) $\int f(\sqrt{x})\frac{1}{\sqrt{x}}\mathrm{d}x=2\int f(\sqrt{x})\mathrm{d}(\sqrt{x})$；

(7) $\int f(\sin x)\cos x\mathrm{d}x=\int f(\sin x)\mathrm{d}\sin x$；

(8) $\int f(\cos x)\sin x\mathrm{d}x=-\int f(\cos x)\mathrm{d}\cos x$；

(9) $\int f(\tan x)\sec^2 x\mathrm{d}x=\int f(\tan x)\mathrm{d}(\tan x)$；

(10) $\int f(\cot x)\csc^2 x\mathrm{d}x=-\int f(\cot x)\mathrm{d}\cot x$；

(11) $\int f(\arcsin x)\frac{1}{\sqrt{1-x^2}}\mathrm{d}x=\int f(\arcsin x)\mathrm{d}(\arcsin x)$；

(12) $\int f(\arctan x)\frac{1}{1+x^2}\mathrm{d}x=\int f(\arctan x)\mathrm{d}(\arctan x)$.

[例 3]　求下列不定积分.

(1) $\int \sin^2 x\cos x\mathrm{d}x$；　(2) $\int\frac{1}{a^2+x^2}\mathrm{d}x$；　(3) $\int\frac{\mathrm{d}x}{\sqrt{a^2-x^2}}(a>0)$；

(4) $\int\frac{\mathrm{d}x}{x^2-a^2}$；　(5) $\int\sec x\mathrm{d}x$；　(6) $\int\frac{\mathrm{d}x}{x(1+2\ln x)}$.

解　(1) $\int\sin^2 x\cos x\mathrm{d}x=\int\sin^2 x\mathrm{d}\sin x=\frac{1}{3}\sin^3 x+C$.

(2) $\int \frac{dx}{a^2+x^2}=\frac{1}{a^2}\int \frac{dx}{1+\left(\frac{x}{a}\right)^2}=\frac{1}{a}\int \frac{d\left(\frac{x}{a}\right)}{1+\left(\frac{x}{a}\right)^2}=\frac{1}{a}\arctan\frac{x}{a}+C.$

(3) $\int \frac{dx}{\sqrt{a^2-x^2}}=\frac{1}{a}\int \frac{dx}{\sqrt{1-\left(\frac{x}{a}\right)^2}}=\int \frac{d\left(\frac{x}{a}\right)}{\sqrt{1-\left(\frac{x}{a}\right)^2}}=\arcsin\frac{x}{a}+C.$

(4) 因为$\frac{1}{x^2-a^2}=\frac{1}{2a}\left(\frac{1}{x-a}-\frac{1}{x+a}\right)$，所以

$$\int \frac{dx}{x^2-a^2}=\frac{1}{2a}\int\left(\frac{1}{x-a}-\frac{1}{x+a}\right)dx=\frac{1}{2a}\left[\int \frac{d(x-a)}{x-a}-\int \frac{d(x+a)}{x+a}\right]$$
$$=\frac{1}{2a}[\ln|x-a|-\ln|x+a|]+C=\frac{1}{2a}\ln\left|\frac{x-a}{x+a}\right|+C,$$

即

$$\int \frac{dx}{x^2-a^2}=\frac{1}{2a}\ln\left|\frac{x-a}{x+a}\right|+C.$$

类似地，可得

$$\int \frac{dx}{a^2-x^2}=\frac{1}{2a}\ln\left|\frac{x+a}{x-a}\right|+C.$$

(5) $\int \sec x\,dx=\int \frac{1}{\cos x}dx=\int \frac{\cos x}{\cos^2 x}dx=-\int \frac{d\sin x}{\sin^2 x-1}=-\frac{1}{2}\ln\left|\frac{\sin x-1}{\sin x+1}\right|+C$

$$=-\frac{1}{2}\ln\frac{\cos^2 x}{(1+\sin x)^2}+C=\ln\left|\frac{1+\sin x}{\cos x}\right|+C=\ln|\sec x+\tan x|+C,$$

即

$$\int \sec x\,dx=\ln|\sec x+\tan x|+C.$$

类似地，可以得到

$$\int \csc x\,dx=\ln|\csc x-\cot x|+C.$$

(6) $\int \frac{dx}{x(1+2\ln x)}=\int \frac{d\ln x}{1+2\ln x}=\frac{1}{2}\int \frac{d(2\ln x+1)}{1+2\ln x}=\frac{1}{2}\ln|1+2\ln x|+C.$

【注意】凑微分的目标要清楚，就是将 dx 中的 x 凑成复合函数里层的函数.如果被积函数除含复合函数外，还存在着其他简单函数，往往将该简单函数扔到 d 后，再稍加“修饰”使 d 后的表达式成为复合函数里层的函数，多出的常数因子提到积分号“$\int$”前，然后采用换元法使所求积分转化成基本积分公式，写出结果，并回代换元式，使引入的新积分变量回到原积分变量.

[例 4]　求下列不定积分.

(1) $\int \cos^4 x\,\mathrm{d}x$；　(2) $\int \sin^2 x\cos^2 x\,\mathrm{d}x$；(3) $\int \sin^2 x\cos^5 x\,\mathrm{d}x$.

解　(1) $\int \cos^4 x\,\mathrm{d}x=\frac{1}{4}\int(1+\cos 2x)^2\mathrm{d}x=\frac{1}{4}\int(1+2\cos 2x+\cos^2 2x)\mathrm{d}x$

$$=\frac{1}{4}\int\left(1+2\cos 2x+\frac{1+\cos 4x}{2}\right)\mathrm{d}x$$

$$=\frac{1}{8}\int(3+4\cos 2x+\cos 4x)\mathrm{d}x$$

$$=\frac{1}{8}\left(3x+2\sin 2x+\frac{1}{4}\sin 4x\right)+C.$$

(2) $\int \sin^2 x\cos^2 x\,\mathrm{d}x=\frac{1}{4}\int\sin^2 2x\,\mathrm{d}x=\frac{1}{8}\int 2\sin^2 2x\,\mathrm{d}x$

$$=\frac{1}{8}\int(1-\cos 4x)\mathrm{d}x=\frac{1}{8}\left[\int\mathrm{d}x-\frac{1}{4}\int\cos 4x\,\mathrm{d}(4x)\right]$$

$$=\frac{1}{8}\left(x-\frac{1}{4}\sin 4x\right)+C.$$

(3) $\int \sin^2 x\cos^5 x\,\mathrm{d}x=\int\sin^2 x\cos^4 x\cos x\,\mathrm{d}x=\int\sin^2 x\ (1-\sin^2 x)^2\mathrm{d}\sin x$

$$=\int(\sin^2 x-2\sin^4 x+\sin^6 x)\mathrm{d}\sin x$$

$$=\frac{1}{3}\sin^3 x-\frac{2}{5}\sin^5 x+\frac{1}{7}\sin^7 x+C.$$

[例 5]　求下列不定积分.

(1) $\int \sec^6 x\,\mathrm{d}x$；　(2) $\int \tan^5 x\sec^3 x\,\mathrm{d}x$.

解　(1) $\int \sec^6 x\,\mathrm{d}x=\int\sec^4 x\cdot\sec^2 x\,\mathrm{d}x=\int(\sec^2 x)^2\mathrm{d}\tan x$

$$=\int(1+\tan^2 x)^2\mathrm{d}\tan x=\int(1+2\tan^2 x+\tan^4 x)\mathrm{d}\tan x$$

$$=\tan x+\frac{2}{3}\tan^3 x+\frac{1}{5}\tan^5 x+C.$$

(2) $\int \tan^5 x\sec^3 x\,\mathrm{d}x=\int\tan^4 x\sec^2 x\cdot\tan x\sec x\,\mathrm{d}x=\int(\sec^2 x-1)^2\sec^2 x\,\mathrm{d}\sec x$

$$=\int(\sec^6 x-2\sec^4 x+\sec^2 x)\mathrm{d}\sec x$$

$$=\frac{1}{7}\sec^7 x-\frac{2}{5}\sec^5 x+\frac{1}{3}\sec^3 x+C.$$

【注意】对于积分 $\int\sin mx\sin nx\,\mathrm{d}x$，$\int\sin mx\cos nx\,\mathrm{d}x$，$\int\cos mx\cos nx\,\mathrm{d}x$ 可先和差化积，然后计算.常用的和差化积公式如下：

(1) $\sin A\sin B=\frac{1}{2}[\cos(A-B)-\cos(A+B)]$；

(2) $\sin A\cos B=\frac{1}{2}[\sin(A-B)+\sin(A+B)]$;

(3) $\cos A\cos B=\frac{1}{2}[\cos(A-B)+\cos(A+B)]$.

例如 $\int\cos 2x\cos 3x\,\mathrm{d}x=\frac{1}{2}\int(\cos x+\cos 5x)\mathrm{d}x=\frac{1}{2}\sin x+\frac{1}{10}\sin 5x+C$.

随堂练习

求下列不定积分.

① $\int\frac{\cos\sqrt{x}}{\sqrt{x}}\mathrm{d}x$; ② $\int\cot x\,\mathrm{d}x$; ③ $\int\frac{1}{x^2-2}\mathrm{d}x$; ④ $\int\frac{1}{x(1+\ln^2 x)}\mathrm{d}x$;

⑤ $\int\sin^3 x\,\mathrm{d}x$; ⑥ $\int\sin 5x\,\mathrm{d}x$; ⑦ $\int\sqrt{3x+5}\,\mathrm{d}x$.

答案: ① $2\sin\sqrt{x}+C$;② $\ln|\sin x|+C$; ③ $\frac{\sqrt{2}}{4}\ln\left|\frac{x-\sqrt{2}}{x+\sqrt{2}}\right|+C$;

④ $\arctan(\ln x)+C$; ⑤ $-\cos x+\frac{1}{3}\cos^3 x+C$; ⑥ $-\frac{1}{5}\cos 5x+C$;

⑦ $\frac{2}{9}(3x+5)\sqrt{3x+5}+C$.

二、第二类换元积分法(拆微分法)

第一类换元法(凑微分法)是通过变量代换 $u=\varphi(x)$,将积分 $\int f[\varphi(x)]\varphi'(x)\mathrm{d}x$ 化为 $\int f(u)\mathrm{d}u$,再利用基本积分公式进行计算.但对某些积分,应用这一方法并不能解决问题.此时需要做反向代换,即令 $x=\varphi(t)$(t 是新变量),将 $\int f(x)\mathrm{d}x$ 化为 $\int f[\varphi(x)]\varphi'(x)\mathrm{d}x$,问题可能得到解决,这种换元积分法就是第二类换元积分法.

定理 5-4 设函数 $x=\varphi(t)$单调可微,$\varphi'(t)\neq 0$,且 $\int f[\varphi(t)]\varphi'(t)\mathrm{d}t=F(t)+C$,则

$$\int f(x)\mathrm{d}x\xlongequal[x=\varphi(t)]{\text{变量代换}}\int f[\varphi(t)]\varphi'(t)\mathrm{d}t\xlongequal{\text{积分}}F(t)+C\xlongequal[t=\varphi^{-1}(x)]{\text{回代}}F[\varphi^{-1}(x)]+C.$$

其中 $t=\varphi^{-1}(x)$是 $x=\varphi(t)$的反函数.

定理 5-4 给出了一种求不定积分的方法,称作**第二类换元积分法**,又叫作**"拆微分法"**.

第二类换元积分法主要用于解决被积函数中含根式的一类积分,采取的措施是通过变量代换消去被积函数中的根式. 该类换元法的关键在于合理选取变量代换 $x=\varphi(t)$使积分的计算简单化.下面举例说明第二类换元积分法常用的几种变量代换.

释疑解难

换元积分法

1. 根式代换

如果被积函数中含有根式$\sqrt[n]{ax+b}$时,一般可作变量代换$\sqrt[n]{ax+b}=t$ 消去根式.

[例 6] 求 $\int\frac{x+1}{\sqrt[3]{3x+1}}\mathrm{d}x$.

解　为了消去被积函数中的根式，可令$\sqrt[3]{3x+1}=t$，则 $x=\frac{1}{3}(t^3-1)$，$dx=t^2dt$，于是

$$\int\frac{x+1}{\sqrt[3]{3x+1}}dx=\int\frac{\frac{1}{3}(t^3-1)+1}{t}\cdot t^2dt=\frac{1}{3}\int(t^4+2t)dt=\frac{1}{15}t^5+\frac{1}{3}t^2+C$$
$$=\frac{1}{15}(3x+1)^{\frac{5}{3}}+\frac{1}{3}(3x+1)^{\frac{2}{3}}+C=\frac{1}{5}(x+2)(3x+1)^{\frac{2}{3}}+C.$$

[例 7]　求$\int\frac{dx}{\sqrt{x}+\sqrt[3]{x}}$.

视频

两类换元法的异同点

解　令$\sqrt[6]{x}=t$，则 $x=t^6$，$dx=6t^5dt$，于是

$$\int\frac{dx}{\sqrt{x}+\sqrt[3]{x}}=\int\frac{6t^5}{t^3+t^2}dt=6\int\frac{t^3}{t+1}dt=6\int\frac{(t^3+1)-1}{t+1}dt$$
$$=6\int\left[(t^2-t+1)-\frac{1}{t+1}\right]dt=6\left(\frac{1}{3}t^3-\frac{1}{2}t^2+t-\ln|1+t|\right)+C$$
$$=2\sqrt{x}-3\sqrt[3]{x}+6\sqrt[6]{x}-6\ln(1+\sqrt[6]{x})+C.$$

随堂练习

求下列不定积分.

① $\int\frac{1}{1+\sqrt{x+1}}dx$；② $\int\frac{dx}{(1+\sqrt[3]{x})\sqrt{x}}$；③ $\int\frac{1}{x}\sqrt{\frac{1+x}{x}}dx$.

答案:① $2(\sqrt{x+1}-\ln|1+\sqrt{x+1}|)+C$（令 $t=\sqrt{x+1}$）；

② $6(\sqrt[6]{x}-\arctan\sqrt[6]{x})+C$；③ $-2\sqrt{\frac{1+x}{x}}-2\ln(\sqrt{1+x}-\sqrt{x})+C$.

2. 三角代换

当被积函数含有二次根式时，为了消去根号，通常用三角函数换元，其换元法是：

(1) 被积函数含有$\sqrt{a^2-x^2}$时，可令 $x=a\sin t\left(|t|\leqslant\frac{\pi}{2}\right)$；

(2) 被积函数含有$\sqrt{a^2+x^2}$时，可令 $x=a\tan t\left(|t|<\frac{\pi}{2}\right)$；

(3) 被积函数含有$\sqrt{x^2-a^2}$时，可令 $x=a\sec t\left(|t|<\frac{\pi}{2}，且\ t\neq0\right)$.

【注意】对于非上述的标准二次根式，可先配方化成标准二次根式再换元.

[例 8]　求$\int\sqrt{a^2-x^2}\,dx\quad(a>0)$.

解　利用三角公式 $\sin^2x+\cos^2x=1$ 消去根式，为此设 $x=a\sin t\left(-\frac{\pi}{2}\leqslant t\leqslant\frac{\pi}{2}\right)$，则 $dx=a\cos t\,dt$，$\sqrt{a^2-x^2}=a\cos t$，于是

$$\int\sqrt{a^2-x^2}\,\mathrm{d}x=\int a\cos t\cdot a\cos t\,\mathrm{d}t=a^2\int\cos^2 t\,\mathrm{d}t=\frac{a^2}{2}\int(1+\cos 2t)\,\mathrm{d}t$$
$$=\frac{a^2}{2}\left(t+\frac{1}{2}\sin 2t\right)+C=\frac{a^2}{2}(t+\sin t\cos t)+C.$$

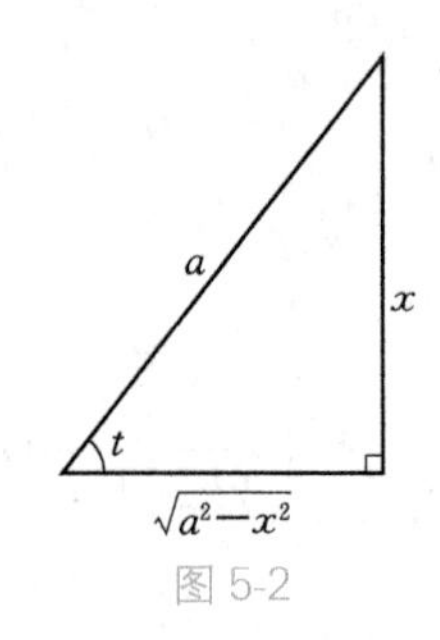

图 5-2

根据代换 $x=a\sin t$ 做辅助直角三角形(如图 5-2)，由图知，$\cos t=\dfrac{\sqrt{a^2-x^2}}{a}$，因此得

$$\int\sqrt{a^2-x^2}\,\mathrm{d}x=\frac{a^2}{2}\arcsin\frac{x}{a}+\frac{x}{2}\sqrt{a^2-x^2}+C.$$

[例 9] 求 $\displaystyle\int\frac{\mathrm{d}x}{\sqrt{x^2+a^2}}(a>0)$.

解 利用三角公式 $1+\tan^2 t=\sec^2 t$ 消去根式，为此设 $x=a\tan t\left(-\dfrac{\pi}{2}<t<\dfrac{\pi}{2}\right)$，则 $\mathrm{d}x=a\sec^2 t\,\mathrm{d}t$，$\sqrt{x^2+a^2}=a\sec t$，于是

$$\int\frac{\mathrm{d}x}{\sqrt{x^2+a^2}}=\int\frac{a\sec^2 t}{a\sec t}\mathrm{d}t=\int\sec t\,\mathrm{d}t=\ln|\sec t+\tan t|+C_1.$$

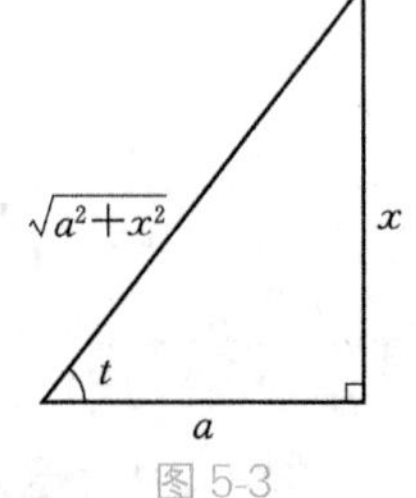

图 5-3

根据代换 $x=a\tan t$ 做辅助直角三角形(如图 5-3)，于是 $\sec t=\dfrac{\sqrt{x^2+a^2}}{a}$，因此有

$$\int\frac{\mathrm{d}x}{\sqrt{x^2+a^2}}=\ln\left|\frac{x}{a}+\frac{\sqrt{x^2+a^2}}{a}\right|+C_1=\ln\left|x+\sqrt{x^2+a^2}\right|+C\quad(\text{其中 } C=C_1-\ln a).$$

[例 10] 求 $\displaystyle\int\frac{\sqrt{x^2-9}}{x}\mathrm{d}x$.

解 令 $x=3\sec t$，于是

$$\int\frac{\sqrt{x^2-9}}{x}\mathrm{d}x=3\int\tan^2 t\,\mathrm{d}t=3\int(\sec^2 t-1)\,\mathrm{d}t.$$

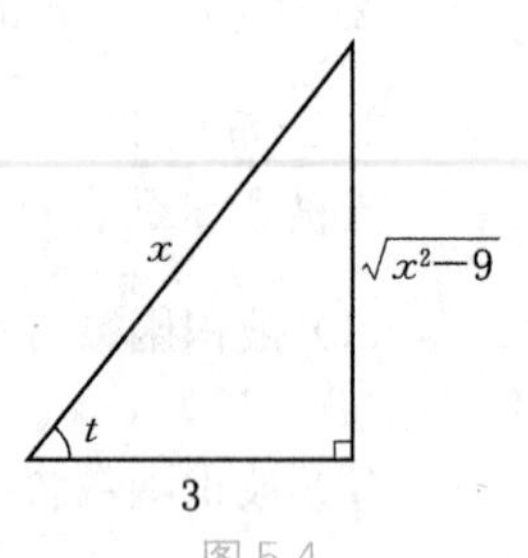

图 5-4

根据代换 $x=3\sec t$ 做辅助直角三角形(图 5—4)，由图知，$\tan t=\dfrac{\sqrt{x^2-9}}{3}$，所以

$$\int\frac{\sqrt{x^2-9}}{x}\mathrm{d}x=3\tan t-3t+C=\sqrt{x^2-9}-3\arccos\frac{3}{x}+C.$$

随堂练习

求下列积分.

① $\displaystyle\int\frac{x\,\mathrm{d}x}{\sqrt{4+x^2}}$； ② $\displaystyle\int\frac{\mathrm{d}x}{\sqrt{4x^2+4x+5}}$； ③ $\displaystyle\int\frac{\mathrm{d}x}{\sqrt{x^2-4}}$.

答案与提示：

① $\sqrt{4+x^2}+C$（两类换元法均可）；　② $\frac{1}{2}\ln(2x+1+\sqrt{4x^2+4x+5})+C$；

③ $\ln|x+\sqrt{x^2-4}|+C$　（其中 $C=C_1-\ln 2$）.

这里指出，第一类换元积分法采用了先凑微分，后再换元的做法，熟练后可省略换元过程；而第二类换元积分法采用了先换元、后积分、再回代的做法，其中换元及回代不能省略，故使用起来比第一换元积分法显得复杂.

作为补充，下面再给出一些基本积分公式以便解题时查用.

(1) $\int \tan x\,dx=-\ln|\cos x|+C$；　(2) $\int \cot x\,dx=\ln|\sin x|+C$；

(3) $\int \sec x\,dx=\ln|\sec x+\tan x|+C$；(4) $\int \csc x\,dx=\ln|\csc x-\cot x|+C$；

(5) $\int \frac{dx}{a^2+x^2}=\frac{1}{a}\arctan\frac{x}{a}+C$；　(6) $\int \frac{dx}{x^2-a^2}=\frac{1}{2a}\ln\left|\frac{x-a}{x+a}\right|+C$；

(7) $\int \frac{dx}{a^2-x^2}=\frac{1}{2a}\ln\left|\frac{a+x}{a-x}\right|+C$；　(8) $\int \frac{dx}{\sqrt{a^2-x^2}}=\arcsin\frac{x}{a}+C(a>0)$；

(9) $\int \frac{dx}{\sqrt{x^2\pm a^2}}=\ln|x+\sqrt{x^2\pm a^2}|+C$.

三、专业应用案例

[例 11]　质子的速度 电子中质子运动的加速度为 $a=-20(1+2t)^{-2}$，求质子的运动速度.

解　因为 $a=\frac{dv}{dt}$，由此得 $\frac{dv}{dt}=-20(1+2t)^{-2}$.

$$v=\int \frac{dv}{dt}dt=\int[-20(1+2t)^{-2}]dt=-20\cdot\frac{1}{2}\int(1+2t)^{-2}d(1+2t)$$

$$=10(1+2t)^{-1}+C=\frac{10}{1+2t}+C.$$

习题 5.2

1. 填空使下列等式成立.

(1) $\frac{1}{\sqrt{x}}dx=(\quad)d\sqrt{x}$；　(2) $\sin\frac{2}{3}x\,dx=(\quad)d\cos\frac{2}{3}x$；

(3) $e^{-\frac{x}{2}}dx=(\quad)d\left(e^{-\frac{x}{2}}+1\right)$；　(4) $\frac{dx}{1+4x^2}=(\quad)d\arctan 2x$；

(5) $\frac{x\,dx}{(x^2+1)\sqrt{x^2+1}}=(\quad)d\sqrt{1+x^2}$；(6) $\frac{\arctan x}{1+x^2}dx=d(\quad)$.

2. 求下列不定积分.

(1) $\int\cos(2x+3)dx$；　(2) $\int\frac{x\,dx}{1+x^2}$；　(3) $\int\frac{dx}{\sqrt[3]{2-3x}}$；

(4) $\int x e^{-2x^2} dx$；　(5) $\int \frac{x dx}{\sqrt{2-3x^2}}$；　(6) $\int \frac{\arctan\sqrt{x}}{\sqrt{x}(1+x)} dx$.

3. 求下列不定积分.

(1) $\int \frac{x^2 dx}{\sqrt{a^2-x^2}}(a>0)$；(2) $\int \frac{dx}{x\sqrt{x^2-1}}$；　(3) $\int \frac{x^3}{(a^2+x^2)^{\frac{3}{2}}} dx$；

(4) $\int \frac{dx}{\sqrt{1+e^x}}$；　(5) $\int \frac{\sqrt{x}}{\sqrt{x}-\sqrt[3]{x}} dx$；　(6) $\int \frac{x^2}{\sqrt{2-x}} dx$.

4. 求下列不定积分.

(1) $\int x(2x^2-5)^5 dx$；　(2) $\int \cos\left(3x-\frac{\pi}{4}\right) dx$；　(3) $\int \frac{1}{\sqrt{x}}\cos\sqrt{x}\, dx$；

(4) $\int \frac{1}{e^x+1} dx$；　(5) $\int \frac{\sin x}{\cos^4 x} dx$；　(6) $\int \frac{1}{x^2+x+1} dx$.

5. 设函数 $f(x)$ 的图像上有一拐点 $P(1, 4)$，在拐点处切线的斜率为 2，又知函数的二阶导数具有形式 $f''(x)=6x+b$，求函数 $f(x)$ 的表达式.

任务 5.3　分部积分法

任务内容

- 完成与分部积分法相关的任务工作页；
- 学习与分部积分法相关的知识；
- 学习分部积分法公式的应用.

任务目标

- 掌握分部积分法求积分的步骤；
- 掌握分部积分法求积分的常用形式；
- 正确理解分部积分中的“拆选凑判”法.

任务工作页

了解任务内容并学习相关知识后，在教师指导下完成任务工作页内各项内容的填写.

1. 分部积分法求积分的步骤：______________________________
______________________________.

2. 常用分部积分形式：______________________________
______________________________.

3. 分部积分 $\int u dv = uv - \int v du$ 中对 u 和 dv 的选择原则是______________________________
______________________________.

4. 如何理解分部积分法中的“拆选凑判”？______________________________.

换元积分法虽能解决许多函数的不定积分问题，但有些不定积分如 $\int x\mathrm{e}^x\mathrm{d}x$，$\int x^2\sin 3x\mathrm{d}x$，$\int x^2\ln x\mathrm{d}x$ 等，就不能用换元积分法解决. 为此，本任务来研究另外一种积分方法——**分部积分法**.

一、不定积分的分部积分法

分部积分法是建立在两个函数乘积的微分法则基础上的一种积分方法，该方法的特点是将一个用已有方法难于求解的积分转化成一个新积分，而新积分往往能用已有的方法求解.下面给出分部积分公式的推导过程及应用.

设函数 $u(x)$，$v(x)$具有连续导数，由微分公式 $\mathrm{d}(uv)=u\mathrm{d}v+v\mathrm{d}u$，得

$$u\mathrm{d}v=\mathrm{d}(uv)-v\mathrm{d}u,$$

分部积分法推导过程

两边积分，得

$$\int u\mathrm{d}v=uv-\int v\mathrm{d}u.$$

称该公式为**分部积分公式**.利用分部积分公式求积分的方法叫作**分部积分法**.

这个公式把原积分 $\int u\mathrm{d}v$ 转化为新积分 $\int v\mathrm{d}u$，而新积分是将原积分中的 u 和 v 互换后得来的，当新积分容易求解时，则原积分也就解决了.分部积分法起到了化难为易的作用.

[例 1]　求 $\int x\cos x\mathrm{d}x$.

解　选取 $u=x$，$\mathrm{d}v=\cos x\mathrm{d}x$，则

$$\int x\cos x\mathrm{d}x=\int x\mathrm{d}\sin x=x\sin x-\int\sin x\mathrm{d}x=x\sin x+\cos x+C.$$

如果选取 $u=\cos x$，$\mathrm{d}v=x\mathrm{d}x$，则

$$\int x\cos x\mathrm{d}x=\frac{1}{2}\int\cos x\mathrm{d}x^2=\frac{1}{2}\left(x^2\cos x-\int x^2\mathrm{d}\cos x\right)=\frac{1}{2}\left(x^2\cos x+\int x^2\sin x\mathrm{d}x\right).$$

结果被积函数中 x 的次幂升高了，积分的难度反而增大.由此可见，如果 u 和 $\mathrm{d}v$ 选取不当，就可能使不定积分的计算变得更困难. 所以运用分部积分法时，恰当选取 u 和 $\mathrm{d}v$ 是一个关键.选取 u 和 $\mathrm{d}v$ 应使不定积分的计算更简便，一般应考虑下面两点：

(1) v 要容易求得；

(2) $\int v\mathrm{d}u$ 要比 $\int u\mathrm{d}v$ 容易求出.

[例 2]　求 $\int x^2\mathrm{e}^x\mathrm{d}x$.

解　$\int x^2\mathrm{e}^x\mathrm{d}x=\int x^2\mathrm{d}\mathrm{e}^x=x^2\mathrm{e}^x-\int\mathrm{e}^x\mathrm{d}x^2=x^2\mathrm{e}^x-2\int x\mathrm{e}^x\mathrm{d}x=x^2\mathrm{e}^x-2\int x\mathrm{d}\mathrm{e}^x$

$$=x^2e^x-2(xe^x-\int e^x dx)=x^2e^x-2(xe^x-e^x)+C$$
$$=e^x(x^2-2x+2)+C.$$

[例 3] 求 $\int x\arctan x\,dx$.

解 $$\int x\arctan x\,dx=\frac{1}{2}\int \arctan x\,dx^2=\frac{1}{2}(x^2\arctan x-\int x^2 d\arctan x)$$
$$=\frac{1}{2}(x^2\arctan x-\int\frac{x^2}{1+x^2}dx)$$
$$=\frac{1}{2}\left[x^2\arctan x-\int\left(1-\frac{1}{1+x^2}\right)dx\right]$$
$$=\frac{1}{2}(x^2\arctan x-x+\arctan x)+C.$$

[例 4] 求 $\int x^2\sin 3x\,dx$.

释疑解难

分部积分法 1

解 $$\int x^2\sin 3x\,dx=\int x^2 d\left(-\frac{1}{3}\cos 3x\right)=-\frac{1}{3}x^2\cos 3x-\int -\frac{1}{3}\cos 3x\,d(x^2)$$
$$=-\frac{1}{3}x^2\cos 3x+\frac{2}{3}\int x\cos 3x\,dx=-\frac{1}{3}x^2\cos 3x+\frac{2}{9}\int x\,d(\sin 3x)$$
$$=-\frac{1}{3}x^2\cos 3x+\frac{2}{9}(x\sin 3x-\int\sin 3x\,dx)$$
$$=-\frac{1}{3}x^2\cos 3x+\frac{2}{9}x\sin 3x+\frac{2}{27}\cos 3x+C.$$

【注意】分部积分法应遵循:"拆"(即将被积函数拆成两个函数的乘积)、"选"(选则 u 和 dv)、"凑"(凑微分,即将拆后的一个简单函数扔到 d 后)、"判"(判断转化后的新积分是否好求).

当被积函数只有一个因子而又不能使用换元积分法时,可用分部积分法.例如求 $\int \ln x\,dx$,$\int \arctan x\,dx$,$\int \ln(x+\sqrt{x^2+1})dx$ 等,读者可试着一求.

使用分部积分求不定积分,是将难求的不定积分 $\int u\cdot v'dx$ 转化为容易求的不定积分 $\int v\cdot u'dx$. 这里关键的如何选择 u 和 v',选择不合适,就会使得转化后的不定积分更难于求解,使得问题不能得到解决.一般情况下,当被积函数是两个初等函数乘积时,我们有如下经验做法:

(1) 对于 $\int x^n e^{ax}dx$,$\int x^n\sin bx\,dx$,$\int x^n\cos bx\,dx$ 等,选取 $u=x^n$;

(2) 对于 $\int x^n\ln x\,dx$,$\int x^n\arccos x\,dx$,$\int x^n\arctan x\,dx$ 等,分别选取 $u=\ln x$,$\arccos x$,$\arctan x$;

释疑解难

分部积分法 2

(3) 对于 $\int e^{ax}\sin bx\,dx$,$\int e^{ax}\cos bx\,dx$ 等,可选 $u=e^{ax}$,$\sin bx$,$\cos bx$,但需要采用"循环解出"策略,即在使用多次分部积分法后,原积分会出现在右式表达式中,此时,可通过解方程的办法求出原积分.

另外，对分部积分法熟练后，就不必说明 u 和 v'，可在 $\int u \cdot v' \mathrm{d}x$ 中将 v' 凑微分，写成 $\int u \cdot \mathrm{d}v$，再求 $u \cdot v - \int v \mathrm{d}u$.

随堂练习

求下列不定积分.

① $\int x^2 \ln x \mathrm{d}x$；② $\int x \mathrm{e}^{-2x} \mathrm{d}x$；③ $\int \mathrm{e}^x \sin x \mathrm{d}x$；④ $\int \sec^3 x \mathrm{d}x$；⑤ $\int \mathrm{e}^{\sqrt{x}} \mathrm{d}x$.

答案：

① $\frac{x^3}{3}\ln x - \frac{1}{9}x^3 + C$；② $-\frac{1}{2}x\mathrm{e}^{-2x} - \frac{1}{4}\mathrm{e}^{-2x} + C$；③ $\frac{1}{2}\mathrm{e}^x(\sin x - \cos x) + C$；

④ $\frac{1}{2}(\sec x \tan x + \ln|\sec x + \tan x|) + C$；⑤ $2\mathrm{e}^{\sqrt{x}}(\sqrt{x} - 1) + C$（令 $\sqrt{x} = t$）.

习题 5.3

1. 求下列不定积分.

(1) $\int x\mathrm{e}^{-3x}\mathrm{d}x$；　(2) $\int x\cos 5x \mathrm{d}x$；　(3) $\int x^2 \ln x \mathrm{d}x$；

(4) $\int \arctan 2x \mathrm{d}x$；　(5) $\int (x\cos x)^2 \mathrm{d}x$；　(6) $\int \frac{\arcsin x}{x^2}\mathrm{d}x$；

(7) $\int (\mathrm{e}^x - \cos x)^2 \mathrm{d}x$；　(8) $\int \mathrm{e}^{\sqrt[3]{x}} \mathrm{d}x$；　(9) $\int x f''(x) \mathrm{d}x$；

(10) $\int \arcsin x \mathrm{d}x$；　(11) $\int x \sin x \mathrm{d}x$；　(12) $\int \ln(x^2+1)\mathrm{d}x$；

(13) $\int \frac{\ln x}{x^2}\mathrm{d}x$；　(14) $\int \mathrm{e}^x \cos x \mathrm{d}x$；　(15) $\int (x^2 - 2x + 5)\mathrm{e}^{-x}\mathrm{d}x$；

(16) $\int \mathrm{e}^{-2x}\sin\frac{x}{2}\mathrm{d}x$；　(17) $\int x^3(\ln x)^2 \mathrm{d}x$；　(18) $\int x^2 \mathrm{e}^{-x}\mathrm{d}x$.

2. 已知 $f(x)$ 的原函数是 $\frac{\sin x}{x}$，求 $\int x f'(x)\mathrm{d}x$.

任务 5.4　有理函数的积分

任务内容

- 完成与有理函数的积分相关的任务工作页；
- 学习将有理真分式和有理假分式化成部分分式之和的方法；
- 学习有理函数的积分法.

任务目标

- 掌握将有理真分式化成部分分式之和的方法；

- 掌握将假分式化成多项式与真分式之和的方法；
- 掌握有理函数积分的方法.

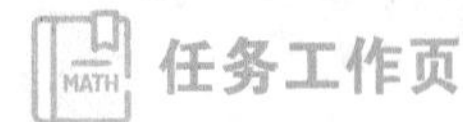

了解任务内容并学习相关知识后，在教师指导下完成任务工作页内各项内容的填写.

1. 有理函数一般形式：________________.
2. 真分式形式：________________.
3. 假分式形式：________________.
4. 假分式化真分式的步骤：________________.
5. 有理函数积分的步骤：________________.

相关知识

解决有理函数积分的关键在于解决有理真分式的积分.对于复杂的有理真分式可用待定系数法或特殊值法将其分拆成若干项，再利用不定积分的性质对其积分.

一、化有理真分式为部分分式之和

1. 有理函数

有理函数是指两个既约多项式之商所表示的函数，它具有如下形式：

$$\frac{P(x)}{Q(x)}=\frac{a_0x^n+a_1x^{n-1}+\cdots+a_{n-1}x+a_n}{b_0x^m+b_1x^{m-1}+\cdots+b_{m-1}x+b_m},$$

其中：m 和 n 均为非负整数；a_0, a_1, $\cdots$, a_{n-1}, a_n 及 b_0, b_1, $\cdots$, b_{m-1}, b_m 均是实数，且 $a_0\neq0$, $b_0\neq0$，多项式 $P(x)$ 与 $Q(x)$ 之间无公因子.

若 $n<m$，称 $\frac{P(x)}{Q(x)}$ 为**真分式**；

若 $n\geqslant m$，称 $\frac{P(x)}{Q(x)}$ 为**假分式**.

例如，$\frac{x^3-x-1}{x^2+2x}$，$\frac{x^2-1}{x^2+5x+6}$ 等都是有理函数(或称有理分式)且为假分式，而 $\frac{x-1}{x^2+2x+1}$，$\frac{3x+1}{x^2+5x+6}$ 等都是真分式.

2. 化假分式为多项式与真分式之和

由多项式的除法可知，一个假分式总可以化为一个多项式与一个真分式之和.

例如，

$$\frac{x^4+x+1}{x^2+1}=x^2-1+\frac{x+2}{x^2+1},$$

化成多项式 x^2-1 与真分式 $\frac{x+2}{x^2+1}$ 之和.

多项式的积分我们已经会求，因此，讨论有理函数的积分只需讨论有理真分式的积分.

3. 化真分式为部分分式

前面我们已经计算了一些真分式的不定积分，如$\int \frac{1}{x^2-a^2}dx$. 在计算$\int \frac{1}{x^2-a^2}dx$时，是将分式$\frac{1}{x^2-a^2}$先化为两个简单真分式之和，即

$$\frac{1}{x^2-a^2}=\frac{1}{(x-a)(x+a)}=\frac{1}{2a}\left(\frac{1}{x-a}-\frac{1}{x+a}\right).$$

这样，就容易求积分.这就启发我们要设法把真分式$\frac{P(x)}{Q(x)}$的分母$Q(x)$进行因式分解，然后再把真分式$\frac{P(x)}{Q(x)}$拆成以$Q(x)$为分母的简单真分式之和.

下面介绍**部分分式法**.

在代数学中，我们总可以将多项式$Q(x)=a_0x^n+a_1x^{n-1}+\cdots+a_{n-1}x+a_n$在实数范围内分解成一次因子和二次质因子(不可约)的乘积，然后按照分母中因式的情况，将真分式写成部分分式的形式.

(1) 当分母中含有因式$(x+a)^k$时，部分分式形式中所含的对应项为

$$\frac{A_1}{x+a}+\frac{A_2}{(x+a)^2}+\cdots+\frac{A_k}{(x+a)^k}.$$

(2) 当分母中含有因式$(x^2+px+q)^h$，其中$p^2-4q<0$时，部分分式形式中所含的对应项为

$$\frac{B_1x+C_1}{x^2+px+q}+\frac{B_2x+C_2}{(x^2+px+q)^2}+\cdots+\frac{B_hx+C_h}{(x^2+px+q)^h}.$$

根据上述分解形式，我们把所有对应的项加在一起，就是部分分式形式，然后依照恒等关系求出待定系数.这样，有理函数的积分就比较容易计算.

二、有理函数的积分

[例 1] 求不定积分$\int \frac{2}{x(x+2)}dx$.

解 因为$\frac{2}{x(x+2)}=\frac{1}{x}-\frac{1}{x+2}$，所以

$$\int \frac{2}{x(x+2)}dx=\int\left(\frac{1}{x}-\frac{1}{x+2}\right)dx=\int \frac{1}{x}dx-\int \frac{1}{x+2}d(x+2)$$

$$=\ln|x|-\ln|x+2|+C=\ln\left|\frac{x}{x+2}\right|+C.$$

[例 2] 求不定积分$\int \frac{dx}{x^3-1}$.

解 被积函数分解成部分分式

$$\frac{1}{x^3-1}=\frac{1}{(x-1)(x^2+x+1)}=\frac{A}{x-1}+\frac{Bx+C}{x^2+x+1},$$

通分去分母，得

$$1=A(x^2+x+1)+(Bx+C)(x-1).$$

比较两端 x 同次幂的系数，得方程组

$$\begin{cases}A+B=0,\\ A-B+C=0,\\ A-C=1,\end{cases}$$

待定系数法，解得

$$A=\frac{1}{3},\ B=-\frac{1}{3},\ C=-\frac{2}{3}.$$

于是

$$\frac{1}{x^3-1}=\frac{\frac{1}{3}}{x-1}-\frac{\frac{1}{3}x+\frac{2}{3}}{x^2+x+1},$$

从而

$$\begin{aligned}\int\frac{\mathrm{d}x}{x^3-1}&=\frac{1}{3}\int\frac{\mathrm{d}x}{x-1}-\frac{1}{3}\int\frac{x+2}{x^2+x+1}\mathrm{d}x\\&=\frac{1}{3}\ln|x-1|-\frac{1}{6}\int\frac{(2x+1)+3}{x^2+x+1}\mathrm{d}x\\&=\frac{1}{3}\ln|x-1|-\frac{1}{6}\ln(x^2+x+1)-\frac{1}{2}\int\frac{\mathrm{d}x}{x^2+x+1}\\&=\frac{1}{3}\ln|x-1|-\frac{1}{6}\ln(x^2+x+1)-\frac{1}{2}\int\frac{\mathrm{d}x}{\left(x+\frac{1}{2}\right)^2+\frac{3}{4}}\\&=\frac{1}{3}\ln|x-1|-\frac{1}{6}\ln(x^2+x+1)-\frac{1}{\sqrt{3}}\arctan\frac{2x+1}{\sqrt{3}}+C.\end{aligned}$$

[例 3] 求 $\int\frac{\mathrm{d}x}{x^3-2x^2+x}$.

解 被积函数分解成部分分式

$$\frac{1}{x^3-2x^2+x}=\frac{1}{x(x-1)^2}=\frac{A}{x}+\frac{B}{(x-1)^2}+\frac{C}{x-1},$$

通分得 $1\equiv A(x-1)^2+Bx+Cx(x-1)$.

令 $x=0$，得 $A=1$.

令 $x=1$，得 $B=1$.

令 $x=2$，得 $1=A+2B+2C=1\cdot 1+2\cdot 1+2C$，有 $C=-1$. 于是

$$\frac{1}{x(x-1)^2}=\frac{1}{x}+\frac{1}{(x-1)^2}-\frac{1}{x-1}.$$

于是，有

$$\int \frac{\mathrm{d}x}{x^3-2x^2+x}=\int \frac{\mathrm{d}x}{x}+\int \frac{\mathrm{d}x}{(x-1)^2}-\int \frac{\mathrm{d}x}{x-1}$$
$$=\ln|x|-\frac{1}{x-1}-\ln|x-1|+C.$$

随堂练习

求$\int \frac{\mathrm{d}x}{(1+x)(1+x^2)}$.

答案：$\int \frac{\mathrm{d}x}{(1+x)(1+x^2)}=\frac{1}{2}\ln(1+x)-\frac{1}{4}\ln(1+x^2)+\frac{1}{2}\arctan x+C.$

习题 5.4

求下列不定积分.

(1) $\int \frac{x+1}{(x-1)^3}\mathrm{d}x$；　(2) $\int \frac{1}{x^2-3x-10}\mathrm{d}x$；　(3) $\int \frac{x^3}{x+3}\mathrm{d}x$；

(4) $\int \frac{3x+2}{x(x+1)^3}\mathrm{d}x$；　(5) $\int \frac{1}{3+\cos x}\mathrm{d}x$；　(6) $\int \frac{\mathrm{d}x}{1+\sqrt[3]{x+1}}$.

任务 5.5　综合应用实训

实训 1【十字路口交通黄色信号灯应亮多久】　在十字路口的交通管理中，亮红灯之前，要亮一段时间的黄灯，这是为了让那些正行驶在十字路口的驾驶员注意，红灯即将亮起，如果你能停住，应当马上刹车，以免闯红灯违反交通规则，那么黄灯应当亮多久才合适呢？

解　(1)问题分析

驶近十字路口的驾驶员在看到黄色信号灯亮起时，

需做出决定：是停车还是通过路口.如果决定停车，则必须有足够的距离让驾驶员能停得住车.也就是说，道路上存在一条无形的停车线(如图 5-5)，从这条线到十字路口的距离与此道路的规定速度有关，规定速度越大，此距离也就越长.当黄色信号灯亮起时，若车子已通过了此线就不能停车(否则会冲出路口)，否则，必须停车.对于已经经过线而无法停住的车辆，黄色信号灯必须留有足够的时间让这些车辆能顺利地通过路口.

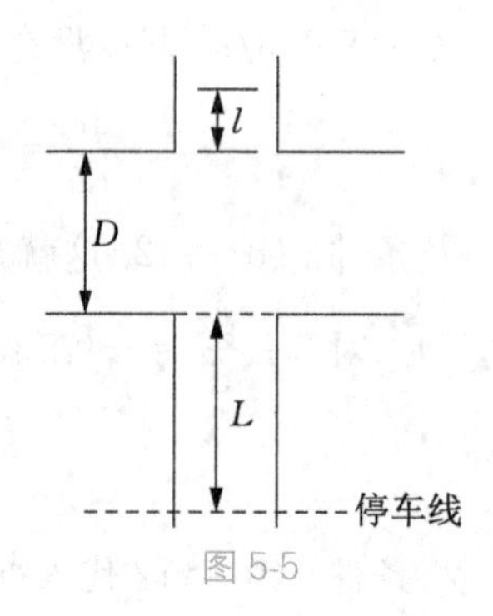

图 5-5

(2) 停车线的确定

停车线的确定需考虑如下两点：

① 驾驶员看到黄灯并决定停车需要一段的反应时间 t_1，在此段时间内，驾驶员尚未刹车.

② 驾驶员刹车后，车还需继续向前行驶一段距离，此段距离称为刹车距离.

一般驾驶员的反应时间 t_1 可以根据经验或由统计数据确定，而刹车距离可采用如下方法确定.当驾驶员踩动刹车踏板时，便产生一种摩擦力，它使汽车减速并最终停下.

设道路规定的速度为 v_0，汽车质量为 m，刹车摩擦系数为 k，$x(t)$表示刹车后在 t 时刻内汽车向前行驶的距离.根据刹车规律，刹车的制动力为 kmg（其中 g 为重力加速度），从而由牛顿第二定律得到刹车后车辆的运动方程

$$\begin{cases} m\dfrac{\mathrm{d}^2x}{\mathrm{d}t^2}=-kmg, \\ x(0)=0,\ \dfrac{\mathrm{d}x}{\mathrm{d}t}\bigg|_{t=0}=v_0. \end{cases}$$

上面方程两边除以 m，并积分一次得$\dfrac{\mathrm{d}x}{\mathrm{d}t}=-kgt+C_1$，将$\dfrac{\mathrm{d}x}{\mathrm{d}t}\bigg|_{t=0}=v_0$ 代入$\dfrac{\mathrm{d}x}{\mathrm{d}t}=-kgt+C_1$，得 $C_1=v_0$，从而$\dfrac{\mathrm{d}x}{\mathrm{d}t}=-kgt+v_0$.

令$\dfrac{\mathrm{d}x}{\mathrm{d}t}=0$，由$\dfrac{\mathrm{d}x}{\mathrm{d}t}=-kgt+v_0$ 可求得车辆从刹车至停止所需要的时间 $t_2=\dfrac{v_0}{kg}$.对于$\dfrac{\mathrm{d}x}{\mathrm{d}t}=-kgt+v_0$ 两边再积分一次，得 $x(t)=-\dfrac{1}{2}kgt^2+v_0t+C_2$，再由 $x(0)=0$ 得 $C_2=0$，因此刹车后车辆的运动规律为：$x(t)=-\dfrac{1}{2}kgt^2+v_0t$.将 $t_2=\dfrac{v_0}{kg}$代入 $x(t)=-\dfrac{1}{2}kgt^2+v_0t$ 得 $x(t_2)=\dfrac{1}{2}\dfrac{v_0^2}{kg}$.因此，停车线到路口的距离应为 $L=v_0t_1+\dfrac{1}{2}\dfrac{v_0^2}{kg}$.

(3) 黄灯时间的确定

黄灯时间应当保证已经过线的车辆顺利通过路口.

若十字路口的宽度为 D，车辆平均车身长为 l，则过线的车辆应通过的路程最长可达到 $L+D+l(\mathrm{m})$.因而，为了保证过线的车辆全部顺利通过，黄灯持续时间至少为 $T=\dfrac{L+D+l}{v_0}$.

实训 2 一个包裹从一个上升的气球上掉落，当时气球位于离地面 80 m 高空，正以 12 m/s 的速度上升，问多长时间该包裹落到地面？

解 设在时刻 t，包裹的速度为 $v(t)$，离地面高度为 $s(t)$.地球表面附近的重力加速度为 9.8 m/s^2.假设没有另外的力作用在下落的包裹上，于是有

$$\frac{\mathrm{d}v}{\mathrm{d}t}=-9.8\text{（负号表示重力作用于高度 } s \text{ 减小的方向）},$$

及条件 $v(0)=12$. 这就是包裹运动的数学模型.

对等式$\dfrac{\mathrm{d}v}{\mathrm{d}t}=-9.8$ 两边同时取不定积分可得

$$v=\int -9.8\mathrm{d}t=-9.8t+C_1.$$

将条件 $v(0)=12$ 代入上式可得 $C_1=12$. 于是包裹下落的速度为

$$v=-9.8t+12.$$

因为速度是高度的导数，即 $v=\dfrac{\mathrm{d}s}{\mathrm{d}t}$，当 $t=0$ 时包裹掉落，当时位于离地面 80 m 高空，所以我们可建立如下的数学模型：

$$\begin{cases}\dfrac{\mathrm{d}s}{\mathrm{d}t}=-9.8t+12,\\ s(0)=80.\end{cases}$$

同样在方程$\dfrac{\mathrm{d}s}{\mathrm{d}t}=-9.8t+12$两边同时取不定积分，可得：

$$s=\int(-9.8t+12)\mathrm{d}t=-4.9t^2+12t+C_2.$$

将条件$s(0)=80$代入上式可得$C_2=80$. 所以在时刻t包裹离地面的高度为

$$s=-4.9t^2+12t+80.$$

为了求该包裹落到地面的时间，令$s=0$，即

$$-4.9t^2+12t+80=0.$$

求得$t_1\approx5.45$，$t_2\approx-3$(不合题意舍去).

所以包裹从气球上掉落后大约 5.45 s 落到地面.

习题答案

项目五

项目五习题

一、填空题

1. $\mathrm{d}\int\mathrm{d}f(x)=$______________.

2. 已知$\int f(x)\mathrm{d}x=\sin^2x+C$，$f(x)=$____________.

3. 已知$(\int f(x)\mathrm{d}x)'=\ln x$，则$f(x)=$____________.

4. $\int f'(2x)\mathrm{d}x=$____________.

5. 若$f'(\mathrm{e}^x)=1+\mathrm{e}^{2x}$，且$f(0)=1$，则$f(x)=$____________.

二、判断题

1. 所有函数都有原函数.(　　)

2. 一个函数的不定积分是它的所有原函数.(　　)

3. $\int\mathrm{d}F(x)=F(x)+C$.(　　)

4. 若$f(x)$的原函数为$F(x)$，$\int f(x^2)\mathrm{d}x=F(x^2)+C$.(　　)

三、选择题

1. 已知$\int f(x)\mathrm{d}x=3\mathrm{e}^{\frac{x}{3}}+C$，则$f(x)=$(　　).

A. $3\mathrm{e}^{\frac{x}{3}}$　　B. $9\mathrm{e}^{\frac{x}{3}}$　　C. $\mathrm{e}^{\frac{x}{3}}$　　D. $\mathrm{e}^{\frac{x}{3}}+C$

2. 已知$f'(3x)=x-6$，则$f(x)=$(　　).

A. $x-6$　　B. $\dfrac{1}{2}x^2-6x+C$　　C. $\dfrac{3}{2}x^2-18x+C$　　D. $\dfrac{1}{6}x^2-6x+C$

3. 若e^x是函数$f(x)$的一个原函数，则$\int xf(x)\mathrm{d}x=$(　　).

A. $xe^{-x}+C$　　B. $-xe^{-x}+C$　　C. $(x-1)e^{-x}+C$　　D. $(x+1)e^{-x}+C$

4. 若 $\int f(x)\mathrm{d}x=F(x)+C$，则 $\int f(\cos x)\sin x\,\mathrm{d}x=(\quad)$.

A. $F(\cos x)+C$　　B. $-F(\cos x)+C$

C. $F(\sin x)+C$　　D. $-F(\sin x)+C$

5. 若 $\int f(x)\mathrm{d}x=e^{-x}+C$，则 $\int \frac{f(\ln x)}{x}\mathrm{d}x=(\quad)$.

A. $x+C$　　B. $-x+C$　　C. $\frac{1}{x}+C$　　D. $-\frac{1}{x}+C$

6. 若 $\int f(x)\mathrm{d}x=x^2+C$，则 $\int xf(1-x^2)\mathrm{d}x=(\quad)$.

A. $\frac{1}{2}(1-x^2)^2+C$　　B. $-\frac{1}{2}(1-x^2)^2+C$

C. $2(1-x^2)^2+C$　　D. $-2(1-x^2)^2+C$

四、综合题

1. 求下列不定积分.

(1) $\int(2^x+2x^2)\mathrm{d}x$；　(2) $\int\frac{x^2+\sqrt{x^3}+2}{\sqrt{x}}\mathrm{d}x$；　(3) $\int\frac{x^4}{x^2+1}\mathrm{d}x$；

(4) $\int\sin^2\frac{x}{2}\mathrm{d}x$；　(5) $\int\frac{e^{2t}-1}{e^t-1}\mathrm{d}x$；　(6) $\int\frac{\mathrm{d}x}{x^2(x^2+1)}$；

(7) $\int\frac{\mathrm{d}x}{\sqrt{9-9x^2}}$；　(8) $\int\frac{\cos 2x}{\cos x+\sin x}\mathrm{d}x$.

2. 求下列不定积分.

(1) $\int\frac{\mathrm{d}x}{3-2x}$；　(2) $\int(3x+8)^{\frac{3}{2}}\mathrm{d}x$；　(3) $\int e^{-2x}\mathrm{d}x$；

(4) $\int x\sqrt{x^2-4}\,\mathrm{d}x$；　(5) $\int\frac{e^{\frac{1}{x}}}{x^2}\mathrm{d}x$；　(6) $\int\frac{(\ln x)^2}{x}\mathrm{d}x$；

(7) $\int\frac{e^x}{e^x+1}\mathrm{d}x$；　(8) $\int\frac{\mathrm{d}x}{(4+9x^2)}$；　(9) $\int\frac{\mathrm{d}x}{x^2+2x+5}$；

(10) $\int\frac{\mathrm{d}x}{\sqrt{4-9x^2}}$；　(11) $\int\frac{\mathrm{d}x}{x\ln x}$；　(12) $\int\sin 2x\,\mathrm{d}x$；

(13) $\int e^{\sin x}\cos x\,\mathrm{d}x$；　(14) $f(x)\int e^x\cos e^x\,\mathrm{d}x$；　(15) $\int\cos^5 x\,\mathrm{d}x$；

(16) $\int\frac{1}{\sqrt{x}}e^{\sqrt{x}}\mathrm{d}x$；　(17) $\int\frac{\cos x-\sin x}{(\cos x+\sin x)^2}\mathrm{d}x$；　(18) $\int\cos^2 3x\,\mathrm{d}x$；

(19) $\int\tan^3 x\sec x\,\mathrm{d}x$；　(20) $\int\frac{\mathrm{d}x}{\cos^4 x}$.

3. 求下列不定积分.

(1) $\int x\sqrt{x+1}\,\mathrm{d}x$；　(2) $\int x\cdot\sqrt[4]{2x+3}\,\mathrm{d}x$；　(3) $\int\frac{\mathrm{d}x}{\sqrt{2x-3}+1}$；

(4) $\int\frac{\mathrm{d}x}{\sqrt{1+e^x}}$；　(5) $\int\frac{\mathrm{d}x}{(a^2+x^2)^{\frac{3}{2}}}$；　(6) $\int\frac{\mathrm{d}x}{\sqrt{9x^2-4}}$；

(7) $\int \frac{x^2 dx}{\sqrt{1-x^2}}$;　(8) $\int \frac{\sqrt{x^2-9}}{x}dx$.

4. 求下列不定积分.

(1) $\int \ln \frac{x}{2}dx$;　(2) $\int \arctan x\,dx$;　(3) $\int x e^{-x}dx$;

(4) $\int \cos(\ln x)dx$;　(5) $\int e^x \sin x\,dx$;　(6) $\int (\arcsin x)^2 dx$;

(7) $\int x^2 \cos 2x\,dx$;　(8) $\int \frac{\ln(\ln x)}{x}dx$;　(9) $\int \frac{x\,dx}{\cos^2 x}$.

5. 求下列不定积分.

(1) $\int \frac{x^2+1}{(x^2-1)(x+1)}dx$;　(2) $\int \frac{x}{x^3-x^2+x-1}dx$;

(3) $\int \frac{1}{1+\tan x}dx$;　(4) $\int \sqrt{\frac{1-x}{1+x}}\frac{dx}{x}$.

6. 已知 $f(x)$的一个原函数为 e^x,试求 $\int x f''(x)dx$.

项目六　定　积　分

任务 6.1　定积分的概念与性质

任务内容

- 完成与定积分的概念、性质及其求法相关的任务工作页；
- 学习定积分解决实际问题的思想、方法；
- 学习定积分的性质及几何意义.

任务目标

- 理解定积分的概念；
- 理解定积分解决实际问题的数学思想及几何意义；
- 理解并掌握定积分的性质；
- 会用定积分的几何意义求定积分.

任务工作页

了解任务内容并学习相关知识后，在教师指导下完成任务工作页内各项内容的填写.

1. 定积分的核心思想：(1)________；(2)________；(3)________；(4)________.
2. 定积分与不定积分在表达形式上的区别：________________________________.
3. 定积分的哪两条性质与不定积分相似？(1)________________________________；(2)________________________________.
4. 定积分的可加性：________________________________.
5. 定积分的保序性：________________________________.
6. 定积分的中值定理：________________________________.
7. 定积分的几何意义：________________________________.

案例 1【海岛面积】 某海岛几何形状如图 6-1 所示，测算该海岛的面积.

案例 2【平均速度】 某赛车以 $v(t)=t^2-10t+6$(m/s)的速度运动，求赛车在停车前 30 s 内的平均速度是多少？

上述案例 1 和案例 2 的解决方法就是本任务将要学习的定积分.

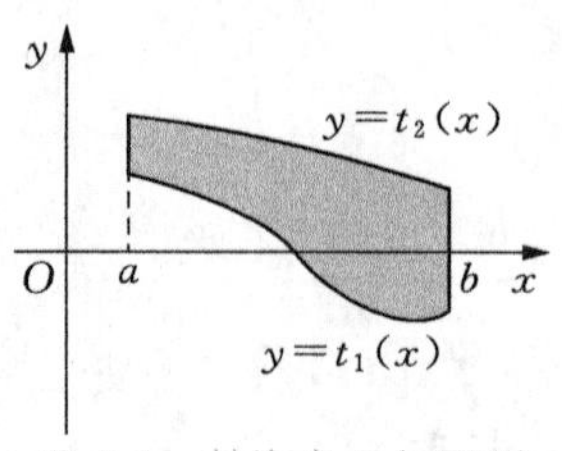

图 6-1　某海岛几何图形

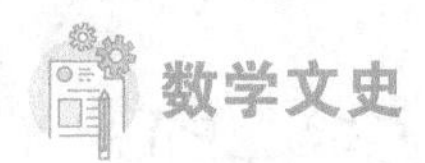

积分学的起源

积分思想源远流长.在中国,魏晋时期的数学家刘徽利用“割圆术”开创了圆周率研究的新纪元.刘徽首先考虑圆内接正六边形面积,接着是正十二边形面积,然后依次加倍边数,则正多边形面积愈来愈接近圆面积.按此思想,他从圆的内接正六边形面积一直算到内接正192边形面积,得到圆周率的近似值3.14.大约两个世纪之后,南北朝时期的著名科学家祖冲之(429—500)、祖暅父子推进和发展了刘徽的数学思想,首先算出了圆周率介于3.141 592 6与3.141 592 7之间.其次明确提出了“祖暅原理”(即西方所谓的“卡瓦列里原理”):“幂势既同,则积不容异.”并应用该原理成功地解决了刘徽未能解决的球体积问题.

古希腊时期也有此类思想,并用类似的方法解决了许多实际问题.较为重要的当数安提芬(Antiphon,约公元前420年)的“穷竭法”.他在研究化圆为方问题时,提出用圆内接正多边形的面积穷竭圆面积,从而求出圆面积.后来,欧多克斯(Eudoxus,公元前409—公元前356)补充和完善了穷竭法.公元前3世纪数学家兼物理学家阿基米德(Archimedes,公元前287—公元前212)在《抛物线图形求积法》和《论螺线》中,利用穷竭法,借助于几何直观,求出了抛物线弓形的面积及阿基米德螺线第一周围成的区域的面积.他的方法通常被称为“平衡法”,实质上是一种原始的积分法.他将需要求积的量分成许多微小单元,再利用另一组容易计算总和的微小单元来进行比较.平衡法体现了近代积分法的基本思想,可以说是定积分概念的雏形.到了17世纪,随着积分符号的引入,积分学逐步形成了自己独立的理论并得到了迅速发展.

相关知识

定积分是数学领域中求不规则平面图形的面积以及旋转体的体积等实际问题的重要计算方法,它在力学、电学、工程、经济等各个领域中都有广泛的应用,是一元函数积分学中的另一个基本概念.本任务从几何问题与物理问题出发引出定积分的概念,然后讨论它的性质、计算方法;继而作为定积分的推广,介绍**反常积分**.

一、定积分概念的引入——两个实例

实例1【曲边梯形面积的计算】 曲边梯形是指由三条直线段(其中两条互相平行,第三条叫做底边,与前两条垂直)和一条曲线弧(叫做曲边,曲边与任意一条垂直于底边的直线至多只交于一点)围成的封闭的平面图形(图6-2).

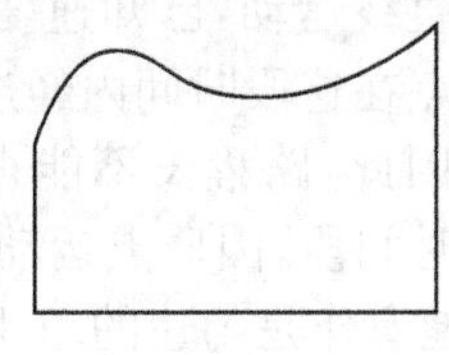
图6-2

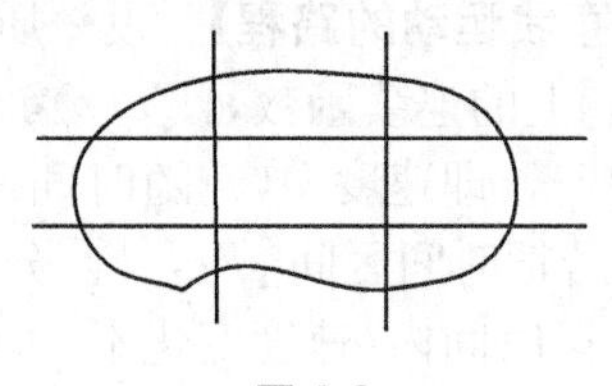
图6-3

任意曲线围成的平面图形(图6-3)的面积计算,都可以归结为曲边梯形面积的计算,所以,首先研究曲边梯形的面积.

在直角坐标系中，设曲边梯形是由区间$[a, b]$上的连续曲线$y=f(x)(\geqslant 0)$，直线$x=a$，$x=b$及x轴所围成(图 6-4)，下面讨论其面积的计算方法.

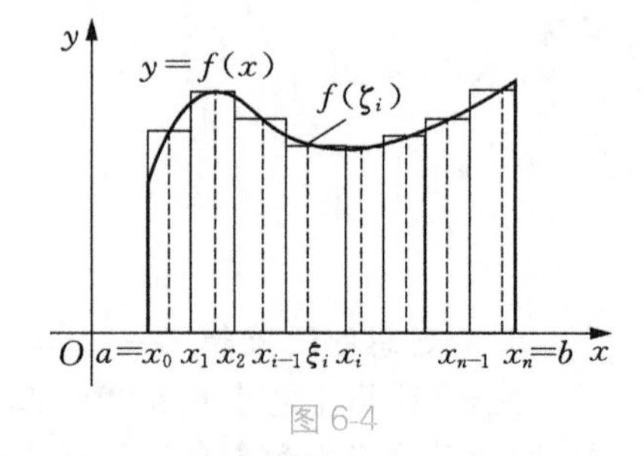

图 6-4

从几何直观上看，这个曲边梯形的面积是存在的.我们的问题是：怎样精确计算这个面积？

首先，不难看出，该曲边梯形面积取决于区间$[a, b]$及在这个区间上的函数$f(x)$.如果$f(x)$在区间$[a, b]$上是常数h，此时曲边梯形为矩形，其面积等于$h(b-a)$.现在的问题是$f(x)$在区间$[a, b]$上不是常数，而是变化着的，因此它的面积不能简单地利用矩形面积公式计算.但是，由于$f(x)$是区间$[a, b]$上的连续函数，当x变化不大时，$f(x)$变化也不大，因此如果将区间$[a, b]$分割成许多小区间，相应地将曲边梯形分割成许多小曲边梯形，每个小区间上对应的小曲边梯形面积近似地看成小矩形，所有的小矩形面积的和，就是整个曲边梯形面积的近似值.显然分割越细，每个小曲边梯形的顶部越接近平顶，即每个小曲边梯形越接近小矩形，从而误差就越小.因此，将区间$[a, b]$无限地细分，并使每个小曲边梯形的底边长都趋近于零，则小矩形面积之和的极限就可定义为所要求曲边梯形的面积.

根据以上分析，曲边梯形的面积可按下述步骤来计算：

(1) 分割(大化小)：任取分点$a=x_0<x_1<x_2<\cdots<x_{n-1}<x_n=b$，把区间$[a, b]$分成$n$个小区间$[x_{i-1}, x_i]$$(i=1, 2, 3, \cdots, n)$，每个小区间的长度记作$\Delta x_i=x_i-x_{i-1}$$(i=1, 2, \cdots, n)$.过每一个分点$x_i(i=1, 2, 3, \cdots, n)$作垂直于$x$轴的直线段，把曲边梯形分成$n$个小曲边梯形，每个小曲边梯形的面积记作$\Delta A_i(i=1, 2, 3, \cdots, n)$.

(2) 近似(直代曲)：在每个小区间$[x_{i-1}, x_i]$上任取一点ξ_i，以Δx_i为底，$f(\xi_i)$为高的小矩形的面积$f(\xi_i)\Delta x_i$，作为相应的小曲边梯形面积ΔA_i的近似值，即

$$\Delta A_i \approx f(\xi_i)\Delta x_i(i=1, 2, \cdots, n);$$

动画

求曲边梯形面积

(3) 求和(近似和)：把n个小曲边梯形面积的近似值累加起来，就得到曲边梯形面积A的近似值，即

$$A=\sum_{i=1}^{n}\Delta A_i \approx \sum_{i=1}^{n} f(\xi_i)\Delta x_i;$$

(4) 取极限：若记$\lambda=\max\{\Delta x_1, \Delta x_2, \cdots, \Delta x_n\}$，则当$\lambda \to 0$时，所有小区间的长度都趋于零.如果上述和式的极限存在，这个极限值就是曲边梯形面积的精确值，即

$$A=\lim_{\lambda \to 0}\sum_{i=1}^{n} f(\xi_i)\Delta x_i.$$

实例 2【变速直线运动的路程】 设一质点作变速直线运动，已知速度$v=v(t)$是时间t在区间$[T_1, T_2]$上的连续函数，且$v(t)\geqslant 0$，计算质点在这段时间内经过的路程s.

由于速度是变量，即速度$v(t)$随时间t而变化，因此，路程s不能直接用“速度×时间”来计算.但是，若把时间区间$[T_1, T_2]$分成许多小时间段，因质点运动的速度是连续变化的，则在每个小段时间内，速度变化不大，可以近似地看作是匀速的.于是，在时间间隔很短的条件下，可以用“匀速”近似地代替“变速”，从而求得每一小段时间内路程s的近似值，将各小段上的路程的近似值相加，可得到整个时间段内路程s的近似值.最后通过对时间间隔无限细分即取极限就可得到路程s的精确值.具体计算步骤如下：

(1) 分割(大化小):任取分点 $T_1=t_0<t_1<t_2<\cdots<t_{n-1}<t_n=T_2$,把区间$[T_1, T_2]$分成 n 个小区间$[t_{i-1}, t_i](i=1, 2, 3, \cdots, n)$,记每个小区间的长度为 $\Delta t_i=t_i-t_{i-1}(i=1, 2, \cdots, n)$;

(2) 近似(常代变):任取一时刻 $\tau_i\in[t_{i-1}, t_i]$,用 $v(\tau_i)$来近似代替$[t_{i-1}, t_i]$上各个时刻的速度(看成匀速运动),于是在时间间隔$[t_{i-1}, t_i]$内质点所走过的路程 Δs_i 的近似值为

$$\Delta s_i\approx v(\tau_i)\Delta t_i(i=1, 2, \cdots, n);$$

(3) 求和(近似和):把 n 段时间上的路程的近似值相加,就得到总路程的近似值,即

$$s=\sum_{i=1}^{n}\Delta s_i\approx\sum_{i=1}^{n}v(\tau_i)\Delta t_i;$$

(4) 取极限:记 $\lambda=\max\{\Delta t_1, \Delta t_2, \cdots, \Delta t_n\}$,如果当 $\lambda\to 0$ 时,所有时间区间的长度都趋于零.如果上述和式的极限存在,该极限值就是质点在时间间隔$[T_1, T_2]$上所经过的路程 s 的精确值,即

$$s=\lim_{\lambda\to 0}\sum_{i=1}^{n}v(\tau_i)\Delta t_i.$$

类似的例子在物理学、经济学、流体力学及工程技术等领域还有很多.虽然这些问题的实际意义不同,但解决问题的思路、方法和具体步骤都相同,最终都归结为函数在某一区间上的一种特定和式的极限,为了研究这类和式的极限,给出下面的定义.

二、定积分的定义

定义 6-1　设函数 $f(x)$在区间$[a, b]$上有定义,在$[a, b]$中任意插入 $n-1$ 个分点 $a=x_0<x_1<x_2<\cdots<x_i<\cdots<x_n=b$,把区间$[a, b]$任意分割成 n 个小区间$[x_{i-1}, x_i](i=1, 2, \cdots, n)$,小区间的长度记作 $\Delta x_i=x_i-x_{i-1}(i=1, 2, \cdots, n)$,记 $\lambda=\max\limits_{1\leqslant i\leqslant n}\{\Delta x_i\}$.在每个小区间$[x_{i-1}, x_i]$上任取一点 $\xi_i(i=1, 2, \cdots, n)$,作和式 $\sum\limits_{i=1}^{n}f(\xi_i)\Delta x_i$.当 $\lambda\to 0$ 时,若极限 $\lim\limits_{\lambda\to 0}\sum\limits_{i=1}^{n}f(\xi_i)\Delta x_i$ 存在(这个极限值与区间$[a, b]$的分法及点 ξ_i 的取法无关),则称函数 $f(x)$在$[a, b]$上可积,并称这个极限为函数 $f(x)$在区间$[a, b]$上的定积分,记作 $\int_a^b f(x)\mathrm{d}x$,即

$$\int_a^b f(x)\mathrm{d}x=\lim_{\lambda\to 0}\sum_{i=1}^{n}f(\xi_i)\Delta x_i.$$

其中,x 称为积分变量,“$f(x)$”称为被积函数,“$f(x)\mathrm{d}x$”称为被积表达式,a 称为积分下限,b 称为积分上限,$[a, b]$称为积分区间.

根据定积分的定义,前面所讨论的两个实际问题可分别表述如下:

(1) 曲线 $y=f(x)(f(x)\geqslant 0)$,x 轴与直线 $x=a$ 和 $x=b$ 所围成的曲边梯形的面积 A 等于 $f(x)$在区间$[a, b]$上的定积分,即 $A=\int_a^b f(x)\mathrm{d}x$.

(2) 速度为 $v=v(t)$的质点在时间段$[T_1, T_2]$上经过的路程 s 等于速度函数 $v(t)$在

时间段$[T_1, T_2]$上的定积分，即 $s=\int_{T_1}^{T_2} v(t)\mathrm{d}t$.

关于定积分的定义作以下几点说明：

(1) 闭区间上的连续函数是可积的；闭区间上只有有限个间断点的有界函数也是可积的.

(2) 定积分 $\int_a^b f(x)\mathrm{d}x$ 是一个数值，它的大小仅与被积函数 $f(x)$ 和积分区间$[a, b]$有关，而与积分区间的分法、点 ξ_i 的选取方法以及积分变量的符号无关.即：

$$\int_a^b f(x)\mathrm{d}x=\int_a^b f(t)\mathrm{d}t=\int_a^b f(u)\mathrm{d}u.$$

(3) 我们规定：$\int_b^a f(x)\mathrm{d}x=-\int_a^b f(x)\mathrm{d}x$ 和$\int_a^a f(x)\mathrm{d}x=0$.

(4) “分割-近似-求和-取极限”是定积分的思想方法.

三、定积分的几何意义

动画

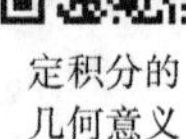

定积分的几何意义

(1) 如果函数 $f(x)$在区间$[a, b]$上连续，且 $f(x)\geqslant 0$，则定积分$\int_a^b f(x)\mathrm{d}x$ 在几何上表示由曲线 $y=f(x)$与直线 $x=a$，$x=b$，$y=0$ 所围成的曲边梯形的面积 A，即

$$\int_a^b f(x)\mathrm{d}x=A.$$

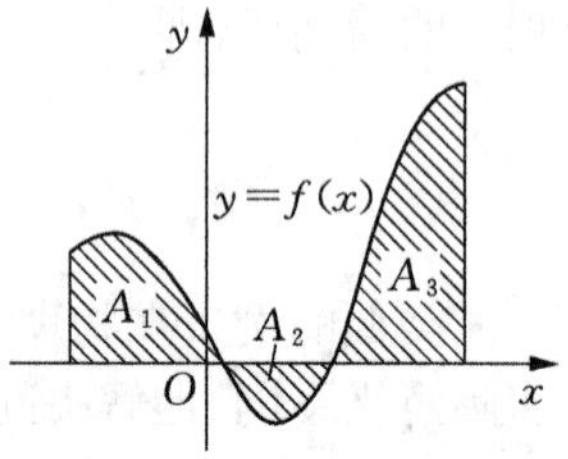

图 6-5

(2) 如果函数 $f(x)$在区间$[a, b]$上连续，且 $f(x)<0$，则定积分$\int_a^b f(x)\mathrm{d}x$ 在几何上表示由曲线$y=f(x)$与直线 $x=a$，$x=b$，$y=0$ 所围成的曲边梯形面积的相反数，即$\int_a^b f(x)\mathrm{d}x=-A$.

(3) 如果在$[a, b]$上 $f(x)$既可取正值又可取负值，那么函数的图形有部分位于 x 轴上方，有部分位于 x 轴的下方，此时定积分$\int_a^b f(x)\mathrm{d}x$ 在几何上表示由曲线$y=f(x)$与直线 $x=a$，$x=b$，$y=0$ 所围成的曲边梯形的面积的代数和，即位于 x 轴上方的图形面积减去位于 x 轴下方的图形面积(图 6-5).即$\int_a^b f(x)\mathrm{d}x=A_1-A_2+A_3$($A_1$，$A_2$，$A_3$ 分别为区间$[a, c]$，$[c, d]$，$[d, b]$对应的图形面积).

【例 1】 用定积分表示图中阴影部分面积.

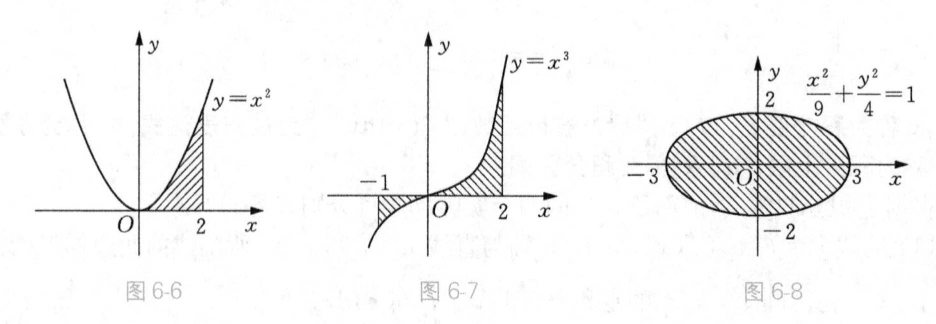

图 6-6　图 6-7　图 6-8

解 图 6-6 中的阴影部分是由曲线 $y=x^2$ 与直线 $x=2$ 及 x 轴所围，且在 x 轴上方，

由定积分的几何意义知阴影部分面积 $A=\int_0^2 x^2\mathrm{d}x$.

图 6-7 中的阴影部分是由曲线 $y=x^3$ 与直线 $x=-1$, $x=2$ 及 x 轴所围成,由定积分几何意义知阴影部分面积 $A=-\int_{-1}^0 x^3\mathrm{d}x+\int_0^2 x^3\mathrm{d}x$ (在$[-1, 0]$上 $y=x^3$ 是非正的,此区间上的面积等于 $-\int_{-1}^0 x^3\mathrm{d}x$). 错解:$A=\int_{-1}^2 x^3\mathrm{d}x$.

图 6-8 中的阴影部分是由椭圆 $\frac{x^2}{9}+\frac{y^2}{4}=1$ 所围,根据椭圆的对称性,只需用定积分表示出第一象限的面积,再乘以 4 即可.易知积分区间为$[0, 3]$,被积函数为 $y=\frac{2}{3}\sqrt{9-x^2}$,故面积 $A=\frac{8}{3}\int_0^3\sqrt{9-x^2}\mathrm{d}x$.

【例 2】　用定积分几何意义求下列积分.

(1) $\int_a^b\mathrm{d}x$;　(2) $\int_{-1}^2(x+1)\mathrm{d}x$.

解　(1) $\int_a^b\mathrm{d}x$ 的被积函数为 $y=1$,积分区间为$[a, b]$,由定积分几何意义知,$\int_a^b\mathrm{d}x$ 表示的是由直线 $y=1$, $x=a$, $x=b$ 及 x 轴所围成的矩形(特殊的梯形)面积,如图 6-9 所示,此矩形的宽为$(b-a)$,高为 1. 所以 $\int_a^b\mathrm{d}x=A_{矩形}=(b-a)\times 1=b-a$.

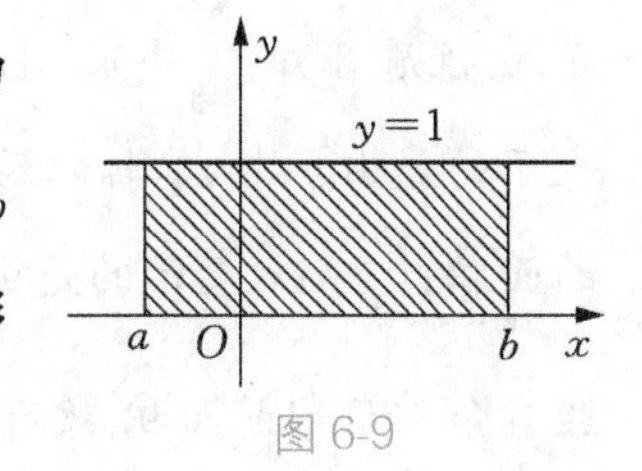

图 6-9

(2) $\int_{-1}^2(x+1)\mathrm{d}x$ 的被积函数为 $y=x+1$,积分区间为$[-1, 2]$,在积分区间上被积函数非负,由定积分几何意义知,$\int_{-1}^2(x+1)\mathrm{d}x$ 表示的是由直线 $y=x+1$, $x=-1$, $x=2$ 及 x 轴所围成的直角三角形(特殊的梯形)面积,如图 6-10 所示,所以

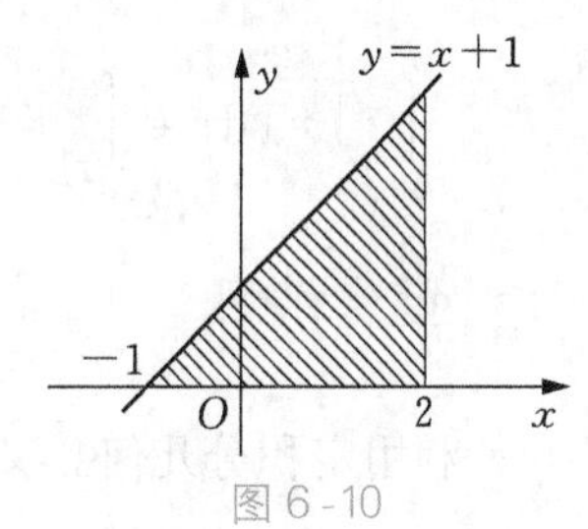

图 6-10

$$\int_{-1}^2(x+1)\mathrm{d}x=A_{三角形}=\frac{3\times 3}{2}=\frac{9}{2}.$$

四、定积分的性质

由定义知,定积分是和式的极限,由极限的运算法则,可推导出定积分的性质.涉及的函数在所给定的区间上都是可积的.

性质 1　若 $f(x)$、$g(x)$在区间$[a, b]$上可积,则 $f(x)\pm g(x)$在$[a, b]$上也可积,且

$$\int_a^b[f(x)\pm g(x)]\mathrm{d}x=\int_a^b f(x)\mathrm{d}x\pm\int_a^b g(x)\mathrm{d}x.$$

这个性质可以推广到有限个连续函数的代数和的定积分.

性质 2　若 $f(x)$在区间$[a, b]$上可积,k 为任意常数,则 $kf(x)$在$[a, b]$上也可积,且

$$\int_a^b kf(x)\mathrm{d}x=k\int_a^b f(x)\mathrm{d}x.$$

说明一点：性质 1 和性质 2 合称为线性性质，可以合写成

$$\int_a^b [k_1 f(x) \pm k_2 g(x)] \mathrm{d}x = k_1 \int_a^b f(x) \mathrm{d}x \pm k_2 \int_a^b g(x) \mathrm{d}x,$$

其中 k_1，k_2 是常数.

性质 3 （可加性）对任意的点 c，有

$$\int_a^b f(x) \mathrm{d}x = \int_a^c f(x) \mathrm{d}x + \int_c^b f(x) \mathrm{d}x$$

动画

定积分的性质 3

【注意】如图 6-11 所示，在性质 3 中 c 的任意性意味着不论 c 是在 $[a, b]$ 之内，还是 c 在 $[a, b]$ 之外，这一性质均成立. 此性质主要用于计算分段函数的定积分.

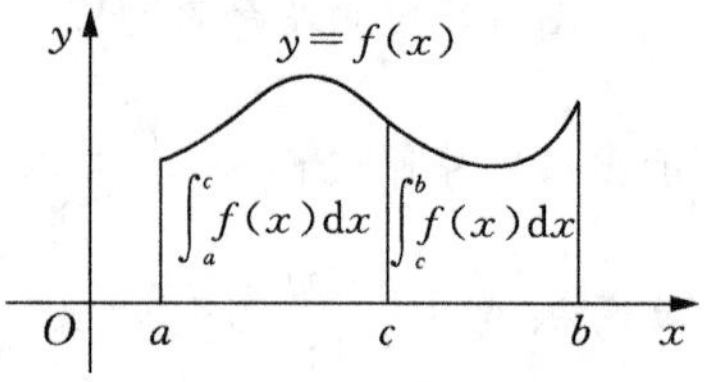

图 6-11

【例 3】 利用定积分几何意义求 $\int_{-1}^2 |x| \mathrm{d}x$.

解 因为 $|x| = \begin{cases} x, & x \geqslant 0, \\ -x, & x < 0, \end{cases}$ 其图像如图 6-12 所示. 由性质 3 知 $\int_{-1}^2 |x| \mathrm{d}x = \int_{-1}^0 (-x) \mathrm{d}x + \int_0^2 x \mathrm{d}x$. 由定积分的几何意义知，$\int_{-1}^0 (-x) \mathrm{d}x$ 表示的是由 x 轴，y 轴以及直线 $y = -x$ 围成的等腰直角三角形的面积；$\int_0^2 x \mathrm{d}x$ 表示的是由 x 轴，y 轴以及直线 $y = x$ 围成的等腰直角三角形的面积. 故有 $\int_{-1}^0 (-x) \mathrm{d}x = \dfrac{1}{2}$，$\int_0^2 x \mathrm{d}x = 2$，所以

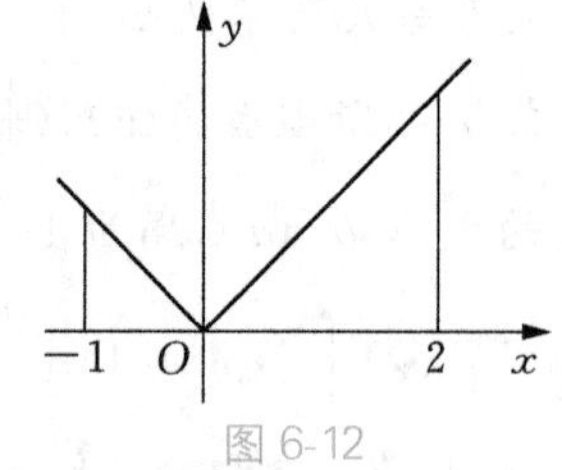

图 6-12

$$\int_{-1}^2 |x| \mathrm{d}x = \int_{-1}^0 (-x) \mathrm{d}x + \int_0^2 x \mathrm{d}x = \frac{1}{2} + 2 = \frac{5}{2}.$$

随堂练习

利用定积分几何意义求：① $\int_{-1}^2 |1-x| \mathrm{d}x$；② $\int_0^2 \sqrt{4-x^2} \mathrm{d}x$.

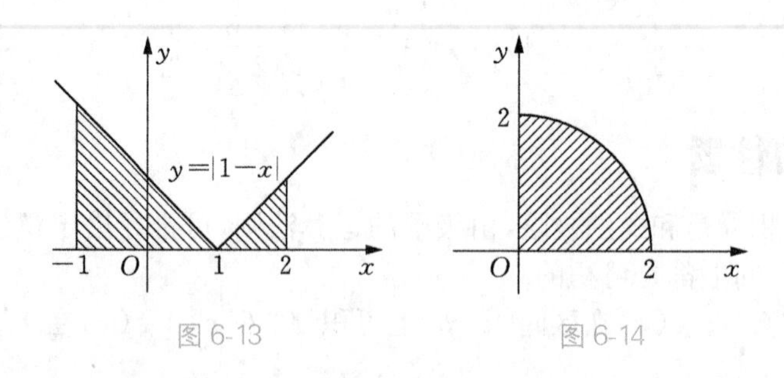

图 6-13　　图 6-14

答案与提示： ① 由图 6-13 知 $\int_{-1}^2 |1-x| \mathrm{d}x = 2 + \dfrac{1}{2} = \dfrac{5}{2}$；② 由图 6-14 知 $\int_0^2 \sqrt{4-x^2} \mathrm{d}x = \pi$.

性质 4 如果被积函数 $f(x) = c$（c 为常数），则 $\int_a^b c \mathrm{d}x = c(b-a)$.

动画

定积分的性质5

动画

定积分的性质5推论1

特别地,当 $c=1$ 时,有 $\int_a^b \mathrm{d}x=b-a$.

性质 5 （积分的保序性）如果在区间 $[a, b]$ 上,恒有 $f(x)\geqslant g(x)$,则

$$\int_a^b f(x)\mathrm{d}x \geqslant \int_a^b g(x)\mathrm{d}x.$$

推论 1 设 $f(x)$ 在区间 $[a, b]$ 上可积,若 $f(x)\geqslant 0(x\in[a, b])$,则 $\int_a^b f(x)\mathrm{d}x \geqslant 0$. 若 $f(x)\leqslant 0(x\in[a, b])$,则 $\int_a^b f(x)\mathrm{d}x \leqslant 0$.

推论 2 若 $f(x)$ 在区间 $[a, b]$ 上可积,且 $a<b$,则 $\left|\int_a^b f(x)\mathrm{d}x\right| \leqslant \int_a^b |f(x)|\mathrm{d}x$.

【例 4】 比较定积分 $\int_0^1 x^2\mathrm{d}x$ 与 $\int_0^1 x^3\mathrm{d}x$ 的大小.

解　因为在区间 $[0, 1]$ 上有 $x^2\geqslant x^3$,由定积分的保序性,得 $\int_0^1 x^2\mathrm{d}x > \int_0^1 x^3\mathrm{d}x$.

例如 在 $\left[-\dfrac{\pi}{2}, 0\right]$ 上 $\sin x\leqslant 0$,所以 $\int_{-\frac{\pi}{2}}^0 \sin x\,\mathrm{d}x<0$;而在 $\left[-\dfrac{\pi}{2}, 0\right]$ 上 $\cos x\geqslant 0$,即 $\int_{-\frac{\pi}{2}}^0 \cos x\,\mathrm{d}x>0$.

性质 6 （积分估值不等式）如果函数 $f(x)$ 在区间 $[a, b]$ 上有最大值 M 和最小值 m,则

$$m(b-a)\leqslant \int_a^b f(x)\mathrm{d}x \leqslant M(b-a).$$

【例 5】 估计定积分 $\int_{-1}^1 \mathrm{e}^{-x^2}\mathrm{d}x$ 的值.

解　设 $f(x)=\mathrm{e}^{-x^2}$, $f'(x)=-2x\mathrm{e}^{-x^2}$,令 $f'(x)=0$,得驻点 $x=0$,比较 $x=0$ 及区间端点 $x=\pm 1$ 的函数值,有 $f(0)=\mathrm{e}^0=1$, $f(\pm 1)=\mathrm{e}^{-1}=\dfrac{1}{\mathrm{e}}$.

显然 $f(x)=\mathrm{e}^{-x^2}$ 在区间 $[-1, 1]$ 上连续,则 $f(x)$ 在 $[-1, 1]$ 上的最小值为 $m=\dfrac{1}{\mathrm{e}}$,最大值为 $M=1$,由定积分的估值不等式,得 $\dfrac{2}{\mathrm{e}}\leqslant \int_{-1}^1 \mathrm{e}^{-x^2}\mathrm{d}x \leqslant 2$.

动画

定积分的性质7

性质 7 （积分中值定理）如果函数 $f(x)$ 在区间 $[a, b]$ 上连续,则在 (a, b) 内至少有一点 ξ,使得

$$\int_a^b f(x)\mathrm{d}x=f(\xi)(b-a),\ \xi\in(a, b).$$

【注意】性质 7 的几何意义是:由曲线 $y=f(x)$,与直线 $x=a$, $x=b$ 和 x 轴所围成的曲边梯形的面积等于区间 $[a, b]$ 上某个矩形的面积,这个矩形的底是区间 $[a, b]$,矩形的高为区间 $[a, b]$ 内某一点 ξ 处的函数值 $f(\xi)$,如图 6-15 所示.

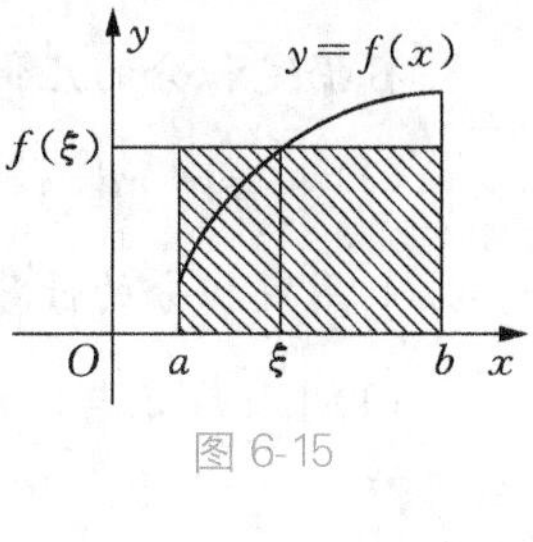

图 6-15

显然,由性质 7 可得 $f(\xi)=\dfrac{1}{b-a}\int_a^b f(x)\mathrm{d}x$, $f(\xi)$ 称为函

数 $f(x)$ 在区间 $[a, b]$ 上的平均值，这是求有限个数的平均值的拓广.

性质 8 （对称区间上奇偶函数的积分性质）设 $f(x)$ 在对称区间 $[-a, a]$ 上连续，则有

① 如果 $f(x)$ 为奇函数，则 $\int_{-a}^{a} f(x)\mathrm{d}x = 0$（图 6-16）；

② 如果 $f(x)$ 为偶函数，则 $\int_{-a}^{a} f(x)\mathrm{d}x = 2\int_{0}^{a} f(x)\mathrm{d}x$（图 6-17）.

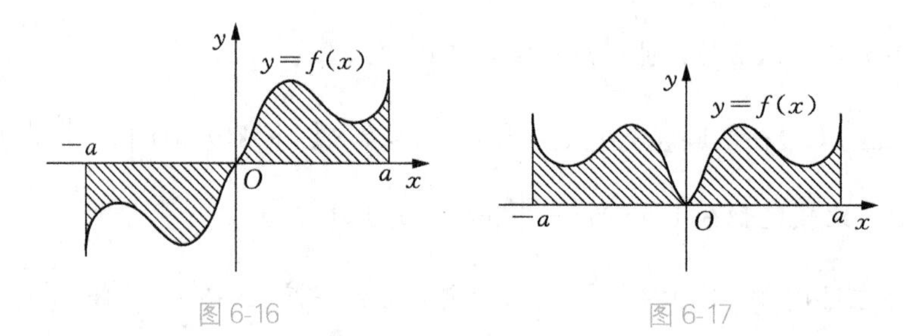

图 6-16　　　　图 6-17

例如 $\int_{-\pi}^{\pi} x^2 \sin x\,\mathrm{d}x = 0$，$\int_{-3}^{3}(x^2 + |x|)\mathrm{d}x = 2\int_{0}^{3}(x^2 + x)\mathrm{d}x$.

案例 1 解答【海岛面积】

解　根据定积分的几何意义，该岛的面积为

$$A = \int_{a}^{b}[f(x) - g(x)]\mathrm{d}x.$$

案例 2 解答【平均速度】

解　$\bar{v} = \frac{1}{30}\int_{0}^{30} v(t)\mathrm{d}t = \frac{1}{30}\int_{0}^{30}(t^2 - 10t + 6)\mathrm{d}t = 156(\mathrm{m/s})$.

随堂练习

求 $\int_{-\sqrt{2}}^{\sqrt{2}} \frac{x^2 \sin x}{1 + x^2 + x^4}\mathrm{d}x$.

答案与提示：由性质 8 的结论，得 $\int_{-\sqrt{2}}^{\sqrt{2}} \frac{x^2 \sin x}{1 + x^2 + x^4}\mathrm{d}x = 0$.

习题 6.1

1. 用定积分的定义表示由曲线 $y = x^2 + 1$，直线 $x = 0$，$x = 2$ 及 x 轴所围成的曲边梯形的面积 A.

2. 利用定积分的定义计算 $\int_{0}^{1} \mathrm{e}^{x}\mathrm{d}x$.

3. 根据定积分的几何意义，写出下列定积分的值.

(1) $\int_{-\pi}^{\pi} \sin x\,\mathrm{d}x$；　　(2) $\int_{0}^{1} \sqrt{1 - x^2}\,\mathrm{d}x$.

4. 利用定积分的性质比较下列积分值的大小.

(1) $\int_{1}^{2} x^2\mathrm{d}x$ 与 $\int_{1}^{2} x^3\mathrm{d}x$；　　(2) $\int_{0}^{1} \mathrm{e}^{-x}\mathrm{d}x$ 与 $\int_{0}^{1} \mathrm{e}^{-x^2}\mathrm{d}x$.

5. 估计下列定积分值的范围.

(1) $\int_1^4 (x^2+1)\mathrm{d}x$；　　(2) $\int_{-2}^0 x\mathrm{e}^x \mathrm{d}x$.

6. 设 $f(x)$ 在 $[a, b]$ 上是单调增加的可积函数，求证：

$$f(a)(b-a) \leqslant \int_a^b f(x)\mathrm{d}x \leqslant f(b)(b-a).$$

7. 函数 $f(x)$ 在 $[0, 1]$ 上连续，$(0, 1)$ 内可导，且 $3\int_{\frac{2}{3}}^1 f(x)\mathrm{d}x = f(0)$，证明：在 $(0, 1)$ 内至少存在一点 c，使 $f'(c)=0$.

任务 6.2　微积分基本定理

任务内容

- 完成与定积分求法相关的任务工作页；
- 学习积分上限函数的表达形式及其导数；
- 学习牛顿—莱布尼茨(Newton-Leibniz)公式的基础理论；
- 学习牛顿—莱布尼茨(Newton-Leibniz)公式的简单应用.

任务目标

- 掌握变上限积分函数的表达形式及其导数；
- 能够正确使用牛顿—莱布尼茨(Newton-Leibniz)公式计算简单定积分；

任务工作页

了解任务内容并学习相关知识后，在教师指导下完成任务工作页内各项内容的填写.

1. 变上限定积分的形式：________________.
2. 微积分基本定理：________________.
3. 若 $f(x)$ 在区间 $[a, b]$ 上连续，$\varphi(x)$ 在区间 $[a, b]$ 上可导，则有
$\frac{\mathrm{d}}{\mathrm{d}x}\int_a^{\varphi(x)} f(t)\mathrm{d}t =$ ________________.
4. $\lim\limits_{x\to 0}\frac{\int_0^{x^2} \mathrm{e}^{3t}\mathrm{d}t}{x^2} =$ ________________.
5. 如果函数 $f(x)$ 在区间 $[a, b]$ 上连续，$F(x)$ 是 $f(x)$ 在 $[a, b]$ 上的任一个原函数，则
$\int_a^b f(x)\mathrm{d}x =$ ________________.

案例【刹车距离】 一辆汽车以 18 km/h 的速度沿直线行驶，到达某处需要减速停车，设汽车以等加速度 $a=2\ \mathrm{m/s^2}$ 刹车，问从开始刹车到停车，汽车走了多远？

相关知识

计算函数在区间上的定积分可以用定积分的定义，即求特殊和式极限的方法，但这样方法比较烦琐.如果被积函数复杂一些，计算难度就更大了.因此，这种方法并不能很好地解决定积分的计算问题，必须寻求更加简单而有效的计算定积分的方法.

由定积分的定义知，以速度 $v=v(t)$ 作变速直线运动的质点，在时间间隔 $[T_1, T_2]$ 上所经过的路程为

$$s=\int_{T_1}^{T_2} v(t)\mathrm{d}t.$$

因为在时间间隔 $[T_1, T_2]$ 上所经过的路程又可以表示为

$$s=s(T_2)-s(T_1).$$

因此可得

$$\int_{T_1}^{T_2} v(t)\mathrm{d}t=s(T_2)-s(T_1).$$

由导数的物理学意义可知 $s'(t)=v(t)$，即 $s(t)$ 是 $v(t)$ 的一个原函数.因此，函数 $v(t)$ 在区间 $[T_1, T_2]$ 上的定积分等于它的一个原函数 $s(t)$ 在区间 $[T_1, T_2]$ 上的改变量 $s(T_2)-s(T_1)$.

从这个具体问题得出的结论，**在一定条件下具有普遍意义**.这不但说明了定积分与不定积分(原函数)之间有密切关系，而更重要的是提供了由原函数计算定积分的方法.为此我们先来研究一种函数.

一、积分上限函数及其导数

设函数 $f(x)$ 在 $[a, b]$ 上连续，x 为区间 $[a, b]$ 上的一点，则积分 $\int_a^x f(x)\mathrm{d}x$ 存在，此时 x 既表示积分上限，又表示积分变量.因定积分与积分变量无关，为避免混淆，把积分变量 x 改用 t 表示，则上面的定积分可以写成 $\int_a^x f(t)\mathrm{d}t$.

定义 6-2 如果函数 $f(x)$ 在区间 $[a, b]$ 上连续，那么在区间 $[a, b]$ 上每取一点 x 值，都有一个唯一确定的定积分 $\int_a^x f(t)\mathrm{d}t$ 值与之相对应，所以在区间 $[a, b]$ 上定义了一个关于上限 x 的函数，记作 $\Phi(x)$，即

$$\Phi(x)=\int_a^x f(t)\mathrm{d}t\,(a\leqslant x\leqslant b).$$

称函数 $\Phi(x)$ 为**变上限积分函数**，也称**积分上限函数**(图 6-18).关于积分上限函数具有以下重要结论.

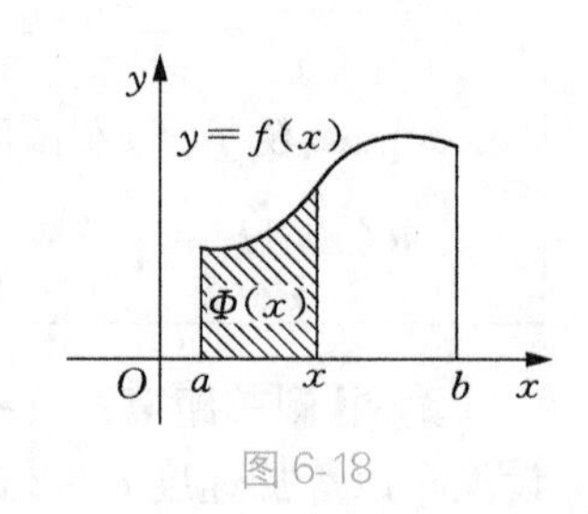

图 6-18

定理 6-1(微积分基本定理) 如果函数 $f(x)$ 在区间 $[a, b]$ 上连续，则变上限积分函数 $\Phi(x)=\int_a^x f(t)\mathrm{d}t$ 在区间 $[a, b]$ 上可导，且其导数为

$$\Phi'(x)=\frac{\mathrm{d}}{\mathrm{d}x}\int_a^x f(t)\mathrm{d}t=f(x).$$

定理 6-1 表明，$\Phi(x)$是连续函数 $f(x)$的一个原函数，因此可得：

定理 6-2（原函数存在定理）　如果函数 $f(x)$在区间$[a, b]$上连续，则变上限积分函数 $\Phi(x)=\int_a^x f(t)\mathrm{d}t$ 就是函数 $f(x)$在区间$[a, b]$上的一个原函数.

定理 6-2 解决了原函数的存在问题，同时揭示了定积分与被积函数原函数之间的关系，为我们寻求定积分的简便算法提供了理论依据.

变限函数求导的一般公式为

$$\frac{\mathrm{d}}{\mathrm{d}x}\left[\int_{v(x)}^{u(x)} f(x)\mathrm{d}x\right]=u'(x)f[u(x)]-v'(x)f[v(x)].$$

【例 1】　计算下列各题.

(1) $\frac{\mathrm{d}}{\mathrm{d}x}\int_0^x \sqrt{1-t^2}\,\mathrm{d}t$；(2) $\frac{\mathrm{d}}{\mathrm{d}x}\int_0^{\sin x} \sqrt{1+t^2}\,\mathrm{d}t$；(3) $\lim\limits_{x\to 0}\frac{\int_0^x t\sin t\,\mathrm{d}t}{x^3}$；(4) $\frac{\mathrm{d}}{\mathrm{d}x}\int_x^0 \cos t^2\,\mathrm{d}t$.

解　(1) $\frac{\mathrm{d}}{\mathrm{d}x}\int_0^x \sqrt{1-t^2}\,\mathrm{d}t=\sqrt{1-x^2}$.

(2) 令 $u=\sin x$，则 $\int_0^{\sin x} \sqrt{1+t^2}\,\mathrm{d}t=\int_0^u \sqrt{1+t^2}\,\mathrm{d}t$. 由复合函数求导法则，得 $\frac{\mathrm{d}}{\mathrm{d}x}\int_0^{\sin x} \sqrt{1+t^2}\,\mathrm{d}t=\frac{\mathrm{d}}{\mathrm{d}u}\int_0^u \sqrt{1+t^2}\,\mathrm{d}t\cdot\frac{\mathrm{d}u}{\mathrm{d}x}=\sqrt{1+u^2}\cdot\cos x=\sqrt{1+\sin^2 x}\cdot\cos x$.

一般地，若 $f(x)$在区间$[a, b]$上连续，$\varphi(x)$在区间$[a, b]$上可导，则有

$$\frac{\mathrm{d}}{\mathrm{d}x}\int_a^{\varphi(x)} f(t)\mathrm{d}t=f[\varphi(x)]\varphi'(x).$$

(3) 因为当 $x\to 0$ 时，该极限属于"$\frac{0}{0}$"型，可用洛必达法则求该极限，即

$$\lim_{x\to 0}\frac{\int_0^x t\sin t\,\mathrm{d}t}{x^3}=\lim_{x\to 0}\frac{\left(\int_0^x t\sin t\,\mathrm{d}t\right)'}{(x^3)'}=\lim_{x\to 0}\frac{x\sin x}{3x^2}=\lim_{x\to 0}\frac{\sin x}{3x}=\frac{1}{3}.$$

(4) $\frac{\mathrm{d}}{\mathrm{d}x}\int_x^0 \cos t^2\,\mathrm{d}t=\frac{\mathrm{d}}{\mathrm{d}x}\left[-\int_0^x \cos t^2\,\mathrm{d}t\right]=-\cos x^2$.

【例 2】　讨论函数 $f(x)=\int_0^{x^2} t\mathrm{e}^{-t}\,\mathrm{d}t$ 的单调区间与极值.

解　该函数的定义域为 $(-\infty, +\infty)$，$f'(x)=\left(\int_0^{x^2} t\mathrm{e}^{-t}\,\mathrm{d}t\right)'=2x^3\mathrm{e}^{-x^2}$.

令 $f'(x)=0$，得驻点 $x=0$. 当 $x<0$ 时，$f'(x)<0$，即函数 $f(x)$在区间$(-\infty, 0]$上单调减少；当 $x>0$ 时，$f'(x)>0$，则函数 $f(x)$在区间$[0, +\infty)$上单调增加. 因此，函数$f(x)$在 $x=0$ 处取得极小值 $f(0)=0$.

随堂练习

(1) $\lim\limits_{x\to 0}\frac{\int_0^x (\arctan t)^2\,\mathrm{d}t}{x^3}$.

(2) 设 $h(x)=x\int_0^{x^2} t\mathrm{d}t$，求 $h'(x)$ 和 $h''(x)$.

答案与提示：(1) $\frac{1}{3}$（应用洛必达法则及无穷小量等价代换）.

(2) $h'(x)=\int_0^{x^2} t\mathrm{d}t+2x^4$，$h''(x)=10x^3$.

二、牛顿—莱布尼茨(Newton-Leibniz)公式

根据定理6-2我们可以得出下面的重要定理（证明略），该定理给出了用原函数计算定积分的公式.

释疑解难

微积分重要概念之间的关系和区别

定理6-3 如果函数 $f(x)$ 在区间 $[a,b]$ 上连续，$F(x)$ 是 $f(x)$ 在 $[a,b]$ 上的任一个原函数，则

$$\int_a^b f(x)\mathrm{d}x=F(b)-F(a).$$

定理6-3给出的公式称作**牛顿—莱布尼茨(Newton-Leibniz)公式**，也称为**微积分基本公式**.它揭示了定积分与不定积分的联系，为定积分的计算提供了一个有效方法.

为了方便起见，通常将 $F(b)-F(a)$ 简记为 $[F(x)]_a^b$ 或 $F(x)\Big|_a^b$，于是公式又可记作

$$\int_a^b f(x)\mathrm{d}x=[F(x)]_a^b=F(x)\Big|_a^b=F(b)-F(a).$$

【注意】公式对 $a>b$ 的情形同样成立.

由牛顿—莱布尼茨公式可知，求连续函数 $f(x)$ 在区间 $[a,b]$ 上的定积分，只需求出 $f(x)$ 在区间 $[a,b]$ 上的任一个原函数 $F(x)$，并计算它在两端点处的函数值之差 $F(b)-F(a)$ 即可.

【例3】 计算下列定积分：

(1) $\int_0^{\pi}\cos x\mathrm{d}x$； (2) $\int_{-1}^{\sqrt{3}}\frac{\mathrm{d}x}{1+x^2}$； (3) $\int_0^{\pi}\sqrt{1+\cos 2x}\,\mathrm{d}x$；

(4) $\int_0^2 f(x)\mathrm{d}x$，其中 $f(x)=\begin{cases}2x, & 0\leqslant x\leqslant 1,\\ 5, & 1<x\leqslant 2.\end{cases}$

解 (1) $\int_0^{\pi}\cos x\mathrm{d}x=[\sin x]_0^{\pi}=\sin\pi-\sin 0=0.$

(2) $\int_{-1}^{\sqrt{3}}\frac{\mathrm{d}x}{1+x^2}=\arctan x\Big|_{-1}^{\sqrt{3}}=\arctan\sqrt{3}-\arctan(-1)=\frac{\pi}{3}-\left(-\frac{\pi}{4}\right)=\frac{7}{12}\pi.$

(3)
$$\begin{aligned}\int_0^{\pi}\sqrt{1+\cos 2x}\,\mathrm{d}x&=\int_0^{\pi}\sqrt{2\cos^2 x}\,\mathrm{d}x=\sqrt{2}\int_0^{\pi}|\cos x|\mathrm{d}x\\&=\sqrt{2}\left[\int_0^{\frac{\pi}{2}}\cos x\mathrm{d}x+\int_{\frac{\pi}{2}}^{\pi}(-\cos x)\mathrm{d}x\right]\\&=\sqrt{2}\sin x\Big|_0^{\frac{\pi}{2}}-\sqrt{2}\sin x\Big|_{\frac{\pi}{2}}^{\pi}=2\sqrt{2}.\end{aligned}$$

(4) $\int_0^2 f(x)\mathrm{d}x=\int_0^1 2x\mathrm{d}x+\int_1^2 5\mathrm{d}x=x^2\Big|_0^1+5x\Big|_1^2=1+5=6.$

案例解答【刹车距离】

解　由题意知 $v_0=18\ \text{km/h}=5\ \text{m/s}$，刹车后汽车减速行驶，其速度为 $v(t)=v_0-at=5-2t$. 令 $v(t)=0$ 得 $t=2.5(\text{s})$，即为从开始刹车到停车所经过的时间. 于是

$$s=\int_0^{2.5} v(t)\mathrm{d}t=\int_0^{2.5}(5-2t)\mathrm{d}t=\left[5t-t^2\right]_0^{2.5}=6.25(\text{m}),$$

即从开始刹车到停车，汽车走了 6.25 m.

随堂练习

求下列定积分.

① $\int_0^1 x(1+x)\mathrm{d}x$；② $\int_{-\pi}^{\pi}(\cos x-2\sin x+3)\mathrm{d}x$；③ $\int_0^4 |x-3|\mathrm{d}x$；

④ 设 $f(x)=\begin{cases}x-2,\ x\leqslant 1,\\ x^2,\ x>1\end{cases}$，求 $\int_{-1}^{2} f(x)\mathrm{d}x$.

答案与提示：① $\int_0^1 x(1+x)\mathrm{d}x=\dfrac{9}{10}$；

② $\int_{-\pi}^{\pi}(\cos x-2\sin x+3)\mathrm{d}x=6\pi$；

③ $\int_0^4 |x-3|\mathrm{d}x=\int_0^3(3-x)\mathrm{d}x+\int_3^4(x-3)\mathrm{d}x=5$；

④ $\int_{-1}^{2} f(x)\mathrm{d}x=\int_{-1}^{1}(x-2)\mathrm{d}x+\int_1^2 x^2\mathrm{d}x=-\dfrac{5}{3}$.

三、专业应用案例

【例 4】　设电流强度 $i=7\sin\omega t$，试用定积分表示 t 从 t_0 到 t_1 时间段内流过导线横截面的电荷量.

解　电荷量表示为

$$y=\int_{t_0}^{t_1} 7\sin\omega t\,\mathrm{d}t=-\frac{7}{\omega}\cos\omega t\Big|_{t_0}^{t_1}=-\frac{7}{\omega}\cos\omega t_1+\frac{7}{\omega}\cos\omega t_0.$$

习题 6.2

1. 求下列函数的导数.

(1) $\int_0^x t\sin^2 t\,\mathrm{d}t$；　　(2) $\int_{x^2+1}^{2}\sqrt{t^2+1}\cos t\,\mathrm{d}t$.

2. 试求函数 $y=\int_0^x \cos t\,\mathrm{d}t$ 在 $x=\dfrac{\pi}{2}$ 处的导数.

3. 求用参数表示式 $x=\int_0^t \sin t\,\mathrm{d}t$，$y=\int_0^t \cos t\,\mathrm{d}t$ 所确定的函数 y 对 x 的导数.

4. 计算下列定积分.

(1) $\int_4^9 \sqrt{x}(1+\sqrt{x})\mathrm{d}x$；　　(2) $\int_{-\frac{1}{2}}^{\frac{1}{2}}\dfrac{\mathrm{d}x}{\sqrt{1-x^2}}$；

(3) $\int_{1}^{e}\frac{1+\ln x}{x}dx$； (4) $\int_{-\frac{\pi}{2}}^{\frac{\pi}{2}}\sqrt{\cos x-\cos^{3}x}\,dx$；

(5) $\int_{0}^{16}\frac{dx}{\sqrt{x+9}-\sqrt{x}}$； (6) 设 $f(x)=\begin{cases}x+1, & 当\ x\leqslant 1\ 时,\\ \frac{1}{2}x, & 当\ x>1\ 时,\end{cases}$ 求 $\int_{0}^{2}f(x)dx$.

5. 设 $f(x)=\begin{cases}\frac{1}{2}\sin x, & 0\leqslant x\leqslant\pi,\\ 0, & x<0\ 或\ x>\pi,\end{cases}$ 求 $\Phi(x)=\int_{0}^{x}f(t)dt$ 在 $(-\infty,+\infty)$ 内的表达式.

6. 求由曲线 $y=x^{2}-1$，直线 $x=-2$，$x=\frac{1}{2}$ 及 x 轴所围成的图形的面积.

7. 当 x 为何值时，函数 $F(x)=\int_{a}^{x}(t-1)e^{-t^{2}}dt$ 有极值.

任务 6.3 定积分的计算方法

任务内容

- 完成与定积分的计算法相关的任务工作页；
- 学习定积分的第一类换元积分法；
- 学习定积分的第二类换元积分法；
- 学习定积分的分部积分法.

任务目标

- 掌握定积分的第一类换元积分法；
- 掌握定积分的第二类换元积分法；
- 掌握定积分的分部积分法.

任务工作页

了解任务内容并学习相关知识后，在教师指导下完成任务工作页内各项内容的填写.

1. 定积分的第一类换元积分公式：__________.
2. 定积分的第二类换元积分公式：__________.
3. 定积分的分部积分公式：__________.
4. 不定积分的换元积分法与定积分的换元积分法不同之处在于：__________ __________.

案例【商品销售量】 某种商品一年中的销售速度为 $v(t)=100+100\sin\left(2\pi t-\frac{\pi}{2}\right)$（$t$ 的单位：月；$0\leqslant t\leqslant 12$），求此商品前 3 个月的销售总量.

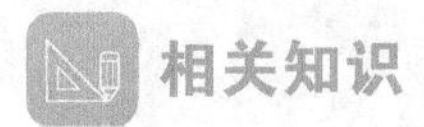

由上节牛顿—莱布尼茨公式可知，求定积分的关键在于求对应的不定积分(被积函数的原函数).因此，将求不定积分的方法移植到定积分上，就可以得到定积分的换元法和分部积分法.

一、定积分的第一类换元积分法

设函数 $f[\varphi(x)]\varphi'(x)$ 在区间 $[a, b]$ 上连续，$u=\varphi(x)$，$F(u)$ 是 $f(u)$ 的一个原函数，且 $\varphi(a)=\alpha$，$\varphi(b)=\beta$，则

$$\int_a^b f[\varphi(x)]\varphi'(x)\mathrm{d}x=\int_a^b f[\varphi(x)]\mathrm{d}(\varphi(x))=\int_\alpha^\beta f(u)]\mathrm{d}u=F(u)\Big|_\alpha^\beta=F(\beta)-F(\alpha)$$

或

$$\int_a^b f[\varphi(x)]\varphi'(x)\mathrm{d}x=\int_a^b f[\varphi(x)]\mathrm{d}(\varphi(x))=F[\varphi(x)]_a^b=F[\varphi(b)]-F[\varphi(a)].$$

【注意】(1) 要换元就一定要换限，原则是：上限换上限，下限换下限.(2) 定积分的第一类换元积分法不必回代，只要把新变量 u 的上、下限分别代入 $F(u)$，然后相减就行了.

【例 1】 计算下列定积分

(1) $\displaystyle\int_1^2\frac{\mathrm{d}x}{2+3x}$；　(2) $\displaystyle\int_0^1(2x-1)^{10}\mathrm{d}x$；　(3) $\displaystyle\int_0^{\frac{\pi}{2}}\sin\left(\frac{x}{3}\right)\mathrm{d}x$；

(4) $\displaystyle\int_0^{\mathrm{e}}\frac{x}{1+x^2}\mathrm{d}x$；　(5) $\displaystyle\int_{\frac{\pi}{6}}^{\frac{\pi}{2}}\frac{\cos x}{\sin^2x}\mathrm{d}x$；　(6) $\displaystyle\int_1^{\mathrm{e}}\frac{\sqrt{\ln x}}{x}\mathrm{d}x$.

解　(1) $\displaystyle\int_1^2\frac{\mathrm{d}x}{2+3x}=\frac{1}{3}\int_1^2\frac{\mathrm{d}(2+3x)}{2+3x}=\frac{1}{3}[\ln|2+3x|]_1^2=\frac{1}{3}[\ln 8-\ln 5]=\frac{1}{3}\ln\frac{8}{5}$；

(2) $\displaystyle\int_0^1(2x-1)^{10}\mathrm{d}x=\frac{1}{2}\int_0^1(2x-1)^{10}\mathrm{d}(2x-1)$.

令 $2x-1=u$，因为 $x=0$ 时，$u=2x-1=-1$，且 $x=1$ 时，$u=2x-1=1$，所以

$$\int_0^1(2x-1)^{10}\mathrm{d}x=\frac{1}{2}\int_{-1}^1u^{10}\mathrm{d}u=\frac{1}{22}u^{11}\Big|_{-1}^1=\frac{1}{11};$$

或 $\displaystyle\int_0^1(2x-1)^{10}\mathrm{d}x=\frac{1}{2}\int_0^1(2x-1)^{10}\mathrm{d}(2x-1)=\frac{1}{22}(2x-1)^{11}\Big|_0^1=\frac{1}{11}$(因为没换元，所以积分上下限不变.熟练后这样做较简单).

(3) $\displaystyle\int_0^{\frac{\pi}{2}}\sin\left(\frac{x}{3}\right)\mathrm{d}x=3\int_0^{\frac{\pi}{2}}\sin\left(\frac{x}{3}\right)\mathrm{d}\left(\frac{x}{3}\right)$ (令 $\frac{x}{3}=u$)

$$=3\int_0^{\frac{\pi}{6}}\sin u\,\mathrm{d}u=(-3\cos x)\Big|_0^{\frac{\pi}{6}}=3\left(1-\frac{\sqrt{3}}{2}\right);$$

或

$$\int_0^{\frac{\pi}{2}}\sin\left(\frac{x}{3}\right)\mathrm{d}x=3\int_0^{\frac{\pi}{2}}\sin\left(\frac{x}{3}\right)\mathrm{d}\left(\frac{x}{3}\right)=\left[-3\cos\left(\frac{x}{3}\right)\right]\Big|_0^{\frac{\pi}{2}}=3\left(1-\frac{\sqrt{3}}{2}\right).$$

(4) $\displaystyle\int_0^{\mathrm{e}}\frac{x}{1+x^2}\mathrm{d}x=\frac{1}{2}\int_0^{\mathrm{e}}\frac{1}{1+x^2}\mathrm{d}(x^2+1)=\frac{1}{2}\ln(1+x^2)\Big|_0^{\mathrm{e}}=\frac{1}{2}\ln(1+\mathrm{e}^2)$；

(5) $\int_{\frac{\pi}{6}}^{\frac{\pi}{2}} \frac{\cos x}{\sin^2 x} dx = \int_{\frac{\pi}{6}}^{\frac{\pi}{2}} \frac{1}{\sin^2 x} d(\sin x) = \left[-\frac{1}{\sin x}\right]_{\frac{\pi}{6}}^{\frac{\pi}{2}} = 1$；

(6) $\int_1^e \frac{\sqrt{\ln x}}{x} dx = \int_1^e \sqrt{\ln x}\, d(\ln x) = \frac{2}{3}(\ln x)^{\frac{3}{2}}\Big|_1^e = \frac{2}{3}$.

随堂练习

计算下列定积分.

① $\int_0^1 \sqrt[3]{1-2x}\, dx$；② $\int_{-2}^0 e^x \cos(e^x) dx$；③ $\int_1^2 \frac{x^2}{1+x^3} dx$；④ $\int_0^{\frac{\pi}{2}} \cos^3 x \sin x\, dx$.

答案：① 0；② $\sin 1 - \sin(e^{-2})$；③ $\frac{1}{3}(2\ln 3 - \ln 2)$；④ $\frac{1}{4}$.

二、定积分的第二类换元积分法

设函数 $f(x)$在区间$[a, b]$上连续，函数 $x=\varphi(t)$满足：

(1) $\varphi(t)$在$[\alpha, \beta]$上具有连续的导数；

(2) $\varphi(\alpha)=a$, $\varphi(\beta)=b$，且当 t 在$[\alpha, \beta]$上变化时，函数 $x=\varphi(t)$的值在$[a, b]$上变化；

(3) 函数 $G(t)$是函数 $f[\varphi(t)]\varphi'(t)$的一个原函数，则

$$\int_a^b f(x) dx = \int_\alpha^\beta f[\varphi(t)]\varphi'(t) dt = G(t)\Big|_\alpha^\beta = G(\beta) - G(\alpha).$$

【例 2】 计算下列定积分.

(1) $\int_0^3 \frac{x}{\sqrt{1+x}} dx$；　(2) $\int_0^{\ln 2} \sqrt{e^x - 1}\, dx$；　(3) $\int_2^4 \frac{\sqrt{x^2-4}}{x^4} dx$.

解 (1) 令$\sqrt{1+x}=t$，则 $x=t^2-1$, $dx=2t dt$. 当 $x=0$ 时，$t=1$；当 $x=3$ 时，$t=2$. 于是

$$\int_0^3 \frac{x}{\sqrt{1+x}} dx = \int_1^2 \frac{t^2-1}{t} \cdot 2t\, dt = 2\int_1^2 (t^2-1) dt = 2\left[\frac{1}{3}t^3 - t\right]_1^2 = \frac{8}{3}；$$

(2) 令$\sqrt{e^x-1}=t$，则 $x=\ln(1+t^2)$, $dx=\frac{2t}{1+t^2}dt$. 当 $x=0$ 时，$t=0$；当 $x=\ln 2$ 时，$t=1$. 于是

$$\int_0^{\ln 2} \sqrt{e^x-1}\, dx = \int_0^1 t \cdot \frac{2t}{1+t^2} dt = 2\int_0^1 \frac{t^2}{1+t^2} dt = 2\int_0^1 \frac{(t^2+1)-1}{1+t^2} dt$$

$$= 2\int_0^1 \left(1 - \frac{1}{1+t^2}\right) dt = 2(t - \arctan t)\Big|_0^1$$

$$= 2[(1-\arctan 1) - (0 - \arctan 0)] = 2 - \frac{\pi}{2}；$$

释疑解难

定积分的换元积分法

(3) 令 $x=2\sec t$，则$\sqrt{x^2-4}=2\tan t$, $dx=2\sec t\tan t\, dt$. 当 $x=2$ 时，$t=0$；当 $x=4$ 时，$t=\frac{\pi}{3}$. 于是

$$\int_2^4 \frac{\sqrt{x^2-4}}{x^4}dx=\int_0^{\frac{\pi}{3}}\frac{2\tan t}{16\sec^4 t}\cdot 2\sec t\tan t\,dt=\frac{1}{4}\int_0^{\frac{\pi}{3}}\sin^2 t\cos t\,dt$$

$$=\frac{1}{4}\int_0^{\frac{\pi}{3}}\sin^2 t\,d(\sin t)=\frac{1}{12}\sin^3 t\Big|_0^{\frac{\pi}{3}}=\frac{\sqrt{3}}{32}.$$

【注意】(1) 使用第二类换元积分法时一般是要换限的,原则是,上限换上限,下限换下限.

(2) 定积分的第二类换元积分法也不必回代.

随堂练习

计算下列定积分.

① $\int_0^8 \frac{1}{1+\sqrt[3]{x}}dx$;　　② $\int_0^{\frac{\sqrt{2}}{2}}\frac{x^2}{\sqrt{1-x^2}}dx$.

答案:① $3\ln 3$; ② $\frac{\pi-2}{8}$.

三、定积分的分部积分法

设函数 $u=u(x)$ 和 $v=v(x)$ 在区间 $[a, b]$ 上有连续的导数,则有

$$\int_a^b u(x)dv(x)=[u(x)v(x)]_a^b-\int_a^b v(x)du(x).$$

【注意】 选取 $u(x)$ 的方式、方法与不定积分的分部积分法完全一样.

【例 3】 计算下列定积分.

(1) $\int_0^{\frac{\pi}{2}} x\cos x\,dx$;　　(2) $\int_e^{e^2} x^3\ln x\,dx$;　　(3) $\int_0^{\frac{\sqrt{3}}{2}}\arccos x\,dx$.

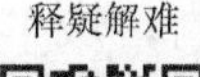

释疑解难

定积分的分部积分法

解　(1) $\int_0^{\frac{\pi}{2}} x\cos x\,dx=\int_0^{\frac{\pi}{2}} x\,d(\sin x)=x\sin x\Big|_0^{\frac{\pi}{2}}-\int_0^{\frac{\pi}{2}}\sin x\,dx$

$$=\frac{\pi}{2}+(\cos x)\Big|_0^{\frac{\pi}{2}}=\frac{\pi}{2}-1;$$

(2) $\int_e^{e^2} x^3\ln x\,dx=\int_e^{e^2}\ln x\,d\left(\frac{1}{4}x^4\right)=\frac{1}{4}x^4\ln x\Big|_e^{e^2}-\int_e^{e^2}\frac{1}{4}x^4\,d(\ln x)$

$$=\left(\frac{1}{2}e^8-\frac{1}{4}e^4\right)-\frac{1}{4}\int_e^{e^2}x^4\cdot\frac{1}{x}dx=\left(\frac{1}{2}e^8-\frac{1}{4}e^4\right)-\frac{1}{4}\int_e^{e^2}x^3dx$$

$$=\left(\frac{1}{2}e^8-\frac{1}{4}e^4\right)-\left[\frac{1}{16}x^4\right]_e^{e^2}=\frac{1}{16}e^4(7e^4-3);$$

(3) $\int_0^{\frac{\sqrt{3}}{2}}\arccos x\,dx=x\arccos x\Big|_0^{\frac{\sqrt{3}}{2}}-\int_0^{\frac{\sqrt{3}}{2}}x\,d(\arccos x)$

$$=\frac{\sqrt{3}}{12}\pi+\int_0^{\frac{\sqrt{3}}{2}}x\cdot\frac{1}{\sqrt{1-x^2}}dx=\frac{\sqrt{3}}{12}\pi-\frac{1}{2}\int_0^{\frac{\sqrt{3}}{2}}\frac{1}{\sqrt{1-x^2}}d(1-x^2)$$

$$=\frac{\sqrt{3}}{12}\pi-\sqrt{1-x^2}\Big|_0^{\frac{\sqrt{3}}{2}}=\frac{\sqrt{3}}{12}\pi+\frac{1}{2}.$$

随堂练习

计算下列定积分.

① $\int_1^2 x\ln x\,dx$；② $\int_0^1 x e^x\,dx$；③ $\int_1^e \ln x\,dx$.

答案:① $2\ln 2-\frac{3}{4}$； ② 1； ③ 1.

【例 4】 求下列定积分.

(1) $\int_{-\sqrt{3}}^{\sqrt{3}} \frac{x^2\sin x}{1+x^4}dx$； (2) $\int_{-2}^{2} x^2\sqrt{4-x^2}\,dx$.

解 (1) 因为被积函数 $f(x)=\frac{x^2\sin x}{1+x^4}$ 是奇函数,且积分区间 $[-\sqrt{3}, \sqrt{3}]$ 是对称区间,所以

$$\int_{-\sqrt{3}}^{\sqrt{3}} \frac{x^2\sin x}{1+x^4}dx=0.$$

(2) 被积函数 $f(x)=x^2\sqrt{4-x^2}$ 是偶函数,积分区间 $[-2, 2]$ 是对称区间,所以 $\int_{-2}^{2} x^2\sqrt{4-x^2}\,dx=2\int_0^2 x^2\sqrt{4-x^2}\,dx$. 令 $x=2\sin t$,则 $dx=2\cos t\,dt$, $\sqrt{4-x^2}=2\cos t$. 当 $x=0$ 时, $t=0$; 当 $x=2$ 时, $t=\frac{\pi}{2}$. 于是

$$\begin{aligned}\int_{-2}^{2} x^2\sqrt{4-x^2}\,dx&=2\int_0^{\frac{\pi}{2}} 16\sin^2 t\cos^2 t\,dt=8\int_0^{\frac{\pi}{2}}\sin^2 2t\,dt\\&=4\int_0^{\frac{\pi}{2}}(1-\cos 4t)dt=(4t-\sin 4t)\Big|_0^{\frac{\pi}{2}}=2\pi.\end{aligned}$$

案例解答【商品销售量】 由变化率求总改变量知,商品在前 3 个月的销售总量 P 为

$$\begin{aligned}P&=\int_0^3\left[100+100\sin\left(2\pi t-\frac{\pi}{2}\right)\right]dt\\&=\int_0^3 100dt+\int_0^3 100\sin\left(2\pi t-\frac{\pi}{2}\right)\cdot\frac{1}{2\pi}d\left(2\pi t-\frac{\pi}{2}\right)\\&=100\Big|_0^3+\frac{100}{2\pi}\int_0^3\sin\left(2\pi t-\frac{\pi}{2}\right)d\left(2\pi t-\frac{\pi}{2}\right)\\&=300-\frac{100}{2\pi}\left[\cos\left(2\pi t-\frac{\pi}{2}\right)\right]\Big|_0^3\\&=300.\end{aligned}$$

四、专业应用案例

【例 5】 电能问题.

在电力需求的电涌时期,消耗电能的速度 r 可以近似地表示 $r=te^{-t}$ (t 单位:h). 求在前两个小时内消耗的总电能 E (单位:J).

解 由变化率求总改变量得

$$E=\int_0^2 r\,\mathrm{d}t=\int_0^2 t\,\mathrm{e}^{-t}\,\mathrm{d}t=\int_0^2(-t)\,\mathrm{d}\mathrm{e}^{-t}$$
$$=(-t\mathrm{e}^{-t})\Big|_0^2-\int_0^2\mathrm{e}^{-t}\,\mathrm{d}(-t)=-2\mathrm{e}^{-2}-(\mathrm{e}^{-t})\Big|_0^2=-2\mathrm{e}^{-2}-\mathrm{e}^{-2}+1\approx 0.594\ \mathrm{J}.$$

习题 6.3

1. 计算下列定积分.

(1) $\int_4^9\frac{\sqrt{x}-1}{\sqrt{x}}\mathrm{d}x$； (2) $\int_0^2\frac{\mathrm{d}x}{\sqrt{x+1}+\sqrt{(x+1)^3}}$； (3) $\int_1^{\sqrt{3}}\frac{\mathrm{d}x}{x\sqrt{x^2+1}}$；

(4) $\int_0^1 x\,\mathrm{e}^{-2x}\,\mathrm{d}x$； (5) $\int_0^1 x\arctan x\,\mathrm{d}x$； (6) $\int_{\frac{\pi}{4}}^{\frac{\pi}{3}}\frac{x}{\sin^2 x}\mathrm{d}x$；

(7) $\int_0^{\frac{\pi}{2}}\mathrm{e}^{2x}\cos x\,\mathrm{d}x$； (8) $\int_{\frac{1}{\mathrm{e}}}^{\mathrm{e}}|\ln x|\,\mathrm{d}x$； (9) $\int_1^{\mathrm{e}}\sin(\ln x)\mathrm{d}x$.

2. 利用函数的奇偶性计算下列积分.

(1) $\int_{-2}^2\frac{x^5\sin^4 x}{x^4+3x^2+1}\mathrm{d}x$； (2) $\int_{-\frac{1}{2}}^{\frac{1}{2}}\frac{(\arcsin x)^2}{\sqrt{1-x^2}}\mathrm{d}x$.

3. 设函数 $f(x)$在所给区间上连续,试证明：

(1) $\int_{-b}^{b}f(x)\mathrm{d}x=\int_{-b}^{b}f(-x)\mathrm{d}x$； (2) $\int_0^{\frac{\pi}{2}}f(\sin x)\mathrm{d}x=\int_0^{\frac{\pi}{2}}f(\cos x)\mathrm{d}x$.

4. 已知 $x\mathrm{e}^x$ 是 $f(x)$的一个原函数,求 $\int_0^1 xf'(x)\mathrm{d}x$.

5. 已知 $f(0)=1$, $f(2)=3$, $f'(2)=5$,求 $\int_0^1 xf''(2x)\mathrm{d}x$.

6. 设 $f(x)=\begin{cases}\frac{1}{1+\mathrm{e}^x}, & x<0\\ \frac{1}{1+x}, & x\geqslant 0\end{cases}$,求 $\int_0^2 f(x-1)\mathrm{d}x$.

任务 6.4 反常积分

任务内容

- 完成与反常积分的概念及性质相关的任务工作页；
- 学习与反常积分相关的知识；
- 学习反常积分的计算方法.

任务目标

- 掌握无穷区间上的反常积分的运算；
- 掌握有限区间上无界函数的反常积分的运算.

任务工作页

了解任务内容并学习相关知识后，在教师指导下完成任务工作页内各项内容的填写.

1. $f(x)$在$[a, +\infty)$上的反常积分可记作：$\int_a^{+\infty} f(x)\mathrm{d}x = \lim\limits_{b\to+\infty}\int_a^b f(x)\mathrm{d}x$. 类似完成2～5.
2. $f(x)$在$(-\infty, b]$上的反常积分记作：________.
3. $f(x)$在$(-\infty, +\infty)$上的反常积分记作：________.
4. $f(x)$在$[a, b)$上的反常积分记作：________.
5. $f(x)$在$(a, b]$上的反常积分记作：________.
6. 求反常积分的基本思路是：________.
7. 怎样区分反常积分(瑕积分)和常义积分呢？________.

视频

脉冲函数

案例【单位脉冲函数】 在电学与信号分析中，常常会用到单位脉冲函数：

$$\delta(t)=\begin{cases}0, & t\neq 0,\\ \infty, & t=0\end{cases},\quad \int_{-\infty}^{+\infty}\delta(t)\mathrm{d}t=1.$$

这里，积分$\int_{-\infty}^{+\infty}\delta(t)\mathrm{d}t$的上、下限不是确定的常数，它是定积分的一种推广形式.

相关知识

前面所讨论的定积分，其积分区间$[a, b]$都是有限区间，且被积函数$f(x)$有界，这类积分被称作**常义积分**.然而在研究一些实际问题时，需要把积分区间推广到无限区间，把被积函数推广为无界函数，这样的积分不是通常意义下的积分(即定积分)，所以称它们为反常积分.为了区别前面的常义积分，通常把推广了的积分称作**广义积分(反常积分)**.

一、无穷区间上的反常积分

引例【开口曲边梯形的面积】 求由曲线$y=\frac{1}{x^2}$，x轴及直线$x=1$右边所围成的"开口曲边梯形"的面积(图 6-19).

因为所求图形不是封闭的曲边梯形，在x轴的正方向是开口的，这时的积分区间是无限区间$[1, +\infty)$，所以不能用定积分来计算它的面积.

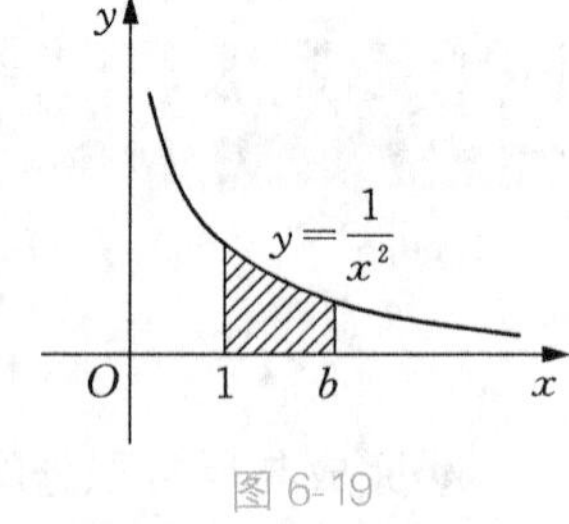

图 6-19

如果任取一个大于1的数b，那么在区间$[1, b]$上由曲线$y=\frac{1}{x^2}$所围成的曲边梯形的面积为$\int_1^b \frac{1}{x^2}\mathrm{d}x=\left[-\frac{1}{x}\right]_1^b=1-\frac{1}{b}$.

显然，当b改变时，定积分$\int_1^b \frac{1}{x^2}\mathrm{d}x$的值也随之改变.因此，我们把$b\to+\infty$时曲边梯形面积的极限$\lim\limits_{b\to+\infty}\int_1^b \frac{1}{x^2}\mathrm{d}x$理解为所求的"开口曲边梯形"的面积，即

$$A=\lim_{b\to+\infty}\int_1^b \frac{1}{x^2}\mathrm{d}x=\lim_{b\to+\infty}\left(1-\frac{1}{b}\right)=1.$$

一般地，对积分区间是无限区间的情形，给出下面定义.

定义 6-3　设函数 $f(x)$ 在 $[a,+\infty)$ 上连续，任取 $b\geqslant a$，如果极限 $\lim\limits_{b\to+\infty}\int_a^b f(x)\mathrm{d}x$ 存在，则称此极限值为函数 $f(x)$ 在 $[a,+\infty)$ 上的反常积分，记作 $\int_a^{+\infty} f(x)\mathrm{d}x$，即

$$\int_a^{+\infty} f(x)\mathrm{d}x=\lim_{b\to+\infty}\int_a^b f(x)\mathrm{d}x.$$

若极限存在，称**反常积分收敛**；若极限不存在，则称**反常积分发散**.

同理可定义函数 $f(x)$ 在 $(-\infty,b]$ 上的反常积分为

$$\int_{-\infty}^b f(x)\mathrm{d}x=\lim_{a\to-\infty}\int_a^b f(x)\mathrm{d}x.$$

定义函数 $f(x)$ 在 $(-\infty,+\infty)$ 上的反常积分为

$$\int_{-\infty}^{+\infty} f(x)\mathrm{d}x=\int_{-\infty}^{c} f(x)\mathrm{d}x+\int_c^{+\infty} f(x)\mathrm{d}x.$$

其中 c 为任意常数，当且仅当上式右端的两个反常积分都收敛时，称**反常积分** $\int_{-\infty}^{+\infty} f(x)\mathrm{d}x$ **收敛**，否则称**反常积分** $\int_{-\infty}^{+\infty} f(x)\mathrm{d}x$ **发散.**

设 $F(x)$ 是 $f(x)$ 的一个原函数，且记

$$F(+\infty)=\lim_{x\to+\infty}F(x),\ F(-\infty)=\lim_{x\to-\infty}F(x),$$

则无穷区间上的反常积分可表示为

$$\int_a^{+\infty} f(x)\mathrm{d}x=[F(x)]_a^{+\infty}=F(+\infty)-F(a),$$

$$\int_{-\infty}^{b} f(x)\mathrm{d}x=[F(x)]_{-\infty}^{b}=F(b)-F(-\infty),$$

$$\int_{-\infty}^{+\infty} f(x)\mathrm{d}x=[F(x)]_{-\infty}^{+\infty}=F(+\infty)-F(-\infty).$$

即得到了与牛顿－莱布尼茨公式相似的表达式，所不同的是 $F(+\infty)$ 与 $F(-\infty)$ 是一种极限运算.当极限存在时，$F(+\infty)$ 与 $F(-\infty)$ 表示极限值；当极限不存在时，$F(+\infty)$ 与 $F(-\infty)$ 只是记号，不表示数值.因此反常积分的敛散性，取决于极限 $F(+\infty)$ 与 $F(-\infty)$ 是否存在.

显然，求无穷区间上的反常积分的基本思路是：先求定积分，再取极限.且无穷区间上的反常积分具有与定积分相对应的性质.

【例 1】　计算下列反常积分.

(1) $\int_{\mathrm{e}}^{+\infty}\dfrac{\mathrm{d}x}{x(\ln x)^2}$；　(2) $\int_{-\infty}^{+\infty}\dfrac{\mathrm{d}x}{1+x^2}$；　(3) $\int_0^{+\infty} x\mathrm{e}^{-x}\mathrm{d}x$.

解　(1) $\int_{\mathrm{e}}^{+\infty}\dfrac{\mathrm{d}x}{x(\ln x)^2}=\int_{\mathrm{e}}^{+\infty}\dfrac{\mathrm{d}(\ln x)}{(\ln x)^2}=-\dfrac{1}{\ln x}\Big|_{\mathrm{e}}^{+\infty}=-\lim\limits_{x\to+\infty}\dfrac{1}{\ln x}+\dfrac{1}{\ln \mathrm{e}}=1.$

(2) $\int_{-\infty}^{+\infty}\frac{\mathrm{d}x}{1+x^2}=\arctan x\Big|_{-\infty}^{+\infty}=\lim\limits_{x\to+\infty}\arctan x-\lim\limits_{x\to-\infty}\arctan x=\frac{\pi}{2}-\left(-\frac{\pi}{2}\right)=\pi.$

(3) $\int_0^{+\infty}x\mathrm{e}^{-x}\mathrm{d}x=-\int_0^{+\infty}x\mathrm{d}(\mathrm{e}^{-x})=-\left(x\mathrm{e}^{-x}\Big|_0^{+\infty}-\int_0^{+\infty}\mathrm{e}^{-x}\mathrm{d}x\right)$

$$=-\left(x\mathrm{e}^{-x}\Big|_0^{+\infty}+\mathrm{e}^{-x}\Big|_0^{+\infty}\right)=-\left(\lim_{x\to+\infty}x\mathrm{e}^{-x}+\lim_{x\to+\infty}\mathrm{e}^{-x}-1\right)=1,$$

其中极限 $\lim\limits_{x\to+\infty}x\mathrm{e}^{-x}$ 是“$\infty\cdot0$”型未定式，由洛必达法则计算如下：

$$\lim_{x\to+\infty}x\mathrm{e}^{-x}=\lim_{x\to+\infty}\frac{x}{\mathrm{e}^x}=\lim_{x\to+\infty}\frac{1}{\mathrm{e}^x}=0.$$

【例 2】 证明反常积分 $\int_1^{+\infty}\frac{\mathrm{d}x}{x^p}$：当 $p>1$ 时收敛，当 $p\leqslant1$ 时发散.

证明 当 $p=1$ 时，

$$\int_1^{+\infty}\frac{\mathrm{d}x}{x^p}=\int_1^{+\infty}\frac{\mathrm{d}x}{x}=[\ln x]_1^{+\infty}=+\infty\text{（发散）}.$$

当 $p\neq1$ 时，

$$\int_1^{+\infty}\frac{\mathrm{d}x}{x^p}=\frac{1}{1-p}x^{1-p}\Big|_1^{+\infty}=\begin{cases}+\infty, & p<1\text{（发散）},\\ \dfrac{1}{p-1}, & p>1\text{（收敛）}.\end{cases}$$

所以当 $p>1$ 时，反常积分收敛于 $\frac{1}{p-1}$；当 $p\leqslant1$ 时，反常积分发散.

二、有限区间上无界函数的反常积分

定义 6-4 设函数 $f(x)$ 在 $(a,b]$ 上连续，且 $\lim\limits_{x\to a^+}f(x)=\infty$. 如果极限 $\lim\limits_{t\to a^+}\int_t^b f(x)\mathrm{d}x$ 存在，则称此极限值为函数 $f(x)$ 在 $(a,b]$ 上的反常积分，记作

$$\int_a^b f(x)\mathrm{d}x=\lim_{t\to a^+}\int_t^b f(x)\mathrm{d}x.$$

这时也称**反常积分收敛**，否则称**反常积分发散**.

类似地，如果 $f(x)$ 在 $(a,b]$ 上连续，且 $\lim\limits_{x\to b^-}f(x)=\infty$. 如果极限 $\lim\limits_{t\to b^-}\int_a^t f(x)\mathrm{d}x$ 存在，则称此极限值为函数 $f(x)$ 在 $(a,b]$ 上的反常积分，记作

$$\int_a^b f(x)\mathrm{d}x=\lim_{t\to b^-}\int_a^t f(x)\mathrm{d}x.$$

同样，可以定义函数 $f(x)$ 在区间 $[a,b]$ 上除点 $c\,(a<c<b)$ 外都连续，且 $\lim\limits_{x\to c}f(x)=\infty$ 的反常积分为

$$\int_a^b f(x)\mathrm{d}x=\int_a^c f(x)\mathrm{d}x+\int_c^b f(x)\mathrm{d}x.$$

当且仅当上式右端两个反常积分都收敛时，称反常积分 $\int_a^b f(x)\mathrm{d}x$ 收敛；否则称反常

积分 $\int_a^b f(x)\mathrm{d}x$ 发散.

通常将被积函数在积分区间上的无穷间断点叫作**瑕点**,这类反常积分又称作**瑕积分**.设 $F(x)$ 是 $f(x)$ 的一个原函数,a 或 $b(b>a)$ 是 $f(x)$ 的瑕点.且记

$$F(a+0)=\lim_{x\to a^+}F(x),\ F(b-0)=\lim_{x\to b^-}F(x).$$

则以 a 或 b 为瑕点的瑕积分可分别表示为

$$\int_a^b f(x)\mathrm{d}x=\lim_{t\to a^+}\int_t^b f(x)\mathrm{d}x=F(x)\Big|_{a+0}^{b}=F(b)-F(a+0).$$

$$\int_a^b f(x)\mathrm{d}x=\lim_{t\to b^-}\int_a^t f(x)\mathrm{d}x=F(x)\Big|_{a}^{b-0}=F(b-0)-F(a).$$

即得到了与牛顿—莱布尼茨公式相似的表达式,所不同的是 $F(a+0)$ 与 $F(b-0)$ 是一种极限运算,当极限存在时表示极限值,当极限不存在时,$F(a+0)$ 与 $F(b-0)$ 只是记号,不表示数值.因此瑕积分是否收敛取决于极限 $F(a+0)$ 或 $F(b-0)$ 是否存在.

显然,**求瑕积分的基本思路**是:先求定积分,再取极限.

由于在有限区间上的反常积分(瑕积分)其记号与常义积分的记号一样,若误将瑕积分按常义积分进行计算,则会得出错误的结果.怎样区分反常积分(瑕积分)和常义积分呢?关键就在于判断被积函数在积分区间上有无瑕点.

【例3】 计算下列反常积分.

(1) $\int_0^a \frac{\mathrm{d}x}{\sqrt{a^2-x^2}}(a>0)$;　　(2) $\int_0^2 \frac{\mathrm{d}x}{(x-1)^2}$.

解　(1) 因为 $\lim_{x\to a^-}\frac{1}{\sqrt{a^2-x^2}}=+\infty$,所以 $x=a$ 为被积函数的瑕点,于是

$$\int_0^a \frac{\mathrm{d}x}{\sqrt{a^2-x^2}}=\arcsin\frac{x}{a}\Big|_0^{a-0}=\lim_{x\to a^-}\arcsin\frac{x}{a}-\arcsin 0=\frac{\pi}{2}.$$

(2) 很容易判断出 $x=1$ 为瑕点,则 $\int_0^2\frac{\mathrm{d}x}{(x-1)^2}=\int_0^1\frac{\mathrm{d}x}{(x-1)^2}+\int_1^2\frac{\mathrm{d}x}{(x-1)^2}$. 由于

$$\int_0^1\frac{\mathrm{d}x}{(x-1)^2}=-\frac{1}{x-1}\Big|_0^{1-0}=-\lim_{x\to 1^-}\frac{1}{x-1}+(-1)=\infty,$$

所以反常积分 $\int_0^2\frac{\mathrm{d}x}{(x-1)^2}$ 发散.

【注意】如果将此题误当作正常积分进行计算,就会得出下面错误的结果.

$$\int_0^2\frac{\mathrm{d}x}{(x-1)^2}=-\frac{1}{x-1}\Big|_0^2=-1-1=-2.$$

【例4】 证明 $\int_0^1\frac{\mathrm{d}x}{x^q}$ 当 $q<1$ 时收敛,当 $q\geqslant 1$ 时发散.

证明　当 $q=1$ 时,

$$\int_0^1\frac{\mathrm{d}x}{x^q}=\int_0^1\frac{\mathrm{d}x}{x}=[\ln x]_{0+0}^1=-\lim_{x\to 0^+}\ln x=\infty(\text{发散}).$$

当 $q\neq1$ 时，

$$\int_0^1 \frac{\mathrm{d}x}{x^q}=\left[\frac{1}{1-q}x^{1-q}\right]_{0+0}^1=\frac{1}{1-q}-\lim_{x\to0^+}\frac{x^{1-q}}{1-q}=\begin{cases}\dfrac{1}{1-q},\ q<1(\text{收敛}),\\ +\infty,\ q>1(\text{发散}).\end{cases}$$

因此反常积分 $\int_0^1 \frac{\mathrm{d}x}{x^q}$，当 $q<1$ 时收敛于 $\frac{1}{1-q}$，当 $q\geqslant1$ 时发散.

习题 6.4

1. 计算下列积分.

(1) $\int_1^{+\infty}\frac{\mathrm{d}x}{\sqrt{x}}$；　(2) $\int_1^{+\infty}\frac{\ln x}{x^2}\mathrm{d}x$；　(3) $\int_{-\infty}^{+\infty}\frac{\mathrm{d}x}{9+3x^2}$；

(4) $\int_1^{\mathrm{e}}\frac{\mathrm{d}x}{x\sqrt{1-\ln^2x}}$；　(5) $\int_1^2\frac{x\,\mathrm{d}x}{\sqrt{x-1}}$；　(6) $\int_0^1\frac{\mathrm{d}x}{(2-x)\sqrt{1-x}}$.

2. 讨论下列反常积分的敛散性.

(1) $\int_2^{+\infty}\frac{\mathrm{d}x}{x\,(\ln x)^k}$；　(2) $\int_a^b\frac{\mathrm{d}x}{(x-a)^k}(b>a)$.

任务 6.5 综合应用实训

实训【转售机器的最佳时间】 由于折旧等因素，某机器转售价格 $R(t)$ 是时间 t（周）的减函数 $R(t)=\frac{3A}{4}\mathrm{e}^{-\frac{t}{96}}$（元），其中 A 是机器的最初价格，在任何时间 t 机器开动就能产生 $P=\frac{A}{4}\mathrm{e}^{-\frac{t}{48}}$ 的利润，问机器用了多长时间后转售出去能使总利润最大？这利润是多少？机器卖了多少钱？

解 假设机器使用了 x 周后出售，此时的售价是 $R(t)=\frac{3A}{4}\mathrm{e}^{-\frac{t}{96}}$，在这段时间内机器创造的利润是 $\int_0^x\frac{A}{4}\mathrm{e}^{-\frac{t}{48}}\mathrm{d}t$. 于是，问题就成了求总收入 $f(t)=\frac{3A}{4}\mathrm{e}^{-\frac{t}{96}}+\int_0^x\frac{A}{4}\mathrm{e}^{-\frac{t}{48}}\mathrm{d}t$，$x\in(0,+\infty)$ 的最大值. 由 $f'(t)=\frac{3A}{4}\mathrm{e}^{-\frac{t}{96}}\left(-\frac{1}{96}\right)+\frac{A}{4}\mathrm{e}^{-\frac{x}{48}}=0$ 即 $\mathrm{e}^{-\frac{t}{96}}=\frac{1}{32}$，求得 $x=96\ln32$.

当 $x\in(0,96\ln32)$ 时，$f'(x)>0$；当 $x\in(96\ln32,+\infty)$ 时，$f'(x)<0$. 又因为 $x=96\ln32$ 是唯一极值点，所以它是最大值点. 因此，当 $x=96\ln32$（周）时，总利润最大，此时总收入为 $f(333)=\frac{3A}{4}\mathrm{e}^{-\ln32}+\int_0^{96\ln32}\frac{A}{4}\mathrm{e}^{-\frac{t}{48}}\mathrm{d}t\approx12.01A$（元），最大总利润 $P=f(333)-A$，机器卖了 $\frac{3A}{128}$（元）.

习题答案

项目六

项目六习题

一、填空题

1. 设$\int_a^x f(t)\mathrm{d}t=\sin^2 x$，则$f(x)=$____________.

2. $\int_{-\pi}^{\pi} x\sin^2 x\mathrm{d}x=$____________.

3. $\lim\limits_{x\to 0}\dfrac{\int_0^x \sin t^2\mathrm{d}x}{x^3}=$____________.

4. $\int_4^5 \dfrac{1}{(x-3)^2}\mathrm{d}x=$____________.

5. 若$\int_0^k (2x-1)\mathrm{d}x=6$，则$k=$____________.

二、判断题

1. $\int_1^2 x^3\mathrm{d}x\leqslant\int_1^2 t^2\mathrm{d}t$.　（　　）

2. 若$f(x)$为偶函数，则$\int_{-a}^{a} f(x)=0$.　（　　）

3. $\int_1^4 |x-2|\mathrm{d}x=\dfrac{3}{2}$.　（　　）

4. 当$k=1$时，$\int_1^{+\infty}\dfrac{1}{x^k}\mathrm{d}x$发散.　（　　）

5. 由曲边梯形D：$a\leqslant x\leqslant b$，$0\leqslant y\leqslant f(x)$绕$x$轴旋转一周所产生的旋转体的体积$V=\int_a^b \pi f^2(x)\mathrm{d}x$.　（　　）

三、选择题

1. 设函数$f(x)$连续，$\dfrac{\mathrm{d}}{\mathrm{d}x}\int_1^{2x} f(t)\mathrm{d}t=$（　　）.

A. $f(2x)$　　B. $2f(2x)$　　C. $f(x)$　　D. $2f(2x)-f(x)$

2. $\int_a^b f'(2x)\mathrm{d}x=$（　　）.

A. $f(2b)-f(2a)$　　B. $f(b)-f(a)$

C. $\dfrac{1}{2}[f(2b)-f(2a)]$　　D. $\dfrac{1}{2}[f(b)-f(a)]$

3. $\int_{-1}^{1}\dfrac{1}{x^2}\mathrm{d}x=$（　　）.

A. -2　　B. 2　　C. 0　　D. 发散

4. 下列反常积分中收敛的是（　　）.

A. $\int_0^{+\infty}\sin x\mathrm{d}x$　　B. $\int_1^{+\infty}\dfrac{\mathrm{d}x}{\sqrt{x}}$　　C. $\int_0^1\dfrac{\mathrm{d}x}{\sqrt{x}}$　　D. $\int_{-1}^{1}\dfrac{\mathrm{d}x}{x^3}$

5. 若$\int_0^1 (2x+k)\mathrm{d}x=2$，则$k=$（　　）.

A. 0　　B. -1　　C. 1　　D. $\frac{1}{2}$

6. 设函数 $y=\int_0^x (t-1)\mathrm{d}t$，则 y 有(　　).

A. 极小值 $\frac{1}{2}$　　B. 极小值 $-\frac{1}{2}$　　C. 极大值 $\frac{1}{2}$　　D. 极大值 $-\frac{1}{2}$

四、综合题

1. 利用定积分的性质，估计下列积分.

(1) $\int_0^1 \mathrm{e}^x \mathrm{d}x$；　　(2) $\int_1^2 (2x^3-x^4)\mathrm{d}x$.

2. 计算下列定积分.

(1) $\int_{-2}^3 (x-1)^3 \mathrm{d}x$；　　(2) $\int_1^2 \left(x^2+\frac{1}{x^4}\right)\mathrm{d}x$；　　(3) $\int_0^a (\sqrt{a}-\sqrt{x})^2 \mathrm{d}x$；

(4) $\int_0^1 \frac{x\,\mathrm{d}x}{x^2+1}$　　(5) $\int_0^3 \mathrm{e}^{\frac{x}{3}} \mathrm{d}x$；　　(6) $\int_1^2 \frac{\mathrm{e}^{\frac{1}{x}}}{x^2}\mathrm{d}x$；　　(7) $\int_0^5 \frac{x^3}{x^2+1}\mathrm{d}x$；

(8) $\int_0^{\pi} \cos^2\left(\frac{x}{2}\right)\mathrm{d}x$；　　(9) $\int_0^2 |2-x|\mathrm{d}x$；　　(10) $\int_0^{2\pi} |\sin x|\mathrm{d}x$.

3. 计算下列各积分.

(1) $\int_0^4 \frac{\mathrm{d}t}{1+\sqrt{t}}$；　　(2) $\int_1^5 \frac{\sqrt{u-1}}{u}\mathrm{d}u$；　　(3) $\int_0^{\ln 2} \sqrt{\mathrm{e}^x-1}\,\mathrm{d}x$；　　(4) $\int_0^1 \frac{x^2}{(x^2+1)^2}\mathrm{d}x$；

(5) $\int_0^1 \sqrt{4-x^2}\,\mathrm{d}x$；　　(6) $\int_1^2 \frac{\sqrt{x^2-1}}{x}\mathrm{d}x$；　　(7) $\int_0^1 \mathrm{e}^{\sqrt{x}}\mathrm{d}x$.

4. 计算下列积分.

(1) $\int_1^{\mathrm{e}} \ln(x+1)\mathrm{d}x$；　　(2) $\int_1^{\mathrm{e}} (\ln x)^3 \mathrm{d}x$；

(3) $\int_1^{\mathrm{e}} x(\ln x)^2 \mathrm{d}x$；　　(4) $\int_0^{\frac{\pi}{2}} x\sin x\,\mathrm{d}x$；

5. 求下列反常积分.

(1) $\int_0^{+\infty} \mathrm{e}^{-x}\mathrm{d}x$；　　(2) $\int_1^{+\infty} \frac{\mathrm{d}x}{\sqrt{x}}$；

(3) $\int_0^{+\infty} x\mathrm{e}^{-x}\mathrm{d}x$；　　(4) $\int_0^1 \frac{\mathrm{d}x}{\sqrt{1-x}}$.

项目七 定积分的应用

任务7.1 定积分在几何学中的应用

任务内容

- 完成与定积分应用相关的任务工作页；
- 学习与求解平面图形面积相关的知识；
- 学习与求解旋转体体积相关的知识.

数学家小传

开普勒

任务目标

- 理解元素法的思想；
- 能够应用定积分求平面图形的面积；
- 能够应用定积分求旋转体体积.

任务工作页

了解任务内容并学习相关知识后，在教师指导下完成任务工作页内各项内容的填写.

1. 元素法的思路与步骤：________________.
2. 求平面图形面积的步骤：________________.
3. 求旋转体体积的步骤：________________.

案例【机器底座的体积】 某人正在用计算机设计一台机器的底座，它在第一象限的图形由 $y=8-x^3$、$y=2$ 以及 x 轴、y 轴围成，底座由此图形绕 y 轴旋转一周而成，如图7-1所示. 试求此底座的体积.

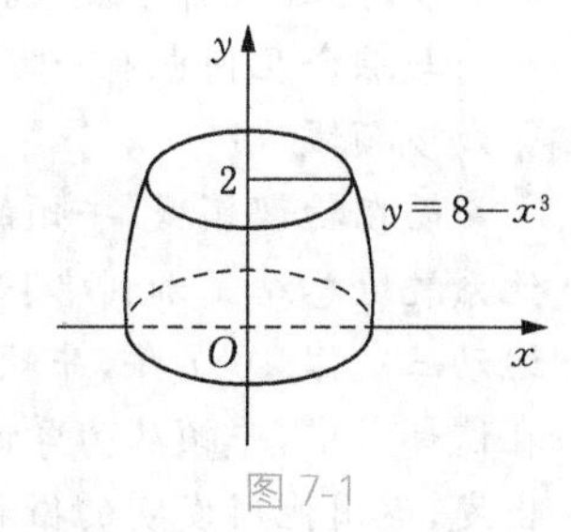

图7-1

数学文史

微积分的创立者——牛顿

一、少年牛顿

1642年的圣诞节前夜，在英格兰林肯郡的一个农民家庭里，牛顿出生了. 在牛顿出生前三个月他的父亲便去世了. 大约5岁时，牛顿被送到公立学校读书，12岁时进入中学.少年时的牛顿并不是神童,他资质平常,成绩一般,但他喜欢读书,尤其喜欢看一些介绍各种简单机械模型制作方法的读物,并从中受到启发,自己动手制作一些奇奇怪怪的小玩意儿,如风车、木钟、折叠式提灯等.后来迫于生活的压力,母亲让牛顿停学在家务农,但牛顿对务农并不感兴趣,一有机会便埋首书卷.牛顿的好学精神打动了舅父,于是舅父劝说牛顿的母亲让牛顿复学.后来,牛顿重新回到了学校,如饥似渴地汲取着书本上的知识.

二、求学岁月

19 岁时牛顿进入剑桥大学,成为三一学院的减费生,靠为学院做杂务的收入支付学费.在这里,牛顿接触到大量自然科学著作,并经常参加学院举办的各类讲座,包括地理、物理、天文和数学等.牛顿的第一任教授伊萨克·巴罗是一位博学多才的学者,他独具慧眼,看出了牛顿具有深邃的观察力、敏锐的理解力,于是将自己的数学知识,包括计算曲线图形面积的方法,全部传授给牛顿,并把牛顿引向了近代自然科学的研究领域.1664 年,牛顿被选为巴罗的助手,第二年,剑桥大学评议会通过了授予牛顿大学学士学位的决定.

正当牛顿准备留校继续深造时,严重的鼠疫席卷了英国,剑桥大学因此而关闭,牛顿离校返乡.这短暂的时光成为牛顿科学生涯中的黄金岁月,他的三大成就——微积分、万有引力和光学分析的思想,就是在这时孕育成形的.

1667 年复活节后不久,牛顿返回到剑桥大学,同年 10 月被选为三一学院初级院委,翌年获得硕士学位,同时成为高级院委.1669 年,巴罗为了提携牛顿而辞去了教授之职,26 岁的牛顿晋升为教授.巴罗让贤,一直是科学史上的一段佳话.

三、伟大的成就

在牛顿的全部科学贡献中,数学成就占有突出的地位.他的数学生涯中的第一项创造性成果就是发现了二项式定理,而微积分的创立则是牛顿最卓越的数学成就.为解决运动问题,牛顿创立了这一种和物理概念直接联系的数学理论,他称之为"流数术".该理论所处理的一些具体问题,如切线问题、求积问题、瞬时速度问题以及函数的极大值和极小值问题等,在之前已经得到了人们的研究.但牛顿超越了前人,他站在了更高的高度,对以往分散的研究成果加以综合,将自古希腊以来求解无限小问题的各种技巧统一为两类普通的算法——微分和积分,并确立了这两类运算的互逆关系,从而完成了微积分发明中最关键的一步,为近代科学发展提供了最有效的工具,开辟了数学史上的一个新纪元.牛顿对解析几何与综合几何也有一定的贡献,他的数学研究工作还涉及数值分析、概率论和初等数论等众多领域.

而在物理领域,牛顿的成就几乎改写了整个人类的历史.他是经典力学理论的开创者.他系统地总结了伽利略、开普勒和惠更斯等人的工作,得到了著名的万有引力定律和牛顿运动三定律.1687 年,牛顿出版了代表作《自然哲学的数学原理》,这是一部力学经典著作.在这部书中,牛顿从力学的基本概念(质量、动量、惯性、力)和基本定律(牛顿运动三定律)出发,运用他所发明的微积分这一数学工具,建立了经典力学完整而严密的体系,把天体力学和地面上的物理学统一起来,实现了物理学史上第一次大的统一.在光学方面,牛顿最早发现了白光的组成.他对各色光的折射率进行了精确分析,说明了色散现象的本质,从而揭开了颜色之谜.牛顿还提出了光的"微粒说",认为光是由微粒形成的,并且走的是最快速的直线运动路径.他的"微粒说"与惠更斯的"波动说"构成了关于光的两大基本理论.

1727 年 3 月 20 日,牛顿逝世.同其他很多杰出的英国人一样,他被葬在了威斯敏斯特教堂.他的墓碑上镌刻着这样一句话:让人们欢呼这样一位伟大的人曾经在世界上荣耀存在过.

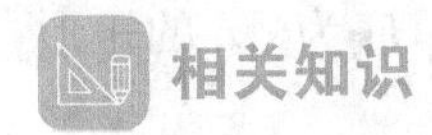

由于定积分的概念和理论是在解决实际问题的过程中产生和发展起来的，因而它的应用非常广泛.微元法的形成及用微元法讨论定积分在几何和物理上的一些简单应用，进而学会把实际问题表示成定积分的分析方法，便是本任务的学习内容.

一、元素法

定积分是求某个不均匀分部的整体量的有力工具.实际生活、生产中有不少几何、物理问题需要用定积分来解决.为了理解和掌握用定积分解决实际问题的方法，有必要先回顾一下用定积分解决问题的方法和步骤.**总的思路是**：首先通过分割即大化小的手段，把整体问题转化为局部问题；再在局部范围内"以直代曲""以规则代替不规则"或"以均匀代替非均匀"等方法，计算出总量在落在每个局部范围内的部分量的近似值；然后将所有部分量的近似值相加，得到总量U的近似值；最后取极限，求得总量的精确值.

一般地，能用定积分求解的总量U(如面积、路程等)应满足下列条件：

(1) 所求总量U与自变量x的变化区间$[a, b]$有关；

(2) 所求总量U在区间$[a, b]$上具有可加性.即若把区间$[a, b]$分割成n个小区间，则所求总量U等于各个小区间上的相应部分量ΔU_i之和，即$U=\sum\limits_{i=1}^{n}\Delta U_i$.

如果所求总量U满足以上两个条件，就可以考虑用定积分来求解，具体步骤如下：

(1) 选取积分变量x，确定其变化区间$[a, b]$.

(2) 任取小区间$[x, x+\mathrm{d}x]\subset[a, b]$，求出该小区间上的相应分量$\Delta U$的近似值$\mathrm{d}U$.

在求小区间上的相应分量ΔU的近似值$\mathrm{d}U$时，通常采用"以直代曲""以规则代替不规则"或"以均匀代替非均匀"等方法，使$\mathrm{d}U$表示为某个连续函数$f(x)$与$\mathrm{d}x$乘积的形式，即

$$\Delta U\approx \mathrm{d}U=f(x)\mathrm{d}x.$$

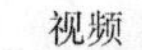

视频

微元法思想

称$\mathrm{d}U=f(x)\mathrm{d}x$为所求总量$U$的**元素**(**或微元**).

(3) 将元素$\mathrm{d}U$在$[a, b]$上积分(无限累加)，即得所求总量U的精确值

$$U=\int_a^b \mathrm{d}U=\int_a^b f(x)\mathrm{d}x.$$

在以上三步中，最关键的是第二步，即找出所求总量U的元素(或微元).因此将这种计算总量U的方法称为定积分的**元素法**(**或微元法**).

下面我们就用元素法来讨论定积分在几何及物理方面的一些应用.通过求解这些实际问题来加深对元素法的理解，从而提高解决实际问题的能力.

二、平面图形的面积

1. 直角坐标系下平面图形的面积

(1) 由连续曲线$y=f(x)(f(x)\geqslant 0)$，直线$x=a$，$x=b$及x轴围成的曲边梯形的面积为

$$A=\int_a^b f(x)\mathrm{d}x.$$

其中被积表达式就是面积元素，即 $dA=f(x)dx$.它表示高为 $f(x)$，底为 dx 的矩形的面积(图 7-2).

动画

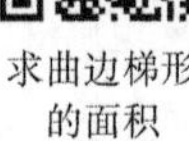

求曲边梯形的面积

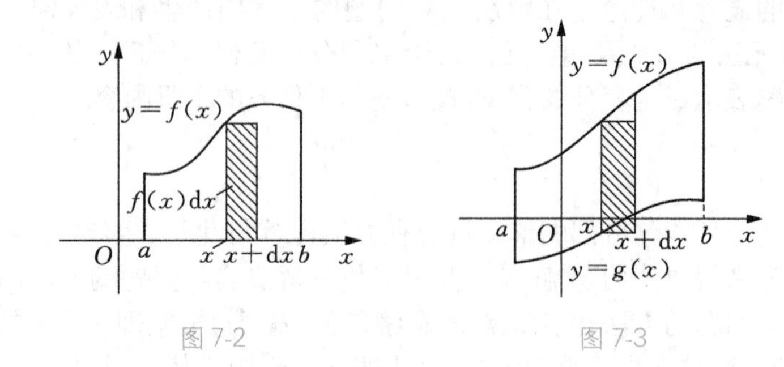

图 7-2　　图 7-3

(2) 求由在$[a, b]$上连续的曲线 $y=f(x)$，$y=g(x)$及直线 $x=a$，$x=b$ 所围成的平面图形的面积(图 7-3).

选 x 为积分变量，$x\in[a, b]$，任取小区间$[x, x+dx]\subset[a, b]$，则与这个小区间相对应的窄条面积近似等于高为$|f(x)-g(x)|$，底为 dx 的小矩形的面积，故面积元素为

$$dA=|f(x)-g(x)|dx.$$

在区间$[a, b]$上积分，得

$$A=\int_a^b|f(x)-g(x)|dx. \tag{7.1}$$

(3) 求由连续的曲线 $x=\varphi(y)$，$x=\psi(y)$，及直线 $y=c$，$y=d$ 所围成平面图形的面积 (图 7-4).

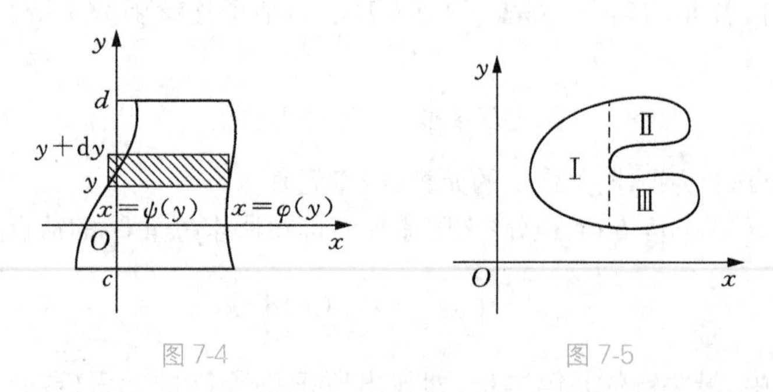

图 7-4　　图 7-5

选 y 为积分变量，$y\in[c, d]$，任取小区间$[y, y+dy]\subset[c, d]$，则与这个小区间相对应的窄条面积近似等于底为$|\varphi(y)-\psi(y)|$，高为 dy 的小矩形的面积，故面积元素为

$$dA=|\varphi(y)-\psi(y)|dy.$$

在区间$[c, d]$上积分，得

$$A=\int_c^d|\varphi(y)-\psi(y)|dy. \tag{7.2}$$

【注意】在一般情况下，平面上任意曲线所围成的平面图形可以看作是由若干条如图 7-3 及图 7-4 所示曲线组成，而每一部分的面积可用公式(7.1)或公式(7.2)来计算，然后对各部分面积求和(图 7-5).

【例 1】　求由两条抛物线 $y=x^2$ 和 $y^2=x$ 所围成的平面图形的面积(图 7-6).

解　联立并解方程组 $\begin{cases} y=x^2, \\ y^2=x, \end{cases}$ 可得两条抛物线交点分别为 $O(0,\ 0)$ 及 $B(1,\ 1)$.

选 x 为积分变量，积分区间为 $[0,\ 1]$，任取小区间 $[x,\ x+\mathrm{d}x]\subset[0,\ 1]$，从而得到面积元素

$$\mathrm{d}A=(\sqrt{x}-x^2)\mathrm{d}x,$$

则

$$A=\int_0^1(\sqrt{x}-x^2)\mathrm{d}x=\left[\frac{2}{3}x^{\frac{3}{2}}-\frac{x^3}{3}\right]_0^1=\frac{1}{3}.$$

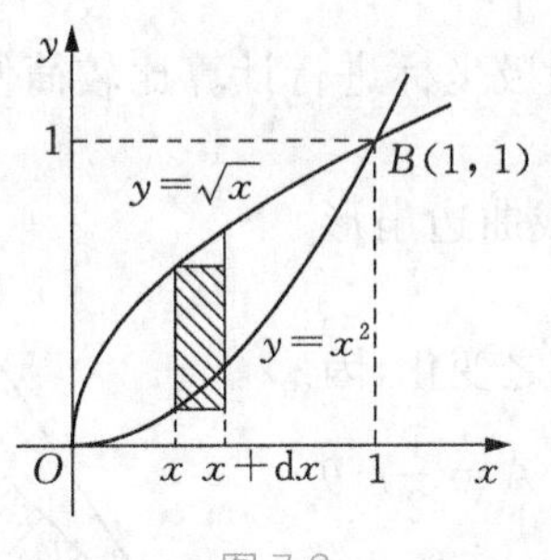

图 7-6

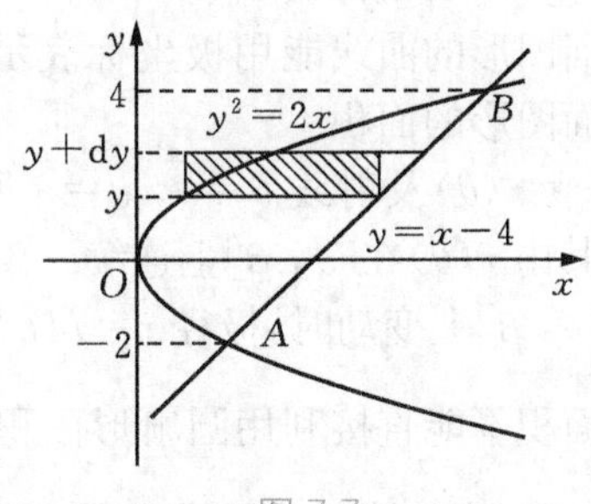

图 7-7

动画

直角坐标系下求面积

【例 2】　求由抛物线 $y^2=2x$ 与直线 $y=x-4$ 所围成的平面图形的面积(图 7-7).

解　解方程组 $\begin{cases} y^2=2x, \\ y=x-4, \end{cases}$ 得抛物线与直线的交点为 $B(2,\ -2)$ 及 $C(8,\ 4)$.

选 y 为积分变量，$y\in[-2,\ 4]$，任取小区间 $[y,\ y+\mathrm{d}y]\subset[-2,\ 4]$，从而得面积元素

$$\mathrm{d}A=\left(y+4-\frac{y^2}{2}\right)\mathrm{d}y,$$

则

$$A=\int_{-2}^4\left(y+4-\frac{y^2}{2}\right)\mathrm{d}y=\left[\frac{y^2}{2}+4y-\frac{y^3}{6}\right]_{-2}^4=18.$$

本题若选 x 为积分变量，如何计算？请读者自己思考.

【例 3】　求椭圆 $\frac{x^2}{a^2}+\frac{y^2}{b^2}=1$ 所围成的面积(图 7-8).

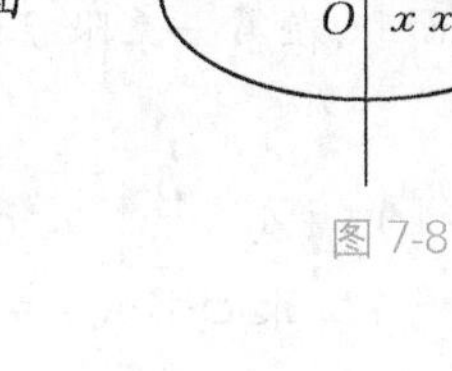

图 7-8

解　若选 x 为积分变量，A_1 为图形在第一象限部分的面积，由图形对称性，得

$$A=4A_1=4\int_0^a y\mathrm{d}x=4\int_0^a b\sqrt{1-\frac{x^2}{a^2}}\mathrm{d}x=\frac{4b}{a}\int_0^a\sqrt{a^2-x^2}\mathrm{d}x$$

$$=\frac{4b}{a}\left[\frac{x}{2}\sqrt{a^2-x^2}+\frac{a^2}{2}\arcsin\frac{x}{a}\right]_0^a=\pi ab.$$

其中在计算积分 $\int_0^a\sqrt{a^2-x^2}\mathrm{d}x$ 时，要用三角代换去根号，比较麻烦.而由定积分的几

何意义可知，该定积分正好是四分之一圆的面积，故$\int_0^a \sqrt{a^2-x^2}\,\mathrm{d}x=\frac{1}{4}\pi a^2$. 或利用椭圆的参数方程$x=a\cos t$，$y=b\sin t$计算.此时$\mathrm{d}x=-a\sin t\mathrm{d}t$，当$x$由0变到$a$时，$t$由$\frac{\pi}{2}$变到0，所以有

$$A=4A_1=4\int_0^a y\,\mathrm{d}x=4\int_{\frac{\pi}{2}}^0 b\sin t\cdot(-a\sin t)\,\mathrm{d}t=4ab\int_0^{\frac{\pi}{2}}\sin^2 t\,\mathrm{d}t$$

$$=2ab\int_0^{\frac{\pi}{2}}(1-\cos 2t)\,\mathrm{d}t=2ab\left[t-\frac{1}{2}\sin 2t\right]_0^{\frac{\pi}{2}}=\pi ab.$$

特别地，当$a=b$时，可得圆的面积公式$A=\pi a^2$.

2. 极坐标系下平面图形的面积

动画

极坐标系下求面积

当围成平面图形的曲线能用极坐标表示或用极坐标进行计算比较简便时，就在极坐标系下计算平面图形的面积.

求由曲线$r=r(\theta)$及射线$\theta=\alpha$，$\theta=\beta$所围成曲边扇形面积（图7-9），其中$r(\theta)$在$[\alpha,\beta]$上连续.

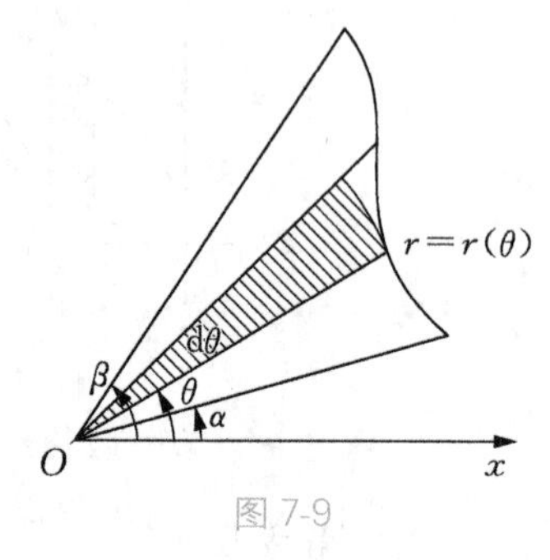

图7-9

由于θ在$[\alpha,\beta]$上变动时，极径$r=r(\theta)$也随之变化，因此所求图形的面积不能直接利用圆扇形面积公式$A=\frac{1}{2}r^2\theta$来计算，下面利用元素法来计算该曲边扇形的面积.

取极角θ为积分变量，$\theta\in[\alpha,\beta]$，任取小区间$[\theta,\theta+\mathrm{d}\theta]\subset[\alpha,\beta]$，相应的小曲边扇形可以用半径为$r=r(\theta)$，圆心角为$\mathrm{d}\theta$的圆扇形近似代替，从而得到曲边扇形的面积元素

$$\mathrm{d}A=\frac{1}{2}r^2(\theta)\,\mathrm{d}\theta,$$

因此，所求曲边扇形面积为

$$A=\frac{1}{2}\int_\alpha^\beta r^2(\theta)\,\mathrm{d}\theta.$$

【例4】 求双纽线$r^2=a^2\cos 2\theta\ (a>0)$所围成的平面图形的全面积（图7-10）.

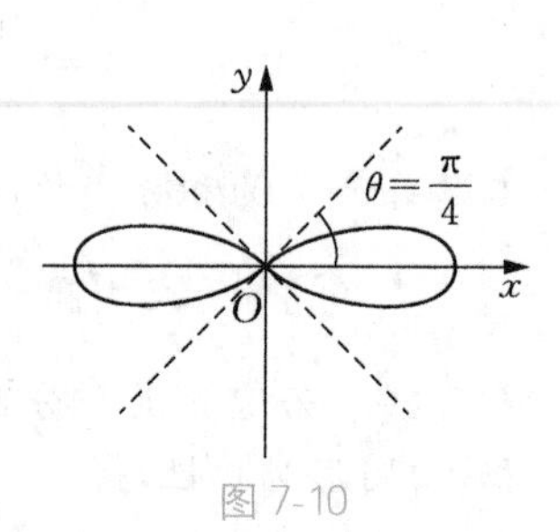

图7-10

解 由图形对称性知$A=4A_1$，其中A_1为图形在第一象限部分的面积.在第一象限θ的变化范围是$0\leqslant\theta\leqslant\frac{\pi}{4}$，则

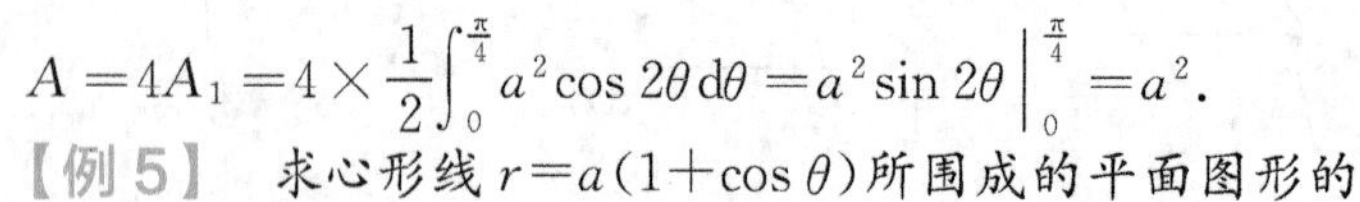

$$A=4A_1=4\times\frac{1}{2}\int_0^{\frac{\pi}{4}}a^2\cos 2\theta\,\mathrm{d}\theta=a^2\sin 2\theta\Big|_0^{\frac{\pi}{4}}=a^2.$$

【例5】 求心形线$r=a(1+\cos\theta)$所围成的平面图形的面积.

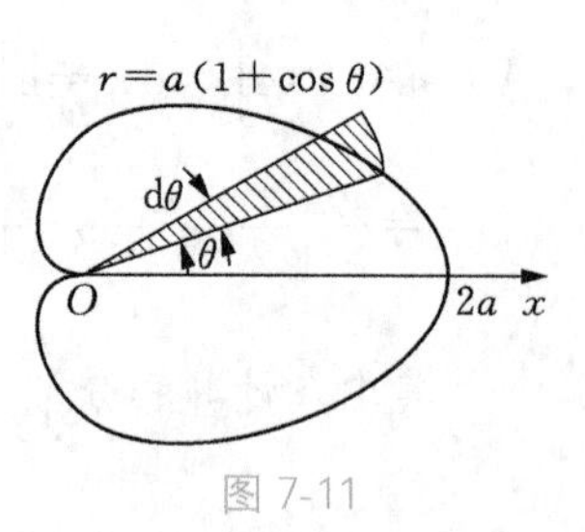

图7-11

解 图形关于极轴对称（图7-11）.其面积A是极轴的上半部分图形面积A_1的两倍.对于A_1，θ的变化范围是$0\leqslant\theta\leqslant\pi$，则

$$A=2A_1=2\times\frac{1}{2}\int_0^{\pi}a^2(1+\cos\theta)^2\mathrm{d}\theta=a^2\int_0^{\pi}(1+2\cos\theta+\cos^2\theta)\mathrm{d}\theta$$
$$=a^2\int_0^{\pi}\left(\frac{3}{2}+2\cos\theta+\frac{1}{2}\cos 2\theta\right)\mathrm{d}\theta=a^2\left[\frac{3}{2}\theta+2\sin\theta+\frac{1}{4}\sin 2\theta\right]_0^{\pi}=\frac{3}{2}\pi a^2.$$

三、旋转体的体积

1. 平行截面面积为已知的立体的体积

设一立体位于平面 $x=a$ 及 $x=b(a<b)$ 之间，用一组垂直于 x 轴的平面截此立体，所得截面面积 $A(x)$ 是关于 x 的已知连续函数，求此立体的体积(图 7-12).

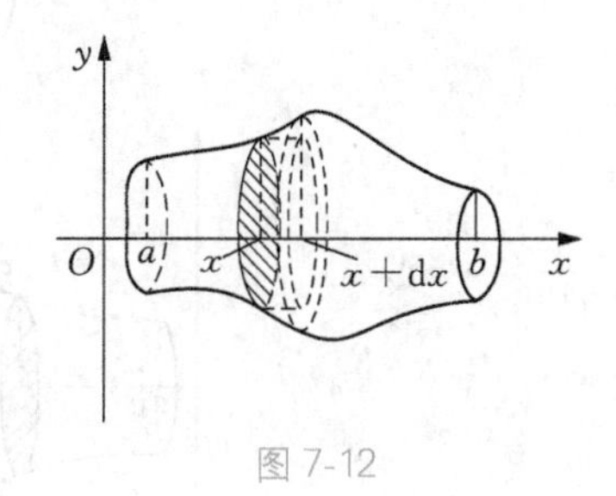

图 7-12

选取 x 作为积分变量，$x\in[a, b]$，任取小区间 $[x, x+\mathrm{d}x]\subset[a, b]$，当 $\mathrm{d}x$ 很小时，$A(x)$ 在区间 $[x, x+\mathrm{d}x]$ 上可以近似地看作不变.因此把 $[x, x+\mathrm{d}x]$ 上的立体薄片，近似地看作底面面积为 $A(x)$，高为 $\mathrm{d}x$ 的柱体，则体积元素为

$$\mathrm{d}V=A(x)\mathrm{d}x.$$

在 $[a, b]$ 上积分(体积元无限累加)，便得所求立体的体积公式

$$V=\int_a^b A(x)\mathrm{d}x.$$

【例 6】 设有底圆半径为 R 的圆柱，被一个与圆柱面交成 α 角且过底圆直径的平面所截，求截下的楔形的体积.

解　如图 7-13 所示，建立直角坐标系，则底圆方程为 $x^2+y^2=R^2$.任取小区间 $[x, x+\mathrm{d}x]\subset[-R, R]$，过点 x 作垂直于 x 轴的平面，所得截面为一直角三角形，两条直角边分别为 y 及 $y\tan\alpha$，其面积为

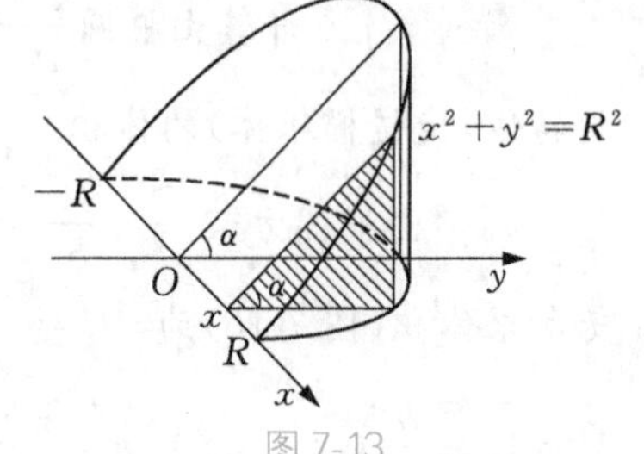

图 7-13

$$A(x)=\frac{1}{2}y^2\tan\alpha=\frac{1}{2}(R^2-x^2)\tan\alpha.$$

小区间对应的实际小薄片体积可以用以 $A(x)$ 为底面，以 $\mathrm{d}x$ 为高的柱体体积近似，从而得楔形体积为

$$V=\int_{-R}^{R}\frac{1}{2}(R^2-x^2)\tan\alpha\,\mathrm{d}x=\tan\alpha\int_0^R(R^2-x^2)\mathrm{d}x$$
$$=\tan\alpha\left(R^2x-\frac{x^3}{3}\right)\Bigg|_0^R=\frac{2}{3}R^3\tan\alpha.$$

2. 旋转体的体积

旋转体是指一个平面图形绕该平面内的一条直线旋转一周而成的立体.这条直线叫做旋转轴.本书只讨论平面图形绕该平面上的坐标轴旋转一周而成的旋转体的体积计算.

求由连续曲线 $y=f(x)$，直线 $x=a$，$x=b(a<b)$ 及 x 轴所围成的曲边梯形绕 x 轴旋转一周而成的旋转体的体积 V(图 7-14).

选取 x 为积分变量，任取小区间 $[x, x+\mathrm{d}x]\subset[a, b]$.过点 x 且垂直于 x 轴的截面为

圆，其面积为

$$A(x)=\pi y^2=\pi[f(x)]^2.$$

则小区间$[x, x+\mathrm{d}x]$对应的薄片体积ΔV可用以$A(x)$为底面，以$\mathrm{d}x$为高的圆柱体体积近似，即$\Delta V\approx \mathrm{d}V=A(x)\mathrm{d}x=\pi y^2\mathrm{d}x=\pi[f(x)]^2\mathrm{d}x$（体积元素）.在$[a, b]$上对体积元素无限求和，便得到旋转体的体积

动画

直角坐标系下求旋转体体积

$$V=\pi\int_a^b y^2\mathrm{d}x=\pi\int_a^b [f(x)]^2\mathrm{d}x.$$

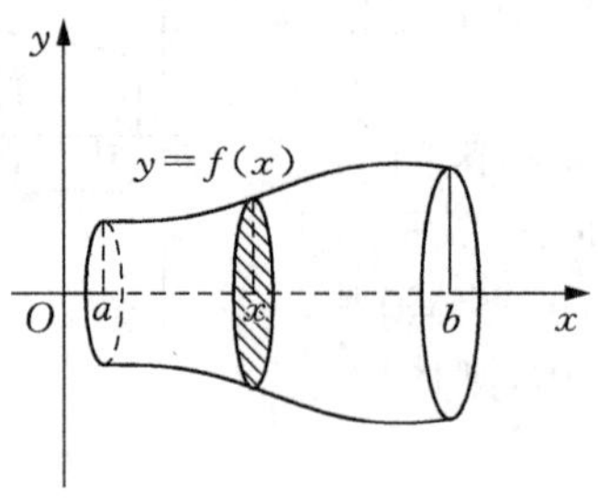

图 7-14

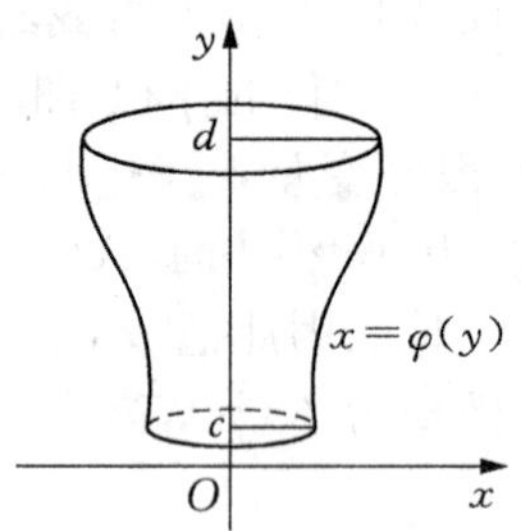

图 7-15

同理，若立体是由连续曲线$x=\varphi(y)$，直线$y=c$，$y=d$及y轴所围成的曲边梯形绕y轴旋转一周而成的旋转体（图 7-15），则该旋转体的体积为

$$V=\pi\int_c^d x^2\mathrm{d}y=\pi\int_c^d [\varphi(y)]^2\mathrm{d}y.$$

【例 7】 计算由椭圆$\frac{x^2}{a^2}+\frac{y^2}{b^2}=1$绕$x$轴旋转而成的旋转体（旋转椭球体）的体积.

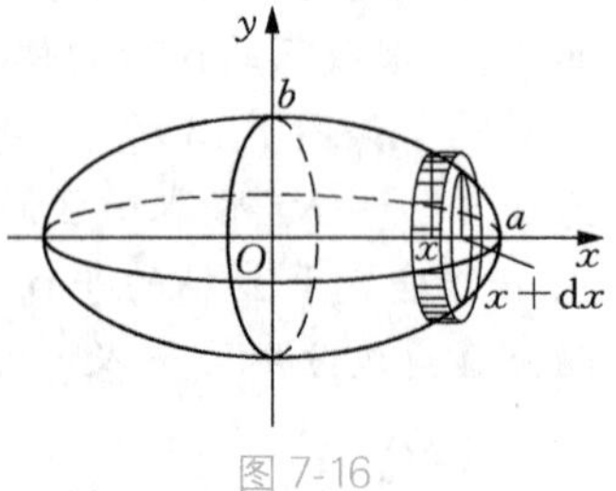

图 7-16

解 由椭圆方程$\frac{x^2}{a^2}+\frac{y^2}{b^2}=1$，得$y^2=\frac{b^2}{a^2}(a^2-x^2)$，于是所求体积（图 7-16）为

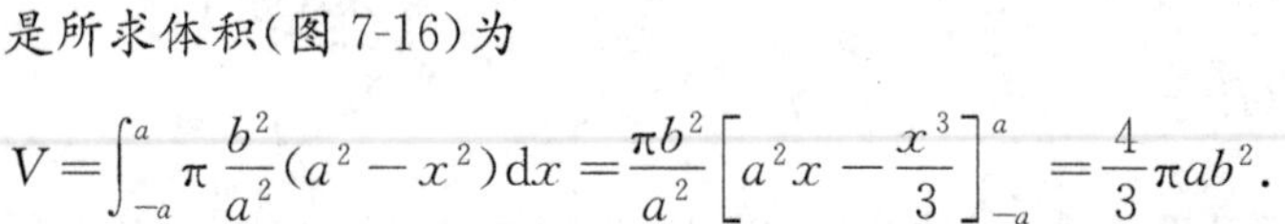

$$V=\int_{-a}^{a}\pi\frac{b^2}{a^2}(a^2-x^2)\mathrm{d}x=\frac{\pi b^2}{a^2}\left[a^2x-\frac{x^3}{3}\right]_{-a}^{a}=\frac{4}{3}\pi ab^2.$$

同理可得，绕y轴旋转而成的旋转的体积为$V=\frac{4}{3}\pi a^2 b$.

特别地，当$a=b$时，旋转椭球体成为半径为a的球体，它的体积为$\frac{4}{3}\pi a^3$.

【例 8】 求由抛物线$y=x^2$，直线$x=1$及x轴所围成的平面图形（图 7-17）分别绕x轴与y轴旋转而成的旋转体的体积.

解 由旋转体的体积公式，得该图形绕x轴旋转而成的旋转体的体积为

$$V_x=\pi\int_0^1 y^2\mathrm{d}x=\pi\int_0^1 x^4\mathrm{d}x=\frac{\pi}{5}x^5\Big|_0^1=\frac{\pi}{5}.$$

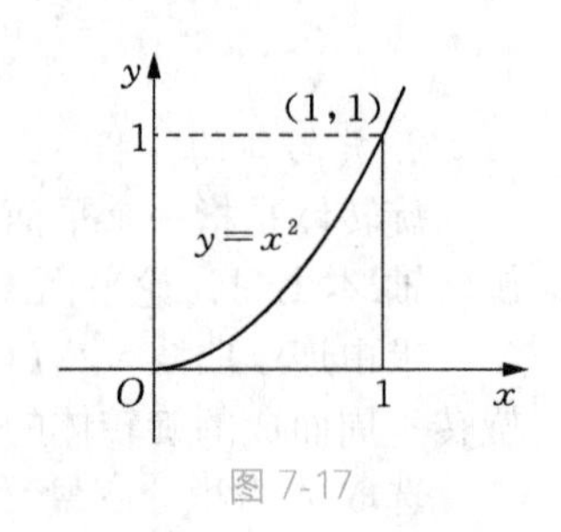

图 7-17

该图形绕 y 轴旋转而成的旋转体的体积可看作由直线 $x=1$，$y=1$，x 轴及 y 轴所围成的矩形与由曲线 $x=\sqrt{y}$，直线 $y=1$ 及 y 轴所围成图形分别绕 y 轴旋转而成的旋转体的体积之差，即

$$V_y=\pi\int_0^1 1^2\mathrm{d}y-\pi\int_0^1 x^2\mathrm{d}y=\pi-\pi\int_0^1 y\mathrm{d}y=\pi-\frac{\pi}{2}y^2\Big|_0^1=\frac{\pi}{2}.$$

案例解答【机器底座的体积】

解　如图 7-1 所示为由曲线 $x=\sqrt[3]{8-y}$ 与直线 $y=2$，$y=0$ 以及 y 轴围成的曲边梯形绕 y 轴旋转一周所成的旋转体.可取体积微元为 $\mathrm{d}V=\pi(8-y)^{\frac{2}{3}}\mathrm{d}y$，故所求体积为

$$V=\pi\int_0^2(8-y)^{\frac{2}{3}}\mathrm{d}y=-\frac{3}{5}\pi(8-y)^{\frac{5}{3}}\Big|_0^2$$

$$=\frac{3}{5}\pi(8^{\frac{5}{3}}-6^{\frac{5}{3}})\approx 22.975.$$

习题 7.1

1. 求由下列各曲线所围成平面图形的面积.

(1) $xy=1$ 与直线 $y=x$，$x=2$；　(2) $y=3-x^2$ 与直线 $y=2x$；

(3) $x=y^2$ 与直线 $y=x$；　(4) $y=\mathrm{e}^x$，$y=\mathrm{e}^{-x}$ 与直线 $x=-1$，$x=1$.

2. 求由摆线 $x=a(t-\sin t)$，$y=a(1-\cos t)$ 的一拱 $(0\leqslant t\leqslant 2\pi)$ 与 x 轴所围成图形的面积.

3. 求曲线 $x=2t-t^2$，$y=2t^2-t^3\,(0\leqslant t\leqslant 2)$ 所围成图形的面积.

4. 求曲线 $x=a\cos^3 t$，$y=a\sin^3 t$ 所围成图形的面积.

5. 计算底面是半径为 R 的圆，而垂直于底面上一条固定直径的所有截面都是等边三角形的立体体积.

6. 求由曲线 $y=x^2$ 及直线 $y=1$，$x=0$ 所围图形分别绕 x 轴和 y 轴旋转一周而成的旋转体的体积.

任务 7.2　定积分在物理学和经济学中的应用

任务内容

- 完成与定积分应用相关的任务工作页；
- 学习定积分与物理学相关的知识；
- 学习定积分与经济学相关的知识.

任务目标

- 进一步理解定积分元素法的思想；
- 能够应用定积分解决物理学的相关问题；

● 能够应用定积分解决经济学的相关问题.

任务工作页

了解任务内容并学习相关知识后，在教师指导下完成任务工作页内各项内容的填写.

1. 定积分可以解决物理学中的哪些问题(请举例)：________________.
2. 定积分可以解决经济学中的哪些问题(请举例)：________________.
3. 基于微元法(元素法)的定积分解决实际问题的基本思路是：________________.

案例【变力做功】 将一弹簧平放，一端固定.已知将弹簧拉长 10 cm，需要用力 $5g$ N.问若将弹簧拉长 15 cm，则克服弹性力所做的功是多少?

相关知识

定积分除了在几何学方面的应用外，在自然科学、工程技术、经济等领域也有非常广泛的应用.许多实际问题都可以化归成定积分这种数学模型来解决.下面继续讨论基于元素法的定积分在物理学和经济学中一些应用，以提高分析问题和解决问题的能力.

一、力沿直线所做的功

在物理学和工程技术中，常常遇到计算变力做功的问题.设一物体受连续变力 $F(x)$ 的作用，沿力的方向做直线运动，求该物体沿 x 轴由 a 点移动到 b 点时，变力 $F(x)$ 所做的功(图 7-18).

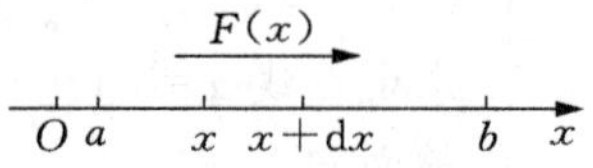

$F(x)$

O a x $x+\mathrm{d}x$ b x

图 7-18

如果物体受恒力 F 作用沿力的方向移动一段距离 s，则力 F 对物体所做的功为 $W=F\cdot s$.而现在 $F(x)$ 是一个变力，属于变力做功问题.由于所求的功是区间 $[a, b]$ 上非均匀分布的整体量，且对区间 $[a, b]$ 具有可加性，所以我们可以用定积分的元素法来求这个量.

取 x 为积分变量，$x\in[a, b]$.任取一个小区间 $[x, x+\mathrm{d}x]\subset[a, b]$，由于 $F(x)$ 是连续变化的，因此当 $\mathrm{d}x$ 很小时，在区间 $[x, x+\mathrm{d}x]$ 内的力 $F(x)$ 可以近似地看作恒力，故在小区间上力 $F(x)$ 所做功 ΔW 可近似地表示为 $\Delta W\approx \mathrm{d}W=F(x)\mathrm{d}x$ (即功元素)，再在区间 $[a, b]$ 上对功元素无限求和，得整个区间上变力所做的功为

$$W=\int_a^b F(x)\mathrm{d}x.$$

【例 1】 自地面垂直向上发射火箭，问初速度多大时火箭才能超出地球的引力范围?

解 设地球的半径为 R，质量为 M，火箭的质量为 m，则由万有引力定律知，当火箭离开地面的距离为 x 时，它受到地球的引力为

$$f=\frac{GMm}{(R+x)^2}.$$

式中 G 代表引力常量. 因为当 $x=0$ 时 $f=mg$，代入上式得 $GM=R^2g$.所以有

$$f=\frac{R^2gm}{(R+x)^2}.$$

易知火箭从距地面高度为 x 升高到 $x+\mathrm{d}x$ 时克服引力所做的功可近似地表示为

$$\mathrm{d}W=f\mathrm{d}x=\frac{R^2gm}{(R+x)^2}\mathrm{d}x.$$

所以，当火箭从地面($x=0$)达到高度为 h 处时需做功

$$W=\int_0^h\frac{R^2gm}{(R+x)^2}\mathrm{d}x=R^2gm\left(\frac{1}{R}-\frac{1}{R+h}\right).$$

由上式可知，当 $h\to\infty$ 时，$W\to Rgm$.即要把火箭升高到无穷远，至少须对它做功 $W=Rgm$，而这些功来自火箭发射的初动能，因此，为了使火箭超出地球引力范围，必须满足

$$\frac{1}{2}mv_0^2\geqslant Rgm，即\ v_0\geqslant\sqrt{2Rg}.$$

若取 $g=9.80\ \mathrm{m/s^2}$，$R=6\ 370\times10^3\ \mathrm{m}$，则

$$v_0\geqslant\sqrt{2\times6\ 370\times10^3\times9.8}\approx11.2\times10^3(\mathrm{m/s}).$$

因此，为了使火箭超出地球引力范围，它的初速度至少为 11.2 km/s(即第二宇宙速度).

【例 2】　一个底圆半径为 4 m，高为 8 m 的倒立圆锥形桶，装了 6 m 深的水，试问要把桶内的水全部抽完需做多少功?

解　这个问题显然是变力做功问题.设想水是一层一层地被抽到桶口的，将每层小水柱提高到桶口时，由于水位不断下降，使得水层的提升高度连续增加，也是一个"变距离做功"问题.

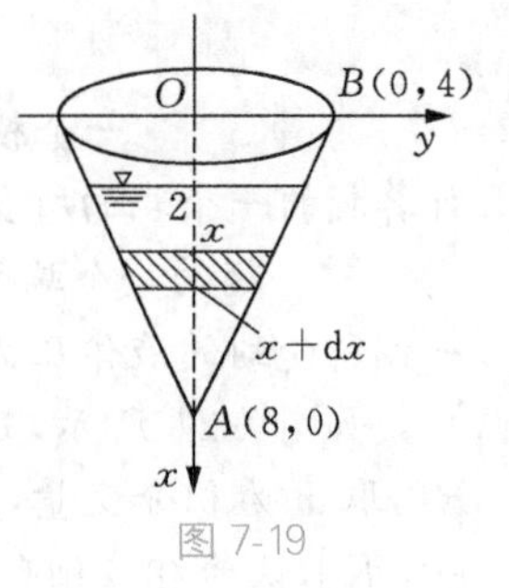

图 7-19

如图 7-19 所示，建立坐标系，这时圆锥形桶就可以看作是由直线 AB：$y=-\dfrac{x}{2}+4$ 和 x 轴、y 轴所围成的三角形绕 x 轴旋转而成的旋转体.

选 x 为积分变量，$x\in[2,\ 8]$，任取小区间 $[x,\ x+\mathrm{d}x]\subset[2,\ 8]$，相应小区间上的小圆台近似地看作小薄片圆柱体，其水柱重为

$$\pi\rho gy^2\mathrm{d}x=\pi\rho g\left(4-\frac{x}{2}\right)^2\mathrm{d}x.$$

将这层小水柱提高到桶口时所做的功(功元素)为

$$\mathrm{d}W=\pi\rho gx\left(4-\frac{x}{2}\right)^2\mathrm{d}x.$$

在区间[2, 8]上积分，即得所求的功为

$$\begin{aligned}W&=\int_2^8\pi\rho gx\left(4-\frac{x}{2}\right)^2\mathrm{d}x=\pi\rho g\int_2^8\left(16x-4x^2+\frac{x^3}{4}\right)\mathrm{d}x\\&=\pi\rho g\left[8x^2-\frac{4}{3}x^3+\frac{x^4}{16}\right]_2^8=9.8\times10^3\times63\pi\approx1.94\times10^6(\mathrm{J}).\end{aligned}$$

即要把桶内的水全部抽完约需作 1.94×10^6 J 的功.

二、液体的压力

如图 7-20 所示，将一个形状为曲边梯形的平板垂直地放置在密度为 ρ 的液体中，两腰与液面平行，且距液面的高度分别为 a 与 $b(a<b)$，求平板一侧所受液体的压力.

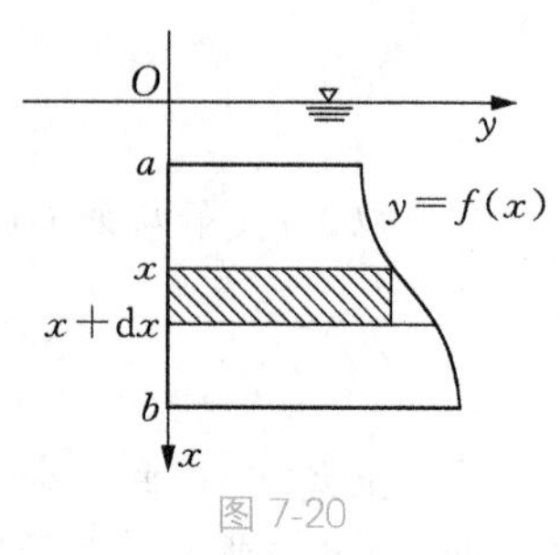

图 7-20

由物理学知道，在距液面深为 h 处的压强为 $p=\rho gh$，并且在同一点处的压强在各个方向是相等的.如果一面积为 A 的平板水平地放置在距液面深度为 h 处，则平板一侧所受到的液体的压力为 $P=\rho ghA$.但现在平板垂直的放在液体中，在不同深度处所受的压强也不同，于是整个平板所受压力是一个非均匀变化的整体量，且关于区间 $[a, b]$ 具有可加性.因此，我们可以借助于定积分的元素法来计算这个量.

如图 7-20 所示，建立坐标系.选 x 为积分变量，$x\in[a, b]$，任取小区间 $[x, x+\mathrm{d}x]\subset[a, b]$，如果 $\mathrm{d}x$ 很小，该小区间对应的小曲边梯形所受到的压强可以近似地用深度为 x 处的压强代替，因此所受到的压力元素为

$$\mathrm{d}P=\rho gxf(x)\mathrm{d}x,$$

在 $[a, b]$ 上积分，便得整个平板所受到的压力为

$$P=\int_a^b\rho gxf(x)\mathrm{d}x.$$

【例 3】 一个横放的半径为 R 的圆柱形油桶，里面盛有半桶油，已知油的密度为 ρ，计算桶的一个端面所受油的压力.

解 桶的一个端面是圆片，现在要计算当液面通过圆心时，垂直放置的一个半圆片的一侧所受到的液体压力.

如图 7-21 所示，建立直角坐标系.圆的方程为 $x^2+y^2=R^2$，取 x 为积分变量，$x\in[0, R]$.任取小区间 $[x, x+\mathrm{d}x]\subset[0, R]$，认为相应细条上各点处的压强相等，因此窄条一侧所受液体压力的近似值，即压力元素为

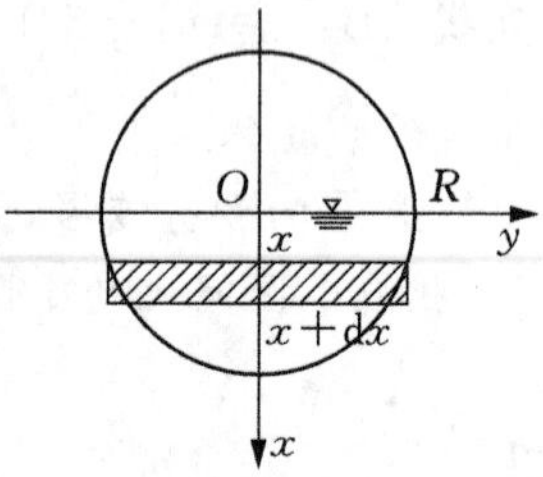

$$\mathrm{d}P=\rho gx\cdot 2y\mathrm{d}x=2\rho gx\sqrt{R^2-x^2}\,\mathrm{d}x.$$

图 7-21

在 $[0, R]$ 上积分，得端面一侧所受的液体压力为

$$P=\int_0^R 2\rho gx\sqrt{R^2-x^2}\,\mathrm{d}x=-\rho g\left[\frac{2}{3}(R^2-x^2)^{\frac{3}{2}}\right]_0^R=\frac{2}{3}\rho gR^3.$$

【例 4】 一形状为等腰梯形的阀门，垂直放置在水中，较长的上顶与水面相齐，其长为 200 m，下底长为 50 m，高为 10 m，试计算水对阀门一侧的压力.

解 如图 7-22 所示，建立坐标系.则腰 AB 的方程为 $y=-\frac{15}{2}x+100$，水面下 x 处的窄条一侧所受水压力近似为

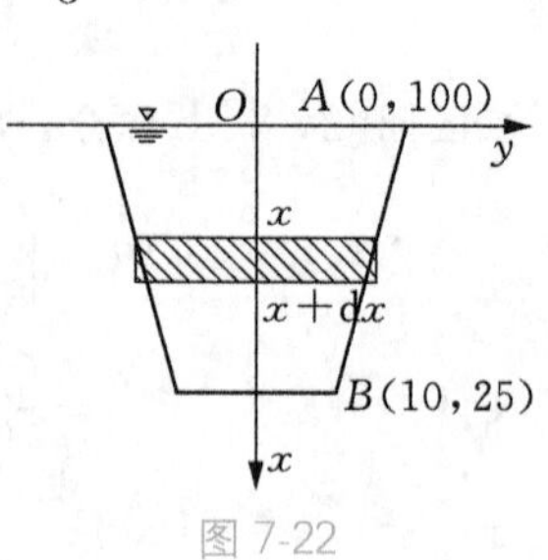

图 7-22

$$dP=\rho gx\cdot 2\left(-\frac{15}{2}x+100\right)dx=\rho g(-15x^2+200x)dx.$$

则整个阀门一侧所受的水压力为

$$P=\int_0^{10}\rho g(-15x^2+200x)dx=\rho g(-5x^3+100x^2)\Big|_0^{10}=500(\mathrm{t}).$$

除以上介绍的应用之外，还可以利用元素法计算旋转曲面的面积、平面薄片的重心、刚体的转动惯量、引力及在电学上的应用等.

三、在经济学中的应用

经济管理工作中，也广泛存在求总量的问题，可用定积分求解.

1. 由边际函数求总函数

设某产品的固定成本为C_0，边际成本函数为$C'(x)$（成本函数的导数），边际收益函数为$R'(x)$（收益函数的导数），其中x为产量，并假设该产品处于产销平衡状态，则根据经济学的有关理论及定积分的微元分析法知：

知识拓展

边际函数

总成本函数

$$C(x)=\int_0^x C'(x)dx+C_0.$$

总收益函数

$$R(x)=\int_0^x R'(x)dx.$$

总利润函数

$$L(x)=\int_0^x [R'(x)dx-C'(x)]dx-C_0.$$

【例 5】 设某产品的边际成本为$C'(x)=4+\frac{x}{4}$（万元/百台），固定成本$C_0=1$（万元），边际收益为$R'(x)=8-x$（万元/百台），求：产量从 100 台增加到 500 台的成本增量；总成本函数$C(x)$和总收益函数$R(x)$；问：产量为多少时，总利润最大？并求最大利润.

解 ① 产量从 100 台增加到 500 台的成本增量为

$$\int_1^5 C'(x)dx=\int_1^5\left(4+\frac{x}{4}\right)dx=\left(4x+\frac{x^2}{8}\right)\Big|_1^5=19(\text{万元}).$$

② 总成本函数

$$C(x)=\int_0^x C'(x)dx+C_0=\int_0^x\left(4+\frac{x}{4}\right)dx+C_0=4x+\frac{x^2}{8}+1.$$

③ 总收益函数

$$R(x)=\int_0^x R'(x)dx=\int_0^x(8-x)dx=8x-\frac{1}{2}x^2.$$

④ 总利润函数

$$L(x)=R(x)-C(x)=-\frac{5}{8}x^2+4x-1.$$

$L'(x)=-\frac{5}{4}x+4$，令 $L'(x)=-\frac{5}{4}x+4=0$，得唯一驻点 $x=3.2$，又因为 $L''(3.2)=-\frac{5}{4}<0$（极值第二充分条件），所以当 $x=3.2$（百台）时，总利润最大，最大利润为 $L(3.2)=5.4$（万元）.

2. 由变化率求总量问题

在经济学上通常会遇到求总函数在自变量的某个范围的改变量，对这样的问题，可采用定积分来解决.

【例6】 某企业生产的产品的需求量 Q 与产品的价格 P 的关系为 $Q=Q(P)$，若已知需求量对价格的边际需求函数为 $f(P)=-3\,000\,P^{-2.5}+36\,P^{0.2}$（单位/元），试求产品价格由 1.20 元浮动到 1.50 元时对市场需求量的影响.

解 已知 $Q'(P)=f(P)$，即 $\mathrm{d}Q(P)=f(P)\mathrm{d}P$，所以，价格由 1.20 元浮动到 1.50 元时，总需求量

$$Q=\int_{1.2}^{1.5}f(P)\mathrm{d}P=\int_{1.2}^{1.5}(-3\,000P^{-2.5}+36P^{0.2})\mathrm{d}P=\left[2\,000P^{-1.5}+30P^{1.2}\right]\Big|_{1.2}^{1.5}$$
$$\approx 1\,137.5-1\,558.8=-421.3(\text{单位}).$$

即当价格由 1.20 元浮动到 1.50 元时，该产品的市场需求量减少了 421.3 单位.

随堂练习

（1）解答案例【变力做功】.

（2）生产某产品的边际成本函数为 $C'(x)=3x^2-14x+100$，固定成本 $C_0=10\,000$，求出生产 x 个产品的总成本函数.

（3）某产品边际成本为 $C'(x)=10+0.02x$，边际收益为 $R'(x)=15-0.01x$，（C 与 R 的单位均为万元，产量 x 的单位为百台），试求产量由 15 单位增加到 18 单位时的总利润.

答案与提示：

（1）案例解答【变力做功】

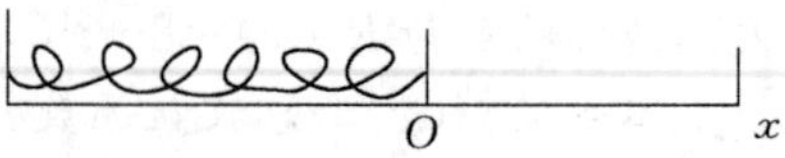

首先建立如图 7-23 所示的坐标系.选取平衡位置为坐标原点.

O x

图 7-23

当弹簧被拉长 x m 时，弹性力为 $f_1=-kx$，从而所使用的外力为 $f=-f_1=kx$.由于 $x=0.1$ m 时，$f=5$，故 $k=50$，即 $f=50x$.克服弹力所做功为

$$W=\int_a^b F(x)\mathrm{d}x=50\int_0^{0.15}x\,\mathrm{d}x=50\times\frac{0.15^2}{2}=0.562\,5(\mathrm{J}).$$

（2）总成本函数

$$C(x)=\int_0^x C'(x)\mathrm{d}x+C_0=\int_0^x(3x^2-14x+100)\mathrm{d}x+10\,000$$
$$=\left[x^3-7x^2+100x\right]\Big|_0^x+10\,000=x^3-7x^2+100x+10\,000.$$

(3) $C=\int_{15}^{18}(10+0.02x)\mathrm{d}x=30.99$；$R=\int_{15}^{18}(15-0.01x)\mathrm{d}x=44.505$；

总利润 $L=R-C=13.515$.

习题 7.2

1. 如果 1 N 的力能使弹簧伸长 0.01 m，现在要使这弹簧伸长 0.5 m，问要做功多少？
2. 有一质点按规律 $x=t^3$ 作直线运动，介质的阻力与速度成正比，求质点从 $x=0$ 移到 $x=1$ 时，克服介质阻力所做的功.
3. 半径为 R 的半球形水池，其中充满了水，要把池中的水完全吸尽，需做多少功？
4. 有一闸门，它的形状和尺寸如图 7-24 所示.水面超过门顶 2 m.求闸门上所承受的水压力.
5. 一形状为椭圆形的薄板，其长半轴与短半轴分别为 a 与 b，将此薄板的一半铅直沉入水中，而其短轴与水面相齐，求薄板一侧所受水的压力的大小.
6. 设有一长度为 l，线密度为 μ 的均匀细直棒，在与棒的一端垂直距离为 a 个单位处有一质量为 m 的质点 M.求该细棒对质点 M 的引力.

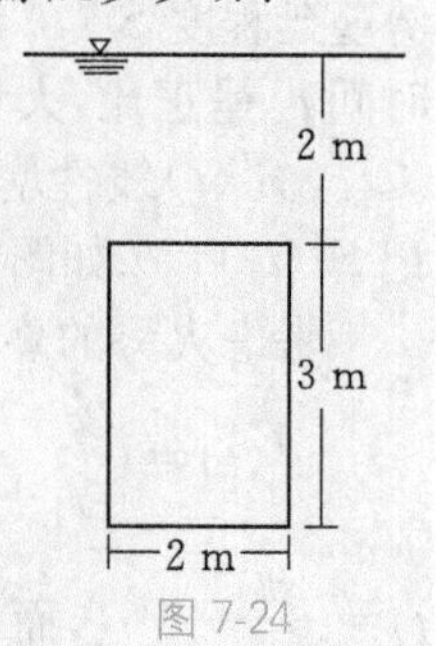

图 7-24

任务 7.3　综合应用实训

实训 1【森林救火问题】

问题介绍：森林出现火情时，消防人员接到报警后会赶去灭火.根据实际的火情，需判读出要安排多少消防队员去灭火，既能保证扑灭火灾，又能尽可能地减少消防开支.派出的出警消防队员人数多少和火灾造成的损失大小密切相关，人数越多，损失会越小，但救火的开支会比较大；若派出的消防队员较少，火灾造成的森林损失可能会比较大.所以，需要考虑出警消防队员的费用和发生火灾的森林的损失之和来确定出警消防队员人数.

问题分析：森林损失的大小由被毁的森林面积大小和森林中植被的价值所确定，假定森林中植被价值都是一样的，那么森林损失大小完全由被毁的森林面积所确定，而面积又由着火的时长(灭火时间减去起火的时间)所确定，而着火的时长由出警的消防队员人数所确定；另一方面，消防队员的救火开支由参加灭火的消防队员的人数和灭火时间的长短所确定.

问题假设：森林中植被的价值都一样.森林失火时间 $t=0$，消防队员救火时间为 $t=t_1$，火灾被熄灭的时间为 $t=t_2$.设 t 时刻被毁的面积为 $S(t)$，根据导数的定义，$S'(t)$表示 t 时刻烧毁面积的变化率，也表示了 t 时刻火势的蔓延程度.当 $0\leqslant t\leqslant t_1$，火势是越来越大的，$S'(t)$随着 t 的增加而增加，当 $t=t_2$ 时，$S'(t)=0$.救火开支包含灭火设备的消耗，灭火人员的开支，这两项费用和救火的消防人员的数量及灭火所用时间有关，还包含运送队员及设备的一次性开支，这一项费用仅和队员数量有关.假设：

(1) 森林的损失费用大小与森林被毁面积呈线性关系，线性系数为 c_1，则森林的损失共为 $c_1S(t_2)$.

(2) 在 $0\leqslant t\leqslant t_1$ 时间内，$S'(t)$ 与 t 呈线性关系（正比），且随着 t 的增加而增加，不妨设其比例系数 β 为火势蔓延速度.火势的蔓延可以视为以着火点为中心、以匀速向四周蔓延呈圆形，则被毁森林可视为圆形，圆的半径（即蔓延半径）与时间呈线性关系（正比）.

(3) 设出警的消防队员人数为 x 名，每个消防队员单位时间费用为 c_2，每个队员参加本次救火的一次性费用为 c_3，则出警队员的总救火费用共为 $c_2x(t_2-t_1)+c_3x$.

(4) 消防员从开始救火的时刻起，β 开始下降，降为 $\beta-\lambda x$，其中 λ 是每个队员的灭火速度，显然 $\beta<\lambda x$.

模型的建立与求解：根据假设(2)，被烧毁森林的圆的半径 r 与时间 t 成正比，而烧毁面积 $S(t)$ 与时间 t_2 呈正比，火势蔓延程度 $S'(t)$ 与 r^2 呈正比，所以森林烧毁面积 $S(t)$ 与时间 t_2 呈正比，火势蔓延程度 $S'(t)$ 与时间 t 呈正比.当 $0\leqslant t\leqslant t_1$，$S'(t)$ 线性增加；$t_1\leqslant t\leqslant t_2$，$S'(t)$ 线性减少直至为 0，记 $S'(t_1)=b$.如图 7-25 所示.

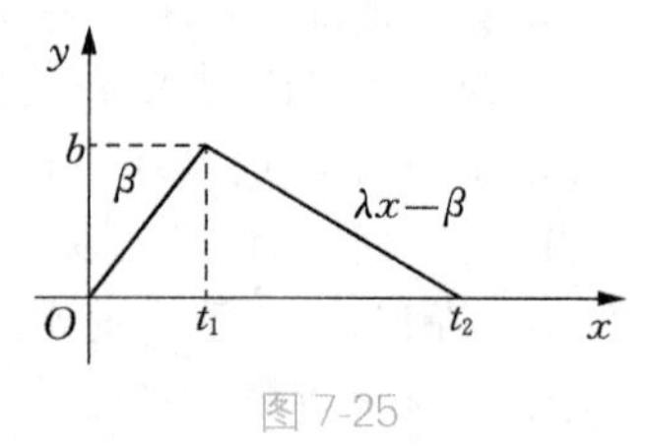

图 7-25

考虑火势的蔓延速度和消防员灭火速度，易知：

$S'(t)=\begin{cases}\beta t & 0<t<t_1\\ \beta t_1+(\beta-\lambda x)(t-t_1) & t_1<t<t_2\end{cases}$，由于 $S'(t_2)=0$，所以 $t_2-t_1=\dfrac{\beta t_1}{\lambda x-\beta}$，即 $t_2=\dfrac{\beta t_1}{\lambda x-\beta}+t_1$，而 $S'(t)=\beta t_1=b$，所以 $S(t_2)=\int_0^{t_2}S'(t)\mathrm{d}t=\dfrac{1}{2}bt_1+\dfrac{b^2}{2(\lambda x-\beta)}$，得到救火的总费用为：$C(x)=\dfrac{1}{2}c_1bt_1+\dfrac{c_1b^2}{2(\lambda x-\beta)}+\dfrac{c_2xb}{\lambda x-\beta}+c_3x$，求 $C(x)$ 的最小值，令 $C'(x)=0$，得到 $x=\sqrt{\dfrac{c_1\lambda b^2+2c_2\beta b}{2c_3\lambda^2}}+\dfrac{\beta}{\lambda}$.

实训 2【合理减肥模型】

问题介绍：随着人们生活水平的提高，饮食营养摄入量不断改善和提高，体重的增加在所难免，针于肥胖人群，市场上出现了各种减肥食品，而多数减肥产品达不到减肥目标或不能维持效果，必须通过控制饮食和适当的运动才能将体重减轻并维持下去.若有一人现在体重为 100 kg，假设该人每天饮食深摄入热量是一定的，设为 3 300 卡，根据健康的需要进行循序渐进的减肥，希望能够每周减掉 1 kg，问题是该人如何通过跑步运动合理减肥？

问题分析：体重指数公式 $\mathrm{BMI}=\dfrac{w(\mathrm{kg})}{l^2(\mathrm{m}^2)}$（体重/身高的平方），联合国世界卫生组织颁布的体重指数，当 $18.5\leqslant\mathrm{BMI}\leqslant24$ 为正常，$24\leqslant\mathrm{BMI}\leqslant29$ 为超重，$29<\mathrm{BMI}$ 为肥胖.人的体重发生变化是因为体内能量守恒被破坏，吸收热量和消耗热量都会破坏体内能量守恒，吸收热量（饮食）会造成体重增加，代谢和运动（消耗热量）引起体重减少，要想减肥，就要适当减少吸收的热量并且增加消耗的热量.另外，减肥计划应不以伤害身体为前提条件，减轻体重不宜过快，每周体重减少不宜超过 1.5 kg.

问题假设：

(1) 人体的体重随着时间的变化而变化，因此可以将体重视为时间 t 的函数 $w(t)$.

(2) 在研究过程中，我们不考虑个体间的差异（年龄、性别、健康状况等）对减肥的影响.

(3) 吸收的热量和体重增加的关系为线形关系，可以视为正比关系，每吸收 7 700 卡热量就增加体重 1 kg；新陈代谢引起的体重减少与体重成正比，每天每公斤体重消耗 25 卡至 30 卡热量；跑步所消耗的热量造成体重减小，且减少的重量与体重成正比.本模型通过跑步减肥，每天慢跑消耗热量＝饮食吸收热量－正常代谢消耗热量＋减肥体重产生的热量，一般慢跑运动热量消耗如图 7-26 所示.

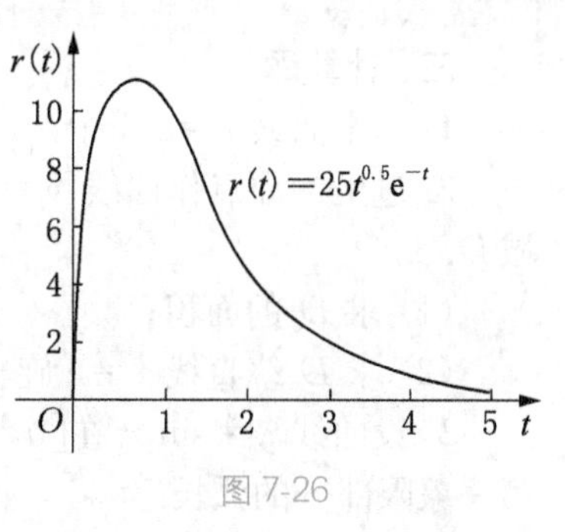

图 7-26

模型建立与求解：体重变本是一个连续的过程，但我们假设人一天内体重不变，在第二天开始的时刻体重减轻$\frac{1}{7}$ kg，根据要求此人每天应减肥的热量 $Q=7\,700/7=1\,100$ 卡.设此人第 n 天体重为 $w(n)$，则 $w(1)=100$ kg，且 $w(n+1)=w(n)-\frac{1}{7}$.假设每天每公斤体重消耗 30 卡热量，第 n 天正常代谢的热量为 $Q_2(n)=30w(n)$，第 n 天跑步需要消耗热量为 $Q(n)=3\,300-Q_2(n)+Q_1$，设第 n 天慢跑时间为 L，则 $Q(n)=100\int_0^L 25t^{0.5}e^{-t}dt$，由 $Q_2(1)=3\,300$，$Q(1)=1\,400$，得 L 约为 1.5 小时.由此可得，慢跑运动最佳效果在 1～2 小时，模型解在 1.5 小时左右，说明要减肥，运动需要达到一定量.随着体重的减少，$Q_2(n)$ 也慢慢减小，所以要保持减肥效果，需要加大运动量、增加运动时间或减少摄入热量，这符合人体规律.

习题答案

项目七

项目七习题

一、填空题

1. 曲线 $y=-x^3+x^2+2x$ 与 x 轴所围成的图形的面积 $A=$____________________.

2. 曲线 $y=\cos x\left(-\frac{\pi}{2}\leqslant x\leqslant\frac{\pi}{2}\right)$ 与 x 轴所围成的图形绕 x 轴旋转一周所得旋转体的体积 $V=$____________________.

3. 曲线 $y^2=4x$ 及直线 $x=x_0\ (x_0>0)$ 所围成的图形绕 x 轴旋转一周所得旋转体的体积 $V=$____________________.

二、单项选择题

1. 双纽线 $(x^2+y^2)^2=x^2-y^2$ 所围成的区域面积可用定积分表示为（　　）.

A. $2\int_0^{\frac{\pi}{4}}\cos 2\theta d\theta$　　B. $4\int_0^{\frac{\pi}{4}}\cos 2\theta d\theta$　　$2\int_0^{\frac{\pi}{4}}\sqrt{\cos 2\theta}d\theta$　　D. $\frac{1}{2}\int_0^{\frac{\pi}{4}}(\cos 2\theta)^2 d\theta$

2. 曲线 $y=\sin^{\frac{3}{2}}x\ (0\leqslant x\leqslant\pi)$ 与 x 轴所围成的图形绕 x 轴旋转一周所得旋转体的体积为（　　）.

A. $\frac{4}{3}$　　B. $\frac{4}{3}\pi$　　C. $\frac{2}{3}\pi^2$　　D. $\frac{2}{3}\pi$

3. 曲线 $y=x(x-1)(2-x)$ 与 x 轴所围成的图形的面积为（　　）.

A. $-\int_0^2 x(x-1)(2-x)$

B. $\int_0^2 x(x-1)(2-x)$

C. $-\int_0^1 x(x-1)(2-x)+\int_1^2 x(x-1)(2-x)$

D. $\int_0^1 x(x-1)(2-x)-\int_1^2 x(x-1)(2-x)$

三、计算题

1. 求由曲线 $\rho=a\sin\theta$，$\rho=a(\cos\theta+\sin\theta)(a>0)$所围成平面图形公共部分的面积.

2. 过坐标原点作曲线 $y=\ln x$ 的切线，该切线与曲线 $y=\ln x$ 及 x 轴围成平面区域D.

(1) 求 D 的面积；

(2) 求 D 绕直线 $x=\mathrm{e}$ 旋转一周所得旋转体的体积 V.

3. 设曲线 $y=\sin x$ 在$[0,\pi]$上的弧长为 L，试用 L 表示椭圆曲线 $x^2+2y^2=1$ 位于第一象限部分的弧长.

4. 求圆盘$(x-2)^2+y^2\leqslant 1$ 绕 y 轴旋转一周而成的旋转体的体积 V.

项目八 微 分 方 程

任务 8.1 微分方程的概念、可分离变量微分方程、线性微分方程的应用

任务内容

- 完成与微分方程概念相关联的任务工作页；
- 学习与微分方程有关的知识；
- 完成与可分离变量的微分方程相关的任务工作页；
- 学习与可分离变量的微分方程相关的知识；
- 完成与可降阶的高阶微分方程相关联的任务工作页；
- 学习线性微分方程的性质及其应用.

任务目标

- 理解微分方程的基本概念；
- 掌握求微分方程阶的方法；
- 掌握判定微分方程通解的方法；
- 掌握可分离变量的微分方程的求解方法；
- 会求微分方程的通解和特解；
- 掌握求解微分方程的降阶法，常数变易法，待定系数法；
- 掌握线性非齐次微分方程的求解方法；
- 能够应用微分方程解决实际问题，或解决专业案例.

任务工作页

了解任务内容并学习相关知识后，在教师指导下完成任务工作页内各项内容的填写.

1. n 阶微分方程的一般形式？

____.

2. 通解必须满足的两个条件？

(1) ____________________；(2) ____________________.

3. 可分离变量微分方程的形式？

____.

4. 齐次微分方程的形式？

____.

5. 可降阶的高阶微分方程的四类形式？

(1) ________________；(2) ________________；

(3) ________________；(4) ________________.

6. 二阶线性微分方程的形式？

________________________________.

7. 二阶非齐次线性微分方程的形式？

________________________________.

8. 求二阶常系数齐次线性微分方程 $y''+py'+qy=0$（其中 p，q 是常数）通解的步骤？并补充下表.

(1) ________________；(2) ________________；

(3) ________________.

特征方程的两个根 r_1 和 r_2	微分方程：$y''+py'+qy=0$ 的通解
两个不等实根 $r_1 \neq r_2$	
两个相等实根 $r_1 = r_2$	
一对共轭复根 $r_{1,2}=\alpha \pm \mathrm{i}\beta(\beta>0)$	

9. 若线性非齐次微分方程 $y''+py'+qy=f_1(x)+f_2(x)$ 的右端自由项由两部分组成，若方程 $y''+py'+qy=f_1(x)$ 和 $y''+py'+qy=f_2(x)$ 的特解分别 y_1 和 y_2，则方程 $y''+py'+qy=f_1(x)+f_2(x)$ 的特解为________________.

案例 1【火车制动】 设火车以 30 m/s(相当于 108 km/h)的速度在平直的轨道上行驶(假设不计空气阻力和摩擦力).当制动(刹车)时获得的加速度为 0.6 m/s^2，问开始制动后经过多长时间火车才能停住？又在这段时间内火车行驶了多少路程？(该问题的解决涉及本章将要学习的微分方程，即先用微分方程建模，再通过不定积分法求解该模型.)

案例 2【折旧与未来值的问题】 设一台机器在任何时间的折旧率与当时的价格成正比，若其全新时的价值是 10 000 元，5 年末的价格为 6 000 元，求其出厂 20 年末的价值.(该案例属于经济学方面的问题，需要通过微分方程来求解，具体解答见后文.)

数学文史

微分方程发展史

微分方程是常微分方程与偏微分方程的总称，即含自变量、未知函数及其微商(或偏微商)的方程.它主要起源于 17 世纪时的物理学研究.当数学家们谋求用微积分解决越来越多的物理学问题时，发现不得不对付一类新问题，解决这类问题，需要专门的技术，这样微分方程这门学科就应时兴起了.

意大利科学家伽利略发现，自由落体在时间 t 内下落的距离为 h，加速度 $h''(t)$ 是一个常数.作为微分方程 $h''(t)=g$ 的解而得到自由落体的运动规律为 $h(t)=\frac{1}{2}gt^2$，此成为微分方程求解的最早例证，同时也是微积分学的先驱性工作.牛顿和莱布尼茨创造微积分学时，指出了它们的互逆性，事实上解决了微分方程 $y'=f(x)$ 的求解问题.

荷兰数学家、物理学家惠更斯在用微积分研究摆的问题时，得到了摆的运动方程 $\frac{\mathrm{d}^2\theta}{\mathrm{d}t^2}+\frac{g}{l}\sin\theta=0$.天文学中的二体问题，物理学中的弹性理论等都是当时的热门课题，是微分方程建立的直接诱因.

瑞士数学家雅各布·伯努利是最早用微积分求解常微分方程的数学家之一.他在1690年发表了关于等时问题的解答，即求一条曲线，使得一个摆沿着它做一次完全的摆动都用相等的时间，而与弧长无关.雅各布在同一文章中还提出“悬链线问题”，即一根柔软而不能伸长的弦悬挂于两固定点，求这弦所形成的曲线.类似的问题早在1687年已由莱布尼茨提过，雅各布重新提出后，这种曲线被称为悬链线.第二年，莱布尼茨、惠更斯和雅各布的兄弟——约翰·伯努利都发表了各自的解答，其中约翰的解答是建立在微分方程 $\frac{\mathrm{d}y}{\mathrm{d}x}=\frac{s}{c}$ 的基础上（s 是曲线中心点到任一点的弧长，c 依赖于弦在单位长度内的重量），该方程的解是 $y=c\cos\frac{hx}{c}$.

1691年，莱布尼茨在给惠更斯的一封信中，提出了解常微分方程的变量分离法.1695年雅各布·伯努利提出了伯努利方程 $\frac{\mathrm{d}y}{\mathrm{d}x}=P(x)y+Q(x)y^n$，莱布尼茨利用变量替换 $z=y^{1-n}$ 将原方程化为线性方程，雅各布则利用变量分离法给出了解答.此外，几何中正交轨线问题，物理学中阻力抛射体运动等问题都引起了数学家们的兴趣.1740年积分因子理论建立后，一阶常微分方程求解的方法已经十分明晰.

1734年，法国数学家克莱罗解出了以他名字命名的方程 $y=xy'+f(y')$，得到通解 $y=cx+f(c)$ 和一个新的解——奇解.后来瑞士数学家欧拉给出一个从特殊积分鉴别奇解的判别法，法国数学家拉普拉斯把奇解概念推广到高阶方程和三个变量的方程.1774年拉格朗日给出从通解中消去常数得到奇解的一般方法.奇解的完整理论发表于19世纪，由柯西和达布等人完成.

二阶常微分方程在17世纪已经出现.1727年欧拉利用变量替换将一类二阶常微分方程化为一阶方程，开始了二阶常微分方程的系统研究.1736年，他又得到了一类二阶常微分方程的级数解，还求出用积分表示的解.

1734年，丹尼尔·伯努利得到了四阶微分方程，1739年欧拉给出了解答方法.1743年，欧拉又讨论了 n 阶齐次微分方程，并给出其解.1762年至1765年，拉格朗日研究了变系数方程，得到降阶的方法，证明了一个非齐次常微分方程的伴随方程，就是原方程对应的齐次方程.拉格朗日还发现，知道 n 阶齐次方程的 m 个特解后，可以把方程降低 m 阶.此外，微分方程组的研究也在18世纪发展起来，但多涉及分析力学.

自牛顿时代起，物理问题就成为数学发展的一个重要推动力.18世纪数学和物理的结合点主要是常微分方程.随着物理学的研究内容从力学向电学以及电磁学发展，到19世纪，偏微分方程的求解成为数学家和物理学家关注的重点，而对偏微分方程的研究又促进了常微分方程的发展.

相关知识

依据各种事物量与量之间的依赖关系和变化规律，去揭示客观事物的规律性，是人们认识和改造世界的重要任务之一.但在实践中，利用数学知识研究自然界的各种现象时，有时并不能“直接”得到反映现象的函数关系式，而只能根据实际问题的意义，或已知的公式、原理、法则去组成含有自变量、未知函数及其未知函数的导数关系式，这种关系式就是微分方程.

一、微分方程的概念

1. 引例

引例 1【元素衰减问题】 遗体死亡之后，体内的 C_{14}(碳 14)含量就不断减少.已知 C_{14}的衰变速度与当时体内 C_{14} 含量成正比，试建立任意时刻遗体内 C_{14} 含量所满足的方程.

解 设 t 时刻遗体内 C_{14}的含量为 $p(t)$，根据题意有

$$\frac{\mathrm{d}P(t)}{\mathrm{d}t}=-kP(t),\quad k>0 \text{ 为常数.}$$

上式右端的负号反映了 $p(t)$随时间 t 的增加而减少.

引例 2【含盐量问题】 设有一桶，其内盛盐水 100 L，其中含盐 50 g.现在以浓度 2 g/L 的盐水流入桶中，其流速为 3 L/min，假使流入桶内的新盐水和原有盐水因搅拌而能使其在顷刻间成为均匀的溶液，此溶液又以 2 L/min 的流速流出，试建立桶内盐水的存盐数与时间 t 的关系.

解 设在 t(min)时桶内盐水的存盐数为 $y=y(t)$(g)，因每分钟流入 3 L 溶液，且每升溶液含盐 2 g，所以在任一时刻 t 流入盐的速率为

$$v_1(t)=3\times2=6(\mathrm{g/min}).$$

同时，又以每分钟 2 L 的速率流出溶液，故 t(min)时溶液总量为$[100+(3-2)t]$L，每升溶液的含盐量为$\frac{y}{100+t}$g，因此，排出盐的速率为

$$v_2(t)=2\times\frac{y}{100+t}=\frac{2y}{100+t}(\mathrm{g/min}),$$

从而桶内盐的变化率为

$$\frac{\mathrm{d}y}{\mathrm{d}t}=v_1(t)-v_2(t)=6-\frac{2y}{100+t},$$

即

$$\frac{\mathrm{d}y}{\mathrm{d}t}+\frac{2y}{100+t}=6.$$

【注意】同一个量用不同方式表示，这是建立方程或数学模型的基本思想.

引例 3【动力学问题】 质量为 w 的物体，从离地面高为 x_0 处以初速 v_0 铅直上抛，不

计空气阻力，求该物体的运动规律.

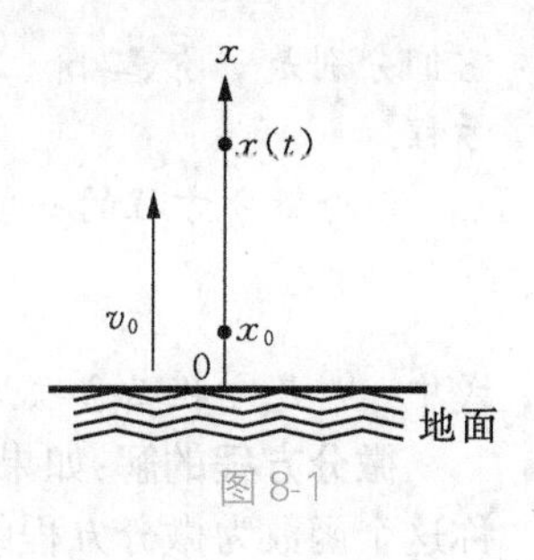

图 8-1

解　建立直角坐标系(图 8-1)，设物体作竖直上抛运动的位移 x 与时间 t 的函数关系为 $x=x(t)$，且 $x|_{t=0}=x_0$，$v|_{t=0}=v_0$. 由牛顿第二定律，得

$$F=ma.$$

由导数的物理意义可知，在 t 时刻物体运动的加速度为 $a=\frac{\mathrm{d}^2x}{\mathrm{d}t^2}$，

且 $v|_{t=0}=\left.\frac{\mathrm{d}x}{\mathrm{d}t}\right|_{t=0}=v_0$；另外，由于物体在运动过中只受重力作用，所以 $F=-mg$，其中负号表示重力方向与坐标轴正向相反，因此 $m\frac{\mathrm{d}^2x}{\mathrm{d}t^2}=-mg$，即 $\frac{\mathrm{d}^2x}{\mathrm{d}t^2}=-g$.

等式 $\frac{\mathrm{d}^2x}{\mathrm{d}t^2}=-g$ 两端同时积分，得 $\frac{\mathrm{d}x}{\mathrm{d}t}=-gt+C_1$；所得等式两端再同时积分，得

$$\left(x=-\frac{1}{2}gt^2+C_1t+C_2.\right)$$

把条件 $x|_{t=0}=x_0$ 及 $\left.\frac{\mathrm{d}x}{\mathrm{d}t}\right|_{t=0}=v_0$ 分别代入 $x=-\frac{1}{2}gt^2+C_1t+C_2$ 和 $\frac{\mathrm{d}x}{\mathrm{d}t}=-gt+C_1$，

得 $C_1=v_0$，$C_2=x_0$. 再将 $C_1=v_0$，$C_2=x_0$ 代入 $x=-\frac{1}{2}gt^2+C_1t+C_2$，得所求物体的运动规律为

$$x=-\frac{1}{2}gt^2+v_0t+x_0.$$

2. 微分方程的基本概念

从前面三个实例可以看到，寻找函数关系式的基本步骤：

(1) 根据实际问题的物理、化学、经济及几何等意义，得到反映该实际问题的关系式，而这个关系式通常含有未知函数的导数或微分

(2) 通过积分等方法求解满足这些关系式的函数

(3) 一般还要根据所得函数应满足的其它条件来确定函数解析式中的任意常数，目的使所得函数关系式中不再含任意常数.

微分方程：凡含有未知函数的导数(或微分)、未知函数及自变量的方程，称为**微分方程.**

【注意】(1) 微分方程就是一个关系式，它揭示了自变量、未知函数以及未知函数的导数(或微分)之间的内在联系.

(2) 方程必须含有未知函数的导数(或微分)，而未知函数及自变量可以不出现.

(3) 若未知函数是一元函数，则称为常微分方程；若未知函数是多元函数时，则称为偏微分方程.

为方便起见，常微分方程简称为微分方程(在不致混淆时，也简称为方程).

微分方程的阶：微分方程中未知函数导数的最高阶数，称作微分方程的阶.

【例 1】　$y'=x^2$，$\frac{\mathrm{d}^2x}{\mathrm{d}t^2}=-g$，$y'''+1=0$，$y^{(4)}+y=0$ 均是未求解的常微分方程，且

它们分别是一阶、二阶、三阶和四阶微分方程.而 $y^2+2\sin y=3x$ 及 $x^2+y^2=xy$ 不是微分方程.

n 阶微分方程的一般形式为

$$F(x,\ y,\ y',\ \cdots,\ y^{(n-1)},\ y^{(n)})=0.$$

式中 $y^{(n)}$ 是方程必含项.特别地,一阶微分方程的一般形式为 $F(x,\ y,\ y')=0$.

微分方程的解:如果把某一个函数代入一个微分方程后,该方程成为一个恒等式,则称这个函数为微分方程的一个解.

【例2】 将 $x=-\dfrac{1}{2}gt^2+v_0t+x_0+C$ 代入到方程 $\dfrac{d^2x}{dt^2}=-g$ 的左边,得

$$\frac{d^2}{dt^2}\left(-\frac{1}{2}gt^2+v_0t+x_0+C\right)=\frac{d}{dt}\left(\frac{d}{dt}\left[-\frac{1}{2}gt^2+v_0t+x_0+C\right]\right)=\frac{d}{dt}(-gt+v_0)=-g.$$

这表明 $x=-\dfrac{1}{2}gt^2+v_0t+x_0+C$ 是原方程的解.

【注意】(1) 由于 C 是任意常数,所以方程 $\dfrac{d^2x}{dt^2}=-g$ 的解不唯一,有无穷多个解,全部解构成一个函数族.

(2) 并不是所有微分方程的解加上一个任意常数后都是方程的解.另外,有时给方程的解乘以任意常数后还是方程解,但这种乘的形式也不具备一般性.

【例3】 设 $\dfrac{dx}{dt}=\dfrac{2x}{t}$,将 $x=t^2$ 代入方程,则左边 $=\dfrac{d}{dt}(t^2)=2t=$ 右边.所以 $x=t^2$ 是原方程的一个解.但对任意常数 $C\neq 0$,函数 $x=t^2+C$ 就不是原方程的解,而函数 $x=Ct^2$ 倒是原方程的解,这个方程的解也有无穷多,它们也构成一个函数族.

释疑解难

微分方程的通解1

今后将带有和方程**阶数相同且相互独立的任意常数的解**称为微分方程的**通解**.

定理 8-1 (独立性判定)设 $f_1(x)$, $f_2(x)$是定义在区间 I 内的两个函数,它们的线性组合为 $C_1f_1(x)+C_2f_2(x)$,其中 C_1, C_2 是两个不全为零的常数.

(1) 若对于任意的 $x\in I$,存在一个非零常数 u,使得 $f_1(x)=uf_2(x)$在区间 I 内恒成立,则称函数 $f_1(x)$与 $f_2(x)$是线性相关的,即常数 C_1 和 C_2 不相互独立;

(2) 若对于任意的 $x\in I$,都不存在一个非零常数 u,使得 $\dfrac{f_1(x)}{f_2(x)}=u(f_2(x)\neq 0)$或 $\dfrac{f_2(x)}{f_1(x)}=u(f_1(x)\neq 0)$在区间 I 内恒成立,则称函数 $f_1(x)$与 $f_2(x)$是线性无关的,即常数 C_1 和 C_2 相互独立.

例如,对于代数式 $C_1e^x+C_2e^{2x}(x\in\mathbf{R})$,因 $\dfrac{e^{2x}}{e^x}=e^x\neq$ 常数,所以,e^x 与 e^{2x}线性无关,从而 C_1 和 C_2 相互独立;对于代数式 $C_1\ln x+C_2\ln x^2(x\in\mathbf{R}^+)$,因 $\ln x^2=2\ln x$,所以 $\ln x$ 与 $\ln x^2$ 线性相关,故 C_1 和 C_2 不相互独立.(事实上,若两函数能合并,则必线性相关,从而两前置系数必不独立;若两函数不能合并,则必线性无关,从而两前置系数必独立.)

【注意】通解需满足两个条件:①含有相互独立的任意常数;②常数的个数与方程的阶数相同.

例如函数 $x=-\dfrac{1}{2}gt^2+C_1t+C_2$ 是方程 $\dfrac{d^2x}{dt^2}=-g$ 的通解,而 $x=-\dfrac{1}{2}gt^2+v_0t+$

x_0+C 不是通解.

初始条件:为了获得符合实际问题要求的完全确定解,还必须附加一定条件以确定解中所含的任意常数,称这些条件为方程的**初始条件**.

【例 4】 在实例 3 中 $x|_{t=0}=x_0$, $v|_{t=0}=v_0$ 就是初始条件.

初值问题:求一个微分方程满足初始条件解的问题,称为**初值问题**(如实例 3).

释疑解难

微分方程的通解 2

【注意】(1) 一般地,一阶微分方程只需要一个初值条件;n 阶微分方程通常需要 n 个初值条件:$y|_{x=x_0}=y_0$, $y'|_{x=x_0}=y_1$, $\cdots$, $y^{(n-1)}|_{x=x_0}=y_{n-1}$.

(2) 求微分方法初值问题解的基本步骤为:首先求出方程通解,然后把初始条件代入通解,确定出通解中所含任意常数的值,这样便可得初值问题的解.今后将不含任意常数的初值问题的解称为方程的**特解**.

例如 $x=-\frac{1}{2}gt^2+v_0t+x_0$ 是方程 $\frac{\mathrm{d}^2x}{\mathrm{d}t^2}=-g$ 的特解;$x=t^2$ 是方程 $\frac{\mathrm{d}x}{\mathrm{d}t}=\frac{2x}{t}$ 的特解.

随堂练习

请问函数 $x=-\frac{1}{2}gt^2+C_1t+C_2$ 是 $\frac{\mathrm{d}^2x}{\mathrm{d}t^2}=-g$ 的通解吗?

答案与提示:由实例 3 知函数 $x=-\frac{1}{2}gt^2+C_1t+C_2$ 是方程的解;任意常数个数与方程阶数相等;$\frac{t}{1}=t\neq$常数,即 C_1t 与 C_2 不能合并,表明 C_1 与 C_2 相互独立.由此可知是通解.

【例 5】 验证函数 $x=C_1\cos wt+C_2\sin wt$(C_1, C_2 及 w 均为常数,且 $w>0$)是二阶微分方程 $\frac{\mathrm{d}^2x}{\mathrm{d}t^2}+w^2x=0$ 的通解,并求此微分方程满足初始条件 $x|_{t=0}=A$, $x'|_{t=0}=0$ 的特解.

解 因

$$\frac{\mathrm{d}x}{\mathrm{d}t}=-C_1w\sin wt+C_2w\cos wt,\ \frac{\mathrm{d}^2x}{\mathrm{d}t^2}=-C_1w^2\cos wt-C_2w^2\sin wt,$$

所以

$$\frac{\mathrm{d}^2x}{\mathrm{d}t^2}=-C_1w^2\cos wt-C_2w^2\sin wt+C_1w^2\cos wt+C_2w^2\sin wt=0,$$

即 $x=C_1\cos wt+C_2\sin wt$ 是微分方程 $\frac{\mathrm{d}^2x}{\mathrm{d}t^2}+w^2x=0$ 的解.

另外,由表达式

$$x=C_1\underbrace{\cos wt}_{f_1(t)}+C_2\underbrace{\sin wt}_{f_2(t)}$$

知 $\frac{f_1(t)}{f_2(t)}=\frac{\cos wt}{\sin wt}=\cot wt\neq u$($u$ 为常数),知 $f_1(t)$ 与 $f_2(t)$ 线性无关,表明解中所含常数 C_1, C_2 相互独立.因此,函数 $x=C_1\cos wt+C_2\sin wt$ 是微分方程 $\frac{\mathrm{d}^2x}{\mathrm{d}t^2}+w^2x=0$ 的通解.

将初始条件 $x|_{t=0}=A$ 代入通解表达式中,得 $C_1=A$;再将条件 $x'|_{t=0}=0$ 代入表达式

$\frac{dx}{dt}=-C_1w\sin wt+C_2w\cos wt$ 中，得 $C_2=0$. 于是方程 $\frac{d^2x}{dt^2}+w^2x=0$ 满足初始条件的特解为 $x=A\cos wt$.

案例 1 解答【火车制动】设火车以 30 m/s(相当于 108 km/h)的速度在平直的轨道上行驶(不计空气阻力和摩擦力).当制动(刹车)时获得的加速度为 0.6 m/s^2，问开始制动后经过多长时间火车才能停住？又在这段时间内火车行驶了多少路程？

解 设火车开始制动时 $t=0$，制动后经时间 $t(s)$ 行驶了 $s=s(t)(m)$. 根据导数的物理意义，制动后的火车路程函数 $s(t)$ 应满足方程 $\frac{d^2s}{dt^2}=-0.6$，其应满足的初始条件为 $s(0)=0$，$v(0)=30(m/s)$.

为了得路程函数的解析式，需对方程 $\frac{d^2s}{dt^2}=-0.6$ 两边同时进行两次积分(起降阶作用).第一次积分得，得 $v=-0.6t+C_1$；第二次积分，得

$$s=\int(-0.6t+C_1)dt=-0.3t^2+C_1x+C_2.$$

下面来确定任意常数 C_1 和 C_2.
由 $v(0)=30(m/s)$ 及 $v=-0.6t+C_1$，得 $C_1=30$.
再由 $s(0)=0$ 及 $s=-0.3t^2+C_1t+C_2$，得 $C_2=0$.
于是可得火车制动后的路程函数为 $s=-0.3t^2+30t$.
当火车停车时 $v=0$，即 $v=-0.6t+30=0$，从而火车从开始制动到完全停住所需的时间为 $t=\frac{30}{0.6}=50(s)$. 将 $t=50$ 代入 $s=-0.3t^2+30t$，得火车从制动开始到停止所走过的路程为

$$s=(-0.3t^2+30t)\big|_{t=50}=750(m).$$

随堂练习

(1) 指出下列方程中哪些是微分方程，并说明它们的阶数.

① $x^3(y'')^2-2y'+y=0$；② $y^2-x\sin y=0$；③ $(6x-7y)dx+(x+y)dy=0$；
④ $y^{(4)}-y^2=0$；⑤ $x(y')^2-2yy'+x=0$；⑥ $(x^2-y^2)dx+(x^2+y^2)dy=0$.

(2) 下面几种说法对吗？为什么？

① 包含任意常数的解叫微分方程的通解；
② 不含常数的解叫微分方程的特解；
③ 含有两个任意常数的解必是二阶微分方程的通解.

(3) 设微分方程为 $\frac{d^2x}{dt^2}+6\frac{dx}{dt}+9x=0$，指出下列函数($c_1$，$c_2$，$c$ 都是任意常数)中哪些是该微分方程的解，哪些是通解，哪些是特解.

① $x=e^{-3t}$； ② $x=e^{3t}$； ③ $x=ce^{-3t}$； ④ $x=te^{-2t}$； ⑤ $x=(c_1+c_2t)e^{-3t}$.

(4) 验证函数 $y=c_1x+c_2e^x$ 是微分方程

$$(1-x)y''+xy'-y=0$$

的通解，并求满足初值条件 $y\big|_{x=0}=-1$，$y'\big|_{x=0}=1$ 的特解.

(5) 验证函数 $y=(C_1+C_2x)e^{2x}$ 是微分方程 $y''-4y'+4y=0$ 的通解，其中 C_1，C_2 为

任意常数,并求微分方程满足初始条件 $y(0)=1$, $y'(0)=0$ 的特解.

(6) 已知某曲线上任一点 $P(x, y)$ 处切线的斜率等于该点横坐标的平方,求该曲线的方程及过点(0, 1)的曲线方程.

答案与提示:

(1) ①二阶微分方程;②不是微分方程;③一阶微分方程;④四阶微分方程;⑤一阶微分方程;⑥一阶微分方程.

(2) ①错.例如 $y=C_1e^t+5C_2e^t$ 是微分方程 $y''-3y'+2y=0$ 的解,但 $y=C_1e^t+5C_2e^t=(C_1+5C_2)e^t=ke^t$(其中 $k=C_1+5C_2$ 为常数),常数的个数是与微分方程的阶数不相等.

② 错.解中可以有常数,但不能是任意的常数,一般满足初始条件的解,其中常数都是确定的.

③ 错.含有两个任意常数的解不一定是二阶微分方程的通解,只有这两个任意常数相互独立,它才是二阶微分方程的通解.

(3) 经验证 $x=(C_1+C_2t)e^{-3t}$ 是该微分方程的解,易知 e^{-3t} 与 te^{-3t} 线性无关,且任意常数个数与方程的阶数相等,因此 $x=(C_1+C_2t)e^{-3t}$ 是微分方程的通解. $x=e^{-3t}$, $x=te^{-3t}$ 是它的特解; $x=Ce^{-3t}$ 是它的解,但不是通解; $x=e^{3t}$ 不是解.

(4) $y'=C_1+C_2e^x$, $y''=c_2e^x$,代入方程 $(1-x)y''+xy'-y=0$ 左端,得

$$左端=(1-x)C_2e^x+x(C_1+C_2e^x)-(C_1x+C_2e^x)=0=右端.$$

易知 x 与 e^x 线性无关.任意常数的个数与方程的阶数相等,因此 $x=(C_1+C_2t)e^{-2t}$ 是微分方程的通解.将条件 $y|_{x=0}=-1$ 代入 $y=C_1x+C_2e^x$ 中,得 $C_2=-1$;再将条件 $y'|_{x=0}=1$ 代入 $y'=C_1+C_2e^x$ 中,得 $C_1=2$.

(5) 将 $y=(C_1+C_2x)e^{2x}$, $y'=(2C_1+C_2+2C_2x)e^{2x}$, $y''=4(C_1+C_2+C_2x)e^{2x}$ 代入方程左端,得 $4(C_1+C_2+C_2x)e^{2x}-4(2C_1+C_2+2C_2x)e^{2x}+4(C_1+C_2x)^{2x}=0$,表明函数 $y=(C_1+C_2x)e^{2x}$ 是方程 $y''-4y'+4y=0$ 的解.再由 e^{2x} 与 xe^{2x} 线性无关,知解中所含任意常数相互独立,且任意常数个数与方程的阶数相等,所以 $y=(C_1+C_2x)e^{2x}$ 是方程的通解.

由初始条件得 $C_1=1$, $C_2=-2$,于是方程 $y''-4y'+4y=0$ 满足初始条件的特解为 $y=(1-2x)e^{2x}$.

(6) 曲线方程为 $y=\frac{1}{3}x^3+C$,其中 C 是任意常数;过点(0,1)的曲线的方程为 $y=\frac{1}{3}x^3+1$.

习题 8.1.1

1. 验证下列各题中所给的函数是相应微分方程的解,并说明是通解还是特解(其中 C, C_1, C_2 都是任意常数).

(1) $(x-2y)y'=2x-y$, $x^2-xy+y^2=C$;

(2) $4y'=2y-x$, $y=Ce^{\frac{x}{2}}+\frac{x}{2}+1$;

(3) $y''+9y=0$, $y=\cos 3x$, $y=C_1\cos 3x+C_2\sin 3x$;

(4) $xy'+y=\cos x$, $y=\frac{\sin x}{x}$.

2. 求下列微分方程的解:

(1) $\frac{dy}{dx}=\frac{1}{x}$;　　(2) $y''=3x$;

(3) $y'=\cos x$, $y|_{x=0}=1$;　　(4) $\frac{d^2x}{dt^2}=-2$, $x|_{t=0}=0$, $x'|_{t=0}=2$.

3. (弹性问题)设商品的需求价格弹性为 $e=-k$(k 为正常数),试建立该商品的需求函数 $D=f(p)$(p 是商品价格)所满足的微分方程(查资料了解什么是需求价格弹性及计算方法).

二、可分离变量的微分方程

常微分方程的任务是:根据实际问题建立解答该问题的微分方程(即建立数学模型),并给出相应的初始条件.然后求出所建微分方程的通解及满足初始条件的特解.而求解微分方程方法往往是按微分方程本身的特点分类型进行的.本节将按类型讨论一阶微分方程的求解方法.

1. 可分离变量的微分方程的概念

定义 8-1　称形如

$$\frac{dy}{dx}=\frac{f(x)}{g(y)} \text{ 或 } g(y)dy=f(x)dx \tag{8.1}$$

的方程为**可分离变量的微分方程**.把一个一阶微分方程化为形如 $g(y)dy=f(x)dx$ 的形式的过程称为**分离变量**.

释疑解难

分离变量法 1

特点:① 导数已解出,且是一阶微分方程;

② 方程可化成一端仅含变量 x 的表达式 $f(x)dx$,另一端仅含变量 y 的表达式 $g(y)dy$.

可分离变量的微分方程的求解步骤:

(1) 分离变量:将方程化为等号一边只含变量 y 的表达式,而另一边只含变量 x 的表达式,即

$$g(y)dy=f(x)dx. \tag{8.2}$$

(2) 两边分别积分:对上式两边同时积分,得方程(8.1)的通解为

$$\int g(y)dy=\int f(x)dx+C. \tag{8.3}$$

其中 C 为任意常数.这种求解过程叫做**分离变量法**.

【注意】给方程两端同时积分时,考虑到移项合并问题,往往等号左边的积分结果不加任意常数 C,等号右边的积分加任意常数 C.

释疑解难

分离变量法 2

【例 6】　求微分方程 $\frac{dy}{dx}=xy(x\neq 0)$ 的通解.

解　采用分离变量,得 $\frac{dy}{y}=x\,dx(y\neq 0)$;两边同时积分,得 $\ln|y|=\frac{1}{2}x^2+C_1$,即有

$$|y|=e^{\frac{1}{2}x^2+C_1}=e^{C_1}e^{\frac{1}{2}x^2},$$

进而

$$y=\pm e^{C_1}e^{\frac{1}{2}x^2}=Ce^{\frac{1}{2}x^2}\quad (C=\pm e^{C_1}).$$

显然，$y=0$ 是方程的解，此特解可由通解得到，即在通解中令 $C=0$ 便得 $y=0$.

【例7】 如图8.2所示，已知某曲线过点(1, 1)，并且该曲线上任意一点 $M(x, y)$ 的切线 L 与直线 $\overline{OM}$ 垂直，求此曲线的方程.

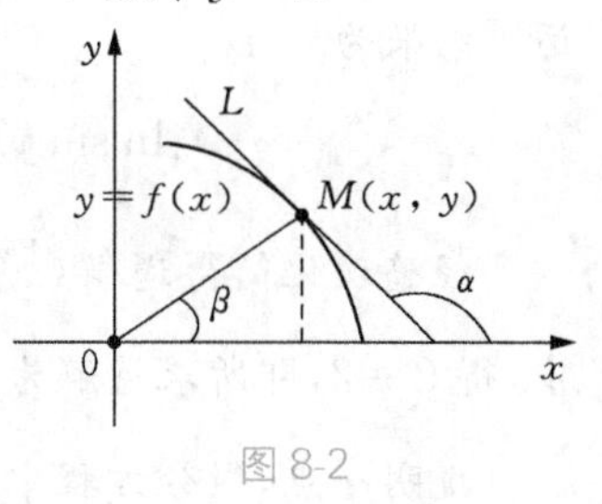

图 8-2

解 设所求曲线方程为 $y=f(x)$，α 为过点 $M(x, y)$ 切线 L 的倾斜角，β 为直线 $\overline{OM}$ 的倾斜角. 由导数的几何意义知切线 L 的斜率

$$k_1=f'(x)=\tan\alpha.$$

又直线 $\overline{OM}$ 的斜率 $k_2=\tan\beta=\dfrac{y}{x}$，因为 $\overline{OM}\perp L$，所以 $k_1\times k_2=-1$，即 $f'(x)\cdot\dfrac{y}{x}=-1$，从而有 $\dfrac{dy}{dx}=-\dfrac{x}{y}$(此方程为可分离变量的微分方程).

分离变量，得 $y\,dy=-x\,dx$；两边同时积分，得

$$\int y\,dy=-\int x\,dx+C_1$$

(右边的积分常数可提前加)，结果为 $\dfrac{1}{2}y^2=-\dfrac{1}{2}x^2+C_1$. 整理后得曲线方程的通解为

$$y^2+x^2=C\quad (C=2C_1).$$

因该曲线过点(1, 1)，故求得满足初始条件 $y|_{x=1}=1$ 的特解为 $y^2+x^2=2$.

案例2解答【折旧与未来值的问题】

解 设 P 表示机器的价值，显然 P 是时间 t 的函数，即 $P=P(t)$，由于折旧率与当时的价值成正比，则有微分方程

$$\frac{dP}{dt}=-kP\quad (k>0 \text{ 是比例系数}).$$

分离变量并积分得：$\ln P=-kt+\ln P_0\quad (C=\ln P_0)$，即 $P=P_0e^{-kt}$.

由于机器全新时的价格是10 000元，得 $P(0)=10\,000$，即 $P_0=10\,000$，于是机器价值与时间的函数 $P(t)=10\,000e^{-kt}$.

由于 $t=5$，$P=6\,000$，即 $6\,000=10\,000e^{-5k}$，可得 $k=-0.2\ln 0.6$.所以

$$p(t)=10\,000e^{0.2t\ln 0.6}.$$

由此得机器出厂20年末的价值为 $P=10\,000e^{0.2\times 20\ln 0.6}=1\,296$ 元.

【例8】 求微分方程 $2x\sin y\,dx+(x^2+3)\cos y\,dy=0$ 满足初始条件 $y|_{x=1}=\dfrac{\pi}{6}$ 的特解.

解 分离变量得

$$\frac{\cos y}{\sin y}dy=-\frac{2x}{x^2+3}dx\quad (\sin y\neq 0),$$

等式两端分别积分，即

$$\int \frac{\cos y}{\sin y}\mathrm{d}y=-\int \frac{2x}{x^2+3}\mathrm{d}x+C_1,$$

运算结果为

$$\ln\sin y=-\ln(x^2+3)+\ln C \quad (C>0,\ \ln C=C_1),$$

经整理化简得通解$(x^2+3)\sin y=C$.将初始条件$y|_{x=1}=\frac{\pi}{6}$代入$(x^2+3)\sin y=C$中，得$C=2$，即所求特解为$(x^2+3)\sin y=2$.

说明一点，微分方程中的积分运算$\int\frac{\mathrm{d}u}{u}=\ln u+C$是有效的，不考虑$u$的正负.

随堂练习

求下列微分方程的通解：

① $\frac{\mathrm{d}y}{\mathrm{d}x}=\sqrt{\frac{1-y^2}{1-x^2}}$；　　② $y'=\mathrm{e}^{2x-y}$；

③ $xy'-y\ln y=0$；　　④ $y(1-x^2)\mathrm{d}y+x(1+y^2)\mathrm{d}x=0$.

答案与提示：均可用分离变量法求解，得①$\arcsin y=\arcsin x+C$；②$y=\ln\left(\frac{1}{2}\mathrm{e}^{2x}+C\right)$；③$y=\mathrm{e}^{Cx}$；④$(1+y^2)=(1-x^2)C$.

2. 齐次微分方程

如果一阶微分方程$y'=f(x,y)$的右端可表示为$\frac{y}{x}$的函数（当$x\neq0$时），即方程$y'=f(x,y)$可写为

$$\frac{\mathrm{d}y}{\mathrm{d}x}=\varphi\left(\frac{y}{x}\right) \tag{8.4}$$

的形式，则称此类方程为齐次微分方程，简称齐次方程.这类方程通常采用变量代换法求解，具体方法如下：

① 令$\frac{y}{x}=u$（因为y是x函数，所以u也是x的函数），则$y=ux$；

② 以x为自变量对$y=ux$求导，则有

$$\frac{\mathrm{d}y}{\mathrm{d}x}=u+x\frac{\mathrm{d}u}{\mathrm{d}x}. \tag{8.5}$$

释疑解难

一阶齐次微分方程

将式(8.4)及$\frac{y}{x}=u$代入式(8.5)，得

$$u+x\frac{\mathrm{d}u}{\mathrm{d}x}=\varphi(u). \tag{8.6}$$

(8.6)式为可分离变量的微分方程.

【例9】 求微分方程$x\mathrm{d}y-\left(2x\tan\frac{y}{x}+y\right)\mathrm{d}x=0$满足初始条件$y|_{x=2}=\frac{\pi}{2}$的特解.

解　将方程转化成标准齐次微分方程$\frac{dy}{dx}=\frac{y}{x}+2\tan\frac{y}{x}$，令$\frac{y}{x}=u$，将式(8.5)即$\frac{dy}{dx}=u+x\frac{du}{dx}$代入齐次方程，得$u+x\frac{du}{dx}=2\tan u+u$.经整理得$x\frac{du}{dx}=2\tan u$.分离变量，有$\frac{1}{\tan u}du=\frac{2}{x}dx$，两端积分，有$\int\frac{\cos u}{\sin u}du=\int\frac{2}{x}dx$，计算结果为$\ln\sin u=2\ln x+\ln C$，即$\sin u=Cx^2$.将$u$回代，即把$u=\frac{y}{x}$代入式$\sin u=Cx^2$，则所求方程的通解为$\sin\frac{y}{x}=Cx^2$.

因$y|_{x=2}=\frac{\pi}{2}$，所以$C=\frac{\sqrt{2}}{8}$.于是满足所给初值条件的特解为$\sin\frac{y}{x}=\frac{\sqrt{2}}{8}x^2$.

【注意】由于变量x和y之间哪个是自变量，哪个是未知函数都是相对的，有时也可把y当作自变量，把x看作是未知函数.

【例10】　求微分方程$(x+\sqrt{y^2-xy})dy-ydx=0$的通解.

解　先将方程转化为标准齐次微分方程形式$\frac{dx}{dy}=\frac{x}{y}+\sqrt{1-\frac{x}{y}}$，令$\frac{x}{y}=v$，将$\frac{dx}{dy}=v+y\frac{dv}{dy}$代入齐次方程，得$\sqrt{1-v}=y\frac{dv}{dy}$.分离变量，得$\frac{1}{y}dy=\frac{1}{\sqrt{1-v}}dv$.两端积分，有$\int\frac{1}{y}dy=\int\frac{1}{\sqrt{1-v}}dv$，计算结果为$\ln y=-2\sqrt{1-v}+C_1$，即$y=Ce^{-2\sqrt{1-v}}$　$(C=e^{C_1})$.回代v，得$y=Ce^{-2\sqrt{1-\frac{x}{y}}}$.

随堂练习

求下列微分方程满足所给初始条件的特解：

① $x^2y'+xy=y$，$y|_{x=\frac{1}{2}}=4$；② $(x^2+y^2)dx-xydy=0$，$y|_{x=1}=2$.

答案与提示：① 采用变量分离法求解，得通解为$yx=e^{-\frac{1}{x}}C$(用隐函数表示)；求得的特解为$yx=2e^{2-\frac{1}{x}}$.

② 转化成标准齐次方程求解，得通解为$y^2=x^2(2\ln x+C)$(用隐函数表示)；求得的特解为$y^2=2x^2(\ln x+2)$.

下面介绍线性微分方程.

定义8-2(线性微分方程)　当微分方程中所含未知函数及其各阶导数全是一次幂时，则称该微分方程为线性微分方程.

n阶线性微分方程的一般形式为：

$$\frac{d^ny}{dx^n}+a_1(x)\frac{d^{n-1}y}{dx^{n-1}}+\cdots+a_{n-1}(x)\frac{dy}{dx}+a_n(x)y=f(x).$$

其中$a_1(x)$，…，$a_n(x)$，$f(x)$是x的已知函数.

不具备上述特点的微分方程称为**非线性微分方程**.例如，方程$\frac{d^2\varphi}{dt^2}+\frac{g}{l}\sin\varphi=0$是二阶非线性微分方程，方程$\left(\frac{dy}{dt}\right)^2+t\frac{dy}{dt}+y=0$是一阶非线性微分方程.

【例11】　下列方程是线性微分方程的是(　　).

(A) $x(y')^2-2yy'+x=0$；(B) $y'+\frac{1}{x}y=\sin x$；(C) $xy'''+2y''+x^2y=0$；

(D) $(x^2-y^2)\mathrm{d}x+(x^2+y^2)\mathrm{d}y=0$；(E) $yy'+y=x$；(F) $y'-\sin y=0$.

解 因为(A)中方程含有 yy'、$(y')^2$、(E)中方程含有 yy'，(D)中方程含有 y^2，(F)中方程含有 $\sin y$，所以(A)(D)(E)(F)是非线性微分方程；(B)(C)因未知函数及其各阶导数全是一次幂，所以是线性微分方程.

3. 一阶线性微分方程及求解方法

定义 8-3 称形如

$$\frac{\mathrm{d}y}{\mathrm{d}x}+P(\mathrm{x})y=Q(x) \tag{8.7}$$

释疑解难

一阶线性微分方程 1

的微分方程为一阶线性微分方程，其中 $P(x)$、$Q(x)$为某区间上的连续函数，函数 $Q(x)$称为自由项.当 $Q(x)\neq0$，称方程(8.7)为一阶非齐次线性微分方程.

当 $Q(x)\equiv0$ 时，方程(8.7)式变为

$$\frac{\mathrm{d}y}{\mathrm{d}x}+P(\mathrm{x})y=0. \tag{8.8}$$

称方程(8.8)为一阶齐次线性微分方程.

【注意】齐次线性微分方程中的“齐次”与前面所讲的齐次微分方程中的“齐次”含义是不同的.

下面讨论一阶线性非齐次微分方程(8.7)的解法.

(1) 首先求一阶非齐次线性微分方程所对应的齐次线性微分方程 $\frac{\mathrm{d}y}{\mathrm{d}x}+P(x)y=0$ 的通解.方程(8.8)可用分离变量法求解.显然，$y=0$ 是它的解.当 $y\neq0$ 时由分离变量，得 $\frac{\mathrm{d}y}{y}=-P(x)\mathrm{d}x$，两边分别积分，得 $\int\frac{\mathrm{d}y}{y}=-\int P(x)\mathrm{d}x$，有 $\ln|y|=-\int P(x)\mathrm{d}x+C_1$，化简后，即得线性齐次方程的通解为

$$y=C\mathrm{e}^{-\int P(x)\mathrm{d}x}, \tag{8.9}$$

其中 C 是任意常数.

(2) 由于方程(8.7)和(8.8)的等号左边相同，仅右边不同，因此，如果将(8.7)改为 $\frac{\mathrm{d}y}{y}=\left[\frac{Q(x)}{y}-P(x)\right]\mathrm{d}x$，两边分别积分，化简整理后，得

$$y=\mathrm{e}^{\int\frac{Q(x)}{y}\mathrm{d}x}\mathrm{e}^{-\int P(x)\mathrm{d}x}. \tag{8.10}$$

对照(8.9)与(8.10)两式，可看出除了 $\mathrm{e}^{-\int P(x)\mathrm{d}x}$ 是方程(8.7)所对应的齐次线性微分方程(8.8)的解外，(8.10)式还有一项 $\mathrm{e}^{\int\frac{Q(x)}{y}\mathrm{d}x}$. 由于 y 是关于 x 的函数，因而 $\mathrm{e}^{\int\frac{Q(x)}{y}\mathrm{d}x}$ 也是关于 x 的函数，所以可设 $\mathrm{e}^{\int\frac{Q(x)}{y}\mathrm{d}x}=C(x)$，所以(8.10)式可表示为

$$y=C(x)\mathrm{e}^{-\int P(x)\mathrm{d}x}. \tag{8.11}$$

释疑解难

一阶线性微分方程 2

式(8.11)相当于把(8.9)式中的常数 C 替换成 $C(x)$,其中 $C(x)$ 是待定函数.因此只要求得函数 $C(x)$,就可得方程(8.7)的解,这种求解方法称为**常数变易法**.

将(8.11)式代入方程(8.7),得

$$C'(x)\mathrm{e}^{-\int P(x)\mathrm{d}x}+(\mathrm{e}^{-\int P(x)\mathrm{d}x})'C(x)+P(x)C(x)\mathrm{e}^{-\int P(x)\mathrm{d}x}=Q(x),$$

化简整理后,得 $C'(x)=Q(x)\mathrm{e}^{\int P(x)\mathrm{d}x}$,再两边积分,得 $C(x)=\int Q(x)\mathrm{e}^{\int P(x)\mathrm{d}x}\mathrm{d}x+C$,将此式代入(8.11)式,得到一阶非齐次线性微分方程(8.7)的通解为

$$y=\mathrm{e}^{-\int P(x)\mathrm{d}x}\left[\int Q(x)\mathrm{e}^{\int P(x)\mathrm{d}x}\mathrm{d}x+C\right]. \tag{8.12}$$

【注意】(1) 式(8.12)中各个不定积分不再加积分常数 C.

(2) 用常数变易法求一阶非齐次线性微分方程(8.7)步骤为:

首先,用分离变量法求出非齐次线性微分方程所对应的齐次线性微分方程(8.8)的通解,或按公式(8.9)直接求解;其次,将所得通解[形如式(8.9)]中的常数 C 换为 $C(x)$,即得式(8.11);再将式(8.11)代入非齐次线性微分方程(8.7),得 $C'(x)=Q(x)\mathrm{e}^{\int P(x)\mathrm{d}x}$;最后求出 $C(x)=\int Q(x)\mathrm{e}^{\int P(x)\mathrm{d}x}\mathrm{d}x+C$,并按式(8.12)写出非齐次线性微分方程的通解.

【例 12】 求微分方程 $x\mathrm{d}y+(y-x\mathrm{e}^{-x})\mathrm{d}x=0$ 的通解.

解法一(常数变易法) 当 $x\neq0$ 时,将方程按式(8.7)化成标准型 $\frac{\mathrm{d}y}{\mathrm{d}x}+\frac{1}{x}y=\mathrm{e}^{-x}$,此方程是一阶非齐次线性微分方程,所对应的齐次线性微分方程为 $\frac{\mathrm{d}y}{\mathrm{d}x}+\frac{1}{x}y=0$,分离变量得 $\frac{\mathrm{d}y}{y}=-\frac{1}{x}\mathrm{d}x$,两边分别积分,得 $\int\frac{\mathrm{d}y}{y}=-\int\frac{1}{x}\mathrm{d}x$,积分结果为 $\ln|y|=-\ln|x|+\ln C_1$,化简后,得线性齐次方程的通解为 $y=\frac{C}{x}$,再将常数 C 用 $C(x)$ 代替,有 $y=\frac{C(x)}{x}$,然后将 $y=\frac{C(x)}{x}$ 式代入非齐次线性微分方程 $\frac{\mathrm{d}y}{\mathrm{d}x}+\frac{1}{x}y=\mathrm{e}^{-x}$,便有

$$\left(\frac{C(x)}{x}\right)'+\frac{1}{x}\left(\frac{C(x)}{x}\right)=\mathrm{e}^{-x},\text{即}\left(\frac{xC'(x)-C(x)}{x^2}\right)+\frac{C(x)}{x^2}=\mathrm{e}^{-x}.$$

化简整理,得 $C'(x)=x\mathrm{e}^{-x}$,两边分别积分,得 $C(x)=-(x+1)\mathrm{e}^{-x}+C$;将此式代入 $y=\frac{C(x)}{x}$ 中,得原一阶非齐次线性微分方程的通解为

$$y=\frac{-(x+1)\mathrm{e}^{-x}+C}{x}.$$

解法二(公式法) 由于 $\frac{\mathrm{d}y}{\mathrm{d}x}+\frac{1}{x}y=\mathrm{e}^{-x}$,则有 $P(x)=\frac{1}{x}$, $Q(x)=\mathrm{e}^{-x}$;利用公式(8.12)得通解

$$y=\mathrm{e}^{-\int\frac{1}{x}\mathrm{d}x}\left[\int\mathrm{e}^{-x}\mathrm{e}^{\int\frac{1}{x}\mathrm{d}x}\mathrm{d}x+C\right]=\frac{1}{x}\left[\int x\mathrm{e}^{-x}\mathrm{d}x+C\right]=\frac{1}{x}[-(x+1)\mathrm{e}^{-x}+C].$$

【注意】利用公式法求解时，一定要将原一阶非齐次线性微分方程化为标准形式(8.7)，正确写出公式中的 $P(x)$ 和 $Q(x)$，否则将得出错误的结果.

【例 13】 求微分方程 $y'\cos x-y\sin x=1$ 满足所给初值条件 $y\left(\frac{\pi}{4}\right)=\frac{\pi}{\sqrt{2}}$ 的特解.

释疑解难

一阶线性微分方程 3

解 化成标准形，得 $\frac{\mathrm{d}y}{\mathrm{d}x}-y\tan x=\frac{1}{\cos x}$，于是 $P(x)=-\tan x$，$Q(x)=\frac{1}{\cos x}$；利用公式(8.12)，得原方程的通解为

$$y=\mathrm{e}^{\int\tan x\mathrm{d}x}\left[\int\frac{1}{\cos x}\mathrm{e}^{-\int\tan x\mathrm{d}x}\mathrm{d}x+C\right]=\frac{1}{\cos x}\left[\int\mathrm{d}x+C\right]=\frac{1}{\cos x}[x+C].$$

将条件 $y\left(\frac{\pi}{4}\right)=\frac{\pi}{\sqrt{2}}$ 代入 $y=\frac{1}{\cos x}[x+C]$，求得 $C=\frac{\pi}{4}$，所以特解为 $y=\frac{1}{\cos x}\left[x+\frac{\pi}{4}\right]$.

【例 14】 求微分方程 $xy'+y=-xy^2\ln x$ 的通解.

解 两边同除 xy^2，有 $y^{-2}\frac{\mathrm{d}y}{\mathrm{d}x}+\frac{1}{xy}=-\ln x$，令 $u=\frac{1}{y}$，将 $\frac{\mathrm{d}u}{\mathrm{d}x}=-\frac{1}{y^2}\frac{\mathrm{d}y}{\mathrm{d}x}$ 代入上式方程中，得 $\frac{\mathrm{d}u}{\mathrm{d}x}-\frac{u}{x}=\ln x$，则有 $P(x)=-\frac{1}{x}$，$Q(x)=\ln x$；利用公式(8.12)，得

$$u=\mathrm{e}^{\int\frac{1}{x}\mathrm{d}x}\left[\int\ln x\,\mathrm{e}^{-\int\frac{1}{x}\mathrm{d}x}\mathrm{d}x+C\right]=x\left[\int\frac{\ln x}{x}\mathrm{d}x+C\right]=x\left[\frac{1}{2}\ln^2 x+C\right].$$

将 u 回代，即把 $u=\frac{1}{y}$ 代入上式 $u=x\left[\frac{1}{2}\ln^2x+C\right]$，所给方程的通解 $yx\left[\frac{1}{2}\ln^2x+C\right]=1$（采用隐函数形式表示解）.

随堂练习

求下列微分方程的通解：

① $x\mathrm{d}y+(x^2\sin x-y)\mathrm{d}x=0$；② $xy'+y=x^2+3x+2$.

答案与提示：①当 $x\neq0$ 时，将原方程改为 $\frac{\mathrm{d}y}{\mathrm{d}x}-\frac{y}{x}=-x\sin x$，然后利用公式(8.12)得通解 $y=x[\cos x+C]$；②两端同除 x $(x\neq0)$ 化成标准一阶线性微分方程，再利公式(8.12)得通解 $y=\left[\frac{1}{3}x^2+\frac{3}{2}x+2+\frac{C}{x}\right]$.

4. 伯努利方程

称形如

$$y'+P(x)y=Q(x)y^n\ (n\neq0,\ 1) \tag{8.13}$$

的一阶微分方程为**伯努利方程**，其中 $P(x)$ 和 $Q(x)$ 是 x 的已知连续函数.

当 $n=0$ 或 $n=1$ 是线性方程.当 $n\neq0$ 且 $n\neq1$ 时，可以通过适当的变量代换化为线性方程求解.具体解法如下：

将式(8.13)两边同乘以 y^{-n}，得 $y^{-n}y'+P(x)y^{1-n}=Q(x)\ (n\neq0,\ 1)$.令 $u=y^{1-n}$，将 $\frac{\mathrm{d}u}{\mathrm{d}x}=(1-n)y^{-n}\frac{\mathrm{d}y}{\mathrm{d}x}$ 代入 $y^{-n}\frac{\mathrm{d}y}{\mathrm{d}x}+P(x)y^{1-n}=Q(x)$，得 $\frac{1}{(1-n)}\frac{\mathrm{d}u}{\mathrm{d}x}+P(x)u=Q(x)$，即

$$\frac{du}{dx}+(1-n)P(x)u=(1-n)Q(x)\quad（一阶线性微分方程）.$$

利用公式(8.12)，得

$$u=e^{-\int(1-n)P(x)dx}\left[\int(1-n)Q(x)e^{\int(1-n)P(x)dx}dx+C\right].\tag{8.14}$$

最后将$u=y^{1-n}$回代入上式，便得伯努利方程(8.13)的通解.

【注意】解伯努利方程的关键在于作代换和恒等变形，将其转化成熟知的一阶线性微分方程.

【例15】 求微分方程$y'-3xy=xy^2$的通解.

解 令$u=y^{1-2}=y^{-1}$，将$\frac{du}{dx}=-y^{-2}\frac{dy}{dx}$代入原方程，得$\frac{du}{dx}+3xu=-x$，则有$p(x)=3x$，$Q(x)=-x$.利用公式(8.12)，得

$$u=e^{-\int 3x dx}\left[\int(-x)e^{\int 3x dx}dx+C\right]=e^{-\frac{3}{2}x^2}\left[-\frac{1}{3}e^{\frac{3}{2}x^2}+C\right].$$

将$u=y^{-1}$回代入上式，得$y'-3xy=xy^2$的通解$e^{\frac{3}{2}x^2}\left[\frac{3}{y}+1\right]=C$.

上述三种一阶微分方程及解法见表8-1.

表8-1　三种一阶微分方程及解法

方程类型		方程解法
可分离变量的方程	$\frac{dy}{dx}=f(x)g(y)$	分离变量，然后积分$\int\frac{dy}{g(y)}=\int f(x)dx+C$
	$M_1(x)N_1(y)dx+M_2(x)N_2(y)dy=0$	分离变量，然后积分 $\int\frac{N_2(y)}{N_1(y)}dy=-\int\frac{M_1(x)}{M_2(x)}dx+C$
齐次微分方程	$\frac{dy}{dx}=\varphi\left(\frac{y}{x}\right)$	作下列代换化为可分离变量方程形式 令$\frac{y}{x}=u(x)$，得$y=xu(x)$，$\frac{dy}{dx}=u+x\frac{du}{dx}$
	$\frac{dx}{dy}=\varphi\left(\frac{x}{y}\right)$	令$\frac{x}{y}=v(y)$，得$x=yv(y)$，$\frac{dx}{dy}=v+y\frac{dv}{dy}$
一阶线性微分方程	一阶线性齐次方程 $y'+P(x)y=0$	方法1　分离变量，两边积分；方法2　通解公式$y=Ce^{-\int P(x)dx}$
	一阶线性非齐次方程 $y'+P(x)y=Q(x)$	方法1　常数变易法，设非齐次方程的解为 $y=C(x)e^{-\int P(x)dx}$；方法2　非齐次方程的通解公式 $y=e^{-\int P(x)dx}\left[\int Q(x)e^{\int P(x)dx}dx+C\right]$

习题 8.1.2

1. 求下列微分方程的通解.

(1) $xy'-y\ln y=0$; (2) $y(1-x^2)\mathrm{d}y+x(1+y^2)\mathrm{d}x=0$.

2. 求下列微分方程满足所给初值条件的特解.

(1) $y'+\dfrac{y}{x}=1+\dfrac{1}{x}$, $y(2)=3$;

(2) $y'-y\tan x=\sec x$, $y(0)=0$;

(3) $x^2\mathrm{d}y+(2xy-x+1)\mathrm{d}x=0$, $y(1)=0$.

3. 求微分方程 $y'+\dfrac{y}{x}=2x^{-\frac{1}{2}}y^{\frac{1}{2}}$ 的通解.

4. 已知曲线上任意一点(x, y)处的切线在 y 轴上的截距等于该点横坐标的立方,且曲线过点$(2, 4)$,求该曲线方程.

三、几种可降阶的高阶微分方程

定义 8-4 二阶及二阶以上的微分方程,统称为**高阶微分方程**.

求解高阶微分方程的基本方法:把高阶方程通过某些变换降为低阶方程来求解,这种方法也称为**降阶法**.下面介绍的几种方程可降阶的高阶微分方程.

1. $F(x, y^{(k)}, y^{(k+1)}, \cdots, y^{(n)})=0$ 型方程

如果令 $u=y^{(k)}$,则原方程可化为

$$F(x, u, u', \cdots, u^{(n-k)})=0. \tag{8.15}$$

方程(8.15)的阶数较原方程减少了 k 阶,这种代换起到了降阶作用.通过求解新方程(8.15)达到求解原方程的目的.下面举例说明.

【例 16】 求微分方程 $y^{(5)}-\dfrac{1}{t}y^{(4)}=0$ 的通解.

解 令 $u=y^{(4)}$,将其代入原方程,得 $u'-\dfrac{1}{t}u=0$;分离变量 $\dfrac{1}{u}\mathrm{d}u=\dfrac{1}{t}\mathrm{d}t$,两边分别积分,得 $\int\dfrac{1}{u}\mathrm{d}u=\int\dfrac{1}{t}\mathrm{d}t$,即 $\ln u=\ln t+\ln C$,化简后,得 $u=tC$;将 $u=y^{(4)}$ 再代入 $u=tC$ 中,有 $y^{(4)}=tC$,经四次积分得到原方程的通解

$$y=t^5C_1+t^3C_2+t^2C_3+tC_4+C_5.$$

2. $y^{(n)}=f(x)$型方程

这类方程特点是等号左端是未知函数的 n 阶导数,右端为 x 的已知函数 $f(x)$.这类方程的求解方法是连续作 n 次积分(通过积分降阶).注意每次积分都要加上任意常数 C,对于不同的积分常数可按积分先后顺序编号 $C_1, C_2, \cdots, C_n$.

释疑解难

高阶可降阶微分方程的解法 1

【例 17】 求微分方程 $y'''=\mathrm{e}^{-x}+\cos x$ 的通解。

解 由于 $(y'')'=y'''=\mathrm{e}^{-x}+\cos x$,对此式两边同时积分,有

$$\int(y'')'\mathrm{d}x=\int(\mathrm{e}^{-x}+\cos x)\mathrm{d}x,\text{即 } y''=\int(\mathrm{e}^{-x}+\cos x)\mathrm{d}x=-\mathrm{e}^{-x}+\sin x+C_1;$$

又 $(y')'=y''=-e^{-x}+\sin x+C_1$，两边同时积分，有

$$y'=\int(-e^{-x}+\sin x+C_1)dx=e^{-x}-\cos x+C_1x+C_2;$$

所以

$$y=\int y'dx=\int(e^{-x}-\cos x+C_1x+C_2)dx=-e^{-x}-\sin x+\frac{C_1}{2}x^2+C_2x+C_3.$$

3. $y''=f(x,\ y')$ 型方程

该型方程特点是二阶方程中不显含未知函数 y，对这类方程可通过变量代换降为一阶微分方程求解.

令 $y'=p(x)$，则 $y''=\frac{dp}{dx}$.将其代入方程 $y''=f(x,\ y')$，得

$$\frac{dp}{dx}=f(x,\ p). \tag{8.16}$$

新方程(8.16)是关于变量 x 和 p 的一阶微分方程.如果能求出其通解，不妨设为 $p=\varphi(x,\ C_1)$，因 $y'=p$，故有 $\frac{dy}{dx}=\varphi(x,\ C_1)$，积分得方程 $y''=f(x,\ y')$ 的通解为

$$y=\int\varphi(x,\ C_1)dx+C_2.$$

其中 C_1，C_2 是任意常数.

释疑解难

高阶可降阶微分方程的解法 2

【例 18】 求微分方程 $(1-x^2)y''=xy'$ 的满足初始条件 $y(0)=1$，$y'(0)=2$ 的特解.

解 令 $y'=p$，则 $y''=\frac{dp}{dx}$.将其代入方程 $(1-x^2)y''=xy'$，得 $(1-x^2)\frac{dp}{dx}=xp$，分离变量得 $\frac{dp}{p}=\frac{x}{(1-x^2)}dx$，两端分别积分，得 $\int\frac{dp}{p}=\int\frac{x}{1-x^2}dx$，即 $\ln p=-\frac{1}{2}\ln(1-x^2)+\ln C_1$，故 $p=\frac{C_1}{\sqrt{1-x^2}}$.将 $y'=p$ 回代，得 $y'=\frac{C_1}{\sqrt{1-x^2}}$，对此式两边积分，得

$$y=\int\frac{C_1}{\sqrt{1-x^2}}dx=C_1\arcsin x+C_2.$$

将初始条件 $y(0)=1$，$y'(0)=2$ 代入上式，得 $C_2=1$，$C_1=2$，所以原微分方程的特解为 $y=2\arcsin x+1$.

4. $y''=f(y,\ y')$ 型方程

该型方程特点是二阶方程中不显含自变量 x，可通过变量代换降为一阶微分方程求解.将 y 作为自变量，即令 $y'=p(y)$，则

$$y''=\frac{dp}{dy}\cdot\frac{dy}{dx}\text{（复合函数求导）}.$$

将其代入方程 $y''=f(y,\ y')$，得

$$p\frac{dp}{dy}=f(y,\ p) \tag{8.17}$$

方程(8.17)是关于变量 y 和 p 的一阶微分方程.

如果它的通解为 $p=\varphi(y, C_1)$，结合 $y'=p(y)$ 得 $\frac{\mathrm{d}y}{\mathrm{d}x}=\varphi(y, C_1)$，对此式 $\frac{\mathrm{d}y}{\mathrm{d}x}=\varphi(y, C_1)$ 两端积分，得原微分方程的通解为

释疑解难

高阶可降阶微分方程的解法3

$$\int\frac{\mathrm{d}y}{\varphi(y, C_1)}=x+C_2.$$

其中 C_1，C_2 是任意常数.

【例19】 求微分方程 $yy''-(y')^2=0$ 的通解.

解 由于不显含自变量 x，可将 y 作为自变量，即令 $y'=p(y)$，则 $y''=\frac{\mathrm{d}p}{\mathrm{d}y}\cdot\frac{\mathrm{d}y}{\mathrm{d}x}$.将其代入方程 $yy''-(y')^2=0$，得 $yp\frac{\mathrm{d}p}{\mathrm{d}y}-p^2=0$，此为关于变量 y 和 p 的一阶微分方程.

当 $p\neq 0$ 时，有 $y\frac{\mathrm{d}p}{\mathrm{d}y}=p$，分离变量，得 $\frac{\mathrm{d}p}{p}=\frac{\mathrm{d}y}{y}$，两端分别积分得 $\int\frac{\mathrm{d}p}{p}=\int\frac{\mathrm{d}y}{y}$，即 $\ln p=\ln y+\ln C_1$，化简得 $p=C_1y$.将 $y'=p$ 回代，得 $y'=C_1y$，对此式分离变量并两边积分，有 $\int\frac{\mathrm{d}y}{y}=C_1\int\mathrm{d}x$，即 $\ln y=C_1x+\ln C_2$，得 $y=C_2\mathrm{e}^{C_1x}$.

随堂练习

(1) 求微分方程 $y'''=x+\sin x$ 的通解.

(2) 求微分方程 $y''=\frac{2x}{1+x^2}y'$ 的通解.

(3) 求微分方程 $2yy''=(y')^2$ 的通解.

答案与提示：

(1) 对所给方程依次作三次积分，得 $y=\frac{1}{24}x^4+\cos x+\frac{C_1}{2}x^2+C_2x+C_3$.

(2) 令 $y'=p$，则 $y''=\frac{\mathrm{d}p}{\mathrm{d}x}$.代入原方程得 $\frac{\mathrm{d}p}{\mathrm{d}x}=\frac{2x}{1+x^2}p$，变量分离、两端积分，得 $p=C_1(1+x^2)$.将 $y'=p$ 回代，得 $\frac{\mathrm{d}y}{\mathrm{d}x}=C_1(1+x^2)$，对此式两边积分，有 $y=C_1\left(x+\frac{1}{3}x^3\right)+C_2$.

(3) 令 $y'=p(y)$，则 $y''=\frac{\mathrm{d}p}{\mathrm{d}y}\cdot\frac{\mathrm{d}y}{\mathrm{d}x}$.代入 $2yy''=(y')^2$ 并分离变量，有 $\frac{2}{p}\mathrm{d}p=\frac{1}{y}\mathrm{d}y$.两边积分，得 $p=\sqrt{yC_1}$.将 $y'=p(y)$ 代入 $p=\sqrt{yC_1}$，有 $y'=\sqrt{yC_1}$，对此式再分离变量并两边积分，得原微分方程的通解为 $y=(xC_1+C_2)^2$.

习题 8.1.3

1. 求下列微分方程的通解.

   (1) $y''=\mathrm{e}^{2x}-\cos x$；(2) $y'''=\sin x-\cos x$.

2. 求微分方程 $(1+x^2)y''=2xy'$ 的通解.

3. 求微分方程 $xy''+y'=0$ 的通解.

4. 求微分方程 $y''=\frac{1+y'^2}{2y}$ 的通解.

5. 求微分方程 $2yy''+(y')^2=0$ 满足所给初值条件 $y(0)=1$，$y'(0)=1$ 的特解.

四、二阶线性微分方程

1. 二阶非齐次线性微分方程

一般地，称微分方程

$$\frac{d^2y}{dx^2}+P(x)\frac{dy}{dx}+Q(x)y=f(x) \tag{8.18}$$

为二阶线性微分方程，其中 $P(x)$，$Q(x)$，$f(x)$都是某区间(a, b)上已知的连续函数.

(1) 当 $f(x)\neq 0$ 时，称方程(8.18)为**非齐次线性微分方程**；当 $f(x)=0$ 时，称方程(8.18)为**齐次线性微分方程**，即

$$\frac{d^2y}{dx^2}+P(x)\frac{dy}{dx}+Q(x)y=0. \tag{8.19}$$

(2) 二阶线性齐次微分方程解的性质及**通解结构**.

定理 8-2 设 y_1，y_2 是齐次线性微分方程(8.19)的两个解，则 $y=C_1y_1+C_2y_2$ 也是方程(8.19)的解，其中 C_1，C_2 是任意常数.

(定理证明留给读者)该定理表明线性微分方程的解具有**可叠加性**.

定理 8-3 如果 y_1 与 y_2 是齐次线性微分方程(8.19)两个线性无关的特解，则

$$y=C_1y_1+C_2y_2$$

是方程(8.19)的通解，其中 C_1，C_2 是任意常数.

(定量证明留给读者)该定理反映了二阶线性齐次微分方程的通解结构.

【例 20】 设二阶线性齐次微分方程 $y''-y=0$，验证 $y=C_1e^x+C_2e^{-x}$ 是该方程的通解.

解 易证 $y_1=e^x$ 和 $y_2=e^{-x}$ 是方程 $y''-y=0$ 的两个特解，又$\dfrac{y_1}{y_2}=\dfrac{e^x}{e^{-x}}=e^{2x}\neq$常数，所以 $y_1=e^x$ 与 $y_2=e^{-x}$ 线性无关.由定理 8-3 知 $y=C_1e^x+C_2e^{-x}$ 是该方程的通解.

(3) 一阶线性非齐次微分方程的通解结构：

一阶线性非齐次微分方程的通解是由其对应的齐次方程的通解再加上自身的一个特解组成.即

$$y=\underbrace{e^{-\int P(x)dx}\int Q(x)e^{\int P(x)dx}dx}_{\text{可看作是}C=0\text{时的特解}}+\underbrace{Ce^{-\int P(x)dx}}_{\text{对应的齐次方程的通解}}.$$

对于二阶线性非齐次微分方程来说，其通解也具有相同的结构.即有如下的定理.

定理 8-4 若 $\bar{y}$ 为二阶非齐次线性微分方程

$$y''+P(x)y'+Q(x)y=f(x) \tag{8.20}$$

的一个特解，Y 是方程(8.20)所对应的齐次线性微分方程(8.19)的通解，则

$$y=\bar{y}+Y$$

为二阶非齐次线性微分方程(8.18)的**通解**.

证明从略.

【例 21】 已知二阶线性非齐次微分方程 $y''-y=x^2$，求所给方程的通解.

解 由例 1 知 $y=C_1e^x+C_2e^{-x}$ 是对应线性齐次方程 $y''-y=0$ 的通解.令 $\bar{y}=-(x^2+2)$，容易验证 $\bar{y}=-(x^2+2)$ 满足原方程，所以它是原非齐次方程的一个特解.由定理 8-4 知 $y=Y+\bar{y}=C_1e^x+C_2e^{-x}-(x^2+2)$ 是所给方程 $y''-y=x^2$ 的通解.

随堂练习

求方程$\dfrac{dy}{dx}+\dfrac{1}{x}y=e^{-x}$的通解，并按一阶线性非齐次微分方程的通解结构表示.

答案: $y=\dfrac{C}{x}+\left[-\dfrac{1}{x}(x+1)e^{-x}\right]$.

2. 二阶常系数非齐次线性微分方程

(1) **常系数线性微分方程**是指方程中未知函数及其各阶导数的系数全是**常数**.对于方程(8.20)，若 $P(x)$，$Q(x)$都是常数，则称

$$y''+py'+qy=f(x) \tag{8.21}$$

为**二阶常系数非齐次线性微分方程**，其中 p，q 是常数.

当 $f(x)=0$ 时，称

$$y''+py'+qy=0 \tag{8.22}$$

为**二阶常系数齐次线性微分方程**，其中 p，q 是常数.

(2) **二阶常系数齐次线性微分方程的求解方法**

① 由定理 8-3 知要求齐次线性微分方程 $y''+py'+qy=0$ 的通解，只需求出它的两个线性无关的特解 y_1，y_2，便得通解 $y=C_1y_1+C_2y_2$.

在一阶线性常系数齐次微分方程 $y'+py=0$ 中，可由公式 $y=Ce^{-\int p dx}$ 可求得它的通解为 $y=Ce^{-px}$.由此可设想方程(8.22)也具有指数函数 $y=e^{rx}$(其中 r 为常数)形式的解.由于指数函数与其各阶导数只差一个常数因子，所以选取合适的常数 r，使函数 $y=e^{rx}$ 有可能成为方程(8.22)的解.基于此，将 $y=e^{rx}$ 及其一、二阶导数 $y'=re^{rx}$，$y''=r^2e^{rx}$ 代入方程(8.22)，得

$$(r^2+pr+q)e^{rx}=0.$$

由于 $e^{rx}\neq 0$，所以上式要成立就必须有

$$r^2+pr+q=0. \tag{8.23}$$

记二次代数方程(8.23)的两根为 r_1 和 r_2，则 $y=e^{r_ix}(i=1, 2)$方程(8.22)的解.方程(8.23)称为齐次线性微分方程(8.22)的**特征方程**，r 称为方程(5.22)的**特征根**.

特征方程(8.23) 的两个根 r_1 和 r_2 可以用 $r_{1,2}=\dfrac{-p\pm\sqrt{p^2-4q}}{2}$ 求出.

② 特征根讨论

a. 当判别式 $\Delta=p^2-4q>0$ 时，特征方程(8.23)有两个不相等的实根 r_1 和 r_2，从而可得齐次线性微分方程(8.22)的两个特解 $y_1=e^{r_1x}$，$y_2=e^{r_2x}$.由于$\dfrac{y_1}{y_2}=\dfrac{e^{r_1x}}{e^{r_2x}}=e^{(r_1-r_2)x}\neq k$(其中 k 为常数)，因此所得两个特解是线性无关的.由定理 8-3 知二阶齐次线性微分方程(8.22)的通解为

$$y=C_1e^{r_1x}+C_2e^{r_2x}.$$

b. 当$\Delta=p^2-4p=0$时，特征方程(8.23)有两个相等的实根r_1和r_2，且$r_1=r_2=-\dfrac{p}{2}$.由上述可知微分方程(8.22)的一个特解为$y_1=e^{r_1x}$.由定理8-3知另一个特解y_2要满足$\dfrac{y_1}{y_2}\neq k$(其中k为常数).为此，不妨设$y_2=y_1u(x)=e^{r_1x}u(x)$，其中$u(x)$为待定函数.由于y_2为方程(8.22)的一个特解，将y_2求导并代入方程(8.22)后得$u(x)=x$.从而微分方程(8.22)的通解为

$$y=(C_1+C_2x)e^{r_1x}.$$

c. 当$\Delta=p^2-4q<0$时，特征方程(8.23)有一对共轭复根：$r_1=\alpha+i\beta$，$r_2=\alpha-i\beta$，$(\beta>0)$，其中，$\alpha=-\dfrac{p}{2}$，$\beta=\dfrac{\sqrt{4q-p^2}}{2}>0$.

由此可得二阶齐次线性微分方程(8.22)的两个复数形式的特解，分别为$y_1=e^{(\alpha+i\beta)x}$与$y_2=e^{(\alpha-i\beta)x}$.为了便于应用，可用欧拉公式$e^{i\theta}=\cos\theta+i\sin\theta$将其转换成实数解.具体如下：

$$y_1=e^{(\alpha+i\beta)x}=e^{\alpha x}\cdot e^{i\beta x}=e^{\alpha x}(\cos\beta x+i\sin\beta x),$$
$$y_2=e^{(\alpha-i\beta)x}=e^{\alpha x}\cdot e^{-i\beta x}=e^{\alpha x}(\cos\beta x-i\sin\beta x).$$

动画

欧拉(Euler)公式

于是

$$\bar{y}_1=\frac{1}{2}(y_1+y_2)=e^{\alpha x}\cos\beta x,\ \bar{y}_2=\frac{1}{2i}(y_1-y_2)=e^{\alpha x}\sin\beta x.$$

由定理8-2知，$\bar{y}_1$是$\bar{y}_2$是方程(8.22)的两个解，且$\dfrac{\bar{y}_1}{\bar{y}_2}\neq k$(其中$k$为常数)，即$\bar{y}_1$与$\bar{y}_2$线性无关.由定理8-3知二阶齐次线性微分方程(8.22)的通解(实数形式)为

$$y=e^{\alpha x}(C_1\cos\beta x+C_2\sin\beta x).$$

综上所述，求二阶常系数齐次线性微分方程(8.22)通解的步骤为：

① 写出特征方程$r^2+pr+q=0$；

② 求出特征根；

③ 根据特征根的情况按表8-2写出方程的通解.

表8-2　二阶常系数齐次线性微分方程通解形式

特征方程的两个根r_1和r_2	微分方程：$y''+py'+qy=0$的通解
两个不等实根$r_1\neq r_2$	$y=C_1e^{r_1x}+C_2e^{r_2x}$
两个相等实根$r_1=r_2$	$y=(C_1+C_2x)e^{r_1x}$
一对共轭复根$r_{1,2}=\alpha\pm i\beta(\beta>0)$	$y=e^{\alpha x}(C_1\cos\beta x+C_2\sin\beta x)$

【例22】　求微分方程$y''-3y'-4y=0$的通解.

解　微分方程的特征方程为$r^2-3r-4=0$，即$(r-4)(r+1)=0$，其特征根为$r_1=4$，$r_2=-1$，所以微分方程方程的通解为$y=C_1e^{4x}+C_2e^{-x}$.

【例23】　求微方程$y''-4y'+4y=0$的通解.

解 微分方程的特征方程为 $r^2-4r+4=0$，特征根为 $r_1=r_2=2$，微分方程的通解为 $y=(C_1+C_2x)e^{2x}$.

【例 24】 求微分方程 $y''+2y'+3y=0$ 的通解.

解 原微分方程的特征方程为 $r^2+2r+3=0$，解特征方程得一对共轭复根

$$r_1=\frac{-2+\sqrt{2^2-4\times3}}{2}=-1+\sqrt{2}\,i,\ r_2=\frac{-2-\sqrt{2^2-4\times3}}{2}=-1-\sqrt{2}\,i.$$

原微分方程的通解为

$$y=e^{-x}(C_1\cos\sqrt{2}x+C_2\sin\sqrt{2}x).$$

随堂练习

(1) 求下列微分方程的通解：

① $y''+y'-2y=0$； ② $y''+4y'+4y=0$；

③ $y''-2y'+3y=0$；

(2) 求微分方程的 $y''+y=0$ 满足初值条件 $y(0)=1$，$y'(0)=1$ 的特解.

(3) 求微分方程 $4\frac{d^2s}{dt^2}-4\frac{ds}{dt}+s=0$ 满足初值条件 $s(0)=1$，$s'(0)=3$ 的特解.

答案：(1) ①通解为 $y=C_1e^x+C_2e^{-2x}$；②通解为 $y=(C_1+C_2x)e^{-2x}$；③通解为 $y=e^x(C_1\cos\sqrt{2}x+C_2\sin\sqrt{2}x)$.

(2) 通解 $y=C_1\cos x+C_2\sin x$，特解为 $y=\cos x+\sin x$.

(3) 特征方程为 $4r^2-4r+1=0$，特征根为 $r_1=r_2=\frac{1}{2}$；方程的通解为 $s=(C_1+C_2t)e^{\frac{t}{2}}$，特解为 $s=\left(1+\frac{5}{2}t\right)e^{\frac{t}{2}}$.

习题 8.1.4

1. 判断下列函数，哪些组函数是线性相关的，哪些组函数是线性无关的.

   (1) $2x$，x^2； (2) e^{-x}，xe^{-x}； (3) $\ln x$，$\ln x^2$.

2. 验证下列所给函数是否为方程的特解，并根据解的结构写出方程的通解.

   (1) $y''+y'-6y=0$，e^{2x}，$-3e^{2x}$，e^{-3x}，$e^{2x}-e^{-3x}$；

   (2) $y''-2y'+y=0$，e^{2x}，e^x，$2e^x$，xe^x，$(x+1)e^x$.

3. 求下列微分方程的通解.

   (1) $y''-4y'+3y=0$； (2) $y''+y'=0$；

   (3) $y''-9y=0$； (4) $y''-6y'+9y=0$.

4. 求下列微分方程满足所给初始条件的特解.

   (1) $\frac{d^2s}{dt^2}+2\frac{ds}{dt}+s=0$，$s(0)=4$，$s'(0)=-2$；

   (2) $y''+4y'+29y=0$，$y(0)=0$，$y'(0)=15$.

5. 方程 $y''+9y=0$ 的一条积分曲线通过点 $(\pi,-1)$，且在该点和直线 $y+1=x-\pi$ 相切，求这条曲线方程.

五、二阶常系数非齐次线性微分方程的求解方法

由定理 8-4 知，二阶常系数非齐次线性微分方程 $y''+py'+qy=f(x)$ 的通解为

$$y=\bar{y}+Y.$$

其中，Y 为原方程对应齐次线性微分方程 $y''+py'+qy=0$ 的通解；$\bar{y}$ 为非齐次方程的特解. 由于齐次方程 $y''+py'+qy=0$ 的通解求法已解决，因此只需求出非齐次方程 $y''+py'+qy=f(x)$ 的一个特解即可。求出非齐次方程的特解完全取决于 $f(x)$ 的表达式，下面介绍 $f(x)$ 的几种特殊表达形式，并求相应的特解.

1. $f(x)=P_n(x)e^{\lambda x}$ 型

其中 λ 为常数，$P_n(x)$ 为 x 的 n 次多项式，即 $P_n(x)=a_nx^n+a_{n-1}x^{n-1}+\cdots+a_0$，此时微分方程表示为

$$y''+py'+qy=P_n(x)e^{\lambda x}. \tag{8.24}$$

由于多项式与指数函数乘积的各阶导数仍是多项式与指数函数的乘积形式，因而可以推测，方程(8.24)的特解可能是某个多项式 $Q_m(x)$ 与指数函数 $e^{\lambda x}$ 的乘积形式. 基于此，可设方程(8.24)的特解

$$\bar{y}=Q_m(x)e^{\lambda x}. \tag{8.25}$$

其中，$Q_m(x)$ 是一个待定多项式.

将式(8.25)及其一阶、二阶导数 $\bar{y}'$，$\bar{y}''$ 代入(8.24)中，经整理化简，得

$$Q''_m(x)+(2\lambda+p)Q'_m(x)+(\lambda^2+p\lambda+q)Q_m(x)=P_n(x). \tag{8.26}$$

设方程(8.24)对应的齐次线性微分方程 $y''+py'+qy=0$ 的特征方程

$$r^2+pr+q=0. \tag{8.27}$$

式(8.26)等号左边多项式次数取决于多项式 $Q_m(x)$ 的次数，故有：

当 $\lambda^2+p\lambda+q\neq0$ 时，即 λ 不是特征方程(8.27)的根，则 $m=n$. 表明即 $Q_m(x)$ 应是一个 n 次多项式.

当 $\lambda^2+p\lambda+q=0$，$2\lambda+p\neq0$ 时，即 λ 是特征方程(8.27)的根，且是单根，那么 $m=n+1$，即 $Q_m(x)$ 应是一个 $n+1$ 次多项式

当 $\lambda^2+p\lambda+q=0$，$2\lambda+p=0$ 时，即 λ 是特征方程(8.27)的根，且是重根，那么 $m=n+2$，即 $Q_m(x)$ 应是一个 $n+2$ 次多项式.

综上讨论，可得如下结论：

二阶常系数非齐次线性微分方程(8.24)具有形如

$$\bar{y}=x^kQ_n(x)e^{\lambda x} \tag{8.28}$$

的特解，其中 $Q_n(x)$ 是一个与 $P_n(x)$ 有相同次数的多项式；k 是一个非负整数.

一般地，求二阶常系数非齐次线性微分方程 $y''+py'+qy=P_n(x)e^{\lambda x}$ 的通解可按如下步骤进行：

① 写出微分方程 $y''+py'+qy=0$ 的特征方程 $r^2+pr+q=0$；

② 根据特征根写出对应的齐次线性微分方程的通解 Y；

③ 根据特征方程根的不同情形，按表 8-3 给出特解 $\bar{y}$ 对应的表达式，利用待定系数法

求出 $Q_n(x)$，并回代到 $\bar{y}=x^kQ_n(x)e^{\lambda x}$ 中.

表 8-3　非齐次方程的特解

特征方程：$r^2+pr+q=0$；非负整数 k	非齐次方程的特解 $\bar{y}$
λ 不是特征根，$k=0$	$\bar{y}=Q_n(x)e^{\lambda x}$
λ 是特征根，且是单根；$k=1$	$\bar{y}=xQ_n(x)e^{\lambda x}$
λ 是特征根，且是重根；$k=2$	$\bar{y}=x^2Q_n(x)e^{\lambda x}$

④ 写出通解 $y=\bar{y}+Y$.

【例 25】 求微分方程 $y''+y'-2y=x^2e^{2x}$ 的一个特解.

解　由所给方程得：$P_2(x)=x^2$，$\lambda=2$，对应的齐次方程为 $y''+y'-2y=0$，相应的特征方程为 $r^2+r-2=0$，解得 $r_1=1$，$r_2=-2$.

由于 $\lambda=2$ 不是特征根，根据表 8-3，可设非齐次方程的特解 $\bar{y}=Q_2(x)e^{2x}$，其中 $Q_2(x)$ 与 $P_2(x)$ 的次数相同.所以

$$\bar{y}=(a_0x^2+a_1x+a_2)e^{2x}.$$

其中 a_0，a_1，a 为待定系数.

将 $\bar{y}$，$\bar{y}'$ 及 $\bar{y}''$（求导过程略）代入原微分方程 $y''+y'-2y=x^2e^{2x}$ 中，整理化简，得

$$4a_0x^2+(10a_0+4a_1)x+2a_0+5a_1+4a_2=x^2.$$

比较等号两端 x 的同次幂系数，得

$$4a_0=1,\ 10a_0+4a_1=0,\ 2a_0+5a_1+4a_2=0.$$

从而求得 $a_0=\dfrac{1}{4}$，$a_1=-\dfrac{5}{8}$，$a_2=\dfrac{21}{32}$.将它们代入 $\bar{y}=(a_0x^2+a_1x+a_2)e^{2x}$，得原微分方程的特解为

$$\bar{y}=\left(\frac{1}{4}x^2-\frac{5}{8}x+\frac{21}{32}\right)e^{2x}.$$

【例 26】 求微分方程 $y''-2y'-3y=3xe^{3x}$ 的通解.

解　显然 $P_1(x)=3x$，$\lambda=3$；对应的齐次方程为 $y''-2y'-3y=0$，其特征方程为 $r^2-2r-3=0$；解得 $r_1=-1$，$r_2=3$；所以对应的齐次方程的通解 Y 为

$$Y=C_1e^{-x}+C_2e^{3x}.$$

由于 $\lambda=3$ 是特征方程的根，且是单根；根据表 8-3，设非齐次方程的特解为

$$\bar{y}=xQ_1(x)e^{3x}.$$

上式中 $Q_1(x)$ 是一个一次多项式.于是 $\bar{y}=x(ax+b)e^{3x}$，其中 a，b 为待定系数.

将 $\bar{y}$，$\bar{y}'$ 及 $\bar{y}''$（求导过程略）代入原微分方程 $y''-2y'-3y=3xe^{3x}$ 并整理化简，得

$$8ax+4b+2a=3x.$$

比较上式两端 x 同次幂的系数，得 $\begin{cases}8a=3,\\4b+2a=0,\end{cases}$ 解方程组得 $a=\dfrac{3}{8}$，$b=-\dfrac{3}{16}$，将其代

入 $\bar{y}=x(ax+b)e^{3x}$ 得特解为

$$\bar{y}=x\left(\frac{3}{8}x-\frac{3}{16}\right)e^{3x}.$$

所以原二阶常系数非齐次线性微分方程的通解为

$$y=\bar{y}+Y=x\left(\frac{3}{8}x-\frac{3}{16}\right)e^{3x}+C_1e^{-x}+C_2e^{3x}.$$

2. $f(x)=P_n(x)e^{\alpha x}\cos\beta x$ 或 $f(x)=P_n(x)e^{\alpha x}\sin\beta x$ 型

其中 α,β 实数，λ 为常数，$P_n(x)$ 为 x 的 n 次多项式.对应的方程有

$$y''+py'+qy=P_n(x)e^{\alpha x}\cos\beta x, \tag{8.29}$$

$$y''+py'+qy=P_n(x)e^{\alpha x}\sin\beta x. \tag{8.30}$$

事实上，方程(8.29)与方程(8.30)可用欧拉公式(即 $e^{i\theta}=\cos\theta+i\sin\theta$)将它们联系在一起，并转化成前述 $f(x)=P_n(x)e^{\lambda x}$ 型解决.如下构造辅助方程：

$$y''+py'+qy=P_n(x)e^{\alpha x}\cos\beta x+iP_n(x)e^{\alpha x}\sin\beta x=P_n(x)e^{(\alpha+i\beta)x}. \tag{8.31}$$

其中 $\lambda=\alpha+i\beta$.这里指出：方程(8.29)的通解是方程(8.31)通解的实部，方程(8.30)的通解是方程(8.31)通解的虚部.

下面通过实例来探讨这两类方程的解法：

【例 27】 求方程 $y''+3y'+2y=e^{-x}\cos x$ 的通解.

视频

例 3 讲解

解 步骤 1：原方程对应的齐次方程为 $y''+3y'+2y=0$，其特征方程为 $r^2+3r+2=0$，解得 $r_1=-1$，$r_2=-2$.由此可得对应齐次方程的通解为 $Y=C_1e^{-x}+C_2e^{-2x}$.

步骤 2：由 $f(x)=e^{-x}\cos x$，得 $\alpha=-1$，$\beta=1$，令 $\lambda=-1+i$，构造辅助方程

$$y''+3y'+2y=e^{(-1+i)x}.$$

此时 $P_0(x)=1$，$\lambda=-1+i$，由于 $\lambda=-1+i$ 不是特征方程 $r^2+3r+2=0$ 的特征根，根据表 8-3 可设辅助方程的特解为 $\bar{y}=Ae^{\lambda x}$.

步骤 3：对 $\bar{y}=Ae^{\lambda x}$ 求一、二阶导数，得

$$\bar{y}'=A(i-1)e^{\lambda x},\ \bar{y}''=-2iAe^{\lambda x};$$

并代入辅助方程，得 $A(i-1)=1$，即

$$A=\frac{1}{i-1}=-\frac{1}{2}-\frac{1}{2}i.$$

所以，辅助方程的特解为

$$\bar{y}=\left(-\frac{1}{2}-\frac{1}{2}i\right)e^{(-1+i)x}=\left(-\frac{1}{2}-\frac{1}{2}i\right)e^{-x}\times e^{ix}=\left(-\frac{1}{2}-\frac{1}{2}i\right)e^{-x}\times\underbrace{(\cos x+i\sin x)}_{\text{欧拉公式}}$$

$$=e^{-x}\left(-\frac{1}{2}\cos x+\frac{1}{2}\sin x\right)+ie^{-x}\left(-\frac{1}{2}\cos x-\frac{1}{2}\sin x\right)=\bar{y}_1+i\bar{y}_2;$$

它的实部 $\bar{y}_1=e^{-x}\left(-\frac{1}{2}\cos x+\frac{1}{2}\sin x\right)$ 为原方程 $y''+3y'+2y=e^{-x}\cos x$ 的特解.从

而,原微分方程的通解为

$$y=\bar{y}_1+Y=\mathrm{e}^{-x}\left(-\frac{1}{2}\cos x+\frac{1}{2}\sin x\right)+C_1\mathrm{e}^{-x}+C_2\mathrm{e}^{-2x}.$$

【例 28】 求方程 $y''+3y'+2y=\mathrm{e}^{-x}\sin x$ 的通解.

解 例 28 对应的齐次方程的通解为 $Y=C_1\mathrm{e}^{-x}+C_2\mathrm{e}^{-2x}$,它的特解为

$$\bar{y}_2=\mathrm{e}^{-x}\left(-\frac{1}{2}\cos x-\frac{1}{2}\sin x\right),$$

因此,它的通解为

$$y=\bar{y}_1+Y=\mathrm{e}^{-x}\left(-\frac{1}{2}\cos x-\frac{1}{2}\sin x\right)+C_1\mathrm{e}^{-x}+C_2\mathrm{e}^{-2x}.$$

3. $f(x)=f_1(x)+f_2(x)$ 型

定理 8-5 若 y_1 为方程 $y''+py'+qy=f_1(x)$ 的解,y_2 为方程 $y''+py'+qy=f_2(x)$ 的解,则 $y=y_1+y_2$ 为方程

$$y''+py'+qy=f_1(x)+f_2(x) \tag{8.32}$$

的解.

证明从略.

【例 29】 求方程 $y''-3y'+2y=5+\mathrm{e}^x$ 的一个特解.

解 (1) 对应的齐次方程为 $y''-3y'+2y=0$,特征方程为 $r^2-3r+2=0$,解得 $r_1=1$, $r_2=2$.

(2) 设方程 $y''-3y'+2y=5$ 的特解为 $\bar{y}_1$,方程 $y''-3y'+2y=\mathrm{e}^x$ 的特解为 $\bar{y}_2$.

① 求 $y''-3y'+2y=5\mathrm{e}^{0x}$ 的特解 $\bar{y}_1$.

由于 $P_0(x)=5$ 及 $\lambda=0$ 不是特征方程的根,按表 8-3 可设特解 $\bar{y}_1=a$, a 为待定常数. 对上式求一阶及二阶导数,可得 $\bar{y}_1'=0$, $\bar{y}_1''=0$;将 $\bar{y}_1$, $\bar{y}_1'$ 及 $\bar{y}_1''$ 代入原微分方程 $y''-3y'+2y=5$ 中,整理化简得 $a=\frac{5}{2}$,因此特解为 $\bar{y}_1=\frac{5}{2}$.

② 求 $y''-3y'+2y=\mathrm{e}^x$ 的特解 $\bar{y}_2$.

易知 $P_0(x)=1$, $\lambda=1$ 是特征方程的根,且是单根,根据表 8-3 可设该方程的特解为 $\bar{y}_2=xQ_0(x)\mathrm{e}^x=ax\mathrm{e}^x$,其中 a 为待定系数.求特解的一阶及二阶导数,得

$$\bar{y}_2'=a(1+x)\mathrm{e}^x,\ \bar{y}''_2=a(2+x)\mathrm{e}^x.$$

将 $\bar{y}_2$, $\bar{y}_2'$ 及 y_2'' 代入原微分方程 $y''-3y'+2y=\mathrm{e}^x$ 中,整理化简得 $a=-1$,因此特解为 $\bar{y}_2=-x\mathrm{e}^x$.

由定理 8-5 得原微分方程 $y''-3y'+2y=5+\mathrm{e}^x$ 的特解为 $y=\bar{y}_1+\bar{y}_2=\frac{5}{2}-x\mathrm{e}^x$.

随堂练习

(1) 求下列各微分方程的通解.

① $y''-2y'-3y=3x+1$; ② $2y''+5y'=5x^2-2x-1$.

(2) 求下列各微分方程满足所给初值条件的特解.

$y''-3y'+2y=5$，$y(0)=1$，$y'(0)=2$.

答案与提示：

(1) ① 方程右式 $P_1(x)=(3x+1)\mathrm{e}^{0x}$，$\lambda=0$ 不是特征方程 $r^2-2r-3=0$ 的根.原方程特解可设为 $\bar{y}=Q_1(x)=ax+b$,待定系数法求得 $a=-1$，$b=\frac{1}{3}$.原方程通解 $y=-x+\frac{1}{3}+C_1\mathrm{e}^{-x}+C_2\mathrm{e}^{3x}$.

② 方程右端 $P_2(x)=5x^2-2x-1$，$\lambda=0$ 是特征根,且是单根.非齐次方程的特解可设成 $\bar{y}=xQ_2(x)=x(a_0x^2+a_1x+a_2)=a_0x^3+a_1x^2+a_2x$.待定系数法求得 $a_0=\frac{1}{3}$，$a_1=-\frac{3}{5}$，$a_2=\frac{7}{25}$.原方程通解 $y=\bar{y}+Y=\frac{1}{3}x^2-\frac{3}{5}x+\frac{7}{25}+C_1\mathrm{e}+C_2\mathrm{e}^{-\frac{5}{2}x}$.

(2) 方程右端 $P_0(x)=5\mathrm{e}^{0x}$，$\lambda=0$ 不是特征根;非齐次方程的特解可设 $\bar{y}=Q_0(x)=a$.易得 $a=\frac{5}{2}$,故原方程通解为 $y=\bar{y}+Y=\frac{5}{2}+C_1\mathrm{e}^{x}+C_2\mathrm{e}^{2x}$.满足所给初值条件的特解为 $y=\frac{5}{2}-5\mathrm{e}^{x}+\frac{7}{2}\mathrm{e}^{2x}$.

习题 8.1.5

1. 求下列微分方程的特解.

   (1) $y''-y'-2y=4x^2$；

   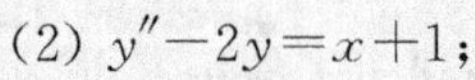

   (2) $y''-2y=x+1$；

   (3) $y''-2y'+5y=\mathrm{e}^{2x}$；

   (4) $y''-4y'+3y=\sin 3x$；

   (5) $y''+4y=\cos 2x$.

2. 给出下列各微分方程的特解形式.

   (1) $y''-3y=4x^3+1$；

   (2) $y''-6y'+8y=5x^2\mathrm{e}^{x}$；

   (3) $y''+16y=3\cos 4x-4\sin 4x$.

3. 求下列各微分方程的通解.

   (1) $y''+y=\sin x$；

   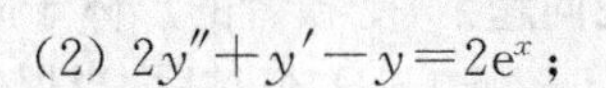

   (2) $2y''+y'-y=2\mathrm{e}^{x}$；

   (3) $y''-6y'+9y=\mathrm{e}^{3x}(x+1)$.

4. (动力学问题)降落伞从伞塔下落(如图 8.3 所示),设所受空气阻力与下降速度成正比,降落伞离开伞塔时的速度为零.求降落伞下降的速度 v 与时间 t 的函数关系.

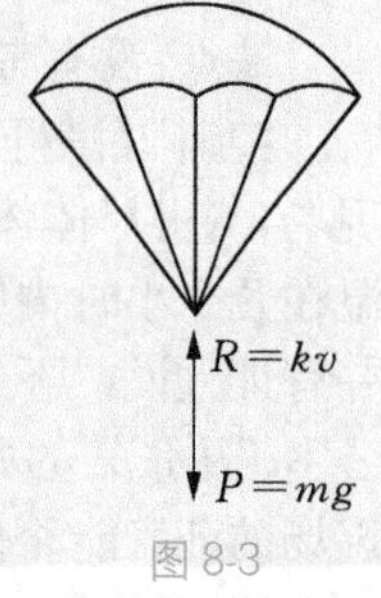

图 8-3

动画

降落伞下落问题求解

任务 8.2 综合应用实训

实训 1【病毒传染问题】

模型 1 最简单模型(早期模型)

假设 1:每个病人在单位时间内传染的人数是常数 r；

假设 2:不考虑死亡问题.

问题分析：记 $x(t)$ 表示 t 时刻病人数，且初始病人数 $x(0)=x_0$；则在 $[t, t+\Delta t]$ 时间段内增加的病人数为：

$$x(t+\Delta t)-x(t)=r\cdot x(t)\cdot\Delta t$$

即 $\dfrac{x(t+\Delta t)-x(t)}{\Delta t}=r\cdot x(t)$. 当 $\Delta t\to 0$ 时，则有 $x'(t)=rx(t)$，于是有微分方程

$$\begin{cases}x'(t)=rx(t),\\ x(0)=x_0\end{cases}\Rightarrow x(t)=x_0\mathrm{e}^{rt}.$$

模型评价：与传染初期比较吻合，以后的误差大.

模型 2 中期模型

假设 1：每个病人在单位时间内传染的人数与未被传感的人数成正比 r；

假设 2：不考虑死亡问题；

假设 3：总人数有限.

问题分析：记 $x(t)$ 表示 t 时刻病人数，且初始病人数 $x(0)=x_0$；$y(t)$ 为 t 时刻未被传染的人数；总人数为 n，即 $x(t)+y(t)=n$. 则在 $[t, t+\Delta t]$ 时间段内增加的病人数为：

$$x(t+\Delta t)-x(t)=r\cdot x(t)\cdot y(t)\cdot\Delta t$$

得微分方程：

$$\begin{cases}x'(t)=r\cdot x(t)\cdot y(t),\\ x(0)=x_0,\ x(t)+y(t)=n\end{cases}\Rightarrow x(t)=\frac{n}{1+(n/x_0-1)\mathrm{e}^{-r\cdot n\cdot t}}.$$

模型分析评价：

(1) 不加控制，则最终人人得病；

(2) 计算传染高峰期 t_1：

$$x''(t)=0\Rightarrow t_1=[\ln(n-x_0)-\ln(x_0)]/(r\cdot n).$$

说明：人口 n 越多、传染强度 r 越大，高峰来得越早！

缺点：没有考虑治愈问题和免疫问题.

实训 2【嫌疑犯问题】 受害者的尸体于晚上 7:30 被发现.法医于晚上 8:20 赶到凶案现场，测得尸体体温 32.6 ℃，1 小时后，当尸体即将被抬走时，测得尸体温度为 31.4 ℃.室温在几个小时内始终保持 21.1 ℃，此案最大的嫌疑犯是张某，但张某声称自己是无罪的，并有证人说："下午张某一直在办公室上班，5:00 时打了一个电话，打完电话后就离开了办公室."从张某的办公室到受害者家(凶案现场)步行需 5 min，现在的问题：是张某不在凶案现场的证言能否使他被排除在嫌疑犯之处？

解 设 $T(t)$ 表示 t 时刻尸体的温度，并记晚 8:20 为 0 时，则 $T(0)=32.6$ ℃，$T(1)=31.4$ ℃.

假受害者死亡时体温是正常的，即 $T=37$ ℃.要确定受害者死亡时间，也就是求 $T(t)=37$ ℃的时刻 T_d.如果此时张某在办公室，则他可被排除在嫌疑犯之外，否则不能被排除在嫌疑犯之外.

人体体温受大脑神经中枢调节，人死后体温调节功能消失，尸体的温度会受外界温度的影响.假定尸体温度的变化率服从牛顿冷却定律，即尸体温度的变化率正比于尸体温度与室温之差，即

$$\frac{dT}{dt}=-k(T-21.1).$$

其中 k 为常数，这是一个一阶可分离变量的微分方程.

此微分方程的通解为 $T(t)=21.1+Ce^{-kt}$.

因为 $T(0)=21.1+C=32.6$，所以 $C=11.5$；

又因为 $T(1)=21.1+11.5e^{-k}=31.4$，所以 $k=\ln\frac{115}{103}=0.110$.于是

$$T(t)=21.1+Ce^{-0.110t}.$$

当 $T=37$ ℃时，有 $21.1+11.5e^{-0.110t}=37$，所以 $t\approx-2.95$ h ≈-2 h57 min，所以，$T_d=8$ h20 min-2 h57 min$=5$ h23 min.

即被害人死亡时间大约在下午 5:23，因此张某不能被排除在嫌疑犯之外.

实训 3【水流问题】 现有盛满水高为 1 m 的半球形水池，水从它的底部的一个面积为 1 cm^2 的孔流出，孔口收缩系数为 0.6(如图 8.4 所示).试求水池内的水全部流尽所需的时间.

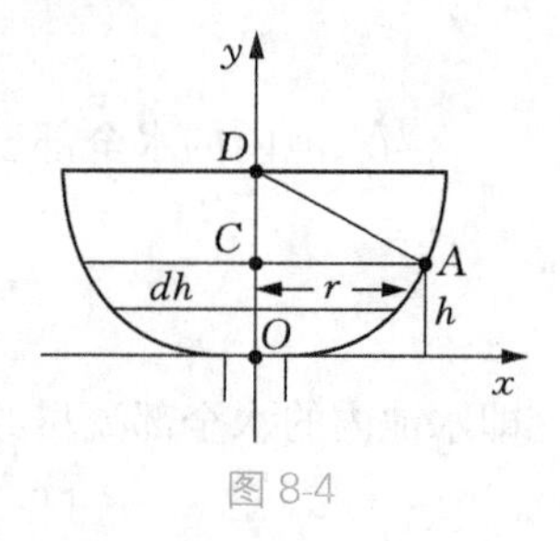

图 8-4

解　设水池内水面的高度 h(cm) (水面与孔口中心间的距离)，由水力学的定律，水从距水面为 h(cm)的孔流出，它的流速 $v=\sqrt{2gh}$ cm/s，g 为重力加速度.孔口的收缩系数为：流出来的水柱的截面积与孔口面积之比.设 S 为孔口横截面面积，则水柱的截面积为 0.6 S.

设经过 t 秒钟后水从孔口流出的流量 V(体积单位)，$\frac{dV}{dt}=0.6S\sqrt{2gh}$，由于 $S=1$，所以

$$\frac{dV}{dt}=0.6\sqrt{2gh},$$

即

$$dV=0.6\sqrt{2gh}\,dt.$$

设在微小时间间隔$[t,t+dt]$内，水面高度由 h 降至 $h+dh$ $(dh<0)$，则又可得到水池减少的水量为 $dV=-\pi r^2 dh$；其中 r 是时刻 t 时的水面半径，又

$$r=\sqrt{AC^2-CD^2}=\sqrt{100^2-(100-h)^2},$$

于是

$$dV=-\pi[100^2-(100-h)^2]dh.$$

由 $dV=0.6\sqrt{2gh}\,dt$，$dV=-\pi[100^2-(100-h)^2]dh$，得

$$dV=0.6\sqrt{2gh}\,dt=-\pi[100^2-(100-h)^2]dh,$$

即

$$dt=-\frac{\pi[100^2-(100-h)^2]}{0.6\sqrt{2gh}}dh.$$

对上式积分，得水池内水面的高度 h(cm) 随时间 t 的变化规律为

$$t=-\int\frac{\pi[100^2-(100-h)^2]}{0.6\sqrt{2gh}}\mathrm{d}h=-\int\frac{\pi(200h-h^2)}{0.6\sqrt{2gh}}\mathrm{d}h$$

$$=-\frac{\pi}{0.6\sqrt{2g}}\int\frac{(200h-h^2)}{\sqrt{h}}\mathrm{d}h=-\frac{\pi}{0.6\sqrt{2g}}\left(\frac{400}{3}h^{\frac{3}{2}}-\frac{2}{5}h^{\frac{5}{2}}\right)+C,$$

其中 C 是任意常数，又初值条件为 $h(0)=100$(cm)，代入上式，有

$$C=\frac{\pi}{0.62\sqrt{2g}}\left(\frac{4}{3}\times10^5-\frac{2}{5}\times10^5\right)=\frac{\pi}{0.62\sqrt{2g}}\times\frac{14}{15}\times10^5,$$

因此

$$t=\frac{\pi}{0.6\sqrt{2g}}\left(\frac{400}{3}h^{\frac{3}{2}}-\frac{2}{5}h^{\frac{5}{2}}+\frac{14}{15}\times10^5\right).$$

当水池内的水全部流尽时，$h=0$，代入上式，得水池内的水全部流尽所需的时间为

$$t=\frac{14\pi}{9\sqrt{2g}}\times10^5\approx11\ 038(\mathrm{s})\approx184(\mathrm{min}).$$

即水池内的水全部流尽约需 184 min.

【注意】如果实际问题中存在着变化率，往往可采用微分方程建模求解，当然应注意初始条件.

习题答案

项目八

项目八习题

一、选择题

1. 微分方程 $y'^2+y'y'''^3+xy^4=0$ 的阶数是(　　).

A. 1　　B. 2　　C. 3　　D. 4

2. 下列函数中，可以是微分方程 $y''+y=0$ 的解的函数是(　　).

A. $y=\cos x$　　B. $y=x$　　C. $y=\mathrm{e}^{-x}$　　D. $y=\mathrm{e}^x$

3. 微分方程 $y'''-x^2y''-x^5=1$ 通解中应含独立的任意常数的个数为(　　).

A. 2　　B. 3　　C. 4　　D. 5

4. 下列方程中是一阶线性微分方程的是(　　).

A. $(\sqrt{y}-3)\ln x\,\mathrm{d}x-x\,\mathrm{d}y=0$　　B. $\frac{\mathrm{d}y}{\mathrm{d}x}=\frac{y}{1-2xy}$

C. $xy'=y^2+x^2\sin x$　　D. $y''+y'-2y=0$

5. 微分方程 $xy'+y=\frac{1}{1+x^2}$ 的通解是(　　).

A. $y=\arctan x+C$　　B. $y=\frac{1}{x}(\arctan x+C)$

C. $y=\frac{1}{x}\arctan x+C$　　D. $y=\frac{C}{x}+\arctan x$

6. 微分方程 $(1-x^2)y-xy'=0$ 的通解是(　　).

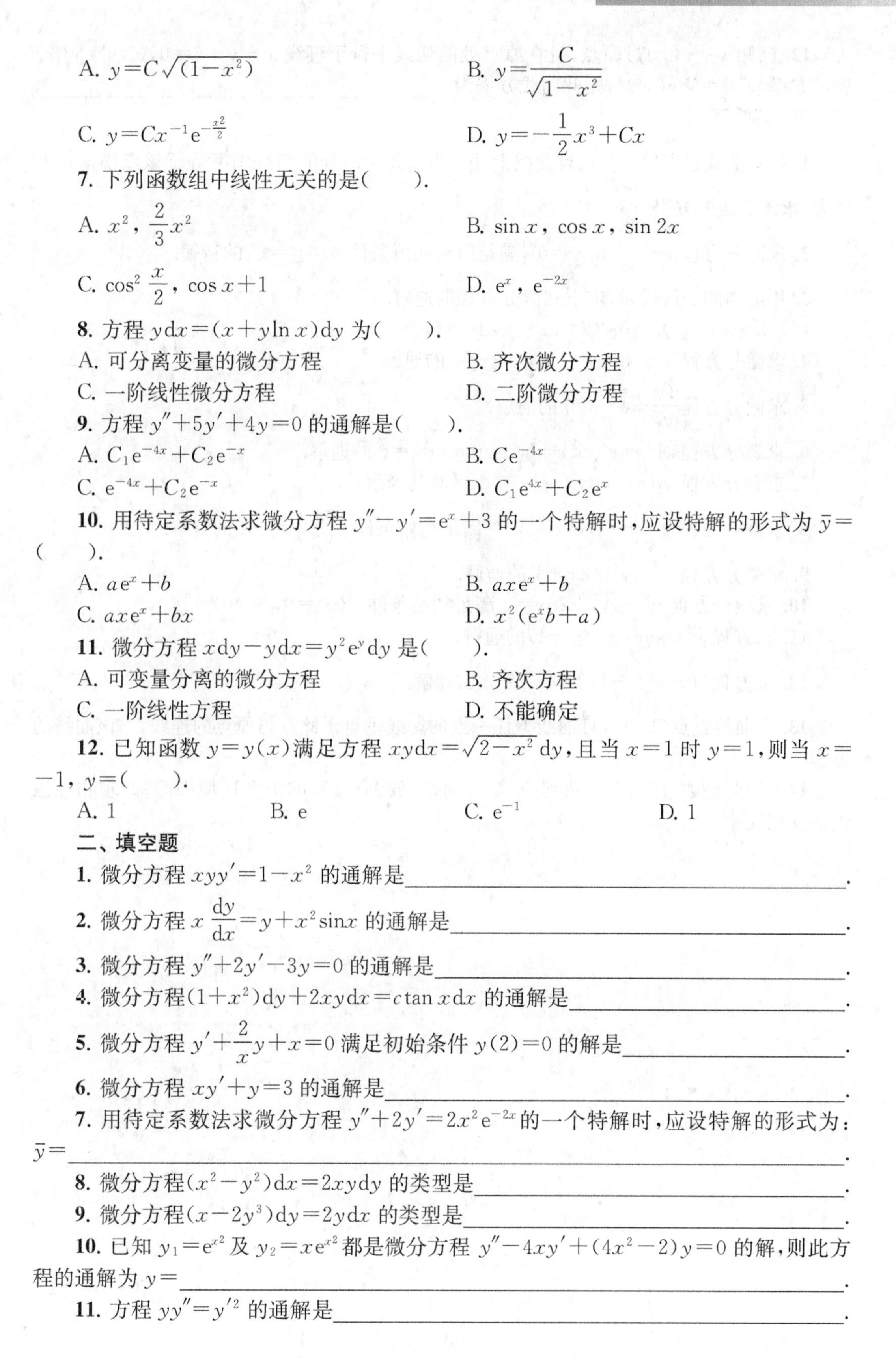

A. $y=C\sqrt{(1-x^2)}$　　　　B. $y=\dfrac{C}{\sqrt{1-x^2}}$

C. $y=Cx^{-1}\mathrm{e}^{-\frac{x^2}{2}}$　　　　D. $y=-\dfrac{1}{2}x^3+Cx$

7. 下列函数组中线性无关的是(　　).

A. x^2，$\dfrac{2}{3}x^2$　　　　B. $\sin x$，$\cos x$，$\sin 2x$

C. $\cos^2\dfrac{x}{2}$，$\cos x+1$　　　　D. e^x，e^{-2x}

8. 方程 $y\mathrm{d}x=(x+y\ln x)\mathrm{d}y$ 为(　　).

A. 可分离变量的微分方程　　　　B. 齐次微分方程

C. 一阶线性微分方程　　　　D. 二阶微分方程

9. 方程 $y''+5y'+4y=0$ 的通解是(　　).

A. $C_1\mathrm{e}^{-4x}+C_2\mathrm{e}^{-x}$　　　　B. $C\mathrm{e}^{-4x}$

C. $\mathrm{e}^{-4x}+C_2\mathrm{e}^{-x}$　　　　D. $C_1\mathrm{e}^{4x}+C_2\mathrm{e}^{x}$

10. 用待定系数法求微分方程 $y''-y'=\mathrm{e}^x+3$ 的一个特解时，应设特解的形式为 $\bar{y}=$(　　).

A. $a\mathrm{e}^x+b$　　　　B. $ax\mathrm{e}^x+b$

C. $ax\mathrm{e}^x+bx$　　　　D. $x^2(\mathrm{e}^x b+a)$

11. 微分方程 $x\mathrm{d}y-y\mathrm{d}x=y^2\mathrm{e}^y\mathrm{d}y$ 是(　　).

A. 可变量分离的微分方程　　　　B. 齐次方程

C. 一阶线性方程　　　　D. 不能确定

12. 已知函数 $y=y(x)$满足方程 $xy\mathrm{d}x=\sqrt{2-x^2}\,\mathrm{d}y$，且当 $x=1$ 时 $y=1$，则当 $x=-1$，$y=$(　　).

A. 1　　　　B. e　　　　C. e^{-1}　　　　D. 1

二、填空题

1. 微分方程 $xyy'=1-x^2$ 的通解是____________________.

2. 微分方程 $x\dfrac{\mathrm{d}y}{\mathrm{d}x}=y+x^2\sin x$ 的通解是____________________.

3. 微分方程 $y''+2y'-3y=0$ 的通解是____________________.

4. 微分方程$(1+x^2)\mathrm{d}y+2xy\mathrm{d}x=c\tan x\mathrm{d}x$ 的通解是____________________.

5. 微分方程 $y'+\dfrac{2}{x}y+x=0$ 满足初始条件 $y(2)=0$ 的解是____________________.

6. 微分方程 $xy'+y=3$ 的通解是____________________.

7. 用待定系数法求微分方程 $y''+2y'=2x^2\mathrm{e}^{-2x}$ 的一个特解时，应设特解的形式为：$\bar{y}=$____________________.

8. 微分方程$(x^2-y^2)\mathrm{d}x=2xy\mathrm{d}y$ 的类型是____________________.

9. 微分方程$(x-2y^3)\mathrm{d}y=2y\mathrm{d}x$ 的类型是____________________.

10. 已知 $y_1=\mathrm{e}^{x^2}$ 及 $y_2=x\mathrm{e}^{x^2}$ 都是微分方程 $y''-4xy'+(4x^2-2)y=0$ 的解，则此方程的通解为 $y=$____________________.

11. 方程 $yy''=y'^2$ 的通解是____________________.

12. 已知 $y=y(x)$ 过原点，且在原点处的切线平行于直线 $x-y+6=0$，又 $y=y(x)$ 满足方程 $(y'')^2=1-(y')^2$，则此曲线方程为____________________.

三、解答题

1. 已知曲线过点 $\left(1,\ \frac{1}{2}\right)$，且曲线上任一点 $p(x,y)$ 处的切线斜率等于该点横坐标的立方，求该曲线的方程.

2. 求微分方程 $xy'-y\ln\frac{y}{x}=0$，满足所给初值条件 $y|_{x=1}=\mathrm{e}^2$ 的特解.

3. 用适当的变量代换，求下列微分方程的通解.

(1) $y'-(x+y)^2=0$；(2) $(x-y)\mathrm{d}y=(1+x-y)\mathrm{d}x$.

4. 求微分方程 $(\arctan y-x)\mathrm{d}y=2y\mathrm{d}x$ 的通解.

5. 求微分方程 $\frac{\mathrm{d}^2 s}{\mathrm{d}t^2}+\omega^2 s=0$ 的通解.

6. 求微分方程 $\sec^2 x\tan y\mathrm{d}x+\sec^2 y\tan x\mathrm{d}y=0$ 的通解.

7. 求微分方程 $y\mathrm{d}x-x\mathrm{d}y+x^3\mathrm{e}^{-x^2}\mathrm{d}x=0$ 的通解.

8. 求微分方程 $x\frac{\mathrm{d}y}{\mathrm{d}x}+y\cot x=5\mathrm{e}^{\cos x}$ 满足初始条件 $y\left(\frac{\pi}{2}\right)=-4$ 的特解.

9. 求微分方程 $y''-y'=2x+1$ 的通解.

10. 求微分方程 $y''+4y'+29y=0$ 满足初始条件 $y(0)=0,\ y'(0)=1$.

11. 求方程 $y'=\sin^2(x-y+1)$ 的通解.

12. 求方程 $(1-x^2)\frac{\mathrm{d}y}{\mathrm{d}x}=2xy+2xy^2$ 的通解.

13. 一曲线过点 $(1,\ 1)$，且曲线上任一点的切线垂直于此点与原点的连线，求该曲线的方程.

14. (冷却问题)把一个加热到 50 ℃的物体，放到 20 ℃的恒温环境中冷却，求物体温度的变化规律.

项目九　空间解析几何

任务 9.1　空间直角坐标系及向量代数

任务内容

- 完成与空间直角坐标系及向量运算关联的任务工作页；
- 学习与向量概念有关的知识；
- 学习直角坐标系的发展及实际应用.

任务目标

- 掌握空间直角坐标系下点的坐标表示；
- 掌握两点间距离公式；
- 掌握向量的概念和向量的线性运算；
- 掌握向量的坐标表示；
- 能够应用向量知识解决实际问题.

任务工作页

了解任务内容并学习相关知识后，在教师指导下完成任务工作页内各项内容的填写.

1. 向量的定义：(1)有____________，有____________.
2. 向量加减法运算满足什么法则：(1)____________，(2)____________.
3. 向量加法的运算律：(1)____________，(2)____________.
4. 向量数乘的运算律：(1)____________，(2)____________.
5. 空间直角坐标系下两点距离公式____________.
6. 空间直角坐标系下有三个坐标轴分别是：____________，有三个坐标面是____________，将空间分成了______个卦限.
7. 空间向量的坐标表示：____________.
8. $\boldsymbol{a}=a_x\boldsymbol{i}+a_y\boldsymbol{j}+a_z\boldsymbol{k}$，$\boldsymbol{b}=b_x\boldsymbol{i}+b_y\boldsymbol{j}+b_z\boldsymbol{k}$，$\boldsymbol{a}+\boldsymbol{b}=$____________；$\boldsymbol{a}-\boldsymbol{b}=$____________，$\lambda\boldsymbol{a}=$____________.

数学文史

解析几何的发展简史

“解析几何”又名“坐标几何”，是几何学的一个分支.解析几何的基本思想是用代数的方法来研究几何问题，基本方法是坐标法.就是通过坐标把几何问题表示成代数形式，然后通过代数方程来表示和研究曲线.它包括“平面解析几何”和“空间解析几何”两部分.前一部分除研究直线的有关性质外，主要研究圆锥曲线(椭圆、抛物线双曲线)的有关性质.后一部分除研究平面、直线的有关性质外，主要研究二次曲面(椭球面、抛物面、双曲面等)的有关性质.

1. 解析几何产生的实际背景和数学条件

解析几何的实际背景更多的是来自对变量数学的需求.解析几何的产生有着数学自身的条件:几何学已出现解决问题的乏力状态;代数已成熟到能足以有效地解决几何问题的程度.解析几何的实际背景更多的是来自对变量数学的需求.从16世纪开始，欧洲资本主义逐渐发展起来，进入了一个生产迅速发展、思想普遍活跃的时代.生产实践积累了大量的新经验，并提出了大量的新问题.可是，对于机械、水利、航海、造船、显微镜和火器制造等领域的许多数学问题，已有的常量数学已无能为力，人们迫切地寻求解决变量问题的新数学方法.

① 解析几何产生前的几何学

平面几何，立体几何(欧几里得的《几何原本》)，圆锥曲线论(阿波罗尼斯的《圆性曲线论》)，特点:静态的几何，既不把曲线看成是一种动点的轨迹，更没有给它以一般的表示方法.

② 几何学出现解决问题的乏力状态

16世纪以后，哥白尼提出日心说，伽利略得出惯性定律和自由落体定律，这些都向几何学提出了用运动的观点来认识和处理圆曲线及其他几何曲线的课题.几何学必须从观点到方法来一个变革，创立起一种建立在运动观点上的几何学.

16世纪代数的发展恰好为解析几何诞生创造了条件.1591年法国数学家韦达第一个在代数中有意识地系统地使用字母，他不仅用字母表示未知数，而且用以表示已知数，包括方程中的系数和常数，这就为几何曲线建立代数方程铺平了道路.代数的符号化，使坐标概念的引进成为可能，从而可建立一般的曲线方程以发挥作用.

2. 解析几何的创立

17世纪前半叶，解析几何创立，其中法国数学家笛卡儿(Descartes, 1596—1650)和费马(fermat, 1601—1665)作出了最重要的贡献，成为解析几何学的创立者.1637年，笛卡儿发表哲学著作《更好地指导和寻求真理的方法论》(简称《方法论》)，《几何学》作为其附录之一发表.笛卡儿通过具体的实例，确切表达了他的新思想和新方法.这种思想和方法尽管在形式上没有现在的解析几何那样完整，但是在本质上它是纯粹的解析几何.笛卡儿的解析几何有两个基本思想:(1)用有序数对表示点的坐标;(2)把互相关联的两个未知数的代数方程，看成平面上的一条曲线.

费马是一位业余数学家，但他的数学成就在17世纪数学史上非常突出，为微积分、概率论和数论的创立和发展都作出了最重要的贡献.早在笛卡儿的《几何学》发表以前，费马已经用解析几何的方法对阿波罗尼斯某些失传的关于轨迹的证明作出补充.他通过引进坐标，以一种统一的方式把几何问题翻译为代数的语言——方程，从而通过对方程的研究来揭示图形的几何性质.

3. 解析几何创立的意义

笛卡儿和费马创立解析几何，在数学史上具有划时代的意义.解析几何沟通了数学内数与形、代数与几何等最基本对象之间的联系，从此，代数与几何这两门学科互相吸取营养而得到迅速发展，并结合产生出许多新的学科，近代数学便很快发展起来了.恩格斯高度评价了笛卡儿的革新思想,他说:"数学中的转折点是笛卡儿的变数.有了变数,运动进入了数学;有了变数,辩证法进入了数学;有了变数,微分和积分也就立刻成为必要的了."

4. 解析几何的发展和完善

牛顿对二次和三次曲线理论进行了系统的研究,特别是得到了关于"直径"的一般论.欧拉讨论了坐标轴的平移和旋转,对平面曲线作了分类.拉格朗日把力、速度、加速度"算术化",发展成"向量"的概念,成为解析几何的重要工具.18 世纪的前半叶,克雷洛和拉盖尔将平面解析几何推广到空间,建立了空间解析几何.

5. 解析几何的进一步发展

解析几何已经发展得相当完备,但这并不意味着解析几何的活力已结束.经典的解析几何在向近代数学的多个方向延伸.例如:n 维空间的解析几何学,无穷维空间的解析几何(希尔伯特空间几何学);20 世纪以来迅速发展起来的两个新的宽广的数学分支——泛函分析和代数几何,也都是古典解析几何的直接延续.微分几何的内容在很大程度上吸收了解析几何的成果.

案例 1 如何确定火箭升空后在空中飞行的位置和准确描绘其空中飞行轨迹?

案例 2 如何确切地表示室内灯泡的位置呢?

上述两个案例中的问题的解决均需要建立**空间直角坐标系**.当建立空间直角坐标系后,空间任意一点就可用有序实数组(x, y, z)表示,这样可确定室内灯泡位置,进而可探求火箭(看成质点)在空中的飞行位置和空中飞行轨迹(方程).

 **相关知识**

空间解析几何是以向量为工具,采用代数的方法研究平面及空间图形的性质,建立图形的方程及研究方程的图形.它广泛应用于自然科学、社会科学、经济管理、工程技术等各个领域.学好这门课为后续课程以及进一步学习数学和专业知识奠定必要的数学知识、方法和思维基础.本项目主要介绍空间解析几何的基本内容和基本方法,包括:向量代数,空间直线和平面,常见曲面等.

一、空间直角坐标系

过空间一个定点 O,作三条互相垂直的数轴,它们都以 O 点为原点,且具有相同的长度单位.这三条数轴分别称为 x 轴(横轴)、y 轴(纵轴)和 z 轴(竖轴),统称为坐标轴.

通常将 x 轴和 y 轴配置在水平面上,而 z 轴则是铅垂线.它们的正方向要符合右手规则:即以右手握住 z 轴,当右手除大拇指外其余四指从 x 轴的正向以逆时针方向向转 $\frac{\pi}{2}$ 的角度时,正好是 y 轴的正向,大拇指的指向就是 z 轴的正向(图 9-1a).图中箭头的指向表示 x 轴、y 轴和 z 轴的正向.这样的三条坐标轴就组成了一个空间直角坐标系,点 O 为坐标原点,常记这空间坐标系为 $Oxyz$.这样在空间直角坐标系中,有唯一一个原点 O,三条坐标轴:x 轴、y 轴和 z 轴.每两条坐标轴所决定的平面称为**坐标面**,即 xOy 平面、yOz 平面和 zOx 平面.这三个坐标面把空间分成了八个区域,每一个区域称为一个**卦限**,即有八个卦限(图 9-1b).含有 x 轴,y 轴和 z 轴正半轴且在 xOy 平面上方的那个卦限叫做第一卦限,其他在 xOy 平面上方按逆时针方向的还有第二,第三,第四卦限;在 xOy 平面下方,由第一卦限之下的第五卦限开始,按逆时针方向,依次有第六、第七、第八卦限.

动画

空间直角坐标系

动画

三个坐标面

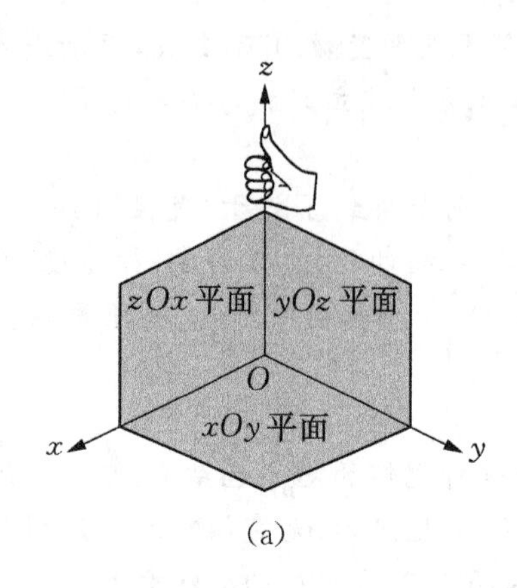

(a)　　(b)

图 9-1

在三维空间中的每一点 P 对应一个有序的三元数组 x、y、z；反过来，已知一个有序数组 x、y、z，则取 $OR=x$，$OS=y$ 和 $OT=z$，然后通过点 R、S、T 分别作 x 轴、y 轴和 z 轴的垂直平面，这三个垂直平面的交点 P 就是由有序数组 x、y、z 所确定的唯一的点（图 9-2）．于是就建立了空间的点 P 和有序数组 x、y、z 之间的一一对应关系．这三个数 x、y、z 就叫做点 P 的坐标，并依次称 x、y、z 为点 P 的横坐标、纵坐标和竖坐标．坐标为 x、y、z 的点 P 通常记为 $P(x, y, z)$．

动画

空间点与坐标对应关系

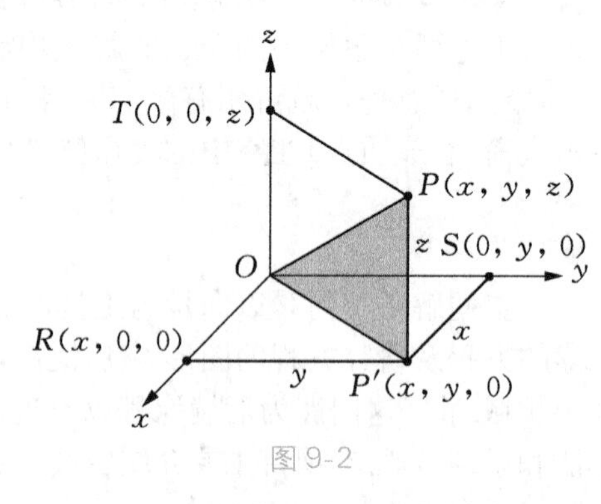

图 9-2

在坐标面上和坐标轴上的点，其坐标各有一定的特征，如图 9-2 所示．

若点 P 在坐标原点，则 $x=y=z=0$，因此，坐标原点 O 的坐标为 $(0, 0, 0)$；

若点在 x 轴上，则 $y=z=0$，如 $R(x, 0, 0)$；

若在 y 轴上上，则 $x=z=0$，如 $S(0, y, 0)$；

若点在 z 轴上，则 $x=y=0$，如 $T(0, 0, z)$．

点在 xOy 平面上，则 $z=0$，如 $P'(x, y, 0)$；同样地，点在 yOz 平面上，则 $x=0$；在 zOx 平面上，则 $y=0$．

设 $M_1(x_1, y_1, z_1)$，$M_2(x_2, y_2, z_2)$ 为空间两点，则这两点之间的距离 d 为

$$d=|M_1M_2|=\sqrt{(x_2-x_1)^2+(y_2-y_1)^2+(z_2-z_1)^2}. \tag{9.1}$$

特殊地，点 $M(x, y, z)$ 与坐标原点 $O(0, 0, 0)$ 的距离为

$$d=|OM|=\sqrt{x^2+y^2+z^2}.$$

［例 1］ 已知点 $M(a, b, b)$，$P(9, 0, 0)$，$Q(-1, 0, 0)$，且三点满足 $|MP|^2=|MQ|^2=33$，试确定 a、b 的值．

解 由题意有 $|MP|^2=|MQ|^2$，即 $(9-a)^2+2b^2=(-1-a)^2+2b^2$，解得 $a=4$．

又因为 $|MP|^2=33$，即 $(9-4)^2+2b^2=33$，解得 $b=\pm 2$．

随堂练习

已知点 $P(1, -2, -1)$，求下列对称点的坐标．

① 分别求点 P 关于三个坐标平面 xOy、yOz、zOx 的对称点 P' 的坐标；

② 分别求点 P 关于三个坐标轴 x 轴、y 轴、z 轴的对称点 P' 的坐标；

③ 求点 P 关于原点的对称点 P' 的坐标.

答案：

① P 点关于 xOy、yOz、zOx 对称点的坐标分别为$(1, -2, 1)$，$(-1, -2, -1)$，$(1, 2, -1)$；

② P 点关于 x 轴、y 轴、z 轴对称点的坐标分别为$(1, 2, 1)$，$(-1, -2, 1)$，$(-1, 2, -1)$；

③ P 点关于原点对称的点的坐标为$(-1, 2, 1)$.

二、向量及其表示

在物理学及其他学科领域，我们常常遇到两类量：一类只有大小没有方向，这类量可以用一个数完全表示，如温度、长度、质量等，称这类量为数量或标量；还有一类量既有大小又有方向，如力、速度、加速度等，称这类量为**向量或矢量**.

常用有向线段来表示向量.其中有向线段的长度表示向量的大小，有向线段的指向表示向量的方向，如起点为 A，终点为 B 的向量记为$\overrightarrow{AB}$，如图 9-3 所示.

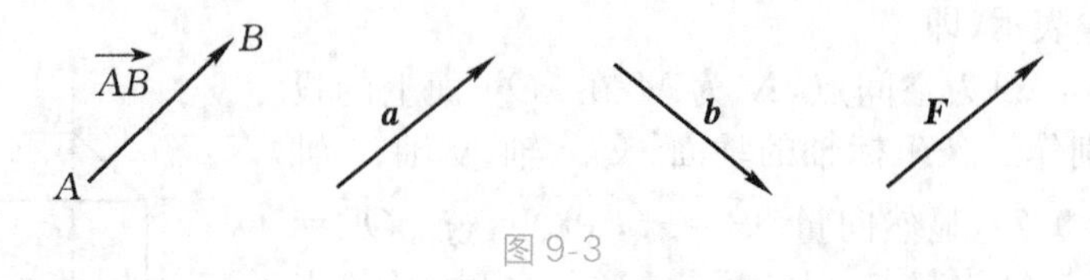

图 9-3

动画

向量的几何表示

向量 $\boldsymbol{a}$ 的大小称为向量 $\boldsymbol{a}$ 的模，记作 $|\boldsymbol{a}|$.特别地，模为 0 的向量称为**零向量**，记作 $\mathbf{0}$，规定零向量的方向为任意方向.模为 1 的向量称为**单位向量**.与非零向量 $\boldsymbol{a}$ 同方向的单位向量称为向量 $\boldsymbol{a}$ 的单位向量，记作 $\boldsymbol{a}^{\circ}$.与向量 $\boldsymbol{a}$ 大小相等，而方向相反的向量称为 $\boldsymbol{a}$ 的**负向量**，记作 $-\boldsymbol{a}$.

在实际问题中，有些向量与其起点有关，有些向量与其起点无关，我们只研究与起点无关的向量.由向量相等定义（模相等、方向相同）可知，向量在空间平移前后相等，从而也称为自由向量.

【注意】两个向量没有大小之分，即不能比较大小.

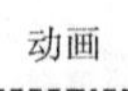

三、向量的加法运算和减法运算

向量加法运算的平行四边形法则

1. 向量加法运算的平行四边形法则：将向量 $\boldsymbol{a}$ 和 $\boldsymbol{b}$ 的起点重合，以 $\boldsymbol{a}$ 与 $\boldsymbol{b}$ 为邻边作平行四边形，则从起点到平行四边形的对角顶点的向量称为向量 $\boldsymbol{a}$ 与 $\boldsymbol{b}$ 的和向量，记作 $\boldsymbol{a}+\boldsymbol{b}$（图 9-4）.

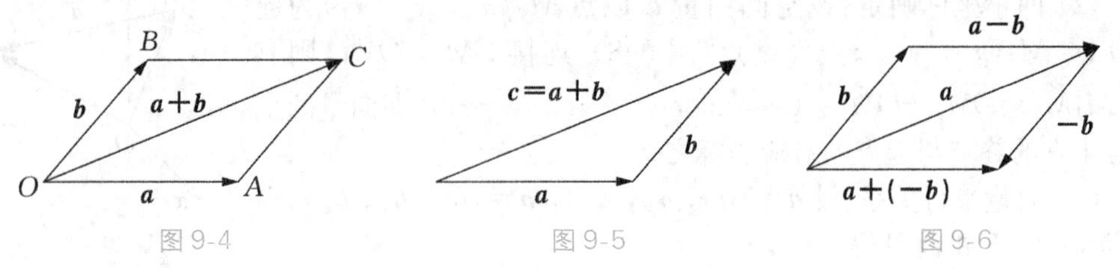

图 9-4　　图 9-5　　图 9-6

动画

向量加法运算的三角形法则

2. 向量加法运算的三角形法则：平移向量 $\boldsymbol{b}$，将向量 $\boldsymbol{b}$ 的起点移到向量 $\boldsymbol{a}$ 的终点上，则从 $\boldsymbol{a}$ 的起点到 $\boldsymbol{b}$ 的终点的向量就是向量 $\boldsymbol{a}$ 和 $\boldsymbol{b}$ 的**和向量**（图 9-5）.

向量 $\boldsymbol{a}$ 与 $\boldsymbol{b}$ 的差记作 $\boldsymbol{a}-\boldsymbol{b}$,规定为 $\boldsymbol{a}$ 与 $\boldsymbol{b}$ 负向量 $-\boldsymbol{b}$ 之和,即 $\boldsymbol{a}-\boldsymbol{b}=\boldsymbol{a}+(-\boldsymbol{b})$,方向为减向量终点指向被减向量终点(图 9-6).

一般地,向量的加法运算与数乘运算(实数 λ 与向量 $\boldsymbol{a}$ 的乘积是一个向量,记作 $\lambda\boldsymbol{a}$)统称为向量的**线性运算**.

另外,若 $\boldsymbol{a}$ 为非零向量,则其单位向量可表示为

$$\boldsymbol{a}^{\circ}=\frac{\boldsymbol{a}}{|\boldsymbol{a}|}.$$

由此,$\boldsymbol{a}=|\boldsymbol{a}|\boldsymbol{a}^{\circ}$,即任何非零向量都可以表示为它的模与其单位向量的乘积.

【注意】两非零向量 $\boldsymbol{a}$ 与 $\boldsymbol{b}$ 平行的充分必要条件为 $\boldsymbol{b}=\lambda\boldsymbol{a}\ (\lambda\neq 0)$.即两个向量平行,则它们之间相差一个常数倍.

四、向量的坐标式及其运算

1. 向量的坐标式

以 $\boldsymbol{i}, \boldsymbol{j}, \boldsymbol{k}$ 分别表示沿 x 轴、y 轴、z 轴正向的单位向量,则它们的坐标式为 $\boldsymbol{i}=(1, 0, 0)$, $\boldsymbol{j}=(0, 1, 0)$, $\boldsymbol{k}=(0, 0, 1)$,并称 $\boldsymbol{i}, \boldsymbol{j}, \boldsymbol{k}$ 为**基本单位向量**.于是空间向量均可用这三个基本单位向量表示,即

设 $M(x, y, z)$ 为空间点,N 为 M 在 xOy 面上的投影,过点 M 分别作三条坐标轴的垂面,交 x 轴、y 轴、z 轴于 P、Q、R(图 9-7),显然向量 $\overrightarrow{OP}=x\boldsymbol{i}$, $\overrightarrow{OQ}=y\boldsymbol{j}$, $\overrightarrow{OR}=z\boldsymbol{k}$,则以坐标原点 O 为起点,以空间点 $M(x, y, z)$ 为终点(图 9-7)的向量 $\overrightarrow{OM}$ 可表示为 $\overrightarrow{OM}=\overrightarrow{ON}+\overrightarrow{NM}=\overrightarrow{OP}+\overrightarrow{OQ}+\overrightarrow{OR}=x\boldsymbol{i}+y\boldsymbol{j}+z\boldsymbol{k}=(x, y, z)$.

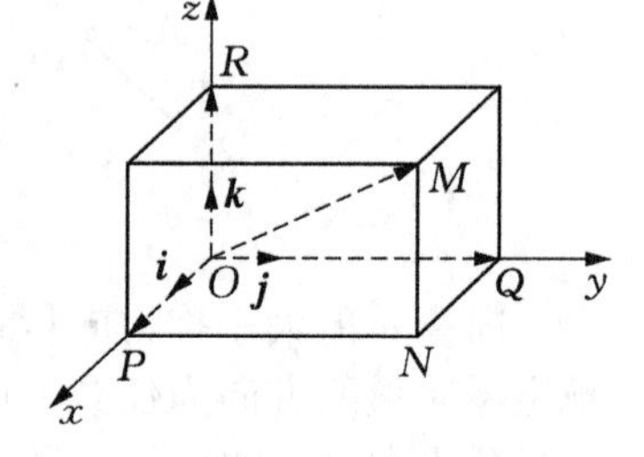

图 9-7

一般地,设向量 $\boldsymbol{a}=(a_x, a_y, a_z)$,则向量 $\boldsymbol{a}$ 可表示为 $\boldsymbol{a}=a_x\boldsymbol{i}+a_y\boldsymbol{j}+a_z\boldsymbol{k}$,其中 a_x, a_y, a_z 称为**向量 $\boldsymbol{a}$ 的坐标**,$a_x\boldsymbol{i}+a_y\boldsymbol{j}+a_z\boldsymbol{k}$ 称为**向量 $\boldsymbol{a}$ 的分解式**,(a_x, a_y, a_z) 称为**向量 $\boldsymbol{a}$ 的坐标式**.

【注意】$\lambda\boldsymbol{a}=(\lambda a_x, \lambda a_y, \lambda a_z)$, λ 是常数,这是向量坐标式的数乘运算.另外,若 $\boldsymbol{a}=(a_x, a_y, a_z)$, $\boldsymbol{b}=(b_x, b_y, b_z)$,则 $\boldsymbol{a}\pm\boldsymbol{b}=(a_x\pm b_x, a_y\pm b_y, a_z\pm b_z)$,这是向量坐标式的加减法(可推广到有限多个).

2. 向量坐标式的几种运算

(1) 向量的模运算:向量 $\boldsymbol{a}=(a_x, a_y, a_z)$模的坐标表示式为

$$|\boldsymbol{a}|=\sqrt{a_x^2+a_y^2+a_z^2}.$$

(2) 向量坐标确定:设空间向量 $\boldsymbol{a}$ 以点 $M_1(x_1, y_1, z_1)$为起点,以点 $M_2(x_2, y_2, z_2)$为终点(图 9-8),连接 OM_1, OM_2,则有 $\boldsymbol{a}=\overrightarrow{M_1M_2}=\overrightarrow{OM_2}-\overrightarrow{OM_1}=(x_2-x_1, y_2-y_1, z_2-z_1)$,即向量的坐标等于它的终点与起点的对应坐标之差.

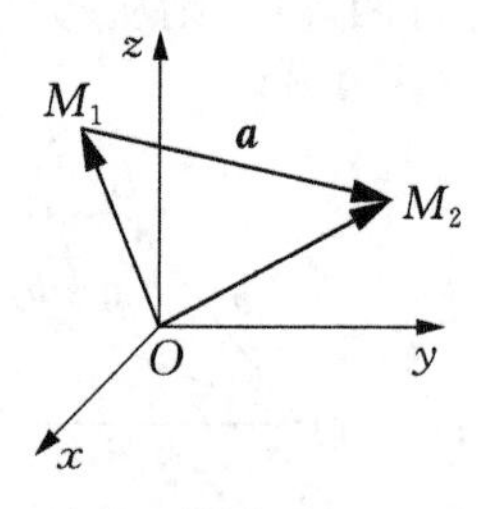

图 9-8

(3) 向量平行关系:设 $\boldsymbol{a}=(a_x, a_y, a_z)$, $\boldsymbol{b}=(b_x, b_y, b_z)$,则 $\boldsymbol{a}/\!/\boldsymbol{b}\Leftrightarrow\boldsymbol{a}=\lambda\boldsymbol{b}$.由此可得

$$a_x=\lambda b_x,\ a_y=\lambda b_y,\ a_z=\lambda b_z \text{ 或 } \frac{a_x}{b_x}=\frac{a_y}{b_y}=\frac{a_z}{b_z}=\lambda\ (b_xb_yb_z\neq 0)\text{(对应坐标成比例)}.$$

(4) 向量 a 的方向角：为了用坐标表示向量的方向，我们引入向量的方向角与方向余弦的概念.

非零向量 $\boldsymbol{a}$ 与三个坐标轴正向的夹角 α, β, γ $(0\leqslant\alpha$, β, $\gamma\leqslant\pi)$，称为**向量 $\boldsymbol{a}$ 的方向角**，它们的余弦 $\cos\alpha$, $\cos\beta$, $\cos\gamma$ 称为**向量 $\boldsymbol{a}$ 的方向余弦**. 当一个非零向量的三个方向角确定时，则其方向也就确定了.

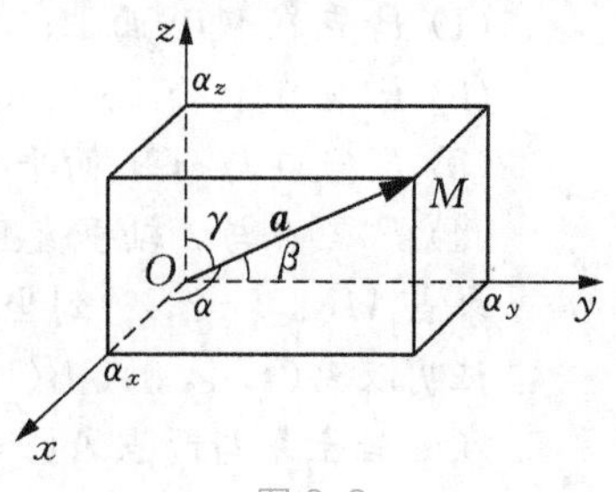

图 9-9

设非零向量 $\boldsymbol{a}=(a_x, a_y, a_z)$，方向角为 α, β, γ. 由于向量 $\boldsymbol{a}$ 与以点 $M(a_x, a_y, a_z)$ 为终点的向量 $\overrightarrow{OM}$ 相等，所以 $\overrightarrow{OM}$ 的方向角也为 α, β, γ. 由图 9-9 可知

$$\cos\alpha=\frac{a_x}{|\boldsymbol{a}|}=\frac{a_x}{\sqrt{a_x^2+a_y^2+a_z^2}},\ \cos\beta=\frac{a_y}{|\boldsymbol{a}|}=\frac{a_y}{\sqrt{a_x^2+a_y^2+a_z^2}},\ \cos\gamma=\frac{a_z}{|\boldsymbol{a}|}=\frac{a_z}{\sqrt{a_x^2+a_y^2+a_z^2}}.$$

以上三式称为向量 $\boldsymbol{a}$ 的方向余弦的坐标表示式.

由此可得

$$\cos^2\alpha+\cos^2\beta+\cos^2\gamma=1;$$

$$\boldsymbol{a}^{\circ}=\frac{\boldsymbol{a}}{|\boldsymbol{a}|}=\left(\frac{a_x}{\sqrt{a_x^2+a_y^2+a_z^2}},\frac{a_y}{\sqrt{a_x^2+a_y^2+a_z^2}},\frac{a_z}{\sqrt{a_x^2+a_y^2+a_z^2}}\right)=(\cos\alpha, \cos\beta, \cos\gamma).$$

[例 2]　已知空间两点 $A(2, 2, \sqrt{2})$ 和 $B(1, 3, 0)$. 求向量 $\overrightarrow{AB}$ 的坐标表示式、模、方向余弦、方向角及其单位向量.

解　由题意知 $\overrightarrow{AB}=(1-2, 3-2, 0-\sqrt{2})=(-1, 1, -\sqrt{2})$，故

$$\overrightarrow{AB}=\sqrt{(-1)^2+1^2+(-\sqrt{2})^2}=2,$$

$$\cos\alpha=-\frac{1}{2},\ \cos\beta=\frac{1}{2},\ \cos\gamma=-\frac{\sqrt{2}}{2},$$

$$\alpha=\frac{2\pi}{3},\ \beta=\frac{\pi}{3},\ \gamma=\frac{3\pi}{4},$$

$$\overrightarrow{AB}^{\circ}=(\cos\alpha, \cos\beta, \cos\gamma)=\left(-\frac{1}{2}, \frac{1}{2}, -\frac{\sqrt{2}}{2}\right).$$

[例 3]　力 $\boldsymbol{F}_1=(1, 2, 3)$, $\boldsymbol{F}_2=(-2, 3, -4)$, $\boldsymbol{F}_3=(3, -4, 5)$ 同时作用于一点，求合力 $\boldsymbol{R}$ 的大小.

解　由题意知

$$\boldsymbol{R}=\boldsymbol{F}_1+\boldsymbol{F}_2+\boldsymbol{F}_3=(1+(-2)+3, 2+3+(-4), 3+(-4)+5)=(2, 1, 4),$$

故合力 $\boldsymbol{R}$ 的大小为 $|\boldsymbol{R}|=\sqrt{2^2+1^2+4^2}=\sqrt{21}$.

习题 9.1

1. 指出下列各点位置的特殊性质.

(1) $(4, 0, 0)$;　(2) $(0, -3, 0)$;　(3) $(0, 2, 3)$;　(4) $(-4, 0, 3)$,

2. 当 P 点处于以下位置时，指出它的坐标所具有的特点.
   (1) P 点在 zOx 面上；
   (2) P 点在 x 轴上；
   (3) P 点在与 yOz 面平行且相互距离为 2 的平面上；
   (4) P 点在与 z 轴垂直且与原点相距为 5 的平面上.
3. 求点 $M(1, -2, 3)$ 到坐标原点和各坐标轴之间的距离.
4. 证明以 $A(4, 1, 9)$，$B(10, -1, 6)$，$C(2, 4, 3)$ 为顶点的三角形是等腰直角三角形.
5. 在 z 轴上求与两点 $A(-4, 1, 7)$ 和 $B(3, 5, -2)$ 等距离的点.
6. 已知向量 $\overrightarrow{AB}$ 的终点 $B(2, -1, 7)$，$\overrightarrow{AB}=4\boldsymbol{i}-4\boldsymbol{j}+7\boldsymbol{k}$，求起点 A 的坐标.
7. 已知向量 $\boldsymbol{a}=(3, 5, -1)$，$\boldsymbol{b}=(2, 2, 3)$，$\boldsymbol{c}=(2, -1, -3)$，求向量 $2\boldsymbol{a}-3\boldsymbol{b}+\boldsymbol{c}$.
8. 求平行于向量 $\boldsymbol{a}=(6, 7, -6)$ 的单位向量.

任务 9.2 向量的乘积运算

任务内容

- 完成与向量乘积有关的任务工作页；
- 学习向量的数量积表示、运算公式及应用；
- 学习向量的向量积表示、运算公式及应用.

任务目标

- 理解向量的内积的概念及物理意义；
- 掌握向量的内积计算公式；
- 理解向量的向量积的概念；
- 掌握向量的坐标表示下的计算公式；
- 能够应用向量的乘积运算解决实际问题.

任务工作页

了解任务内容并学习相关知识后，在教师指导下完成任务工作页内各项内容的填写.

1. 两向量的数量积又称为向量的内积或向量的点积，定义 $\boldsymbol{a}\times\boldsymbol{b}=$__________.
2. $\boldsymbol{a}\times\boldsymbol{b}$ 的物理意义是____________________.
3. $\boldsymbol{a}\times\boldsymbol{b}$ 坐标运算公式是____________________.
4. 两向量积又称为向量的外积或向量的叉积，$\boldsymbol{a}\times\boldsymbol{b}=\boldsymbol{c}$，由定义知 $|\boldsymbol{c}|=$__________，向量 $\boldsymbol{c}$ 的方向是____________________.
5. 向量积 $\boldsymbol{a}\times\boldsymbol{b}$ 的物理意义是____________________.
6. 若 $\boldsymbol{a}\perp\boldsymbol{b}$，$\boldsymbol{a}\times\boldsymbol{b}=$________，若 $\boldsymbol{a}/\!/\boldsymbol{b}$，$\boldsymbol{a}\times\boldsymbol{b}=$________.
7. 数量积的运算律有：(1)________，(2)________，(3)________.
8. 向量积的运算律有：(1)________，(2)________，(3)________.

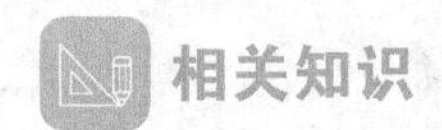

一、数量积及其应用

实例(恒力做功问题)　设一物体在恒力 $\boldsymbol{F}$ 作用下沿直线从 A 点移动到 B 点，位移 $\boldsymbol{s}=\overrightarrow{AB}$，$\theta$ 为 $\boldsymbol{s}$ 与 $\boldsymbol{F}$ 的夹角(图 9-10)，由物理学知道，力 $\boldsymbol{F}$ 所做的功为

$$W=|\boldsymbol{F}||\boldsymbol{s}|\cos\theta.$$

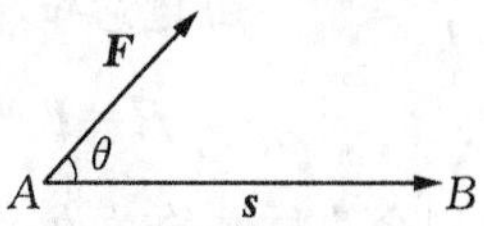

向量 $\boldsymbol{F}$ 与 $\boldsymbol{s}$ 的这种运算结果是个数量，在数学上将这种乘法称为**数量积**.

图 9-10

动画

两个向量的数量积

定义 9-1　(数量积)将两个向量 $\boldsymbol{a}$ 与 $\boldsymbol{b}$ 的模与它们之间夹角 θ 的余弦的乘积称为两个向量的数量积，记作 $\boldsymbol{a}\cdot\boldsymbol{b}$，即

$$\boldsymbol{a}\cdot\boldsymbol{b}=|\boldsymbol{a}||\boldsymbol{b}|\cos\theta. \tag{9.2}$$

上述定义中两个向量 $\boldsymbol{a}$ 与 $\boldsymbol{b}$ 的夹角 θ 是指将它们移到同一起点所形成的不大于 π 的角，记作 $(\widehat{\boldsymbol{a},\boldsymbol{b}})$.用记号“$\cdot$”表示两个向量相乘(数量积)，因此数量积也称为**点积或内积**.

根据数量积的定义，恒力 $\boldsymbol{F}$ 所做的功 W 是力 $\boldsymbol{F}$ 和位移 $\boldsymbol{s}$ 的数量积，即 $W=\boldsymbol{F}\cdot\boldsymbol{s}$.

由向量数量积的定义可以得到如下性质：

性质 1　对于向量 $\boldsymbol{a}$，$\boldsymbol{a}\cdot\boldsymbol{a}=|\boldsymbol{a}||\boldsymbol{a}|\cos 0=|\boldsymbol{a}|^2$.

性质 2　两个非零向量 $\boldsymbol{a}$ 与 $\boldsymbol{b}$ 垂直的充分必要条件是 $\boldsymbol{a}\cdot\boldsymbol{b}=0$.

性质 3　设向量 $\boldsymbol{a}=(a_x, a_y, a_z)$，$\boldsymbol{b}=(b_x, b_y, b_z)$，则 $\boldsymbol{a}\cdot\boldsymbol{b}=a_xb_x+a_yb_y+a_zb_z$(两个向量的数量积等于它们对应坐标乘积之和).

性质 4　当 $\boldsymbol{a}$ 与 $\boldsymbol{b}$ 为非零向量时，则

$$\cos(\widehat{a,b})=\frac{\boldsymbol{a}\cdot\boldsymbol{b}}{|\boldsymbol{a}||\boldsymbol{b}|}=\frac{a_xb_x+a_yb_y+a_zb_z}{\sqrt{a_x^2+a_y^2+a_z^2}\sqrt{b_x^2+b_y^2+b_z^2}}. \tag{9.3}$$

性质 5　设向量 $\boldsymbol{a}=(a_x, a_y, a_z)$，$\boldsymbol{b}=(b_x, b_y, b_z)$，则 $\boldsymbol{a}\perp\boldsymbol{b}\Leftrightarrow a_xb_x+a_yb_y+a_zb_z=0$.

[例 1]　已知向量 $\boldsymbol{a}$ 与 $\boldsymbol{b}$ 不共线，$|\boldsymbol{a}|=3$，$|\boldsymbol{b}|=4$，k 为何值时，向量 $\boldsymbol{a}+k\boldsymbol{b}$ 与 $\boldsymbol{a}-k\boldsymbol{b}$ 互相垂直？

解　向量 $\boldsymbol{a}$ 与 $\boldsymbol{b}$ 不共线，则向量 $\boldsymbol{a}+k\boldsymbol{b}$ 与 $\boldsymbol{a}-k\boldsymbol{b}(k\neq 0)$ 也不共线.

因为 $(\boldsymbol{a}+k\boldsymbol{b})\perp(\boldsymbol{a}-k\boldsymbol{b})$，所以

$$(\boldsymbol{a}+k\boldsymbol{b})\cdot(\boldsymbol{a}-k\boldsymbol{b})=\boldsymbol{a}^2-k^2\boldsymbol{b}^2=|\boldsymbol{a}|^2-k^2|\boldsymbol{b}|^2=9-16k^2=0.$$

由此可得 $k=\pm\frac{3}{4}$.

[例 2]　已知 $a=(2, -4, 3)$，$b=(-3, 6, k)$，当 k 为何值时：

(1) $\boldsymbol{a}/\!/\boldsymbol{b}$；(2) 两向量夹角 $(\widehat{\boldsymbol{a},\boldsymbol{b}})$ 为钝角.

解　(1) 因为 $\boldsymbol{a}/\!/\boldsymbol{b}$，所以 $\frac{-3}{2}=\frac{6}{-4}=\frac{k}{3}$，由此可得 $k=-\frac{9}{2}$.

(2) 因 $(\widehat{\boldsymbol{a},\boldsymbol{b}})$ 为钝角，所以 $\cos(\widehat{\boldsymbol{a},\boldsymbol{b}})=\frac{\boldsymbol{a}\cdot\boldsymbol{b}}{|\boldsymbol{a}||\boldsymbol{b}|}<0$，即

$$\boldsymbol{a}\cdot\boldsymbol{b}=2\times(-3)+(-4)\times 6+3\times k=-30+3k<0,$$

得 $k<10$.

另外，当 $k=-\dfrac{9}{2}$ 时，两向量共线，且方向相反，此时两向量夹角为平角.

综合分析，当 $k\in\left(-\infty,\ -\dfrac{9}{2}\right)\cup\left(-\dfrac{9}{2},\ 10\right)$ 时两向量夹角 $(\widehat{\boldsymbol{a},\boldsymbol{b}})$ 为钝角.

［例 3］ 设一质点受三个共点力 $\boldsymbol{F}_1=(1,\ 2,\ 3)$，$\boldsymbol{F}_2=(-2,\ 3,\ -4)$，$\boldsymbol{F}_3=(3,\ -4,\ 5)$ 的作用，从原点沿直线移动到点 $A(2,\ 1,\ -1)$. 求合力 R 所做的功（力的单位为 N，距离的单位为 m），以及合力 $\boldsymbol{R}$ 与位移 $\overrightarrow{OA}$ 的夹角 θ.

解 由题意知，位移 $\overrightarrow{OA}=(2,\ 1,\ -1)$，合力

$$\boldsymbol{R}=\boldsymbol{F}_1+\boldsymbol{F}_2+\boldsymbol{F}_3=(1-2+3,\ 2+3-4,\ 3-4+5)=(2,\ 1,\ 4),$$

则合力所做的功为

$$W=\boldsymbol{R}\cdot\overrightarrow{OA}=2\times2+1\times1+4\times(-1)=1(\mathrm{J}).$$

由于

$$\cos\theta=\frac{\boldsymbol{R}\cdot\overrightarrow{OA}}{|\boldsymbol{R}||\overrightarrow{OA}|}=\frac{1}{\sqrt{21}\sqrt{6}}=\frac{1}{3\sqrt{14}},$$

所以

$$\theta=\arccos\frac{1}{3\sqrt{14}}.$$

随堂练习

(1) 已知 $\triangle ABC$ 的三个顶点为 $A(1,\ -1,\ 0)$，$B(-1,\ 0,\ -1)$，$C(3,\ 4,\ 1)$，证明 $\triangle ABC$ 为直角三角形.

(2) 一条河的两岸平行，河宽 $d=500$ m，一艘船从河岸边 A 点出发航行到河的正对岸 B 处（图 9-11）. 航行的速度 $|\boldsymbol{v}_1|=10$ km/h，水流的速度 $|\boldsymbol{v}_2|=2$ km/h，问行驶航程最短时，所用的时间是多少？

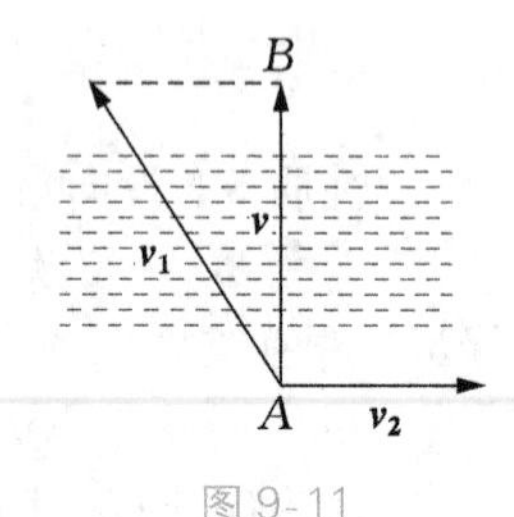

图 9-11

答案与提示：

(1) $\overrightarrow{AB}=(-2,\ 1,\ -1)$，$\overrightarrow{BC}=(4,\ 4,\ 2)$，$\overrightarrow{CA}=(-2,\ -5,\ -1)$. 因为 $\overrightarrow{AB}\cdot\overrightarrow{CA}=0$，故 $\overrightarrow{AB}\perp\overrightarrow{CA}$，即 $\triangle ABC$ 为直角三角形.

(2) $\boldsymbol{v}=\boldsymbol{v}_1+\boldsymbol{v}_2$，且 $\boldsymbol{v}\perp\boldsymbol{v}_2$（方能行驶航程最短）.

求得 $|\boldsymbol{v}|=\sqrt{96}=4\sqrt{6}$ (km/h)，最短时间 $t=\dfrac{0.5}{4\sqrt{6}}\times60\approx3.1$ (min).

二、向量的向量积

实例 2（力矩问题） 用扳手拧螺母，当扳手沿逆时针转动时，螺母朝外移动，当扳手沿顺时针移动时，螺母朝里移动. 螺母移动的大小取决于所施外力及版手臂的长短，其移动的方向垂直于外力与版手臂所确定的平面，从力学上看螺母移动取决于力矩 M. 如图 9-12 所示，设 O 为杠杆 L 的支点，力 $\boldsymbol{F}$ 作用于杠杆上 P 处，$\overrightarrow{OP}=\boldsymbol{r}$，$\boldsymbol{r}$ 与 $\boldsymbol{F}$ 的夹角为 θ，那么力 $\boldsymbol{F}$ 对支点 O 的力矩是一个向量 $\boldsymbol{M}$，其大小即模为

$$|\boldsymbol{M}|=|\boldsymbol{r}||\boldsymbol{F}|\sin\theta.$$

力矩 $\boldsymbol{M}$ 的方向垂直于 $\boldsymbol{r}$ 与 $\boldsymbol{F}$ 所确定的平面，且遵守右手法则，即四指指向由 $\boldsymbol{r}$ 弯向 $\boldsymbol{F}$ 时，拇指的指向即为力矩 $\boldsymbol{M}$ 的方向.

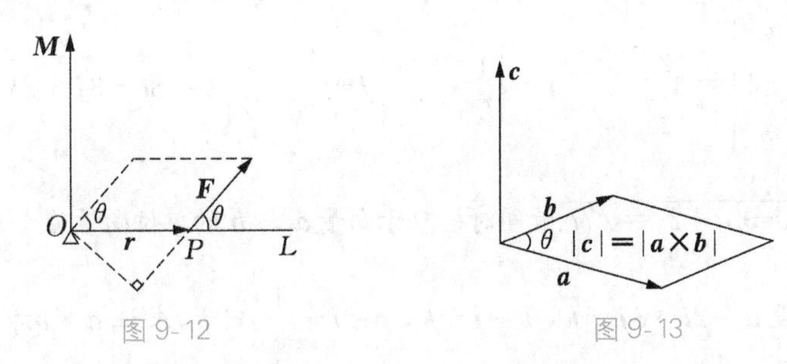

图 9-12　　　　图 9-13

动画

两个向量的向量积

两向量的这种运算，在数学上叫做两个向量的**向量积**.

定义 9-2　（向量积）两向量 $\boldsymbol{a}$ 与 $\boldsymbol{b}$ 的向量积是一个向量 $\boldsymbol{c}$，记为 $\boldsymbol{c}=\boldsymbol{a}\times\boldsymbol{b}$，且规定：

(1) $|\boldsymbol{c}|=|\boldsymbol{a}\times\boldsymbol{b}|=|\boldsymbol{a}||\boldsymbol{b}|\sin(\widehat{\boldsymbol{a},\boldsymbol{b}})(0\leqslant(\widehat{\boldsymbol{a},\boldsymbol{b}})\leqslant\pi)$；

(2) $\boldsymbol{c}$ 垂直于 $\boldsymbol{a}$，$\boldsymbol{b}$ 所确定的平面（$\boldsymbol{c}\perp\boldsymbol{a}$ 且 $\boldsymbol{c}\perp\boldsymbol{b}$），且遵守右手法则，即四指指向由第一个向量 $\boldsymbol{a}$ 沿小于 π 的方向弯向第二个向量 $\boldsymbol{b}$ 时，拇指的指向即为 $\boldsymbol{c}$ 的方向（图 9-13）.

根据向量积的定义，上述力 $\boldsymbol{F}$ 对支点 O 的力矩可表示为 $\boldsymbol{M}=\boldsymbol{r}\times\boldsymbol{F}$.

关于两向量的向量积有以下说明：

(1) 两向量的向量积用“×”表示，因此向量积也称叉积或外积；

(2) 两个向量 $\boldsymbol{a}$，$\boldsymbol{b}$ 的向量积是一个向量，并且 $|\boldsymbol{a}\times\boldsymbol{b}|=|\boldsymbol{a}||\boldsymbol{b}|\sin(\widehat{a,b})$，该式在几何上表示以 $\boldsymbol{a}$ 与 $\boldsymbol{b}$ 为邻边的平行四边形的面积，$\boldsymbol{a}\times\boldsymbol{b}$ 的方向垂直于该平行四边形所在的平面.

由向量积的定义可得其**运算性质**：

性质 1　两个非零向量 $\boldsymbol{a}$ 与 $\boldsymbol{b}$ 平行的充分必要条件是 $\boldsymbol{a}\times\boldsymbol{b}=0$.

特别地：$\boldsymbol{a}\times\boldsymbol{a}=0$.

性质 2　$\boldsymbol{a}\times\boldsymbol{b}=-\boldsymbol{b}\times\boldsymbol{a}$（反交换律）.

性质 3　$(\boldsymbol{a}+\boldsymbol{b})\times\boldsymbol{c}=(\boldsymbol{a}\times\boldsymbol{c})+(\boldsymbol{b}\times\boldsymbol{c})$（分配律）.

三、向量积的坐标式

当向量用坐标表示时，向量积也可用坐标表示，下面来推导向量积的坐标表示式.

设向量 $\boldsymbol{a}=(a_x, a_y, a_z)$，$\boldsymbol{b}=(b_x, b_y, b_z)$，利用 $\boldsymbol{i}\times\boldsymbol{i}=\boldsymbol{j}\times\boldsymbol{j}=\boldsymbol{k}\times\boldsymbol{k}=0$，$\boldsymbol{i}\times\boldsymbol{j}=\boldsymbol{k}$，$\boldsymbol{j}\times\boldsymbol{k}=\boldsymbol{i}$、$\boldsymbol{k}\times\boldsymbol{i}=\boldsymbol{j}$ 以及向量积的分配律和结合律，容易得

$$\boldsymbol{a}\times\boldsymbol{b}=(a_yb_z-a_zb_y)\boldsymbol{i}+(a_zb_x-a_xb_z)\boldsymbol{j}+(a_xb_y-a_yb_x)\boldsymbol{k}. \tag{9.4}$$

式(9.4)称为**向量积的坐标表达式**（简称**坐标式**）. 为了便于记忆和计算，上式也可借助行列式表示，即

$$\boldsymbol{a}\times\boldsymbol{b}=\begin{vmatrix}\boldsymbol{i} & \boldsymbol{j} & \boldsymbol{k}\\ a_x & a_y & a_z\\ b_x & b_y & b_z\end{vmatrix}=\begin{vmatrix}a_y & a_z\\ b_y & b_z\end{vmatrix}\boldsymbol{i}-\begin{vmatrix}a_x & a_z\\ b_x & b_z\end{vmatrix}\boldsymbol{j}+\begin{vmatrix}a_x & a_y\\ b_x & b_y\end{vmatrix}\boldsymbol{k}. \tag{9.5}$$

【注意】二阶行列式 $\begin{vmatrix}a & b\\ c & d\end{vmatrix}=ad-bc$；三阶行列式可按某行或某列展开，将其转化成二阶行列式计算，但要注意正负号的变化. 另外，对于行列式，如果有两行元素成比例，那么该行列式必等于零.

[例 4] 求同时垂直于向量 $\boldsymbol{a}=\boldsymbol{i}+2\boldsymbol{j}-\boldsymbol{k}$ 与 $\boldsymbol{b}=2\boldsymbol{j}+3\boldsymbol{k}$ 的单位向量.

解 因为 $\boldsymbol{a}\times\boldsymbol{b}$ 同时垂直于向量 $\boldsymbol{a}$ 与 $\boldsymbol{b}$，所以可先计算

$$\boldsymbol{a}\times\boldsymbol{b}=\begin{vmatrix}\boldsymbol{i} & \boldsymbol{j} & \boldsymbol{k}\\ 1 & 2 & -1\\ 0 & 2 & 3\end{vmatrix}=\begin{vmatrix}2 & -1\\ 2 & 3\end{vmatrix}\boldsymbol{i}-\begin{vmatrix}1 & -1\\ 0 & 3\end{vmatrix}\boldsymbol{j}+\begin{vmatrix}1 & 2\\ 0 & 2\end{vmatrix}\boldsymbol{k}=8\boldsymbol{i}-3\boldsymbol{j}+2\boldsymbol{k}=(8,\ -3,\ 2).$$

又 $|\boldsymbol{a}\times\boldsymbol{b}|=\sqrt{8^2+(-3)^2+2^2}=\sqrt{77}$. 故同时垂直于向量 $\boldsymbol{a}$ 与 $\boldsymbol{b}$ 的单位向量为 $\pm\dfrac{1}{\sqrt{77}}(8,\ -3,\ 2)$.

[例 5] 设 $\boldsymbol{a}=2\boldsymbol{i}-3\boldsymbol{j}-\boldsymbol{k}$，$\boldsymbol{b}=\boldsymbol{i}-\boldsymbol{k}$，$\boldsymbol{c}=\boldsymbol{i}+\dfrac{1}{3}\boldsymbol{j}+\boldsymbol{k}$，求证 $\boldsymbol{a}\times\boldsymbol{b}\parallel\boldsymbol{c}$.

证明 由于

$$\boldsymbol{a}\times\boldsymbol{b}=\begin{vmatrix}\boldsymbol{i} & \boldsymbol{j} & \boldsymbol{k}\\ 2 & -3 & -1\\ 1 & 0 & -1\end{vmatrix}=3\boldsymbol{i}+\boldsymbol{j}+3\boldsymbol{k}=(3,\ 1,\ 3)=3\boldsymbol{c},$$

所以 $\boldsymbol{a}\times\boldsymbol{b}\parallel\boldsymbol{c}$.

[例 6] 已知△ABC 的顶点为 $A(-1,\ 2,\ 3)$，$B(1,\ 1,\ 1)$ 和 $C(0,\ 0,\ 5)$，求∠A 及△ABC 的面积.

解 由于 $\overrightarrow{AB}=(2,\ -1,\ -2)$，$\overrightarrow{AC}=(1,\ -2,\ 2)$，从而 $|\overrightarrow{AB}|=3$，$|\overrightarrow{AC}|=3$，

$$\overrightarrow{AB}\times\overrightarrow{AC}=(2,\ -6,\ -3),\ |\overrightarrow{AB}\times\overrightarrow{AC}|=7,$$

所以

$$\sin A=\frac{|\overrightarrow{AB}\times\overrightarrow{AC}|}{|\overrightarrow{AB}|\times|\overrightarrow{AC}|}=\frac{7}{9},\ \angle A=\arcsin\frac{7}{9}.$$

$$S_{\triangle ABC}=\frac{1}{2}|\overrightarrow{AB}\times\overrightarrow{AC}|=\frac{7}{2}.$$

随堂练习

(1) 已知四边形的四个顶点 $A(1,\ -2,\ 2)$，$B(1,\ 4,\ 0)$，$C(-4,\ 1,\ 1)$，$D(-5,\ -5,\ 3)$. 证明对角线 AC 与 BD 互相垂直，并求该四边形的面积.

(2) 求证 $(\boldsymbol{a}-\boldsymbol{b})\times(\boldsymbol{a}+\boldsymbol{b})=2(\boldsymbol{a}\times\boldsymbol{b})$，并说明它的几何意义.

答案提示：

(1) 利用两向量垂直的条件 $\boldsymbol{a}\cdot\boldsymbol{b}=0$ 和以 $\boldsymbol{a}$，$\boldsymbol{b}$ 为邻边的平行四边形的面积公式：$S_{\square}=|\boldsymbol{a}\times\boldsymbol{b}|$. 平行四边形的面积为 $\dfrac{21}{2}\sqrt{10}$.

(2) $(\boldsymbol{a}-\boldsymbol{b})\times(\boldsymbol{a}+\boldsymbol{b})=\boldsymbol{a}\times\boldsymbol{a}-\boldsymbol{b}\times\boldsymbol{a}+\boldsymbol{a}\times\boldsymbol{b}-\boldsymbol{b}\times\boldsymbol{b}=2(\boldsymbol{a}\times\boldsymbol{b})$. 几何意义：值的大小为平行四边形面积的两倍，等于以它的对角线为邻边的平行四边形的面积.

习题 9.2

1. 已知两向量的模及夹角 $|\boldsymbol{a}|=3$，$|\boldsymbol{b}|=4$，$(\widehat{\boldsymbol{a},\boldsymbol{b}})=\dfrac{2}{3}\pi$，计算下列各题.

(1) $\boldsymbol{a}\times\boldsymbol{a}$；　(2) $(3\boldsymbol{a}-2\boldsymbol{b})\times(\boldsymbol{a}-2\boldsymbol{b})$；　(3) $|\boldsymbol{a}+\boldsymbol{b}|$；　(4) $|\boldsymbol{a}-\boldsymbol{b}|$.

2. 设 $\boldsymbol{a}=3\boldsymbol{i}-\boldsymbol{j}-2\boldsymbol{k}$，$\boldsymbol{b}=\boldsymbol{i}+2\boldsymbol{j}-\boldsymbol{k}$，求：

(1) $\boldsymbol{a}\times\boldsymbol{b}$ 及 $\boldsymbol{a}\cdot\boldsymbol{b}$；　(2) $(-2\boldsymbol{a})\cdot 3\boldsymbol{b}$ 及 $\boldsymbol{a}\times 2\boldsymbol{b}$；　(3) $\boldsymbol{a}$，$\boldsymbol{b}$ 夹角的余弦.

3. 已知$\triangle ABC$ 的顶点为 $A(-1, 2, 3)$，$B(1, 1, 1)$和 $C(0, 0, 5)$，求证：$\triangle ABC$ 为直角三角形，并求角 B.

4. 已知向量 $\boldsymbol{a}=2\boldsymbol{i}-\boldsymbol{j}+\boldsymbol{k}$，$\boldsymbol{b}=\boldsymbol{i}+2\boldsymbol{j}-\boldsymbol{k}$，求同时垂直于向量 $\boldsymbol{a}$ 和 $\boldsymbol{b}$ 的单位向量.

5. 设$\overrightarrow{OA}=3\boldsymbol{i}+4\boldsymbol{j}$，$\overrightarrow{OB}=-4\boldsymbol{i}+3\boldsymbol{j}$，以$\overrightarrow{OA}$，$\overrightarrow{OB}$为邻边作平行四边形 $OACB$.

(1) 证明此平行四边形的对角线互相垂直；

(2) 求此平行四边形的面积.

6. 设质量为 100 kg 的物体从点 $M_1(3, 1, 8)$沿直线移动到点 $M_2(1, 4, 2)$，计算重力所做的功(长度单位为 m，重力方向为 z 轴负方向).

任务 9.3　平面方程

任务内容

- 完成与平面方程相关联的任务工作页；
- 学习平面的点法式方程和一般方程的表示方法；
- 学习平面与平面位置关系的判别方法及点到平面的距离公式.

任务目标

- 掌握求平面方程的基本方法；
- 理解三元一次方程和平面方向及位置的关系；
- 掌握平面与平面位置关系的判定方法；
- 能够运用平面方程解决简单的几何、物理等问题.

任务工作页

了解任务内容并学习相关知识后，在教师指导下完成任务工作页内各项内容的填写.

1. 平面的法向量 $\boldsymbol{n}$ 与平面 P 的位置关系是________________.

2. 平面的法向量 $\boldsymbol{n}=(A, B, C)$，平面过点 $M_0(x_0, y_0, z_0)$，则平面的点法式方程为________________.

3. $Ax+By+Cz+D=0$ 所表示的几何图形是________，其中方程中的(A, B, C)是________________.

4. 空间直角坐标系中，xOy 平面的方程是________，yOz 平面的方程是________，zOx 平面的方程是________________.

5. 两平面平行的充分必要条件是________________，两平面垂直的充分必要条件是________________.

6. 方程 $Ax+By+Cz=0$ 表示一个通过________的平面，方程 $By+Cz+D=0$ 表示一个平行于________轴的平面，方程 $By+Cz=0$ 平行于________面的平面.

相关知识

一、平面的点法式方程

由立体几何可知,过空间一点可以作唯一一个平面垂直于已知直线,下面我们利用这个结论确定空间平面的方程.

垂直于平面的任何非零向量称为该平面的**法向量**,记作 $\boldsymbol{n}$.易知,平面上的任一向量均与该平面的法向量垂直.在空间直角坐标系中,若平面 Π 经过点 $M_0(x_0, y_0, z_0)$,法向量为 $\boldsymbol{n}=(A, B, C)$,则平面 Π 就由点 M_0 和法向量 $\boldsymbol{n}$ 完全确定了(图 9-14).

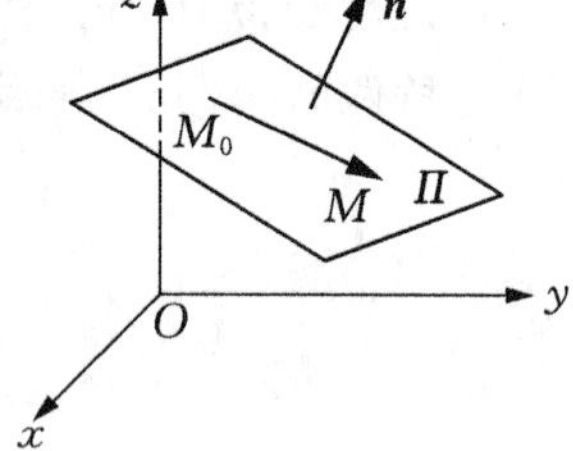

图 9-14

下面求平面 $\boldsymbol{\Pi}$ 的方程.

在平面 Π 上任取一点 $M(x, y, z)$,那么向量 $\overrightarrow{M_0M}$ 必与 $\boldsymbol{n}$ 垂直,所以 $\boldsymbol{n}\cdot\overrightarrow{M_0M}=0$.由于 $\boldsymbol{n}=(A, B, C)$,$\overrightarrow{M_0M}=(x-x_0, y-y_0, z-z_0)$,因此有

$$A(x-x_0)+B(y-y_0)+C(z-z_0)=0. \qquad (9.6)$$

平面 Π 上任一点坐标都满足方程(9.6),而不在平面 Π 上的点坐标都不满足该方程,所以方程(9.6)就是所求平面的方程.由于该方程是由平面上一个点和平面的法向量所确定的,因此称方程(9.6)为平面的**点法式方程**.

【注意】(1) 法向量必须是非零向量,即 A, B, C 不全为零;

(2) 法向量不唯一.若 $\boldsymbol{n}$ 为平面的法向量,则与 $\boldsymbol{n}$ 平行的任何非零向量均为其法向量.

[例 1] 已知两点 $M_1(1, -2, 3)$ 和 $M_2(3, 0, -1)$,求线段 M_1M_2 的垂直平分面的方程.

解 依题意,只须求出 M_1M_2 的中点坐标和平面的法向量即可.

设 $M_0(x_0, y_0, z_0)$ 为线段 M_1M_2 的中点,则 $\overrightarrow{M_1M_0}=\overrightarrow{M_0M_2}$,而

$$\overrightarrow{M_1M_0}=(x_0-1, y_0+2, z_0-3), \overrightarrow{M_0M_2}=(3-x_0, 0-y_0, -1-z_0),$$

因此可得 $M_0(2, -1, 1)$.又因向量 $\overrightarrow{M_1M_2}=(2, 2, -4)=2(1, 1, -2)$ 且垂直于平分面,所以取 $\boldsymbol{n}=\{1, 1, -2\}$ 为平分面的法向量,根据平面的点法式方程(9.6),得所求垂直平分面的方程为

$$(x-2)+(y+1)-2(z-1)=0,$$

即

$$x+y-2z+1=0.$$

[例 2] 求过空间三点 $M_1(2, -1, 4)$, $M_2(-1, 3, -2)$ 和 $M_3(0, 2, 3)$ 的平面方程.

解 依题意,可取法向量 $\boldsymbol{n}=\overrightarrow{M_1M_2}\times\overrightarrow{M_1M_3}$,又

$$\overrightarrow{M_1M_2}=(-3, 4, -6), \overrightarrow{M_1M_3}=(-2, 3, -1),$$

所以

$$\boldsymbol{n}=\overrightarrow{M_1M_2}\times\overrightarrow{M_1M_3}=\begin{vmatrix} \boldsymbol{i} & \boldsymbol{j} & \boldsymbol{k} \\ -3 & 4 & -6 \\ -2 & 3 & -1 \end{vmatrix}=14\boldsymbol{i}+9\boldsymbol{j}-\boldsymbol{k}.$$

根据平面的点法式方程(9.6),得所求平面的方程为 $14(x-2)+9(y+1)-(z-4)=0$,

即

$$14x+9y-z-15=0.$$

随堂练习

(1) 一平面通过两点 $M_1(1,1,1)$，$M_2(0,1,-1)$且垂直于平面 $x+y+z=0$,求该平面方程.

(2) 一平面经过点(1，1，1)且同时垂直于两个平面 $x-y+z=7$ 和 $3x+2y-12z+5=0$,求此平面方程.

答案提示:(1) 对照式(9.6)可知平面 $x+y+z=0$ 的法向量 $\boldsymbol{n}_1=(1,1,1)$,取 $\boldsymbol{n}_2=\overrightarrow{M_1M_2}$,则所求平面法向量为 $\boldsymbol{n}=\boldsymbol{n}_1\times\overrightarrow{M_1M_2}$,由 M_1 和 $\boldsymbol{n}$ 确定的所求平面方程为

$$2(x-1)-(y-1)-(z-1)=0 \text{ 或 } 2x-y-z=0.$$

(2) 两个已知平面的法向量的向量积是所求平面的法向量,由点向式写出所求平面方程为

$$2x+3y+z-6=0.$$

二、平面的一般式方程

化简平面的点法式方程,得

$$Ax+By+Cz+D=0, \tag{9.7}$$

其中 $D=-Ax_0-By_0-Cz_0$.可见任意一个平面都可以用一个三元一次方程表示.

反之,任意一个三元一次方程 $Ax+By+Cz+D=0$，$(A^2+B^2+C^2\neq0)$均表示一个平面,且平面的法向量为 $\boldsymbol{n}=(A,B,C)$.今后称方程(9.7)为**平面的一般式方程**.

[例 3]　求与平面 $2x+3y-z+6=0$ 平行且过点$(3,1,-1)$的平面方程.

解　由题意知平面 $2x+3y-z+6=0$ 的法向量 $\boldsymbol{n}=(2,3,-1)$可作为所求平面的法向量.由点法式得所求平面方程为

$$2(x-3)+3(y-1)-(z+1)=0,$$

即

$$2x+3y-z-10=0.$$

[例 4]　已知平面 Π 在三个坐标轴上的截距分别为 a，b，c(如图 9-15),其中 $abc\neq0$),求平面 Π 的方程.

解　设平面 Π 的方程为

$$Ax+By+Cz+D=0.$$

因为 a，b，c 分别表示平面 Π 在 x 轴，y 轴，z 轴上的截距,所以平面通过三点$(a,0,0)$，$(0,b,0)$，$(0,0,c)$,即有

$$\begin{cases}Aa+D=0,\\Bb+D=0,\\Cc+D=0.\end{cases}\text{由此得}\begin{cases}A=-\dfrac{D}{a},\\B=-\dfrac{D}{b},\\C=-\dfrac{D}{c}.\end{cases}$$

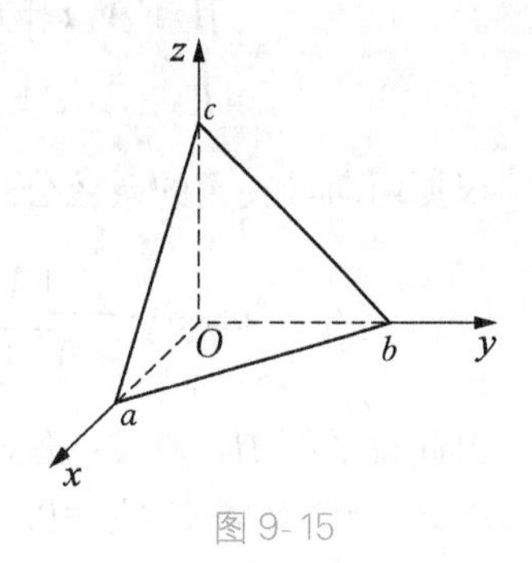

图 9-15

将 A, B, C 代入平面 Π 的方程，并消去 D，便得平面 Π 的方程为

$$\frac{x}{a}+\frac{y}{b}+\frac{z}{c}=1. \tag{9.8}$$

方程(9.8)叫做**平面的截距式方程**，a, b, c 分别表示平面 Π 在 x 轴，y 轴，z 轴上的截距.

下面讨论平面一般方程(9.7)中系数 A, B, C 和常数 D 有某些为零时，平面位置特点.

(1) 当 $D=0$ 时，方程 $Ax+By+Cz=0$ 表示一个通过原点的平面.

(2) 当 $A=0$ 时，方程变为 $By+Cz+D=0$，平面的法向量 $\boldsymbol{n}=\{0, B, C\}$ 垂直于 x 轴，所以方程表示一个平行于 x 轴的平面. 同理可知，方程 $Ax+Cz+D=0$ 和方程 $Ax+By+D=0$ 分别表示平行于 y 轴和 z 轴的平面.

(3) 当 $A=D=0$ 时，方程 $By+Cz=0$ 表示通过 x 轴的平面. 同理 $Ax+Cz=0$ 和 $Ax+By=0$ 分别表示通过 y 轴和 z 轴的平面.

(4) 当 $A=B=0$ 时，方程 $Cz+D=0$. 因为此平面的法向量 $\boldsymbol{n}=\{0, 0, C\}$ 垂直于 xOy 面，所以平面 $Cz+D=0$ 平行于 xOy 面. 同理可知 $Ax+D=0$ 和 $By+D=0$ 分别表示平行于 yOz 面和 zOx 面的平面.

(5) 当 $A=B=D=0$ 时，方程 $z=0$ 表示 xOy 面. 同理，$x=0$ 和 $y=0$ 分别表示 yOz 面和 zOx 面.

[例 5] 一平面经过 z 轴及点 $M_0(4, 5, 1)$，求此平面方程.

解 因所求平面经过 z 轴，故可设其方程为 $Ax+By=0$，将点 M_0 的坐标代入，得

$$4A+5B=0, \text{即 } A=-\frac{5}{4}B,$$

代入所设平面方程得

$$-\frac{5}{4}Bx+By=0,$$

消去 B，即得所求平面的方程为

$$5x-4y=0.$$

定义 9-3 **(两相交平面的夹角)** 当两平面相交时，将它们法向量的夹角称为两平面的夹角.

【注意】当两平面法向量夹角为钝角时，通常取其补角作为两平面夹角.

设平面 Π_1 和 Π_2 (如图 9-16)的方程分别为

$$\Pi_1: A_1x+B_1y+C_1z+D_1=0, \text{法向量 } \boldsymbol{n}_1=(A_1, B_1, C_1),$$

$$\Pi_2: A_2x+B_2y+C_2z+D_2=0, \text{法向量 } \boldsymbol{n}_2=(A_2, B_2, C_2).$$

根据两向量夹角的余弦公式，平面 Π_1 和 Π_2 夹角 θ 的余弦为

$$\cos\theta=\frac{|A_1A_2+B_1B_2+C_1C_2|}{\sqrt{A_1^2+B_1^2+C_1^2}\sqrt{A_2^2+B_2^2+C_2^2}}. \tag{9.9}$$

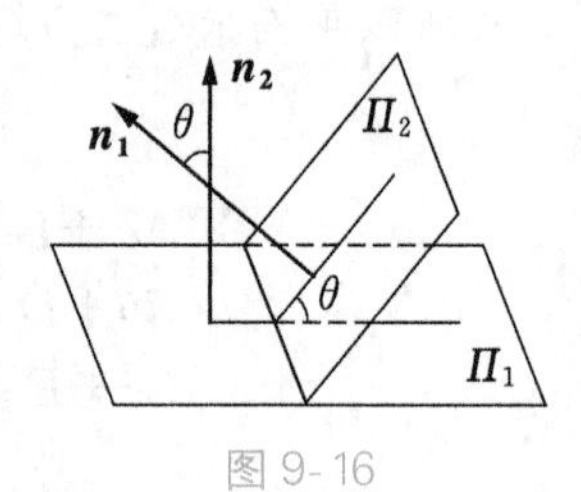

图 9-16

由此得平面 Π_1 和 Π_2 垂直的充分必要条件是 $\boldsymbol{n}_1\times\boldsymbol{n}_2=0$，即 $A_1A_2+B_1B_2+C_1C_2=0$.

平面 Π_1 和 Π_2 平行的充分必要条件是 $\boldsymbol{n}_1\times\boldsymbol{n}_2=\boldsymbol{0}$，即 $\dfrac{A_1}{A_2}=\dfrac{B_1}{B_2}=\dfrac{C_1}{C_2}$.

［例 6］　求两平面 $x-2y+2z-1=0$ 和 $-x+y+5=0$ 的夹角 θ.

解　两平面的法向量分别为 $\boldsymbol{n}_1=(1,\ -2,\ 2)$，$\boldsymbol{n}_2=(-1,\ 1,\ 0)$，由平面夹角余弦公式(9.9)得

$$\cos\theta=\frac{|1\times(-1)+(-2)\times1+2\times0|}{\sqrt{1^2+(-2)^2+2^2}\sqrt{(-1)^2+1^2+0^2}}=\frac{\sqrt{2}}{2}.$$

因此两平面的夹角 θ 为 $\dfrac{\pi}{4}$.

三、点到平面的距离

设平面 Π：$Ax+By+Cz+D=0$，$M_0(x_0,\ y_0,\ z_0)$ 为平面外一点，则 M_0 到平面 Π 的距离 d 为

$$d=\frac{|Ax_0+By_0+Cz_0+D|}{\sqrt{A^2+B^2+C^2}}. \tag{9.10}$$

［例 7］　在 x 轴上求一点，使其与两平面 $2x-y+z-7=0$ 及 $x+y+2z-11=0$ 等距离.

解　设所求点为 $(x,\ 0,\ 0)$，依题意得

$$\frac{|2x+(-1)\times0+1\times0-7|}{\sqrt{2^2+(-1)^2+1^2}}=\frac{|x+1\times0+2\times0-11|}{\sqrt{1^2+1^2+2^2}},$$

$$|2x-7|=|x-11| \text{ 或 } 2x-7=\pm(x-11),$$

解得 $x=6$ 或 $x=-4$，因此所求点为 $(6,\ 0,\ 0)$ 或 $(-4,\ 0,\ 0)$.

随堂练习

计算平面 $x-y+2z-6=0$ 与平面 $2x+y+z-5=0$ 的夹角，并判别坐标原点到哪个平面距离更近.

答案与提示：利用两平面夹角公式和点到平面距离公式，$\cos\theta=\dfrac{|\boldsymbol{n}_1\cdot\boldsymbol{n}_2|}{|\boldsymbol{n}_1||\boldsymbol{n}_2|}|=\dfrac{1}{2}$，$\theta=\dfrac{\pi}{3}$，$d_1=\sqrt{6}$，$d_2=\dfrac{5}{\sqrt{6}}$，$d_1>d_2$，平面 $2x+y+z-5=0$ 与原点距离更近.

习题 9.3

1. 已知点 $A\left(1,\ -1,\ -\dfrac{1}{2}\right)$，$B\left(-1,\ 0,\ \dfrac{5}{2}\right)$，求过点 A 且垂直于 AB 的平面方程.
2. 求过点 $(3,\ 0,\ -5)$ 且平行于 xOy 面的平面方程.
3. 确定下列方程中的 l 和 m 的值.
   (1) 平面 $2x+ly+3z-5=0$ 和平面 $mx-6y-z+2=0$ 平行；
   (2) 平面 $3x-5y+lz-3=0$ 和平面 $x+3y+2z+5=0$ 垂直.
4. 指出下列各平面的特殊位置.
   (1) $x=2$；　　(2) $2x-3y-6=0$；　　(3) $4y+7z=0$.

5. 求下列平面在各坐标轴上的截距.

(1) $2x-3y-z+12=0$; (2) $5x+y-3z-15=0$; (3) $x-y+z-1=0$.

6. 设一平面过点(5, −7, 4)且在各坐标轴上的截距相等,求此平面方程.

7. 一平面经过点(4, −2, −1)且通过 y 轴,求此平面方程.

8. 求过点(2, 3, 0), (−2, −3, 4), (0, 6, 0)的平面方程.

9. 一平面过点 $M_1(1, 1, 1)$ 和 $M_2(0, 1, -1)$,同时垂直于平面 $x+y+z=0$,求该平面方程.

10. 求两平行平面 $3x+6y-2z-7=0$ 与 $3x+6y-2z+14=0$ 之间的距离.

任务 9.4 空间直线方程

任务内容

- 完成与空间直线方程有关的任务工作页;
- 学习直线的点向式方程,一般方程、参数方程以及各种方程之间的转化方法;
- 学习直线与直线之间的夹角,平面与直线的夹角及应用.

任务目标

- 掌握直线方程的各种表示方法;
- 掌握计算两条直线夹角的计算公式;
- 掌握平面与直线位置关系的判定方法;
- 能够运用直线方程解决一些实际应用问题.

任务工作页

了解任务内容并学习相关知识后,在教师指导下完成任务工作页内各项内容的填写.

1. 设直线 L 的方向向量 $\boldsymbol{s}=(m, n, p)$,且过点 $M_0(x_0, y_0, z_0)$,写出该平面的点向式方程为________________.

2. 如果给出直线 L 的一般方程 $\begin{cases}A_1x+B_1y+C_1z+D_1=0,\\A_2x+B_2y+C_2z+D_2=0,\end{cases}$ 直线 L 的方向向量可以表达成________________,已知直线 L 的参数方程 $\begin{cases}x=x_0+mt,\\y=y_0+nt,\\z=z_0+pt,\end{cases}$ (t 为参数)那么直线 L 的方向向量是________________.

3. 方程 $\begin{cases}y=0,\\z=0\end{cases}$ 表示直线________,方程 $\begin{cases}x=0,\\z=0\end{cases}$ 表示直线________,方程 $\begin{cases}x=0,\\y=0\end{cases}$ 表示直线________.

4. 两直线的方向向量分别为 $\boldsymbol{s}_1$，$\boldsymbol{s}_2$，若两直线平行，则向量 $\boldsymbol{s}_1$________ $\boldsymbol{s}_2$，且 $\boldsymbol{s}_1\times\boldsymbol{s}_2=$________；若两直线垂直，则向量 $\boldsymbol{s}_1$________ $\boldsymbol{s}_2$，且 $\boldsymbol{s}_1\times\boldsymbol{s}_2=$________.

5. 直线 L 的方向向量为 $\boldsymbol{s}$，平面 Π 的法向量为 $\boldsymbol{n}$，若直线 L 与平面 Π 垂直，则 $\boldsymbol{s}_1$________ $\boldsymbol{n}$；若直线 L 平行平面 Π，则 $\boldsymbol{s}_1$________ $\boldsymbol{n}$.

相关知识

一、直线的点向式方程

由立体几何可知，过空间一点可以唯一地做出一条直线与已知直线平行．下面根据这个结论来建立空间直线的方程．

称平行于一条直线的任意非零向量为该直线的**方向向量**，记作 $\boldsymbol{s}$．显然直线的方向向量并不唯一，平行于直线的任一非零向量或直线上的任一非零向量都是该直线的方向向量．

当直线 L 上一点 $M_0(x_0, y_0, z_0)$ 和它的一个方向向量 $\boldsymbol{s}=(m, n, p)$ 已知时，直线 L 就完全确定了．据此来推导直线 L 的方程．

设点 $M(x, y, z)$ 为直线 L 上的任一点，则

$$\overrightarrow{M_0M}=(x-x_0, y-y_0, z-z_0).$$

由于向量 $\overrightarrow{M_0M}$ 与 L 的方向向量 $\boldsymbol{s}$ 平行（图 9-17），从而有

$$\frac{x-x_0}{m}=\frac{y-y_0}{n}=\frac{z-z_0}{p}. \tag{9.11}$$

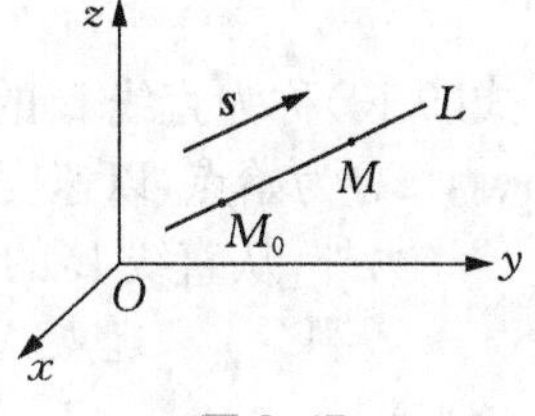

图 9-17

显然，直线 L 上任一点的坐标都满足方程(9.11)．直线 L 外的点其坐标都不满足方程(9.11)，故式(9.11)是直线 L 的方程．由于该方程是由直线上一个点的坐标和直线的方向向量所确定的，因此称为直线的**点向式方程**，也称为对称式方程或标准方程，其中 m, n, p 被称作**直线的方向数**．

【注意】(1) 由于直线上点的坐标选取不唯一，因此直线方程也不唯一．

(2) 直线的标准方程中，由于方向向量 $\boldsymbol{s}=(m, n, p)\neq 0$，所以方向数 m, n, p 不全为零，但其中可以有一个或两个为零．此时约定：当分母为零时，分子必为零．

(3) 当 m, n, p 中有一个为零，例如 $m=0$ 时，式(9.11)应理解为

$$\begin{cases} x-x_0=0, \\ \dfrac{y-y_0}{n}=\dfrac{z-z_0}{p}; \end{cases}$$

当 m, n, p 中有两个为零，例如 $m=n=0$ 时，式(9.11)应理解为

$$\begin{cases} x-x_0=0, \\ y-y_0=0. \end{cases}$$

说明一点，(3)中的方程组构成了空间直线的一般方程（见下文）．

[例 1]　求经过两点 $M_1(x_1, y_1, z_1)$，$M_2(x_2, y_2, z_2)$ 的直线方程．

解　依题意，可取向量 $\overrightarrow{M_1M_2}$ 为直线的方向向量，即

$$s=\overrightarrow{M_1M_2}=(x_2-x_1,\ y_2-y_1,\ z_2-z_1).$$

选直线上一点 M_1，由直线的点向式方程(9.11)得

$$\frac{x-x_1}{x_2-x_1}=\frac{y-y_1}{y_2-y_1}=\frac{z-z_1}{z_2-z_1}. \tag{9.12}$$

式(9.12)称为**直线的两点式方程**.

二、直线的参数方程

在直线的点向式方程中，若引入一变量 t(称为参数)，即令

$$\frac{x-x_0}{m}=\frac{y-y_0}{n}=\frac{z-z_0}{p}=t,$$

则得

$$\begin{cases}x=x_0+mt,\\ y=y_0+nt,\quad (t\ 为参数)\\ z=z_0+pt.\end{cases} \tag{9.13}$$

式(9.13)称为**直线 L 的参数方程**.若参数 t 表示时间，则式(9.13)可视为一质点以 $M_0(x_0,\ y_0,\ z_0)$为始点，以速度 $v=(m,\ n,\ p)$作直线运动的**运动方程**.

另外，从直线 L 的参数方程中消去参数 t，可得直线 L 的点向式方程.

[例2] 过点 $A(2,\ -1,\ 3)$作平面 $x-2y-2z+11=0$ 的垂线，求垂线方程及垂足的坐标.

解 取平面的法向量 $\boldsymbol{n}=(1,\ -2,\ -2)$作为垂线的方向向量 $\boldsymbol{s}$，得垂线方程为

$$\frac{x-2}{1}=\frac{y+1}{-2}=\frac{z-3}{-2},$$

化为参数方程 $\qquad x=2+t,\ y=-1-2t,\ z=3-2t.$

代入平面方程，得 $t=-1$，再代入参数方程中，得垂足坐标为(1,1,5).

三、空间直线的一般方程

空间直线可以看作过该直线的两个不重合的平面的交线.设相交两平面方程为

$$A_1x+B_1y+C_1z+D_1=0\ 和\ A_2x+B_2y+C_2z+D_2=0,$$

其中系数 $A_1,\ B_1,\ C_1$ 与 $A_2,\ B_2,\ C_2$ 对应不成比例.

如果 L 是这两平面的交线，则 L 上任一点 $P(x,\ y,\ z)$必同时在这两平面上，如图 9-18 所示，因而平面上任一点 P 的坐标都满足方程组

$$\begin{cases}A_1x+B_1y+C_1z+D_1=0,\\ A_2x+B_2y+C_2z+D_2=0.\end{cases} \tag{9.14}$$

反之，不在直线 L 上的点，不可能同时位于两个平面上，即不能满足方程组(9.14).故方程组(9.14)就表示两个平面的交线 L，称为**直线 L 的一般方程**.

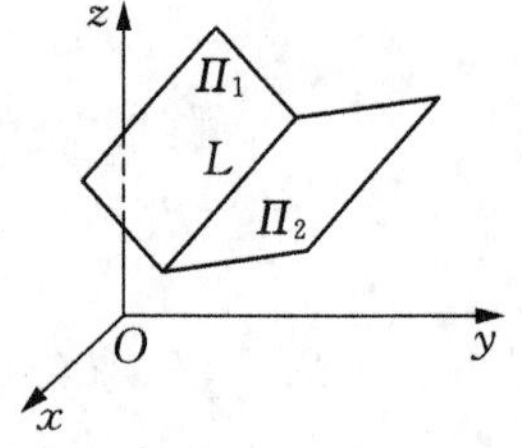

图 9-18

【注意】由于过直线的平面有无穷多个，可以任取两个联立得

直线的一般方程.因此直线的一般方程形式不唯一.

由直线的一般方程不易看出直线的方向向量和直线上点的坐标,所以常需要将直线的一般方程转化为点向式方程或参数方程.**转化的方法是**:首先由式(9.14)求出直线上的一个点 $M_0(x_0, y_0, z_0)$,再求出直线的一个方向向量 $\boldsymbol{s}=(m, n, p)$,代入式(9.11)或式(9.13),就得到直线的点向式方程或参数方程.由于 $\boldsymbol{s}$ 平行于式(9.14)中两平面的交线,所以方向向量 $\boldsymbol{s}$ 同时垂直于两平面的法向量 $\boldsymbol{n}_1=(A_1, B_1, C_1)$和 $n_2=(A_2, B_2, C_2)$,因此可取 $\boldsymbol{s}=\boldsymbol{n}_1\times\boldsymbol{n}_2$.

直线的点向式方程转化为直线的一般式方程的方法是:将点向式方程(9.11)的两个等号所连接的式子写成两个平面方程的联立方程组即可,即

$$\begin{cases}\dfrac{x-x_0}{m}=\dfrac{y-y_0}{n},\\ \dfrac{y-y_0}{n}=\dfrac{z-z_0}{p}.\end{cases}$$

化简整理得直线的一般式方程为$\begin{cases}nx-my-nx_0+my_0=0,\\ py-nz-py_0+nz_0=0\end{cases}$.

[例3]　将直线的一般方程$\begin{cases}2x-3y+z-5=0,\\ 3x+y-z-1=0\end{cases}$化为点向式方程及参数方程.

解　首先,求此直线上一个确定点的坐标.为此可设 $x=0$,代入原方程组,得

$$\begin{cases}-3y+z=5,\\ y-z=1,\end{cases}\text{解得 } y=-3,\ z=-4.$$

于是得该直线上的一个定点(0, −3, −4).根据式(9.14)得直线的方向向量为

$$s=n_1\times n_2=(2, -3, 1)\times(3, 1, -1)=(2, 5, 11).$$

因此,直线的点向式方程为

$$\frac{x}{2}=\frac{y+3}{5}=\frac{z+4}{11}.$$

令上式等于 t,得直线的参数方程为

$$\begin{cases}x=2t,\\ y=-3+5t,\\ z=-4+11t\end{cases}\quad(t\text{ 为参数}).$$

随堂练习

求通过点 $M_0(3, 2, -1)$且与平面 Π_1: $x-4z-3=0$ 及 Π_2: $2x-y-5z-1=0$ 平行的直线 L 的方程.

答案提示:记平面 Π_1 和平面 Π_2 的法向量分别为 $\boldsymbol{n}_1$ 和 $\boldsymbol{n}_2$,直线的方向向量为 $\boldsymbol{s}$,易知 $\boldsymbol{s}=\boldsymbol{n}_1\times\boldsymbol{n}_2$.求得直线 L 的方程为$\dfrac{x-3}{4}=\dfrac{y-2}{3}=\dfrac{z+1}{1}$.

四、两直线的夹角

两直线方向向量的夹角称为**两直线的夹角**(通常取锐角).设有两直

$$L_1: \frac{x-x_1}{m_1}=\frac{y-y_1}{n_1}=\frac{z-z_1}{p_1}, \ \boldsymbol{s}_1=(m_1, n_1, p_1);$$

$$L_2: \frac{x-x_2}{m_2}=\frac{y-y_2}{n_2}=\frac{z-z_2}{p_2}, \ \boldsymbol{s}_2=(m_2, n_2, p_2),$$

则直线 L_1 和 L_2 夹角的余弦为

$$\cos\theta=\frac{|\boldsymbol{s}_1\cdot\boldsymbol{s}_2|}{|\boldsymbol{s}_1||\boldsymbol{s}_2|}=\frac{|m_1m_2+n_1n_2+p_1p_2|}{\sqrt{m_1^2+n_1^2+p_1^2}\sqrt{m_2^2+n_2^2+p_2^2}}.$$

由此得两直线垂直的充分必要条件是 $m_1m_2+n_1n_2+p_1p_2=0$;两直线平行的充分必要条件是 $\frac{m_1}{m_2}=\frac{n_1}{n_2}=\frac{p_1}{p_2}$.

[例 4] 已知两直线

$$L_1: \frac{x-1}{1}=\frac{y}{-4}=\frac{z+3}{1}, L_2: \frac{x}{2}=\frac{y+2}{-2}=\frac{z}{-1}.$$

求:(1) 直线 L_1 和 L_2 的夹角 θ;(2) 过点 $(2, 0, -1)$ 且垂直于 L_1 与 L_2 的直线方程.

解 (1) 直线 L_1 与 L_2 的方向向量分别为 $s_1=(1, -4, 1)$,$s_2=(2, -2, -1)$,则由直线夹角的余弦公式得

$$\cos\theta=\frac{|1\times2+(-4)\times(-2)+1\times(-1)|}{\sqrt{1^2+(-4)^2+1^2}\sqrt{2^2+(-2)^2+(-1)^2}}=\frac{\sqrt{2}}{2},$$

从而 $\theta=\frac{\pi}{4}$.

(2) 设所求直线的方向向量为 $\boldsymbol{s}=(m, n, p)$,由于所求直线与直线 L_1, L_2 分别垂直,从而 $\boldsymbol{s}\perp\boldsymbol{s}_1$, $\boldsymbol{s}\perp\boldsymbol{s}_2$,故取

$$\boldsymbol{s}=\boldsymbol{s}_1\times s_2, \ (1, -4, 1)\times(2, -2, -1)=(6, 3, 6).$$

又因为所求直线过点 $(2, 0, -1)$,所以直线的点向式方程为

$$\frac{x-2}{6}=\frac{y}{3}=\frac{z+1}{6}, \text{即} \frac{x-2}{2}=\frac{y}{1}=\frac{z+1}{2}.$$

五、直线与平面的夹角

直线 L 与平面 Π 的夹角 θ 定义:直线 L 与它在平面 Π 上的投影 L' 所交的锐角(投影 L' 是指平面 Π 与过直线 L 且垂直于平面 Π 的平面 Π' 的交线)(图 9-19).

特别地,规定当 $L/\!/\Pi$ 时,$\theta=0$;当 $L/\!/\Pi$ 时,$\theta=\frac{\pi}{2}$.

设直线 L 和平面 Π 的方程为

$$L: \frac{x-x_0}{m}=\frac{y-y_0}{n}=\frac{z-z_0}{p}, \ \boldsymbol{s}=(m, n, p),$$

$$\Pi: Ax+By+Cz+D=0, \ \boldsymbol{n}=(A, B, C).$$

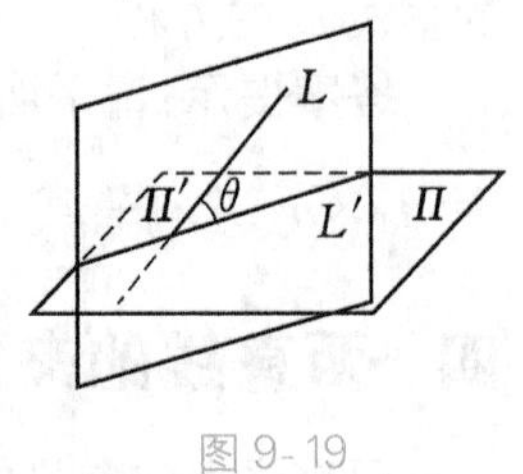

图 9-19

$\boldsymbol{s}$ 与 $\boldsymbol{n}$ 之间的夹角为 φ，则直线 L 与平面 Π 的夹角 $\theta=\frac{\pi}{2}-\varphi$，所以

$$\sin\theta=|\cos\varphi|=\frac{|\boldsymbol{s}\cdot\boldsymbol{n}|}{|\boldsymbol{s}||\boldsymbol{n}|}=\frac{|Am+Bn+Cp|}{\sqrt{m^2+n^2+p^2}\sqrt{A^2+B^2+C^2}}. \tag{9.15}$$

因为直线与平面平行，相当于直线的方向向量与平面的法向量垂直.所以直线 L 与平面 Π 平行的充分必要条件为 $\boldsymbol{s}/\!/\boldsymbol{n}$，即 $Am+Bn+Cp=0$.同理可得，直线 L 与平面 Π 垂直的充分必要条件为 $\boldsymbol{s}/\!/\boldsymbol{n}$，即 $\frac{A}{m}=\frac{B}{n}=\frac{C}{p}$.

［例5］　求过点(1, 2, 3)且平行于向量 $a=(1, -4, 1)$ 的直线与平面 $x+y+z=1$ 的交点以及直线与平面的夹角 θ.

解　依题意知，直线方程为

$$\frac{x-1}{1}=\frac{y-2}{-4}=\frac{z-3}{1}.$$

将其化成参数方程，得 $x=1+t,\ y=2-4t,\ z=3+t$（t 为参数），代入平面方程，解得 $t=\frac{5}{2}$.再把它代入直线的参数方程中，得

$$x=\frac{7}{2},\ y=-8,\ z=\frac{11}{2}.$$

所以直线与平面的交点坐标为 $\left(\frac{7}{2},\ -8,\ \frac{11}{2}\right)$.

又由直线与平面的夹角公式得

$$\sin\theta=\frac{|1\times1+1\times(-4)+1\times1|}{\sqrt{1^2+1^2+1^2}\sqrt{1^2+(-4)^2+1^2}}=\frac{\sqrt{6}}{9},$$

从而

$$\theta=\arcsin\frac{\sqrt{6}}{9}.$$

［例6］　讨论平面 Π：$2x+3y+2z=8$ 与直线 L：$\frac{x}{1}=\frac{y-2}{-2}=\frac{z-1}{2}$ 的位置关系.

解　直线的方向向量与平面的法向量分别为

$$\boldsymbol{s}=(1,\ -2,\ 2),\ \boldsymbol{n}=(2,\ 3,\ 2).$$

直线 L 与平面 Π 的夹角正弦为

$$\sin\theta=\frac{|\boldsymbol{s}\cdot\boldsymbol{n}|}{|\boldsymbol{s}||\boldsymbol{n}|}=\frac{|1\times2-2\times3+2\times2|}{\sqrt{1^2+(-2)^2+2^2}\sqrt{2^2+3^2+2^2}}=0.$$

所以 $\varphi=0$.容易验证，直线 L 上的点(0, 2, 1)满足平面方程，所以直线 L 在平面 Π 内.

随堂练习

求点 $P(1, 1, 4)$ 到直线 L：$\frac{x-2}{1}=\frac{y-3}{1}=\frac{z-4}{2}$ 的距离 d.

答案与提示：显然 L 过点 $M(2,3,4)$.过点 P 且垂直于直线 L 平面 Π 方程为 $x+y+2z-10=0$.向量 $\overrightarrow{PM}=(1,2,0)$ 与平面 Π 夹角 θ 的 $\sin\theta=\dfrac{3}{\sqrt{30}}$，又 $|\overrightarrow{PM}|=\sqrt{5}$，所以 $d=\sqrt{5}\sqrt{1-\sin^2\theta}=\dfrac{\sqrt{14}}{2}$.也可以采用参数方程求出垂足，再用两点间距离公式求 d.

习题 9.4

1. 求过点 $(4,-1,3)$ 且平行于直线 $\dfrac{x-3}{2}=y=\dfrac{z-1}{5}$ 的直线方程.
2. 求满足下列条件的直线方程.
   (1) 经过点 $A(1,2,1)$ 和 $B(1,2,3)$；
   (2) 经过点 $A(0,-3,2)$ 且与两点 $B(3,4,-7)$ 和 $C(2,7,-6)$ 的连线平行.
3. 求直线 $\begin{cases}x-y+z=1,\\2x+y+z=4\end{cases}$ 的点向式方程和参数方程.
4. 试确定下列各题中直线与平面间的位置关系.
   (1) $\dfrac{x+3}{-2}=\dfrac{y+4}{-7}=\dfrac{z}{3}$ 和 $4x-2y-2z=3$；
   (2) $\dfrac{x}{3}=\dfrac{y}{-2}=\dfrac{z}{7}$ 和 $3x-2y+7z=8$；
   (3) $\dfrac{x-2}{3}=\dfrac{y+2}{1}=\dfrac{z-3}{-4}$ 和 $x+y+z=3$.
5. 求直线 $\begin{cases}x+2y+z-1=0,\\x-2y+z+1=0\end{cases}$ 和直线 $\begin{cases}x-y-z-1=0,\\x-y+2z+1=0\end{cases}$ 的夹角 θ.
6. 求直线 $\begin{cases}x+2y+3z=0,\\x-y-z=0\end{cases}$ 和平面 $x-y-z+1=0$ 的夹角 θ.
7. 求过点 $(2,1,1)$ 且与直线 $\begin{cases}x+2y-z+1=0,\\2x+y-z=0\end{cases}$ 垂直的平面方程.

任务 9.5 曲线与曲面

任务内容

- 完成曲线与曲面相关联的任务工作页；
- 学习曲面方程的一般表示方法；
- 学习柱面方程、旋转曲面方程的代数表达式及结构特征；
- 学习如何用截痕法研究二次曲面.

任务目标

- 掌握圆柱面、抛物柱面等方程的结构特征；

- 掌握旋转曲面方程与它的几何图形；
- 学会用截痕法认识方程所对应的空间几何图形.

任务工作页

了解任务内容并学习相关知识后，在教师指导下完成任务工作页内各项内容的填写.

1. 球心在坐标原点，半径为 R 的球面方程是____________________.
2. 方程 $x^2+y^2=1$ 表示的空间几何图形是____________________.
3. 方程 $z^2=x^2+y^2$ 表示的几何图形是________，$z=x^2+y^2$ 表示的几何图形是________.
4. 方程组 $\begin{cases}F(x, y, z)=0,\\G(x, y, z)=0\end{cases}$ 表示空间________(曲线、曲面)方程.

相关知识

一、曲面及其方程

前面我们讨论了空间平面和直线的方程问题，而在现实生活中，我们经常会遇到各种曲面，如中国天眼、雷达天线、油品储存罐、建筑物的屋顶、弧形反光板等曲面.要设计和制造这些曲面，首先要了解这些曲面的性质和方程.这一节我们将讨论空间曲面和曲线的方程，并介绍几种常见的曲面.

在平面解析几何中，我们把曲线看成平面中按照一定规律运动的点的轨迹.同样地，在空间解析几何中，我们把曲面看成空间中按照一定规律运动的点的轨迹.空间动点 $M(x, y, z)$所满足的条件通常可用关于 x, y, z 的方程 $F(x, y, z)=0$ 来表示，这个方程就是曲面方程.

如果曲面 S 和方程 $F(x, y, z)=0$ 之间有下述关系：

(1) 曲面 S 上任一点的坐标都满足方程；

(2) 不在曲面 S 上的点的坐标都不满足方程，

则称方程 $F(x, y, z)=0$ 为曲面 S 的方程，而称曲面 S 为该方程的图形(图 9-20).

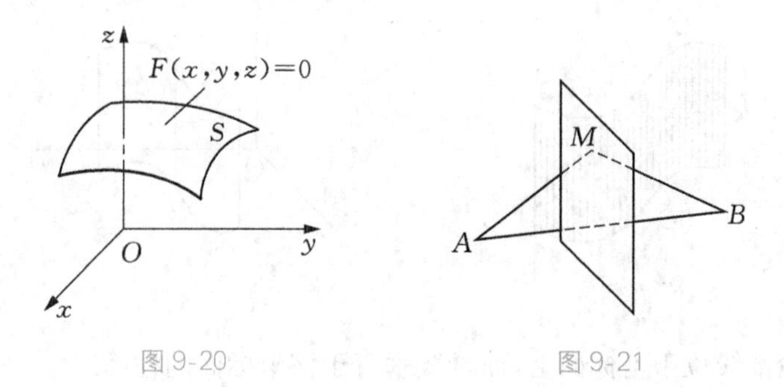

图 9-20　　图 9-21

[例 1]　一动点 M 与两点 $A(1, 2, 3)$和 $B(2, -1, 4)$等距离，如图 9-21 所示，求动点轨迹方程.

解　设动点 M 的坐标为(x, y, z)，则有$|MA|=|MB|$，即

$$\sqrt{(x-1)^2+(y-2)^2+(z-3)^2}=\sqrt{(x-2)^2+(y+1)^2+(z-4)^2}.$$

两边平方,化简得

$$2x-6y+2z-7=0,$$

即为所求动点 M 的轨迹方程,显然是线段 AB 的垂直平分面.

二、常见的曲面及其方程

1. 球面及球面方程

空间中到定点的距离等于定常数的点的轨迹叫**球面**,定点叫**球心**,定常数叫**球半径**.

[例 2] 求以点 $M_0(x_0, y_0, z_0)$ 为球心,以 R 为半径的球面方程.

解 设 $M(x, y, z)$ 是球面上的任一点,则有 $|M_0M|=R$,即

$$\sqrt{(x-x_0)^2+(y-y_0)^2+(z-z_0)^2}=R.$$

两边平方,得

$$(x-x_0)^2+(y-y_0)^2+(z-z_0)^2=R^2, \tag{9.16}$$

即为**球面方程**.特别地,圆心位于原点,半径为 R 的球面方程为 $x^2+y^2+z^2=R^2$.

[例 3] 方程 $x^2+y^2+z^2+6x-8y=0$ 表示怎样的曲面?

解 经配方,得

$$(x+3)^2+(y-4)^2+z^2=25,$$

可见该方程表示一个球心在点$(-3, 4, 0)$,半径为 5 的球面.

一般地,三元二次方程 $x^2+y^2+z^2+Ax+By+Cz+D=0(A^2+B^2+C^2+D^2\neq 0)$ 在空间表示一个球面,称为**球面的一般方程**.具有以下特点:

(1) 方程中各平方项 x^2, y^2, z^2 前的系数相等;

(2) 方程中不含 x, y, z 的交叉相乘项.

2. 柱面及柱面方程

一动直线 L 沿定曲线 C 作平行移动,所形成的曲面称为**柱面**.定曲线 C 称为柱面的**准线**,动直线 L 称为柱面的**母线**(图 9-22).

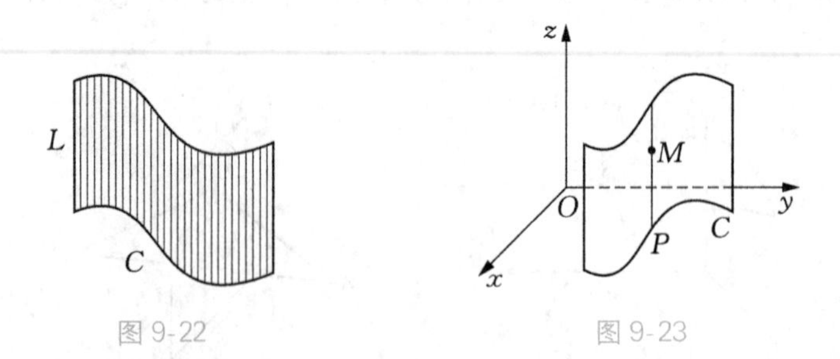

图 9-22 图 9-23

此处只讨论准线位于坐标面上,而母线垂直于该坐标面的柱面.

如果柱面的准线是 xOy 面上的曲线 C: $f(x, y)=0$,母线平行于 z 轴,则该**柱面的方程为** $f(x, y)=0$(不含 z,说明 z 为自由项)(图 9-23).这是因为,在此柱面上任取一点 $M(x, y, z)$,过点 M 作平行于 z 轴的直线,此直线与 xOy 面相交于点 $P(x, y, 0)$,则点 P 必在准线 C 上,不论 P 点的竖坐标 z 取何值,它在 xOy 面上的横坐标和纵坐标(x, y) 必定满足方程 $f(x, y)=0$,所以点 $M(x, y, z)$ 也满足方程 $f(x, y)=0$.反之,不在柱面

上的点都不满足方程 $f(x, y)=0$.因此,方程 $f(x, y)=0$(z 为自由项)在空间表示以坐标 xOy 面上的曲线 $f(x, y)=0$ 为准线,以平行于 z 轴的直线为母线的柱面.

同理,$\varphi(y, z)=0$ 及 $\psi(x, z)=0$ 在空间都表示柱面,其母线分别平行于 x 轴和 y 轴.

显然,平面可以看成是准线为直线的柱面.例如平面 $x+y-1=0$,可看成一个准线是 xOy 面上的直线 $x+y=1$,而母线平行于 z 轴的柱面(图 9-24).平面 $x-1=0$,可看成一个准线是 xOy 面上的直线 $x=1$,而母线平行于 y 轴或 z 轴的柱面.

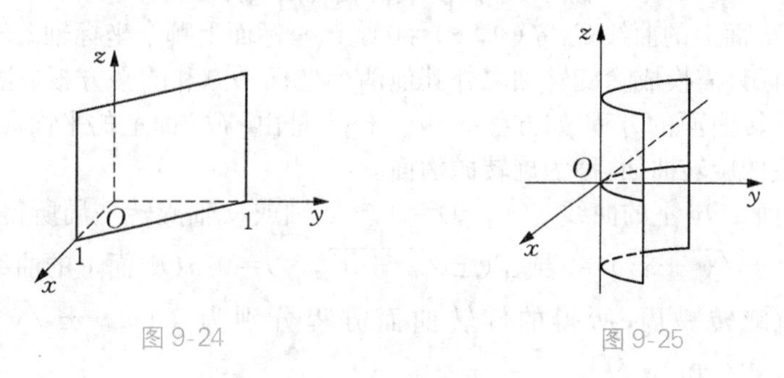

图 9-24　　图 9-25

由此可见,在空间直角坐标系下,缺少变量的方程为柱面方程,且方程中缺哪个变量,该柱面的母线就平行于那一个坐标轴.

在柱面中,当准线 C 是某坐标面上的二次曲线时,则称此柱面为**二次柱面**.如方程 $x^2=2py$, $x^2+y^2=R^2$, $\frac{x^2}{a^2}+\frac{y^2}{b^2}=1$, $\frac{x^2}{a^2}-\frac{y^2}{b^2}=1$,分别表示母线平行于 z 轴的抛物柱面(图 9-25)、圆柱面(图 9-26)、椭圆柱面(图 9-26)(特别地,当 $a=b$ 时称为圆柱面)和双曲柱面(图 9-27).

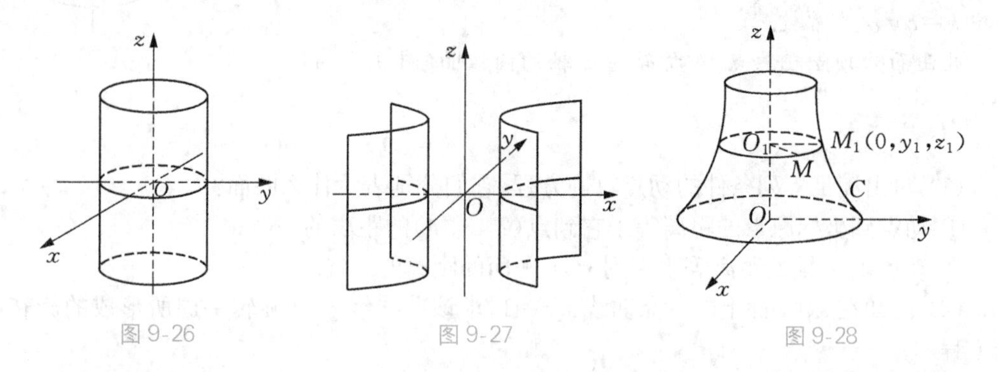

图 9-26　　图 9-27　　图 9-28

3. 旋转曲面

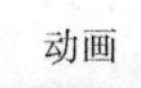

旋转曲面

一条平面曲线 C 绕同一平面上的一条定直线 L 旋转一周所形成的曲面称为**旋转曲面**.平面曲线 C 称为旋转曲面的**母线**,定直线 L 称为该旋转曲面的**旋转轴**,简称为**轴**.下面只讨论母线位于某个坐标面,且绕该坐标面的两条坐标轴旋转所形成的旋转曲面.

设 C: $f(y, z)=0$ 是 yOz 面上的一条曲线,这条曲线绕 z 轴旋转一周,便得到一个旋转曲面(图 9-28).下面来求这个旋转曲面的方程.

在旋转曲面上任取一点 $M(x, y, z)$,该点可看成是由母线 C 上的点 $M_1(0, y_1, z_1)$ 绕 z 轴旋转得到的.由于点 M 与点 M_1 的竖坐标相同,且他们到轴的距离相等,所以有

$$\begin{cases} z=z_1, \\ \sqrt{x^2+y^2}=|y_1|, \end{cases} \text{即} \begin{cases} z_1=z, \\ y_1=\pm\sqrt{x^2+y^2}. \end{cases} \tag{9.17}$$

又因为点 M_1 在母线 C 上，所以 $f(y_1, z_1)=0$.将式(9.17)代入这个方程，得

$$f(\pm\sqrt{x^2+y^2}, z)=0. \tag{9.18}$$

因此，旋转曲面上任意一点 $M(x, y, z)$ 的坐标都满足方程(9.18).如果点 $M(x, y, z)$ 不在旋转曲面上，则它的坐标就不满足方程(9.18).所以方程(9.18)就是所求旋转曲面的方程.同理，曲线 C: $f(y, z)=0$ 绕 y 轴旋转一周所成的旋转曲面方程为 $f(y, \pm\sqrt{x^2+z^2})=0$.

一般地，yOz 面上的曲线 C: $f(y, z)=0$ 绕该坐标面上哪个坐标轴旋转，哪个坐标就不变，而另一坐标只需换成除旋转轴之外其他两个坐标平方和的平方根(注意前面加“±”号)，即可得到旋转曲面的方程.如方程 $z=x^2+y^2$ 是由 yOz 面上的平面曲线 $z=y^2$ 绕 z 轴旋转一周而成的旋转曲面，称为**旋转抛物面**.

同理，坐标面 xOy 上的曲线 $f(x, y)=0$ 绕 x 轴或 y 轴旋转一周所得的旋转曲面方程分别为 $f(x, \pm\sqrt{y^2+z^2})=0$ 或 $f(\pm\sqrt{x^2+z^2}, y)=0$；$xOz$ 面上的曲线 $f(x, z)=0$ 绕 x 轴或 z 轴旋转一周，所得的旋转曲面方程分别为 $f(x, \pm\sqrt{y^2+z^2})=0$ 或 $f(\pm\sqrt{x^2+y^2}, z)=0$.

[例 4] 已知在 yOz 面上的一条直线方程为 $y=z\tan\alpha$，其中 α 为直线与 z 轴的夹角，求该直线绕 z 轴旋转一周所成的旋转曲面方程.

解 由前述方法可知，只要把直线方程 $y=z\tan\alpha$ 中的 y 换成 $\pm\sqrt{x^2+y^2}$ 就可得所求旋转曲面方程，即

$$\pm\sqrt{x^2+y^2}=z\tan\alpha \text{ 或 } z^2=k^2(x^2+y^2),$$

其中 $k=\cot\alpha$ 为常数.

此曲面为顶点在原点，对称轴为 z 轴的圆锥面(图 9-29).

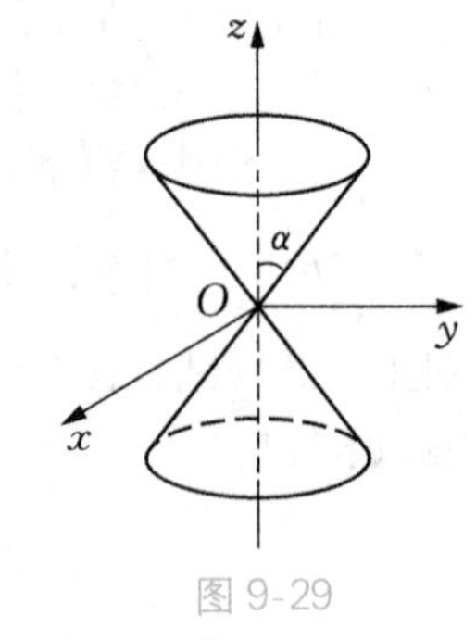

图 9-29

随堂练习

(1) 写出满足下列条件的动点轨迹方程，它们分别表示什么曲面？

① 动点到坐标原点的距离等于它到点(2, 3, 4)的距离的一半；

② 动点到 x 轴的距离等于它到 yOz 平面的距离的二倍.

(2) 已知在 xOy 面上的一条曲线 $xy=1$，求该曲线绕 y 轴旋转一周所形成的旋转曲面方程.

答案与提示：(1) 先利用点到点，点到数轴及点到坐标平面的距离公式构造曲面方程，再分析是何种曲面.① 球面：$\left(x+\frac{2}{3}\right)^2+(y+1)^2+\left(z+\frac{4}{3}\right)^2=\frac{116}{9}$；② 圆锥曲面：$4x^2-y^2-z^2=0$. (2) $\pm\sqrt{x^2+z^2}\,y=1$ 或 $(x^2+z^2)y^2=1$.

4. 常见的二次曲面及其方程

在空间直角坐标系中，我们把三元二次方程所表示的曲面叫做**二次曲面**.相应地，把平面叫做一次曲面.显然，圆锥面、旋转抛物面、旋转双曲面、圆柱面、抛物柱面等都是二次曲面.对于空间曲面，我们可以用一系列平行平面去截所给曲面，得到一系列截线，通过对这些截线进行分析，去了解所给曲面的形状轮廓，称这种方法为**截痕法**.下面用截痕法去研究一些常见二次曲面.

(1) 椭球面:方程$\frac{x^2}{a^2}+\frac{y^2}{b^2}+\frac{z^2}{c^2}=1$所表示的曲面称为椭球面,其中$a$,$b$,$c$称为椭球面的半轴(图 9-30).

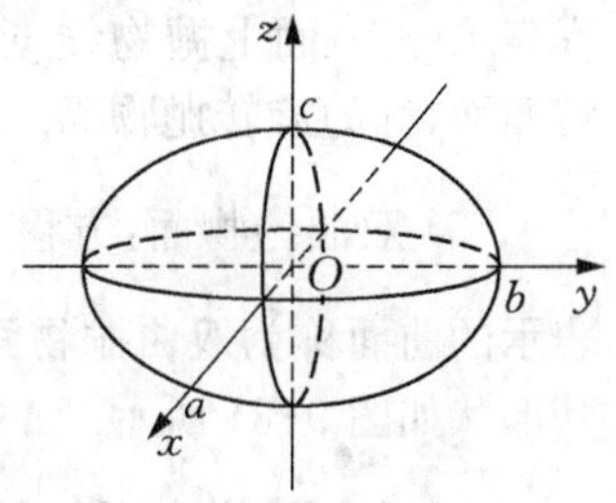

图 9-30

由方程可知,曲面关于三个坐标面及原点均对称,且

$$\frac{x^2}{a^2}\leqslant1,\ \frac{y^2}{b^2}\leqslant1,\ \frac{z^2}{c^2}\leqslant1,$$

即 $$|x|\leqslant a,\ |y|\leqslant b,\ |z|\leqslant c.$$

说明椭球面完全包含于$x=\pm a$,$y=\pm b$,$z=\pm c$六个平面所围长方体内.

用平面$x=x_1(|x_1|<a)$,$y=y_1(|y_1|<b)$,$z=z_1(|z_1|<c)$分别去截椭球面时,所得的截线都是椭圆.

当$a=b=c$时,方程退变为$x^2+y^2+z^2=a^2$,表示球心在原点,半径为a的球面.

当a,b,c中仅有两个相等,如$a=b$时,则方程变为

$$\frac{x^2+y^2}{a^2}+\frac{z^2}{c^2}=1.$$

此时方程表示zOx面上椭圆$\frac{x^2}{a^2}+\frac{z^2}{c^2}=1$绕$z$轴旋转所成的**旋转椭球面**.

(2) 单叶双曲面:方程$\frac{x^2}{a^2}+\frac{y^2}{b^2}-\frac{z^2}{c^2}=1$所表示的曲面称为单叶双曲面(图 9-31).

显然,曲面关于三个坐标面及原点对称,用平面$z=z_1$去截曲面时,所得截线都是椭圆,且随着$|z_1|$的增大,所得椭圆截线也增大.用平面$x=x_1$或$y=y_1$去截曲面时,所得截线是双曲线.

如果$a=b$,方程变为$\frac{x^2+y^2}{a^2}-\frac{z^2}{c^2}=1$,则方程所表示的曲面是**单叶旋转双曲面**.

(3) 双叶双曲面:方程$\frac{x^2}{a^2}-\frac{y^2}{b^2}+\frac{z^2}{c^2}=-1$表示的曲面称为双叶双曲面(图 9-32).

如果$a=c$,方程变为$\frac{x^2+z^2}{a^2}-\frac{y^2}{c^2}=-1$,则方程所表示曲面是**双叶旋转双曲面**.

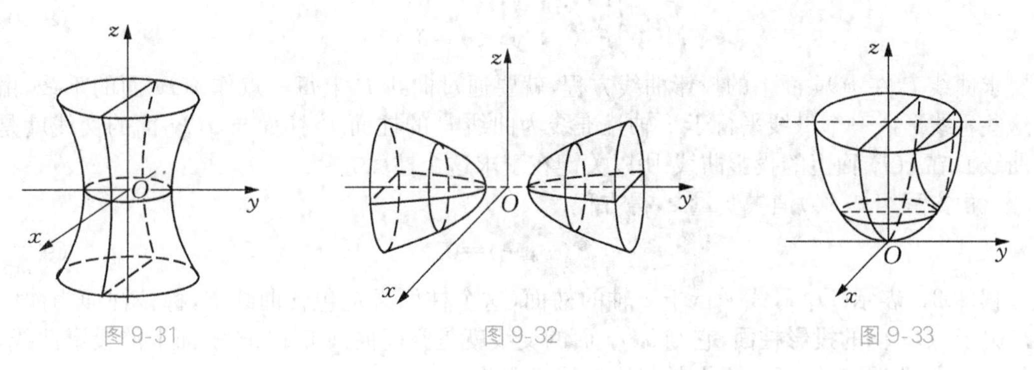

图 9-31　　图 9-32　　图 9-33

(4) 椭圆抛物面:方程$z=\frac{x^2}{2p}+\frac{y^2}{2q}$($p$与$q$同号)所表示的曲面称为椭圆抛物面.

当$p>0$,$q>0$时,其形状如图 9-33 所示.

当 $p=q$ 时,方程退变为 $z=\dfrac{x^2+y^2}{2p}(p>0)$,此时方程表示 yOz 面上抛物线 $y^2=2pz$ 绕 z 轴旋转而成的旋转曲面,称为**旋转抛物面**.

(5) 双曲抛物面:方程 $z=-\dfrac{x^2}{2p}+\dfrac{y^2}{2q}$($p$ 与 q 同号)所表示的曲面称为**双曲抛物面或马鞍面**.当 $p>0$, $q>0$ 时,其形状如图 9-34 所示.

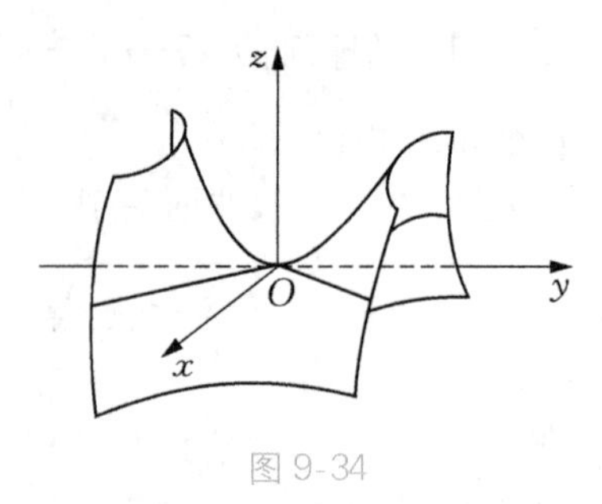

图 9-34

三、空间曲线及其在坐标面上的投影

1. 空间曲线的一般方程

我们知道,空间直线可看作两平面的交线.类似地,空间曲线也可以看作两个曲面的交线.例如,xOy 面上的圆 $x^2+y^2=a^2$ 可以看成球面 $x^2+y^2+z^2=a^2$ 与平面 $z=0$ 的交线,其方程为

$$\begin{cases}x^2+y^2+z^2=a^2,\\ z=0.\end{cases}$$

动画

空间曲线的一般方程

一般地,若曲面 Σ_1: $F(x, y, z)=0$ 与曲面 Σ_2: $G(x, y, z)=0$ 相交,则交线可用如下方程组表示:

$$\begin{cases}F(x, y, z)=0,\\ G(x, y, z)=0.\end{cases} \tag{9.19}$$

称该方程组为**空间曲线的一般方程**.

[例 5] 方程组 $\begin{cases}x^2+y^2=1,\\ 2x+3y+3z=6\end{cases}$ 表示怎样的曲线?

解 方程组中第一个方程表示母线平行于 z 轴的圆柱面,其准线是 xOy 面上的圆 $x^2+y^2=1$,第二个方程表示一个平面,它与 x 轴,y 轴和 z 轴的交点依次为(3, 0, 0), (0, 2, 0)和(0, 0, 2).方程组表示上述平面与圆柱面的交线(图 9-35).

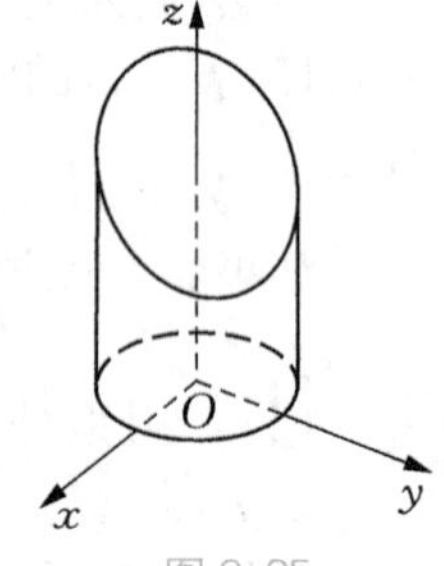

图 9-35

2. 空间曲线在坐标面上的投影

设空间曲线 Γ 的方程为

$$\begin{cases}F_1(x, y, z)=0,\\ F_2(x, y, z)=0.\end{cases} \tag{9.20}$$

要求曲线 Γ 在 xOy 面上的投影曲线方程,就要通过曲线 Γ 上每一点作 xOy 面的垂线,由这些垂线形成一个母线平行于 z 轴且准线为曲线 Γ 的柱面.该柱面与 xOy 面的交线就是曲线 Γ 在 xOy 面上的投影曲线.所以关键在于求这个柱面方程.

由方程组(9.20)消去变量 z,得方程

$$F(x, y)=0. \tag{9.21}$$

方程(9.21)表示一个母线平行于 z 轴的柱面,这个柱面必定包含曲线 Γ,称该柱面为曲线 Γ 关于 xOy 面的**投影柱面**,它与 xOy 面的交线就是空间曲线 Γ 在 xOy 面上的投影曲线,简称投影.曲线 Γ 在 xOy 面上的投影曲线方程为

$$\begin{cases}F(x, y)=0,\\ z=0.\end{cases}$$

同理，从方程组(9.20)中消去 x，得 $G(y, z)=0$，则曲线 Γ 在 yOz 面上的投影曲线方程为

$$\begin{cases}G(y, z)=0,\\x=0.\end{cases}$$

从方程组(9.20)中消去 y，得到 $H(x, z)=0$，则曲线 Γ 在 zOx 面的投影曲线方程为

$$\begin{cases}H(x, z)=0,\\y=0.\end{cases}$$

[例6]　求曲线 $\begin{cases}z=\sqrt{4-x^2-y^2},\\z=\sqrt{3(x^2+y^2)}\end{cases}$ 在 xOy 平面上的投影曲线.

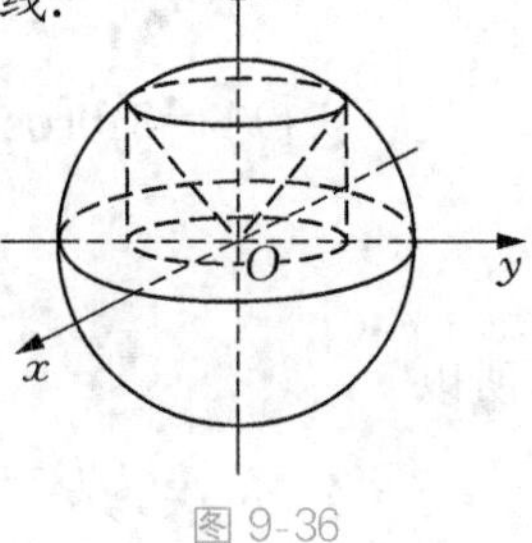

图 9-36

解　曲面 $z=\sqrt{4-x^2-y^2}$ 为上半球面，$z=\sqrt{3(x^2+y^2)}$ 为圆锥面，消去变量 z，得到 $x^2+y^2=1$. 这是曲线关于 xOy 面的投影柱面，所以曲线在 xOy 面上的投影曲线方程为 $\begin{cases}x^2+y^2=1,\\z=0,\end{cases}$ 它是 xOy 面上的一个圆(图 9-36).

习题 9.5

1. 一动点与两定点(2, 3, 1)和(4, 5, 6)等距离，求该动点的轨迹方程.
2. 建立以点(1, 3, −2)为球心，且通过原点的球面方程.
3. 方程 $x^2+y^2+z^2-2x+4y+2z=0$ 表示什么曲面?
4. 指出下列方程所表示的曲面名称.

   (1) $x^2+y^2+z^2=1$；　(2) $x^2+y^2=1$；　(3) $x^2=1$；

   (4) $x^2-y^2=0$；　(5) $\dfrac{x^2}{4}+\dfrac{y^2}{9}=1$；　(6) $\dfrac{x^2}{1}-\dfrac{y^2}{9}=1$；

   (7) $x^2+\dfrac{y^2}{4}+\dfrac{z^2}{9}=1$；　(8) $36x^2+9y^2-4z=36$；　(9) $x^2-\dfrac{y^2}{4}-\dfrac{z^2}{9}=1$；

   (10) $x^2-y^2+2z=1$.
5. 指出下列方程中哪些是旋转曲面，如果是，说明它是怎样生成的?

   (1) $\dfrac{x^2}{4}+\dfrac{y^2}{9}+\dfrac{z^2}{9}=1$；　(2) $z^2=x^2+y^2$；　(3) $x^2+2y^2+3z^2=1$；

   (4) $x^2-\dfrac{y^2}{4}+z^2=1$；　(5) $\dfrac{x^2}{9}+\dfrac{y^2}{16}-\dfrac{z^2}{25}=1$；　(6) $z=x^2+y^2$.
6. 求下列旋转曲面的方程，并指出它是什么曲面?

   (1) 将 xOy 面上的曲线 $4x^2-9y^2=36$ 分别绕 x 轴和 y 轴旋转一周；

   (2) 将 xOz 面上的曲线 $z^2=5x$ 绕 x 轴旋转一周.
7. 指出下列方程所表示的曲线.

   (1) $\begin{cases}x^2+\dfrac{y^2}{4}=8,\\z=2;\end{cases}$　(2) $\begin{cases}x^2+y^2+z^2=25,\\z=3;\end{cases}$　(3) $\begin{cases}\dfrac{y^2}{9}-\dfrac{z^2}{4}=1,\\x=2.\end{cases}$
8. 求曲线 $\begin{cases}x^2+y^2-z=0,\\z=x+1\end{cases}$ 在 xOy 面上的投影方程.

任务 9.6 综合应用实训

实训 1【飞机的速度】 假设空气以 32 km/h 的速度沿平行于 y 轴正向的方向流动.一架飞机在 xOy 平面沿与 x 轴正向成 $\pi/6$ 的方向飞行.若飞机相对于空气的速度是每小时 840 km,问飞机相对于地面的速度是多少?

解 如图 9-37 所示,设$\overrightarrow{OA}$为飞机相对于空气的速度,$\overrightarrow{AB}$为空气的流动速度,由题意有

$$\overrightarrow{OA}=840\cos\frac{\pi}{6}\boldsymbol{i}+840\sin\frac{\pi}{6}\boldsymbol{j}=420\sqrt{3}\boldsymbol{i}+420\boldsymbol{j},$$

$$\overrightarrow{AB}=32\boldsymbol{j},$$

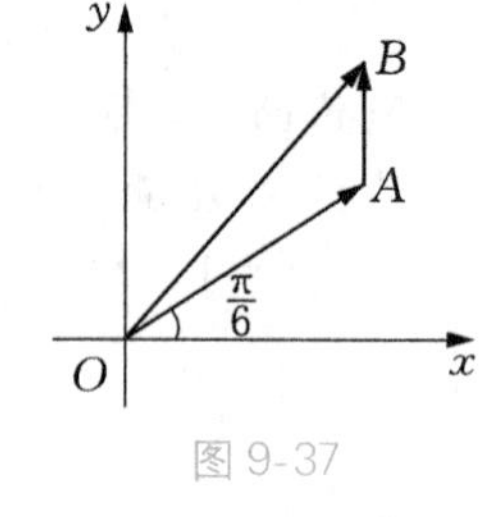

图 9-37

所以

$$\overrightarrow{OB}=\overrightarrow{OA}+\overrightarrow{AB}=420\sqrt{3}\boldsymbol{i}+452\boldsymbol{j},$$

从而

$$|\overrightarrow{OB}|=\sqrt{(420\sqrt{3})^2+(452)^2}\approx 856.45\text{ km/h}.$$

实训 2【光线的反射】

(1) 假设 xOy 平面是一面镜子,有一束光线被它反射,设 $\boldsymbol{a}$ 是入射光线上的单位向量,$\boldsymbol{b}$ 是反射光线上的单位向量.证明当 $\boldsymbol{a}=a_1\boldsymbol{i}+a_2\boldsymbol{j}+a_3\boldsymbol{k}$ 时,$\boldsymbol{b}=a_1\boldsymbol{i}+a_2\boldsymbol{j}-a_3\boldsymbol{k}$.

(2) 假设空间直角坐标系的第一卦限的三个坐标面是三面镜子.一束光线依次被它们反射,证明最终的反射光线平行于入射光线.

解 (1) 我们把原坐标系平移,使坐标原点与入射点 O'重合.令$\overrightarrow{AO'}=\boldsymbol{a}$, $\overrightarrow{O'B}=\boldsymbol{b}$.根据光线的反射原理,入射角(入射光线与法线方向的夹角)等于反射角,如图 9-38 所示,$\angle AO'z'=\angle z'O'B=\theta$.设 A'和 B'分别为 A 和 B 在 xOy 平面上的投影.由于 $\boldsymbol{a}$, $\boldsymbol{b}$ 都是单位向量,所以$\overrightarrow{A'O'}=\overrightarrow{O'B'}$.记 $\boldsymbol{b}=b_1\boldsymbol{i}+b_2\boldsymbol{j}+b_3\boldsymbol{k}$,就有

$$a_1\boldsymbol{i}+a_2\boldsymbol{j}=\overrightarrow{A'O'}=\overrightarrow{O'B'}=b_1\boldsymbol{i}+b_2\boldsymbol{j},$$

所以 $a_1=b_1$, $a_2=b_2$.而

$$a_3=|\boldsymbol{a}|\cos(180^\circ-\theta)=\cos\theta,\ b_3=|\boldsymbol{\alpha}|\cos\theta=\cos\theta,$$

所以 $$b_3=-a_3,$$

因此得 $$\boldsymbol{b}=a_1\boldsymbol{i}+a_2\boldsymbol{j}-a_3\boldsymbol{k}.$$

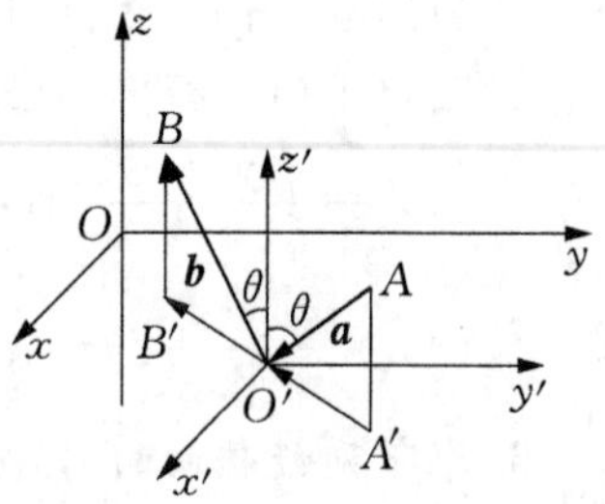

图 9-38

(2) 假设反射依次是光线先射到 xOy 平面,经发射后进入 xOz 平面,再反射进入 yOz 平面,最后再反射出来.

记 $\boldsymbol{a}=a_1\boldsymbol{i}+a_2\boldsymbol{j}+a_3\boldsymbol{k}$ 是最初入射光线上的单位向量.根据 1 的结论,$\boldsymbol{a}$ 的反射光线上的单位向量 $\boldsymbol{b}=a_1\boldsymbol{i}+a_2\boldsymbol{j}-a_3\boldsymbol{k}$,而 $\boldsymbol{b}$ 又是 xOz 平面入射光线上的单位向量,记 $\boldsymbol{c}$ 是 $\boldsymbol{b}$ 的反射光线上的单位向量,则 $\boldsymbol{c}=a_1\boldsymbol{i}-a_2\boldsymbol{j}-a_3\boldsymbol{k}$; $\boldsymbol{c}$ 又是 yOz 平面的入射光线上的单位向量,设 $\boldsymbol{d}$ 是 $\boldsymbol{c}$ 的反射光线上的单位向量,所以 $\boldsymbol{d}=-a_1\boldsymbol{i}-a_2\boldsymbol{j}-a_3\boldsymbol{k}$.因而 $\boldsymbol{a}$ 与 $\boldsymbol{d}$ 平行但方向相反,即最终的反射光线平行于入射光线.

项目九习题

一、填空题

1. 一向量的终点坐标为(2, −1, 7)，它在 x 轴，y 轴和 z 轴上的投影依次为 4, −4, 7，则这向量的起点 A 的坐标为________.

2. 已知 $\boldsymbol{a}=(\lambda, -3, 2)$ 与 $\boldsymbol{b}=\boldsymbol{i}+2\boldsymbol{j}-\lambda\boldsymbol{k}$ 垂直，则 $\lambda=$________.

3. 与 $\boldsymbol{a}=\boldsymbol{i}-\boldsymbol{j}+2\boldsymbol{k}$，$\boldsymbol{b}=-\boldsymbol{i}+2\boldsymbol{j}-\boldsymbol{k}$ 同时垂直的单位向量是________.

4. 向量 $\boldsymbol{a}=2\boldsymbol{i}+\boldsymbol{j}-2\boldsymbol{k}$ 与 $\boldsymbol{b}=-2\boldsymbol{i}-\boldsymbol{j}+m\boldsymbol{k}$ 平行的条件是________.

5. 直线方程 L：$\begin{cases}x-3z+5=0,\\ y-2z+8=0\end{cases}$ 的点向式方程为________.

二、判断题

1. $\boldsymbol{i}\times\boldsymbol{i}=\boldsymbol{j}\times\boldsymbol{j}$.（　　）

2. 非零向量 $\boldsymbol{a}$ 与 $\boldsymbol{b}$ 对应坐标成比例是 $\boldsymbol{a}\parallel\boldsymbol{b}$ 的充要条件.（　　）

3. $\boldsymbol{a}\times\boldsymbol{b}=\boldsymbol{b}\times\boldsymbol{a}$.（　　）

4. 平面 $2x+y+z-6=0$ 与直线 $\dfrac{x-2}{1}=\dfrac{y-3}{1}=\dfrac{z-4}{2}$ 的交点是(1, 2, 2).（　　）

5. 方程 $x^2+y^2=R^2$ 表示圆柱面.（　　）

三、选择题

1. 当 $k=$（　　）时，$\boldsymbol{a}=(1, -1, k)$ 与 $\boldsymbol{b}=(2, 4, 2)$ 垂直.

A. 1　　B. −1　　C. 2　　D. −2

2. 设 $\boldsymbol{a}$，$\boldsymbol{b}$，$\boldsymbol{c}$ 是三个任意向量，则 $(\boldsymbol{a}+\boldsymbol{b})\times\boldsymbol{c}=$（　　）.

A. $\boldsymbol{a}\times\boldsymbol{c}+\boldsymbol{c}\times\boldsymbol{b}$　　B. $\boldsymbol{c}\times\boldsymbol{a}+\boldsymbol{c}\times\boldsymbol{b}$　　C. $\boldsymbol{a}\times\boldsymbol{c}+\boldsymbol{b}\times\boldsymbol{c}$　　D. $\boldsymbol{c}\times\boldsymbol{a}+\boldsymbol{b}\times\boldsymbol{c}$

3. 已知 $\boldsymbol{a}$，$\boldsymbol{b}$，$\boldsymbol{c}$ 为单位向量，且满足 $\boldsymbol{a}+\boldsymbol{b}+\boldsymbol{c}=0$，则 $\boldsymbol{a}\times\boldsymbol{b}+\boldsymbol{b}\times\boldsymbol{c}+\boldsymbol{c}\times\boldsymbol{a}=$（　　）.

A. 0　　B. $\boldsymbol{a}\times\boldsymbol{b}$　　C. $2(\boldsymbol{a}\times\boldsymbol{b})$　　D. $3(\boldsymbol{a}\times\boldsymbol{b})$.

4. 直线 $\dfrac{x-1}{-1}=\dfrac{y-2}{2}=\dfrac{z+1}{-2}$ 与下列平面（　　）平行.

A. $4x+y-z+10=0$　　B. $x-2y+3z+5=0$

C. $2x-3y+z+6=0$　　D. $-x-y+5z+4=0$

5. 平面 $3x-5y+kz-3=0$ 垂直于平面 $x+3y-6z+5=0$，则 $k=$（　　）.

A. 1　　B. −1　　C. 2　　D. −2

6. 方程 $x^2-y^2+z^2=0$ 表示的曲面是（　　）.

A. 圆柱面　　B. 双曲柱面　　C. 圆锥面　　D. 旋转抛物面

四、综合题

1. 已知向量 $\boldsymbol{c}=(2, k, -6)$ 同时垂直于 $\boldsymbol{a}=(2, 1, -1)$，$\boldsymbol{b}=(1, -1, 2)$，试求 k 的值.

2. 已知向量 $\boldsymbol{a}=(1, k, 2)$ 与 $\boldsymbol{b}=(2, 1, 4)$ 平行，试求 k 的值.

3. 求通过 x 轴和点(2, −1, 7)的平面方程.

4. 求通过点 $p(1, 2, 3)$ 且垂直于两平面 $2x+y-z=0$ 与 $x-y+2z+1=0$ 的平面方程.

5. 求过点 $A(1, 1, -1)$，$B(-2, -2, 2)$ 和 $C(1, -1, 2)$ 三点的平面方程.

6. 已知直线 L：$\begin{cases}x+2y-z-7=0\\ -2x+y+z-7=0\end{cases}$ 与平面 $-3x+ky-5z+4=0$ 垂直，试求参数 k 的值.

7. 下列方程在平面直角坐标系和空间直角坐标系中分别表示怎样的几何图形？

(1) $y=1$；　　(2) $y=x+1$；　　(3) $x^2+y^2=4$；

(4) $x^2-y^2=1$；　　(5) $\begin{cases}y=5x+1,\\ y=2x-3;\end{cases}$　　(6) $\begin{cases}\dfrac{x^2}{4}+\dfrac{z^2}{9}=1,\\ y=3.\end{cases}$

项目十　多元函数微分学

任务 10.1　多元函数的概念、极限及连续

任务内容

- 完成多元函数概念及性质相关联的任务工作页；
- 学习与二元函数有关的知识内容；
- 学习二元函数的极限概念及极限计算方法；
- 学习二元函数的连续性及相关性质；

任务目标

- 理解二元函数的基本概念及解析法表示；
- 掌握求函数定义域的基本方法；
- 理解多元基本初等函数的概念及其性质；
- 掌握多元复合函数的复合、分解过程；
- 理解二元函数极限的概念，掌握二元函数极限的计算方法；
- 能够利用多元函数解决实际问题，解决专业案例.

任务工作页

了解任务内容并学习相关知识后，在教师指导下完成任务工作页内各项内容的填写.

1. 函数的三要素：(1)__________，(2)__________，(3)__________.
2. 求函数定义域时应注意：____________________.
3. 判断两个函数是同一个函数的标准是：____________________.
4. 二元函数的几何意义？
____.
5. 求二元函数极限的方法有哪些？
____.
6. 二元函数的连续性的定义？
____.
7. 闭区域上连续函数的性质有哪些？
____.

案例【利润最大化问题】 一家制造计算机的公司计划生产两种产品：一种使用27英寸(in，1 in=0.025 4 m)显示器的计算机，而另一种使用31英寸显示器的计算机.除了400 000美元的固定费用外，每台27英寸显示器的计算机成本为1 950美元，而31英寸的计算机成本为2 250美元.制造商建议每台27英寸显示器的计算机零售价格为3 390美元，而31英寸的零售价格为3 990美元.营销人员估计，在销售这些计算机的竞争市场上，一种类型的计算机每多卖出一台，它的价格就下降0.1美元.此外，一种类型的计算机的销售也会影响另一种类型的销售：每销售一台31英寸显示器的计算机，估计27英寸显示器的计算机零售价格下降0.03美元；每销售一台27英寸显示器的计算机，估计31英寸显示器的计算机零售价格下降0.04美元.那么该公司应该生产每种计算机多少台，才能使利润最大？

分析：设x，y分别为生产27英寸显示器的计算机和31英寸显示器的计算机的数量，显然$x\geqslant 0$，$y\geqslant 0$；P_1，P_2分别为27英寸显示器的计算机和31英寸显示器的计算机的零售价格；L为计算机零售的总利润.

由题意可知，$P_1=3\,390-0.1x-0.03y$，$P_2=3\,990-0.04x-0.1y$，则收入为P_1x+P_2y，总成本为$400\,000+1\,950x+2\,250y$.从而利润为

$$
\begin{aligned}
L&=(3\,390-0.1x-0.03y)x+(3\,990-0.04x-0.1y)y-(400\,000+1\,950+2\,250y)\\
&=-0.1x^2-0.1y^2-0.07xy+1\,440x+1\,740y-400\,000.
\end{aligned}
$$

该问题的实际意义是求多元函数(多个自变量)$L=L(x, y)$的最大值.

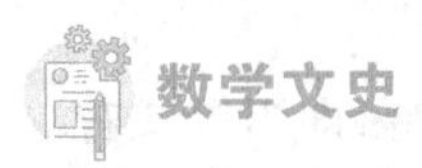

多元函数微分学的起源

二元和三元函数的微分学在18世纪初期就已经出现了，当时牛顿(Newton)从x与y的多项式方程(即$f(x, y)=0$)中导出了我们今天由f对x或y取偏导数而得到的表达式，但未曾发表.伯努利(Bernoulli)于1720年发表在《教师学报》的一篇关于正交轨线的文章中也用到了偏导数.然而创造偏导数理论的却是欧拉(Euler)、克莱罗(Clairaut)与达朗贝尔(d'Alembert)等人.

欧拉在研究流体力学问题的一系列文章中提出了偏导数、二阶偏导数的演算，并建立了混合偏导数与求导顺序无关的理论.

克莱罗是最早研究二重曲率曲线的人之一，他还研究了曲面的平面截线，并在1739—1740年间证明了混合二阶偏导数的求导次序的可交换条件.

达朗贝尔在1743年的著作《动力学》和1747年发表的论文《张紧的弦振动时形成的曲线的研究》中，均采用了偏导数并推进了偏导数的演算.

在此基础上，欧拉在1748年和1766年写的其他文章中，还处理了变量代换，偏导数的反演及函数行列式.

关于偏导数的记号$\dfrac{\partial f}{\partial x}$、$\dfrac{\partial f}{\partial y}$，直到19世纪40年代才由雅可比(Jacobi)在其行列式理论中正式创用并逐渐普及，在此之前一般都用同一个记号d表示导数与偏导数，虽然拉格朗

日(Lagrange)于 1786 年曾建议使用这一符号.

 相关知识

多元函数微分学是一元函数微分学的推广,它与一元函数微分学有着密切联系,两者有很多相似之处,但应注意两者在概念、理论及计算方法上的差异性.项目主要是以二元函数为代表对多元函数微分学进行研究.在学习时,一定要注意与一元函数对照、类比,比较它们之间的异同点,这样有助于学好多元函数微分学.

一、多元函数的概念

在工程实际问题中,往往会遇到多个变量(两个以上)之间的相互依赖关系.

实例 1 矩形的面积 S 和它的底 x 与高 y 的关系是

$$S=xy.$$

实例 2 根据实验结果知道,一定质量的理想气体,它的压强 P 和体积 V、绝对温度 T 之间的关系是

$$P=\frac{RT}{V}(\text{其中 } R \text{ 是常数}).$$

实例 3 三角形的面积 A 和它的两边 a、b 及其夹角 θ 之间的关系是

$$A=\frac{1}{2}ab\sin\theta.$$

上述实例中的代数表达式反映了三个或三个以上变量之间的依赖关系.即当等式右端某变量(等式右端变量彼此独立)发生变化时,必导致等号左端变量发生变化.

尽管等式右边变量相互独立,但它们的变化都有一定的范围.如实例 1 中的独立变量底 x 和高 y 只能取正值,用数学语言可表示为 $x>0$, $y>0$,否则关系式会失去实际意义;再如实例 3 中的 a、b 只能取正值,夹角 θ 受一定的限制:$0<\theta<\pi$.

以上仅列举了有限的实例,在生产和工程建设中,还会碰到大量的实例.这些实例的共同特点是一个变量依赖于其他二个或二个以上的变量而变化,事实上它们的这种关系就是我们要学习的多元函数.

定义 10-1 设 D 是平面点集(在平面上引入直角坐标系后,满足一定属性的点(x, y)的集合),$S\subset\mathbf{R}$ 是一个实数集,若按照某一确定的对应规律 f,对于 D 中的任意一点(x, y)总有唯一确定的实数 $z\in S$ 与它相对应,则称 z 是变量 x, y 的**二元函数**,记作 $z=f(x, y)$.其中 x, y 称为**自变量**,z 称为**因变量**,D 称为函数 z 的**定义域**,数集$\{z \mid z=f(x, y), (x, y)\in D\}\subset S$ 称为该函数的**值域**.

当然,我们也可以定义三元函数、四元函数等.把具有多个自变量的函数,统称为多元函数.对于函数 $z=f(x, y)$,当自变量 x, y 分别取值 x_0, y_0 时,函数 z 的对应值记作 $z_0=f(x_0, y_0)$.

求二元函数定义域方法与一元函数类似,需要找出使函数解析式有意义的自变量的范围.一元函数定义域一般由一个或多个区间构成,而二元函数定义域通常是**平面区域**,该平面区域由平面上一条或多条光滑曲线所围成的具有**连通性**(区域内任意两点,均可用该区域内的线连接起来)的部分平面或整个平面,其中围成区域的曲线称为区域的**边界**,边界上的点称为**边界点**.包括边界的区域称为**闭区域**(简称**闭域**),不包括边界的区域称为**开**

区域(简称开域).

［例 1］　求二元函数 $z=\sqrt{a^2-x^2-y^2}\ (a>0)$ 的定义域.

解　函数的定义域为满足不等式 $x^2+y^2\leqslant a^2$ 点 (x, y) 的范围,即定义域为

$$D=\{(x, y)\mid x^2+y^2\leqslant a^2\}.$$

这里 D 表示 xOy 面上以原点为圆心,a 为半径的圆域,它为有界闭区域(图 10-1).

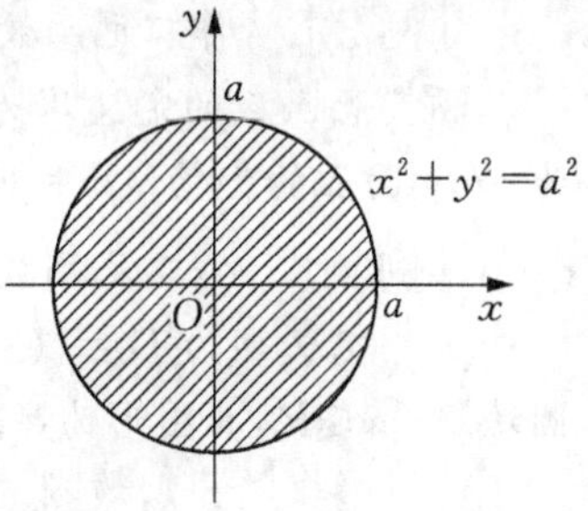

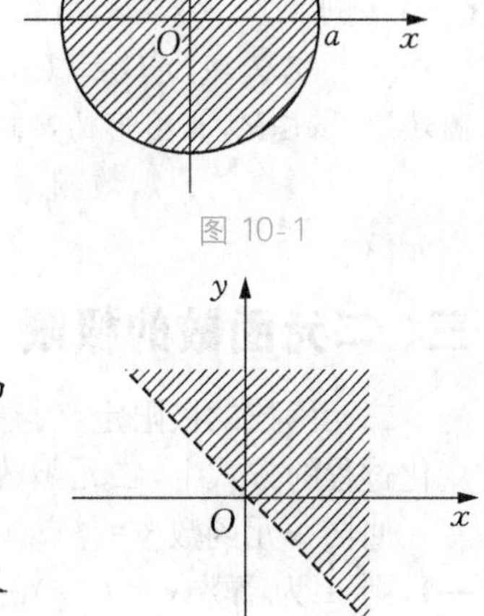

图 10-1

［例 2］　求二元函数 $z=\ln(x+y)$ 的定义域.

解　自变量 x, y 所取的值必须满足不等式 $x+y>0$,即定义域为

$$D=\{(x, y)\mid x+y>0\}.$$

D 表示在 xOy 面上直线 $x+y=0$ 上方的半平面(不包含边界 $x+y=0$),如图 10-2 所示,它为无界开区域.

图 10-2

随堂练习

计算下列函数的定义域.

① $z=\ln(2x+y)$;② $z=\arcsin(x^2+y^2)$;③ $z=\sqrt{x^2+y^2-1}+\arcsin\dfrac{x^2+y^2}{2}$.

答案与提示:① 函数 $z=\ln(2x+y)$ 定义域是 $D=\{(x, y)\mid 2x+y>0\}$; ② 函数 $z=\arcsin(x^2+y^2)$ 定义域是 $D=\{(x, y)\mid x^2+y^2\leqslant 1\}$; ③ 函数的定义域为 $D=\{(x, y)\mid 1\leqslant x^2+y^2\leqslant 2\}$.

二、二元函数的几何表示

一元函数 $y=f(x)$ 在平面直角坐标系中一般表示一条曲线,二元函数 $z=f(x, y)$ 在空间直角坐标系中一般表示曲面.设二元函数 $z=f(x, y)$ 它的定义域为 D,对于定义域为 D 内的每一对数 x, y,都确定着 xOy 平面上的一点 $M(x, y)$(图 10-3);由二元函数的定义,必有一个 z 的值 $z=f(x, y)$ 与之对应,那么三个数 x, y, z 就确定了空间内一点 $P(x, y, z)$.当点 $M(x, y)$ 取遍 D 上的一切点时,对应的点 $P(x, y, z)$ 就形成一张曲面.因此,二元函数 $z=f(x, y)$ 在空间直角坐标系中一般表示一张曲面.通常我们也说二元函数的图形是一张曲面(也可能是一条曲线).而其定义域 D 就是此曲面在 xOy 面上的投影.

动画

二元函数的几何意义

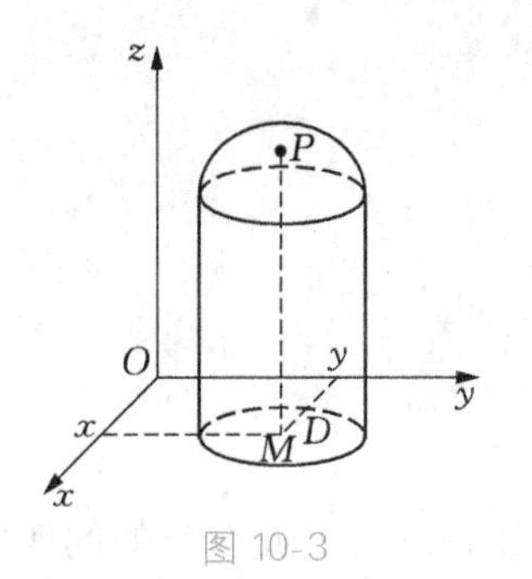

图 10-3

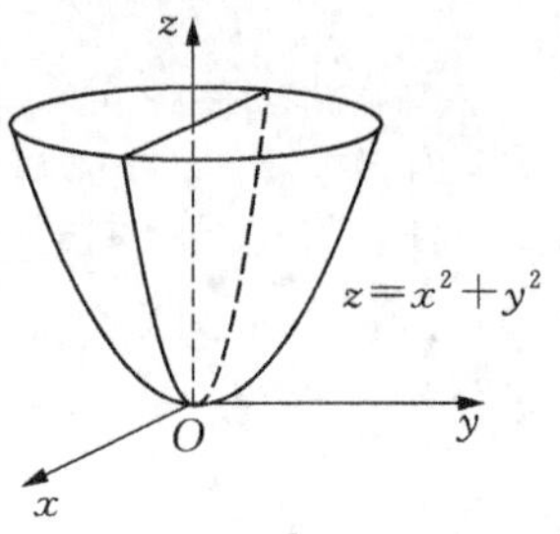

图 10-4

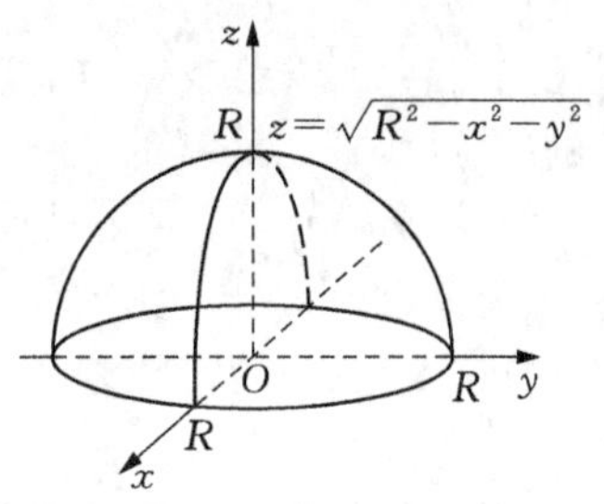

图 10-5

［例 3］ 作二元函数 $z=x^2+y^2$ 的图形.

解 此函数的定义域为 xOy 面.因为 $z\geqslant 0$,所以曲面上的点都在 xOy 面上方.其图形为 xOy 面上的抛物线 $z=y^2$ 绕 z 轴旋转一周所得的旋转抛物面,如图 10-4 所示.

［例 4］ 作二元函数 $z=\sqrt{R^2-x^2-y^2}\,(R>0)$ 的图形.

解 定义域为 $D=\{(x,\ y)\,|\,x^2+y^2\leqslant R^2\}$,即 xOy 面上以原点为圆心,R 为半径的圆域.$0\leqslant z\leqslant R$,其图形为半球面,如图 10-5 所示.

【注意】作二元函数图像大多需要借助数学软件(MATLAB、Mathematica 等软件)才能完成.

三、二元函数的极限

二元函数的极限定义与一元函数的极限定义在文字叙述上是类似的,但是在自变量变化过程的方式上,二元函数极限比一元函数极限要复杂得多.

回忆一元函数 $y=f(x)$ 的极限:若当 $x\to x_0$(x_0 可以是无穷远点)时,有 $f(x)\to A$(唯一),则 A 为函数 $y=f(x)$ 的极限.

由于 x 始终在 x 轴上变化(图 10-6);无论 x 从右或从左接近于 x_0,都有 $f(x)\to A$.

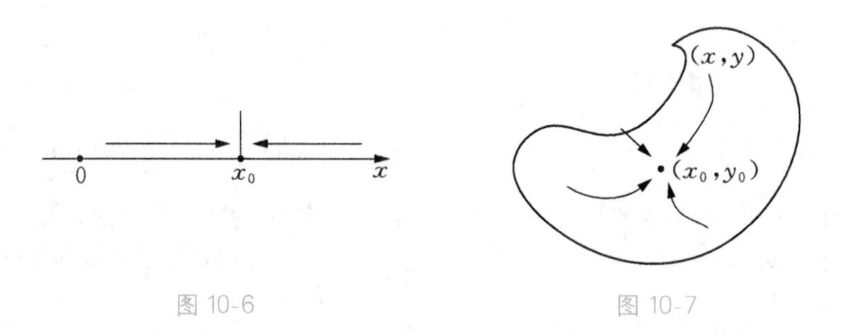

图 10-6　　图 10-7

而二元函数的定义域一般是一个平面区域,因此当平面上的一个动点$(x,\ y)$趋向于一个定点$(x_0,\ y_0)$时其方式是多种多样的(图 10-7).仿照一元函数给出二元函数极限定义.

定义 10-2 设二元函数 $z=f(x,\ y)$在点$(x_0,\ y_0)$的某去心邻域有定义,点$(x,\ y)$为该去心邻域内异于$(x_0,\ y_0)$的任意一点,如果当点$(x,\ y)$以任意方式趋向于点$(x_0,\ y_0)$时,对应的函数值 $f(x,\ y)$总趋向于一个确定的常数 A,则称 A **是二元函数** $z=f(x,\ y)$ **当**$(x,\ y)\to(x_0,\ y_0)$**时的极限**,记为

$$\lim_{(x,\ y)\to(x_0,\ y_0)} f(x,\ y)=A \text{ 或} \lim_{\substack{x\to x_0\\ y\to y_0}} f(x,\ y)=A.$$

【注意】(1) 以点$(x_0,\ y_0)$为圆心,以小正数 δ 为半径的圆域(不含边界)称作**点**$(x_0,\ y_0)$**的邻域**(函数定义域的子集);若邻域中不含圆心时,则称作**点**$(x_0,\ y_0)$**的去心邻域**.

(2) 若函数 $f(x,\ y)$在点$(x_0,\ y_0)$处有极限,则该极限与动点$(x,\ y)$趋向点$(x_0,\ y_0)$的路径无关(换言之,若路径变了,极限也变了,则函数在点$(x_0,\ y_0)$处无极限).因此,不能以趋向点$(x_0,\ y_0)$的特殊方式或特殊路径来考察函数 $f(x,\ y)$极限的存在性(谨防以此误判极限的存在).

二元函数的极限也称**二重极限**.二重极限是一元函数极限的推广,因此有类似的四则

运算法则、两个重要极限和敛散性判定方法等，此处不再详细介绍，仅举例说明.

[例5]　求下列极限.

(1) $\lim\limits_{\substack{x\to 1\\ y\to 0}}\dfrac{\ln(1+xy)}{x}$；　(2) $\lim\limits_{\substack{x\to 0\\ y\to 0}}\dfrac{x+y^2}{\sqrt{4+x+y^2}-2}$；　(3) $\lim\limits_{(x,y)\to(0,0)}\dfrac{\sin(xy)}{x}$；

(4) $\lim\limits_{\substack{x\to 0^+\\ y\to 0^+}}\dfrac{xy}{x+y}$；　(5) $\lim\limits_{(x,y)\to(0,0)}(x+y)\sin\dfrac{1}{x^2+y^2}$.

解　(1) $\lim\limits_{\substack{x\to 1\\ y\to 0}}\dfrac{\ln(1+xy)}{y}=\lim\limits_{\substack{x\to 1\\ y\to 0}}\dfrac{\ln(1+xy)}{xy}\cdot x=\lim\limits_{\substack{x\to 1\\ y\to 0}}\dfrac{\ln(1+xy)}{xy}\cdot\lim\limits_{\substack{x\to 1\\ y\to 0}}x$

$=\lim\limits_{\substack{x\to 1\\ y\to 0}}\ln(1+xy)^{\frac{1}{xy}}\cdot 1=1$（用到重要极限$\lim\limits_{u\to 0}(1+u)^{\frac{1}{u}}=\mathrm{e}$）；

(2) $\lim\limits_{\substack{x\to 0\\ y\to 0}}\dfrac{x+y^2}{\sqrt{4+x+y^2}-2}=\lim\limits_{\substack{x\to 0\\ y\to 0}}\dfrac{(x+y^2)(\sqrt{4+x+y^2}+2)}{(\sqrt{4+x+y^2}-2)(\sqrt{4+x+y^2}+2)}$

$=\lim\limits_{\substack{x\to 0\\ y\to 0}}(\sqrt{4+x+y^2}+2)=4$；

(3) $\lim\limits_{(x,y)\to(0,0)}\dfrac{\sin(xy)}{x}=\lim\limits_{(x,y)\to(0,0)}\left(y\dfrac{\sin(xy)}{xy}\right)\underline{\underline{u=xy}}\lim\limits_{u\to 0}\dfrac{\sin u}{u}\lim\limits_{y\to 0}y=0$；

(4) 由于 $0<\dfrac{xy}{x+y}=\dfrac{\sqrt{xy}}{x+y}\sqrt{xy}\leqslant\dfrac{1}{2}\sqrt{xy}$（均值不等式：$\dfrac{x+y}{2}\geqslant\sqrt{xy}$）；

又 $\lim\limits_{\substack{x\to 0^+\\ y\to 0^+}}\dfrac{\sqrt{xy}}{2}=0$，$\lim\limits_{\substack{x\to 0^+\\ y\to 0^+}}0=0$，所以 $\lim\limits_{\substack{x\to 0^+\\ y\to 0^+}}\dfrac{xy}{x+y}=0$（迫敛性法则）.

(5) 因为 $\left|\sin\dfrac{1}{x^2+y^2}\right|\leqslant 1$，又 $\lim\limits_{(x,y)\to(0,0)}(x+y)=0$，由无穷小量性质知所求极限为 0.

[例6]　设 $f(x,y)=\begin{cases}\dfrac{xy}{x^2+y^2}, & (x,y)\neq(0,0),\\ 0, & (x,y)=(0,0),\end{cases}$ 讨论 $\lim\limits_{\substack{x\to 0\\ y\to 0}}f(x,y)$ 是否存在.

解　当点 (x,y) 沿直线 $y=kx$ 趋向于 $(0,0)$ 点时，极限

$$\lim_{\substack{x\to 0\\ y\to 0}}f(x,y)=\lim_{\substack{x\to 0\\ y=kx\to 0}}\frac{kx^2}{x^2+k^2x^2}=\frac{k}{1+k^2}.$$

显然，此极限值随 k 的取值不同而变化，故所求极限不存在.

随堂练习

求下列极限.

① $\lim\limits_{(x,y)\to(0,0)}\dfrac{xy}{1+x^2+y^2}$；　② $\lim\limits_{(x,y)\to(0,0)}\dfrac{x^2y}{x^2+y^2}$，$x^2+y^2\neq 0$；

③ $\lim\limits_{(x,y)\to(0,0)}\dfrac{xy}{\sqrt{xy+1}-1}$.

答案与提示：① 0；② 由迫敛性知极限等于 0；③ 2（需要分母有理化）.

四、二元函数的连续性

多元函数的连续性与一元函数连续性类似，与函数的极限密切相关.下面给出二元函

数连续定性定义.

定义 10-3(连续性) 设函数 $z=f(x,y)$ 在点 $P_0(x_0,y_0)$ 的某邻域内有定义,点 $P(x,y)$ 为该邻域内任意一点,如果

$$\lim_{\substack{x\to x_0\\ y\to y_0}} f(x,y)=f(x_0,y_0),$$

则称二元函数 $z=f(x,y)$ 在点 $P_0(x_0,y_0)$ 处连续.否则称二元函数 $z=f(x,y)$ 在点 $P_0(x_0,y_0)$ 处不连续,且称点 $P_0(x_0,y_0)$ 为函数 $z=f(x,y)$ 的不连续点或间断点.

[例 7] 讨论下列函数在给定点处的连续性:

(1) $f(x,y)=\dfrac{xy}{1+x^2+y^2}$ 在 $(0,0)$ 处连续吗?

(2) $f(x,y)=\begin{cases}\dfrac{xy}{x^2+y^2}, & (x,y)\neq(0,0),\\ 0, & (x,y)=(0,0)\end{cases}$ 在 $(0,0)$ 处连续吗?

分析:(1) 因为 $\lim\limits_{(x,y)\to(0,0)} f(x,y)=\lim\limits_{(x,y)\to(0,0)}\dfrac{xy}{1+x^2+y^2}=0=f(0,0)$,所以 $f(x,y)$ 在原点 $(0,0)$ 连续.

(2) 由例 6 知 $\lim\limits_{(x,y)\to(0,0)} f(x,y)$ 不存在,所以 $f(x,y)$ 在原点 $(0,0)$ 不连续,$(0,0)$ 是函数的间断点.

类似于一元函数,下面再给出二元函数连续性的**增量**描述形式.

定义 10-4(连续性的增量形式) 设函数 $z=f(x,y)$ 在点 $P_0(x_0,y_0)$ 的某邻域内有定义,自变量 x 在 x_0 处的增量与自变量 y 在 y_0 处的增量分别为 $\Delta x=x-x_0$, $\Delta y=y-y_0$,则称 $\Delta z=f(x_0+\Delta x_0,y_0+\Delta y_0)-f(x_0,y_0)$ 为函数 $z=f(x,y)$ 在点 $P_0(x_0,y_0)$ 处的**全增量**.若 $\lim\limits_{\substack{\Delta x\to 0\\ \Delta y\to 0}}\Delta z=0$,则称函数二元函数 $z=f(x,y)$ 在**点 $P_0(x_0,y_0)$ 处连续**.

需要指出:定义 10-3 与定义 10-4 **等价**(证明简单,留给读者).

另外,如果函数 $z=f(x,y)$ 在区域 D 内的每一点都连续,则称函数 $z=f(x,y)$ 在区域 D 内连续,或称函数 $z=f(x,y)$ 是区域 D 内的连续函数.

多元连续函数的性质:①多元连续函数的和、差、积、商(分母不等于零)及复合所生成的函数仍是连续函数;②多元初等函数在其定义区域(包含在定义域内的区域)内连续;③有界闭区域上的多元连续函数必有**最大值**和**最小值**.

【注意】由多元基本初等函数及常数经过有限次四则运算与复合而成,且能用一个统一解析式表示的函数称为**多元初等函数**.

习题 10.1

1. 求下列函数在指定点的函数值.

(1) $f(x,y)=xy+\dfrac{x}{y}$,求 $f\left(\dfrac{1}{2},3\right)$ 与 $f(1,-1)$;

(2) $f(x,y)=3x+2y$,求 $f\left(xy,\dfrac{y}{x}\right)$.

2. 求下列函数的定义域,并画出定义域的图形.

(1) $f(x,y)=\sqrt{4-x^2-y^2}$;　　(2) $f(x,y)=\sqrt{x-\sqrt{y}}$;

(3) $f(x, y)=\sqrt{1-x^2}+\sqrt{y^2-1}$；　　(4) $f(x, y)=\ln(y-x)+\arcsin\dfrac{y}{x}$.

3. 求下列各极限.

(1) $\lim\limits_{\substack{x\to 0\\ y\to 0}}\dfrac{\sin(2xy)}{y}$；　　(2) $\lim\limits_{\substack{x\to 0\\ y\to 0}}\dfrac{2-\sqrt{xy+4}}{xy}$；

(3) $\lim\limits_{\substack{x\to 0\\ y\to 0}}\dfrac{1-a^{x^2+y^2}}{x^2+y^2}$；　　(4) $\lim\limits_{\substack{x\to 0\\ y\to 1}}(1+xy)^{\frac{1}{x}}$.

任务 10.2　函数的偏导数

任务内容

- 完成与函数偏导数相关联的任务工作页；
- 学习偏导数概念的相关知识；
- 学习偏导数的计算方法及实际应用；
- 学习高阶偏导数的概念及计算方法.

任务目标

- 理解偏导数概念及其几何意义；
- 理解偏导函数和偏导数的关系；
- 掌握计算偏导数的方法；
- 了解三元及以上函数的偏导数；
- 掌握高阶偏导数的计算方法；
- 了解混合偏导数之间的关系；
- 能够应用偏导数解决实际问题及专业案例.

任务工作页

了解任务内容并学习相关知识后，在教师指导下完成任务工作页内各项内容的填写.

1. $f_x(x_0, y_0)$还可以记为：(1)________，(2)________，(3)________.
2. $f_x(x_0, y_0)$与$f_x(x, y)$的关系是________________.
3. $z=f(x, y)$关于变量x的偏导函数$f_x(x, y)$的计算方法是________________.
   关于变量y的偏导函数$f_y(x, y)$的计算方法是________________.
4. $z=f(x, y)$关于变量x的偏导数$f_x(x_0, y_0)$的几何意义是什么？
   ________________________________.
5. 函数$z=f(x, y)$的二阶偏导数有几个？表达式是什么？
   ________________________________.

相关知识

一、偏导数概念

【案例引入】 具有一定量的理想气体其压强 P，体积 V，温度 T 三者之间的关系为 $P=\frac{RT}{V}$（R 为常量）.温度 T 不变时（等温过程），压强 P 关于体积 V 的变化率就是

$$\left(\frac{\mathrm{d}P}{\mathrm{d}V}\right)_{T=\text{常数}}=-\frac{RT}{V^2}.$$

如果体积 V 固定不变，即考虑等容过程，则压强 P 是温度 T 的一元函数，故有

$$\left(\frac{\mathrm{d}P}{\mathrm{d}T}\right)_{V=\text{常数}}=\frac{R}{V}.$$

此处是将二元函数 $P=P(T, V)$ 中的一个自变量固定不变，研究它关于另一个自变量的变化率，这种形式的变化率称为二元函数的偏导数.下面给出偏导数的定义.

定义 10-5(偏导数) 设函数 $z=f(x, y)$ 在点 $P_0(x_0, y_0)$ 及其近旁（某个邻域）有定义，当 $y=y_0$，x 在 x_0 有增量 Δx 时，相应地函数有增量 $\Delta_x z$（称为**偏增量**），如果极限

$$\lim_{\Delta x\to 0}\frac{\Delta_x z}{\Delta x}=\lim_{\Delta x\to 0}\frac{f(\Delta x+x_0, y_0)-f(x_0, y_0)}{\Delta x}$$

存在，则称此极限为函数 $z=f(x, y)$ 在点 (x_0, y_0) **关于 x 的偏导数**，记作

$$\left.\frac{\partial z}{\partial x}\right|_{(x_0, y_0)}, \left.\frac{\partial f}{\partial x}\right|_{(x_0, y_0)}, z_x\big|_{(x_0, y_0)}, f_x(x_0, y_0).$$

类似地，当 $x=x_0$，y 在 y_0 有增量 Δy 时，相应地函数有增量 $\Delta_y z$（称为**偏增量**），如果极限

$$\lim_{\Delta y\to 0}\frac{\Delta_y z}{\Delta y}=\lim_{\Delta y\to 0}\frac{f(x_0, \Delta y+y_0)-f(x_0, y_0)}{\Delta y}$$

存在，则称此极限为函数 $z=f(x, y)$ 在点 (x_0, y_0) **关于 y 的偏导数**，记作

$$\left.\frac{\partial z}{\partial y}\right|_{(x_0, y_0)}, \left.\frac{\partial f}{\partial y}\right|_{(x_0, y_0)} z_y\big|_{(x_0, y_0)}, f_y(x_0, y_0).$$

特别地，如果函数 $z=f(x, y)$ 在区域 D 内每一点 (x, y) 都存在对 x（或对 y）的偏导数，则可得到函数 $z=f(x, y)$ 在区域 D 上对 x（或对 y）的**偏导函数**，记作

$$z_x, f_x(x, y), \text{或}\frac{\partial z}{\partial x}, \frac{\partial f(x, y)}{\partial x}; z_y, f_y(x, y), \text{或}\frac{\partial z}{\partial y}, \frac{\partial f(x, y)}{\partial y}.$$

这些偏导数均为自变量 x，y 的函数，因此称它们为偏导函数.在不至于混淆的情况下常把偏导函数简称为偏导数.由偏导数定义可知，函数 $z=f(x, y)$ 在点 (x_0, y_0) 处对 x 的偏导数 $f_x(x_0, y_0)$ 就是偏导函数 $f_x(x, y)$ 在点 (x_0, y_0) 处的函数值；同理，$f_y(x_0, y_0)$ 就是偏导函数 $f_y(x, y)$ 在点 (x_0, y_0) 处的函数值.

[例1] 求函数

$$f(x, y)=\begin{cases}\dfrac{xy}{x^2+y^2}, (x, y)\neq(0, 0),\\ 0, (x, y)=(0, 0)\end{cases}$$

在点(0, 0)处对 x 和 y 的偏导数.

解

$$f_x(0, 0)=\lim_{\Delta x\to 0}\frac{f(\Delta x+0, 0)-f(0, 0)}{\Delta x}=\lim_{\Delta x\to 0}0=0;$$

同理,有

$$f_y(0, 0)=\lim_{\Delta y\to 0}\frac{f(0, 0+\Delta y)-f(0, 0)}{\Delta y}=\lim_{\Delta y\to 0}0=0.$$

由任务10.1中的例7(2)知该函数在点(0, 0)不连续,但它在点(0, 0)处的两个偏导都存在,这与一元函数不同(一元函数可导必连续).这是因为各偏导数存在只能保证当点(x, y)沿着平行于坐标轴的方向趋近于点(x_0, y_0)时函数值$f(x, y)$趋近于$f(x_0, y_0)$,但并不能保证(x, y)以任意方式趋近于点(x_0, y_0)时,函数值$f(x, y)$都趋近于$f(x_0, y_0)$.

[例2] 讨论函数 $f(x, y)=\sqrt{x^2+y^2}$ 在点(0, 0)处的连续性和偏导数的存在性.

解 由连续函数定义可判定函数在点(0, 0)连续.

因为 $f_x(0, 0)=\lim\limits_{\Delta x\to 0}\dfrac{f(\Delta x+0, 0)-f(0, 0)}{\Delta x}=\lim\limits_{\Delta x\to 0}\dfrac{|\Delta x|}{\Delta x}$ 不存在;同理 $f_y(0, 0)$ 也不存在.所以函数 $f(x, y)=\sqrt{x^2+y^2}$ 在(0, 0)点的偏导数不存在.

二、偏导数的几何意义

二元函数$z=f(x, y)$的图形是空间曲面.设$M_0(x_0, y_0, z_0)$为曲面$z=f(x, y)$上一点,其中$z_0=f(x_0, y_0)$.过点M_0作y轴的垂直平面$y=y_0$(因为垂直平面上点的纵坐标恒为y_0,所以用$y=y_0$表示该平面),它与曲面的交线

$$C_x:\begin{cases}y=y_0,\\ z=f(x, y)\end{cases}$$

是平面$y=y_0$上的曲线.函数$z=f(x, y)$在点(x_0, y_0)处关于x的偏导数$f_x(x_0, y_0)$就是一元函数$f(x, y_0)$在$x=x_0$的导数,因而也是曲线C_x在点(x_0, y_0, z_0)处的切线T_x对x轴的斜率(一元函数导数的几何意义),即T_x(斜上向方法)与x轴正向所成角的正切(图10-8).于是有$f_x(x_0, y_0)=\left.\dfrac{\mathrm{d}f(x, y_0)}{\mathrm{d}x}\right|_{x=x_0}=\tan\alpha$.

同理,偏导数$f_y(x_0, y_0)$就是一元函数$f(x_0, y)$在$y=y_0$的导数,因而也是曲线C_y在点(x_0, y_0, z_0)处切线T_y对y轴的斜率,即T_y(斜上向方法)与y轴正向所成角的正切(图10-8).于是有

$$f_y(x_0, y_0)=\left.\frac{\mathrm{d}f(x_0, y)}{\mathrm{d}y}\right|_{y=y_0}=\tan\beta.$$

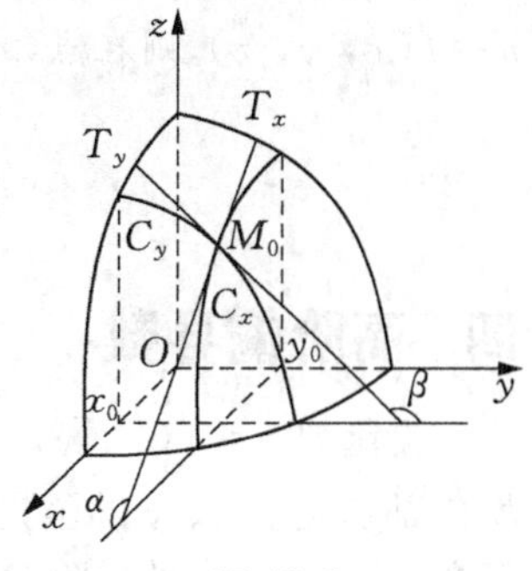

图 10-8

动画

二元函数偏导数的几何意义

三、偏导数计算

由偏导数的定义知，求 $z=f(x, y)$的偏导数，并不需要用新的求导方法，只需把其中一个自变量看成常数，使二元函数变成另一个自变量的一元函数求导即可，有关一元函数的求导法则及求导公式，对求偏导数仍然适用.

［例 3］ 求 $z=x^2\sin y$ 的偏导数.

解 把 y 看作常量，对 x 求导数，得

$$\frac{\partial z}{\partial x}=\frac{\partial}{\partial x}(x^2\sin y)=2x\sin y;$$

再把 x 看作常量，对 y 求导数，得

$$\frac{\partial z}{\partial y}=\frac{\partial}{\partial y}(x^2\sin y)=x^2\cos y.$$

［例 4］ 求 $z=\ln(1+x^2+y^2)$在点(1, 2)处的偏导数.

解 先求偏导函数，有

$$\frac{\partial z}{\partial x}=\frac{2x}{1+x^2+y^2},\ \frac{\partial z}{\partial y}=\frac{2y}{1+x^2+y^2},$$

在点(1, 2)处的偏导数就是偏导函数在(1, 2)处的值，所以

$$\left.\frac{\partial z}{\partial x}\right|_{(1,2)}=\frac{1}{3},\ \left.\frac{\partial z}{\partial y}\right|_{(1,2)}=\frac{2}{3}.$$

应当指出，根据偏导数的定义，偏导数$\left.\frac{\partial z}{\partial x}\right|_{(1,2)}$是将函数 $z=\ln(1+x^2+y^2)$中的 y 固定在 $y=2$ 处，而求一元函数 $z=\ln(1+x^2+2^2)$在 $x=1$ 处的导数.因此，在求函数对某自变量在一点处的偏导数时，可先将函数中其余自变量用此点相应的坐标值代入后再求导，这样有时会带来方便.

［例 5］ 设 $f(x, y)=\mathrm{e}^{\arctan\frac{y}{x}}\ln(x^2+y^2)$，求 $f_x(1, 0)$.

解 如果先求偏导数 $f_x(x, y)$，运算比较繁杂，但是若先把函数中的 y 固定在 $y=0$ 处，则有 $f(x, 0)=\ln x^2$，从而 $f_x(x, 0)=\frac{2}{x}$，进而 $f_x(1, 0)=2$.

二元函数偏导数的定义和求法可以类推到三元及三元以上的函数.例如，三元函数 $u=f(x, y, z)$，则在点(x, y, z)处关于 x 的偏导数可定义为

$$f_x(x, y, z)=\lim_{\Delta x\to 0}\frac{f(x+\Delta x, y, z)-f(x, y, z)}{\Delta x}.$$

四、高阶偏导数

设函数 $z=f(x, y)$在区域 D 内有偏导数 $f_x(x, y)$，$f_y(x, y)$，且这两个偏导数在 D 内都是关于 x、y 的函数.如果这两个偏导函数的偏导数也存在，则称偏导函数的偏导数是函数 $z=f(x, y)$的二阶偏导数.按求导次序不同，这样的二阶偏导数共有四个，分别表示为

$$\frac{\partial^2 z}{\partial x^2}=\frac{\partial}{\partial x}\left(\frac{\partial z}{\partial x}\right)=f_{xx}(x, y), \frac{\partial^2 z}{\partial x \partial y}=\frac{\partial}{\partial y}\left(\frac{\partial z}{\partial x}\right)=f_{xy}(x, y),$$

$$\frac{\partial^2 z}{\partial y \partial x}=\frac{\partial}{\partial x}\left(\frac{\partial z}{\partial y}\right)=f_{yx}(x, y), \frac{\partial^2 z}{\partial y^2}=\frac{\partial}{\partial y}\left(\frac{\partial z}{\partial y}\right)=f_{yy}(x, y).$$

其中 $f_{xy}(x, y)$，$f_{yx}(x, y)$称为 $f(x, y)$的二阶混合偏导数.

类似地，可以定义三阶、四阶、……、n 阶偏导数.将二阶及二阶以上的偏导数统称为高阶偏导数，相应地将 $f_x(x, y)$和 $f_y(x, y)$叫做一阶偏导数.

[例6]　设函数 $z=x^3y-3x^2y^3$，求它的二阶偏导数及 $z_{xy}(1, 2)$.

解　函数的一阶偏导数为

$$\frac{\partial z}{\partial x}=3x^2y-6xy^3, \frac{\partial z}{\partial y}=x^3-9x^2y^2,$$

二阶偏导数为

$$\frac{\partial^2 z}{\partial x^2}=\frac{\partial}{\partial x}\left(\frac{\partial z}{\partial x}\right)=\frac{\partial}{\partial x}(3x^2y-6xy^3)=6xy-6y^3,$$

$$\frac{\partial^2 z}{\partial x \partial y}=\frac{\partial}{\partial y}\left(\frac{\partial z}{\partial x}\right)=\frac{\partial}{\partial y}(3x^2y-6xy^3)=3x^2-18xy^2,$$

$$\frac{\partial^2 z}{\partial y \partial x}=\frac{\partial}{\partial x}\left(\frac{\partial z}{\partial y}\right)=\frac{\partial}{\partial x}(x^3-9x^2y^2)=3x^2-18xy^2,$$

$$\frac{\partial^2 z}{\partial y^2}=\frac{\partial}{\partial y}\left(\frac{\partial z}{\partial y}\right)=\frac{\partial}{\partial y}(x^3-9x^2y^2)=-18x^2y,$$

$$\left.\frac{\partial^2 z}{\partial x \partial y}\right|_{(1,2)}=-33.$$

从上例可以看出，该函数的两个混合偏导数相等，但并不是每一个二元函数的两个混合偏导都相等.如果两个二阶混合偏导数满足如下条件时，则它们相等.

定理 10-1　若函数 $z=f(x, y)$的两个二阶混合偏导数在区域 D 内连续，则在该区域内必有

$$\frac{\partial^2 z}{\partial x \partial y}=\frac{\partial^2 z}{\partial y \partial x}.$$

该定理说明：二阶混合偏导数在连续的情况下与求导次序无关.

对于三元及三元以上函数可类似定义高阶偏导数，而且当偏导数连续时，混合偏导数与求偏导的次序无关.

例如，在连续的条件下，有

$$f_{xyx}(x, y)=f_{xxy}(x, y)=f_{yxx}(x, y).$$

它表示只要对 x 求导两次，对 y 求导一次，不论求导次序如何，其结果都一样.

随堂练习

(1) 求下列函数的偏导数.

① $z=\ln(x+y^2)$；② $z=(x^3-2y)^2+xy$.

(2) 求函数 $z=y\mathrm{e}^{x}+x\mathrm{e}^{y}$ 二阶偏导数.

(3) 设 $f(x, y)=\begin{cases} y\sin\dfrac{1}{x^2+y^2}, & x^2+y^2\neq 0, \\ 0, & x^2+y^2=0, \end{cases}$ 考察函数 $f(x, y)$ 在原点 $(0, 0)$ 的偏导数.

答案与提示:

(1) ① $z_x=\dfrac{1}{x+y^2}$, $z_y=\dfrac{2y}{x+y^2}$; ② $z_x=6x^2(x^3-2y^2)+y$, $z_y=-4(x^3-2y^2)+x$.

(2) $z_x=y\mathrm{e}^{x}+\mathrm{e}^{y}$, $z_y=\mathrm{e}^{x}+x\mathrm{e}^{y}$; $z_{xx}=y\mathrm{e}^{x}$, $z_{xy}=\mathrm{e}^{x}+\mathrm{e}^{y}$, $z_{yx}=\mathrm{e}^{x}+\mathrm{e}^{y}$, $z_{yy}=x\mathrm{e}^{y}$.

(3) 应用偏导数的定义可得, $f_x(0, 0)=\lim\limits_{\Delta x\to 0}\dfrac{f(0+\Delta x, 0)-f(0, 0)}{\Delta x}=0$, $f_y(0, 0)=\lim\limits_{\Delta y\to 0}\dfrac{f(0, 0+\Delta y)-f(0, 0)}{\Delta y}=\lim\limits_{\Delta y\to 0}\sin\dfrac{1}{(\Delta y)^2}$ 不存在.

习题 10.2

1. 与一元函数比较,说明二元函数连续、偏导数之间的关系.
2. 设 $f(x, y)=x+y-\sqrt{x^2+y^2}$,求 $f_x(3, 4)$ 及 $f_y(3, 4)$.
3. 设 $u=\ln(1+x+y^2+z^3)$,当 $x=y=z=1$ 时,求 $u_x+u_y+u_z$ 的值.
4. 求下列函数的偏导数.

(1) $z=x^3y-y^3x$; (2) $z=\ln\tan\dfrac{x}{y}$; (3) $z=\sin\dfrac{x}{y}\cos\dfrac{y}{x}$;

(4) $z=(1+xy)^y$; (5) $z=\arctan\sqrt{x^y}$; (6) $z=\sqrt{x}\sin\dfrac{y}{x}$.

5. 曲线 $\begin{cases} z=\sqrt{1+x^2+y^2}, \\ x=1 \end{cases}$ 在点 $(1, 1, \sqrt{3})$ 处的切线与 y 轴正向所成的倾斜角是多少?

任务 10.3 函数的全微分及其应用

任务内容

- 完成与函数的全微分关联的任务工作页;
- 学习函数全微分的概念及存在条件;
- 学习全微分的几何意义和应用;
- 学习函数可导、可微及连续之间的关系;
- 学习全微分在近似计算中的应用.

任务目标

- 理解函数全微分的概念;

- 掌握求函数全微分的计算公式；
- 掌握判断函数全微分存在的条件；
- 熟悉函数可导、可微及连续之间的关系；
- 掌握函数全微分近似计算的公式并学会应用；
- 能够利用函数的全微分及近似计算解决实际问题.

了解任务内容并学习相关知识后，在教师指导下完成任务工作页内各项内容的填写.

1. 函数的 $z=f(x, y)$ 的全增量 $\Delta z=$ ________.
2. 函数 $z=f(x, y)$ 在定义域内可微，则 $\mathrm{d}z=$ ________.
   若 (x_0, y_0) 是定义域内的一点，则 $\mathrm{d}z\big|_{\substack{x=x_0\\y=y_0}}=$ ________.
3. 如何判断函数 $z=f(x, y)$ 在某点处是否可微？
   ________.
4. 设函数 $z=f(x, y)$ 在点 (x, y) 处可微，$\mathrm{d}z=$ ________.

相关知识

一、多元函数的全微分

在一元函数中，如果函数 $y=f(x)$ 在点 x 处可导，那么当自变量由 x 变到 $x+\Delta x$ 时函数的改变量 $\Delta y=f(x+\Delta x)-f(x)$ 就可近似地表示为 $\Delta y\approx f'(x)\Delta x$，并且在该式中 Δx 的绝对值越小，近似的精确度越高. Δy 与 $f'(x)\Delta x$ 之间相差一个高阶无穷小，称 $f'(x)\Delta x$ 为函数在点 x 处的微分，记作 $\mathrm{d}y=f'(x)\mathrm{d}x(\Delta x=\mathrm{d}x)$. 可类似地定义多元函数的微分.

下面我们通过一个具体实例来研究多元函数的微分.

实例　有一块矩形金属薄片，它的长为 x，宽为 y. 因受热膨胀（不考虑厚度），金属薄片的长和宽分别增加了 Δx、Δy（图 10-9）.

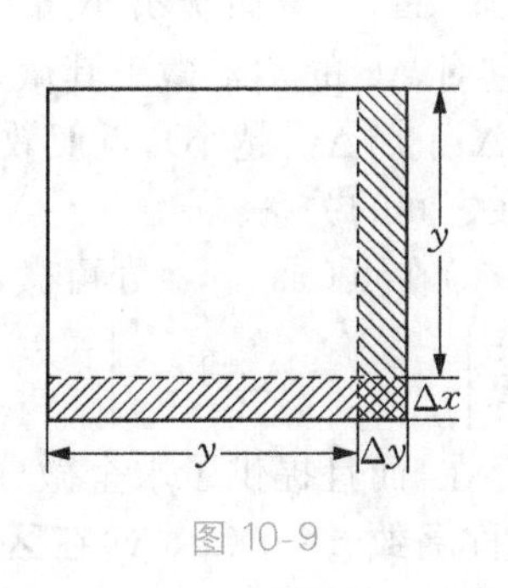

图 10-9

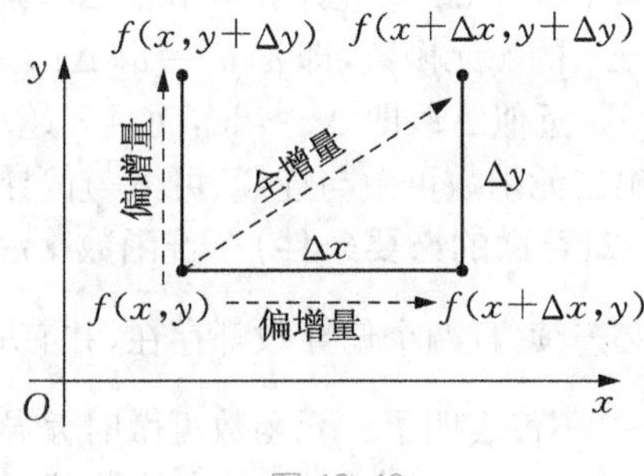

图 10-10

令 $S=f(x, y)=xy$ 为长方形面积，则面积的改变量 ΔS 为

$$\begin{aligned}\Delta S&=f(x+\Delta x, y+\Delta y)-f(x, y)\\&=(x+\Delta x)(y+\Delta y)-xy=\underbrace{x\cdot\Delta y}_{(\alpha)}+\underbrace{y\cdot\Delta x}_{(\beta)}+\underbrace{\Delta y\cdot\Delta x}_{(\gamma)}.\end{aligned}\tag{10.1}$$

从图 10-9 及上式可看出全增量 ΔS 由(α)、(β)和(γ)这三部分组成，并且它们都是当 $\Delta x\to 0$，$\Delta y\to 0$ 时的无穷小量.长 x 和宽 y 这两个自变量变化及相应的函数值的变化过程如图 10-10 所示.

因为 $\lim\limits_{(\Delta x,\ \Delta y)\to(0,\ 0)}\dfrac{x\cdot\Delta y+y\cdot\Delta x}{\Delta y\cdot\Delta x}=\lim\limits_{(\Delta x,\ \Delta y)\to(0,\ 0)}\left(\dfrac{x}{\Delta x}+\dfrac{y}{\Delta y}\right)=+\infty$，表明 $\Delta x\cdot\Delta y$ 相对 $x\cdot\Delta y+y\cdot\Delta x$ 是高阶无穷小，即当 $|\Delta x|$ 与 $|\Delta y|$ 很小时，$\Delta x\cdot\Delta y$（图 10-9 右下角的小矩形面积）比 $x\cdot\Delta y+y\cdot\Delta x$ 小得多，可以忽略不计.所以影响 ΔS 大小的量主要是前两部分 $x\cdot\Delta y+y\cdot\Delta x$（是关于 Δx 与 Δy 的线性关系式），舍掉高阶无穷小 $\Delta x\cdot\Delta y$，得

$$\Delta S\approx y\cdot\Delta x+x\cdot\Delta y\text{（误差为高阶无穷小）}.$$

由于 $\dfrac{\partial S}{\partial x}=y$，$\dfrac{\partial S}{\partial y}=x$，从而有

$$\Delta S\approx\frac{\partial S}{\partial x}\cdot\Delta x+\frac{\partial S}{\partial y}\cdot\Delta y. \tag{10.2}$$

对一般函数 $z=f(x,\ y)$ 会不会也有类似于上式的全增量近似计算式呢？即

$$\Delta z\approx\frac{\partial z}{\partial x}\cdot\Delta x+\frac{\partial z}{\partial y}\cdot\Delta y\text{ 或 }\Delta z\approx f_x(x,\ y)\cdot\Delta x+f_y(x,\ y)\cdot\Delta y.$$

如果有，那么函数应满足什么样的条件？结论由以下定义和定理给出.

释疑解难

全微分的概念

定义 10-6 函数 $z=f(x,\ y)$ 在点 $P_0(x_0,\ y_0)$ 的某个邻域内有定义，若存在两个常数 A，B 使得全增量 $\Delta z=f(x_0+\Delta x,\ y_0+\Delta y)-f(x_0,\ y_0)$ 与线性关系式 $B\Delta x+A\Delta y$ 间相差一个高阶无穷小 $\alpha(\rho)$（$\rho=\sqrt{(\Delta x)^2+(\Delta y)^2}$ 且 $\lim\limits_{\rho\to 0}\dfrac{\alpha(\rho)}{\rho}=0$），即

$$\Delta z=B\Delta x+A\Delta y+\alpha(\rho),$$

则称二元函数 $z=f(x,\ y)$ 在点 $(x_0,\ y_0)$ 处可微.并称 $A\Delta x+B\Delta y$ 为函数 $f(x,\ y)$ 在点 $(x_0,\ y_0)$ 的**全微分**，记作：

$$\mathrm{d}z=B\Delta x+A\Delta y. \tag{10.3}$$

可见可用全微分 $\mathrm{d}z$ 来近计算全增量 Δz，误差 $|\Delta z-\mathrm{d}z|$ 是高阶无穷小.事实上，$\alpha(\rho)$ 是关于 Δx，Δy 的二元函数，即 $\alpha(\rho)=\alpha(\Delta x,\ \Delta y)$，它对 Δz 的贡献微乎其微，可忽略不计.今后可用 $\mathrm{d}z$ 近似 Δz，即 $\Delta z\approx\mathrm{d}z$，而且 ρ 越小（即 $|\Delta x|$，$|\Delta y|$ 越小），近似效果越好.

下面给出二元函数可微与连续、可微与偏导数存在之间的关系.

定理 10-2（可微的必要条件） 若函数 $z=f(x,\ y)$ 在点 $(x_0,\ y_0)$ 处可微，则它在点 $(x_0,\ y_0)$ 处必连续，且两个偏导数都存在，并有 $\mathrm{d}z=\left.\dfrac{\partial z}{\partial x}\right|_{(x_0,\ y_0)}\cdot\Delta x+\left.\dfrac{\partial z}{\partial y}\right|_{(x_0,\ y_0)}\cdot\Delta y$.

定理 10-2 不仅表明了二元函数可微时偏导数必存在，而且提供了求全微分的计算公式.如果函数 $z=f(x,\ y)$ 在区域 D 内处处都可微，则称**函数 $z=f(x,\ y)$ 在区域 D 内可微**.此时，区域 D 内每一点 $(x,\ y)$ 处的全微分可表示为

$$\mathrm{d}z=\frac{\partial z}{\partial x}\Delta x+\frac{\partial z}{\partial y}\Delta y.$$

一般地，记 $\Delta x=\mathrm{d}x$，$\Delta y=\mathrm{d}y$，则函数 $z=f(x,\ y)$ 在点 $(x,\ y)$ 处的全微分可写成

$$dz=\frac{\partial z}{\partial x}dx+\frac{\partial z}{\partial y}dy. \tag{10.4}$$

但需要指出的是:当二元函数的偏导数存在时,它未必可微.例如

$$f(x, y)=\begin{cases}\frac{xy}{x^2+y^2}, (x, y)\neq(0, 0),\\ 0, (x, y)=(0, 0)\end{cases}$$

在点(0, 0)不连续,所以在(0, 0)处不可微,但它在(0, 0)的两个偏导数均存在,且 $f_x(0, 0)=f_y(0, 0)=0$.

因此,二元函数偏导数存在仅仅是可微的必要条件而不是充分条件,这是多元函数与一元函数的又一不同之处(一元函数可导与可微等价).下面给出二元函数可微的充分条件.

定理 10-3(可微的充分条件)　若函数 $z=f(x, y)$ 在点 (x_0, y_0) 处的两个偏导数连续,则函数 $z=f(x, y)$ 在该点一定可微.

全微分的概念可以推广到三元或三元以上的多元函数.例如,若三元函数 $u=f(x, y, z)$ 具有连续偏导数,则其全微分的表达式为

$$du=\frac{\partial u}{\partial x}dx+\frac{\partial u}{\partial y}dy+\frac{\partial u}{\partial z}dz.$$

释疑解难

二元函数的可微性

[例1]　求函数 $z=e^{xy}$ 在点(2, 1)处的全微分.

解　因为

$$\frac{\partial z}{\partial x}=ye^{xy}, \frac{\partial z}{\partial y}=xe^{xy}, \left.\frac{\partial z}{\partial x}\right|_{\substack{x=2\\y=1}}=e^2, \left.\frac{\partial z}{\partial y}\right|_{\substack{x=2\\y=1}}=2e^2.$$

所以,

$$dz=e^2dx+2e^2dy.$$

[例2]　求函数 $z=x^2y+y^2$ 在点(2, −1)处,当 $\Delta x=0.03$, $\Delta y=-0.01$ 时的全增量与全微分.

解　由定义知,全增量

$$\begin{aligned}\Delta z&=[(2+0.03)^2\times(-1-0.01)+(-1-0.01)^2]-[2^2\times(-1)+(-1)^2]\\&=-0.142\,009.\end{aligned}$$

因为

$$\frac{\partial z}{\partial x}=2xy, \frac{\partial z}{\partial x}=x^2+2y,$$

所以

$$dz=2\times2(-1)\times0.03+[2^2+2\times(-1)]\times(-0.01)=-0.14.$$

说明用 dz 近似 Δz 效果很好.

[例3]　计算函数 $z=\sqrt{x^2+y^2}$ 的全微分.

解　因为

$$\frac{\partial z}{\partial x}=\frac{x}{\sqrt{x^2+y^2}}, \frac{\partial z}{\partial y}=\frac{y}{\sqrt{x^2+y^2}},$$

所以 $$dz=\frac{x}{\sqrt{x^2+y^2}}dx+\frac{x}{\sqrt{x^2+y^2}}dy.$$

随堂练习

(1) 求下列函数的全微分.

① $z=x^2y+y^3$；② $u=x+\sin\left(\frac{y}{2}\right)+e^{zy}$.

(2) 讨论函数

$$f(x, y)=\begin{cases}0, & x^2+y^2=0,\\ \frac{xy}{\sqrt{x^2+y^2}}, & x^2+y^2\neq 0\end{cases}$$

在点(0, 0)是否可微.

答案与提示:

(1) ① $dz=2xydx+(x^2+3y^2)dy$；② $du=dx+\left(\frac{1}{2}\cos\left(\frac{y}{2}\right)+ze^{zy}\right)dy+ye^{zy}dz$.

(2) 按可微定义讨论.初始点是(0, 0)，所以 $\Delta x=x$，$\Delta y=y$.易得 $f_x(0, 0)=f_y(0, 0)=0$.

只考查等式 $\Delta z=f(x, y)-f(0, 0)=f_x(0, 0)x+f_y(0, 0)y+\alpha(\rho)$ 是否成立，式中 $\alpha(\rho)$ 相对 $\rho=\sqrt{(\Delta x)^2+(\Delta y)^2}=\sqrt{x^2+y^2}$ 是高阶无穷小.易得 $\alpha(\rho)=f(x, y)$.因为 $\lim\limits_{\rho\to 0}\frac{\alpha(\rho)}{\rho}=\lim\limits_{\rho\to 0}\frac{f(x, y)}{\rho}=\lim\limits_{\substack{x\to 0\\ y\to 0}}\frac{xy}{x^2+y^2}$ 不存在(沿 $y=kx$ 趋近于原点(0, 0)时，极限与 k 有关).所以函数 $f(x, y)$ 在点(0, 0)不可微.

二、全微分在近似计算中的应用

设函数 $z=f(x, y)$ 在点 (x, y) 处可微，则函数的全增量与全微分相差一个高阶无穷小量.因此，当 $|\Delta x|$ 与 $|\Delta y|$ 都比较小时，全增量可以近似地用全微分代替，即

$$\Delta z\approx dz=f_x(x, y)\Delta x+f_y(x, y)\Delta y. \tag{10.5}$$

又因为 $\Delta z=f(x+\Delta x, y+\Delta y)-f(x, y)$，所以有

$$f(x+\Delta x, y+\Delta y)\approx f(x, y)+f_x(x, y)\Delta x+f_y(x, y)\Delta y. \tag{10.6}$$

利用式(10.5)和(10.6)可以对函数全增量 Δz 及某点函数值进行估值或近似计算.

[例4] 有一圆柱体，受压后发生变形，它的半径由 20 cm 增大到 20.05 cm，高度由 100 cm 减少到 99 cm.求此圆柱体体积变化的近似值.

解 设圆柱体的半径、高和体积依次为 r、h 和 V，则有 $V=\pi r^2h$.

已知 $r=20$，$h=100$，$\Delta r=0.05$，$\Delta h=-1$，根据近似公式，有

$$\begin{aligned}\Delta V\approx dV &=V_r\Delta r+V_h\Delta h=2\pi rh\Delta r+\pi r^2\Delta h\\ &=2\pi\times 20\times 100\times 0.05+\pi\times 20^2\times(-1)=-200\pi(\text{cm}),\end{aligned}$$

即此圆柱体在受压后体积约减少了 $200\pi\ \text{cm}^3$.

[例5] 利用全微分求$(0.96)^{2.02}$的近似值.

解 设函数$z=f(x,y)=x^y$.取$x=1$，$y=2$，$\Delta x=-0.04$，$\Delta y=0.02$，则

$$f(1,2)=1,\ f_x(1,2)=yx^{y-1}\Big|_{\substack{x=1\\y=2}}=2,\ f_y(1,2)=x^y\ln x\Big|_{\substack{x=1\\y=2}}=0,$$

由近似公式(10.3.6)得

$$\begin{aligned}f(0.96,2.02)&\approx f(1,2)+f_x(1,2)\times(-0.04)+f_y(1,2)\times0.02\\&=1+2\times(-0.04)+0\times0.02=0.92.\end{aligned}$$

习题 10.3

1. 求下列函数的全微分.

(1) $z=xy+\dfrac{x}{y}$； (2) $z=\ln(x^2+y^2)$；

(3) $z=\arcsin\dfrac{x}{y}$； (4) $u=x^{yz}$.

2. 求函数$z=\dfrac{y}{x}$当$x=2$，$y=1$，$\Delta x=0.1$，$\Delta y=0.2$时的全增量及全微分.

3. 计算$(0.98)^{2.03}$的近似值.

4. 已知边长$x=6$ m与$y=8$ m的矩形，如果x边增加5 cm，y边减少10 cm，问这个矩形的对角线的近似变化怎样？

任务10.4 复合函数的微分法、隐函数求导及在几何上的应用

任务内容

- 完成与复合函数的微分法及隐函数求导相关联的任务工作页；
- 学习复合函数微分的链式法则；
- 学习隐函数的求导公式；
- 学习求空间曲面的切平面方程及求切平面法线方程的基本方法；
- 学习求空间曲线的切线方程和求法平面方程的基本方法.

任务目标

- 掌握复合函数的求导规则；
- 掌握由方程所确定隐函数的求导方法；
- 掌握偏导数求空间曲面在一点处的切平面和法线的方法；
- 掌握偏导数求空间曲线在一点处的切线和法平面的方法；
- 能够利用复合函数及复合函数的导数解决实际问题，解决专业案例.

任务工作页

了解任务内容并学习相关知识后，在教师指导下完成任务工作页内各项内容的填写.

1. 设有复合函数 $z=f(u,v)$，$u=\varphi(x,y)$，$v=\psi(x,y)$，则 u 称为________；v 称为________；自变量是________，$\frac{\partial z}{\partial x}=$________，$\frac{\partial z}{\partial y}=$________.

2. 设 $z=f(u,x)$，$u=\varphi(x,y)$ 在点 (x,y) 处有偏导数，则 $\frac{\partial z}{\partial x}=$____________；$\frac{\partial z}{\partial y}=$________.

3. 方程 $F(x,y)=0$ 确定了一元隐函数 $y=y(x)$，则 $\frac{\mathrm{d}y}{\mathrm{d}x}=$____________.

4. 设方程 $F(x,y,z)=0$ 确定了二元隐函数 $z=z(x,y)$，则 $\frac{\partial z}{\partial x}=$____________；$\frac{\partial z}{\partial y}=$____________.

5. 曲面 Σ 的方程为 $F(x,y,z)=0$，在点 $M_0(x_0,y_0,z_0)$ 处的切平面的方程为：____________；在点 $M_0(x_0,y_0,z_0)$ 处的法线的方程为：________________.

6. 设曲线 $x=x(t)$，$y=y(t)$，$z=z(t)$ 在 $t=t_0$ 处切线的方向向量为________，切线方程为：________________，法平面方程是：________________.

 相关知识

一、复合函数的微分法

实例 有一个家庭，其中祖父 z 拿钱支援当父母的 u 和 v，然后 u 和 v 再拿钱去支援当子女的 x 和 y，因此养子女的钱实际上是从祖父那里来的.试问：这些孙子和子女以何种速度花掉他们祖父的资产呢？

分析 依题意，可设 $z=f(u,v)$，$u=\varphi(x,y)$，$v=\psi(x,y)$，他们的关系如图 10-11(也是二元复合函数的关系图)所示.问题转化成为求 $\frac{\partial z}{\partial x}$ 和 $\frac{\partial z}{\partial y}$.

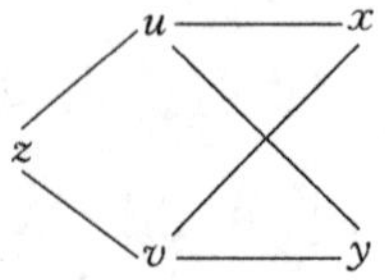

图 10-11

因为 z 在孙子身上花掉的钱等于 z 为了 x 而在儿子 u 身上花掉的钱加上 z 为了 x 而在儿媳 v 身上花掉的钱，所以花钱的总流量是下面两条线路流量的总和：

$$z\to u\to x,$$

$$z\to v\to x.$$

根据一元复合函数的导数法则，上述第一条线路钱的流速是 $\frac{\partial z}{\partial u}\frac{\partial u}{\partial x}$，第二条线路钱的流速是 $\frac{\partial z}{\partial v}\frac{\partial v}{\partial x}$.总流速应该是这两个流速的和，因此有

$$\frac{\partial z}{\partial x}=\frac{\partial z}{\partial u}\frac{\partial u}{\partial x}+\frac{\partial z}{\partial v}\frac{\partial v}{\partial x}.$$

类似地，有

$$\frac{\partial z}{\partial y}=\frac{\partial z}{\partial u}\frac{\partial u}{\partial y}+\frac{\partial z}{\partial v}\frac{\partial v}{\partial y}.$$

上述实例实际上直观地给出了二元复合函数的微分法则.

设 $z=f(u, v)$是变量 u, v 的函数,而 $u=\varphi(x, y)$, $v=\psi(x, y)$又是 x, y 的函数,则称 $z=f(\varphi(x, y), \psi(x, y))$为 $u=\varphi(x, y)$和 $v=\psi(x, y)$的复合函数.显然,其中 x, y 是自变量,而 u, v 是中间变量.

现在的问题是在什么条件下才能保证复合函数 z 对自变量 x 和 y 的偏导数存在,以及如何求出这些偏导数? 下面的定理 10-4 将给出答案.

定理 10-4　设 $u=\varphi(x, y)$, $v=\psi(x, y)$在点(x, y)处有偏导数,而函数 $z=f(u, v)$在相应点(u, v)有连续偏导数,则复合函数 $z=f(\varphi(x, y), \psi(x, y))$在点$(x, y)$处有偏导数,且

$$\frac{\partial z}{\partial x}=\frac{\partial z}{\partial u}\frac{\partial u}{\partial x}+\frac{\partial z}{\partial v}\frac{\partial v}{\partial x},\ \frac{\partial z}{\partial y}=\frac{\partial z}{\partial u}\frac{\partial u}{\partial y}+\frac{\partial z}{\partial v}\frac{\partial v}{\partial y}.$$

定理 10-4 中的公式可由图 10-11 中的线路图来记忆.从图中可看到从 z 出发到 x 有两条路,每条路有两段:

第一条路 $z\xrightarrow{\frac{\partial z}{\partial u}}u\xrightarrow{\frac{\partial u}{\partial x}}x$,第二条路 $z\xrightarrow{\frac{\partial z}{\partial v}}v\xrightarrow{\frac{\partial v}{\partial x}}x$.

显然,第一条路上的$\frac{\partial z}{\partial u}$与$\frac{\partial u}{\partial x}$的乘积加上第二条路上的$\frac{\partial z}{\partial v}$和$\frac{\partial v}{\partial x}$的乘积等于$\frac{\partial z}{\partial x}$.

同理,从图 10-11 中可看到从 z 出发到 y 有两条路,每条路有两段:

第一条路 $z\xrightarrow{\frac{\partial z}{\partial u}}u\xrightarrow{\frac{\partial u}{\partial y}}y$,第二条路 $z\xrightarrow{\frac{\partial z}{\partial v}}v\xrightarrow{\frac{\partial v}{\partial y}}y$.

第一条路上的$\frac{\partial z}{\partial u}$与$\frac{\partial u}{\partial y}$的乘积加上第二条路上的$\frac{\partial z}{\partial v}$和$\frac{\partial v}{\partial y}$的乘积等于偏导数$\frac{\partial z}{\partial y}$.

上述方法具有一般性,对于中间变量或自变量超过两个,复合步骤多于一次的复合函数,均可借助复合过程线路结构图,理清各变量之间的关系,为利用定理 10-4 中做好铺垫.复合函数的结构虽然具有多样性,求其偏导的公式也不尽相同,但有运用路线结构图可直接写出所给复合函数的偏导公式.

【注意】定理 10-4 也称链式法则,可推广到 $n(n\geqslant 3)$元函数上.对初学者而言,利用链式法则求复合函数偏导数具有不可替代的作用.

下面给出几类较常见的基于链式法则的多元复合函数偏导数计算公式.

类型一:设 $z=f(u, v, w)$,而 $u=u(x, y)$, $v=v(x, y)$, $w=w(x, y)$(图 10-12)在(x, y)处有偏导数,$z=f(u, v, w)$在相应点(u, v, w)处有连续偏导数,则复合函数 $z=f[u(x, y), v(x, y), w(x, y)]$在$(x, y)$处有偏导数,且

$$\frac{\partial z}{\partial x}=\frac{\partial z}{\partial u}\frac{\partial u}{\partial x}+\frac{\partial z}{\partial v}\frac{\partial v}{\partial x}+\frac{\partial z}{\partial w}\frac{\partial w}{\partial x},$$

$$\frac{\partial z}{\partial y}=\frac{\partial z}{\partial u}\frac{\partial u}{\partial y}+\frac{\partial z}{\partial v}\frac{\partial v}{\partial y}+\frac{\partial z}{\partial w}\frac{\partial w}{\partial y}.$$

类型二:设 $u=\varphi(x)$, $v=\psi(x)$, $w=\omega(x)$ 在点 x 处可导,$y=f(u, v, w)$ 在相应点 (u, v, w) 处有连续偏导数,则复合函数 $y=f[\varphi(x), \psi(x), \omega(x)]$(图 10-13)在点 x 处可导,且

$$\frac{\mathrm{d}y}{\mathrm{d}x}=\frac{\partial y}{\partial u}\frac{\mathrm{d}u}{\mathrm{d}x}+\frac{\partial y}{\partial v}\frac{\mathrm{d}v}{\mathrm{d}x}+\frac{\partial y}{\partial w}\frac{\mathrm{d}w}{\mathrm{d}x}.$$

这里的函数 $y=f[\varphi(x), \psi(x), \omega(x)]$ 是关于 x 的一元函数,这种复合函数对 x 的导数 $\frac{\mathrm{d}y}{\mathrm{d}x}$ 称为**全导数**.

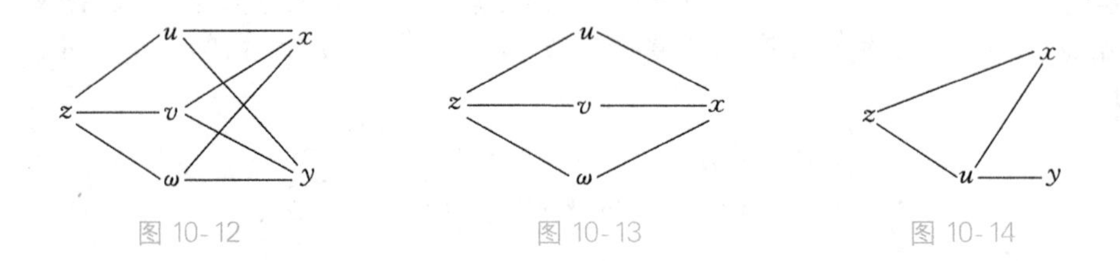

图 10-12　　图 10-13　　图 10-14

类型三:设 $u=\varphi(x, y)$ 在点 (x, y) 处有偏导数,$z=f(u, x)$ 在相应点 (u, x) 处有连续偏导数,则复合函数 $z=f[\varphi(x, y), x]$(图 10-14)在点 (x, y) 处有偏导数,且

$$\frac{\partial z}{\partial x}=\frac{\partial f}{\partial u}\frac{\partial u}{\partial x}+\frac{\partial f}{\partial x},\ \frac{\partial z}{\partial y}=\frac{\partial f}{\partial u}\frac{\partial u}{\partial y}.$$

【注意】类型三中的 $\frac{\partial z}{\partial x}$ 表示以 x 为自变量(y 被视作常数)对复合函数 $z=f[\varphi(x, y), x]$ 求偏导;$\frac{\partial f}{\partial x}$ 表示在函数 $z=f(u, x)$ 中把 u 看作常数,求关于自变量 x 的偏导数,所以 $\frac{\partial z}{\partial x}$ 与 $\frac{\partial f}{\partial x}$ 的意义不同,不可混淆.

[例 1]　设 $z=\mathrm{e}^u\sin v$, $u=xy$, $v=x+y$,求 $\frac{\partial z}{\partial x}, \frac{\partial z}{\partial y}$.

解　由图 10-11 可知

$$\frac{\partial z}{\partial x}=\frac{\partial z}{\partial u}\frac{\partial u}{\partial x}+\frac{\partial z}{\partial v}\frac{\partial v}{\partial x}=\mathrm{e}^u\sin v\cdot y+\mathrm{e}^u\cos v\cdot 1=\mathrm{e}^{xy}[y\sin(x+y)+\cos(x+y)];$$

$$\frac{\partial z}{\partial y}=\frac{\partial z}{\partial u}\frac{\partial u}{\partial y}+\frac{\partial z}{\partial v}\frac{\partial v}{\partial y}=\mathrm{e}^u\sin v\cdot x+\mathrm{e}^u\cos v\cdot 1=\mathrm{e}^{xy}[x\sin(x+y)+\cos(x+y)].$$

[例 2]　$z=\sin x\cdot\cos(xy^2)$,求 $\frac{\partial z}{\partial x}, \frac{\partial z}{\partial y}$.

解　令 $u=xy^2$,则 $z=f(x, u)=\sin x\cos u$.由图 10-14 知

$$\frac{\partial z}{\partial x}=\frac{\partial f}{\partial u}\frac{\partial u}{\partial x}+\frac{\partial f}{\partial x}=-y^2\sin x\sin(xy^2)+\cos x\cos(xy^2);$$

$$\frac{\partial z}{\partial y}=\frac{\partial f}{\partial u}\frac{\partial u}{\partial y}=-2y\sin x\sin(xy^2).$$

[例3] 设 $z=u^2v$, $u=\cos x$, $v=\sin x$,求$\frac{dz}{dx}$.

解 由图10-13可知全导数

$$\frac{dz}{dx}=\frac{\partial z}{\partial u}\frac{du}{dx}+\frac{\partial z}{\partial v}\frac{dv}{dx}=2uv(-\sin x)+u^2\cos x=\cos^3 x-2\sin^2 x\cos x.$$

[例4] 设 $z=f(x^2-y^2, xy)$,其中 f 有一阶连续偏导数,求$\frac{\partial z}{\partial x}$.

解 设 $z=f(u, v)$, $u=x^2-y^2$, $v=xy$,其变量间的关系见图10-11.

$$\frac{\partial z}{\partial x}=\frac{\partial z}{\partial u}\frac{\partial u}{\partial x}+\frac{\partial z}{\partial v}\frac{\partial v}{\partial x}=2xf_u(u, v)+yf_v(u, v).$$

[例5] 求函数 $u=f(x, xy, xyz)$的一阶偏导数及全微分(其中 f 具有一阶连续偏导数).

解 设 $u=f(p, v, w)$, $p=x$, $v=xy$, $w=xyz$.由于 f 具有一阶连续偏导数,则 $\frac{\partial u}{\partial z}=xyf_w(p, v, w)$;$\frac{\partial u}{\partial y}=xf_v(p, v, w)+zxf_w(p, v, w)$;$\frac{\partial u}{\partial x}=f_p(p, v, w)+yf_v(p, v, w)+yzf_w(p, v, w)$.

则复合函数 $u=f(x, xy, xyz)$的全微分为

$$du=[f_p(p, v, w)+yf_v(p, v, w)+yzf_w(p, v, w)]dx+[xf_v(p, v, w)+zxf_w(p, v, w)]dy+xyf_w(p, v, w)dz.$$

随堂练习

(1) 设 $z=u^2\ln v$, $u=\frac{x}{y}$, $v=3x-2y$,求 z_x, z_y.

(2) 设 $z=e^{x-2y}$, $x=\sin t$, $y=t^3$,求全导数$\frac{dz}{dt}$.

(3) 设 $z=\arctan(xy)$, $y=e^x$,求全导数$\frac{dz}{dx}$.

答案:

(1) $\frac{\partial z}{\partial x}=\frac{2x}{y^2}\ln(3x-2y)+\frac{3x^2}{3xy^2-2y^3}$, $\frac{\partial z}{\partial y}=-\frac{2x^2}{y^3}-\frac{2x^2}{3xy^2-2y^3}$.

(2) $\frac{dz}{dt}=e^{\sin t-2t^3}(\cos t-6t^2)$.

(3) $\frac{dz}{dx}=\frac{1}{1+(xy)^2}(y+xe^x)=\frac{1}{1+(xe^x)^2}(e^x+xe^x)$.

二、隐函数的求导公式

1. 由方程 $F(x, y)=0$ 所确定的隐函数求导公式

在一元函数微分学中,我们学习了一元隐函数的概念,并且指出了不经显化直接由方程 $F(x, y)=0$ 求它所确定的隐函数的导数的方法.现由多元复合函数的求导法则推导出隐函数的求导公式.

设方程 $F(x, y)=0$ 所确定的隐函数为 $y=f(x)$, $F_x(x, y)$, $F_y(x, y)$存在,且

$F_y(x, y)\neq 0$.对方程 $F(x, y)=0$ 两端以 x 为自变量求导,得

$$\frac{\partial F}{\partial x}+\frac{\partial F}{\partial y}\frac{\mathrm{d}y}{\mathrm{d}x}=0\text{,即 } F_x+F_y\frac{\mathrm{d}y}{\mathrm{d}x}=0.$$

因为 $F_y(x, y)\neq 0$,由上式解得

$$\frac{\mathrm{d}y}{\mathrm{d}x}=-\frac{F_x(x, y)}{F_y(x, y)}.$$

这就是一元隐函数的求导公式.

释疑解难

求隐函数或偏导数的方法

[例6] 设 $x\sin y=y\mathrm{e}^x$,求 $\dfrac{\mathrm{d}y}{\mathrm{d}x}$.

解 令 $F(x, y)=x\sin y-y\mathrm{e}^x$,则

$$F_x=\sin y-y\mathrm{e}^x;\ F_y=x\cos y-\mathrm{e}^x\text{(这里的 } y \text{ 是自变量)},$$

所以

$$\frac{\mathrm{d}y}{\mathrm{d}x}=\frac{\sin y-y\mathrm{e}^x}{x\cos y-\mathrm{e}^x}.$$

2. 由方程 $F(x, y, z)=0$ 所确定隐函数 $z=z(x, y)$ 的偏导数公式

设二元函数 $z=z(x, y)$ 为方程 $F(x, y, z)=0$ 所确定的隐函数,对方程两端同时求关于 x 偏导,得

$$F_x(x, y, z)+F_z(x, y, z)\frac{\partial z}{\partial x}=0.$$

其中 z 既是自变量,又是因变量,而且是二元函数的因变量,最终的自变量是 x, y.以此求得

$$\frac{\partial z}{\partial x}=-\frac{F_x(x, y, z)}{F_z(x, y, z)}.$$

同理,得

$$\frac{\partial z}{\partial y}=-\frac{F_y(x, y, z)}{F_z(x, y, z)}.$$

这就是二元隐函数求偏导数的公式.

[例7] 函数 $z=f(x, y)$ 由方程 $x^2+z^2=2y\mathrm{e}^z$ 所确定,求 $\dfrac{\partial z}{\partial x}$.

解 令 $F(x, y, z)=x^2+z^2-2y\mathrm{e}^z$,则

$$F'_x(x, y, z)=2x,\ F'_z(x, y, z)=2z-2y\mathrm{e}^z.$$

所以

$$\frac{\partial z}{\partial x}=-\frac{F_x(x, y, z)}{F_z(x, y, z)}=-\frac{2x}{2z-2y\mathrm{e}^z}=\frac{x}{y\mathrm{e}^z-z}.$$

随堂练习

(1) 设 f 有一阶连续偏导数,求函数 $u=f(x^2-y^2, \mathrm{e}^{xy})$ 的一阶全部偏导数.

(2) 设 $z=f(x, y)$ 是由方程 $\mathrm{e}^x-z+xy^3=0$ 确定的函数,求 $\dfrac{\partial z}{\partial x}$, $\dfrac{\partial z}{\partial y}$.

答案与提示：

(1) 设 $u=f(u, v)$，$w=x^2-y^2$，$v=e^{xy}$，则

$$\frac{\partial u}{\partial x}=\frac{\partial f}{\partial w}\frac{\partial w}{\partial x}+\frac{\partial f}{\partial v}\frac{\partial v}{\partial x}=\frac{\partial f}{\partial w}2x+\frac{\partial f}{\partial v}ye^{xy}.$$

(2) 令 $F(x, y, z)=e^x-z+xy^3=0$，由

$$F_x(x, y, z)=e^x+y^3,\ F_y(x, y, z)=3xy^2,\ F_z(x, y, z)=-1,$$

所以

$$\frac{\partial z}{\partial x}=e^x+y^3,\ \frac{\partial z}{\partial y}=3xy^2.$$

三、参数方程及隐函数偏导数的简单应用

1. 空间曲线的切线及法平面

设曲线 L 由参数方程为：

$x=x(t)$，$y=y(t)$，$z=z(t)$，$(\alpha\leqslant t\leqslant\beta)$；$M_0(x_0, y_0, z_0)\in L$(图 10-15 所示).这里的 $x_0=x(t_0)$，$y_0=y(t_0)$，$z_0=z(t_0)$，$\alpha\leqslant t_0\leqslant\beta$，并假定 $x=x(t)$，$y=y(t)$，$z=z(t)$在 t_0 处可导,且 $x'(t_0)$，$y'(t_0)$，$z'(t_0)$不同时为零.在曲线 L 上点 $M_0(x_0, y_0, z_0)$附近选取一点 $M(x_0+\Delta x, y_0+\Delta y, z_0+\Delta z)$,则由空间解析几何知曲线 L 过点 M_0 与 M 的割线方程为

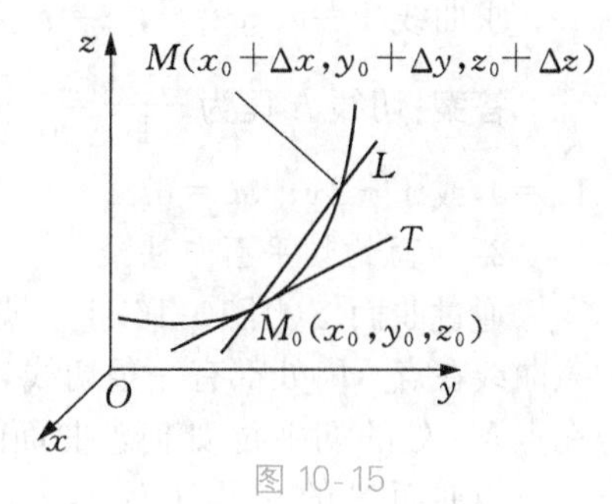

图 10-15

$$\frac{x-x_0}{\Delta x}=\frac{y-y_0}{\Delta y}=\frac{z-z_0}{\Delta z}. \qquad (10.7)$$

其中 $\Delta x=x(t_0+\Delta t)-x(t_0)$，$\Delta y=y(t_0+\Delta t)-y(t_0)$，$\Delta z=z(t_0+\Delta t)-z(t_0)$.以 Δt 除上式各分母,得

$$\frac{x-x_0}{\frac{\Delta x}{\Delta t}}=\frac{y-y_0}{\frac{\Delta y}{\Delta t}}=\frac{z-z_0}{\frac{\Delta z}{\Delta t}}. \qquad (10.8)$$

当 $\Delta t\to0$ 时,点 M 沿曲线 L 趋向于点 M_0,割线 M_0M 的极限位置 M_0T 就是曲线 L 在点 M_0 处的切线(割线方程转化成切线方程),而上式(10.8)各分母的极限分别为:$x'(t_0)$，$y'(t_0)$，$z'(t_0)$,由于它们不同时为零,因此曲线 L 在点 $M_0(x_0, y_0, z_0)$处的切线方程为

$$\frac{x-x_0}{x'(t_0)}=\frac{y-y_0}{y'(t_0)}=\frac{z-z_0}{z'(t_0)}. \qquad (10.9)$$

显然,曲线 L 在点 $M_0(x_0, y_0, z_0)$处的切线方向向量(简称**切向量**,记作 $\boldsymbol{\tau}$)为

$$\boldsymbol{\tau}=(x'(t_0), y'(t_0), z'(t_0)). \qquad (10.10)$$

过曲线 L 上点 M_0 且与切线 M_0T 垂直的每一条直线都叫做曲线在点 M_0 处的**法线**,这些法线所在的平面称为曲线在点 M_0 处的**法平面**(今后称过切点且垂直于切线的平面为法平面),曲线 L 在点 M_0 处的切向量即为该点法平面的**法向量**.因此曲线 L 在 M_0 的法平面方程为

$$x'(t_0)(x-x_0)+y'(t_0)(y-y_0)+z'(t_0)(z-z_0)=0. \qquad (10.11)$$

［例 8］ 求螺旋线 $x=\cos t$，$y=\sin t$，$z=t$ 上对应于 $t=0$ 的点处的切线与法平面方程.

解 参数 $t=0$ 对应于曲线上的点 $M_0(1,0,0)$，且

$$x'(t)=-\sin t,\ y'(t)=\cos t,\ z'(t)=1,$$

所以切向量 $\boldsymbol{\tau}=(x'(0),y'(0),z'(0))=(0,1,1)$，因此曲线 L 在点 M_0 处的切线方程为

$$\frac{x-1}{0}=\frac{y-0}{1}=\frac{z-0}{1},$$

即

$$\begin{cases}x=1,\\ y=z;\end{cases}$$

曲线 L 在点 M_0 处的法平面方程为

$$0\times(x-1)+1\times(y-0)+1\times(z-0)=0,\text{即 } y+z=0.$$

随堂练习

求曲线 $x=t$，$y=t^2$，$z=t^3$ 在点 $P(1,1,1)$ 处的切线及法平面的方程.

答案： 切线方程为 $\frac{x-1}{1}=\frac{y-1}{2}=\frac{z-1}{3}$；法平面方程为 $(x-1)+2(y-1)+3(z-1)=0$，或 $x+2y+3z=6$.

2. 曲面的切平面与法线

通过曲面 Σ（图 10-16）上一点 $M_0(x_0,y_0,z_0)$，在曲面上可以作无穷多条曲线.若每条曲线在点 M_0 处都有一条切线，可以证明这些切线都在同一平面上，称该平面为曲面 Σ 在点 M_0 处的**切平面**.如何求曲面的切平面与法线方程呢？下面来讨论这个问题.

设曲面 Σ 的方程为 $F(x,y,z)=0$，$M_0(x_0,y_0,z_0)$ 是曲面 Σ 上的一点，假定函数 $F(x,y,z)$ 的偏导数在该点连续且不同时为零，曲线 L 是曲面 Σ 上通过点 M_0 的任意一条曲线.假设曲线 L 的参数方程为 $x=x(t)$，$y=y(t)$，$z=z(t)$，与点 M_0 对应的参数为 t_0，则曲线 L 在点 M_0 处的切向量为

$$\boldsymbol{\tau}=(x'(t_0),y'(t_0),z'(t_0)).$$

动画

曲线的切平面与法线

由于曲线 L 在曲面 Σ 上，所以有 $F[x(t),y(t),z(t)]=0$.以 t 为自变量对上式两边求导，得在 $t=t_0$ 时的全导数为

$$\left.\frac{\mathrm{d}F}{\mathrm{d}t}\right|_{t=t_0}=F_x(x_0,y_0,z_0)x'(t_0)+F_y(x_0,y_0,z_0)y'(t_0)+F_z(x_0,y_0,z_0)z'(t_0)=0.$$

若记向量 $\boldsymbol{n}=(F_x(x_0,y_0,z_0),F_y(x_0,y_0,z_0),F_z(x_0,y_0,z_0))$，则上式可表示为 $\boldsymbol{n}\cdot\boldsymbol{\tau}=0$，即 $\boldsymbol{n}\perp\boldsymbol{\tau}$.由于曲线 L 为曲面上过点 M_0 的任意一条曲线，所以在曲面 Σ 上过点 M_0 的所有曲线的切线均与向量 $\boldsymbol{n}$ 垂直.这说明 $\boldsymbol{n}$ 是曲面 Σ 在点 M_0 处的切平面的法向量.称**向量 $\boldsymbol{n}$ 为曲面 Σ 在点 M_0 处的法向量**（图 10-16）.

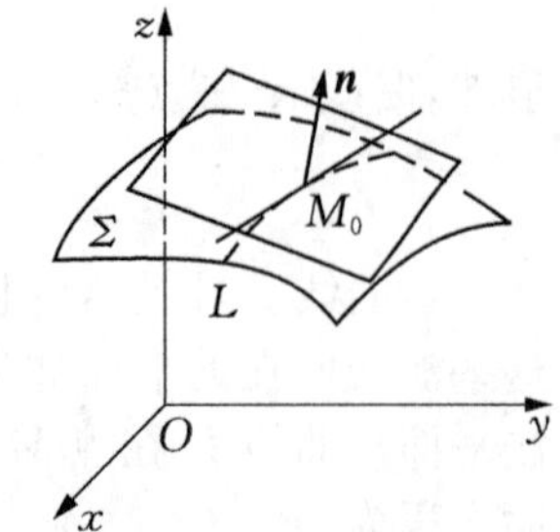

图 10-16

根据以上讨论，曲面 Σ 在点 M_0 处的切平面方程为

$$F_x(x_0, y_0, z_0)(x-x_0)+F_y(x_0, y_0, z_0)(y-y_0) +F_z(x_0, y_0, z_0)(z-z_0)=0. \quad (10.12)$$

另外,称过点 M_0 且与切平面垂直的直线为**曲面 Σ 在点 M_0 处的法线**,其方程为

$$\frac{x-x_0}{F_x(x_0, y_0, z_0)}=\frac{y-y_0}{F_y(x_0, y_0, z_0)}=\frac{z-z_0}{F_z(x_0, y_0, z_0)}. \quad (10.13)$$

若曲面 Σ 的方程由显函数 $z=f(x, y)$ 表示,其等价形式为 $f(x, y)-z=0$,那么令 $F(x, y, z)=f(x, y)-z$,于是 $F_x=f_x$, $F_y=f_y$, $F_z=-1$,此时,曲面 Σ: $z=f(x, y)$在点 $M_0(x_0, y_0, z_0)$处的切平面方程为

$$f_x(x_0, y_0)(x-x_0)+f_y(x_0, y_0)(y-y_0)-(z-z_0)=0,$$

或

$$z-z_0=f_x(x_0, y_0)(x-x_0)+f_y(x_0, y_0)(y-y_0).$$

[例 9]　求曲面 $x^2+y^2+z^2=14$ 在点(1, 2, 3)处的切平面及法线方程.

解　令 $F(x, y, z)=x^2+y^2+z^2-14$,则 $F_x=2x$, $F_y=2y$, $F_z=2z$,于是,该球面在点(1, 2, 3)处的法向量为

$$\boldsymbol{n}=(2x, 2y, 2z)\big|_{(1, 2, 3)}=(2, 4, 6),$$

所以在点(1, 2, 3)处,此球面的切平面方程为

$$2(x-1)+4(y-2)+6(z-3)=0, \text{即 } x+2y+3z-14=0.$$

法线方程为

$$\frac{x-1}{2}=\frac{y-2}{4}=\frac{z-3}{6}, \text{即}\frac{x-1}{1}=\frac{y-2}{2}=\frac{z-3}{3}.$$

随堂练习

求椭圆抛物面 $z=3x^2+2y^2$ 在点(1, 2, 11)处的切平面与法线方程.

答案与提示:令 $F(x, y, z)=3x^2+2y^2-z$,则 $F_x=6x$, $F_y=4y$, $F_z=-1$,于是,该曲面在点(1, 2, 11)处的法向量为 $\boldsymbol{n}=(6x, 4y, -1)\big|_{(1, 2, 11)}=(6, 8, -1)$,所以在点(1, 2, 11)处的切平面方程为 $z-11=6(x-1)+8(y-2)$,即 $6x+8y-z-11=0$.法线方程为$\dfrac{x-1}{6}=\dfrac{y-2}{8}=\dfrac{z-11}{-1}$.

习题 10.4

1. 求下列复合函数的偏导数(或全导数).

(1) 设 $z=u^2+v^2$,而 $u=x+y$, $v=x-y$,求$\dfrac{\partial z}{\partial x}$, $\dfrac{\partial z}{\partial y}$;

(2) 设 $z=\sin u\ln v$, $u=xy$, $v=3x+2y$,求$\dfrac{\partial z}{\partial x}$, $\dfrac{\partial z}{\partial y}$;

(3) 设 $z=\mathrm{e}^{x^2+2y}$, $x=\cos t$, $y=t^2$,求$\dfrac{\mathrm{d}z}{\mathrm{d}t}$;

(4) 设 $z=\arctan(xy)$, $y=\mathrm{e}^x$,求$\dfrac{\mathrm{d}z}{\mathrm{d}x}$.

2. 求下列函数的一阶偏导数.

(1) $z=f(x^2-y^2, e^{xy})$；　　(2) $u=f\left(\frac{x}{y}, \frac{y}{z}\right)$.

3. 求下列方程所确定的隐函数的导数或偏导数.

(1) 设 $\sin y+e^x-xy^2=0$，求$\frac{dy}{dx}$；　　(2) 设 $z=x+ye^z$，求$\frac{\partial z}{\partial x}$，$\frac{\partial z}{\partial y}$；

(3) 函数 $z=z(x, y)$ 由方程 $e^z-xyz=0$ 确定，求$\frac{\partial^2 z}{\partial x^2}$.

4. 设曲线 $x=\frac{1+t}{t}$，$y=\frac{t}{1+t}$，$z=2t$，求该曲线在 $t=1$ 的切线方程.

5. 求曲面 $z=y+\ln\frac{x}{z}$ 在点 $M_0(1, 1, 1)$ 处的切平面和法线方程.

6. 求曲面 $z=\frac{x^2}{2}+y^2$ 平行于平面 $2x+2y-z=0$ 的平面方程.

任务 10.5 多元函数微分学的应用

任务内容

- 完成与函数极值、最值相关联的任务工作页；
- 学习函数的极值与函数最值的概念；
- 学习求函数极值及条件极值的方法.

任务目标

- 理解函数极值的概念和掌握求函数极值的方法；
- 了解实际专业中的最值问题及建模过程；
- 熟悉拉格朗日乘数法求条件极值的基本步骤；
- 能够应用求函数极值、最值的方法解决实际问题.

任务工作页

了解任务内容并学习相关知识后，在教师指导下完成任务工作页中各项内容的填写.

1. 可微函数 $z=f(x, y)$ 在 (x_0, y_0) 取得极值，则 $f_x(x_0, y_0)=$__________；$f_y(x_0, y_0)=$__________；若 $f_{xx}(x_0, y_0)=A$，$f_{xy}(x_0, y_0)=Bf_{yy}(x_0, y_0)=C$，则当 $AC-B^2>0$ 时，若 $A<0$ 点 (x_0, y_0) 是极__________值点；若 $A>0$ 点 (x_0, y_0) 是极__________值点.
2. 函数 $z=f(x, y)$ 的极值点存在于哪里？

______________________________.

3. 计算函数 $z=f(x, y)$ 在定义域内最值的步骤？

______________________________.

在实际应用中，常常会遇到求最大值和最小值的问题，如用料最省、容量最大、花钱最少、效率最高、利润最大等问题.此类问题在数学上往往可归结为求某一函数(通常为目标函数)的最大值或最小值问题.如果目标函数只含有一个变量时，则可直接利用一元函数求极值的方法解决这类问题；如果目标函数有两个或者两个以上变量时，则需要采多元函数求极值方法解决此类问题.下面以二元函数为例介绍多元函数极值的求法及应用.

一、多元函数的极值

1. 多元函数极值的概念

实例 1　函数 $f(x, y)=x^2+y^2-1$ 的图形为旋转抛物面，如图 10-17 所示，此曲面上的点$(0, 0, -1)$低于周围的所有点，即当 $x\neq 0$, $y\neq 0$ 时，总有 $f(x, y)=x^2+y^2-1>-1=f(0, 0)$，这时称该函数在点$(0, 0)$处取得极小值$-1$(局部范围的最小值称为极小值).

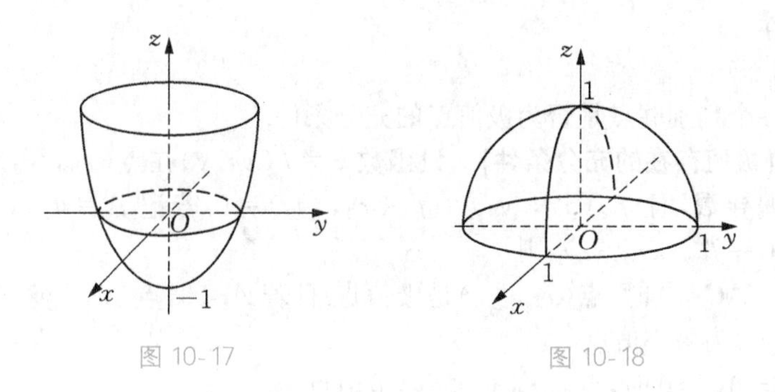

图 10-17　　图 10-18

实例 2　函数 $z=\sqrt{1-x^2-y^2}$ 的图形为上半球面，如图 10-18 所示，显然此曲面上的点$(0, 0, 1)$高于周围的所有点，即异于$(0, 0)$的所有点(x, y)，都有 $f(x, y)=\sqrt{1-x^2-y^2}<1=f(0, 0)$，这时称该函数在点$(0, 0)$处取得极大值 1(局部范围内的最大值称为极大值).

下面给出极值的准确定义.

定义 10-7　设函数 $z=f(x, y)$在点(x_0, y_0)的某一邻域内有定义，对于该邻域内任何异于(x_0, y_0)的点(x, y)：若满足不等式 $f(x, y)<f(x_0, y_0)$，则称**函数在(x_0, y_0)有极大值**；若满足不等式 $f(x, y)>f(x_0, y_0)$，则称**函数在(x_0, y_0)有极小值**.

使函数 $f(x, y)$取得极大值的点(x_0, y_0)称为极大值点；使函数取得极小值的点(x_0, y_0)称为极小值点.今后我们将**极大值与极小值统称为极值**，将**极大值点与极小值点统称为极值点**.

类似地可以定义三元及三元以上函数的极值(此处略去).

[例 1]　下列函数在$(0, 0)$处是否取得极值?

(1) $z=3x^2+4y^2$；(2) $z=-\sqrt{x^2+y^2}$；(3) $z=x^2-y^2$.

解　(1) 在点$(0, 0)$的任何邻域内，都有 $z(x, y)\geqslant 0=z(0, 0)$，所以函数 $z=3x^2+$

$4y^2$ 在(0, 0)处取得极小值.

(2) 在点(0, 0)的任何邻域内，都有 $z(x, y)\leqslant 0=z(0, 0)$，所以函数 $z=-\sqrt{x^2+y^2}$ 在(0, 0)处取得极大值.

(3) 如图 10-19 所示(**马鞍面**)，在点(0, 0)的任何邻域内，总有点$(x, 0)$，使 $z(x, 0)=x^2\geqslant z(0, 0)$，也总有点$(0, y)$，使得 $z(0, y)=-y^2\leqslant z(0, 0)$. 故函数 $z=x^2-y^2$ 在(0, 0)处不能取得极值.

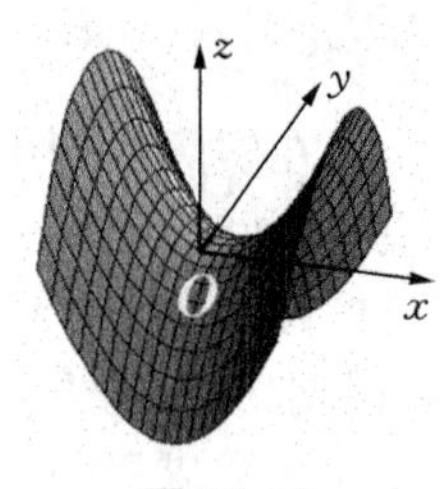

图 10-19

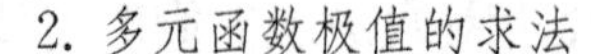
2. 多元函数极值的求法

若 x_0 是函数 $y=f(x)$的一个可导极值点，则必有 $f'(x_0)=0$. 对二元函数也有类似结论.

定理 10-5(极值存在的必要条件) 若函数 $z=f(x, y)$在点(x_0, y_0)处有极值，且函数在该点处的一阶偏导数存在，则必有 $f_x(x_0, y_0)=0$, $f_y(x_0, y_0)=0$.

今后称使两个一阶偏导数同时等于零的点(x_0, y_0)为函数 $f(x, y)$的**驻点**. 由定理 10-5 可知，两个偏导都存在的极值点一定为驻点，但是驻点却不一定是极值点(例如(0, 0)是马鞍面函数 $z=x^2-y^2$ 的驻点，但不是极值点). 另外，一阶偏导数不存在的点可能是极值点，例如函数 $z=\sqrt{x^2+y^2}$(图形为上半锥面)在点(0, 0)处取得极小值 $z|_{(0,0)}=0$，但偏导不存在.

【注意】二元函数的极值点一定在其驻点或一阶偏导数不存在的点中产生.

下面给出一个判别驻点是否为极值点的充分条件.

定理 10-6(极值存在的充分条件) 设函数 $z=f(x, y)$在点(x_0, y_0)的某个邻域内具有二阶连续偏导数，且 $f_x(x_0, y_0)=f_y(x_0, y_0)=0$. 若记 $A=f_{xx}(x_0, y_0)$, $B=f_{xy}(x_0, y_0)$, $C=f_{yy}(x_0, y_0)$，则

(1) 当 $B^2-AC<0$ 时，点(x_0, y_0)是极值点. 且若 $A<0$，点(x_0, y_0)为极大值点；若 $A>0$，点(x_0, y_0)为极小值点.

(2) 当 $B^2-AC>0$ 时，点(x_0, y_0)不是极值点.

(3) 当 $B^2-AC=0$ 时，点(x_0, y_0)可能是极值点，也可能不是极值点，需另作讨论.

[例 2] 求函数 $f(x, y)=x^3+y^3-3xy$ 的极值.

解 (1) 函数的定义域为整个 xOy 面；

(2) 求出所有可能的极值点，为此先求偏导数

$$f_x(x, y)=3x^2-3y,\ f_y(x, y)=3y^2-3x,$$

$$f_{xx}(x, y)=6x,\ f_{xy}(x, y)=-3,\ f_{yy}(x, y)=6y,$$

解方程组$\begin{cases} f_x(x, y)=3x^2-3y=0, \\ f_y(x, y)=3y^2-3x=0, \end{cases}$得驻点(0, 0)和(1, 1).

(3) 由极值存在的充分条件列表讨论驻点是否为极值点.

驻点	A	B	C	B^2-AC	极值情况
(0, 0)	0	−3	0	>0	无极值
(1, 1)	6	−3	6	<0	极小值 $f(1, 1)=-1$

所以，$f(x, y)$在点(1, 1)处取得极小值−1.

随堂练习

(1) 求函数 $f(x, y)=x^3+y^2-6xy-39x+18y+20$ 的极值.

(2) 求函数 $z=xy$ 的驻点,并判断所得驻点是否为极值点.

答案与提示:(1) 驻点为$(1, -6)$和$(5, 6)$;经判断 $f(1, -6)$不是极值,$f(5, 6)=-86$是极小值.

(2) 驻点为$(0, 0)$,不是极值点.

二、多元函数的最大值与最小值

与一元函数类似,对于有界闭区域上连续的二元函数,一定在该区域上有最大值和最小值.而取得最大值或最小值的点可能是区域内部的点,也有可能是区域边界上的点.因此,求函数最大值和最小值的一般方法如下.

将函数在有界闭区域内的所有驻点处或偏导数不存在的点处的函数值与函数在该区域边界上的最大值和最小值相比较,其中最大者就是函数在闭区域上的最大值,最小者就是函数在闭区域上的最小值.

[例 3]　求函数 $z=x^2y(5-x-y)$ 在闭区域 $D=\{(x, y)\mid x\geqslant 0, y\geqslant 0, x+y\leqslant 4x\geqslant 0, y\geqslant 0, x+y\leqslant 4\}$ 上的最大值与最小值.

解　函数在 D 内处处可微,且

$$\frac{\partial z}{\partial x}=10xy-3x^2y-2xy^2=xy(10-3x-2y),$$

$$\frac{\partial z}{\partial y}=5x^2-x^3-2x^2y=x^2(5-x-2y).$$

解方程组$\frac{\partial z}{\partial x}=0$, $\frac{\partial z}{\partial y}=0$,得 D 内的驻点为$\left(\frac{5}{2}, \frac{5}{4}\right)$,该点对应的函数值为 $z=\frac{625}{64}$.

再考虑函数在区域 D 边界上的最值情况(图 10-20).在边界 $x=0$ 及 $y=0$ 上函数 z 的值恒为零;在边界 $x+y=4$ 上,函数 z 可化成以 x 为自变量的一元函数

$$z=x^2(4-x),\ 0\leqslant x\leqslant 4.$$

对此函数求导有$\frac{\mathrm{d}z}{\mathrm{d}x}=x(8-3x)$,所以 $z=x^2(4-x)$在$[0, 4]$上的驻点为 $x=\frac{8}{3}$,相应的函数值为 $z=\frac{256}{27}$.

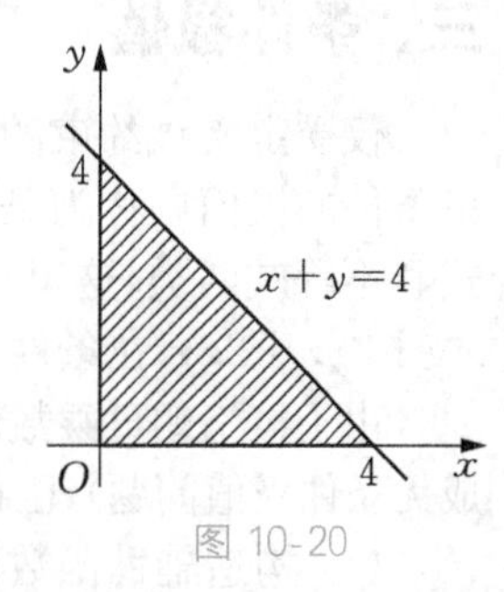

图 10-20

因此函数在闭区域 D 上的最大值为 $z=\frac{625}{64}$,它在点$\left(\frac{5}{2}, \frac{5}{4}\right)$处取得;最小值为 $z=0$,它在 D 的边界 $x=0$ 及 $y=0$ 上取得.

对于生产实践或其他领域中的最值问题,如果分析确定目标函数在其定义区域内有最值,那么通过偏导数求得的唯一驻点就是所求函数的最值点.其本步骤如下:

(1) 根据实际问题建立目标函数,并确定其定义域;

(2) 求出可能的极值点(驻点和不可导点,而对于可导函数只有驻点);

(3) 结合实际问题判定最大值或最小值.

释疑解难

多元函数的极值

[例 4] 某工厂要用钢板制作一个容积为 4 m^3 的无盖长方体的容器，如图 10-21 所示.若不计钢板厚度，怎样制作材料最省？

解 所谓材料最省，即无盖长方体容器表面积最小.由实际问题知，容积一定时材料最省的无盖长方体容器一定存在.设容器的长宽高分别为 x, y, z，表面积为 A，则

$$A=xy+2yz+2xz.$$

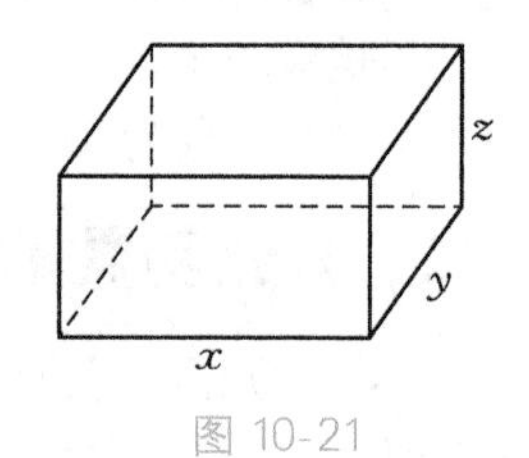

图 10-21

又已知 $4=xyz$，即 $z=\frac{4}{xy}$，代入上式得

$$A=xy+\frac{8}{x}+\frac{8}{y}(x>0,\ y>0),$$

解方程组 $\begin{cases}\frac{\partial A}{\partial x}=y-\frac{8}{x^2}=0\\ \frac{\partial A}{\partial y}=x-\frac{8}{y^2}=0\end{cases}$，得驻点 $(2,\ 2)$，此时 $z=\frac{4}{xy}=1$.所以当长方体容器的长与宽都取 2 m，高取 1 m 时，所需的材料最省.

案例解答【利润最大化问题】.

利润函数为

$$\begin{aligned}L&=(3\,390-0.1x-0.03y)x+(3\,990-0.04x-0.1y)y-(400\,000+1\,950+2\,250y)\\&=-0.1x^2-0.1y^2-0.07xy+1\,440x+1\,740y-400\,000(x\geqslant 0,\ y\geqslant 0).\end{aligned}$$

结合市场营销实际分析，该函数有最大值.

解方程组 $\begin{cases}L_x=1\,440-0.2x-0.07y=0,\\ L_y=1\,740-0.07x-0.2y=0,\end{cases}$ 得 $x=4\,736,\ y=7\,043$，即 $(4\,736,\ 7\,043)$ 是利润函数 L 的唯一驻点，也是函数 L 的最大值点.因此该公司应生产 4 736 台 27 英寸显示器的计算机和 7 043 台 31 英寸显示器的计算机，才能使利润最大.

三、条件极值

仅受定义域约束的函数极值，称为**无条件极值**.如果除了受定义域约束外，还有其他约束条件的极值则称为**条件极值**(条件极值具有重要的应用价值).条件极值的约束条件分等式和不等式两类，这里仅讨论约束条件是等式的极值问题.如例 4 可以理解为计算 $A=xy+2yz+2zx$ 在条件 $xyz=4$ 下的最小值问题.

由于**拉格朗日乘数法**是求解条件极值的一种有效方法(其实质是将条件极值问题转化成无条件极值问题)，已得到了广泛应用.下面介绍拉格朗日乘数法求条件极值的具体步骤：

释疑解难

条件极值的求法

(1) 构造辅助函数(称为拉格朗日函数)

$$L(x,\ y,\ \lambda)=f(x,\ y)+\lambda\varphi(x,\ y),$$

其中 λ 为待定常数，称为拉格朗日乘数.将原条件极值问题转化为求三元函数 $L(x,\ y,\ \lambda)$ 的无条件极值问题；

(2) 由无条件极值问题的必要条件，得

$$\begin{cases}L_x=f_x+\lambda\varphi_x=0,\\ L_y=f_y+\lambda\varphi_y=0,\\ L_\lambda=\varphi(x,\ y)=0,\end{cases}$$

通过求解上述方程组，得到可能的极值点(x, y)；

(3) 判别求出的点(x, y)是否为极值点，通常由实际问题的实际意义来判定.

【注意】对于条件极值的应用问题，我们一般从问题的实际意义出发，可以推出最大值和最小值存在.由于拉格朗日函数只有一个驻点，故可以判定所需求的最大值或最小值就在驻点处，求出对应的函数值，不用判断它是最大值还是最小值.另外，对于多于两个自变量的函数或多于一个等式约束条件的条件极值也可以采用拉格朗日乘数法.

[例5]　利用拉格朗日乘数法求解例4.

解　设拉格朗日函数为

$$L(x, y, z, \lambda)=xy+2xz+2yz+\lambda(xyz-4),$$

根据极值存在的必要条件列方程组

$$\begin{cases} L_x=y+2z+\lambda yz=0, \\ L_y=x+2z+\lambda xz=0, \\ L_z=2x+2y+\lambda xy=0, \\ L_\lambda=xyz-4=0. \end{cases}$$

解方程组得唯一驻点$(2, 2, 1)$.考虑到问题本身最小值存在，因此当长方体容器的长与宽都取2 m，高取1 m时，所需的材料最省.

随堂练习

(1) 求$f(x, y)=(6x-x^2)(4y-y^2)$的极值.

(2) 函数$z=xy(4-x-y)$在$x=1$，$y=0$，$x+y=6$所围成的闭区域上的最大值和最小值.

(3) 某厂要用铁板做一个体积为2 m^3的有盖长方体水箱，问长、宽、高各取怎样的尺时，才能使用料最省？

(4) 求函数$u=xyz$在附加条件$\frac{1}{x}+\frac{1}{y}+\frac{1}{z}=\frac{1}{a}$$(x>0, y>0, z>0, a>0)$下的极小值.

答案与提示：

(1) $f(3, 2)=36$极大值；(2) 最大值$z\left(\frac{4}{3}, \frac{4}{3}\right)=\frac{64}{27}$，最小值$z(3, 3)=-18$；

(3) 当长、宽、高均为$\sqrt[3]{2}$时，水箱所用材料最省；(4) $x=y=z=3a$，得极小值为$27a^3$.

习题 10.5

1. 求下列函数的极值.

(1) $f(x, y)=x^3+y^3-9xy+27$；　　(2) $f(x, y)=e^{2x}(x+y^2+2y)$；

(3) $f(x, y)=(x^2+y^2)^2-2(x^2-y^2)$.

2. 设二元函数$z=1-x^2-y^2$，求

(1) 函数的极值；　　(2) 函数在条件$y=2$下的极值.

3. 求曲面$\frac{x^2}{2}+y^2+\frac{z^2}{4}=1$的点到平面$2x+2y+z+5=0$的最短距离.

4. 某工厂要建造一座长方体形状的厂房，其体积为150万m^3，已知前墙和屋顶的每单位面积的造价分别是其他墙身造价的3倍和1.5倍，问厂房前墙的长度和厂房的高度为多少时，厂房的造价最小？

任务10.6 综合应用实训

知识拓展

方向导数

知识拓展

梯度

实训1【如何才能使醋酸回收的效果最好】 在A、B两种物质的溶液中，我们想提取出物质A，可以采用这样的方法：在A、B的溶液中加入第三种物质C，而C与B不互溶利用A在C中的溶解度较大的特点，将A提取出来.这种方法就是化工中的萃取过程.

现在有稀水溶液的醋酸，利用苯作为溶剂，设苯的总体积为m.进行3次萃取来回收醋酸，问每次应取多少苯量，方使从水溶液中萃取的醋酸最多？

解 设水溶液醋酸的体积为a，水溶液中醋酸的初始浓度为x_0，并设每次萃取时都遵守定律：$y_i=kx_i(i=1,2,3)$，其中k为常数，y_i，x_i分别表示第i次萃取时苯中的醋酸重量浓度及水溶液中醋酸重量浓度，下标是指萃取的顺序.

设苯的总体积m分为m_1，m_2和m_3三份.对第一次萃取作醋酸量的平衡计算：

醋酸的总量=苯中醋酸的量+水溶液中醋酸的量.即$ax_0=m_1y_1+ax_1$.

现结合萃取时遵守的定律，得$x_1=\dfrac{ax_0}{a+m_1k}$.

同理，对第二、第三次萃取分别有$x_2=\dfrac{ax_1}{a+m_2k}$，$x_3=\dfrac{ax_2}{a+m_3k}$.

由此可得

$$x_3=\frac{a^3x_0}{(a+m_1k)(a+m_2k)(a+m_3k)}.$$

为了在一定苯量时得到最完全的萃取，x_3应为极小值.

设$u=(a+m_1k)(a+m_2k)(a+m_3k)$，现在求函数$u$在条件$m_1+m_2+m_3=m$下的极大值.

构造拉格朗日函数

$$L=(a+m_1k)(a+m_2k)(a+m_3k)+\lambda(m_1+m_2+m_3-m).$$

分别以m_1，m_2，m_3及λ为自变量求偏导数，令它们为零，得方程组

$$\begin{cases}\dfrac{\partial L}{\partial m_1}=k(a+m_2k)(a+m_3k)+\lambda=0,\\ \dfrac{\partial L}{\partial m_2}=k(a+m_1k)(a+m_3k)+\lambda=0,\\ \dfrac{\partial L}{\partial m_3}=k(a+m_1k)(a+m_2k)+\lambda=0,\\ \dfrac{\partial L}{\partial \lambda}=m_1+m_2+m_3-m=0.\end{cases}$$

解得$m_1=m_2=m_3=\dfrac{m}{3}$.因此进行3次萃取来回收醋酸，每次取$\dfrac{m}{3}$苯量，可使从水溶液中萃

取的醋酸最多.

实训 2　设有一小山,取它的底面所在的平面为 xOy 坐标面,其底部所占的区域为 $D=\{(x,\ y)\mid x^2+y^2-xy\leqslant 75\}$,小山的高度函数为 $h(x,\ y)=75-x^2-y^2+xy$.

(1) 设 $M(x_0,\ y_0)$ 为区域 D 上一点,问 $h(x,\ y)$ 在该点沿平面上什么方向的方向导数最大?若记此方向导数的最大值为 $g(x_0,\ y_0)$,试写出 $g(x_0,\ y_0)$ 的表达式.

(2) 现欲利用此小山开展攀岩活动,为此需要在山脚下寻找一上山坡度最大的点作为攀岩的起点,也就是说,要在 D 的边界线 $x^2+y^2-xy=75$ 上找出使(1)中的 $g(x,\ y)$ 达到最大值的点.试确定攀登起点的位置.

解　(1) 根据梯度和方向导数的关系可知,方向导数的最大值与梯度的模相等,有梯度的定义得

$$\mathbf{grad}\, h(x,\ y)=\frac{\partial h}{\partial x}\boldsymbol{i}+\frac{\partial h}{\partial y}\boldsymbol{j}.$$

其中 $\dfrac{\partial h}{\partial x}=-2x+y$, $\dfrac{\partial h}{\partial y}=-2y+x$,于是 $\mathbf{grad}\, h(x,\ y)=(-2x+y)\boldsymbol{i}+(-2y+x)\boldsymbol{j}$,

则

$$|\mathbf{grad}\, h(x,\ y)|=\sqrt{(-2x+y)^2+(-2y+x)^2}.$$

根据题意,$h(x,\ y)$ 在点 $M(x_0,\ y_0)$ 处方向导数取得最大值,即

$$g(x_0,\ y_0)=|\mathbf{grad}\, h(x_0,\ y_0)|=\sqrt{(-2x_0+y_0)^2+(-2y_0+x_0)^2}.$$

(2) 按题意,即需要求 $g(x,\ y)=\sqrt{(-2x+y)^2+(-2y+x)^2}$ 在条件 $x^2+y^2-xy=75$ 下得最值.由于 $g(x,\ y)$ 含根号,转化为求 $g(x,\ y)$ 平方求最值.

即求 $g^2(x,\ y)=(-2x+y)^2+(-2y+x)^2=5x^2+5y^2-8xy$ 在满足 $x^2+y^2-xy=75$ 条件下的极值.

构造拉格朗日函数

$$L(x,\ y,\ l)=5x^2+5y^2-8xy+l(x^2+y^2-xy-75),$$

则有

$$\begin{cases}\dfrac{\partial L}{\partial x}=10x-8y+l(2x-y)=0,\\[2mm] \dfrac{\partial L}{\partial y}=10y-8x+l(2y-x)=0,\\[2mm] \dfrac{\partial L}{\partial l}=x^2+y^2-xy-75=0.\end{cases}$$

解此方程组得可能得极值点为 $M_1(5,\ -5)$, $M_2(-5,\ 5)$, $M_3(5\sqrt{3},\ 5\sqrt{3})$, $M_4(-5\sqrt{3},\ -5\sqrt{3})$.

比较函数 $h(x,\ y)=75-x^2-y^2+xy$ 在这些点的函数值,由于实际问题存在最值,那么极大值点就是最大值点.因此 $g^2(x,\ y)$ 在 M_1, M_2 取到在 D 的边界的最大值,即 $M_1(5,\ -5)$, $M_2(-5,\ 5)$ 可以作为攀登的起点.

习题答案

项目十

项目十习题

一、填空题

1. 函数 $z=\ln(-x-y)$ 的定义域为__________.

2. 设 $z=e^{xy}+x^2y$,则 $\dfrac{\partial z}{\partial x}=$__________;$\dfrac{\partial z}{\partial y}=$__________.

3. 已知 $xy+x+y=1$,则 $\dfrac{dy}{dx}=$__________.

4. 已知 $f(x, y)=y^3-x^2+6x-12y+5$,则在__________点处取得极__________值.

二、判断题

1. 若 $z=f(x, y)$ 在 (x_0, y_0) 点的 $f_x(x_0, y_0)$,$f_y(x_0, y_0)$ 存在,则 $z=f(x, y)$ 在 (x_0, y_0) 点可微. ( )

2. 若 $z=f(x, y)$ 在 (x_0, y_0) 处连续,则 $f_x(x_0, y_0)$,$f_y(x_0, y_0)$ 必存在. ( )

3. 若 $P_0(x_0, y_0)$ 为可微函数 $z=f(x, y)$ 的极值点,则必有 $f_x(x_0, y_0)=f_y(x_0, y_0)=0$. ( )

4. 若一元函数 $f(x, y_0)$ 及 $f(x_0, y)$ 在点 $P_0(x_0, y_0)$ 取极值,则二元函数 $f(x, y)$ 在 P_0 点一定取极值. ( )

三、选择题

1. 在球 $x^2+y^2+z^2-2z=0$ 内部的点有( ).

A. $(0, 0, 2)$ B. $(0, 0, -2)$ C. $\left(2, \dfrac{1}{2}, \dfrac{1}{2}\right)$ D. $\left(-\dfrac{1}{2}, 0, \dfrac{1}{2}\right)$

2. 函数 $z=\dfrac{1}{\ln(x+y)}$ 的定义域是( ).

A. $x+y<0$ B. $x+y>0$

C. $x+y>1$ D. $x+y>0$ 且 $x+y<1$

3. 点( )是二元函数 $z=x^3-y^3+3x^2+3y^2-9x$ 的驻点.

A. $(1, 0)$ B. $(1, 2)$ C. $(-3, 0)$ D. $(-3, 2)$

4. 二元函数 $z=f(x, y)$ 在 (x_0, y_0) 可微是 $f(x, y)$ 在 (x_0, y_0) 可导的( ).

A. 充分条件 B. 必要条件

C. 充要条件 D. 既非充分也非必要条件

5. 设 $z=f(x^2+y^2)$,且 f 可微,则 $dz=$( ).

A. $2x\,dx+2y\,dy$ B. $2xf'_x\,dx+2yf'_y\,dy$

C. $2xf\,dx+2yf\,dy$ D. $2xf'\,dx+2yf'\,dy$

四、综合题

1. 求下列函数偏导数.

(1) $z=e^x\sin y$; (2) $z=\dfrac{x}{\sqrt{x^2+y^2}}$; (3) $z=\ln\dfrac{x}{y}$.

2. 求下列函数的二阶偏导数.

(1) $z=y^x$; (2) $z=\arctan\dfrac{y}{x}$.

3. 求下列函数的全微分.

(1) $z=e^{xy}$；　(2) $z=\sin(x^2+y^2)$；　(3) $u=\ln(x^2+y^2+z^2)$.

4. 求下列函数的导数.

(1) 设 $z=\arctan(xy)$，$y=e^x$，求$\frac{dz}{dx}$；

(2) 设 $z=u^v$，$u=x^2+y^2$，$v=xy$，求$\frac{\partial z}{\partial x}$，$\frac{\partial z}{\partial y}$；

(3) $xy+\ln y-\ln x=0$，求$\frac{dy}{dx}$；

(4) $z^3-3xyz=1$，求$\frac{\partial z}{\partial x}$，$\frac{\partial z}{\partial y}$.

5. 求下列函数的极值.

(1) $z=x^2-xy+y^2+9x-6y+20$；

(2) 将正数 a 分成三个正数之和，使其积最大.

6. 求空间曲线 L：$\begin{cases}x=t,\\y=2t^2,\\z=3t^3\end{cases}$ 在点(1，2，3)处的切线方程与法平面方程.

7. 求下列曲面在指定点的切平面与法线.

(1) $e^z-z+xy=3$ 在点(2，1，0)处；(2) $z=\ln(1+x^2+2y^2)$在点(1，1，2ln 2)处.

8. 求椭球面 $x^2+2y^2+z^2=1$ 上平行于平面 $x-y+2z=0$ 的切平面方程.

项目十一　重　积　分

任务 11.1　二重积分的概念与性质

任务内容

- 完成与二重积分的概念与性质相关联的任务工作页;
- 通过实例学习二重积分的概念、几何意义和物理意义;
- 对照定积分学习二重积分的性质;
- 学习二重积分的计算方法及应用实例.

任务目标

- 理解二重积分的概念及符号表示;
- 理解二重积分的几何意义及物理意义;
- 掌握二重积分的性质及计算方法;
- 能够应用二重积分解决实际问题.

任务工作页

了解任务内容并学习相关知识后,在教师指导下完成任务工作页内各项内容的填写.

1. 体现定积分、二重积分思想的四个核心步骤是:(1)________;(2)________;(3)________;(4)________.
2. 当 $f(x, y)\geqslant 0$ 时,二重积分 $\iint\limits_D f(x, y)\mathrm{d}\sigma$ 的几何意义是________________,二重积分 $\iint\limits_D f(x, y)\mathrm{d}\sigma$ 的物理意义是________________________________.
3. $\iint\limits_D 1\mathrm{d}\sigma=$________________________________.
4. 如果在区域 D 上 $f(x, y)\leqslant g(x, y)$, $\iint\limits_D f(x, y)\mathrm{d}\sigma$________$\iint\limits_D g(x, y)\mathrm{d}\sigma$(填 $\leqslant$ 或 $\geqslant$).

案例 1【平均利润】 设某公司销售商品甲 x 个单位,商品乙 y 个单位的利润由下式确定:

$$P(x, y)=-(x-200)^2-(y-100)^2+5\,000.$$

现已知一周销售商品甲在150～200之间变化，一周销售商品乙在80～100之间变化.试求销售这两种商品一周的平均利润.$\left(\text{平均利润}\frac{1}{50\times 20}\sum_{x=150}^{200}\sum_{y=80}^{100}P(x,\ y)\approx 4\ 033.\right)$

案例2【卫星覆盖面积问题】 一颗地球的同步轨道通讯卫星的轨道位于地球的赤道平面内，且可近似认为是圆轨道.若使通讯卫星运行的角速率与地球自转的角速率相同，即人们看到它在天空不动.如图11-1所示，若地球半径取为$R=6\ 400$ km，问卫星距地面的高h应为多少？试计算一颗通讯卫星的覆盖面积.如果要覆盖全球需多少颗这类卫星？

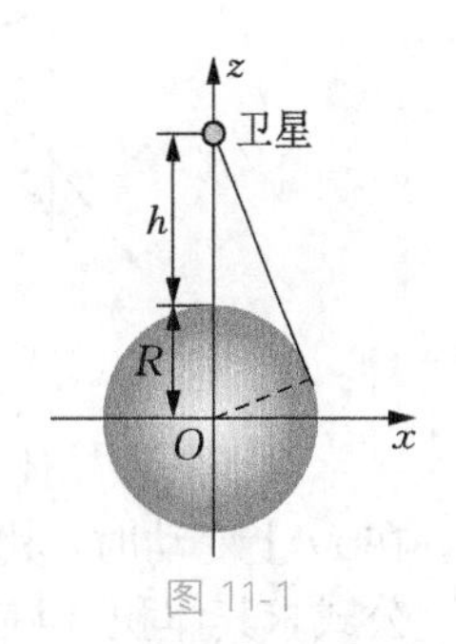

图11-1

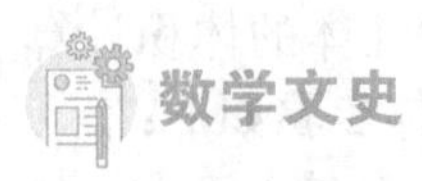

多元函数积分学的起源

虽然微积分的创立者已经接触到了重积分的概念，但将微积分算法推广到多元函数而建立多重积分理论的主要是18世纪的数学家.

18世纪，微积分进一步深入发展.牛顿在关于万有引力的计算中用到了多重积分的思想，但牛顿使用的是几何论述.后来，牛顿的工作被人们以分析的形式做了推广.

1748年，欧拉(Euler)用累次积分算出了表示一厚度为d的椭圆薄片对其中心正上方一质点引力的重积分.1770年，欧拉又给出了二重积分的概念和二重积分的记号“$\iint$”，并给出了用累次积分计算二重积分的方法，同时还讨论了二重积分的变量代换问题.

拉格朗日(Lagrange)也讨论了多个变量的重积分情况，并于1772年引入了三重积分的概念和三重积分的记号“$\iiint$”，在他的一篇关于旋转椭球体的引力的著作中，就用三重积分表示引力，并开始了多重积分变换的研究.

奥斯特罗格拉茨基(Octporpajickh ȟ)对重积分的研究也做了许多工作，他在研究热传导理论的过程中，证明了关于三重积分和曲面积分之间关系的公式.

1828年，格林(Green)在其私人印刷出版的小册子《关于数学分析应用于电磁学理论的一篇论文》中，为了推动位势论的进一步发展，建立了著名的格林公式.

相关知识

多元函数积分学是一元函数积分学的拓展与延伸，包括二重积分、三重积分、曲线积分和曲面积分等.其思想原则和定积分一脉相承，都体现了“分割、近似、求和、取极限”的积分思想.学好多元函数积分学对解决生产实践问题具有重要意义.

一、二重积分的概念

实例1【曲顶柱体体积问题】 设函数$z=f(x,\ y)$在有界闭区域D上连续，且$f(x,\ y)\geqslant 0$.以函数$z=f(x,\ y)$所表示的曲面为顶，以区域D为底，且以区域D的边界曲线为准线而母线平行于z轴的柱面为侧面的几何体叫做**曲顶柱体**，如图11-2所示.下面讨论如何计算曲顶柱体的体积V.

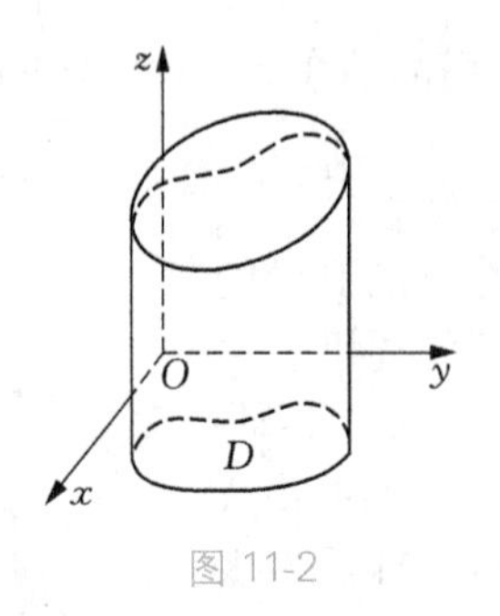

图 11-2

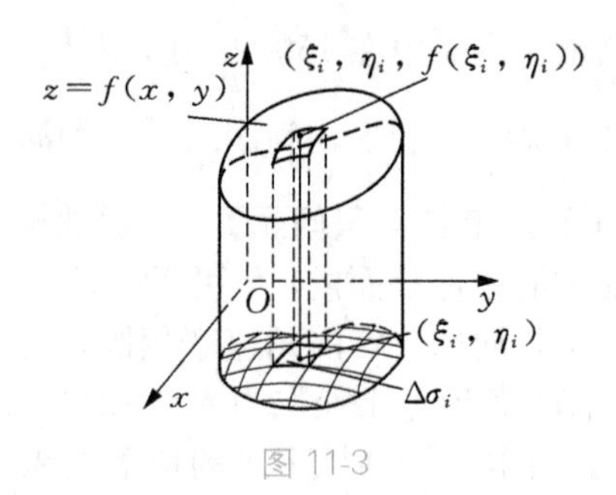

图 11-3

对于平顶柱体，它的体积就等于底面积乘高.现在曲顶柱体的顶是曲面，当点(x, y)在D上变动时，其高度$z=f(x, y)$是一个变量，因此不能直接用平顶柱体的体积计算公式求其体积，但是可以沿用求曲边梯形面积的方法和思路求其体积.具体**步骤**如下：

第一步(**分割**).用一组曲线网将区域D任意分成n个小区域$\Delta\sigma_1$, $\Delta\sigma_2$, $\cdots$, $\Delta\sigma_i$, $\cdots$, $\Delta\sigma_n$，其中记号$\Delta\sigma_i(i=1, 2, \cdots, n)$也用来表示第$i$个小区域的面积.分别以每个小区域的边界曲线为准线作母线平行于z轴的柱面，这些柱面把原来的曲顶柱体分割成n个小曲顶柱体ΔV_1, $\Delta V_2\cdots$, $\Delta V_i\cdots$, ΔV_n，其中记号$\Delta V_i(i=1, 2, \cdots, n)$也用来表示第$i$个小曲顶柱体的体积.

第二步(**近似**).因为$f(x, y)$在区域D上连续，在每个小区域上其函数值变化很小，每个小曲顶柱体可以近似地看作平顶柱体(如图 11-3).分别在每个小区域$\Delta\sigma_i$上任取一点(ξ_i, η_i)，以$f(\xi_i, \eta_i)$为高，$\Delta\sigma_i$为底的小平顶柱体的体积$f(\xi_i, \eta_i)\Delta\sigma_i$作为第$i$个小曲顶柱体体积$\Delta V_i$的近似值，即

$$\Delta V_i\approx f(\xi_i, \eta_i)\Delta\sigma_i \quad (i=1, 2, \cdots, n).$$

第三步(**求和**).将n个小平顶柱体体积之和作为原曲顶柱体体积V的近似值，即

$$V=\sum_{i=1}^{n}\Delta V_i\approx\sum_{i=1}^{n}f(\xi_i, \eta_i)\Delta\sigma_i.$$

第四步(**取极限**).对区域D分割越细，近似程度越高，当各小区域直径的最大值$\lambda\to 0$(有界闭区域的直径是指区域上任意两点间距离的最大值)时(即每个小区域趋近于一个点)，若上述和式的极限存在，则该极限值就是曲顶柱体的体积V，即有

$$V=\lim_{\lambda\to 0}\sum_{i=1}^{n}f(\xi_i, \eta_i)\Delta\sigma_i.$$

实例 2 设有一个质量非均匀分布的平面薄片，它在xOy平面上占有有界闭区域D，此薄片在点$(x, y)\in D$处的面密度为$\rho(x, y)$，且$\rho(x, y)$在D上连续.试计算该薄片的质量M.

如果平面薄片是均匀的，即面密度是常数，则薄片的质量就等于面密度与面积的乘积.现在薄片的面密度随着点(x, y)的位置而变化，我们仍然可以采用上述方法求薄片的质量.用一组曲线网将区域D任意分成n个小块$\Delta\sigma_1$, $\Delta\sigma_2$, $\cdots$, $\Delta\sigma_n$；由于$\rho(x, y)$在D上连续，只要每个小块$\Delta\sigma_i(i=1, 2, \cdots, n)$的直径很小，这个小块就可以近似地看作均匀小薄片.在$\Delta\sigma_i$上任取一点(ξ_i, η_i)，用点(ξ_i, η_i)处的面密度$\rho(\xi_i, \eta_i)$近似代替区域$\Delta\sigma_i$上各点处的面密度(如图 11-4)，从而求得小薄片$\Delta\sigma_i$的质量的近似值

$$\Delta M_i\approx\rho(\xi_i, \eta_i)\Delta\sigma_i \quad (i=1, 2, \cdots, n).$$

整个薄片质量的近似值为

$$M \approx \sum_{i=1}^{n} \rho(\xi_i, \eta_i) \Delta\sigma_i.$$

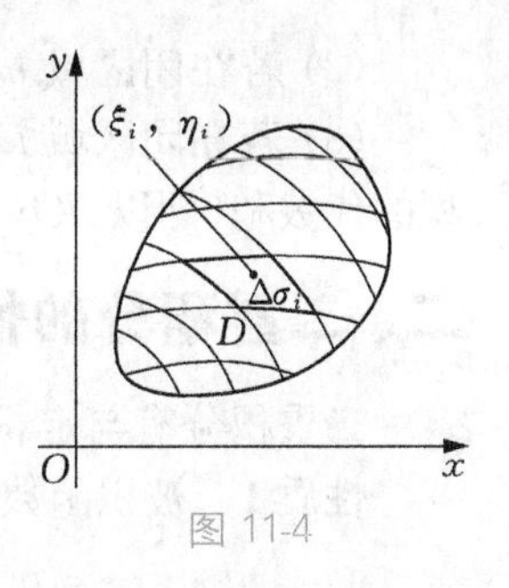

图 11-4

将薄片无限细分，当所有小区域 $\Delta\sigma_i$ 的最大直径 $\lambda \to 0$ 时，若上述和式的极限存在，则这个极限值就是所求平面薄片的质量，即

$$M = \lim_{\lambda \to 0} \sum_{i=1}^{n} \rho(\xi_i, \eta_i) \Delta\sigma_i.$$

尽管上面两个问题的实际意义不同，但解决问题的方法是一样的，而且最终都归结为求二元函数的某种特定和式的极限.在数学上加以抽象，便得到二重积分的概念.

定义 11-1(二重积分) 设 $f(x, y)$ 是定义在有界闭区域 D 上的有界函数，将 D 任意分割为 n 个小区域 $\Delta\sigma_1, \Delta\sigma_2 \cdots, \Delta\sigma_i \cdots, \Delta\sigma_n$，其中记号 $\Delta\sigma_i (i=1, 2, \cdots, n)$ 表示第 i 个小闭区域，也表示其面积；在每个小区域 $\Delta\sigma_i$ 上任取一点 (ξ_i, η_i)，作乘积 $f(\xi_i, \eta_i)\Delta\sigma_i (i=1, 2, \cdots, n)$，并作和式 $\sum_{i=1}^{n} f(\xi_i, \eta_i)\Delta\sigma_i$. 如果将区域 D 无限细分，当各小区域直径的最大值 $\lambda \to 0$ 时，该和式的极限存在，且极限值与区域 D 的分法及点 (ξ_i, η_i) 的取法无关，则称此极限值为函数 $f(x, y)$ 在区域 D 上的**二重积分**，记为 $\iint_D f(x, y) d\sigma$，即

$$\iint_D f(x, y) d\sigma = \lim_{\lambda \to 0} \sum_{i=1}^{n} f(\xi_i, \eta_i) \Delta\sigma_i.$$

其中 $f(x, y)$ 称为**被积函数**，$f(x, y)d\sigma$ 称为**被积表达式**，$d\sigma$ 称为**面积元素**（或称面积微元），x 与 y 称为**积分变量**，区域 D 称为**积分区域**，$\sum_{i=1}^{n} f(\xi_i, \eta_i)\Delta\sigma_i$ 称为**积分和**.

根据二重积分的定义可知，实例 1 中曲顶柱体的体积 V 是其曲顶函数 $f(x, y)$ 在底面区域 D 上的二重积分，即

$$V = \iint_D f(x, y) d\sigma.$$

实例 2 中平面薄片的质量 M 是其面密度函数 $\rho(x, y)$ 在其所占闭区域 D 上的二重积分，即

$$M = \iint_D \rho(x, y) d\sigma.$$

关于二重积分的几点说明.

(1) 如果函数 $f(x, y)$ 在区域 D 上的二重积分存在，则**称函数 $f(x, y)$ 在 D 上可积**. 如果函数 $f(x, y)$ 在有界闭区域 D 上连续，则 $f(x, y)$ 在 D 上可积.

(2) 当 $f(x, y)$ 在有界闭区域 D 上可积时，积分值与区域 D 的分法及点 (ξ_i, η_i) 的取法无关，只与被积函数 $f(x, y)$ 和积分区域 D 有关.

二重积分 $\iint_D f(x, y) d\sigma$ 的**几何意义**：

(1) 若在闭区域 D 上 $f(x, y) \geqslant 0$，二重积分表示曲顶柱体的体积；

(2) 若在闭区域 D 上 $f(x,y)\leqslant 0$,二重积分表示曲顶柱体体积的负值;

(3) 若在闭区域 D 上 $f(x,y)$ 有正有负,二重积分表示各个部分区域上曲顶柱体体积的代数和(即以 xOy 面为界,上部分的体积之和减去下部分的体积之和).

二、二重积分的性质

二重积分有与定积分完全类似的性质,这里我们只列举这些性质,而将证明略去.

性质 1 被积函数中的常数因子可以提到积分符号的外面,即

$$\iint_D kf(x,y)\mathrm{d}\sigma=k\iint_D f(x,y)\mathrm{d}\sigma,\text{其中 } k \text{ 为常数.}$$

性质 2 有限个函数代数和的二重积分等于各函数二重积分的代数和,即

$$\iint_D [f(x,y)\pm g(x,y)]\mathrm{d}\sigma=\iint_D f(x,y)\mathrm{d}\sigma\pm\iint_D g(x,y)\mathrm{d}\sigma.$$

性质 3 若用连续曲线将区域 D 分成两个子区域 D_1 与 D_2,即 $D=D_1+D_2$,则

$$\iint_D f(x,y)\mathrm{d}\sigma=\iint_{D_1} f(x,y)\mathrm{d}\sigma+\iint_{D_2} f(x,y)\mathrm{d}\sigma.$$

即二重积分对积分区域具有可加性.

性质 4 设在区域 D 上 $f(x,y)\equiv 1$,σ 为 D 的面积,则有

$$\iint_D f(x,y)\mathrm{d}\sigma=\iint_D 1\mathrm{d}\sigma=\iint_D \mathrm{d}\sigma=\sigma.$$

因为从几何上看,高为 1 的平顶柱体的体积在数值上等于其底的面积.

性质 5 如果在区域 D 上 $f(x,y)\leqslant g(x,y)$,则有

$$\iint_D f(x,y)\mathrm{d}\sigma\leqslant\iint_D g(x,y)\mathrm{d}\sigma.$$

由于 $-|f(x,y)|\leqslant f(x,y)\leqslant|f(x,y)|$,由性质 5 可得 $\left|\iint_D f(x,y)\mathrm{d}\sigma\right|\leqslant\iint_D |f(x,y)|\mathrm{d}\sigma$.

性质 6 设 M 与 m 分别是函数 $f(x,y)$ 在有界闭区域 D 上的最大值与最小值,则有

$$m\sigma\leqslant\iint_D f(x,y)\mathrm{d}\sigma\leqslant M\sigma.$$

性质 7(二重积分的中值定理) 如果函数 $f(x,y)$ 在有界闭区域 D 上连续,σ 为积分区域 D 的面积,则在 D 上至少存在一点 (ξ,η),使得

$$\iint_D f(x,y)\mathrm{d}\sigma=f(\xi,\eta)\sigma.$$

[例 1] 比较 $\iint_D (x+y)\mathrm{d}\sigma$ 与 $\iint_D (x+y)^3\mathrm{d}\sigma$ 的大小,其中 D 是由直线 $x=0$, $y=0$ 及 $x+y=1$ 所围成的闭区域.

解 由于对任意的 $(x,y)\in D$,有 $x+y\leqslant 1$,故有 $(x+y)^3\leqslant x+y$,因此

$$\iint_D (x+y)\mathrm{d}\sigma \geqslant \iint_D (x+y)^3\mathrm{d}\sigma.$$

[例2] 估计$\iint_D (x+y+1)\mathrm{d}\sigma$的值，其中$D$为矩形区域：$0\leqslant x\leqslant 1$，$0\leqslant y\leqslant 2$.

解 被积函数在区域D上的最大值与最小值分别为4和1，D的面积为2，于是

$$2\leqslant \iint_D (x+y+1)\mathrm{d}\sigma \leqslant 8.$$

[例3] 计算二重积分$\iint_D k\mathrm{d}\sigma$，$D$为$x^2+y^2\leqslant r^2$部分，并说明其几何意义.

解 D的边界是半径为r的圆，其面积$S=\pi r^2$.根据性质1和性质4，$\iint_D k\mathrm{d}\sigma = k\iint_D \mathrm{d}\sigma = k\pi r^2$，其几何意义是以$xOy$面上半径为$r$的圆为底，$k$为高的圆柱体的体积.

习题 11.1

1. 使用二重积分的几何意义说明$I_1=\iint_{D_1}(x^2+y^2)^3\mathrm{d}\sigma$与$I_2=\iint_{D_2}(x^2+y^2)^3\mathrm{d}\sigma$之间的关系，其中$D_1$是矩形域：$-1\leqslant x\leqslant 1$，$-1\leqslant y\leqslant 1$，$D_2$是矩形域：$0\leqslant x\leqslant 1$，$0\leqslant y\leqslant 1$.
2. 比较下列积分的大小.

(1) $I_1=\iint_D (x+y)^2\mathrm{d}\sigma$与$I_2=\iint_D (x+y)^3\mathrm{d}\sigma$，其中$D$由$x$轴、$y$轴及直线$x+y=1$所围成；

(2) $I_1=\iint_D \ln(x+y)\mathrm{d}\sigma$与$I_2=\iint_D [\ln(x+y)]^2\mathrm{d}\sigma$，其中$D=\{(x, y)|3\leqslant x\leqslant 5, 0\leqslant y\leqslant 1\}$.

3. 利用二重积分的几何意义，不经计算直接给出下列二重积分的值.

(1) $I=\iint_D \mathrm{d}\sigma$，其中$D$：$0\leqslant x\leqslant 2$，$0\leqslant y\leqslant 2$；

(2) $I=\iint_D \sqrt{R^2-x^2-y^2}\,\mathrm{d}\sigma$，其中$D$：$x^2+y^2\leqslant R^2$.

任务 11.2 二重积分的计算

任务内容

- 完成与二重积分的计算相关联的任务工作页；
- 学习直角坐标系下二重积分的计算；
- 学习极坐标系下二重积分的计算.

任务目标

- 理解二重积分的思想，会用二重积分的概念和性质解答问题；
- 能够根据积分区域的类型特点将二重积分化二次积分（累次积分），并依次积分；
- 掌握极坐标系下二重积分的计算方法；
- 善于利用两种坐标系的互化关系计算二重积分；
- 能够利用二重积分解决实际问题.

任务工作页

了解了本任务学习内容和相关知识后，在教师指导下完成任务工作页内各项内容的填写.

1. 直角坐标系下 $\mathrm{d}\sigma=$________，极坐标系下 $\mathrm{d}\sigma=$________；
2. 积分区域 $D=\{(x,\ y)\mid a\leqslant x\leqslant b,\ y_1(x)\leqslant y\leqslant y_2(x)\}$，说明 D 是________型的积分区域，二重积分可以写成二次积分，即 $\iint\limits_D f(x,\ y)\mathrm{d}\sigma=$____________________；
3. 积分 $\int_c^d \mathrm{d}y\int_{x1(y)}^{x2(y)} f(x,\ y)\mathrm{d}x$ 是先____后____的二次积分，积分区域 D 是________型的积分区域；
4. 积分区域 D：$x^2+y^2\leqslant a^2$ 极坐标系下可以写成____________________；
5. 在极坐标系下 $D=\{(x,\ y)\mid r_1(\theta)\leqslant r\leqslant r_2(\theta),\ \alpha\leqslant\theta\leqslant\beta\}$，将 $\iint\limits_D f(x,\ y)\mathrm{d}\sigma$ 写成二次积分为______________________________；
6. 二重积分选择极坐标系的理由？

____.

相关知识

一般来说，要通过二重积分的定义直接计算二重积分是十分困难的，甚至是不可能的.事实上，可以从二重积分的几何意义引出计算方法——化二重积分为二次积分，下面我们分别在直角坐标系及极坐标系中讨论.

一、直角坐标系下二重积分的计算

我们知道，如果函数 $f(x,\ y)$在有界闭区域 D 上连续，则在区域 D 上二重积分存在，且它的值与区域D 的分法和各小区域 $\Delta\sigma_i(i=1,\ 2,\ \cdots,\ n)$上点$(\xi_i,\ \eta_i)$的选取无关，故可采用一种便于计算的划分方式，即在直角坐标系下用两族平行于坐标轴的直线将区域 D 分割成若干个小区域.则除了靠近区域 D 边界的小区域不规则外，其余的小区域全部是小矩形区域.

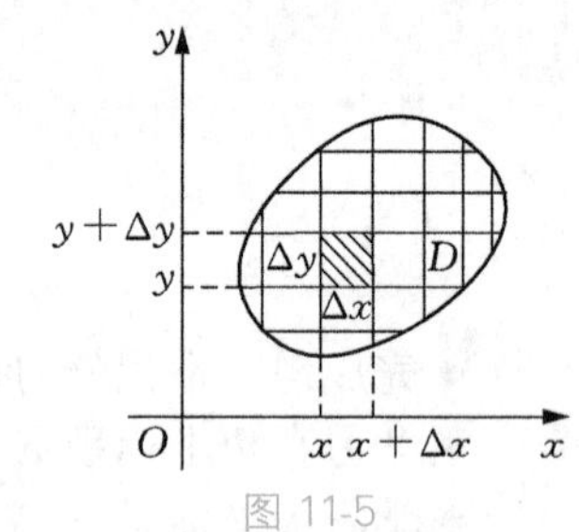

图 11-5

设小矩形区域 $\Delta\sigma$ 的边长分别为 Δx 和 Δy（图 11-5），则小矩形区域的面积为 $\Delta\sigma=\Delta x\Delta y$.因此，在直角坐标系下，可以把面积元素记作

$$d\sigma = dxdy.$$

则在直角坐标系下，二重积分可表示成

$$\iint_D f(x, y)d\sigma = \iint_D f(x, y)dxdy.$$

下面利用**平行截面法**(或称**“切片法”**)来求曲顶柱体的体积，以获得直角坐标系下二重积分的计算方法.

1. X-型区域二重积分的计算

设曲顶柱体的顶是曲面 $z=f(x, y)(f(x, y)\geqslant 0)$，底是 xOy 平面上的闭区域 D (图 11-6)，先用**穿线法**确定积分区域 D 的范围，具体步骤是：(1)将区域 D 投影到 x 轴得 $a\leqslant x\leqslant b$；(2)过区间$[a, b]$内任取一点 x 作 x 轴的垂线，该垂线与区域 D 的边界恰有两个交点，自下而上分别称作**穿入点**和**穿出点**，穿入点所在曲线为 $y_1(x)$，穿出点所在曲线为 $y_2(x)$，两穿点间纵坐标 y 满足 $y_1(x)\leqslant y\leqslant y_2(x)$，即区域 D 可用不等式组表示为

动画

二重积分积分区域

$$D=\{(x, y)\mid a\leqslant x\leqslant b, y_1(x)\leqslant y\leqslant y_2(x)\}.$$

该区域的特点是：穿过区域 D 内部且垂直于 x 轴的直线与 D 的边界交点不多于两点，今后称这样的区域 D 为 **X-型区域**.

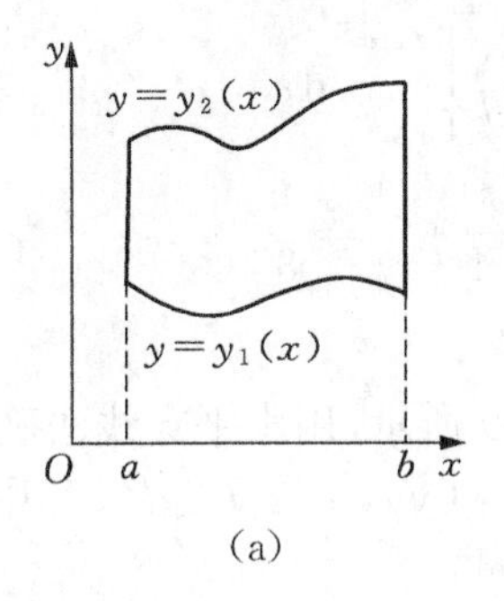

(a)

(b)

图 11-6

用过区间$[a, b]$上任意一点 x 且垂直于 x 轴的平面去截曲顶柱体，得到的截面是一个以$[y_1(x), y_2(x)]$为底，以 $z=f(x, y)$(x 相对 y 是常量)为曲边的曲边梯形(图 11-7)，其面积为

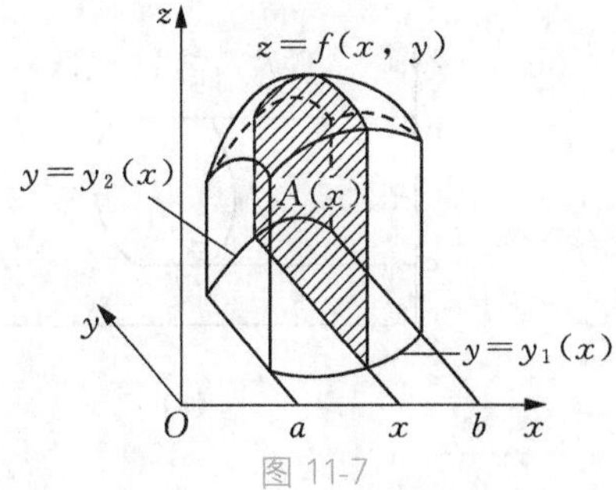

图 11-7

$$A(x)=\int_{y1(x)}^{y2(x)} f(x, y)dy.$$

任取微区间$[x, dx]\subset[a, b]$(dx 是无穷小)，则该区间对应的切片(薄片)可看成以 $A(x)$为底面积，高为 dx 的微柱体，称微柱体的体积为曲顶柱体的**体积元素**(体积微元)，即

$$dV=A(x)dx.$$

将体积元素 dV 沿区间$[a, b]$无限求和便得到曲顶柱体的体积.于是有

$$V=\int_a^b A(x)dx=\int_a^b\left[\int_{y1(x)}^{y2(x)} f(x, y)dy\right]dx.$$

动画

X-型二重积分计算

根据二重积分的几何意义可知，这个体积就是所求二重积分的值，从而有

$$\iint\limits_D f(x, y)\mathrm{d}\sigma=\int_a^b[\int_{y1(x)}^{y2(x)}f(x, y)\mathrm{d}y]\mathrm{d}x$$

或

$$\iint\limits_D f(x, y)\mathrm{d}\sigma=\int_a^b\mathrm{d}x\int_{y1(x)}^{y2(x)}f(x, y)\mathrm{d}y.$$

上式右端称作**先对 y 后对 x 的二次积分**.由此可看到，二重积分的计算可化成两个单积分(定积分)来计算，这种方法称作**累次积分法**.先对 y 积分(视 x 为常数)，即把 $f(x, y)$ 看作关于 y 的一元函数，从 $y_1(x)$ 到 $y_2(x)$ 对 y 进行一次积分；然后在此基础上，再从 a 到 b 对 x 积分.通过先后二次积分(均为定积分)便获二重积分的值.

在上述过程中，我们假定 $f(x, y)\geqslant 0$，但实际上公式并不受此条件的限制.

[例 1]　计算 $\iint\limits_D xy\mathrm{d}x\mathrm{d}y$，其中 D：$x^2+y^2\leqslant 1$，$x\geqslant 0$，$y\geqslant 0$.

解　画出区域 D 的图形(图 11-8).选择先对 y 积分(固定 x)，用穿线法确定的积分区域范围为 $D=\{(x, y)|0\leqslant x\leqslant 1, 0\leqslant y\leqslant\sqrt{1-x^2}\}$.

二重积分化为二次积分为

$$\iint\limits_D xy\mathrm{d}x\mathrm{d}y=\int_0^1\mathrm{d}x\int_0^{\sqrt{1-x^2}}xy\mathrm{d}y=\int_0^1\left(\frac{1}{2}xy^2\right)\Big|_0^{\sqrt{1-x^2}}\mathrm{d}x$$

$$=\frac{1}{2}\int_0^1(x-x^3)\mathrm{d}x=\frac{1}{2}\left(\frac{x^2}{2}-\frac{x^4}{4}\right)\Big|_0^1=\frac{1}{8}.$$

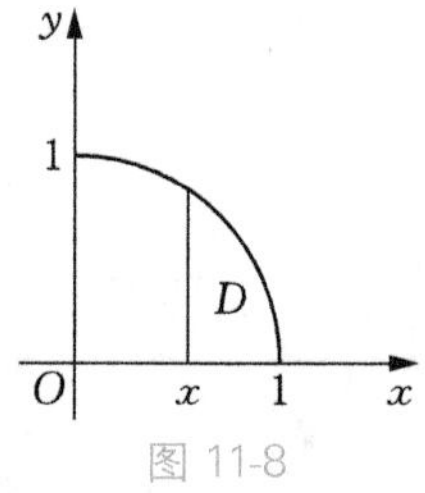

图 11-8

2. Y-型区域二重积分的计算

类似地，如果某二元函数积分区域 D 如图 11-9 所示，用水平穿线法确定区域 D 的范围，区域 D 可表示为 $D=\{(x, y)|x_1(y)\leqslant x\leqslant x_2(y), c\leqslant y\leqslant d\}$，其中函数 $x_1(y)$ 与 $x_2(y)$ 在区间 $[c, d]$ 上连续，该区域的特点是：穿过区域 D 内部且垂直于 y 轴的直线与 D 的边界交点不多于两点，则称区域 D 为 **Y-型区域**.

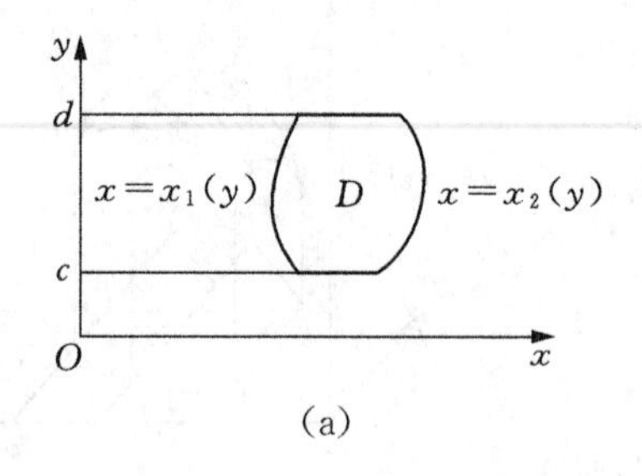

(a)

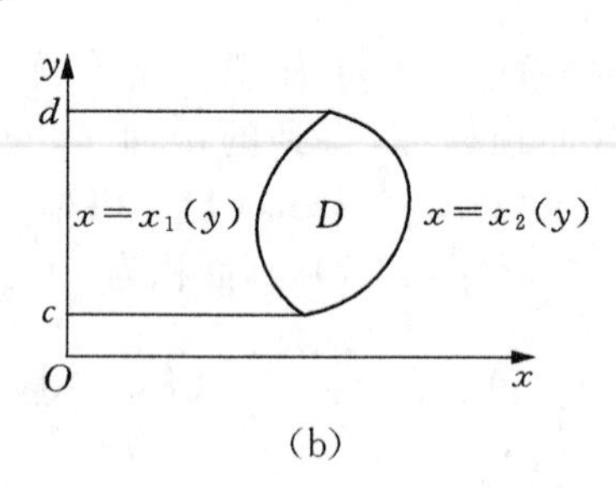

(b)

图 11-9

动画

Y-型二重积分计算

这时有以下公式：

$$\iint\limits_D f(x, y)\mathrm{d}x\mathrm{d}y=\int_c^d[\int_{x1(y)}^{x2(y)}f(x, y)\mathrm{d}x]\mathrm{d}y$$

或

$$\iint\limits_D f(x, y)\mathrm{d}x\mathrm{d}y=\int_c^d\mathrm{d}y\int_{x1(y)}^{x2(y)}f(x, y)\mathrm{d}x.$$

上式称为先对 x 后对 y 的二次积分. 首先对 x 积分(固定 y),视 $f(x, y)$ 为关于 x 的一元函数,从 $x_1(y)$ 到 $x_2(y)$ 对 x 进行一次积分(定积分);然后将所得结果(关于 y 的函数)看作被积函数,再在区间 $[c, d]$ 上对 y 进行积分(定积分).实施两次积分后便获得二重积分的值.

当积分区域 D 不属于上述两种类型时,即平行于 x 轴或 y 轴的直线与 D 的边界交点多于两点.这时可以用平行于 x 轴或平行于 y 轴的直线把 D 分成若干个小区域(图 11-10),使每个小区域都属于上述类型之一,然后利用二重积分的性质 3,将 D 上的积分转化成每个小区域上积分的和.

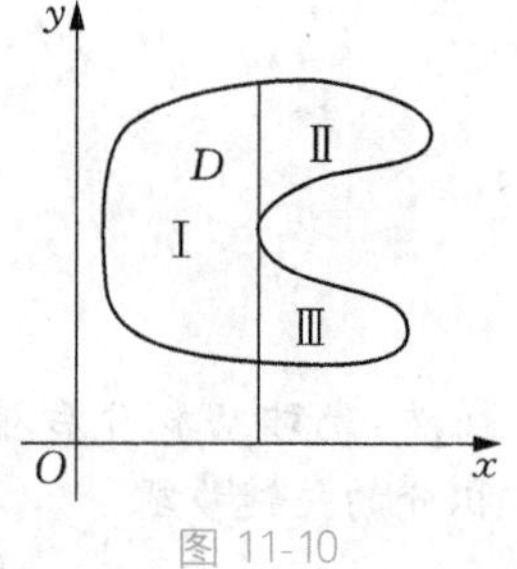

图 11-10

[例 2] 计算 $\iint\limits_D \frac{x^2}{y}\mathrm{d}x\,\mathrm{d}y$,其中 D 由直线 $y=2$, $y=x$ 和曲线 $xy=1$ 所围成.

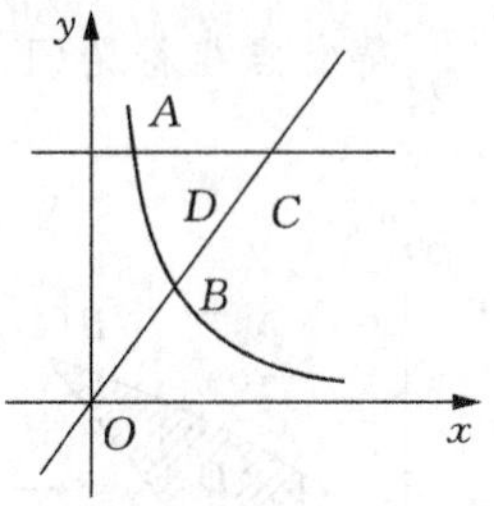

图 11-11

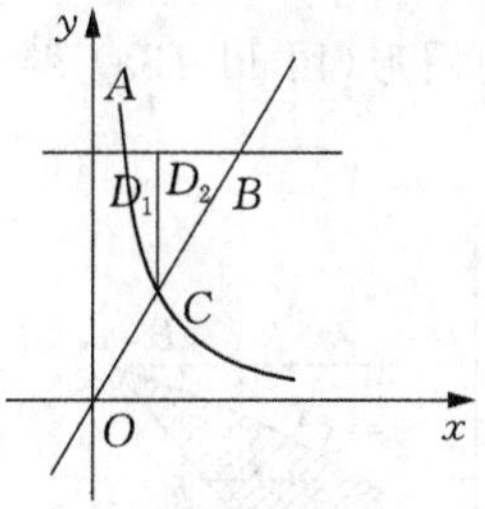

图 11-12

解 画出区域 D 的图形(图 11-11),求出边界曲线的交点坐标 $A\left(\frac{1}{2}, 2\right)$, $B(1, 1)$, $C(2, 2)$,选择先对 x 积分,这时 D 为 Y-区域,表达式为

$$\begin{cases}1\leqslant y\leqslant 2,\\ \frac{1}{y}\leqslant x\leqslant y.\end{cases}$$

于是

$$\begin{aligned}\iint\limits_D \frac{x^2}{y}\mathrm{d}x\,\mathrm{d}y &=\int_1^2 \mathrm{d}y\int_{\frac{1}{y}}^{y}\frac{x^2}{y}\mathrm{d}x=\int_1^2\frac{1}{y}\left[\frac{x^3}{3}\right]\Bigg|_{\frac{1}{y}}^{y}\mathrm{d}y=\int_1^2\frac{1}{3}\left(y^2-\frac{1}{y^4}\right)\mathrm{d}y\\ &=\frac{1}{3}\left(\frac{1}{3}y^3+\frac{1}{3}y^{-3}\right)\Bigg|_1^2=\frac{49}{72}.\end{aligned}$$

本题也可先对 y 积分后再对 x 积分,但是这时就必须用直线 $x=1$ 将 D 分成 D_1 和 D_2 两个 X-型区域(图 11-12).其中

$$D_1\begin{cases}\frac{1}{2}\leqslant x\leqslant 1,\\ \frac{1}{x}\leqslant y\leqslant 2,\end{cases}\quad D_2\begin{cases}1\leqslant x\leqslant 2,\\ x\leqslant y\leqslant 2.\end{cases}$$

由此得

$$\iint_D \frac{x^2}{y}\mathrm{d}x\,\mathrm{d}y=\iint_{D_1}\frac{x^2}{y}\mathrm{d}x\,\mathrm{d}y+\iint_{D_2}\frac{x^2}{y}\mathrm{d}x\,\mathrm{d}y$$

$$=\int_{\frac{1}{2}}^{1}\mathrm{d}x\int_{\frac{1}{x}}^{2}\frac{x^2}{y}\mathrm{d}y+\int_{1}^{2}\mathrm{d}x\int_{x}^{2}\frac{x^2}{y}\mathrm{d}y$$

$$=\int_{\frac{1}{2}}^{1}x^2[\ln y]\Big|_{\frac{1}{x}}^{2}\mathrm{d}x+\int_{1}^{2}x^2[\ln y]\,|_{x}^{2}\mathrm{d}x$$

$$=\int_{\frac{1}{2}}^{1}x^2[\ln 2+\ln x]\mathrm{d}x+\int_{1}^{2}x^2[\ln 2-\ln x]\mathrm{d}x=\frac{49}{72}.$$

显然，先对 y 积分后对 x 积分要麻烦得多，所以恰当地选择积分次序是化二重积分为二次积分的关键步骤.

[例 3] 计算 $\iint\limits_D 2xy^2\mathrm{d}x\,\mathrm{d}y$，其中 D 由抛物线 $y^2=x$ 及直线 $y=x-2$ 所围成.

解 画 D 的图形(图 11-13a).解方程组 $\begin{cases}y^2=x,\\ y=x-2,\end{cases}$ 得交点坐标为(1, −1)，(4, 2).

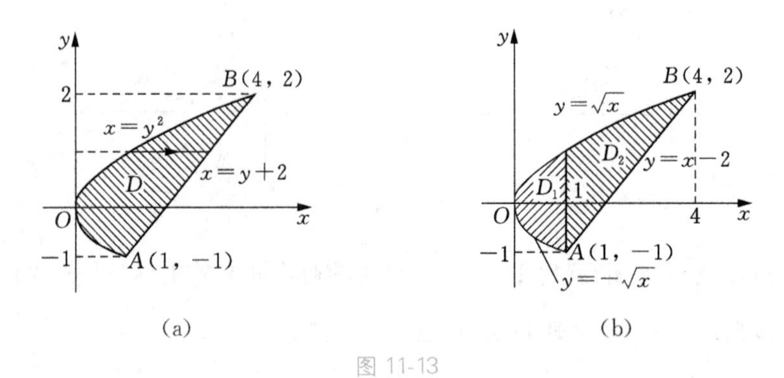

(a) (b)

图 11-13

若选择先对 x 积分，这时把积分区域 D 看作 Y-型区域，可表示为

$$D=\{(x,\ y)\,|\,y^2\leqslant x\leqslant y+2,\ -1\leqslant y\leqslant 2\},$$

从而

$$\iint_D 2xy^2\mathrm{d}x\,\mathrm{d}y=\int_{-1}^{2}\mathrm{d}y\int_{y^2}^{y+2}2xy^2\mathrm{d}x=\int_{-1}^{2}y^2[x^2]_{y^2}^{y+2}\mathrm{d}y=\int_{-1}^{2}(y^4+4y^3+4y^2-y^6)\mathrm{d}y$$

$$=\left[\frac{y^5}{5}+y^4+\frac{4}{3}y^3-\frac{y^7}{7}\right]_{-1}^{2}=15\frac{6}{35}.$$

若先对 y 积分后对 x 积分，由于下方边界曲线在区间[0, 1]与[1, 4]上的表达式不一致，这时就必须用直线 $x=1$ 将区域 D 分成 D_1 和 D_2 两部分(X-型区域)(图 11-13b).则 D_1 和 D_2 可分别表示为

$$D_1=\{(x,\ y)\,|\,-\sqrt{x}\leqslant y\leqslant\sqrt{x},\ 0\leqslant x\leqslant 1\},$$

$$D_2=\{(x,\ y)\,|\,x-2\leqslant y\leqslant\sqrt{x},\ 1\leqslant x\leqslant 4\}.$$

由此得

$$\iint_D 2xy^2\mathrm{d}x\mathrm{d}y=\iint_{D_1}2xy^2\mathrm{d}x\mathrm{d}y+\iint_{D_2}2xy^2\mathrm{d}x\mathrm{d}y=\int_0^1\mathrm{d}x\int_{-\sqrt{x}}^{\sqrt{x}}2xy^2\mathrm{d}y+\int_1^4\mathrm{d}x\int_{x-2}^{\sqrt{x}}2xy^2\mathrm{d}y.$$

显然,计算起来要比先对 x 后对 y 积分麻烦,所以恰当地选择积分次序是化二重积分为二次积分的关键.选择积分次序与积分区域的形状及被积函数的特点有关.

[例 4]　求由两个圆柱面 $x^2+y^2=R^2$ 和 $x^2+z^2=R^2$ 相交所形成的立体的体积.

解　根据对称性,所求体积 V 是图 11-14a 所画第一卦限中体积的 8 倍.第一卦限的立体为一曲顶柱体,它以圆柱面 $z=\sqrt{R^2-x^2}$ 为顶,底为 xOy 面上的四分之一圆(图 11-14b).用不等式组表示积分区域 D,则

$$D=\{(x,\ y)\,|\,0\leqslant y\leqslant\sqrt{R^2-x^2},\ 0\leqslant x\leqslant R\},$$

所求体积为

$$\begin{aligned}V&=8\iint_D\sqrt{R^2-x^2}\,\mathrm{d}x\mathrm{d}y=8\int_0^R\mathrm{d}x\int_0^{\sqrt{R^2-x^2}}\sqrt{R^2-x^2}\,\mathrm{d}y\\&=8\int_0^R\sqrt{R^2-x^2}\,[y]_0^{\sqrt{R^2-x^2}}\,\mathrm{d}x=8\int_0^R(R^2-x^2)\mathrm{d}x=\frac{16}{3}R^3.\end{aligned}$$

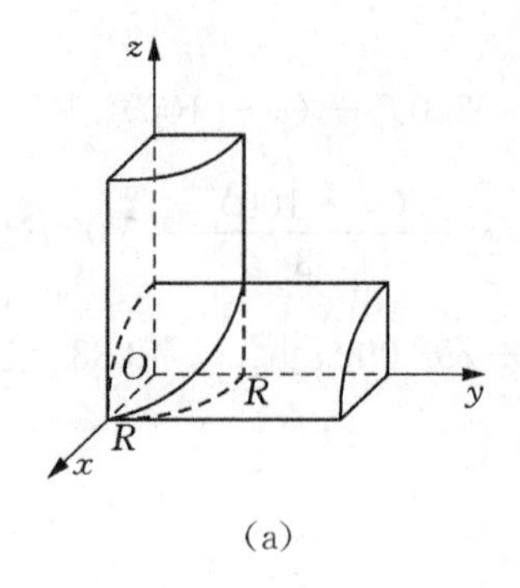

(a)

y

$y=\sqrt{R^2-x^2}$

D

O　x　R　x

(b)

图 11-14

[例 5]　已知 $I=\int_0^1\mathrm{d}y\int_0^y f(x,\ y)\mathrm{d}x+\int_1^2\mathrm{d}y\int_0^{\sqrt{2-y}}f(x,\ y)\mathrm{d}x$ 改变积分次序.

解　积分区域 $D=D_1+D_2$,其中

$$D_1\begin{cases}0\leqslant y\leqslant 1,\\0\leqslant x\leqslant y,\end{cases}\quad D_2\begin{cases}1\leqslant y\leqslant 2,\\0\leqslant x\leqslant\sqrt{2-y}.\end{cases}$$

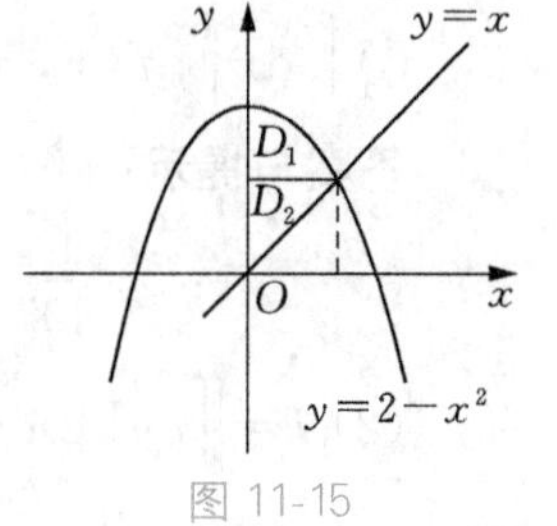

图 11-15

画出积分区域 D 的图形(图 11-15),改变为先对 y 积分后对 x 积分.此时

$$D\begin{cases}0\leqslant x\leqslant 1,\\x\leqslant y\leqslant 2-x^2,\end{cases}$$

因此

$$I=\int_0^1\mathrm{d}y\int_0^y f(x,\ y)\mathrm{d}x+\int_1^2\mathrm{d}y\int_0^{\sqrt{2-y}}f(x,\ y)\mathrm{d}x=\int_0^1\mathrm{d}x\int_x^{2-x^2}f(x,\ y)\mathrm{d}y.$$

【注意】根据已给积分次序原还积分区域是交换积分次序的关键.关于这一点要依靠原

积分次序的上下限及积分变量应满足的不等式还原.

[例6] 计算二重积分 $\int_0^1 dy\int_y^{\sqrt{y}}\frac{\sin x}{x}dx$.

解 积分区域 D 如图 11-16 所示,直接计算显然不行,因为 $\int\frac{\sin x}{x}dx$ 不能表示为初等函数.但被积函数与 y 无关,因此我们考虑交换积分次序后再计算.

$$\begin{aligned}\int_0^1 dy\int_y^{\sqrt{y}}\frac{\sin x}{x}dx&=\int_0^1 dx\int_{x^2}^{x}\frac{\sin x}{x}dy=\int_0^1\frac{\sin x}{x}[y]_{x^2}^{x}dx\\&=\int_0^1(\sin x-x\sin x)dx=\int_0^1\sin x\,dx-\int_0^1 x\sin x\,dx\\&=(1-\cos 1)+(\cos 1-\sin 1)=1-\sin 1.\end{aligned}$$

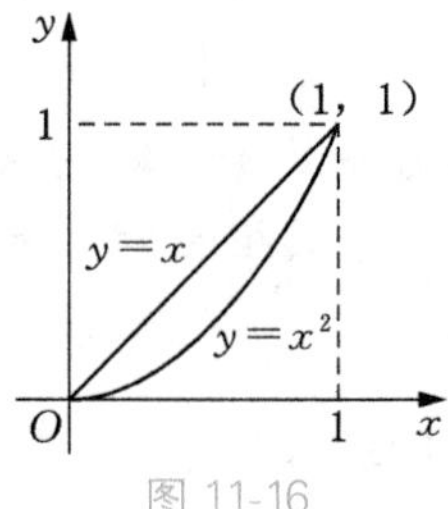

图 11-16

案例解答【平均利润】

由于 x, y 的变化范围 $D=\{(x, y)|150\leqslant x\leqslant 200, 80\leqslant y\leqslant 100\}$,所以 D 的面积 $\sigma=50\times 20=1\,000$.这家公司销售两种商品一周的平均利润是

$$\begin{aligned}\frac{1}{\sigma}\iint_D P(x, y)d\sigma&=\frac{1}{1\,000}\iint_D[-(x-200)^2-(y-100)^2+5\,000]d\sigma\\&=\frac{1}{1\,000}\int_{150}^{200}dx\int_{80}^{100}[-(x-200)^2-(y-100)^2+5\,000]dy\\&=\frac{1}{1\,000}\int_{150}^{200}\left[-(x-200)^2y-\frac{(y-100)^3}{3}+5\,000y\right]dx\\&=\frac{1}{1\,000}[-20(x-200)^2+292\,000x]_{150}^{200}\approx 4\,033.\end{aligned}$$

随堂练习

(1) 计算下列积分.

① $\int_0^1 dx\int_0^1(x+y)dy$; ② $\int_0^1 dx\int_{x^2}^{x}xy^2dy$.

(2) 计算 $I=\iint_D xy^2dxdy$, 其中区域 D: $0\leqslant x\leqslant 1$, $1\leqslant y\leqslant 2$.

(3) 交换下列积分次序.

① $\int_0^2 dx\int_x^{2x}f(x, y)dy$; ② $\int_1^2 dx\int_{2-x}^{\sqrt{2x-x^2}}f(x, y)dy$.

答案与提示:

(1) ① 1; ② $\frac{1}{40}$.

(2) $I=\iint_D xy^2dxdy=\int_0^1 dx\int_1^2 xy^2dy=\int_0^1 x\left[\frac{y^3}{3}\right]_1^2dx=\frac{7}{3}\int_0^1 x\,dx=\frac{7}{6}$ (也可以选择先 x 后 y).

(3) ① $\int_0^2 dx\int_x^{2x}f(x, y)dy=\int_0^2 dy\int_{\frac{y}{2}}^{y}f(x, y)dx$;

② $\int_1^2 dx\int_{2-x}^{\sqrt{2x-x^2}}f(x, y)dy=\int_0^1 dy\int_{2-y}^{\sqrt{1-y^2}+1}f(x, y)dx$.

二、极坐标系下二重积分的计算

有些二重积分,积分区域 D 的边界曲线(如圆形、扇形、环形域等)用极坐标方程来表示比较方便,且被积函数用极坐标变量 r、θ 表达比较简单.这时我们就可以考虑利用极坐标来计算二重积分 $\iint\limits_D f(x, y)\mathrm{d}\sigma$.

设函数的积分区域为 D,用 r 取一系列常数(得到一族中心在极点的同心圆)和 θ 取一系列常数(得到一族过极点的射线)的两组曲线,将 D 分割成许多小区域(图 11-17).不失一般性,每一块小区域可以看作极径由 r 变到 $r+\mathrm{d}r$、极角由 θ 变到 $\theta+\mathrm{d}\theta$ 所得到的小区域(图 11-17 中的阴影部分),该小区域又可近似地看作边长分别为 $\mathrm{d}r$ 和 $r\mathrm{d}\theta$ 的小矩形.于是极坐标下的面积元素 $\mathrm{d}\sigma=r\mathrm{d}r\mathrm{d}\theta$.再用坐标变换 $x=r\cos\theta$, $y=r\sin\theta$ 代替被积函数 $f(x, y)$中的 x 和 y,这样二重积分在极坐标系下的表达式为

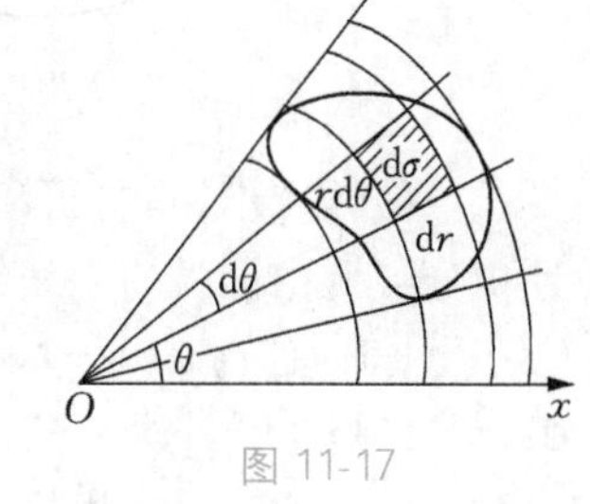

图 11-17

$$\iint\limits_D f(x, y)\mathrm{d}\sigma=\iint\limits_D f(r\cos\theta, r\sin\theta)r\mathrm{d}r\mathrm{d}\theta.$$

动画

利用极坐标系计算二重积分

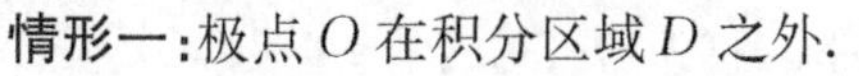

实际计算时,与直角坐标情况类似,化成累次积分来计算.这里仅介绍先 r 后 θ 的积分次序,积分的上下限则要根据极点与区域 D 的位置而定.下面分三种情况说明在极坐标系下,如何化二重积分为二次积分.

情形一:极点 O 在积分区域 D 之外.

如图 11-18 所示,区域 D 界于射线$\theta=\alpha$ 和$q=b$ 之间($a<b$),这两条射线与 D 的边界的交点把区域边界曲线分为内边界曲线$r=r_1(q)$和外边界曲线 $r=r_2(q)$两个部分,则

$$D=\{(x, y)\mid r_1(\theta)\leqslant r\leqslant r_2(\theta), \alpha\leqslant\theta\leqslant\beta\}.$$

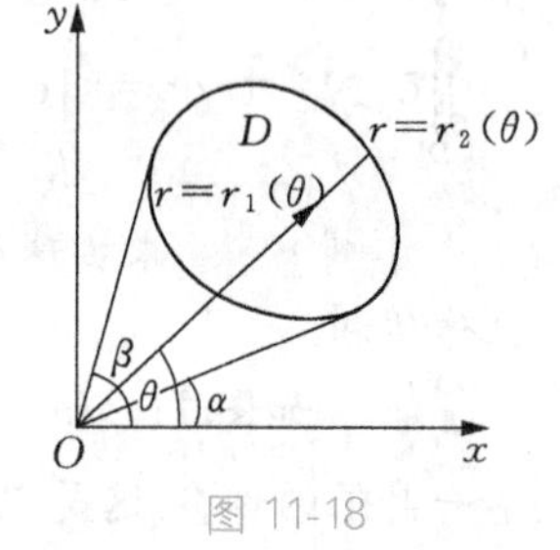

图 11-18

于是二重积分可写成

$$\iint\limits_D f(x, y)\mathrm{d}\sigma=\int_\alpha^\beta\mathrm{d}\theta\int_{r1(\theta)}^{r2(\theta)}f(r\cos\theta, r\sin\theta)r\mathrm{d}r.$$

情形二:极点 O 在积分区域 D 之内.

如图 11-19 所示,极角 θ 从 0 变到 2π,如果 D 的边界曲线方程是$r=r(\theta)$,则

$$D=\{(x, y)\mid 0\leqslant r\leqslant r(\theta), 0\leqslant\theta\leqslant 2\pi\},$$

于是二重积分可以写成

$$\iint\limits_D f(x, y)\mathrm{d}\sigma=\int_0^{2\pi}\mathrm{d}\theta\int_0^{r(\theta)}f(r\cos\theta, r\sin\theta)r\mathrm{d}r.$$

情形三:极点 O 在积分区域 D 的边界上.

如图 11-20 所示,极角 θ 从α 变到β,设区域 D 的边界曲线方程是$r=r(\theta)$,则

$$D=\{(x, y)\mid 0\leqslant r\leqslant r(\theta), \alpha\leqslant\theta\leqslant\beta\},$$

于是二重积分可以写成

$$\iint_D f(x, y)\mathrm{d}\sigma = \int_\alpha^\beta \mathrm{d}\theta \int_0^{r(\theta)} f(r\cos\theta, r\sin\theta) r\mathrm{d}r.$$

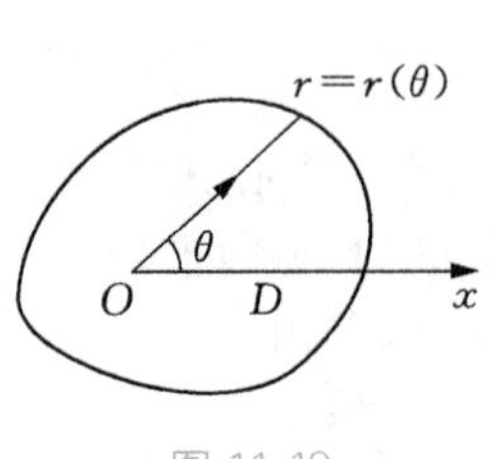

图 11-19

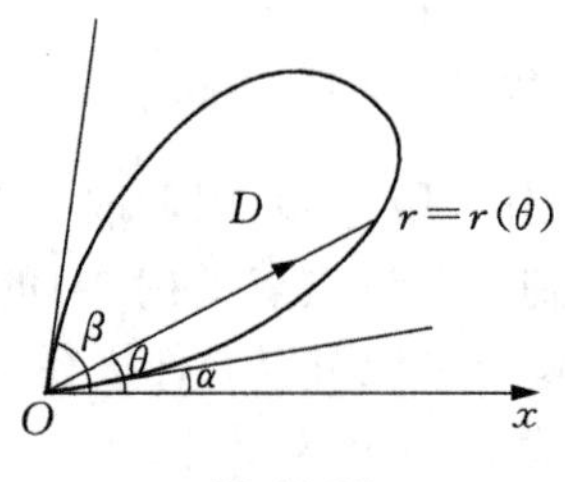

图 11-20

一般情况下，当二重积分的被积函数中自变量以 $x^2 \pm y^2$，xy，y/x，x/y 等形式出现且积分区域由圆弧与射线组成(如以原点为中心的圆域、扇形域、圆环域，以及过原点而中心在坐标轴上的圆域等)，利用极坐标计算往往更加简便.用极坐标计算二重积分时，需画出积分区域 D 的图形，并根据极点与区域 D 的位置关系，选用上述公式.

［例 7］ 计算 $\iint\limits_D \mathrm{e}^{-x^2-y^2}\mathrm{d}x\mathrm{d}y$，其中 D 是圆盘 $x^2+y^2 \leqslant a^2$ 在第一象限的部分.

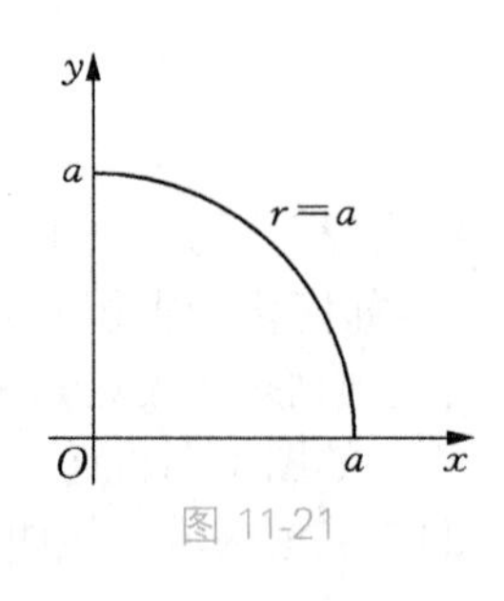

图 11-21

解 画出 D 的图形(图 11-21)，在极坐标系下，D 可表示为

$$D = \left\{(r, \theta) \mid 0 \leqslant r \leqslant a,\ 0 \leqslant \theta \leqslant \frac{\pi}{2}\right\},$$

于是可得

$$\iint_D \mathrm{e}^{-x^2-y^2}\mathrm{d}x\mathrm{d}y = \iint_D \mathrm{e}^{-r^2} r\mathrm{d}r\mathrm{d}\theta = \int_0^{\frac{\pi}{2}}\mathrm{d}\theta \int_0^a \mathrm{e}^{-r^2} r\mathrm{d}r = \int_0^{\frac{\pi}{2}} \left[-\frac{1}{2}\mathrm{e}^{-r^2}\right]_0^a \mathrm{d}\theta = \frac{\pi}{4}(1-\mathrm{e}^{-a^2}).$$

［例 8］ 求由球面 $x^2+y^2+z^2=4a^2$ 与圆柱面 $x^2+y^2=2ax$ 所围且含于柱面内的立体体积.

解 如图 11-22a 所示，由于这个立体关于 xOy 面与 xOz 面对称，所以只要计算它在第一卦限的部分.这是以球面 $z=\sqrt{4a^2-x^2-y^2}$ 为顶，以曲线 $y=\sqrt{2ax-x^2}$ 与 x 轴所围成的半圆 D 为底(如图 11-22b)的曲顶柱体，其体积为

$$V = 4\iint_D \sqrt{4a^2-x^2-y^2}\,\mathrm{d}\sigma.$$

在极坐标下，$D=\left\{(r, \theta) \middle| 0 \leqslant r \leqslant 2a\cos\theta,\ 0 \leqslant \theta \leqslant \frac{\pi}{2}\right\}$，于是得到

$$\begin{aligned} V &= 4\int_0^{\frac{\pi}{2}}\mathrm{d}\theta \int_0^{2a\cos\theta} r\sqrt{4a^2-r^2}\,\mathrm{d}r = -\frac{4}{3}\int_0^{\frac{\pi}{2}} (4a^2-r^2)^{\frac{3}{2}}\Big|_0^{2a\cos\theta}\mathrm{d}\theta \\ &= \frac{32a^3}{3}\int_0^{\frac{\pi}{2}}(1-\sin^3\theta)\mathrm{d}\theta = \frac{16}{9}a^3(3\pi-4). \end{aligned}$$

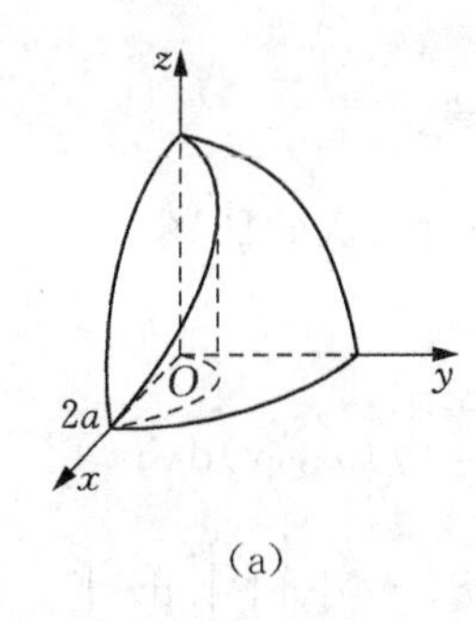

(a)

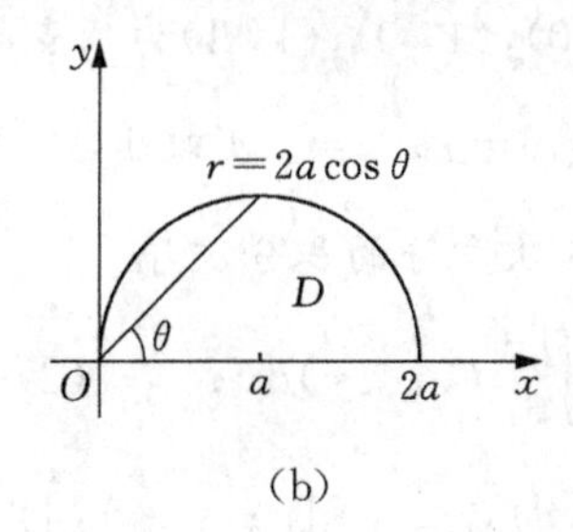

(b)

图 11-22

［例 9］　计算 $\iint\limits_D x^2\mathrm{d}x\,\mathrm{d}y$，其中 D 是两圆 $x^2+y^2=1$ 和 $x^2+y^2=4$ 之间的环形区域.

解　画出 D 的图形(图 11-23)，选用极坐标，它可表示为 $1\leqslant r\leqslant 2,\ 0\leqslant\theta\leqslant 2\pi$，于是

$$\begin{aligned}\iint\limits_D x^2\mathrm{d}x\,\mathrm{d}y&=\int_0^{2\pi}\mathrm{d}\theta\int_1^2 r^2\cos^2\theta r\,\mathrm{d}r\\&=\int_0^{2\pi}\cos^2\theta\,\mathrm{d}\theta\int_1^2 r^3\mathrm{d}r\\&=\int_0^{2\pi}\frac{1+\cos 2\theta}{2}\mathrm{d}\theta\int_1^2 r^3\mathrm{d}r=\frac{15}{4}\pi.\end{aligned}$$

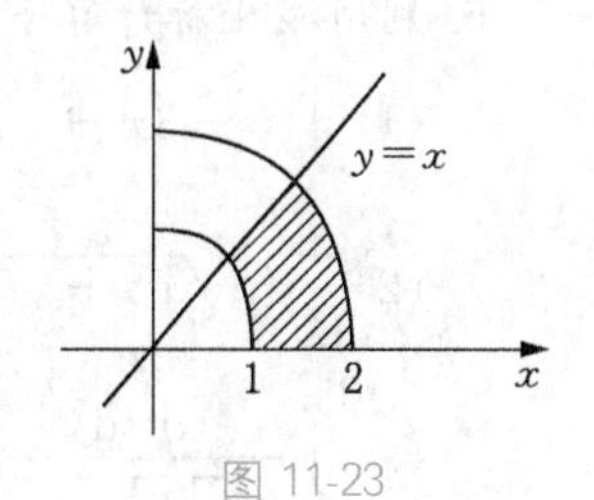

图 11-23

小结　二重积分 $\iint\limits_D f(x,y)\mathrm{d}x\,\mathrm{d}y$ 的计算步骤：

(1) 画出积分区域 D 的图形；

(2) 根据积分区域和被积函数选择适当的坐标系；

(3) 写出积分区域的变量范围；

(4) 二重积分化为二次积分，并计算二次积分.

习题 11.2

1. 画出积分区域并计算下列二重积分.

(1) $\iint\limits_D(1-x-y)\mathrm{d}x\,\mathrm{d}y$，$D$：$x\geqslant 0,\ y\geqslant 0,\ x+y\leqslant 1$；

(2) $\iint\limits_D(x^2+y^2)\mathrm{d}\sigma$，其中 D 是矩形闭区域：$|x|\leqslant 1,\ |y|\leqslant 1$；

(3) $\iint\limits_D 2xy^2\mathrm{d}x\,\mathrm{d}y$，其中 D 由抛物线 $y^2=x$ 及直线 $y=x-2$ 所围成；

(4) $\iint\limits_D\frac{x^2}{y^2}\mathrm{d}x\,\mathrm{d}y$，$D$ 是由 $xy=1,\ y=x,\ x=2$ 所围.

2. 将二重积分 $\iint\limits_D f(x,y)\mathrm{d}\sigma$ 化为二次积分，其中积分区域 D 是：

(1) 以(0, 0),(1, 0),(1, 1)为顶点的三角形区域;

(2) 由直线 $y=x$, $x=2$ 及双曲线 $y=\dfrac{1}{x}(x>0)$所围成的区域.

3. 交换下列二次积分的积分次序.

(1) $\int_0^{\frac{1}{2}}\mathrm{d}x\int_x^{1-x}f(x, y)\mathrm{d}y$;　　(2) $\int_{-a}^{a}\mathrm{d}x\int_0^{\sqrt{a^2-x^2}}f(x, y)\mathrm{d}y$;

(3) $\int_0^1\mathrm{d}y\int_{\mathrm{e}^y}^{\mathrm{e}}f(x, y)\mathrm{d}x$;　　(4) $\int_0^1\mathrm{d}x\int_0^x f(x, y)\mathrm{d}y+\int_1^2\mathrm{d}x\int_0^{2-x}f(x, y)\mathrm{d}y$.

4. 画出下列积分区域,并把二重积分 $\iint\limits_D f(x, y)\mathrm{d}x\mathrm{d}y$ 化成极坐标系下的二次积分.

(1) D: $a^2\leqslant x^2+y^2\leqslant b^2(0<a<b)$; (2) D: $x^2+y^2\leqslant 2x$.

5. 将积分 $\int_0^R\mathrm{d}x\int_0^{\sqrt{R^2-x^2}}f(x^2+y^2)\mathrm{d}y$ 化成极坐标形式.

6. 利用极坐标计算下列积分.

(1) $\iint\limits_D(6-3x-2y)\mathrm{d}x\mathrm{d}y$, D: $x^2+y^2\leqslant R^2$;

(2) $\iint\limits_D\sin\sqrt{x^2+y^2}\,\mathrm{d}x\mathrm{d}y$, D: $\pi^2\leqslant x^2+y^2\leqslant 4\pi^2$;

(3) $\iint\limits_D\dfrac{\mathrm{d}x\mathrm{d}y}{\sqrt{1+x^2+y^2}}$, D: $x^2+y^2\leqslant 1$.

7. 选择适当的坐标系计算下列积分.

(1) $\iint\limits_D y^2\mathrm{d}x\mathrm{d}y$, D 由 $x=\dfrac{\pi}{4}$, $x=\pi$, $y=0$, $y=\cos x$ 所围成;

(2) $\iint\limits_D\ln(1+x^2+y^2)\mathrm{d}x\mathrm{d}y$; D: $x^2+y^2\leqslant R^2$, $x\geqslant 0$, $y\geqslant 0$;

(3) $\iint\limits_D\dfrac{x+y}{x^2+y^2}\mathrm{d}x\mathrm{d}y$, D: $x^2+y^2\leqslant 1$, $x+y\geqslant 1$.

8. 求圆锥面 $z=1-\sqrt{x^2+y^2}$ 与平面 $z=x$, $x=0$ 所围成的立体体积.

9. 求由平面 $x=0$, $y=0$, $z=1$, $x+y=1$ 及 $z=1+x+y$ 所围成的立体的体积.

任务 11.3 重积分的应用

任务内容

- 完成与重积分应用相关联的任务工作页;
- 学习重积分在几何上的应用(如计算曲面面积,空间立体的体积等);
- 学习极坐标系下二重积分在物理上的应用(如计算转动惯量,质心,引力等).

任务目标

- 掌握面积微元、体积微元的构建方法；
- 理解质心、转动惯量的物理意义，并会用二重积分计算质心坐标及转动惯量；
- 能够利用二重积分解决实际问题.

任务工作页

了解任务内容并学习相关知识后，在教师指导下完成任务工作页内各项内容的填写.

1. 曲面 S 的方程为 $z=f(x, y)$，在 xOy 面上的投影为有界闭区域 D，则曲面 S 面积元素 $\mathrm{d}A$ 在直角坐标系下 $\mathrm{d}A=$________，曲面面积为 $A=$________.
2. 设有一平面薄片，它占有 xOy 面上的有界闭区域 D，在点 (x, y) 处的面密度为 $\rho(x, y)$，且 $\rho(x, y)$ 在 D 上连续，质量元素为 $\mathrm{d}M=$________；小薄片对 x 轴和 y 轴的静力矩为 $\mathrm{d}M_x=$________；$\mathrm{d}M_y=$________；薄片的重心坐标为 $\bar{x}=$________；$\bar{y}=$________.
3. 设一平面薄片占有 xOy 面上的有界闭区域 D，点 (x, y) 处的面密度为 $\rho(x, y)$，且 $\rho(x, y)$ 在 D 上连续，该薄片关于 x 轴的转动惯量为________________，关于 y 轴的转动惯量为________________________.

相关知识

我们曾用微元法(元素法)讨论了定积分的应用问题，该方法也可以推广到重积分的应用中.

假设所求量 U 对区域 D 具有可加性，即当区域 D 分成若干小区域时，量 U 相应地分成若干部分量，且量 U 等于所有部分量之和.在 D 内任取一直径很小的小区域 $\mathrm{d}\sigma$，设 (x, y) 是 $\mathrm{d}\sigma$ 上任一点，如果与 $\mathrm{d}\sigma$ 相应的部分量可以近似地表示为 $f(x, y)\mathrm{d}\sigma$ 的形式，那么所求量 U 就可用二重积分表示为 $U=\iint\limits_D f(x, y)\mathrm{d}\sigma$，其中 $f(x, y)\mathrm{d}\sigma$ 称为**所求量 U 的微元或元素**，记为 $\mathrm{d}U$，即 $\mathrm{d}U=f(x, y)\mathrm{d}\sigma$.

一、立体体积

设一几何体 Ω，它在 xOy 面上的投影为有界闭区域 D，上顶与下底分别为连续曲面 $z=z_2(x, y)$ 与 $z=z_1(x, y)$，侧面是以 D 的边界曲线为准线而母线平行于 z 轴的柱面，求此立体的体积 V (图 11-24).在区域 D 内任取一直径很小的小区域 $\mathrm{d}\sigma$，设 (x, y) 是 $\mathrm{d}\sigma$ 上任一点，以 $\mathrm{d}\sigma$ 的边界曲线为准线作母线平行于 z 轴的柱面，截几何体得一个小柱形(图 11-24)，因为 $\mathrm{d}\sigma$ 的直径很小，且 $z=z_2(x, y)$，$z=z_1(x, y)$ 在 D 上连续，所以可用高 $z_2(x, y)-z_1(x, y)$，底为 $\mathrm{d}\sigma$ 的小平顶柱体的体积作为小柱形体积的近似值，得体积元素为

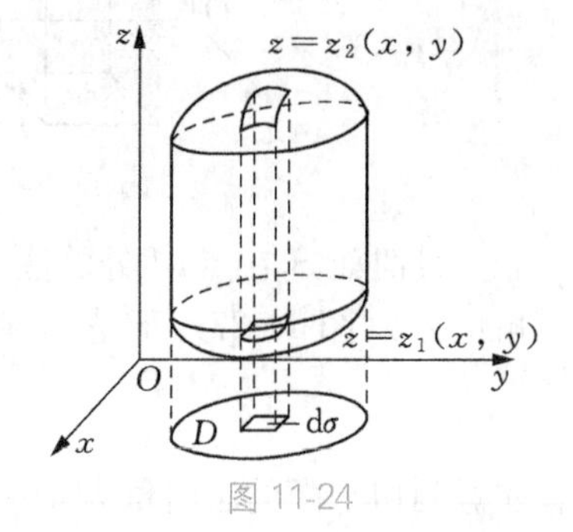

图 11-24

$$\mathrm{d}V=[z_2(x, y)-z_1(x, y)]\mathrm{d}\sigma.$$

将体积元素在 D 上积分，即得立体的体积

$$V=\iint\limits_{D}[z_2(x,\ y)-z_1(x,\ y)]\mathrm{d}\sigma.$$

［例 1］ 求由曲面 $z=x^2+y^2$ 及 $z=2-x^2-y^2$ 所围成的立体的体积.

解 如图 11-25 所示，几何体的上顶曲面是 $z=2-x^2-y^2$，下底曲面是 $z=x^2+y^2$，在 xOy 面上的投影区域 D 的边界曲线方程为 $x^2+y^2=1$，它是上顶曲面和下底曲面的交线在 xOy 面上的投影，其方程是从 $z=x^2+y^2$ 与 $z=2-x^2-y^2$ 中消去 z 而得出的.利用极坐标，可得

$$\begin{aligned}V&=\iint\limits_{D}[(2-x^2-y^2)-(x^2+y^2)]\mathrm{d}\sigma\\&=2\iint\limits_{D}[1-(x^2+y^2)]\mathrm{d}\sigma\\&=2\int_0^{2\pi}\mathrm{d}\theta\int_0^1(1-r^2)r\,\mathrm{d}r\\&=2\cdot 2\pi\cdot\left[\frac{r^2}{2}-\frac{r^4}{4}\right]_0^1=\pi.\end{aligned}$$

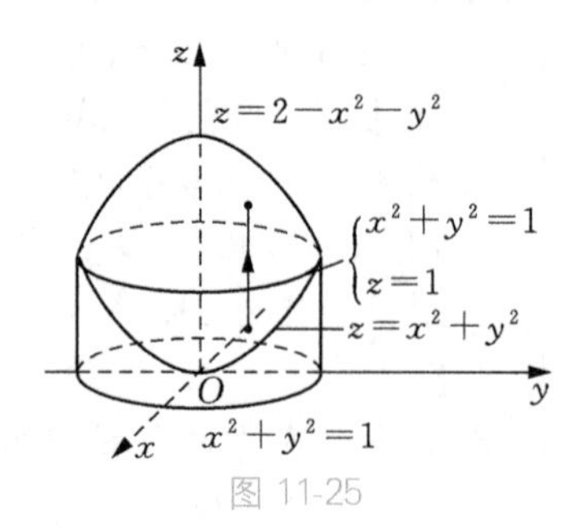

图 11-25

二、曲面面积

假设曲面 S 的方程为 $z=f(x,\ y)$，S 在 xOy 面上的投影是有界闭区域 D_{xy}，函数 $f(x,\ y)$ 在 D_{xy} 上具有连续偏导数，求曲面 S 的面积 A.

在闭区域 D_{xy} 内任取一直径很小的小区域 $\mathrm{d}\sigma$，设 $P(x,\ y)$ 是 $\mathrm{d}\sigma$ 内任一点，则曲面 S 上的对应点为 $M(x,\ y,\ f(x,\ y))$.过点 M 作曲面 S 的切平面 T，并以小区域 $\mathrm{d}\sigma$ 的边界曲线为准线，作母线平行于 z 轴的柱面，它在曲面 S 和切平面 T 上分别截得小块曲面 ΔA 和小块切平面 $\mathrm{d}A$（图 11-26）.显然，ΔA 与 $\mathrm{d}A$ 在 xOy 面上的投影都是 $\mathrm{d}\sigma$，因为 $\mathrm{d}\sigma$ 的直径很小，所以小块曲面的面积就可以用小块切平面的面积近似代替，即有 $\Delta A\approx\mathrm{d}A$，从而 $\mathrm{d}A$ 为曲面 S 的面积元素.

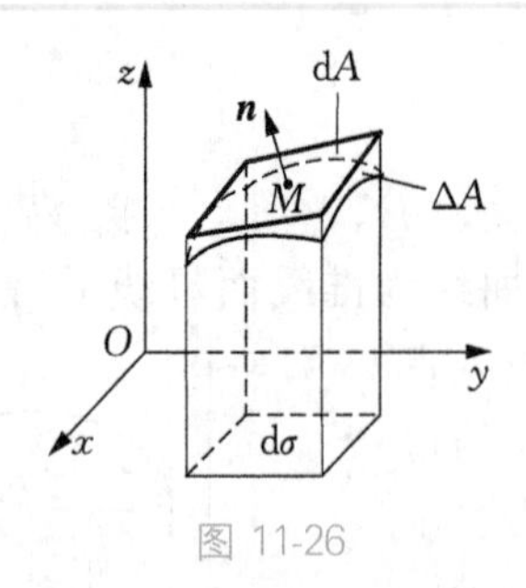

图 11-26

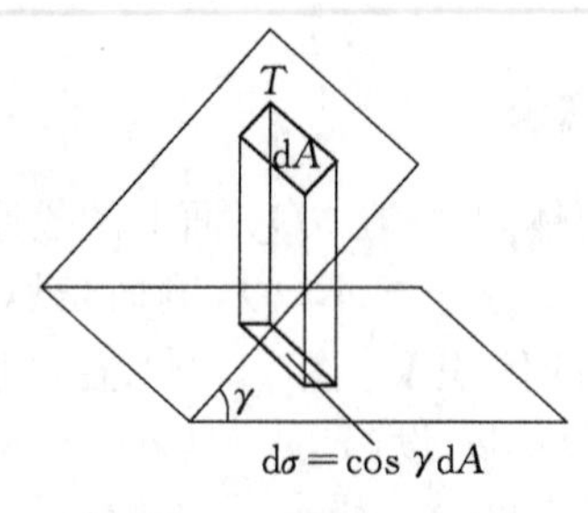

图 11-27

动画

求曲面的面积

设曲面 S 在点 M 处的法向量与 z 轴正向的夹角为锐角 γ，则切平面 T 与 xOy 面的夹角也为 γ（图 11-27），于是

$$\mathrm{d}\sigma=\mathrm{d}A\cdot\cos\gamma.$$

注意到切平面的法向量为 $\boldsymbol{n}=\{-f_x(x,\ y),\ -f_y(y,\ z),\ 1\}$，所以

$$\cos\gamma=\frac{1}{\sqrt{1+f_x^2(x,\ y)+f_y^2(x,\ y)}},$$

即得
$$\mathrm{d}A=\frac{\mathrm{d}\sigma}{\cos\gamma}=\sqrt{1+f_x^2(x,\ y)+f_y^2(x,\ y)}\,\mathrm{d}\sigma.$$

这就是曲面 S 的面积元素，在 D_{xy} 上积分得曲面 S 的面积为

$$A=\iint\limits_{D_{xy}}\sqrt{1+f_x^2(x,\ y)+f_y^2(x,\ y)}\,\mathrm{d}\sigma.$$

如果曲面 S 的方程为 $x=g(y,\ z)$ 或 $y=h(z,\ x)$，S 在 yOz 面或 zOx 面上的投影区域分别记为 D_{yz} 或 D_{zx}.类似地，可得曲面 S 的面积为

$$A=\iint\limits_{D_{yz}}\sqrt{1+\left(\frac{\partial x}{\partial y}\right)^2+\left(\frac{\partial x}{\partial z}\right)^2}\,\mathrm{d}y\mathrm{d}z \text{ 或 } A=\iint\limits_{D_{zx}}\sqrt{1+\left(\frac{\partial y}{\partial x}\right)^2+\left(\frac{\partial y}{\partial z}\right)^2}\,\mathrm{d}z\mathrm{d}x.$$

[例 2]　求球面 $x^2+y^2+z^2=4a^2$ 被圆柱面 $x^2+y^2=2ax$ 截下部分的面积(图 11-28a).

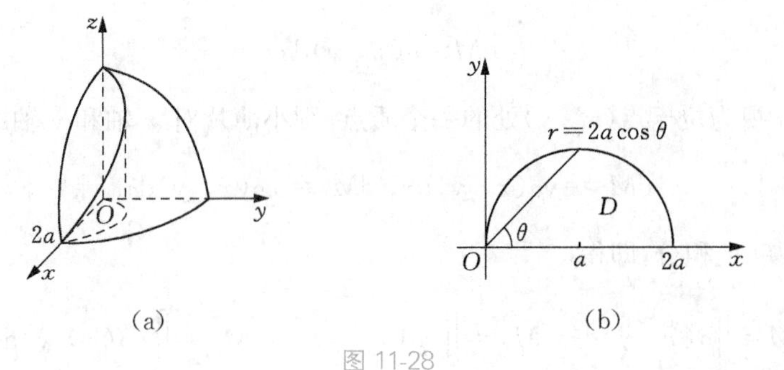

图 11-28

解　利用对称性，只需求出球面在第一卦限部分的面积，再 4 倍即可.在第一卦限，球面方程为 $z=\sqrt{4a^2-x^2-y^2}$，投影区域 D_{xy} 为半圆形区域(11-28b)：$y\geqslant 0$，$x^2+y^2\leqslant 2ax$.

$$\frac{\partial z}{\partial x}=\frac{-x}{\sqrt{4a^2-x^2-y^2}},\ \frac{\partial z}{\partial y}=\frac{-y}{\sqrt{4a^2-x^2-y^2}},\ \sqrt{1+\left(\frac{\partial z}{\partial x}\right)^2+\left(\frac{\partial z}{\partial y}\right)^2}=\frac{2a}{\sqrt{4a^2-x^2-y^2}}.$$

利用极坐标，得

$$\begin{aligned}A&=4\iint\limits_{D_{xy}}\frac{2a}{\sqrt{4a^2-x^2-y^2}}\mathrm{d}x\,\mathrm{d}y=4\int_0^{\frac{\pi}{2}}\mathrm{d}\theta\int_0^{2a\cos\theta}\frac{2a}{\sqrt{4a^2-r^2}}r\,\mathrm{d}r\\&=8a\int_0^{\frac{\pi}{2}}\left[-\sqrt{4a^2-r^2}\,\right]_0^{2a\cos\theta}\mathrm{d}\theta=16a^2\int_0^{\frac{\pi}{2}}(1-\sin\theta)\mathrm{d}\theta\\&=16a^2\left(\frac{\pi}{2}-1\right).\end{aligned}$$

三、平面薄片的质心

质量中心简称质心，是指物质系统上被认为质量集中于此的一个点.在重力场中，质心

和重心是同一个位置.由力学知识知道,由 n 个质点构成的质点组的质心坐标为:

$$\bar{x}=\frac{M_y}{M}=\frac{\sum_{i=1}^{n}x_i m_i}{\sum_{i=1}^{n}m_i},\ \bar{y}=\frac{M_x}{M}=\frac{\sum_{i=1}^{n}y_i m_i}{\sum_{i=1}^{n}m_i},$$

其中$(x_i,\ y_i)$是第 i 个质点的位置坐标,m_i 是第 i 个质点的质量,M 是 n 个质点的总质量,M_x 和 M_y 分别是质点组对 x 轴和 y 轴的静力矩.

设有一平面薄板,它占有 xOy 面上的有界闭区域 D,在点$(x,\ y)$处的面密度为 $\rho(x,\ y)$,且 $\rho(x,\ y)$在 D 上连续,求薄片的质心坐标(图 11-29).

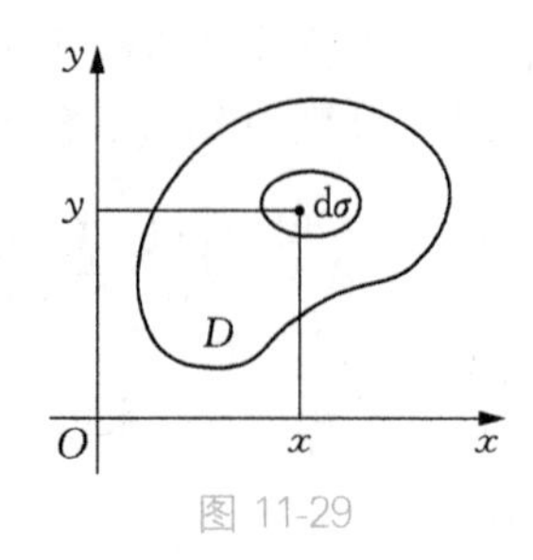

图 11-29

为求薄片的重心坐标,在区域 D 上任取一直径很小的小区域 $d\sigma$,设$(x,\ y)$是 $d\sigma$ 上任一点,注意到 $\rho(x,\ y)$在区域 D 上连续且 $d\sigma$ 的直径很小,可知小区域 $d\sigma$ 上的质量近似等于 $\rho(x,\ y)d\sigma$,从而得质量元素为

$$dM=\rho(x,\ y)d\sigma.$$

可将小薄片 $d\sigma$ 视为位于点$(x,\ y)$处的一个质点,则小薄片对 x 轴和 y 轴的静力矩分别为

$$dM_x=y\rho(x,\ y)d\sigma,\ dM_y=x\rho(x,\ y)d\sigma.$$

将上述元素在 D 上积分,即得

$$M=\iint_D \rho(x,\ y)d\sigma,\ M_x=\iint_D y\rho(x,\ y)d\sigma,\ M_y=\iint_D x\rho(x,\ y)d\sigma.$$

因此平面薄片的质心坐标为

$$\bar{x}=\frac{M_y}{M}=\frac{\iint_D x\rho(x,\ y)d\sigma}{\iint_D \rho(x,\ y)d\sigma},\ \bar{y}=\frac{M_x}{M}=\frac{\iint_D y\rho(x,\ y)d\sigma}{\iint_D \rho(x,\ y)d\sigma}.$$

特别地,如果薄片是均匀的,则面密度 ρ 为常数,从而薄片的质心即为薄片占有的平面图形的几何中心.只需在上式中令 $\rho(x,\ y)=\rho$(常数),并用 σ 表示区域 D 的面积,就可以推出几何中心坐标的计算公式

$$\bar{x}=\frac{1}{\sigma}\iint_D x\,d\sigma,\ \bar{y}=\frac{1}{\sigma}\iint_D y\,d\sigma.$$

[例 3] 设平面薄板由 $\begin{cases}x=a(t-\sin t),\\ y=a(1-\cos t)\end{cases}(0\leqslant t\leqslant 2\pi)$ 与 x 轴围成(图 11-30),它的面密度 $\mu=1$,求薄板的质心坐标.

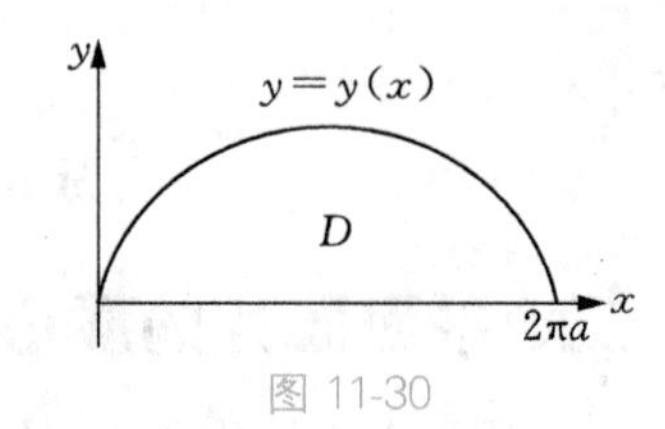

图 11-30

解 先求区域 D 的面积 A.

因为 $0\leqslant t\leqslant 2\pi$，所以 $0\leqslant x\leqslant 2\pi a$.

$$A=\int_0^{2\pi a} y(x)\mathrm{d}x=\int_0^{2\pi} a(1-\cos t)\mathrm{d}[a(t-\sin t)]$$
$$=\int_0^{2\pi} a^2(1-\cos t)^2\mathrm{d}t=3\pi a^2.$$

由于区域关于直线 $x=\pi a$ 对称，所以质心在 $x=\pi a$ 上，即 $\bar{x}=\pi a$，

$$\bar{y}=\frac{1}{A}\iint_D y\mathrm{d}x\mathrm{d}y=\frac{1}{A}\int_0^{2\pi a}\mathrm{d}x\int_0^{y(x)} y\mathrm{d}y$$
$$=\frac{1}{6\pi a^2}\int_0^{2\pi a}[y(x)]^2\mathrm{d}x=\frac{a}{6\pi}\int_0^{2\pi}[1-\cos t]^3\mathrm{d}t=\frac{5\pi}{6}.$$

四、平面薄片的转动惯量

转动惯量是刚体围绕轴转动时惯性的度量.根据力学知识，由 n 个质点构成的质点组对 x 轴、y 轴和原点 O 的转动惯量分别为

$$I_x=\sum_{i=1}^{n} m_i y_i^2,\ I_y=\sum_{i=1}^{n} m_i x_i^2,\ I_O=\sum_{i=1}^{n} m_i(x_i^2+y_i^2),$$

其中 $(x_i,\ y_i)$ 是第 i 个质点的位置坐标，m_i 是第 i 个质点的质量.

设一平面薄片占有 xOy 面上的有界闭区域 D，点 $(x,\ y)$ 处的面密度为 $\rho(x,\ y)$，且 $\rho(x,\ y)$ 在 D 上连续，求薄片对 x 轴、y 轴和原点 O 的转动惯量.

采用与前面类似的方法，可以得到薄片的相应转动惯量分别为

$$I_x=\iint_D y^2\rho(x,\ y)\mathrm{d}\sigma,\ I_y=\iint_D x^2\rho(x,\ y)\mathrm{d}\sigma,\ I_O=\iint_D (x^2+y^2)\rho(x,\ y)\mathrm{d}\sigma.$$

［例 4］　求半径为 a 的均匀半圆形薄片关于其对称轴的转动惯量.

解　选取如图 11-31 所示的坐标系，则所求转动惯量即为对 y 轴的转动惯量 I_y.设面密度为常数 ρ，采用极坐标得

$$I_y=\iint_D \rho x^2\mathrm{d}\sigma=\rho\int_0^{\pi}\mathrm{d}\theta\int_0^{a}\cos^2\theta\cdot r^3\mathrm{d}r$$
$$=\rho\int_0^{\pi}\cos^2\theta\mathrm{d}\theta\int_0^{a} r^3\mathrm{d}r=\rho\cdot\frac{\pi}{2}\cdot\frac{a^4}{4}=\frac{1}{4}Ma^2,$$

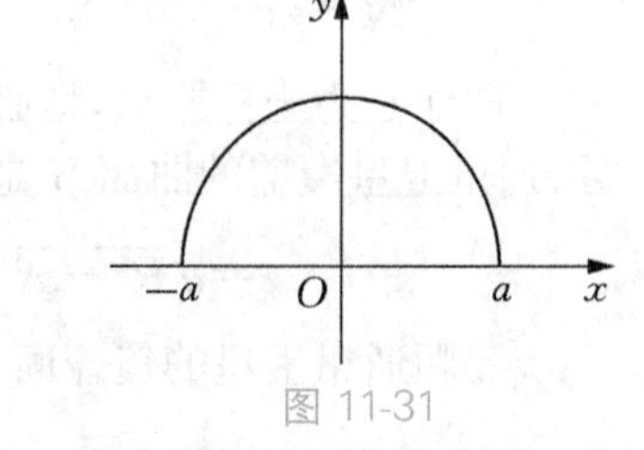

图 11-31

其中 $M=\frac{1}{2}\pi a^2\rho$ 为薄片的质量.

随堂练习

(1) 求平面 $3x+2y+z=1$ 被椭圆柱面 $2x^2+y^2=1$ 所截下的曲面面积.

(2) 求由抛物线 $y=x^2$ 及直线 $y=1$ 所围成的均匀薄片(密度 ρ)对于 x 轴的转动惯量.

答案：(1) $\sqrt{7}\pi$；(2) $\frac{368}{105}\rho$

习题 11.3

1. 求由 $z=\sqrt{5-x^2-y^2}$ 及 $x^2+y^2=4z$ 所围成的立体的体积.
2. 求锥面 $z=\sqrt{x^2+y^2}$，圆柱面 $x^2+y^2=1$ 及平面 $z=0$ 所围立体体积.
3. 求球面 $x^2+y^2+z^2=a^2$ 含在圆柱面 $x^2+y^2=ax$ 内部的那部分面积.
4. 求平面 $\frac{x}{a}+\frac{y}{b}+\frac{z}{c}=1$ 被三个坐标面所割出部分的面积.
5. 设平面薄片所占的区域 D 为 $ax\leqslant x^2+y^2\leqslant a^2(a>0)$，任一点的密度与该点到原点的距离成正比，求该薄片的重心.
6. 求由 $y^2=ax$ 及直线 $x=a(a>0)$ 所围成的均匀薄片(面密度为常数 ρ)关于 y 轴的转动惯量.
7. 求边长为 a 与 b 的矩形均匀薄片对两条边的转动惯量.

任务 11.4 综合应用实训

实训 1 案例解答【卫星覆盖面积问题】 设卫星距地面高度为 h.卫星所受的万有引力为 $G\frac{Mm}{(R+h)^2}$，卫星所受离心力为 $m\omega^2(R+h)$.其中 M 是地球质量，m 是卫星质量，ω 是卫星运行的角速度，G 是万有引力常数.根据牛顿第二定律有 $G\frac{Mm}{(R+h)^2}=m\omega^2(R+h)$，从而 $(R+h)^3=\frac{GM}{\omega^2}=\frac{GM}{R^2}\cdot\frac{R^2}{\omega^2}=g\frac{R^2}{\omega^2}$（$g$ 是重力加速度）.将 $g=9.8$，$R=6\,400\,000$ 及 $\omega=\frac{2\pi}{24\times3\,600}$ 代入此式得

$$h=\sqrt[3]{g\frac{R^2}{\omega^2}}-R=\sqrt[3]{9.8\times\frac{6\,400\,000^2\times24^2\times3\,600^2}{4\pi^2}}-6\,400\,000\approx36\,000(\text{km}).$$

取地心为坐标原点，地心到通讯卫星中心的连线为 z 轴，建立坐标系，如图 11-32 所示.通讯卫星覆盖的曲面 S 是上半球面被半顶角为 α 的圆锥面所截得的部分.S 的方程为

$$z=\sqrt{R^2-x^2-y^2},\ x^2+y^2\leqslant R^2\sin^2 b.$$

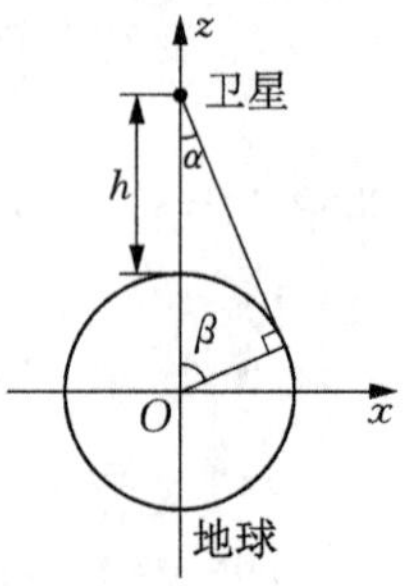

一颗通讯卫星的覆盖面积为

$$S=\iint_\Sigma \mathrm{d}s=\iint_{D_{xy}}\sqrt{\left(\frac{\partial z}{\partial x}\right)^2+\left(\frac{\partial z}{\partial y}\right)^2+1}\,\mathrm{d}x\,\mathrm{d}y$$

$$=\iint_{D_{xy}}\frac{R}{\sqrt{R^2-x^2-y^2}}\mathrm{d}x\,\mathrm{d}y,\ D_{xy}:\ x^2+y^2\leqslant R^2\sin^2\beta.$$

图 11-32

利用极坐标变换，得

$$S=\int_0^{2\pi}\mathrm{d}\theta\int_0^{R\sin\beta}\frac{R}{\sqrt{R^2-r^2}}r\,\mathrm{d}r=2\pi R\int_0^{R\sin\beta}\frac{r}{\sqrt{R^2-r^2}}\mathrm{d}r=2\pi R^2(1-\cos\beta).$$

由于 $\cos\beta=\sin\alpha=\dfrac{R}{R+h}$，代入上式得

$$S=2\pi R^2\left(1-\frac{R}{R+h}\right)=2\pi R^2\left(\frac{h}{R+h}\right)=4\pi R^2\frac{h}{2(R+h)}\text{（}4\pi R^2\text{ 为地球表面积）}.$$

由此可得该卫星覆盖面积与地球表面积比为

$$\frac{S}{4\pi R^2}=\frac{h}{2(R+h)}=\frac{36\times10^6}{2(36+6.4)\times10^6}=42.5\%.$$

由以上结果可知，一颗通讯卫星覆盖了地球三分之一以上的面积，故使用三颗相间 $\dfrac{2}{3}\pi$ 的通讯就可以覆盖地球表面（即覆盖全球）.

实训 2【人口数量问题】 某城市 2000 年的人口密度近似为 $p(r)=\dfrac{4}{20+r^2}$，其中 $p(r)$ 表示距市中心 r km 处的人口密度，单位是 10 万人/km²，试求距市中心两公里区域内的人口数量.

分析 设距市中心 2 km 区域内的人口数量为 p，该问题与非均匀的平面薄板的质量类似.利用极坐标计算，得

$$\begin{aligned}p&=\iint_D p(r)r\,\mathrm{d}r\,\mathrm{d}\theta=\iint_D\frac{4r}{20+r^2}\mathrm{d}r\,\mathrm{d}\theta\\&=\int_0^{2\pi}\mathrm{d}\theta\int_0^2\frac{4r}{20+r^2}\mathrm{d}r\approx22.9\text{（万人）}.\end{aligned}$$

即距市中心 2 km 区域内的人口数量约为 22.9 万人.

知识拓展（三重积分）

1. 三重积分概念

定义 11-2（三重积分） 设函数 $f(x,y,z)$ 是空间有界闭域 Ω 上的有界函数.将 Ω 分割成 n 个小空间闭区域 Δv_1，Δv_2，…，Δv_n.其中 Δv_i 表示第 i 个小空间闭区域，也表示它的体积.在每个 Δv_i 上任取一点 (ξ_i,η_i,ζ_i) 作乘积 $f(\xi_i,\eta_i,\zeta_i)\Delta v_i\ (i=1,2,\cdots,n)$，并作和 $\sum\limits_{i=1}^{n}f(\xi_i,\eta_i,\zeta_i)\Delta v_i$.记 $\lambda=\max\limits_{1\leqslant i\leqslant n}\{\Delta v_i\text{ 直径}\}$，若极限 $\lim\limits_{\lambda\to0}\sum\limits_{i=1}^{n}f(\xi_i,\eta_i,\zeta_i)\Delta v_i$ 总存在，则称此极限为函数 $f(x,y,z)$ 在闭区域 Ω 上的三重积分.记作 $\iiint\limits_{\Omega}f(x,y,z)\mathrm{d}v$，即

$$\iiint\limits_{\Omega}f(x,y,z)\mathrm{d}v=\lim_{\lambda\to0}\sum_{i=1}^{n}f(\xi_i,\eta_i,\zeta_i)\Delta v_i.$$

其中 $\mathrm{d}v$ 叫做体积微元.

在直角坐标系中，如果用平行于坐标面的平面来划分 Ω，那么除了包含 Ω 的边界点的一些不规则小空间闭区域外，得到的小空间闭区域 Δv_i 为长方体.设长方体小闭区域 Δv_i 的边长为 Δx_j，Δy_k，Δz_l，则 $\Delta v_i=\Delta x_j\Delta y_k\Delta z_l$.因此在直角坐标系中，有时也把体积微元记作 $\mathrm{d}v=\mathrm{d}x\mathrm{d}y\mathrm{d}z$，而把三重积分记作

$$\iiint\limits_{\Omega} f(x, y, z)\mathrm{d}x\mathrm{d}y\mathrm{d}z.$$

如果$f(x, y, z)$表示某物体在点(x, y, z)处的密度，Ω是该物体所占有的空间闭区域，$f(x, y, z)$在Ω上连续，则$\sum\limits_{i=1}^{n} f(\xi_i, \eta_i, \zeta_i)\Delta v_i$是该物体的质量$m$的近似值，这个和当$\lambda \to 0$时的极限就是该物体的质量$m$，所以

$$m=\iiint\limits_{\Omega} f(x, y, z)\mathrm{d}v.$$

当$f(x, y, z)\equiv 1$时，$\iiint\limits_{\Omega}\mathrm{d}v$积分值就等于空间积分区域$\Omega$的体积.

2. 在直角坐标系下三重积分的计算

设函数$f(x, y, z)$在空间有界空间闭区域Ω上连续.设区域Ω在xOy面上的投影区域为D，如果平行于z轴且穿过区域Ω的直线与Ω的边界曲面的交点不超过两个，此区域表示为

$$\Omega=\{(x, y, z)\mid z_1(x, y)\leqslant z\leqslant z_2(x, y), (x, y)\in D\}.$$

即过区域Ω在xOy面上的投影区域D内任一点(x, y)，做平行于z轴的直线，穿进Ω的点总在曲面Σ_1: $z=z_1(x, y)$上，穿出Ω的点总在曲面Σ_2: $z=z_2(x, y)$上，且$z_1(x, y)\leqslant z_2(x, y)$.此时三重积分可化为

$$\iiint\limits_{\Omega} f(x, y, z)\mathrm{d}v=\iint\limits_{D}\mathrm{d}\sigma\int_{z1(x, y)}^{z2(x, y)} f(x, y, z)\mathrm{d}z,$$

即先对z积分再计算在D上的二重积分(**先一后二法**).

如果在闭区域$D=\{(x, y)\mid y_1(x)\leqslant y\leqslant y_2(x), a\leqslant x\leqslant b\}$把二重积分化为二次积分，则得到三重积分的计算公式$\iiint\limits_{\Omega} f(x, y, z)\mathrm{d}v=\int_a^b\mathrm{d}x\int_{y1(x)}^{y2(x)}\mathrm{d}y\int_{z1(x, y)}^{z2(x, y)} f(x, y, z)\mathrm{d}z$，即把三重积分化为先对$z$，再对$y$，最后对$x$的**三次积分**.

[例 1] 计算三重积分$I=\iiint\limits_{\Omega} x\mathrm{d}x\mathrm{d}y\mathrm{d}z$，其中积分区域$\Omega$为平面$x+2y+z=1$及三个坐标面所围成的空间闭区域.

解 积分区域Ω是如图 11-33 所示的四面体，将Ω投影在xOy面，投影区域$D=\left\{(x, y)\middle| 0\leqslant y\leqslant\frac{1-x}{2}, 0\leqslant x\leqslant 1\right\}$，在$D$内任取一点$(x, y)$，过此点作平行于$z$轴的直线，该直线通过平面$z=0$穿入$\Omega$内，然后通过平面$z=1-x-2y$穿出$\Omega$外，所以，积分区域$\Omega$表示为$\Omega=\left\{(x, y, z)\middle| 0\leqslant z\leqslant 1-x-2y\quad 0\leqslant y\leqslant\frac{1-x}{2}, 0\leqslant x\leqslant 1\right\}$.于是

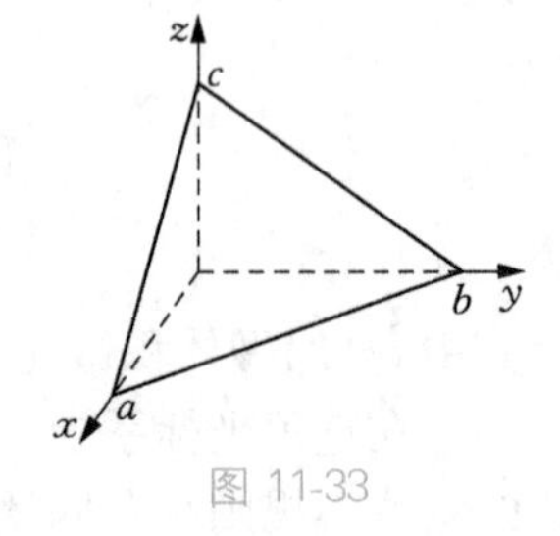

图 11-33

直角坐标系下计算三重积分

$$\iiint_{\Omega} x\,\mathrm{d}x\,\mathrm{d}y\,\mathrm{d}z=\iint_{D}\mathrm{d}x\,\mathrm{d}y\int_{0}^{1-x-2y}x\,\mathrm{d}z=\int_{0}^{1}\mathrm{d}x\int_{0}^{\frac{1-x}{2}}\mathrm{d}y\int_{0}^{1-x-2y}x\,\mathrm{d}z$$

$$=\int_{0}^{1}x\,\mathrm{d}x\int_{0}^{\frac{1-x}{2}}(1-x-2y)\,\mathrm{d}y=\frac{1}{4}\int_{0}^{1}(x-2x^2+x^3)\,\mathrm{d}x=\frac{1}{48}.$$

有时,我们计算一个三重积分也可以化为先计算一个二重积分、再计算一个定积分,这样计算方法称为**先二后一法**.

[例2]　计算三重积分 $\iiint_{\Omega} z^2\,\mathrm{d}v$,其中 Ω 是椭球体,即

$$\Omega=\left\{(x,\ y,\ z)\ \middle|\ \frac{x^2}{a^2}+\frac{y^2}{b^2}+\frac{z^2}{c^2}\leqslant 1\right\}.$$

解　将 Ω 投影到 z 轴上,则 $-c\leqslant z\leqslant c$,对任意 $z\in(-c,\ c)$,过点 $(0,\ 0,\ z)$ 的平面截椭球体得椭圆域为 D_z:$\frac{x^2}{a^2}+\frac{y^2}{b^2}\leqslant 1-\frac{z^2}{c^2}$,$z\in(-c,\ c)$(图11-34),即空间闭区域 Ω 可表示为

$$\Omega=\left\{(x,\ y,\ z)\ \middle|\ \frac{x^2}{a^2}+\frac{y^2}{b^2}\leqslant 1-\frac{z^2}{c^2},\ -c\leqslant z\leqslant c\right\},$$

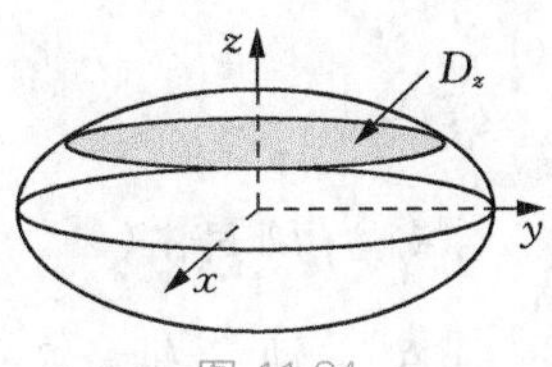

图 11-34

于是

$$\iiint_{\Omega} z^2\,\mathrm{d}v=\int_{-c}^{c}z^2\,\mathrm{d}z\iint_{D_z}\mathrm{d}x\,\mathrm{d}y=\pi ab\int_{-c}^{c}\left(1-\frac{z^2}{c^2}\right)z^2\,\mathrm{d}z=\frac{4}{15}\pi abc^3.$$

项目十一

项目十一习题

一、填空题

1. 设 $D=\{(x,\ y)\mid 1\leqslant x^2+y^2\leqslant 4\}$,则 $\iint_{D} x^2\,\mathrm{d}x\,\mathrm{d}y=$________.

2. 设 $I=\int_{0}^{1}\mathrm{d}x\int_{x^2}^{x}f(x,\ y)\,\mathrm{d}y$,交换积分次序后,则 $I=$________.

3. 已知 D:$-1\leqslant x\leqslant 1$,$0\leqslant y\leqslant 1$,则 $\iint_{D} y\mathrm{e}^{xy}\,\mathrm{d}x\,\mathrm{d}y=$________.

二、判断题

1. 当 $f(x,\ y)\geqslant 0$ 时,二重积分 $\iint_{D} f(x,\ y)\,\mathrm{d}\sigma$ 的几何意义是以 $z=f(x,\ y)$ 为曲顶以 D 为底的曲顶柱体体积.(　　)

2. 若 $f(x,\ y)$ 在 D:$a\leqslant x\leqslant b$,$c\leqslant y\leqslant d$ 上两个二次积分都存在,则必定有 $\int_{a}^{b}\mathrm{d}x\int_{c}^{d}f(x,\ y)\,\mathrm{d}y=\int_{c}^{d}\mathrm{d}y\int_{a}^{b}f(x,\ y)\,\mathrm{d}x$.(　　)

3. 若 D:$x^2+y^2\leqslant 1$,$D_1=\{(x,\ y)\mid x^2+y^2\leqslant 1,\ x\geqslant 0,\ y\geqslant 0\}$,则 $\iint_{D}\sqrt{1-x^2-y^2}\,\mathrm{d}x\,\mathrm{d}y=2\iint_{D_1}\sqrt{1-x^2-y^2}\,\mathrm{d}x\,\mathrm{d}y$.(　　)

4. $\iint\limits_D f(x,y)\mathrm{d}x\mathrm{d}y=4\int_0^{\frac{\pi}{2}}\mathrm{d}\theta\int_1^2 f(r\cos\theta,r\sin\theta)\mathrm{d}r$，$D$：$1\leqslant x^2+y^2\leqslant 4$.（　　）

三、选择题

1. 设 D 为 $x^2+y^2\leqslant 25$，则 $\iint\limits_D (x^2+y^2)\mathrm{d}\sigma$.（　　）

A. $4\int_0^5\mathrm{d}x\int_0^{25-x}(x^2+y^2)\mathrm{d}y$　　B. $4\int_0^5\mathrm{d}x\int_0^5 25\mathrm{d}y$

C. $4\int_{-5}^5\mathrm{d}x\int_{-\sqrt{25-x^2}}^{\sqrt{25-x^2}}(x^2+y^2)\mathrm{d}y$　　D. $\int_0^{2\pi}\mathrm{d}\theta\int_0^5 r^3\mathrm{d}r$

2. $\int_0^1\mathrm{d}x\int_0^{1-x}f(x,y)\mathrm{d}y=$（　　）.

A. $\int_0^{1-x}\mathrm{d}y\int_0^1 f(x,y)\mathrm{d}x$　　B. $\int_0^1\mathrm{d}y\int_0^{1-x}f(x,y)\mathrm{d}x$

C. $\int_0^1\mathrm{d}y\int_{1-y}^1 f(x,y)\mathrm{d}x$　　D. $\int_0^1\mathrm{d}y\int_0^1 f(x,y)\mathrm{d}x$

3. 设 D：$x^2+y^2\leqslant a^2$，当 $a=$（　　）时，$\iint\limits_D\sqrt{a^2-x^2-y^2}\,\mathrm{d}x\mathrm{d}y=\pi$.

A. 1　　B. $\sqrt[3]{\dfrac{3}{2}}$　　C. $\sqrt[5]{\dfrac{3}{2}}$　　D. $\sqrt[3]{\dfrac{1}{2}}$

4. 当 D 是由（　　）围成的区域时，$\iint\limits_D\mathrm{d}x\mathrm{d}y=1$.

A. x 轴、y 轴及 $2x+y-2=0$　　B. $x=1$，$x=2$ 及 $y=3$，$y=4$

C. $|x|=\dfrac{1}{2}$，$|y|=\dfrac{1}{2}$　　D. $|x+y|=1$，$|x-y|=1$

四、综合题

1. 计算下列二重积分.

(1) $\iint\limits_D(100+2x+2y)\mathrm{d}\sigma$，其中 $D=\{(x,y)\,|\,0\leqslant x\leqslant 1,\ -1\leqslant y\leqslant 1\}$；

(2) $\iint\limits_D xy\mathrm{d}\sigma$，其中 D 是由抛物线 $y=\sqrt{x}$ 及直线 $y=x^2$ 所围成的闭区域.

2. 交换二次积分的次序.

(1) $\int_1^{\mathrm{e}}\mathrm{d}x\int_0^{\ln x}f(x,y)\mathrm{d}y$；(2) $\int_0^1\mathrm{d}y\int_0^y f(x,y)\mathrm{d}x+\int_1^2\mathrm{d}y\int_0^{2-y}f(x,y)\mathrm{d}x$.

3. 利用极坐标计算下列积分：

(1) $\iint\limits_D \mathrm{e}^{x^2+y^2}\mathrm{d}\sigma$，$D$：$x^2+y^2\leqslant 4$；

(2) $\iint\limits_D y\mathrm{d}\sigma$，$D$：$x^2+y^2\leqslant a^2$，$x\geqslant 0$，$y\geqslant 0$.

4. 交换积分次序，证明

$$\int_0^1\mathrm{d}y\int_0^{\sqrt{y}}\mathrm{e}^y f(y)\mathrm{d}x=\int_0^2(\mathrm{e}-\mathrm{e}^2)f(x)\mathrm{d}x.$$

5. 计算 $\iiint\limits_\Omega z\mathrm{d}x\mathrm{d}y\mathrm{d}z$，其中 Ω 是由曲面 $z=x^2+y^2$ 与平面 $z=4$ 围成的区域.

项目十二　曲线积分与曲面积分

任务 12.1　第一类曲线积分(对弧长的曲线积分)

任务内容

- 完成与第一类曲线积分相关联的任务工作页；
- 学习对弧长曲线积分的概念；
- 学习对弧长曲线积分的性质；
- 学习对弧长曲线积分的计算.

任务目标

- 理解对弧长曲线积分的概念和物理意义；
- 掌握对弧长曲线积分的性质及应用；
- 掌握对弧长曲线积分的计算方法和计算公式；
- 能够利用对弧长的曲线积分解决专业案例.

任务工作页

了解任务内容并学习相关知识后，在教师指导下完成任务工作页内各项内容的填写.

1. 第一类曲线积分又称为__________,记为______________.
2. $\int_L [f(x,y)\mathrm{d}s \pm g(x,y)\mathrm{d}s] =$ __________________, $\int_L 1\mathrm{d}s =$ ________.
3. $\int_L f(x,y)\mathrm{d}s$ 的物理意义是______________________________.
4. 若曲线 L 可写成 $x=\varphi(t)$, $y=\phi(t)$, $a\leqslant t\leqslant b$,则 $\mathrm{d}s=$ ________, $\int_L f(x,y)\mathrm{d}s=$ ______________________________.
5. 若曲线 L 写成 $y=\varphi(x)$, $a\leqslant x\leqslant b$,则 $\mathrm{d}s=$ ______________, $\int_L f(x,y)\mathrm{d}s=$ ______________________________.

案例【曲线形构件的质量】 在设计曲线形构件时，往往要考虑构件各部分的受力情况，合理分配材料，把构件上各点处的粗细程度设计得不完全一样.因此，可以认为构件的线密度 ρ(单位长度的质量)是变量，即 $\rho=\rho(x,y)$ 或 $\rho=\rho(x,y,z)$.对于均质曲线形构件的质量 M 可通过公式 $M=\rho\cdot s$(常数 ρ 与常数 s 分别是曲线形构件的线密度和构件长度)计算，那么对非均质即线密度是变量的曲线形构件又如何计算其质量呢？本任务将解决这个问题.

数学文史

浅谈曲线积分和曲面积分

微积分是17世纪最伟大的创造，它的产生促进了数学应用的大发展，使数学成为其他科学的重要工具，而其符号体系也对微积分学科的完善和后续学科的发展起到了很大的作用，微积分符号是微积分符号系统的重要组成部分.我们现在使用的微积分符号主要是由德国数学家莱布尼茨(Leibniz)首先引进并使用的.在1675年10月29日的一份手稿中，他引入了我们现在熟知的积分符号“$\int$”，这是求和一词“sum”的第一个字母“s”的拉长.这是因为定积分表示的是一个无穷求和的过程，而历史上首先出现的是定积分.

格林在他32岁那年出版了一本他自己印的小册子《数学分析在电磁学中的应用》，这是用数学理论研究电磁学的最早的尝试.在该书中他引入了位势概念及二重积分和曲线积分之间关系的格林公式.格林不仅发展了电磁学理论，引入了求解数学物理边值问题的格林函数，他还发展了能量守恒定律.在光学和声学方面也有很多贡献.以他名字命名的格林函数、格林公式、格林定律、格林曲线、格林测度、格林算子、格林方法等，都是数学物理中的经典内容.

斯托克斯(Stokes，1819—1903)他在1849年的论文《关于运动流体内部摩擦的理论》中，导出了微分方程中著名的斯托克斯方程.著名的斯托克斯定理，首次出现在Thomason(1850)年给他的一封信中，而公开出现则是在Smith奖金竞赛的试题中.由于1849年至1882年这个竞赛都是由斯托克斯主持的，所以当他去世以后，这个定理就以他的名字命名.关于这个定理的证明，他的同代人至少给出了三个.这个定理对微分几何的发展起到了十分重要的作用.

相关知识

曲线积分是积分区域为平面曲线或空间曲线的一类积分，它是定积分的推广，物理学中有着广泛应用.曲线积分可以表示与曲线弧长有关的一些物理量，例如曲线构件的质量、质心、转动惯量等；又如变力沿曲线所做的功、平面流速场流过曲线的流量、环流量等；再如计算电场或重力场中的做功，或量子力学中计算粒子出现的概率等.总之，曲线积分是解决物理学问题的一种重要工具.

一、第一类曲线积分的概念与性质

1. 第一类曲线积分的定义

引例【曲线形构件的质量】

假设某曲线形细长构件 L 所占的位置在 xOy 平面内的弧段$\widehat{AB}$上，在 L 上任一点(x, y)处，它的线密度为 $\rho(x, y)$.现在计算此构件的质量 m(图12-1).

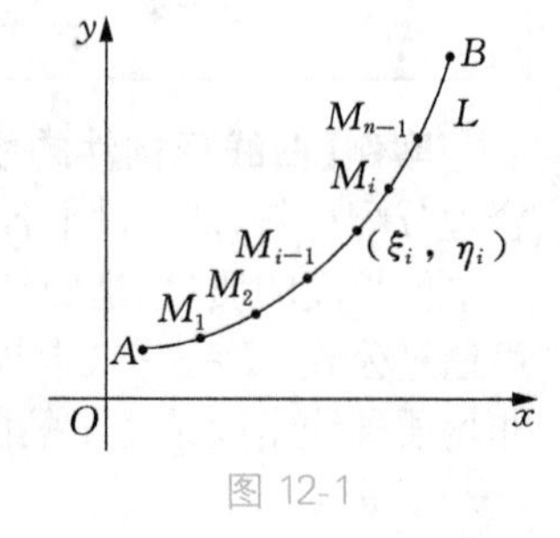

图12-1

动画

曲线型构件的质量

分析 如果构件的线密度为常量，那么此构件的质量就等于它的线密度与长度的乘积.现在构件上各点处的线密度是变量，就不能直接用上述方法来计算.我们的做法是：

(1) **大化小**：在 A，B 之间依次插入 $n-1$ 个分点 M_1，M_2，…，M_{n-1}，把 L 分成 n 个小段$\widehat{M_{i-1}M_i}$$(i=1, 2, \cdots, n)$，

第 i 段弧长及实际质量分别记在 Δs_i 和 Δm_i.

(2) **常代变**:对于第 i 段构件 $\overset{\frown}{M_{i-1}M_i}$,在线密度连续变化下,只要这一小段足够短,就可以用这一小段上任一点 (ξ_i, η_i) 处的线密度代替这一小段上其他各点处的线密度,从而可得这一小段构件质量的近似值,即 $\Delta m_i \approx \rho(\xi_i, \eta_i)\Delta s_i$.

(3) **近似和**:整个曲线形构件的质量 $m = \sum\limits_{i=1}^{n} \Delta m_i \approx \sum\limits_{i=1}^{n} \rho(\xi_i, \eta_i)\Delta s_i$.

(4) **求极限**:用 λ 表示 n 个小弧段的最大长度.为了计算 m 的精确值,取近似和在 $\lambda \to 0$ 时的极限,从而得到

$$m = \lim_{\lambda \to 0} \sum_{i=1}^{n} \rho(\xi_i, \eta_i)\Delta s_i.$$

这种和的极限在研究其它问题时也会遇到,具有一定的普遍性,我们将其抽象为如下数学概念.

定义 12-1 设 L 为 xOy 面内的一条光滑曲线弧,函数 $f(x, y)$ 在 L 上有界.在 L 上任意插入点列 $M_1, M_2, \cdots, M_{n-1}$,把 L 分成 n 个小段.设第 i 个小段的长度 Δs_i,取 $\lambda = \max\limits_{1 \leqslant i \leqslant n}\{\Delta s_i\}$,又 (ξ_i, η_i) 为第 i 个小段上任意一点,作乘积 $f(\xi_i, \eta_i)\Delta s_i (i=1, 2, \cdots, n)$,并作和 $\sum\limits_{i=1}^{n} f(\xi_i, \eta_i)\Delta s_i$. 如果当 λ 趋于 0 时,该和的极限总存在(唯一),则称此极限为函数 $f(x, y)$ 在曲线弧 L 上的**第一类曲线积分或对弧长的曲线积分**,记作 $\int_L f(x, y)\mathrm{d}s$,即

$$\int_L f(x, y)\mathrm{d}s = \lim_{\lambda \to 0} \sum_{i=1}^{n} f(\xi_i, \eta_i)\Delta s_i.$$

其中 $f(x, y)$ 叫做**被积函数**,$f(x, y)\mathrm{d}s$ 叫做**被积表达式**,$\mathrm{d}s$ 叫做**弧长元素**,L 叫做**积分弧段**.

于是,前述曲线形构件的质量 m 就是 $\rho(x, y)$ 在曲线弧 L 上的第一类曲线积分,即

$$m = \int_L f(x, y)\mathrm{d}s.$$

【注意】当 $f(x, y)$ 在光滑曲线弧上 L 连续时,第一类曲线积分 $\int_L f(x, y)\mathrm{d}s$ 一定存在,今后我们总假设 $f(x, y)$ 在 L 上连续的.

上述定义可以类似地推广到空间曲线弧 Γ 的情形,即函数 $f(x, y, z)$ 在曲线弧 Γ 上的第一类曲线积分

$$\int_\Gamma f(x, y, z)\mathrm{d}s = \lim_{\lambda \to 0} \sum_{i=1}^{n} f(\xi_i, \eta_i, \zeta_i)\Delta s_i.$$

另外,如果 L 是闭曲线,那么函数 $f(x, y)$ 在闭曲线上的第一类曲线积分记为 $\oint\limits_L f(x, y)\mathrm{d}s$.

根据重心和转动惯量定义,我们可以将平面薄片重心、转动惯量推广到曲线弧上,即

(1) 位于 xOy 面上密度为 $r(x, y)$ 的曲线构件 L 的重心可表示成如下形式:

$$\bar{x}=\frac{\int_L \rho(x, y)\mathrm{d}s}{M}, \bar{y}=\frac{\int_L \rho(x, y)\mathrm{d}s}{M}.$$

(2) 位于 xOy 面上密度为 $r(x, y)$ 的曲线构件 L 其转动惯量可表示成如下形式：

$$I_x=\int_L y^2\rho(x, y)\mathrm{d}s, I_y=\int_L x^2\rho(x, y)\mathrm{d}s, I_O=\int_L (x^2+y^2)\rho(x, y)\mathrm{d}s.$$

2. 第一类曲线积分的性质

由极限运算法则，容易得到第一类曲线积分若干性质.

性质 1 $\int_L [f(x, y)\pm g(x, y)]\mathrm{d}s=\int_L f(x, y)\mathrm{d}s\pm\int_L g(x, y)\mathrm{d}s.$

性质 2 $\int_L kf(x, y)\mathrm{d}s=k\int_L f(x, y)\mathrm{d}s$ （k 为常数）.

性质 3 $\int_{L_1+L_2} f(x, y, z)\mathrm{d}s=\int_{L_1} f(x, y)\mathrm{d}s+\int_{L_2} f(x, y)\mathrm{d}s$ $(L=L_1+L_2)$.

L_1+L_2 表示两段光滑曲线弧 L_1 及 L_2 相连后的曲线弧.

二、第一类曲线积分的计算法

定理 12-1 设函数 $f(x, y)$ 定义在曲线弧 L 上且连续，L 的参数方程为

$$\begin{cases}x=\varphi(t), \\ y=\phi(t),\end{cases} \quad (\alpha\leqslant t\leqslant\beta)$$

其中 $x=\varphi(t)$，$y=\psi(t)$ 在 $[\alpha, \beta]$ 上具有一阶连续导数，且 $\varphi'^2(t)+\psi'^2(t)\neq 0$，即 L 是光滑曲线，则曲线积分 $\int_L f(x, y)\mathrm{d}s$ 存在，且

$$\int_L f(x, y)\mathrm{d}s=\int_\alpha^\beta f[\varphi(t), \psi(t)]\sqrt{\varphi'^2(t)+\psi'^2(t)}\,\mathrm{d}t.$$

【注意】计算第一类曲线积分时，往往需要通过曲线参数方程将其转化成定积分计算.

通过曲线参数方程将第一类曲线积分转化成定积分的具体方法如下：

(1) 曲线参数方程 $x=\varphi(t)$，$y=\psi(t)$ 下的弧微分 $\mathrm{d}s=\sqrt{\varphi'^2(t)+\psi'^2(t)}\,\mathrm{d}t$.

(2) 如果 L 为函数 $y=\varphi(x)$ 在区间 $[a, b]$ 的曲线弧，则参数方程可写为

$$\begin{cases}x=x, \\ y=\varphi(x),\end{cases} \quad (a\leqslant x\leqslant b)$$

于是
$$\int_L f(x, y)\mathrm{d}s=\int_a^b f[x, \varphi(x)]\sqrt{1+\varphi'^2(x)}\,\mathrm{d}x.$$

同理，如果 L 为函数 $x=\psi(y)$ 在区间 $[c, d]$ 的曲线弧，则参数方程可写成

$$\begin{cases}y=y, \\ x=\psi(y),\end{cases} \quad (c\leqslant y\leqslant d)$$

于是
$$\int_L f(x, y)\mathrm{d}s=\int_c^d f[\psi(y), y]\sqrt{1+\psi'^2(y)}\,\mathrm{d}y.$$

(3) 如果空间曲线 Γ 由参数方程

$$x=\varphi(t),\ y=\psi(t),\ z=\omega(t)\quad(\alpha\leqslant t\leqslant\beta)$$

给出,则 $\int_{\Gamma}f(x,y,z)\mathrm{d}s=\int_{\alpha}^{\beta}f[\varphi(t),\psi(t),\omega(t)]\sqrt{\varphi'^2(t)+\psi'^2(t)+\omega'^2(t)}\,\mathrm{d}t$.

(4) 如果曲线 L 是由极坐标方程 $r=r(\theta)$, $\alpha\leqslant\theta\leqslant\beta$ 给定,由 $x=r\cos\theta$, $y=r\sin\theta$, $\mathrm{d}s=\sqrt{r^2(\mathrm{d}\theta)^2+(\mathrm{d}r)^2}$,则

$$\int_L f(x,y)\mathrm{d}s=\int_{\alpha}^{\beta}f[r(\theta)\cos\theta,r(\theta)\sin\theta]\sqrt{r^2(\theta)+r'^2(\theta)}\,\mathrm{d}\theta,$$

其中 $r(\theta)$的导数连续.

[例1] 计算 $\int_L xy\mathrm{d}s$,其中 L 是单位圆在第一象限的部分.

解 曲线 L 的参数方程

$$x=\cos t,\ y=\sin t,\ 0\leqslant t\leqslant\frac{\pi}{2},$$

$$\begin{aligned}\int_L xy\mathrm{d}s&=\int_0^{\frac{\pi}{2}}\cos t\sin t\sqrt{(-\sin t)^2+(\cos t)^2}\,\mathrm{d}t\\&=\int_0^{\frac{\pi}{2}}\sin t\cos t\mathrm{d}t=\frac{1}{2}.\end{aligned}$$

[例2] 已知函数 $y=\ln x$ 在以区间[1, 2]上的一段弧的线密度等于曲线上点横坐标的平方,求这段曲线的质量.

解 由题设知密度函数为 $f(x,y)=x^2$,曲线 L 为函数 $y=\ln x$ 在区间[1, 2]的一段曲线弧,于是所求质量

$$\begin{aligned}m&=\int_L x^2\mathrm{d}s=\int_1^2 x^2\sqrt{1+\left(\frac{1}{x}\right)^2}\,\mathrm{d}x\\&=\int_1^2 x\sqrt{1+x^2}\,\mathrm{d}x=\frac{1}{3}(1+x^2)^{\frac{3}{2}}\Big|_1^2=\frac{1}{3}(5\sqrt{5}-2\sqrt{2}).\end{aligned}$$

[例3] 计算 $\int_L xyz\mathrm{d}s$,其中空间曲线 Γ 是由参数方程 $x=t$, $y=\frac{2t}{3}\sqrt{2t}$, $z=\frac{t^2}{2}$ $(0\leqslant t\leqslant1)$所确定的一段弧.

解
$$\begin{aligned}\int_L xyz\mathrm{d}s&=\int_0^1 t\cdot\frac{2t}{3}\sqrt{2t}\cdot\frac{1}{2}t^2\sqrt{1+2t+t^2}\,\mathrm{d}t\\&=\int_0^1\frac{\sqrt{2}}{3}t^{\frac{3}{2}}(1+t)\mathrm{d}t=\frac{16\sqrt{2}}{143}.\end{aligned}$$

[例4] 求螺旋线 $x=a\cos t$, $y=a\sin t$, $z=bt$ 一周(即 t 从0到 2π)之长 s.

解 所求曲线 L 弧长

$$\begin{aligned}s&=\int_{\Gamma}\mathrm{d}s=\int_0^{2\pi}\sqrt{(-a\sin t)^2+(a\cos t)^2+b^2}\,\mathrm{d}t\\&=\int_0^{2\pi}\sqrt{a^2+b^2}\,\mathrm{d}t=2\pi\sqrt{a^2+b^2}.\end{aligned}$$

随堂练习

(1) 计算$\int_L x|y|\mathrm{d}s$，其中L是椭圆$x=a\cos t$，$y=b\sin t(a>b>0)$的右半部分.

(2) 在曲线弧L：$x=1-\sin t$，$y=\cos t$，$(0\leqslant t\leqslant 2\pi)$上线密度为$\rho(x, y)=y+1$，求它的质量.

(3) 密度$r(x, y)=x$线型构件为L：$y=x$上点$(0, 0)$到点$(1, 1)$之间的一段，计算该构件关于x轴的转动惯量.

答案与提示：

(1) L的参数方程$x=a\cos t$，$y=b\sin t$，$t\in\left[-\frac{\pi}{2}, \frac{\pi}{2}\right]$，于是

$$\begin{aligned}\int_L x|y|\mathrm{d}s&=\int_{-\frac{\pi}{2}}^{\frac{\pi}{2}} a\cos t\,|b\sin t|\sqrt{(-a\sin t)^2+(b\cos t)^2}\,\mathrm{d}t\\&=\frac{2ab}{3(a+b)}(a^2+ab+b^2).\end{aligned}$$

(2) $M=\int_L r(x, y)\mathrm{d}s$的质量为$2\pi$.

(3) 由公式$I_x=\int_L y^2 r(x, y)\mathrm{d}s$得转动惯量为$\frac{\sqrt{2}}{4}$.

习题 12.1

计算下列第一类曲线积分.

1. $\oint_L (x^2+y^2)^n\mathrm{d}s$，其中$L$为圆周$x=a\cos t$，$y=a\sin t(0\leqslant t\leqslant 2\pi)$.

2. $\int_L (x+y)\mathrm{d}s$，其中L为连接$(1, 0)$及$(0, 1)$两点的直线段.

3. $\oint_L x\,\mathrm{d}s$，其中L为由直线$y=x$及抛物线$y=x^2$所围成的区域的整个边界.

4. $\oint_L \mathrm{e}^{\sqrt{x^2+y^2}}\mathrm{d}s$，其中$L$为圆周$x^2+y^2=a$，直线$y=x$及$x$轴在第一象限内所围成的扇形的整个边界.

5. $\int_L y^2\mathrm{d}s$，其中L为摆线$x=a(t-\sin t)$，$y=a(1-\cos t)(0\leqslant t\leqslant 2\pi)$的一拱.

6. $\int_\Gamma \frac{1}{x^2+y^2+z^2}\mathrm{d}s$，其中$\Gamma$为曲线$x=\mathrm{e}^t\cos t$，$y=\mathrm{e}^t\sin t$，$z=\mathrm{e}^t$上相应于$t$从0变到2的这段弧.

任务 12.2　第二类曲线积分(对坐标的曲线积分)

任务内容

- 完成与第二类曲线积分关联的任务工作页；
- 学习对坐标曲线积分的概念；
- 学习对坐标曲线积分的性质；
- 学习对坐标曲线积分的计算.

任务目标

- 理解对坐标曲线积分的概念和物理意义；
- 掌握对坐标曲线积分的性质及应用；
- 掌握对坐标线积分的计算方法和计算公式；
- 了解第一类曲线积分与第二类曲线积分的关系；
- 能够利用第二类曲线积分解决专业案例.

任务工作页

了解任务内容并学习相关知识后，在教师指导下完成任务工作页内各项内容的填写.

1. $\int_L P(x, y)\mathrm{d}x$ 是有向曲线 L 对坐标________的曲线积分；$\int_L Q(x, y)\mathrm{d}y$ 是有向曲线 L 对坐标________的曲线积分；$\int_L P(x, y)\mathrm{d}x + Q(x, y)\mathrm{d}y =$________(填 $\leqslant$, $\geqslant$ 或 $=$)$\int_L P(x, y)\mathrm{d}x + \int_L Q(x, y)\mathrm{d}y$.
2. 当曲线 L^- 为与 L 方向相反的曲线，那么 $\int_{L^-} P(x, y)\mathrm{d}x + Q(x, y)\mathrm{d}y =$ ________.
3. 质点在 $\boldsymbol{F}(x, y) = P(x, y)\boldsymbol{i} + Q(x, y)\boldsymbol{j}$ 的作用下沿曲线 L 从 A 移动到 B 点所做的功可表达为 $W=$________________________.
4. 若有向曲线 L 的参数方程为 $x=\varphi(t)$, $y=\phi(t)$, t 从 a 到 b,
   $\int_L P(x, y)\mathrm{d}x =$________________；$\int_L Q(x, y)\mathrm{d}y =$____________,
   $\int_L P(x, y)\mathrm{d}x + Q(x, y)\mathrm{d}y =$________________________.
5. 若有向曲线 L 为 $y=y(x)$, x 从 a 到 b, 则 $\int_L P(x, y)\mathrm{d}x + Q(x, y)\mathrm{d}y =$
   ________________________.
6. 若有向曲线 L 是平行于 y 轴的直线段，则 $\int_L P(x, y)\mathrm{d}x =$________；若有向曲线 L 是平行于 x 轴的直线段，则 $\int_L Q(x, y)\mathrm{d}y =$____________________.

相关知识

一、第二类曲线积分的定义与性质

1. 引例——变力沿曲线所做的功

动画

变力沿曲线所做的功

设一个质点在 xOy 面内从点 A 沿光滑曲线弧 L 移动到点 B. 在移动过程中,该质点受到力

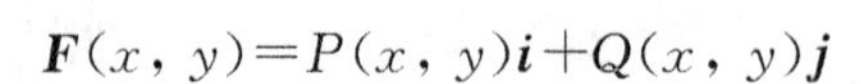

$$\boldsymbol{F}(x, y)=P(x, y)\boldsymbol{i}+Q(x, y)\boldsymbol{j}$$

的作用,其中函数在 L 上连续. 试计算质点从点 A 移动到点 B 变力 $\boldsymbol{F}(x, y)$ 所做的功(图 12-2).

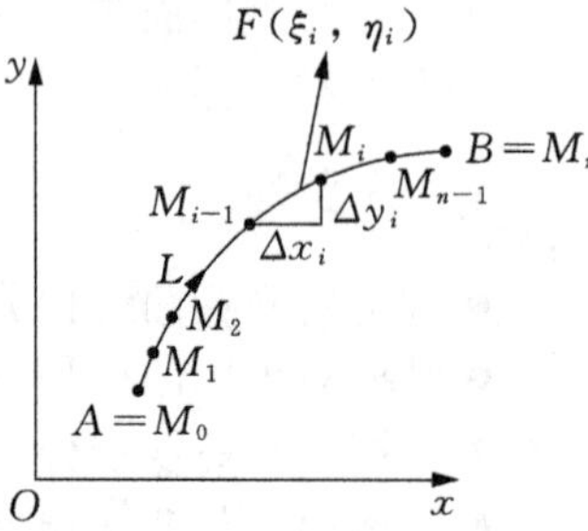

分析 如果力 $\boldsymbol{F}$ 是常力,且质点从 A 点沿直线移动到 B 点,那么常力所做的功等于两个向量 $\boldsymbol{F}$ 与 $\overrightarrow{AB}$ 的数量积,即

$$W=\boldsymbol{F}\cdot\overrightarrow{AB}.$$

图 12-2

现在 $\boldsymbol{F}(x, y)$ 是变力,且质点沿曲线 L 移动,功 W 不能直接按以上公式计算. 我们可以用处理曲线形构件质量问题的方法,来解决曲线变力做功问题.

(1) **大化小**:设曲线 L 上的点 $M_1(x_1, y_1)$, $M_2(x_2, y_2)$, $\cdots$, $M_{n-1}(x_{n-1}, y_{n-1})$ 把 L 分成 n 个小段. 力 $\boldsymbol{F}$ 在有向小弧段 $\overset{\frown}{M_{i-1}M_i}$ 上所做的功记作 Δw_i,则 $W=\sum\limits_{i=1}^{n}\Delta w_i$.

(2) **直代曲**:取其中一条有向小弧段 $\overset{\frown}{M_{i-1}M_i}$,当弧 $\overset{\frown}{M_{i-1}M_i}$ 长很小时,就可用有向直线段 $\overrightarrow{M_{i-1}M_i}=(\Delta x_i)\boldsymbol{i}+(\Delta y_i)\boldsymbol{j}$ 来近似代替,其中 $\Delta x_i=x_i-x_{i-1}$, $\Delta y_i=y_i-y_{i-1}$. 因此,在小弧段 $\overset{\frown}{M_{i-1}M_i}$ 上可看成恒力做功,用小弧段 $\overset{\frown}{M_{i-1}M_i}$ 上一点 (ξ_i, η_i) 处的力

$$F(\xi_i, \eta_i)=P(\xi_i, \eta_i)\boldsymbol{i}+Q(\xi_i, \eta_i)\boldsymbol{j}$$

作为该小段上的力(恒力). 于是,小弧段 $\overset{\frown}{M_{i-1}M_i}$ 上变力所做的功 Δw_i 就可近似地等于常力在有向直线段 $\overrightarrow{M_{i-1}M_i}$ 上所做的功:

$$\Delta W_i\approx F(\xi_i, \eta_i)\cdot\overrightarrow{M_{i-1}M_i}.$$

即

$$\Delta W_i\approx F(\xi_i, \eta_i)\cdot\overrightarrow{M_{i-1}M_i}=P(\xi_i, \eta_i)\Delta x_i+Q(\xi_i, \eta_i)\Delta y_i.$$

(3) **近似和**:于是质点从点 A 沿曲线 L 移动到点 B 时变力 $F(x, y)$ 所做的功为

$$W=\sum_{i=1}^{n}\Delta w_i\approx\sum_{i=1}^{n}[P(\xi_i, \eta_i)\Delta x_i+Q(\xi_i, \eta_i)_i\Delta y_i].$$

(4) **取极限**:用 λ 表示 n 个小弧段的最大长度. 当 λ 趋于 0 时近似和的极限,就是变力所做的功,即

$$W=\lim_{\lambda\to 0}\sum_{i=1}^{n}[P(\xi_i, \eta_i)\Delta x_i+Q(\xi_i, \eta_i)_i\Delta y_i].$$

这种和的极限在研究其它问题时也会遇到,具有一定的普遍性,我们抽象成如下的数学概念.

2. 第二类曲线积分的定义

定义 12-2 设 L 为 xOy 面内从点 A 到点 B 的一条有向光滑曲线弧,函数 $P(x, y)$, $Q(x, y)$在 L 上有界,在 L 上从 A 点到 B 点的方向任意插入 $n-1$ 个点 $M_1(x_1, y_1)$, $M_2(x_2, y_2)$, …, $M_{n-1}(x_{n-1}, y_{n-1})$,这些点把 L 分成 n 个小段.$\Delta x_i=x_i-x_{i-1}$, $\Delta y_i=y_i-y_{i-1}$是有向小弧段$\overset{\frown}{M_{i-1}M_i}$两端点的坐标增量,点$(\xi_i, \eta_i)$是该小弧段上任一点,用 λ 表示 n 个小弧段长度的最大值.如果

$$\lim_{\lambda\to 0}\sum_{i=1}^{n}P(\xi_i, \eta_i)\Delta x_i$$

存在,称此极限为函数 $P(x, y)$在有向曲线 L 上**对坐标 x 的曲线积分**,记作

$$\int_L P(x, y)\mathrm{d}x.$$

类似地,如果

$$\lim_{\lambda\to 0}\sum_{i=1}^{n}Q(\xi_i, \eta_i)_i\Delta y_i$$

存在,称此极限为函数 $Q(x, y)$在有向曲线 L 上**对坐标 y 的曲线积分**,记作

$$\int_L Q(x, y)\mathrm{d}y.$$

即

$$\int_L P(x, y)\mathrm{d}x=\lim_{\lambda\to 0}\sum_{i=1}^{n}P(\xi_i, \eta_i)\Delta x_i.$$

$$\int_L Q(x, y)\mathrm{d}y=\lim_{\lambda\to 0}\sum_{i=1}^{n}Q(\xi_i, \eta_i)_i\Delta y_i.$$

将$\int_L P(x, y)\mathrm{d}x$ 和$\int_L Q(x, y)\mathrm{d}y$ 统称为**第二类曲线积分**,也称为**对坐标的曲线积分**,函数 $P(x, y)$, $Q(x, y)$叫做**被积函数**,x, y 叫做**积分变量**,L 叫做**积分曲线**.

我们把$\int_L P(x, y)\mathrm{d}x$ 与$\int_L Q(x, y)\mathrm{d}y$ 的和写成$\int_L P(x, y)\mathrm{d}x+Q(x, y)\mathrm{d}y$,即

$$\begin{aligned}\int_L P(x, y)\mathrm{d}x+Q(x, y)\mathrm{d}y&=\int_L P(x, y)\mathrm{d}x+\int_L Q(x, y)\mathrm{d}y\\&=\lim_{\lambda\to 0}\sum_{i=1}^{n}P(\xi_i, \eta_i)\Delta x_i+\lim_{\lambda\to 0}\sum_{i=1}^{n}Q(\xi_i, \eta_i)_i\Delta y_i.\end{aligned}$$

变力 $\boldsymbol{F}(x, y)=P(x, y)\boldsymbol{i}+Q(x, y)\boldsymbol{j}$ 沿光滑曲线弧 L 所做的功 W,就是一个第二类曲线积分

$$W=\int_L P(x,y)\mathrm{d}x+Q(x,y)\mathrm{d}y.$$

类似地,我们可以将平面上的有向积分曲线推广到空间上的有向积分曲线,从而得到空间第二类曲线积分.

$$\int_\Gamma P(x,y,z)\mathrm{d}x+Q(x,y,z)\mathrm{d}y+R(x,y,z)\mathrm{d}z.$$

【注意】如果 $P(x,y)$, $Q(x,y)$ 是定义在有向光滑曲线弧 L 上的连续函数,则 $\int_L P(x,y)\mathrm{d}x$ 与 $\int_L Q(x,y)\mathrm{d}y$ 一定存在.

3. 第二类曲线积分的性质

根据第二类曲线积分的定义,可以推导出下述性质:

性质1 设 L 为有向曲线,L^- 为与 L 方向相反的有向曲线,则

$$\int_{L^-} P(x,y)\mathrm{d}x=-\int_L P(x,y)\mathrm{d}x,$$

$$\int_{L^-} Q(x,y)\mathrm{d}y=-\int_L Q(x,y)\mathrm{d}y.$$

可见,第二类曲线积分与曲线方向有关,在同一条曲线上,方向改变,积分变号.

性质2 如果把有向曲线 L 分为首尾相连的 L_1 和 L_2 两条有向曲线,记作 $L=L_1+L_2$,那么

$$\int_L P\mathrm{d}x+Q\mathrm{d}y=\int_{L_1} P\mathrm{d}x+Q\mathrm{d}y+\int_{L_2} P\mathrm{d}x+Q\mathrm{d}y.$$

这一性质说明第二类曲线积分关于曲线有可加性.

第二类曲线积分还有类似于其他积分(如定积分)的性质,这里不一一赘述.

【注意】计算第二类曲线积分时,往往需要通过曲线参数方程将其转化成定积分计算.

二、第二类曲线积分的计算

定理 12-2 设 L 为 xOy 面内从点 A 到点 B 的一条有向光滑曲线弧,$P(x,y)$, $Q(x,y)$ 在 L 上有定义且连续,L 的参数方程为 $\begin{cases}x=f(t),\\y=y(t).\end{cases}$ 当 t 单调地从 α 变到 β 时,点 $M(x,y)$ 从 L 的起点 A 沿 L 变到终点 B, $\varphi(t)$, $\psi(t)$ 在以 α, β 为端点的闭区间上具有一阶连续导数,且 $\varphi'^2(t)+\psi'^2(t)\neq 0$,则 $\int_L P(x,y)\mathrm{d}x+Q(x,y)\mathrm{d}y$ 存在,且

$$\int_L P(x,y)\mathrm{d}x+Q(x,y)\mathrm{d}y=\int_\alpha^\beta\{P[\varphi(t),\psi(t)]\varphi'(t)+Q[\varphi(t),\psi(t)]\psi'(t)\}\mathrm{d}t.$$

此定理的证明略,请感兴趣的读者自己查阅.

【注意】下限 α 为 L 的起点 A 对应的参数,上限 β 为 L 的终点 B 对应的参数,α 不一定小于 β.

由定理 12-2 可得如下计算式(可以看成是定理 12-2 的推论):

如果 xOy 面上的有向曲线 L 方程为 $y=f(x)$,视 x 为参数,其起点为 a,终点为 b,那么 $\int_L P(x,y)\mathrm{d}x+Q(x,y)\mathrm{d}y=\int_a^b[P(x,y(x))+Q(x,y(x))y'(x)]\mathrm{d}x$.

定理 12-2 可以推广到三维空间，即空间第二类曲线积分的计算式：

如果空间有向光滑曲线弧 Γ 的参数方程为 $x=\varphi(t),\ y=\psi(t),\ z=\omega(t),\ t\in[\alpha,\beta]$ 则空间第二类曲线积分可表示为

$$\begin{aligned}&\int_\Gamma P(x,y,z)\mathrm{d}x+Q(x,y,z)\mathrm{d}y+R(x,y,z)\mathrm{d}z\\&=\int_\alpha^\beta\{P[\varphi(t),\psi(t),\omega(t)]\varphi'(t)+Q[\varphi(t),\psi(t),\omega(t)]\psi'(t)\\&\quad+R[\varphi(t),\psi(t),\omega(t)]\omega'(t)\}\mathrm{d}t.\end{aligned}$$

式中下限 α 为 Γ 的起点对应的参数，上限 β 为 Γ 的终点对应的参数.

[例 1]　计算 $\int_L(x+y)\mathrm{d}x+(x-y)\mathrm{d}y$，其中 L 分别为：

(1) 单位圆弧在第一象限的部分，方向是逆时针方向，如图 12-3 所示；

(2) 由 $A(a,0)$ 到点 $B(0,a)$ 经过 $O(0,0)$ 的折线 AOB（图 12-4）.

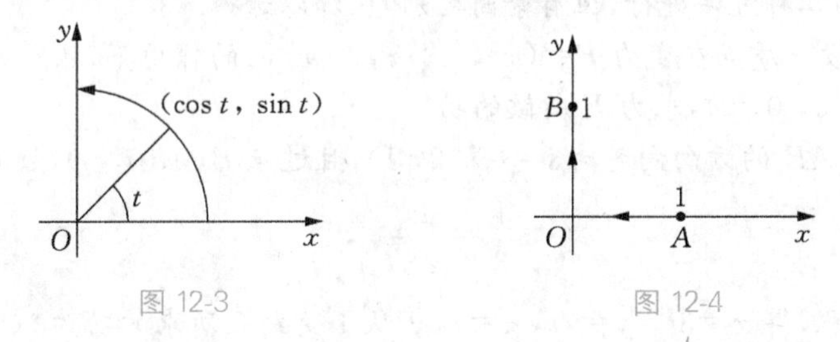

图 12-3　　图 12-4

解　(1) 单位圆弧的参数方程是 $x=\cos t,\ y=\sin t$，参数 t 从 0 变到 $\frac{\pi}{2}$（图 12-3）. 因此

$$\begin{aligned}&\int_L(x+y)\mathrm{d}x+(x-y)\mathrm{d}y\\&=\int_0^{\frac{\pi}{2}}[(\cos t+\sin t)(-\sin t)+(\cos t-\sin t)\cos t]\mathrm{d}t\\&=\int_0^{\frac{\pi}{2}}(\cos 2t-\sin 2t)\mathrm{d}t=-1.\end{aligned}$$

(2) AO 的方程是 $y=0(0\leqslant x\leqslant 1)$，$OB$ 的方程是 $x=0(0\leqslant y\leqslant 1)$，于是

$$\begin{aligned}\int_{(AOB)}(x+y)\mathrm{d}x+(x-y)\mathrm{d}y&=\int_{(AO)}(x+y)\mathrm{d}x+\int_{(OB)}(x-y)\mathrm{d}y\\&=\int_1^0x\mathrm{d}x+\int_0^1-y\mathrm{d}y=-\frac{1}{2}-\frac{1}{2}=-1.\end{aligned}$$

[例 2]　设 L 是抛物线 $y^2=x$ 上从 $A(1,-1)$ 至 $B(1,1)$ 的一段弧（图 12-5），计算 $\int_L xy\mathrm{d}x$.

解法一　化为对 x 的积分. 注意到：当点沿 L 由 A 到 B 时，它的横坐标 x 先由 1 变到 0，然后又由 0 回到 1，因此，必须分两部分计算. 即

$$\int_L xy\mathrm{d}x=\int_{\overset{\frown}{AO}}xy\mathrm{d}x+\int_{\overset{\frown}{OB}}xy\mathrm{d}x.$$

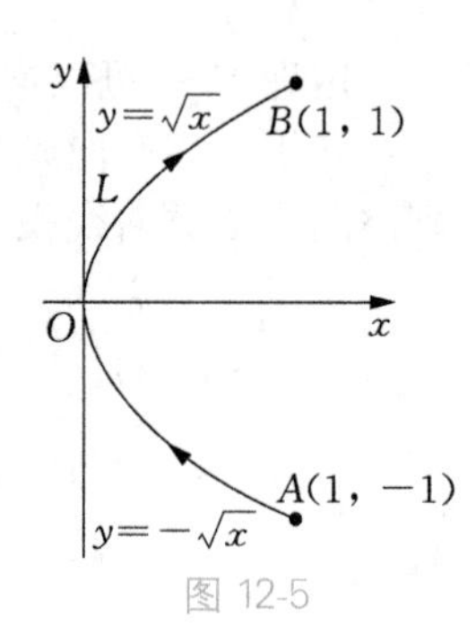

图 12-5

而$\widehat{AO}$的方程是：$y=-\sqrt{x}$，$\widehat{OB}$的方程是：$y=\sqrt{x}$.因此

$$\int_{\widehat{AO}} xy\mathrm{d}x=-\int_1^0 x\sqrt{x}\,\mathrm{d}x=\int_0^1 x^{\frac{3}{2}}\mathrm{d}x=\frac{2}{5},$$

$$\int_{\widehat{OB}} xy\mathrm{d}x=\int_0^1 x\sqrt{x}\,\mathrm{d}x=\int_0^1 x^{\frac{3}{2}}\mathrm{d}x=\frac{2}{5},$$

$$\int_L xy\mathrm{d}x=\frac{2}{5}+\frac{2}{5}=\frac{4}{5}.$$

解法二　化为对 y 的积分.当点沿 L 由 A 到 B 时，它的纵坐标 y 由 -1 变到 1，则

$$\int_L xy\mathrm{d}x=\int_{-1}^1 y^2\cdot y\cdot 2y\mathrm{d}y=2\int_{-1}^1 y^4\mathrm{d}y=\frac{2}{5}y^5\Big|_{-1}^1=\frac{4}{5}.$$

这显然简便得多.因此，当 L 是由直角坐标方程给定时，所要计算的积分可按第一种方法进行，亦可按式第二种方法进行，但有繁简之别，应加以选择.

[例 3]　设一质点在变力 $\boldsymbol{F}=(x^3, 3y^2z, -x^2y)$ 的作用下，从点 $A(3, 2, 1)$ 沿直线段移动到点 $B(0, 0, 0)$，求力 $\boldsymbol{F}$ 所做的功.

解　直线段 AB 的方向向量为 $\boldsymbol{s}=(3, 2, 1)$，且过点 $B(0, 0, 0)$，故其方程为

$$\frac{x}{3}=\frac{y}{2}=\frac{z}{1}.$$

化成参数方程，得 $x=3t$, $y=2t$, $z=t$, t 从 1 变到 0.所求的功为

$$W=\int_L x^3\mathrm{d}x+3zy^2\mathrm{d}y-x^2y\mathrm{d}z$$

$$=\int_1^0[(3t)^2\cdot 3+3t(2t)^2\cdot 2-(3t)^2\cdot 2t]\mathrm{d}t$$

$$=87\int_1^0 t^3\mathrm{d}t=-\frac{87}{4}.$$

随堂练习

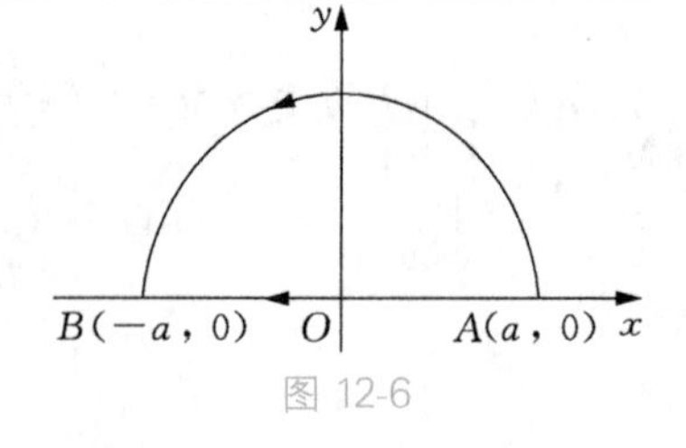

图 12-6

(1) 计算 $\int_L x^2\mathrm{d}x+(y-x)\mathrm{d}y$，其中

① L 是圆心在原点，由点 $A(a, 0)$ 到点 $B(-a, 0)$ 的半径为 a 的上半圆周(图 12-6)；

② L 是由点 $A(a, 0)$ 到点 $B(-a, 0)$ 的直径 AOB.

(2) 计算 $\int_L y^2\mathrm{d}x$，其中 L 是抛物线 $y=x^2$ 上从点 $(-1, 1)$ 到点 $(1, 1)$ 的一段弧；

(3) 一物体在力 $\boldsymbol{F}=x\boldsymbol{i}+2y\boldsymbol{j}$ 的作用下沿圆周 L：$x^2+y^2=1$ 从 $(0, 1)$ 移动到 $(1, 0)$，计算力 $\boldsymbol{F}$ 对物体所做的功.

答案与提示：(1) ① L 的方程为 $x=a\cos t$, $y=a\sin t$，结果为 $-\frac{2a^3}{3}-\frac{\pi}{2}a^2$；② L 的方程为 $y=0$, $-a\leqslant x\leqslant a$，结果 $-\frac{2}{3}a^3$. (2) $\frac{2}{5}$. (3) $\frac{1}{4}$.

三、两类曲线积分之间的联系

设有向光滑弧 L 以弧长为参数的参数方程为 $x=x(s)$，$y=y(s)(0\leqslant s\leqslant l)$，已知 L 切向量的方向余弦为 $\frac{\mathrm{d}x}{\mathrm{d}s}=\cos\alpha$，$\frac{\mathrm{d}y}{\mathrm{d}s}=\cos\beta$（$\alpha$ 与 β 是切线 T 与 x 轴、y 轴的交角），则

$$\int_L P(x,y)\mathrm{d}x+Q(x,y)\mathrm{d}y=\int_L[P(x,y)\cos\alpha+Q(x,y)\cos\beta]\mathrm{d}s.$$

上式揭示了第二类曲线积分与第一类曲线积分的关系.

同样，对于空间第二类曲线积分，也有

$$\int_L P\mathrm{d}x+Q\mathrm{d}y+R\mathrm{d}z=\int_L[P\cos\alpha+Q\cos\beta+R\cos\gamma]\mathrm{d}s,$$

其中，$\cos\alpha$，$\cos\beta$，$\cos\gamma$ 为 L 切线的方向余弦.

习题 12.2

1. 计算下列第二类曲线积分.

(1) $\int_L (x+y)\mathrm{d}x+(y-x)\mathrm{d}y$，其中 L 是曲线 $x=2t^2+t+1$，$y=t^2+1$ 上从点 $(1,1)$ 到点 $(4,2)$ 的一段弧；

(2) $\int_L (1+2xy)\mathrm{d}x+x^2\mathrm{d}y$，其中 L 是从点 $(1,0)$ 到点 $(-1,0)$ 的上半椭圆周 $x^2+2y^2=1(y\geqslant 0)$；

(3) $\oint_L \cos y\mathrm{d}x+\cos x\mathrm{d}y$，其中 L 是由直线 $y=x$，$x=\pi$ 和 x 轴所围成三角形的正向边界；

(4) $\int_L (x^2+y^2)\mathrm{d}x+(x^2-y^2)\mathrm{d}y$，其中 L 是从点 $A(0,0)$ 到点 $B(1,1)$ 再到点 $C(2,0)$ 的折线段；

(5) $\int_L (x^2-y^2)\mathrm{d}x$，其中 L 是抛物线 $y=x^2$ 上从点 $(-1,1)$ 到点 $(1,1)$ 的一段弧；

(6) $\int_\Gamma x^2\mathrm{d}x+z\mathrm{d}y-y\mathrm{d}z$，其中 Γ 是螺旋线 $x=k\theta$，$y=a\cos\theta$，$z=a\sin\theta$ 上对应于 $\theta=0$ 到 $\theta=\pi$ 的一段弧.

2. 计算曲线积分 $\int_L (2a-y)\mathrm{d}x+x\mathrm{d}y$，其中 L 是从原点起沿摆线 $x=a(t-\sin t)$，$y=a(1-\cos t)$ 的第一拱到 $(2a\pi,0)$ 的一段弧.

3. 计算曲线积分 $\oint_L \frac{y\mathrm{d}x-x\mathrm{d}y}{x^2+y^2}$，其中 L 为椭圆 $x^2+4y^2=144$ 的正向.

4. 一力场由横轴正向的常力 $\boldsymbol{F}$ 所构成.试求当一质量为 m 的质点在力 $\boldsymbol{F}$ 的作用下沿圆周 $x^2+y^2=R^2$ 按逆时针方向移过位于第一象限的一段弧时力 $\boldsymbol{F}$ 所做的功.

任务 12.3 格林公式、曲线积分与路径的无关性

任务内容

- 完成与格林公式相关联的任务工作页；
- 学习格林公式积分定理；
- 学习格林公式的简单应用；
- 学习积分与路径无关的等价条件.

任务目标

- 掌握格林公式和格林公式的应用；
- 理解积分与路径无关的相关命题；
- 了解全微分求积分并能够利用公式求函数；
- 能够利用格林公式和积分与路径无关的条件解决专业案例.

任务工作页

了解任务内容并学习相关知识后，在教师指导下完成任务工作页内各项内容的填写.

1. 由格林公式知$\oint_L P(x,y)\mathrm{d}x+Q(x,y)\mathrm{d}y=$________________.

2. $\frac{1}{2}\oint_L x\mathrm{d}y-y\mathrm{d}x=$________________.

3. $\int_L P(x,y)\mathrm{d}x+Q(x,y)\mathrm{d}y$在单连通区域$D$内与积分路径无关，则$\frac{\partial Q}{\partial x}=$________，且$\oint_L P(x,y)\mathrm{d}x+Q(x,y)\mathrm{d}y=$________，$P(x,y)\mathrm{d}x+Q(x,y)\mathrm{d}y$在$D$内是某个函数$u(x,y)$的全微分，$u(x,y)=$________________.

4. $\int_{(0,0)}^{(1,1)} 2xy\mathrm{d}x+x^2\mathrm{d}y=$________________.

相关知识

一、格林公式

微积分基本定理——牛顿—莱布尼茨公式建立了定积分与原函数在积分区间端点的函数值之间的联系，而格林公式正好是阐述（确立）了平面闭区域上的二重积分与该沿闭区域边界曲线上的曲线积分之间的关系.

本节介绍的格林公式(Green 公式)揭示了在有界闭区域D上的二重积分与D的边界曲线L上的曲线积分之间的关系.可以看作是**牛顿—莱布尼茨公式的推广**.我们先介绍平

面单连通区域的概念.

定义 12-3　设 D 为平面区域,若 D 内任一闭曲线所围的部分都属于 D,则称 D 为**平面单连通区域**,否则称为**复连通区域**.

通俗地说平面单连通区域是不含洞(包括点洞)的区域,复连通区域是含有洞(包括点洞)的区域,如图 12-7 所示.例如,平面上的圆形区域 $\{(x, y): x^2+y^2<4\}$ 和右半平面 $\{(x, y): x>4\}$ 都是单连通区域;圆环形区域 $\{(x, y): 1<x^2+y^2<4\}$ 和去心圆盘 $\{(x, y): 0<x^2+y^2<4\}$ 都是复连通区域.

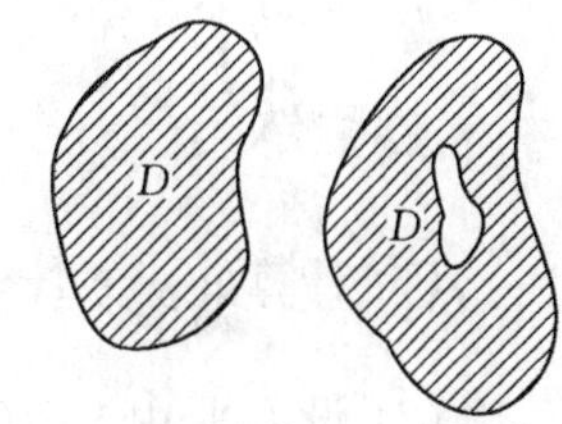

图 12-7

通常,当一个人沿着闭区域 D 的边界曲线 L 的某个方向环行时,区域 D 始终在他的左侧,则该方向称为区域 D 的**边界曲线 L 的正方向**,反之是**负方向**.单连通区域 D 的边界曲线 L 的**正方向一般为逆时针方向**.

定理 12-3(Green 公式)　设平面闭区域 D 由光滑或分段光滑的曲线 L 围成,函数 $P(x, y)$ 和 $Q(x, y)$ 在 D 上具有一阶连续偏导数,则有

$$\iint_D\left(\frac{\partial Q}{\partial x}-\frac{\partial P}{\partial y}\right)\mathrm{d}x\,\mathrm{d}y=\oint_L P\,\mathrm{d}x+Q\,\mathrm{d}y.$$

其中曲线积分是沿 L 正向计算的,该公式称为**格林公式**(也称作微积分第二定理).

【注意】若区域为复连通区域 D, Green 公式的右端应包括区域 D 的全部正向边界的曲线积分.

这里指出,在格林公式中,取 $P=-y$, $Q=x$,则 $2\iint_D \mathrm{d}x\,\mathrm{d}y=\oint_L -y\,\mathrm{d}x+x\,\mathrm{d}y$. 由此可得闭区域 D 的面积 $A=\iint_D \mathrm{d}x\,\mathrm{d}y=\dfrac{1}{2}\oint_L x\,\mathrm{d}y-y\,\mathrm{d}x$.

[例 1]　计算椭圆 $\dfrac{x^2}{a^2}+\dfrac{y^2}{b^2}=1$ 的面积.

解　将椭圆的方程写成 $x=a\cos t$, $y=b\sin t$, $0\leqslant t\leqslant 2\pi$,则

$$A=\frac{1}{2}\oint_L(x\,\mathrm{d}y-y\,\mathrm{d}x)=\frac{1}{2}\int_0^{2\pi}(ab\cos^2 t+ab\sin^2 t)\mathrm{d}t=\pi ab.$$

[例 2]　计算 $I=\oint_L y\,\mathrm{d}x-(\mathrm{e}^{y^2}+x)\mathrm{d}y$. L 是以 $(0, 0)$, $(1, 0)$, $(1, 1)$, $(0, 1)$ 为顶点的正向正方形边界.

解　设 $P(x, y)=y$, $Q(x, y)=-(\mathrm{e}^{y^2}+x)$. 则有 $\dfrac{\partial P}{\partial y}=1$, $\dfrac{\partial Q}{\partial x}=-1$,显然满足格林公式条件

$$I=\iint_D(-2)\mathrm{d}\sigma=-2.$$

[例 3]　计算 $I=\int_L(\mathrm{e}^x\sin y-y)\mathrm{d}x+(\mathrm{e}^x\cos y-1)\mathrm{d}y$, L 是由点 $A(a, 0)$ 至点 $O(0, 0)$ 的上半圆周(图 12-8).

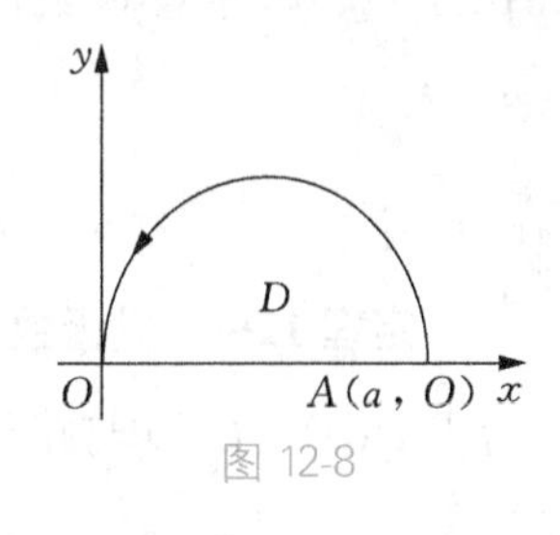

图 12-8

解　设 $P(x, y)=\mathrm{e}^x\sin y-y$, $Q(x, y)=\mathrm{e}^x\cos y-1$. 则有 $\dfrac{\partial P}{\partial y}=\mathrm{e}^x\cos y-1$, $\dfrac{\partial Q}{\partial x}=\mathrm{e}^x\cos y$,补充路径有向直线段 OA,则满

足格林公式条件，有

$$I=\iint_D d\sigma-\int_{OA}(e^x\sin y-y)dx+(e^x\cos y-1)dy=\frac{\pi}{2}\left(\frac{a}{2}\right)^2-0=\frac{\pi a^2}{8}.$$

随堂练习

(1) 计算$\oint_L y^2x\,dy-x^2y\,dx$，其中$L$是圆周$x^2+y^2=a^2$的正方向；

(2) 设L是由$y=0$，$x=1$，$y=x$围成的三角形边界的正方向，计算$\oint_L -y\,dx+x\,dy$.

答案：(1) $\frac{1}{2}a^4p$； (2) 1.

二、平面曲线积分与路线无关的条件

区域D是一个开区域，如果对D内任意指定的两点A与B，以及D内从点A到点B的任意两条不相同的分段光滑曲线L_1、L_2(图 12-9)，等式

$$\int_{L_1}P(x,y)dx+Q(x,y)dy=\int_{L_2}P(x,y)dx+Q(x,y)dy$$

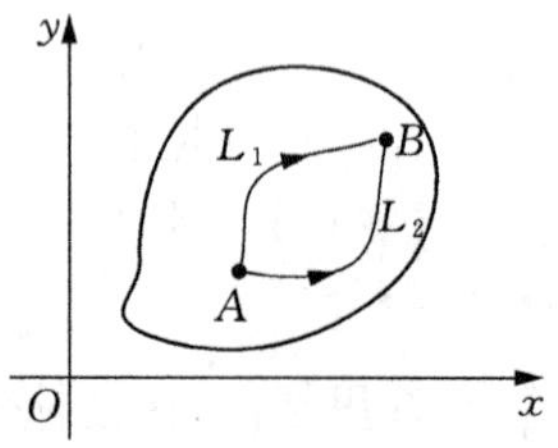

图 12-9

恒成立，则称曲线积分$\int_L P(x,y)dx+Q(x,y)dy$在D内与路径无关.此时，可将曲线积分记为

$$\int_A^B P(x,y)dx+Q(x,y)dy.$$

函数$P(x,y)$和$Q(x,y)$满足什么条件时，积分与路径无关？下面的定理告诉我们答案.

定理 12-4 在区域D中，曲线积分$\int_L P\,dx+Q\,dy$与路径无关的充分必要条件是对D内任意一条闭曲线C，有

$$\oint_C P\,dx+Q\,dy=0.$$

定理 12-5 设函数$P(x,y)$、$Q(x,y)$在单连通域D内有一阶连续偏导数，则曲线积分$\int_L P\,dx+Q\,dy$与路径无关的充分必要条件是

$$\frac{\partial Q}{\partial x}=\frac{\partial P}{\partial y}.$$

定理 12-6 设函数$P(x,y)$、$Q(x,y)$在单连通域D内有一阶连续偏导数，则曲线积分$\int_L P\,dx+Q\,dy$与路径无关的充分必要条件是$P\,dx+Q\,dy$在D内是某个函数$u(x,y)$

的全微分,即 $du = P dx + Q dy$.

证明略.

上述定理为计算曲线积分带来方便,即若曲线积分与路径无关,则计算时常取与积分路径有相同起点和终点的简便路径来计算曲线积分.但应注意以下两点:

(1) 计算$\frac{\partial Q}{\partial x}$与$\frac{\partial P}{\partial y}$是否相等.若$\frac{\partial Q}{\partial x}=\frac{\partial P}{\partial y}$,则可进行下一步,否则积分与路径有关;

(2) 所选路径与原路径同起点、同终点,且与原路径所围成区域是单连通域,使得$P(x, y)$、$Q(x, y)$在该域内具有连续的一阶偏导数.

需要指出:当$\frac{\partial P}{\partial y}=\frac{\partial Q}{\partial x}$时,$P(x, y)dx+Q(x, y)dy$ 在D 内是某个函数$u(x, y)$的全微分.设$M_0(x_0, y_0)$为区域内的任意一个选定的点(视为起点),则全微分可以表示成

$$u(x, y)=\int_{(x_0, y_0)}^{(x, y)} P(x, y)dx+Q(x, y)dy.$$

一般说来,对于任意的两个函数$P(x, y)$, $Q(x, y)$来说,$P(x, y)dx+Q(x, y)dy$未必就是某个二元函数的全微分.

[例4]　计算曲线积分$I=\int_L (e^y+x)dx+(xe^y-2y)dy$,其中$L$为通过三点(0, 0),(0, 1)和(1, 2)的圆周弧段(如图 12-10).

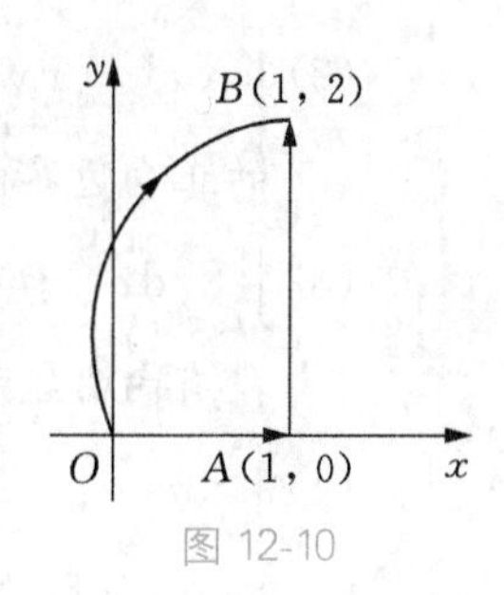

图 12-10

解　设$P(x, y)=e^y+x$, $Q(x, y)=xe^y-2y$,则有$\frac{\partial P}{\partial y}=\frac{\partial Q}{\partial x}=e^y$,所以曲线积分与积分路径无关.为计算简便,取图 12-10 中折线段OAB为积分路径,于是

$$I=\int_{OA} P dx+Q dy+\int_{AB} P dx+Q dy.$$

在OA上,$y=0$, $dy=0$;在AB上,$x=1$, $dx=0$.因此有

$$I=\int_{(0, 0)}^{(1, 2)} (e^y+x)dx+(xe^y-2y)dy=\int_0^1 (1+x)dx+\int_0^2 (e^y-2y)dy=e^2-\frac{7}{2}.$$

[例5]　验证:在整个xOy平面内,xy^2dx+x^2ydy是某个函数$u(x, y)$的全微分,并求$u(x, y)$.

解　现在$P=xy^2$, $Q=x^2y$,且$\frac{\partial P}{\partial y}=2xy=\frac{\partial Q}{\partial x}$在整个$xOy$平面上成立,因此在整个$xOy$平面内,$xy^2dx+x^2ydy$是某个函数$u(x, y)$的全微分.取$M_0(0, 0)$为起点,$B(x, y)$为终点,如图 12-11 所示,选择折线$\overrightarrow{OAB}$作为积分路径来求函数$u(x, y)$.则

$$u(x, y)=\int_{(0, 0)}^{(x, y)} xy^2dx+x^2ydy=\int_{OA} x\cdot 0^2dx+\int_{AB} x^2ydy$$
$$=\int_0^y x^2ydy=\frac{x^2y^2}{2}.$$

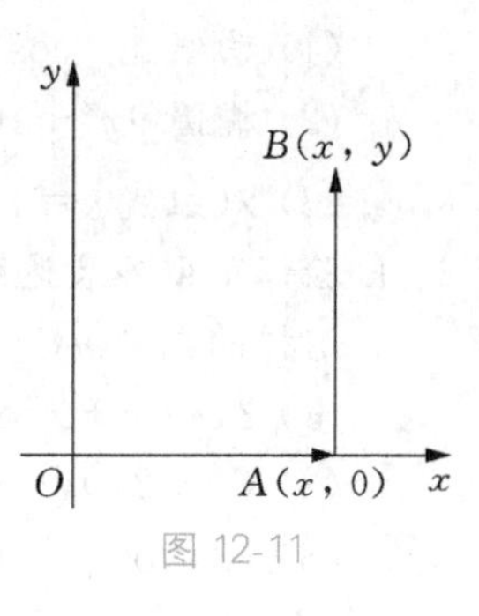

图 12-11

【注意】在求 $u(x, y)$ 的积分运算时，尽可能把点 (x_0, y_0) 和积分路径选简单一些.例如，选择积分路径为平行于坐标轴的直线段以使 dx 或 dy 中的一个为零.

随堂练习

(1) 验证 $e^x(1+\sin y)dx+(e^x+2\sin y)\cos y dy$ 是某个函数 $u(x, y)$ 的全微分，并求 $u(x, y)$；

(2) 计算 $\int_{(0,0)}^{(2,1)}(2x+y)dx+(x-2y)dy$.

答案：(1) $u(x, y)=e^x-1+e^x\sin y+\sin^2 y$；(2) 5.

习题 12.3

1. 利用格林公式计算下列曲线积分：

(1) $\oint_L(2xy-x^2)dx+(x+y^2)dy$，其中 L 是由抛物线 $y=x^2$ 和 $x=y^2$ 围成区域的正向边界曲线；

(2) $\oint_L(x^2-xy^3)dx+(y^2-2xy)dy$，其中 L 是正方形区域 $0\leqslant x\leqslant 2$，$0\leqslant y\leqslant 2$ 的正向边界曲线；

(3) $\int_L y^2dx-xdy$，其中 L 是抛物线 $y=x^2$ 上从点 $A(1, 1)$ 到点 $B(-1, 1)$ 的一段有向曲线弧；

(4) $\int_L(x^2-y)dx-(x+\sin^2 y)dy$，其中 L 是圆周 $y=\sqrt{2x-x^2}$ 上从点 $A(0, 0)$ 到点 $B(1, 1)$ 的一段有向曲线弧.

2. 证明下列各曲线积分在整个 xOy 面内与路径无关，并计算积分值.

(1) $\int_{(1,1)}^{(2,3)}(x+y)dx+(x-y)dy$；

(2) $\int_{(0,0)}^{(1,2)}(x^2+y^2)(xdx+ydy)$；

(3) $\int_{(1,0)}^{(2,1)}(2xe^y+y)dx+(x^2e^y+x-2y)dy$.

3. 利用第二类曲线积分及格林公式计算下列曲线所围成的图形的面积：

(1) 曲线 $x=\cos^3 t$，$y=\sin^3 t$；

(2) 椭圆 $9x^2+16y^2=144$；

(3) 双纽线 $\rho=a\sqrt{\cos 2\theta}$.

4. 验证下列各表达式在整个 xOy 面内是某个二元函数 $u(x, y)$ 的全微分，并求一个这样的函数 $u(x, y)$.

(1) $2xydx+x^2dy$；

(2) $(x+2y)dx+(2x+y)dy$；

(3) $(2x\cos y+y^2\cos x)dx+(2y\sin x-x^2\sin y)dy$.

任务 12.4　第一类曲面积分(对面积的曲面积分)

任务内容

- 完成对面积的曲面积分相关联的任务工作页;
- 学习对面积的曲面积分的概念;
- 学习对面积的曲面积分的性质;
- 学习对面积的曲面积分的计算.

任务目标

- 理解对面积的曲面积分的概念和物理意义;
- 掌握对面积的曲面积分的性质及应用;
- 掌握对面积的曲面积分的计算方法和计算公式;
- 能够利用对面积的曲面积分解决专业案例.

任务工作页

了解任务内容并学习相关知识后,在教师指导下完成任务工作页内各项内容的填写.

1. 第一类曲面积分又称为____________,记为____________.
2. $\iint\limits_{\Sigma} 1\mathrm{d}S=$____________________.
3. $\iint\limits_{\Sigma} f(x, y, z)\mathrm{d}S$ 的物理意义是____.
4. 若曲面 Σ: $z=z(x, y)$, $(x, y)\in D_{xy}$, 则 $\mathrm{d}S=$___________________________,
   $\iint\limits_{\Sigma} f(x, y, z)\mathrm{d}S=$____.

相关知识

一、第一类曲面积分的定义

引例【曲面形构件的质量】

设有一分片光滑的物质曲面 Σ,其上质量分布不均匀,如图 2-12 所示,面密度函数为 $\mu(x, y, z)$, $(x, y, z)\in\Sigma$.求该曲面物质 Σ 的质量 M.

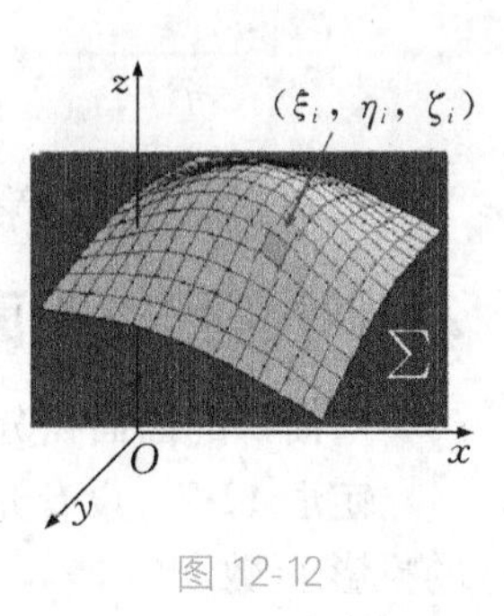

图 12-12

分析　(1) **大化小**:类似于第一类曲线积分.可将曲面 Σ 任意分割成 n 个小曲面 $\Delta S_i(i=1, 2, \cdots, n)$,第 i 个小片曲面 ΔS_i 的面积也记作 ΔS_i,其质量记成 Δm_i,于是 $M=\sum\limits_{i=1}^{n}\Delta m_i$.

(2) **常代变**:在 ΔS_i 上任取其中一点(ξ_i, η_i, ζ_i),用$\mu(\xi_i, \eta_i, \zeta_i)$近似表示整个小曲面 ΔS_i 的面密度,于是小曲面的质量

$$\Delta M_i \approx \mu(\xi_i, \eta_i, \zeta_i)\Delta S_i, \quad (i=1, 2, \cdots, n)$$

(3) **近似和**:由(2)知物质曲面 Σ 质量可近似地表示为

$$M=\sum_{i=1}^{n}\Delta M_i \approx \sum_{i=1}^{n}\mu(\xi_i, \eta_i, \zeta_i)\Delta S_i$$

(4) **求极限**:用 λ 表示各小曲面直径的最大值,令 $\lambda \to 0$,即得物质曲面 Σ 质量的精确值

$$M=\lim_{\lambda \to 0}\sum_{i=1}^{n}\mu(\xi_i, \eta_i, \zeta_i)\Delta S_i.$$

这种形式的极限在研究其他问题时也会遇到,我们称之为**第一类曲面积分**.

定义 12-4 设 Σ 是空间中可求面积的曲面,$f(x, y, z)$为定义在 Σ 上的函数.对曲面 Σ 作分割,即把 Σ 分成 n 个小曲面块 $S_i(1, 2, \cdots, n)$,以 ΔS_i 记小曲面块 S_i 的面积,λ 表示各个小曲面块 S_i 直径的最大值.在 S_i 上任取一点$(\xi_i, \eta_i, \zeta_i)(1, 2, \cdots, n)$,若极限

$$\lim_{\lambda \to 0}\sum_{i=1}^{n}f(\xi_i, \eta_i, \zeta_i)\Delta S_i$$

存在,且与 Σ 的分割方式和任意点$(\xi_i, \eta_i, \zeta_i)(1, 2, \cdots, n)$的取法无关,则称此极限为 $f(x, y, z)$在 Σ 上的**第一类曲面积分**,也称作**对面积的曲面积分**.记作

$$\iint_{\Sigma}f(x, y, z)\mathrm{d}S,\text{即}\iint_{\Sigma}f(x, y, z)\mathrm{d}S=\lim_{\lambda \to 0}\sum_{i=1}^{n}f(\xi_i, \eta_i, \zeta_i)\Delta S_i.$$

将 Σ 称为**积分曲面**,$f(x, y, z)$称为**被积函数**,$f(x, y, z)\mathrm{d}S$ 称为**被积表达式**,$\mathrm{d}S$ 称为**面积微元**(**或面积元素**).

根据上述定义,前述曲面形构件的质量 M 就是面密度函数为$\mu(x, y, z)$在曲面 Σ 上的第一类曲线积分,即

$$M=\iint_{\Sigma}\mu(x, y, z)\mathrm{d}S.$$

如果 Σ 是封闭曲面,那末函数 $f(x, y, z)$在闭曲面上的第一类曲面积分记为

$$\oiint_{\Sigma}f(x, y, z)\mathrm{d}S.$$

【注意】当 $f(x, y, z)=1$ 时,曲面积分 $\iint_{\Sigma}\mathrm{d}S$ 就是曲面块 Σ 的面积.

由定义容易得到第一类曲面积分有和定积分、第一类曲线类似的性质,这里不再赘述.

二、对面积的曲面积分计算

对面积的曲面积分可以化为二重积分来计算,即有下面的定理.

定理 12-7 设有光滑曲面 Σ: $z=z(x, y)$, $(x, y)\in D_{xy}$, D_{xy} 是曲面 Σ 在 xOy 面上的投影.函数 $f(x, y, z)$是定义在 Σ 上的连续函数,则

$$\iint_{\Sigma} f(x, y, z)\mathrm{d}S = \iint_{D_{xy}} f[x, y, z(x, y)]\sqrt{1+f_x^2+f_y^2}\,\mathrm{d}x\mathrm{d}y.$$

由此可见,第一类曲面积分可化为二重积分来计算,其中面积微元 $\mathrm{d}S=\sqrt{1+f_x^2+f_y^2}\,\mathrm{d}x\mathrm{d}y$.

【注意】(1) 曲面 Σ: $z=z(x, y)$ 为单值函数;

(2) 若 Σ: $x=x(y, z)$ 或 $y=y(x, z)$ 可以类似地化为二重积分计算;

(3) 若 Σ 为平面且与坐标面平行或重合,则 $\iint_{\Sigma} f(x, y, z)\mathrm{d}S = \iint_{D_{xy}} f(x, y, 0)\mathrm{d}x\mathrm{d}y$.

[例1]　计算 $\iint_{\Sigma}(x^2+y^2+z^2)\mathrm{d}S$,其中 Σ 为锥面 $z=\sqrt{x^2+y^2}$ 介于 $z=0$ 及 $z=1$ 之间的部分.

解　因积分是沿 $z=\sqrt{x^2+y^2}$ 进行的,故

$$\frac{\partial z}{\partial x}=\frac{x}{\sqrt{x^2+y^2}},\ \frac{\partial z}{\partial y}=\frac{y}{\sqrt{x^2+y^2}}.$$

又 Σ 在平面 xOy 上的投影区域 D_{xy} 是:$x^2+y^2\leqslant 1$ 所限制的区域,所以

$$\begin{aligned}\iint_{\Sigma}(x^2+y^2+z^2)\mathrm{d}S &= \iint_{D_{xy}}(2x^2+2y^2)\sqrt{2}\,\mathrm{d}x\mathrm{d}y\\ &=2\sqrt{2}\iint_{D_{xy}}(x^2+y^2)\mathrm{d}x\mathrm{d}y=2\sqrt{2}\int_0^{2\pi}\mathrm{d}\theta\int_0^1 r^3\mathrm{d}r=\sqrt{2}\pi.\end{aligned}$$

[例2]　计算 $\iint_{\Sigma}(x+y+z)\mathrm{d}S$,其中 Σ 为上半球面 $z=\sqrt{a^2-x^2-y^2}$.

解　此时

$$\frac{\partial z}{\partial x}=\frac{-x}{\sqrt{a^2-x^2-y^2}},\ \frac{\partial z}{\partial x}=\frac{-y}{\sqrt{a^2-x^2-y^2}},$$

$$\sqrt{1+\left(\frac{\partial z}{\partial x}\right)^2+\left(\frac{\partial z}{\partial y}\right)^2}=\frac{a}{z}=\frac{a}{\sqrt{a^2-x^2-y^2}},$$

从而有

$$\begin{aligned}\iint_{\Sigma}(x+y+z)\mathrm{d}S &= \iint_{D_{xy}}(x+y+\sqrt{a^2-x^2-y^2})\frac{a}{\sqrt{a^2-x^2-y^2}}\mathrm{d}x\mathrm{d}y\\ &=a\int_0^{2\pi}\mathrm{d}\theta\int_0^a\left(1+\frac{r\cos\theta+r\sin\theta}{\sqrt{a^2-r^2}}\right)r\mathrm{d}r\\ &=\pi a^3.\end{aligned}$$

[例3]　已知锥面 Σ: $y^2+z^2=x^2$, $0\leqslant z\leqslant 1$ 上每一点的密度与该点到顶点的距离成正比,试求该锥面的质量 m.

解　锥面的密度函数为 $\mu=k\sqrt{x^2+y^2+z^2}$(k 为常数).

$$z=\sqrt{x^2+y^2},\ \mathrm{d}S=\sqrt{2}\,\mathrm{d}x\mathrm{d}y.$$

$$m=k\iint_{\Sigma}\sqrt{x^2+y^2+z^2}\,\mathrm{d}S=\iint_{D_{xy}}k\sqrt{4(x^2+y^2)}\,\mathrm{d}x\mathrm{d}y=2k\int_0^{2\pi}\mathrm{d}\theta\int_0^1\rho^2\mathrm{d}\rho=\frac{4}{3}k\pi.$$

随堂练习

计算曲面积分$\oiint\limits_{\Sigma} \mathrm{d}S$，其中$\Sigma$：$x^2+y^2+z^2=R^2$，并说明它的几何意义.

答案：$4\pi R^2$，积分值指的是半径为R的球表面积.

习题 12.4

1. 计算曲面积分$\iint\limits_{\Sigma} z\mathrm{d}S$，其中$\Sigma$是平面$x+y+z=1$位于第一卦限的部分.

2. 计算曲面积分$\iint\limits_{\Sigma} z\mathrm{d}S$，其中$\Sigma$是上半球面$z=\sqrt{a^2-x^2-y^2}$.

3. 计算曲面积分$\iint\limits_{\Sigma} \dfrac{1}{x^2+y^2+z^2}\mathrm{d}S$，其中$\Sigma$是圆柱面$x^2+y^2=R^2$介于$z=0$和$z=1$之间的部分.

4. 计算曲面积分$\iint\limits_{\Sigma} (x^2+y^2)\mathrm{d}S$，其中$\Sigma$是圆锥面$z=\sqrt{x^2+y^2}$介于$z=1$和$z=4$之间的部分.

5. 计算曲面积分$\oiint\limits_{\Sigma} xyz\mathrm{d}S$，其中$\Sigma$是正方体$0\leqslant x\leqslant a$，$0\leqslant y\leqslant a$，$0\leqslant z\leqslant a$的整个边界曲面.

6. 计算曲面积分$\oiint\limits_{\Sigma} (x^2+y^2)\mathrm{d}S$，其中$\Sigma$是立体$\sqrt{x^2+y^2}\leqslant z\leqslant 1$的整个边界曲面.

任务 12.5 综合应用实训

实训 1【变力做功问题】

预备知识：如果$\boldsymbol{F}$是常力，即方向与大小都不变，又如果质点移动的路径是一条直线，用AB表示，那么功$W=\boldsymbol{F}\cdot\overrightarrow{AB}$.现在设$\boldsymbol{F}$是变力，即大小和方向均可变化，并且质点运动的路径是一条有向曲线L.因此有向曲线的微元是$\overrightarrow{\mathrm{d}s}=\mathrm{d}x\boldsymbol{i}+\mathrm{d}y\boldsymbol{j}+\mathrm{d}z\boldsymbol{k}$（它的方向是有向曲线的切向，其大小即弧长的微分$\mathrm{d}s$）.于是做功的微元$\mathrm{d}W=\boldsymbol{F}\cdot\overrightarrow{\mathrm{d}s}$.由此得出变力所做的功为

$$W=\int_L \boldsymbol{F}\cdot\overrightarrow{\mathrm{d}s}.$$

实例：已知力场$\boldsymbol{F}=\{yz, zx, xy\}$，问将质点从原点沿直线移到曲面$\dfrac{x^2}{a^2}+\dfrac{y^2}{b^2}+\dfrac{z^2}{c^2}=1$的第一卦限部分上的哪一点做功最大？并求此最大功.

解 $W=\int_\Gamma yz\mathrm{d}x+zx\mathrm{d}y+xy\mathrm{d}z$，其中$\Gamma$为直线：$\dfrac{x}{X}=\dfrac{y}{Y}=\dfrac{z}{Z}$.令$x=Xt$，$y=Yt$，$z=$

Zt，则

$$W=3\int_0^1 XYZt^2\,\mathrm{d}t=XYZ.$$

再令 $L(X,\ Y,\ Z)=XYZ+\lambda\left(\frac{X}{a^2}+\frac{X}{b^2}+\frac{X}{c^2}-1\right)$. 解方程组

$$\begin{cases}L_X=YZ+\dfrac{2\lambda X}{a^2}=0,\\ L_Y=XZ+\dfrac{2\lambda Y}{b^2}=0,\\ L_Z=XY+\dfrac{2\lambda Z}{b^2}=0,\\ L_\lambda=\dfrac{X}{a^2}+\dfrac{Y}{b^2}+\dfrac{Z}{c^2}-1=0.\end{cases}$$

得：$X=\frac{a}{\sqrt{3}},\ Y=\frac{b}{\sqrt{3}},\ Z=\frac{c}{\sqrt{3}}.\ W_{\max}=\frac{\sqrt{3}}{9}abc.$

实训 2【曲面状物体惯性矩问题】

设曲面状物体占有圆锥面 Σ：$z=\sqrt{x^2+y^2},\ 0\leqslant z\leqslant 1$，其点$(x,\ y,\ z)$处的面密度为该点的竖坐标，求该物体的质量 M 及对 z 轴的惯性矩 I_z.

解　由于 Σ 在 xOy 坐标面上的投影区域为 D_{xy}：$x^2+y^2\leqslant 1$，且该物体在点$(x,\ y,\ z)$处的面密度 $\rho(x,\ y,\ z)=z$，所以该物体的质量为

$$\begin{aligned}M&=\iint_\Sigma z\,\mathrm{d}S=\iint_{D_{xy}}\sqrt{x^2+y^2}\sqrt{1+\left(\frac{x}{\sqrt{x^2+y^2}}\right)^2+\left(\frac{y}{\sqrt{x^2+y^2}}\right)^2}\,\mathrm{d}x\,\mathrm{d}y\\&=\sqrt{2}\iint_{D_{xy}}\sqrt{x^2+y^2}\,\mathrm{d}x\,\mathrm{d}y=\sqrt{2}\int_0^{2\pi}\mathrm{d}\theta\int_0^1 r^2\,\mathrm{d}r=\frac{2}{3}\sqrt{2}\,\pi.\end{aligned}$$

对 z 轴的惯性矩为

$$I_z=\iint_\Sigma(x^2+y^2)z\,\mathrm{d}S=\sqrt{2}\iint_{D_{xy}}(x^2+y^2)^{\frac{3}{2}}\,\mathrm{d}x\,\mathrm{d}y=\sqrt{2}\int_0^{2\pi}\mathrm{d}\theta\int_0^1 r^4\,\mathrm{d}r=\frac{2}{5}\sqrt{2}\,\pi.$$

实训 3【曲面状物体对质点的引力】

用“微元法”求曲面对放置在某处的质点的引力.

设有一半径 R，高为 h 的直圆柱面状物体，其面密度为 1，求它对底面中心一单位质点的引力 F.

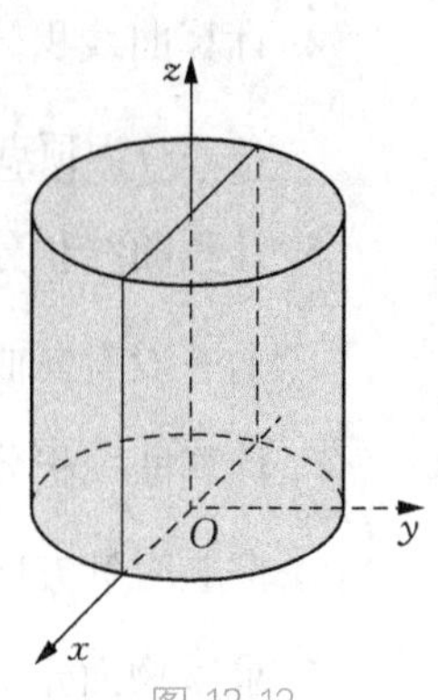

图 12-13

解　如图 12-13 所示，建立坐标系，则直圆柱面的方程为 Σ：$x^2+y^2=R^2,\ 0\leqslant z\leqslant h$.设所求引为 $F=\{F_x,\ F_y,\ F_z\}$，由对称性知 $F_x=0,\ F_y=0$.

下面利用元素法来求 F_z.

在 Σ 上任取一小块曲面，其面积元素为 $\mathrm{d}S$.由于 $\rho=1$，则质量元素为 $\mathrm{d}M=\rho\mathrm{d}S=\mathrm{d}S$，因此该小块曲面对底面中心单位质量的引力元素在 z 轴方向上的分量为

$$dF_z=\frac{k\cdot 1\cdot dM}{x^2+y^2+z^2}\cdot\frac{z}{\sqrt{x^2+y^2+z^2}}=\frac{kz\,dS}{(x^2+y^2+z^2)^{3/2}},$$

其中 k 为引力常数.记 Σ_1 为 Σ 在第一卦限的部分曲面,则由对称性知

$$F_z=\iint_{\Sigma}\frac{kz\,dS}{(x^2+y^2+z^2)^{3/2}}=4\iint_{\Sigma_1}\frac{kz\,dS}{(x^2+y^2+z^2)^{3/2}}$$

$$=4k\int_0^R\frac{R}{\sqrt{R^2-y^2}}dy\int_0^b\frac{z}{(R^2+z^2)^{3/2}}dz=2kR\pi\left(\frac{1}{R}-\frac{1}{\sqrt{R^2+h^2}}\right).$$

故所求引力为 $F=\left\{0,\ 0,\ 2kR\pi\left(\frac{1}{R}-\frac{1}{\sqrt{R^2+h^2}}\right)\right\}$

习题答案

项目十二

项目十二习题

一、填空题

1. 设 L 为直线 $y=x$ 上点(0, 0)到点(1, 1)之间的一段,则曲线积分 $\int_L xy^2\,ds=$________.

2. 设 L 是圆周 $x=a\cos t\quad y=a\sin t\,(0\leqslant t\leqslant 2\pi)$,则 $\oint_L(x^2+y^2)^3\,ds=$________.

3. 设 L 是圆周 $x^2+y^2=2x$,则 $\oint_L -y\,dx+x\,dy=$________.

4. 设 L 抛物线 $y^2=x$ 上从点(1, 1)到点(4, 2)的一段弧,则 $\int_L(x+y)dx+(y-x)dy=$________.

二、计算题

1. 计算曲线积分 $\oint_L xy\,ds$,其中 L 为区域 $0\leqslant x\leqslant 1$, $0\leqslant y\leqslant 2$ 的边界.

2. 计算曲线积分 $\oint_L\sqrt{x^2+y^2}\,ds$,其中 L 是圆 $x^2+y^2=ax\,(a>0)$ 的一周.

3. 求螺旋线 $x=a\cos t$, $y=a\sin t$, $z=kt$ 上对应于从 $t=0$ 到 $t=2\pi$ 的一段弧的质心,其中线密度函数为 $\mu(x,\ y,\ z)=x^2+y^2+z^2$.

4. 计算曲线积分 $\oint_L(2x-y+4)dx+(3x+5y-6)dy$,其中 L 是以点(0, 0),(3, 0),(3, 2)为顶点的三角形正向边界.

5. 计算曲线积分 $\int_L\sqrt{x}\,dx+(x+2y)dy$,其中 L 是曲线 $y=\sin x$ 上从 $x=0$ 到 $x=\pi$ 的一段有向曲线弧.

6. 计算曲线积分 $\oint_L\frac{(e^{x^2}-x^2y)dx+(xy^2-\sin y^2)dy}{x^2+y^2}$,其中 L 是圆周 $x^2+y^2=a^2$ 按顺时针方向一周.

7. 求抛物面壳 $z=\frac{1}{2}(x^2+y^2)\,(0\leqslant z\leqslant 1)$ 的质量,此壳的密度为 $\rho=z$.

项目十三　无穷级数

任务 13.1　无穷级数的概念、比较判别法、比值判别法

任务内容

- 完成与无穷级数概念及性质关联的任务工作页；
- 学习与无穷级数有关的知识；
- 学习级数在实际生活中的应用；
- 完成与比较审敛法相关的任务工作页；

任务目标

- 掌握无穷级数的基本概念；
- 掌握条件收敛与绝对收敛；
- 掌握阿贝尔(Abel)定理；
- 掌握比较审敛法、比值审敛法并会运用；

任务工作页

了解任务内容并学习相关知识后，在教师指导下完成任务工作页内各项内容的填写.

1. (级数收敛的必要条件)　若级数 $\sum\limits_{n=1}^{\infty} u_n$ 收敛，则必有________.
2. 数项级数关于 $x-x_0$ 的幂级数形式为(其中令常数 a_0，a_1，…，a_n，…为幂级数的系数)________________________.
3. 请叙述阿贝尔(Abel)定理：
   (1) ________________________，
   (2) ________________________.
4. 设 $\sum\limits_{n=1}^{\infty} u_n$ 为任意项级数，如果正项级数 $\sum\limits_{n=1}^{\infty} |u_n|$ 收敛，则称级数 $\sum\limits_{n=1}^{\infty} u_n$________.
5. 如果级数 $\sum\limits_{n=1}^{\infty} u_n$ 收敛，但级数 $\sum\limits_{n=1}^{\infty} |u_n|$ 发散，则称级数 $\sum\limits_{n=1}^{\infty} u_n$________.

案例【弹球运动的总路程】　一只小球从 100 m 的高空落下，每次弹回的高度为上次高度的 $\frac{2}{3}$，这样运动下去，小球运动的总路程为

$$100+200\times\frac{2}{3}+200\times\left(\frac{2}{3}\right)^2+\cdots+200\times\left(\frac{2}{3}\right)^n+\cdots.$$

该案例是一个无穷多个数的求和问题，具体计算要用到极限的思想与方法.

案例【奖励基金创立问题】 为了创立某奖励基金，需要筹集资金，现假定该基金从创立之日起，每年需要支付 4 百万元作为奖励(类似**诺贝尔奖**)，设基金的利率为每年 5%，以年复利计算利息，问需要筹集的资金为多少？

基金创立之初一次性筹集资金 $P=P_0+P_1+P_2+\cdots+P_n+\cdots$ 百万元.其中 P_0 是基金创立之初所发奖励(不含利息)，$P_n(n\geqslant1)$ 表示 n 年后的奖励成本(初始金额)，n 年后的本利和应为 4 百万元，即 $P_n(1+5\%)^n=4$.所以 $P_n=\frac{4}{(1+5\%)^n}=\frac{4}{1.05^n}$.于是

$$\text{需要筹集的资金(单位:百万元)}=4+\frac{4}{1.05}+\frac{4}{1.05^2}+\cdots+\frac{4}{1.05^n}+\cdots\text{(本金无限划分)}.$$

这是一个以$\frac{1}{1.05}$为公比的无穷等比数列求和问题，也是**无穷级数**和的问题.

数学文史

级数的起源与发展

1. 级数的起源

级数起源于公元前，在那时就已经出现了一些级数理论.亚里士多德(公元前 4 世纪)阐述了公比小于1(大于零)的几何级数具有和数，N.奥尔斯姆(14 世纪)证明了调和级数发散.但是这个时期并没有出现级数的具体相关概念.然而，这是第一次把几何量和一般级数的和的概念相结合，并正式使用了收敛与发散的术语.级数在古希腊数学中也出现过，级数的无穷特点曾经让希腊人数学家痛苦不已.他们试图运用有限和来代替无穷级数，古希腊数学家阿基米德在求抛物线弓形面积时利用了几何级数，并且求出其和.因此级数的形式一直用在积分求面积、体积的数量计算上，也为后来积分的发展起到至关重要作用.其实**在中国古代《庄子 · 天下篇》中的“一尺之棰，日取其半，万世不竭”含有极限思想，用数学形式表达出来也是无穷级数.**最早的无穷级数甚至涉及哲学和逻辑的悖论等问题，导致了早期的级数变得零散而混乱，没有形成一个完整的理论体系.

2. 级数理论发展

15、16 世纪关于级数思想的产生，为 17 世纪级数的发展奠定了基础.17 世纪无穷级数方法的应用推动了数学的一次变革，牛顿以无穷级数作为工具应用到流数演算理论中，为一些无法解决的代数问题提供一种好的思路.1665 年初牛顿首次给出了一般二项式定理的展开式；1668 年墨卡托在他的《对数技术》中，给出了著名的对数级数展开式；1673 年莱布尼茨独立地得到了 $\sin x$，$\cos x$，$\arctan x$ 等函数的无穷级数展开式，以及圆面积和双曲线面积的具体展开式.这为解决一些超越函数问题提供了思路.

17 世纪后期和 18 世纪，随着航海和地理学等专业的发展要求，函数表的插值成了当时数学家的一大问题.为了解决这一问题，詹姆斯 · 格雷戈里与牛顿给出了著名的 Gregory-Newton 内插公式.但是当时他们并没有给出详细证明，1712 年泰勒把 Gregory-

Newton 内插公式与函数可导性相结合给出了另一种级数展开式，这就是著名的泰勒定理.然而，当时数学家并没有认识到泰勒定理的价值.直到 18 世纪末，拉格朗日在研究微积分时发现泰勒定理有重大意义.拉格朗日通过研究给出了泰勒公式的余项表达式，后来被称为拉格朗日余项，并指出泰勒公式如果不考虑余项就不能用泰勒级数.1811 年傅立叶(Fourier)提出任一函数都可以展成三角函数的无穷级数，开创了傅立叶分析等理论.

18 世纪数学家们对级数的研究目光主要集中在其形式上.少数数学家们对级数的收敛和发散有所认识也有一些研究，但是并没有得到足够的重视，没有给出系统的概念.级数推广到无穷上，收敛与发散在级数起到的作用如何，解决级数在无穷上的收敛与发散问题，成为了 19 世纪无穷级数形成的一个背景条件.在 19 世纪初德国数学家高斯首次进行对无穷级数的研究，开始研究超几何级数的收敛性并写出了相关的论文，这也标志了无穷级数严格化研究的开端.

1821 年认为无穷级数论并非多项式理论的平凡推广，在此基础上，柯西给出了完整的级数理论.同时，他得出了著名的级数收敛准则——柯西准则.柯西还对幂级数、交错级数等进行了研究，并结合极限给出这些级数收敛的判别法.柯西对级数的研究，让数学家们认识到级数的无穷魅力.从此，许多数学家对级数的敛散性进行研究.其中，挪威数学家在柯西研究成果的基础上初步认识到了一致收敛性，但他并没有给出准确定义.数学家们对一致收敛性产生了浓厚兴趣，进行了大量研究.其中，德国数学家魏尔斯特拉斯首次引入一致收敛概念，并在 19 世纪 60 年代给出了区间内一致收敛的完整概念，同时给出完整的级数理论.而在 19 世纪仍然有许多数学家没有认识到级数敛散性的作用，甚至对级数敛散性极为排斥.但是，在天文学、物理学等学科中级数的敛散性得到了广泛应用，同时也肯定了柯西、阿贝尔、魏尔斯特拉斯等人的研究.

19 世纪之后把无穷级数作为极具重要的工具，对数学、物理、天文等专业学科的发展起到了至关重要的作用，同时也推动了级数理论的发展.如今，级数理论已经有了比较完整的理论体系，已在各行各业中得到了广泛应用.

相关知识

无穷级数是计算函数数值的主要工具，尤其在工程技术、人工智能、大数据分析和近似计算中发挥着重要作用.它是对微积分学的进一步发展，已在不同学科得到了很好的运用.本项目在介绍数项级数的基本概念、数项级数的收敛法和函数项级数基本概念的基础上，讨论幂级数和傅立叶级数等问题.

一、数项级数的概念及性质

1. 数项级数的概念

实例 1　《庄子·天下篇》中写道："一尺之棰，日取其半，万世不竭."意思是：一根一尺长的木棍，如果每天截取它的一半，则永远截取不完.如果将每天的所截累加起来，则有下面的算式：

$$\frac{1}{2}+\frac{1}{2^2}+\frac{1}{2^3}+\frac{1}{2^4}+\cdots=1.$$

本例体现了无限分割(化整为零)与无限求和(积零为整)的微积分思想.也是我国古人对级数概念的形成所做出的贡献，远早于西方国家.

实例 2 培养皿中细菌的繁殖总量计算就是一个无限求和问题；从极限角度看圆是无穷多条边的正边形，圆面积就是无穷多个以圆心为顶点、以正边形的边为底边的等腰三角形面积的和.

以上案例和实例均可归结为无穷多个数相加的问题，这种求和的形式称为**无穷级数**.

定义 13-1 给定一个数列$\{u_n\}$：u_1，u_2，…，u_n…，将它的各项依次用加号连接起来所形成的表达式：

$$u_1+u_2+\cdots+u_n+\cdots$$

叫做**常数项无穷级数**，简称**数项级数**或**级数**，记作$\sum\limits_{n=1}^{\infty}u_n$，即

$$\sum_{n=1}^{\infty}u_n=u_1+u_2+\cdots+u_n+\cdots. \tag{13.1}$$

u_n 称为此级数的一般项或通项.

上述级数的定义只是一个形式上的定义，怎样理解无穷级数中无穷多个数相加呢？我们可以从有限项出发，观察它们的变化趋势，以此来理解无穷多个数量相加的含义.

定义 13-2 令$S_n=u_1+u_2+\cdots+u_n$，称S_n为级数(13.1)的**前 n 项和**，简称**部分和**.当n依次为 1，2，3，…时，得到一个新数列S_1，S_2，…，S_n，…，称该数列为级数(13.1)的**部分和数列**，记作$\{S_n\}$.从形式有$\sum\limits_{n=1}^{\infty}u_n=\lim\limits_{n\to\infty}S_n$，我们可以根据部分和数列的收敛与发散来定义级数的敛散性.

定义 13-3 如果无穷级数$\sum\limits_{n=1}^{\infty}u_n$的部分和数列$\{S_n\}$有极限$S$，即$\lim\limits_{n\to\infty}S_n=S$，则称该**级数收敛**(无穷和存在)，并称极限值S为该**级数的和**，记作

$$S=\sum_{n=1}^{\infty}u_n=u_1+u_2+\cdots+u_n+\cdots.$$

如果数列$\{S_n\}$没有极限，即$\lim\limits_{n\to\infty}S_n$不存在，则称该**级数发散**(即无穷和不存在).

释疑解难

数项级数的概念及性质 1

当级数$\sum\limits_{n=1}^{\infty}u_n$收敛于$S$时，常用其部分和$S_n$作为和$S$的近似值，其差

$$S-S_n=\sum_{k=1}^{\infty}u_k-\sum_{k=1}^{n}u_k=\sum_{k=n+1}^{\infty}u_k$$

叫做该级数的**余项**，记为r_n.用部分和S_n近似代替和S所产生的绝对误差为$|r_n|$.

[例 1] 判定级数$\frac{1}{1\cdot 2}+\frac{1}{2\cdot 3}+\cdots+\frac{1}{n\cdot(n+1)}+\cdots$的敛散性.

解 所给级数的一般项为$u_n=\frac{1}{n(n+1)}=\frac{1}{n}-\frac{1}{n+1}$，部分和

$$S_n=\frac{1}{1\cdot 2}+\frac{1}{2\cdot 3}+\cdots+\frac{1}{n\cdot(n+1)}=\left(1-\frac{1}{2}\right)+\left(\frac{1}{2}-\frac{1}{3}\right)+\cdots+\left(\frac{1}{n}-\frac{1}{n+1}\right)=1-\frac{1}{n+1}.$$

所以$\lim\limits_{n\to\infty}S_n=\lim\limits_{n\to\infty}\left(1-\frac{1}{n+1}\right)=1$，故该级数收敛于 1，即$\sum\limits_{n=1}^{\infty}\frac{1}{n(n+1)}=1$.

[例2]　考察波尔察诺级数 $\sum\limits_{n=1}^{\infty}(-1)^{n-1}$ 的敛散性.

解　数列 1, 0, 1, 0, …,的前 n 项和 $S_n=\begin{cases}\dfrac{n}{2}, & n \text{ 为偶数},\\ \dfrac{n+1}{2}, & n \text{ 为奇数},\end{cases}$ 显然 $\lim\limits_{n\to\infty}S_n$ 不存在,即 $\sum\limits_{n=1}^{\infty}(-1)^{n-1}$ 发散.

随堂练习

(1) 讨论**几何级数**(也称**等比级数**)

$$\sum_{n=0}^{\infty}aq^n=a+aq+aq^2+\cdots+aq^n+\cdots$$

的敛散性,其中 $a\neq0$, q 称为级数的公比.

(2) 案例【弹球运动的总路程】小球运动的总路程为

$$100+200\times\frac{2}{3}+200\times\left(\frac{2}{3}\right)^2+\cdots+200\times\left(\frac{2}{3}\right)^n+\cdots.$$

试求该级数的收敛之和.

(3) 案例【奖励基金创立问题】需要筹集的资金(单位:百万元)构成级数:

$$P=4+\frac{4}{1.05}+\frac{4}{1.05^2}+\cdots+\frac{4}{1.05^n}+\cdots.$$

试判断该级数敛散性.

(4) 判断级数 $\sum\limits_{n=1}^{\infty}\dfrac{1}{(2n-1)(2n+1)}$ 的敛散性.

答案与提示:

(1) 该几何级数的前 n 项和为

$$S_n=a+aq+aq^2+\cdots+aq^{n-1}=\begin{cases}\dfrac{a(1-q^n)}{1-q}, & q\neq1,\\ na, & q=1.\end{cases}$$

讨论 $\lim\limits_{n\to\infty}S_n$ 的存在性,得出:当 $|q|<1$ 时,几何级数 $\sum\limits_{n=0}^{\infty}aq^n$ 收敛于 $\dfrac{a}{1-q}$;当 $|q|\geqslant1$ 时发散.

特别地,取 $a=1$, $q=x$,且当 $|x|<1$ 时,有 $\sum\limits_{n=0}^{\infty}x^n=1+x+x^2+\cdots=\dfrac{1}{1-x}$,这个结果以后经常用到.

(2) 从第 2 项开始是等比数列,由几何级数的敛散性知小球运动的总路程为

$$S=100+\frac{200\times\dfrac{2}{3}}{1-\dfrac{2}{3}}=500.$$

(3) 由几何级数的前 n 项和公式知 $P=\lim\limits_{n\to\infty}\dfrac{4\left[1-\left(\dfrac{1}{1.05}\right)^n\right]}{1-\dfrac{1}{1.05}}=84$(百万元).

(4) 采用裂项相消法,即 $u_n=\dfrac{1}{(2n-1)(2n+1)}=\dfrac{1}{2}\left(\dfrac{1}{2n-1}-\dfrac{1}{2n+1}\right)$,前 n 项和 $S_n=\dfrac{1}{2}\left(1-\dfrac{1}{2n+1}\right)$.所以,$\lim\limits_{n\to\infty}S_n=\dfrac{1}{2}$.

2. 数项级数的性质

根据级数收敛与发散的定义以及极限运算法则,可以得到级数的如下性质.

性质 13-1 若级数 $\sum\limits_{n=1}^{\infty}u_n$ 收敛于 S,则级数 $\sum\limits_{n=1}^{\infty}ku_n$ 收敛于 kS,其中 k 为非零常数.

从性质 1 表明级数的每一项同乘以一个非零常数,其敛散性不改变.

释疑解难

数项级数的概念及性质 2

性质 13-2 若级数 $\sum\limits_{n=1}^{\infty}u_n$ 和 $\sum\limits_{n=1}^{\infty}v_n$ 分别收敛于 S 和 T,则级数 $\sum\limits_{n=1}^{\infty}(u_n\pm v_n)$ 收敛于 $S\pm T$.例如,$\sum\limits_{n=1}^{\infty}\dfrac{2^n+(-1)^n}{3^n}=\sum\limits_{n=1}^{\infty}\left(\dfrac{2}{3}\right)^n+\sum\limits_{n=1}^{\infty}\left(-\dfrac{1}{3}\right)^n=\dfrac{\dfrac{2}{3}}{1-\dfrac{2}{3}}+\dfrac{-\dfrac{1}{3}}{1-\left(-\dfrac{1}{3}\right)}=2-\dfrac{1}{4}=\dfrac{7}{4}$.

释疑解难

数项级数的概念及性质 3

性质 13-3 在级数 $\sum\limits_{n=1}^{\infty}u_n$ 中添加、去掉或改变有限项,不改变级数的敛散性.

性质 13-4 收敛级数任意加括号后所形成的级数仍然收敛,且收敛于原级数的和.

由性质 4 知,若级数加括号后发散,则原级数必发散;加括号后收敛的级数,去括号后可能发散;发散的级数加括号后可能收敛.例如,级数 $(1-1)+(1-1)+(1-1)+\cdots$ 收敛,但去括号后级数 $1-1+1-1+1-1+\cdots$ 却发散.由此可知,级数中的括号不能随意去掉.

释疑解难

数项级数的概念及性质 4

定理 13-1(级数收敛的必要条件) 若级数 $\sum\limits_{n=1}^{\infty}u_n$ 收敛,则必有 $\lim\limits_{n\to\infty}u_n=0$.

这里指出,这个定理的逆命题不正确,即级数的通项的极限为零,并不能保证级数收敛.因此,上述性只是级数收敛的必要条件,而不是充分条件.与定理 13-1 等价的命题是:

推论 如果 $\lim\limits_{n\to\infty}u_n\neq 0$ 或不存在,则级数一定发散.

【注意】我们经常用这个结论来判断某些级数是发散的.

[例 3] 判定级数 $\sum\limits_{n=1}^{\infty}\dfrac{n}{2n+1}$ 的敛散性.

解 由于 $\lim\limits_{n\to\infty}u_n=\lim\limits_{n\to\infty}\dfrac{n}{2n+1}=\dfrac{1}{2}\neq 0$,故此级数发散.

[例 4] 证明:**调和级数** $\sum\limits_{n=1}^{\infty}\dfrac{1}{n}$,虽有 $\lim\limits_{n\to\infty}u_n=\lim\limits_{n\to\infty}\dfrac{1}{n}=0$,但它是发散的.

证明 由拉格朗日中值定理,得 $\ln(n+1)-\ln n=\dfrac{1}{\theta}<\dfrac{1}{n}\ (n<\theta<n+1)$,因此调和级数的部分和

$$S_n=1+\frac{1}{2}+\frac{1}{3}+\cdots+\frac{1}{n}>(\ln 2-\ln 1)+(\ln 3-\ln 2)+\cdots+(\ln(n+1)-\ln n)$$
$$=\ln(n+1)\to\infty,$$

所以，$\lim\limits_{n\to\infty}S_n=+\infty$，于是级数 $\sum\limits_{n=1}^{\infty}\frac{1}{n}$ 发散.

[例 5]　判断级数 $\sum\limits_{n=1}^{\infty}\frac{3n-1}{2n+3}$ 的敛散性.

解　因为 $\lim\limits_{n\to\infty}u_n=\lim\limits_{n\to\infty}\frac{3n-1}{2n+3}=\frac{3}{2}\neq 0$，所以级数 $\sum\limits_{n=1}^{\infty}\frac{3n-1}{2n+3}$ 发散.

随堂练习

(1) 判断级数 $\sum\limits_{n=1}^{\infty}\ln\frac{n+1}{n}$ 的敛散性；

(2) 判断级数 $\sum\limits_{n=1}^{\infty}\left(\frac{1}{2^n}+\frac{3^n}{4^n}\right)$ 的敛散性.

(3) 有甲、乙、丙三人按以下方式分一个苹果：先将苹果分成 4 份，每人各取一份；然后将剩下的一份又分成 4 份，每人又取一份；按此方法一直下去.那么最终每人分得多少苹果？

答案与提示：

(1) 由 $u_n=\ln\frac{n+1}{n}=\ln(n+1)-\ln n$ 知 $S_n=\ln(n+1)$，再由 $\lim\limits_{n\to\infty}S_n=\infty$，知 $\sum\limits_{n=1}^{\infty}\ln\frac{n+1}{n}$ 发散.

(2) 由等比级数的收敛性，得 $\sum\limits_{n=1}^{\infty}\frac{1}{2^n}=1$，$\sum\limits_{n=1}^{\infty}\frac{3^n}{4^n}=3$. 由性质 13-2 知 $\sum\limits_{n=1}^{\infty}\left(\frac{1}{2^n}+\frac{3^n}{4^n}\right)=4$.

(3) 依题意，每人分得的苹果为 $\frac{1}{4}+\frac{1}{4^2}+\frac{1}{4^3}+\cdots+\frac{1}{4^n}+\cdots$.它是 $a=q=\frac{1}{4}$ 的等比级数，因此其和为 $S=\dfrac{\frac{1}{4}}{1-\frac{1}{4}}=\frac{1}{3}$.即最终每人分得苹果的 $\frac{1}{3}$.

习题 13.1

1. 写出下列级数的一般项.

(1) $\frac{1}{2\ln 2}+\frac{1}{3\ln 3}+\frac{1}{4\ln 4}+\cdots$；

(2) $\frac{a^2}{3}-\frac{a^3}{5}+\frac{a^4}{7}-\frac{a^5}{9}+\cdots$；

(3) $\frac{\sqrt{x}}{2}+\frac{x}{2\times 4}+\frac{x\sqrt{x}}{2\times 4\times 6}+\frac{x^2}{2\times 4\times 6\times 8}+\cdots$；

(4) $\frac{2}{1}+\frac{2\times 5}{1\times 5}+\frac{2\times 5\times 8}{1\times 5\times 9}+\frac{2\times 5\times 8\times 11}{1\times 5\times 9\times 13}+\cdots$.

2. 判断下列级数的敛散性.

(1) $\sum\limits_{n=1}^{\infty}\frac{2n}{3n+1}$;　　(2) $\sum\limits_{n=1}^{\infty}\frac{1}{n(n+1)(n+2)}$;

(3) $\sum\limits_{n=1}^{\infty}\left(\frac{1}{2^n}-\frac{1}{3^n}\right)$;　　(4) $\sum\limits_{n=1}^{\infty}\ln\left(1+\frac{1}{n}\right)$;

(5) $\sum\limits_{n=1}^{\infty}\frac{1}{3n}$;　　(6) $\sum\limits_{n=1}^{\infty}\frac{1}{\sqrt{n+1}+\sqrt{n}}$.

二、数项级数的审敛法

1. 正项级数及其比较审敛法

定义 13-4　对于级数 $\sum\limits_{n=1}^{\infty}u_n$，如果 $u_n\geqslant 0(n=1, 2, \cdots)$，则称之为**正项级数**.

关于正项级数收敛的充要条件有如下定理(可利用单调有界无穷数列必有极限来证明)：

定理 13-2　正项级数 $\sum\limits_{n=1}^{\infty}u_n$ 收敛的充分必要条件是其**部分和数列$\{S_n\}$有界**.

知识拓展

定理 13-2 证明

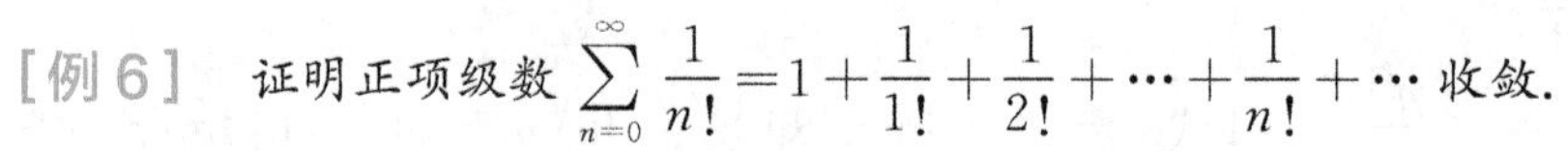

[例 6]　证明正项级数 $\sum\limits_{n=0}^{\infty}\frac{1}{n!}=1+\frac{1}{1!}+\frac{1}{2!}+\cdots+\frac{1}{n!}+\cdots$ 收敛.

证明　因为$\frac{1}{n!}=\frac{1}{1\cdot 2\cdot\cdots\cdot n}\leqslant\frac{1}{1\cdot 2\cdot 2\cdot\cdots\cdot 2}=\frac{1}{2^{n-1}}(n=1, 2, \cdots)$，所以，对任意的 $n\geqslant 3$，有 $S_n=1+\frac{1}{1!}+\frac{1}{2!}+\cdots+\frac{1}{(n-1)!}\leqslant 1+1+\frac{1}{2}+\frac{1}{2^2}+\cdots+\frac{1}{2^{n-2}}=3-\frac{1}{2^{n-2}}<3$(利用等比数列前 n 项和公式)，即正项级数 $\sum\limits_{n=0}^{\infty}\frac{1}{n!}$ 的部分和数列有界，故级数 $\sum\limits_{n=0}^{\infty}\frac{1}{n!}$ 收敛.

利用定理 13-2 我们可以推出：

定理 13-3(比较审敛法)　设 $\sum\limits_{n=1}^{\infty}u_n$ 与 $\sum\limits_{n=1}^{\infty}v_n$ 为两个正项级数，且 $u_n\leqslant v_n(n=1, 2, \cdots)$.

释疑解难

比较审敛法

(1) 如果级数 $\sum\limits_{n=1}^{\infty}v_n$ 收敛，则级数 $\sum\limits_{n=1}^{\infty}u_n$ 也收敛；

(2) 如果级数 $\sum\limits_{n=1}^{\infty}u_n$ 发散，则级数 $\sum\limits_{n=1}^{\infty}v_n$ 也发散.

[例 7]　讨论广义调和级数(又称 p-**级数**)　$\sum\limits_{n=1}^{\infty}\frac{1}{n^p}=1+\frac{1}{2^p}+\frac{1}{3^p}+\cdots+\frac{1}{n^p}+\cdots$(其中 p 为常数)的敛散性.

解　当 $p\leqslant 1$ 时，有$\frac{1}{n^p}\geqslant\frac{1}{n}$，由于 $\sum\limits_{n=1}^{\infty}\frac{1}{n}$ 发散，由定理 13-3 知，p-级数发散；

当 $p>1$ 时，取 $n-1<x\leqslant n$，有$\frac{1}{n^p}\leqslant\frac{1}{x^p}$，得到 $\frac{1}{n^p}=\int_{n-1}^{n}\frac{1}{n^p}\mathrm{d}x\leqslant\int_{n-1}^{n}\frac{1}{x^p}\mathrm{d}x(n=2, 3, \cdots)$ 于是 p-级数的部分和

$$S_n=1+\frac{1}{2^p}+\frac{1}{3^p}+\cdots+\frac{1}{n^p}\leqslant 1+\int_1^2\frac{1}{x^p}\mathrm{d}x+\int_2^3\frac{1}{x^p}\mathrm{d}x+\cdots+\int_{n-1}^n\frac{1}{x^p}\mathrm{d}x$$

$$=1+\int_1^n\frac{1}{x^p}\mathrm{d}x=1+\frac{1}{p-1}\left(1-\frac{1}{n^{p-1}}\right)<1+\frac{1}{p-1},$$

即部分和数列$\{S_n\}$有界，由定理 13-2 知，p-级数收敛.

综上所述，当 $p>1$ 时，p-级数收敛；当 $p\leqslant 1$ 时，p-级数发散，以后我们常用 p-级数作为比较审敛法时使用的级数.

［例 8］　判定下列级数的敛散性.

(1) $\sum\limits_{n=1}^{\infty}\frac{1}{n^2+1}$；　　(2) $\sum\limits_{n=1}^{\infty}\frac{1}{\sqrt{n^2-1}}$.

解　(1) 因为 $u_n=\frac{1}{n^2+1}\leqslant\frac{1}{n^2}$，而级数 $\sum\limits_{n=1}^{\infty}\frac{1}{n^2}$ 为 $p=2>1$ 的 p-级数，故收敛，所以由比较审敛法知，级数 $\sum\limits_{n=1}^{\infty}\frac{1}{n^2+1}$ 收敛.

(2) 因为 $u_n=\frac{1}{\sqrt{n^2-1}}\geqslant\frac{1}{\sqrt{n^2}}=\frac{1}{n}$，而调和级数 $\sum\limits_{n=1}^{\infty}\frac{1}{n}$ 发散，故级数 $\sum\limits_{n=1}^{\infty}\frac{1}{\sqrt{n^2-1}}$ 发散.

使用比较审敛法时，需要找到一个敛散性已知的正项级数来与所给正项级数进行比较，这对有些正项级数来说是很困难的.自然提出这样的问题：能否仅通过级数自身就能判定级数的敛散性呢？

定理 13-4(达朗贝尔比值审敛法)　设 $\sum\limits_{n=1}^{\infty}u_n$ 为正项级数.若$\lim\limits_{n\to\infty}\frac{u_{n+1}}{u_n}=l$，则

(1) 当 $l<1$ 时，级数 $\sum\limits_{n=1}^{\infty}u_n$ 收敛；

(2) 当 $l>1$ $\left(\text{或}\lim\limits_{n\to\infty}\frac{u_{n+1}}{u_n}=\infty\right)$时，级数 $\sum\limits_{n=1}^{\infty}u_n$ 发散；

(3) 当 $l=1$ 时，级数 $\sum\limits_{n=1}^{\infty}u_n$ 可能收敛，也可能发散.

释疑解难

比值审敛法

【注意】如果正项级数的通项中含乘积、幂或阶乘时，常用比值审敛法判定其敛散性.

［例 9］　判定级数 $\sum\limits_{n=1}^{\infty}\frac{3^n}{n^2 2^n}$ 的敛散性.

解　因为 $\lim\limits_{n\to\infty}\frac{u_{n+1}}{u_n}=\lim\limits_{n\to\infty}\frac{3^{n+1}}{(n+1)^2 2^{n+1}}\cdot\frac{n^2 2^n}{3^n}=\lim\limits_{n\to\infty}\frac{3n^2}{2(n+1)^2}=\frac{3}{2}>1$，所以级数 $\sum\limits_{n=1}^{\infty}\frac{3^n}{n^2 2^n}$ 发散.

随堂练习

判定下列级数的敛散性：

① $\sum\limits_{n=1}^{\infty}\frac{1}{(n-1)!}$；　② $\sum\limits_{n=1}^{\infty}\frac{1}{n(2n+1)}$；　③ $\sum\limits_{n=1}^{\infty}\frac{1}{(n+1)(n+2)}$.

答案与提示：

① 因为$\lim\limits_{n\to\infty}\dfrac{u_{n+1}}{u_n}=\lim\limits_{n\to\infty}\dfrac{(n-1)!}{n!}=\lim\limits_{n\to\infty}\dfrac{1}{n}=0<1$，所以级数 $\sum\limits_{n=1}^{\infty}\dfrac{1}{(n-1)!}$ 收敛.

② 因为$\lim\limits_{n\to\infty}\dfrac{u_{n+1}}{u_n}=\lim\limits_{n\to\infty}\dfrac{n(2n+1)}{(n+1)(2n+3)}=1$，此时比值审敛法失效，必须改用其他方法判别此级数的敛散性.由于 $u_n=\dfrac{1}{n(2n+1)}<\dfrac{1}{2n^2}<\dfrac{1}{n^2}$，而级数 $\sum\limits_{n=1}^{\infty}\dfrac{1}{n^2}$ 为 $p=2>1$ 的 p-级数，故收敛，所以由比较审敛法可知，级数 $\sum\limits_{n=1}^{\infty}\dfrac{1}{n(2n+1)}$ 收敛.

释疑解难

比较审敛法与比值审敛法各自的优点

③ 比值审敛法失效.因 $u_n=\dfrac{1}{(n+1)(n+2)}<\dfrac{1}{n^2}$，而级数 $\sum\limits_{n=1}^{\infty}\dfrac{1}{n^2}$ 为 $p=2>1$ 的 p-级数，故收敛，所以由比较审敛法可知，级数 $\sum\limits_{n=1}^{\infty}\dfrac{1}{(n+1)(n+2)}$ 是收敛.

2. 交错级数及其收敛性

定义 13-5 形如 $\sum\limits_{n=1}^{\infty}(-1)^n u_n$ 或 $\sum\limits_{n=1}^{\infty}(-1)^{n-1}u_n\,(u_n>0,\ n=1,\ 2,\ \cdots)$ 的级数，称为**交错级数**.

交错级数的特点：正负项交替出现.关于交错级数敛散性的判定，有如下重要定理：

定理 13-5(莱布尼茨(Leibniz)判别法) 如果交错级数 $\sum\limits_{n=1}^{\infty}(-1)^{n-1}u_n$ 满足莱布尼茨条件：

释疑解难

交错级数的莱布尼茨判别法

(1) $\lim\limits_{n\to\infty}u_n=0$；

(2) $u_n\geqslant u_{n+1}\,(n=1,\ 2,\ \cdots)$.

则交错级数收敛，且其和 $S\leqslant u_1$，其余项 r_n 的绝对值 $|r_n|\leqslant u_{n+1}$.

[例 10] 判定交错级数 $1-\dfrac{1}{2}+\dfrac{1}{3}-\dfrac{1}{4}+\cdots+(-1)^{n-1}\dfrac{1}{n}+\cdots$ 的敛散性.

解 此交错级数的 $u_n=\dfrac{1}{n}$，且满足 $u_n=\dfrac{1}{n}>\dfrac{1}{n+1}=u_{n+1}$ 且 $\lim\limits_{n\to\infty}u_n=\lim\limits_{n\to\infty}\dfrac{1}{n}=0$，由定理 13-5 知，该交错级数收敛，其和小于 1.

3. 绝对收敛与条件收敛

设有级数 $\sum\limits_{n=1}^{\infty}u_n$，其中 $u_n\,(n=1,\ 2,\ \cdots)$ 为任意实数，称此级数为**任意项级数**.对于任意项级数除了用级数定义来判断其敛散性外，还没有判断其敛散性的通用方法.对这类级数敛往往需要转化成正项级数来判定其敛散性.为此先介绍两个基本概念即绝对收敛与条件收敛.

定义 13-6 设 $\sum\limits_{n=1}^{\infty}u_n$ 为任意项级数，如果正项级数 $\sum\limits_{n=1}^{\infty}|u_n|$ 收敛，则称级数 $\sum\limits_{n=1}^{\infty}u_n$ **绝对收敛**；如果级数 $\sum\limits_{n=1}^{\infty}u_n$ 收敛，但级数 $\sum\limits_{n=1}^{\infty}|u_n|$ 发散，则称级数 $\sum\limits_{n=1}^{\infty}u_n$ **条件收敛**.例如，级数 $\sum\limits_{n=1}^{\infty}(-1)^{n-1}\dfrac{1}{n^2}$ 绝对收敛，级数 $\sum\limits_{n=1}^{\infty}(-1)^{n-1}\dfrac{1}{n}$ 条件收敛.

下面的定理给出了级数 $\sum\limits_{n=1}^{\infty}u_n$ 与 $\sum\limits_{n=1}^{\infty}|u_n|$ 敛散性之间的关系：

定理 13-6　如果级数 $\sum\limits_{n=1}^{\infty}|u_n|$ 收敛，则级数 $\sum\limits_{n=1}^{\infty}u_n$ 必收敛.

证明从略.

定理 13-6 说明，对于任意项级数 $\sum\limits_{n=1}^{\infty}u_n$，如果它所对应的正项级数 $\sum\limits_{n=1}^{\infty}|u_n|$ 收敛，则该级数必收敛.

【注意】如果级数 $\sum\limits_{n=1}^{\infty}|u_n|$ 发散，不能判定级数 $\sum\limits_{n=1}^{\infty}u_n$ 也发散.

[例 11]　判定级数 $\sum\limits_{n=1}^{\infty}\dfrac{\sin(n\alpha)}{2^n}$ 的敛散性，其中 α 为常数.

解　由于 $0\leqslant\left|\dfrac{\sin(n\alpha)}{2^n}\right|\leqslant\dfrac{1}{2^n}$，而级数 $\sum\limits_{n=1}^{\infty}\dfrac{1}{2^n}$ 是收敛的，由比较审敛法可知，级数 $\sum\limits_{n=1}^{\infty}\left|\dfrac{\sin(n\alpha)}{2^n}\right|$ 收敛，即级数 $\sum\limits_{n=1}^{\infty}\dfrac{\sin(n\alpha)}{2^n}$ 绝对收敛，再由定理 13-6 知，级数 $\sum\limits_{n=1}^{\infty}\dfrac{\sin(n\alpha)}{2^n}$ 收敛.

[例 12]　讨论交错 p-级数 $\sum\limits_{n=1}^{\infty}(-1)^{n-1}\dfrac{1}{n^p}$ 的绝对收敛与条件收敛性，其中 p 为常数.

解　当 $p\leqslant 0$ 时，$u_n=(-1)^{n-1}\dfrac{1}{n^p}$ 不趋于 $0(n\to\infty)$，故该级数发散；

当 $p>1$ 时，有 $\left|(-1)^{n-1}\dfrac{1}{n^p}\right|=\dfrac{1}{n^p}$，且级数 $\sum\limits_{n=1}^{\infty}\dfrac{1}{n^p}$ 收敛，故该级数绝对收敛；

当 $0<p\leqslant 1$ 时，级数 $\sum\limits_{n=1}^{\infty}\dfrac{1}{n^p}$ 发散，但 $\sum\limits_{n=1}^{\infty}(-1)^{n-1}\dfrac{1}{n^p}$ 是交错级数，且满足定理 13-5 的条件，故所给级数条件收敛.

随堂练习

(1) 判断级数 $\sum\limits_{n=1}^{\infty}(-1)^{n-1}\dfrac{1}{n!}$ 的敛散性.如果收敛，指出是条件收敛还是绝对收敛.

(2) 判断级数 $\sum\limits_{n=1}^{\infty}(-1)^{n+1}\dfrac{1}{2n+1}$ 的敛散性.如果收敛，指出是条件收敛还是绝对收敛.

答案与提示：

(1) 转化正项级数，采用比值审敛法，可得出 $\sum\limits_{n=1}^{\infty}\left|(-1)^{n-1}\dfrac{1}{n!}\right|=\sum\limits_{n=1}^{\infty}\dfrac{1}{n!}$ 收敛.故原级数收敛，且是绝对收敛.

(2) 是交错级数，满足定理 13-5 的条件，故原级数收敛.但

因 $\sum\limits_{n=1}^{\infty}\left|(-1)^{n+1}\dfrac{1}{2n+1}\right|=\sum\limits_{n=1}^{\infty}\dfrac{1}{2n+1}\geqslant\sum\limits_{n=1}^{\infty}\dfrac{1}{2n+2n}=\dfrac{1}{4}\sum\limits_{n=1}^{\infty}\dfrac{1}{n}$ 发散，所以原级数是条件收敛.

习题 13.2

1. 用比较审敛法判断下列级数的敛散性.

(1) $\sum_{n=1}^{\infty}\frac{1}{n^2+1}$;　　(2) $\sum_{n=1}^{\infty}\frac{1}{2n-1}$;

(3) $\sum_{n=1}^{\infty}\frac{1}{(2n+1)^2}$;　　(4) $\sum_{n=1}^{\infty}\frac{1}{\sqrt{n+2}}$.

2. 用比值审敛法判断下列级数的敛散性.

(1) $\sum_{n=1}^{\infty}\frac{n^2}{2^n}$;　　(2) $\sum_{n=1}^{\infty}\frac{3^n}{n\cdot 2^n}$.

3. 判断下列级数的敛散性,若收敛,指出是条件收敛,还是绝对收敛.

(1) $\sum_{n=1}^{\infty}\frac{(-1)^{n-1}}{3\times 2^n}$;　　(2) $\sum_{n=1}^{\infty}\frac{(-1)^{n-1}}{n+1}$.

任务 13.2 幂级数及其收敛性,傅立叶级数

任务内容

- 学习与幂级数相关的知识;
- 完成与幂级数相关的任务工作页;
- 学习与傅立叶级数相关的知识;
- 完成与幂级数相关的任务工作页.

任务目标

- 掌握幂级数的概念及收敛性;
- 会求级数的收敛半径与收敛域;
- 掌握狄利克雷收敛定理并会运用.

任务工作页

了解任务内容并学习相关知识后,在教师指导下完成任务工作页内各项内容的填写.

1. 什么是级数的收敛域(或发散域)?

____.

2. 对于幂级数 $\sum_{n=0}^{\infty}a_nx^n$,如果 $\lim_{n\to\infty}\left|\frac{a_{n+1}}{a_n}\right|=\rho$,则该级数的收敛半径为:

____.

3. 如果函数 $f(x)$ 在点 x_0 的某邻域 $U(x_0,\delta)$ 内有任意阶导数,则函数 $f(x)$ 在点 x_0 处的泰勒(Taylor)级数形式为:

____.

4. **(狄利克雷收敛定理)**　设 $f(x)$ 是以 2π 为周期的周期函数，且在一个周期 $[-\pi, \pi]$ 上满足狄利克雷(Dirichlet)条件：

(1) ____，

(2) ____，

则 $f(x)$ 的傅立叶级数收敛，并且有

(1) ____，

(2) ____.

相关知识

一、函数项级数的概念

案例【存款问题】　2021 年年初向某银行存入 10 000 元人民币，按复利计算，想要在第一年末提取 1 元，第二年末提取 4 元，第三年末提取 9 元，第 n 年末提取 n^2 元，问银行年利率在什么范围内才能保证永远如此提取？

分析　设年利率为 x，按复利计算，第 n 年末提取 n^2 元，需要本金 $\frac{n^2}{(1+x)^n}$（本金无限划分）. 所以只有 $\sum\limits_{n=1}^{\infty}\frac{n^2}{(1+x)^n} \geqslant 10\,000$ 才能保证永远提取. 可以看出级数 $\sum\limits_{n=1}^{\infty}\frac{n^2}{(1+x)^n}$ 的通项是一个以 x 为自变量的函数，而非常数，称这样的级数为函数项无穷级数.

定义 13-7　设有定义在区间 I 上的函数列 $\{u_n(x)\}$：$u_1(x), u_2(x), \cdots, u_n(x), \cdots$，则和式

$$u_1(x)+u_2(x)+\cdots+u_n(x)+\cdots$$

称为定义在区间 I 上的**函数项无穷级数**，简称**函数项级数**或**级数**. 记作

$$\sum_{n=1}^{\infty}u_n(x)=u_1(x)+u_2(x)+\cdots+u_n(x)+\cdots. \tag{13.2}$$

【注意】对于任意确定值的 $x_0\in I$，函数项级数 $\sum\limits_{n=1}^{\infty}u_n(x)$ 都可化为数项级数 $\sum\limits_{n=1}^{\infty}u_n(x_0)$.

定义 13-8　若级数 $\sum\limits_{n=1}^{\infty}u_n(x_0)$ 收敛，则称 x_0 为函数项级数 $\sum\limits_{n=1}^{\infty}u_n(x)$ 的**收敛点**，级数 $\sum\limits_{n=1}^{\infty}u_n(x)$ 收敛点的全体，称为该级数的**收敛域**；若级数 $\sum\limits_{n=1}^{\infty}u_n(x_0)$ 发散，则称点 x_0 为级数 $\sum\limits_{n=1}^{\infty}u_n(x)$ 的**发散点**.

对收敛域内每一点 x，级数 $\sum\limits_{n=1}^{\infty}u_n(x)$ 的和是 x 的函数，称这个函数为级数 $\sum\limits_{n=1}^{\infty}u_n(x)$ 的**和函数**，记为 $S(x)$，即在收敛域内总有

$$S(x)=\sum_{n=1}^{\infty}u_n(x).$$

例如，易知几何级数 $\sum\limits_{n=0}^{\infty}x^n=1+x+x^2+\cdots+x^n+\cdots$ 的收敛域为 $(-1, 1)$，其和函数为

$$S(x)=\sum_{n=0}^{\infty}x^n=\frac{1}{1-x}.$$

另外，把函数项级数(13.2)的前 n 项的和记作 $S_n(x)$，则在收敛域上有

$$\sum_{n=1}^{\infty}u_n=\lim_{n\to\infty}S_n(x)=S(x).$$

将 $r_n(x)=S(x)-S_n(x)$ 作该函数项级数的余项，则 $\lim\limits_{n\to\infty}r_n(x)=0$.

二、幂级数及其收敛性

定义 13-9 称形如

$$\sum_{n=0}^{\infty}a_n(x-x_0)^n=a_0+a_1(x-x_0)+a_2(x-x_0)^2+\cdots+a_n(x-x_0)^n+\cdots \tag{13.3}$$

的函数项级数为**幂级数**，其中 a_0，a_1，…，a_n，…叫做幂级数的**系数**.特别地，当 $x_0=0$ 时，有

$$\sum_{n=0}^{\infty}a_nx^n=a_0+a_1x+a_2x^2+\cdots+a_nx^n+\cdots. \tag{13.4}$$

下面主要讨论幂级数(13.4)的情形，因为只要把幂级数(13.4)中的 x 换成 $x-x_0$ 就可以得到幂级数(13.3).

对于一般的幂级数，其基本问题依然有两个：一是何处收敛，收敛域是否为一个区间？二是其和等于什么？对此，给出下面的定理.

定理 13-7(阿贝尔(Abel)定理)

(1) 如果幂级数 $\sum\limits_{n=0}^{\infty}a_nx^n$ 在 $x=x_0(x_0\neq 0)$ 处收敛，则对于所满足 $|x|<|x_0|$ 的一切 x，幂级数都绝对收敛；

(2) 如果幂级数 $\sum\limits_{n=0}^{\infty}a_nx^n$ 在 $x=x_0(x_0\neq 0)$ 处发散，则对于所满足 $|x|>|x_0|$ 的一切 x，幂级数都发散.

知识拓展

阿贝尔定理证明

定理 13-7 表明，如果幂级数 $\sum\limits_{n=0}^{\infty}a_nx^n$ 在 $x=x_0$ 处收敛(发散)，则对于开区间 $(-|x_0|, |x_0|)$ 内(闭区间 $[-|x_0|, |x_0|]$ 外)的一切 x，幂级数 $\sum\limits_{n=0}^{\infty}a_nx^n$ 都收敛(发散).为此有下面的推论.

推论 如果幂级数 $\sum\limits_{n=0}^{\infty}a_nx^n$ 既有非零的收敛点，又有发散点，则必存在正数 R，使得

(1) 当 $|x|<R$ 时，幂级数 $\sum\limits_{n=0}^{\infty}a_nx^n$ 绝对收敛；

(2) 当 $|x|>R$ 时，幂级数 $\sum\limits_{n=0}^{\infty}a_nx^n$ 发散；

(3) 当 $|x|=R$ 时，幂级数 $\sum\limits_{n=0}^{\infty}a_nx^n$ 可能收敛也可能发散.

我们称上述正数 R 为幂级数 $\sum_{n=0}^{\infty} a_n x^n$ 的**收敛半径**，区间 $(-R, R)$ 幂级数 $\sum_{n=0}^{\infty} a_n x^n$ 的**收敛区间**，考虑区间端点的收敛性，可得幂级数 $\sum_{n=0}^{\infty} a_n x^n$ 的**收敛域**.

由以上讨论可知，幂级数的收敛域为一区间.欲求幂级数的收敛域，只要求出收敛半径 R，然后再判别幂级数在点 $x=\pm R$ 处的敛散性便可得出，即收敛域为四种情况 $(-R, R)$、$[-R, R)$、$(-R, R]$、$[-R, R]$ 之一.

下面给出确定幂级数 $\sum_{n=0}^{\infty} a_n x^n$ 的收敛半径 R 的一个定理.

定理 13-8　对于幂级数 $\sum_{n=0}^{\infty} a_n x^n (a_n \neq 0)$，如果 $\lim_{n\to\infty}\left|\frac{a_{n+1}}{a_n}\right|=\rho$，则该级数的收敛半径

$$R=\begin{cases}\frac{1}{\rho},\ \rho\neq 0,\\ +\infty,\ \rho=0,\\ 0,\ \rho=+\infty.\end{cases}$$

[例 1]　求下列幂级数的收敛半径.

(1) $\sum_{n=1}^{\infty} \frac{(-1)^n}{3^n+1} x^n$；　　(2) $\sum_{n=0}^{\infty} \frac{x^n}{n!}$；　　(3) $\sum_{n=0}^{\infty} \frac{x^{2n}}{2^n}$.

解　(1) 因 $\rho=\lim_{n\to\infty}\left|\frac{a_{n+1}}{a_n}\right|=\lim_{n\to\infty}\left|\frac{\frac{(-1)^{n+1}}{3^{n+1}+1}}{\frac{(-1)^n}{3^n+1}}\right|=\lim_{n\to\infty}\frac{3^n+1}{3^{n+1}+1}=\frac{1}{3}$，故收敛半径 $R=\frac{1}{\rho}=3$.

(2) 因 $\rho=\lim_{n\to\infty}\left|\frac{a_{n+1}}{a_n}\right|=\lim_{n\to\infty}\left|\frac{\frac{1}{(n+1)!}}{\frac{1}{n!}}\right|=\lim_{n\to\infty}\frac{1}{n+1}=0$，故收敛半径 $R=+\infty$.

(3) 因为该级数缺少奇次幂的项，定理 13-8 不适用，换用比值审敛法求收敛半径.由于

$$\lim_{n\to\infty}\left|\frac{u_{n+1}}{u_n}\right|=\lim_{n\to\infty}\left|\frac{\frac{x^{2(n+1)}}{2^{n+1}}}{\frac{x^{2n}}{2^n}}\right|=\frac{1}{2}|x|^2,$$

因此，由正项级数的比值审敛法知，当 $\frac{1}{2}|x|^2<1$，即 $|x|<\sqrt{2}$ 时该幂级数绝对收敛；当 $\frac{1}{2}|x|^2>1$，即 $|x|>\sqrt{2}$ 时该幂级数发散.故收敛半径 $R=\sqrt{2}$.

[例 2]　求幂级数 $\sum_{n=0}^{\infty} \frac{x^n}{2^n}$ 的收敛区间和收敛域.

解　由于 $\rho=\lim_{n\to\infty}\left|\frac{a_{n+1}}{a_n}\right|=\lim_{n\to\infty}\left|\frac{\frac{1}{2^{n+1}}}{\frac{1}{2^n}}\right|=\lim_{n\to\infty}\frac{2^n}{2^{n+1}}=\frac{1}{2}$，所以幂级数 $\sum_{n=0}^{\infty} \frac{x^n}{2^n}$ 的收敛半

径为$R=\frac{1}{\rho}=2$,收敛区间为$(-2, 2)$.

当$x=-2$时,原级数化为$\sum\limits_{n=0}^{\infty}\frac{(-2)^n}{2^n}=\sum\limits_{n=0}^{\infty}(-1)^n$,发散;

当$x=2$时,原级数化为$\sum\limits_{n=0}^{\infty}\frac{2^n}{2^n}=\sum\limits_{n=0}^{\infty}1$,发散;

由以上讨论可知幂级数$\sum\limits_{n=0}^{\infty}\frac{x^n}{2^n}$的收敛域为$(-2, 2)$.

[例3] 求幂级数$\sum\limits_{n=0}^{\infty}\frac{(x-2)^n}{n+1}$的收敛域.

解 令$t=x-2$,则原级数变成$\sum\limits_{n=0}^{\infty}\frac{t^n}{n+1}$.因为

$$\rho=\lim_{n\to\infty}\left|\frac{a_{n+1}}{a_n}\right|=\lim_{n\to\infty}\frac{n+1}{n+2}=1,$$

故级数$\sum\limits_{n=0}^{\infty}\frac{t^n}{n+1}$的收敛半径$R=\frac{1}{\rho}=1$,也就是说,当$-1<x-2<1$,即$1<x<3$时,原级数$\sum\limits_{n=0}^{\infty}\frac{(x-2)^n}{n+1}$收敛.

当$x=1$时,级数$\sum\limits_{n=0}^{\infty}\frac{(x-2)^n}{n+1}=\sum\limits_{n=0}^{\infty}\frac{(1-2)^n}{n+1}=\sum\limits_{n=0}^{\infty}\frac{(-1)^n}{n+1}$为交错级数,易知它是收敛的;

当$x=3$时,级数$\sum\limits_{n=0}^{\infty}\frac{(x-2)^n}{n+1}=\sum\limits_{n=0}^{\infty}\frac{(3-2)^n}{n+1}=\sum\limits_{n=0}^{\infty}\frac{1}{n+1}$为调和级数,易知它是发散的.

因此,原幂级数的收敛域为$[1, 3)$.

随堂练习

求下列幂级数的收敛区间和收敛域.

① $\sum\limits_{n=1}^{\infty}\frac{(-1)^{n+1}}{n}x^n$; ② $\sum\limits_{n=1}^{\infty}\frac{(x-2)^n}{n^2}$.

答案与提示:

① 收敛半径$R=\frac{1}{\rho}=1$,收敛区间是$(-1, 1)$,该级数在$(-1, 1)$内绝对收敛.

当$x=1$时,原级数成为交错级数$\sum\limits_{n=1}^{\infty}\frac{(-1)^{n+1}}{n}$,易知它收敛;当$x=-1$时,原级数成为$-\sum\limits_{n=1}^{\infty}\frac{1}{n}$,为负调和级数,易知它发散.故原级数的收敛域为$(-1, 1]$.

② 令$t=x-2$,则所给级数变成$\sum\limits_{n=1}^{\infty}\frac{t^n}{n^2}$.易得收敛半径$R=\frac{1}{\rho}=1$.

当$t=1$时,级数$\sum\limits_{n=1}^{\infty}\frac{t^n}{n^2}$变成$p$-级数$\sum\limits_{n=1}^{\infty}\frac{1}{n^2}$,故收敛;当$t=-1$时,级数$\sum\limits_{n=1}^{\infty}\frac{t^n}{n^2}$变成交

错级数 $\sum_{n=1}^{\infty}(-1)^n \frac{1}{n^2}$，易知收敛.因此，幂级数 $\sum_{n=1}^{\infty} \frac{t^n}{n^2}$ 的收敛区间为$(-1, 1)$，收敛域为$[-1, 1]$，从而级数 $\sum_{n=1}^{\infty} \frac{(x-2)^n}{n^2}$ 的收敛区间为$(1, 3)$，收敛域为$[1, 3]$.(因为$-1 \leqslant t \leqslant 1$，即$-1 \leqslant x-2 \leqslant 1$，所以 $1 \leqslant x \leqslant 3$.)

三、幂级数的运算

1. 四则运算

设幂级数 $\sum_{n=0}^{\infty} a_n x^n$ 和 $\sum_{n=0}^{\infty} b_n x^n$ 的收敛半径分别为 R_1 和 R_2，它们的和函数分别为 $S_1(x)$和 $S_2(x)$，令 $R=\min(R_1, R_2)$，则在$(-R, R)$内有

(1) **加减运算**

$$\sum_{n=0}^{\infty} a_n x^n \pm \sum_{n=0}^{\infty} b_n x^n = \sum_{n=0}^{\infty}(a_n \pm b_n) x^n = S_1(x) \pm S_2(x);$$

(2) **乘法运算**

$$\left(\sum_{n=0}^{\infty} a_n x^n\right) \cdot \left(\sum_{n=0}^{\infty} b_n x^n\right) = \sum_{n=0}^{\infty} c_n x^n = S_1(x) \cdot S_2(x).$$

其中 $c_n = a_0 b_n + a_1 b_{n-1} + \cdots + a_{n-1} b_1 + a_n b_0$.

2. 分析运算

设幂级数 $\sum_{n=0}^{\infty} a_n x^n$ 的收敛半径为$R(R>0)$，在$(-R, R)$内的和函数为 $S(x)$，则有

(1) 幂级数 $\sum_{n=0}^{\infty} a_n x^n$ 的和函数$S(x)$在其收敛区间$(-R, R)$内连续；

(2) 幂级数 $\sum_{n=0}^{\infty} a_n x^n$ 的和函数 $S(x)$在其收敛区间$(-R, R)$内可导，且有逐项求导公式：

$$S'(x) = \left(\sum_{n=0}^{\infty} a_n x^n\right)' = \sum_{n=0}^{\infty}(a_n x^n)' = \sum_{n=1}^{\infty} n a_n x^{n-1};$$

(3) 幂级数 $\sum_{n=0}^{\infty} a_n x^n$ 的和函数 $S(x)$在其收敛区间$(-R, R)$内可积，且有逐项积分公式：

$$\int_0^x S(x)\mathrm{d}x = \int_0^x \left(\sum_{n=0}^{\infty} a_n x^n\right)\mathrm{d}x = \sum_{n=0}^{\infty}\int_0^x a_n x^n \mathrm{d}x = \sum_{n=0}^{\infty} \frac{a_n}{n+1} x^{n+1}.$$

【注意】逐项求导和逐项积分前后，两幂级数具有相同的收敛半径和收敛区间，但在收敛区间端点处，级数的敛散性可能会改变.

［例 4］　求下列级数的和函数.

(1) $\sum_{n=1}^{\infty}(-1)^{n-1} \frac{x^n}{n}$；　　　(2) $\sum_{n=1}^{\infty} n x^{n-1}$.

解 (1) 容易求出级数 $\sum_{n=1}^{\infty}(-1)^{n-1}\frac{x^n}{n}$ 的收敛区间为$(-1,1)$,并设该级数在收敛区间内的和函数为 $S(x)$,即 $S(x)=\sum_{n=1}^{\infty}(-1)^{n-1}\frac{x^n}{n}$. 由幂级数的逐项可导公式得

$$S'(x)=\left[\sum_{n=1}^{\infty}(-1)^{n-1}\frac{x^n}{n}\right]'$$

$$=\sum_{n=1}^{\infty}\left[(-1)^{n-1}\frac{x^n}{n}\right]'=\sum_{n=1}^{\infty}[(-1)^{n-1}x^{n-1}]=\frac{1}{1-(-x)}=\frac{1}{1+x},\ x\in(-1,1).$$

对上式两边求积分,得

$$S(x)=\int_0^x S'(x)\mathrm{d}x=\int_0^x\frac{1}{1+x}\mathrm{d}x=\ln(1+x),\ x\in(-1,1).$$

当 $x=-1$ 时,级数 $\sum_{n=1}^{\infty}(-1)^{n-1}\frac{x^n}{n}=\sum_{n=1}^{\infty}(-1)^{n-1}\frac{(-1)^n}{n}=\sum_{n=1}^{\infty}\left(-\frac{1}{n}\right)$ 为调和级数,它是发散的;

当 $x=1$ 时,级数 $\sum_{n=1}^{\infty}(-1)^{n-1}\frac{x^n}{n}=\sum_{n=1}^{\infty}(-1)^{n-1}\frac{1}{n}$ 是交错级数,易知它是收敛的.

(2) 易求出级数 $\sum_{n=1}^{\infty}nx^{n-1}$ 的收敛区间为$(-1,1)$,并设该级数在收敛区间内的和函数为 $S(x)$,即 $S(x)=\sum_{n=1}^{\infty}nx^{n-1}$. 由幂级数的逐项积分公式,得

$$\int_0^x S(x)\mathrm{d}x=\int_0^x\left(\sum_{n=1}^{\infty}nx^{n-1}\right)\mathrm{d}x=\sum_{n=1}^{\infty}\left(\int_0^x nx^{n-1}\mathrm{d}x\right)=\sum_{n=1}^{\infty}x^n=\frac{x}{1-x},\ x\in(-1,1).$$

对上式两边求导数,得

$$S(x)=\left(\frac{x}{1-x}\right)'=\frac{1}{(1-x)^2},\ x\in(-1,1).$$

当 $x=-1$ 时,级数 $\sum_{n=1}^{\infty}nx^{n-1}=\sum_{n=1}^{\infty}n(-1)^{n-1}=\sum_{n=1}^{\infty}(-1)^{n-1}n$ 是发散的;

当 $x=1$ 时,级数 $\sum_{n=1}^{\infty}nx^{n-1}=\sum_{n=1}^{\infty}n$ 是发散的.

因此原级数的和函数为 $\sum_{n=1}^{\infty}nx^{n-1}=\frac{1}{(1-x)^2},\ x\in(-1,1)$.

随堂练习

(1) 求幂级数 $\sum_{n=0}^{\infty}\frac{x^{n+1}}{n+1}(-1<x<1)$ 的和函数.

(2) 求幂级数 $\sum_{n=1}^{\infty}(n+1)x^n$ 的和函数.

答案与提示:

(1) 设 $S(x)=\sum_{n=0}^{\infty}\frac{x^{n+1}}{n+1},\ x\in(-1,1)$, 两端对 x 求导得 $S'(x)=\sum_{n=1}^{\infty}\left(\frac{n^{n+1}}{n+1}\right)'=$

$\sum_{n=0}^{\infty}x^n=\frac{1}{1-x}$.

上式两端从 0 到 x 积分，得 $S(x)=-\ln(1-x)$，$x\in(-1, 1)$.

(2) 收敛区间$(-1, 1)$，逐项积分得 $\int_0^x S(x)\mathrm{d}x=\frac{x^2}{1-x}$，求导得 $S(x)=\left(\frac{x^2}{1-x}\right)'=\frac{2x-x^2}{(1-x)^2}$.

习题 13.2.1

1. 求下列幂级数的收敛半径和收敛域.

(1) $\sum_{n=1}^{\infty}nx^n$；　(2) $\sum_{n=1}^{\infty}\frac{x^n}{n\cdot 3^n}$；

(3) $\sum_{n=1}^{\infty}\frac{2^n}{n^2+1}x^n$；　(4) $\sum_{n=1}^{\infty}(-1)^n\frac{x^n}{n^2}$.

2. 求下列幂级数在收敛域内的和函数.

(1) $\sum_{n=1}^{\infty}(-1)^n\frac{x^{2n+1}}{2n+1}$；　(2) $\sum_{n=0}^{\infty}\frac{2n+1}{n!}x^{2n}$.

四、函数展开成幂级数

前面我们讨论了幂级数的收敛区间及其和函数.在实际应用中常常会遇到与之相反的问题，即对给定的函数 $f(x)$，能否在某个区间内展开成一个幂级数的形式.这就是任务要解决的问题.

这里要解决两个问题：(1) 对给定的函数 $f(x)$，在什么情况下可以表示成一个幂级数；(2) 若能表示成幂级数形式，如何求出这个幂级数.

为了解决第一个问题，下面先介绍用幂级数 $\sum_{n=0}^{\infty}a_n(x-x_0)^n$ 来表示函数的公式——泰勒级数.

1. 泰勒(Taylor)级数

如果函数 $f(x)$在点 x_0 的某邻域$U(x_0, \delta)$内有定义，且能展开成 $x-x_0$ 的幂级数，即对于任意的 $x\in U(x_0, \delta)$，有

$$f(x)=a_0+a_1(x-x_0)+a_2(x-x_0)^2+\cdots+a_n(x-x_0)^n+\cdots. \tag{13.5}$$

由幂级数的逐项求导公式知，函数 $f(x)$在该邻域内一定具有任意阶导数，且

$$f^{(n)}(x)=n!a_n+(n+1)!a_{n+1}(x-x_0)+\cdots\quad(n=1, 2, \cdots). \tag{13.6}$$

在式(13.5)和式(13.6)中，令 $x=x_0$，得

$$a_0=f(x_0),\ a_1=\frac{f'(x_0)}{1!},\ a_2=\frac{f''(x_0)}{2!},\ \cdots,\ a_n=\frac{f^{(n)}(x_0)}{n!},\ \cdots. \tag{13.7}$$

将式(13.7)代入式(13.5)中，得

$$f(x)=f(x_0)+\frac{f'(x_0)}{1!}(x-x_0)+\frac{f''(x_0)}{2!}(x-x_0)^2+\cdots+\frac{f^{(n)}(x_0)}{n!}(x-x_0)^n+\cdots. \tag{13.8}$$

式(13.8)表明，当函数 $f(x)$ 在 x_0 的某邻域 $U(x_0,\delta)$ 内表关于 $(x-x_0)$ 的幂级数时，则其系数必由式(13.7)唯一确定，即函数 $f(x)$ 的幂级数展开式是唯一的.这种形式的幂级数称为泰勒(Taylor)级数，即有下面的定义.

定义 13-10 如果函数 $f(x)$ 在点 x_0 的某邻域 $U(x_0,\delta)$ 内有任意阶导数，则称级数

$$f(x_0)+\frac{f'(x_0)}{1!}(x-x_0)+\frac{f''(x_0)}{2!}(x-x_0)^2+\cdots+\frac{f^{(n)}(x_0)}{n!}(x-x_0)^n+\cdots \tag{13.9}$$

为函数 $f(x)$ 在点 x_0 处的**泰勒(Taylor)级数**.

记函数 $f(x)$ 的泰勒级数(13.9)前 $n+1$ 项之和为 $S_{n+1}(x)$，即

$$S_{n+1}(x)=f(x_0)+\frac{f'(x_0)}{1!}(x-x_0)+\frac{f''(x_0)}{2!}(x-x_0)^2+\cdots+\frac{f^{(n)}(x_0)}{n!}(x-x_0)^n,$$

称差式 $f(x)-S_{n+1}(x)$ 为泰勒级数的**拉格朗日型余项**(简称余项)，记作 $R_n(x)$，即

$$R_n(x)=f(x)-S_{n+1}(x)=\frac{f^{(n+1)}(\xi)}{(n+1)!}(x-x_0)^{n+1}(\xi\text{ 介于 }x_0\text{ 与 }x\text{ 之间}).$$

于是

$$f(x)=f(x_0)+\frac{f'(x_0)}{1!}(x-x_0)+\frac{f''(x_0)}{2!}(x-x_0)^2+\cdots+\frac{f^{(n)}(x_0)}{n!}(x-x_0)^n+R_n(x). \tag{13.10}$$

称式(13.10)为**泰勒(Taylor)公式**(此时 $\lim\limits_{n\to\infty}R_n(x)=0$).

在实际应用时，若 $x_0=0$，则泰勒级数(13.9)变成

$$\sum_{n=0}^{\infty}\frac{f^{(n)}(0)}{n!}x^n=f(0)+\frac{f'(0)}{1!}x+\frac{f''(0)}{2!}x^2+\cdots+\frac{f^{(n)}(0)}{n!}x^n+\cdots.$$

称此级数为 $f(x)$ 的**麦克劳林(Maclaurin)级数**，其余项为

$$R_n(x)=\frac{f^{(n+1)}(\xi)}{(n+1)!}x^{n+1}(\xi\text{ 介于 }0\text{ 与 }x\text{ 之间}).$$

【注意】(1) 函数的泰勒级数或麦克劳林级数是唯一；

(2) 函数 $f(x)$ 的泰勒级数或麦克劳林级数与把 $f(x)$ 展开成泰勒级数或麦克劳林级数的意义不同，前者指仅求出 $f(x)$ 泰勒级数或麦克劳林级数，后者指不仅求出泰勒级数或麦克劳林级数，而且该级数收敛于 $f(x)$ 本身(即 $n\to\infty$ 时，余项 $R_n(x)\to 0$).

2. 函数展开成幂级数

利用泰勒公式或麦克劳林公式可将函数表法成幂级数，展开方法通常有直接展开法和间接展开法.

(1) 利用直接展开法将函数展开成幂级数

直接展开法是指先利用公式 $a_n=\dfrac{f^{(n)}(x_0)}{n!}$ 或 $a_n=\dfrac{f^{(n)}(0)}{n!}$ $(n=0, 1, 2, 3, \cdots)$计算出 $f(x)$的泰勒或麦克劳林系数，写出对应的泰勒级数 $\sum\limits_{n=0}^{\infty}\dfrac{f^{(n)}(x_0)}{n!}(x-x_0)^n$ 或麦克劳林级数 $\sum\limits_{n=0}^{\infty}\dfrac{f^{(n)}(0)}{n!}x^n$；然后对余项考虑是否有 $\lim\limits_{n\to\infty}R_n(x)=0$.

[例5]　将函数 $f(x)=\mathrm{e}^x$ 展开为 x 的幂级数.

解　因为 $f(x)=\mathrm{e}^x$，故 $f^n(0)=1(n=0, 1, 2, \cdots)$.从而 e^x 的麦克劳林级数为

$$1+x+\frac{x^2}{2!}+\frac{x^3}{3!}+\cdots+\frac{x^n}{n!}+\cdots.$$

易知它的收敛区间为$(-\infty, +\infty)$，并由 $\lim\limits_{n\to\infty}R_n(x)=0$(讨论过程略)，级数收敛于 e^x，所以

$$\mathrm{e}^x=1+x+\frac{x^2}{2!}+\frac{x^3}{3!}+\cdots+\frac{x^n}{n!}+\cdots\quad(-\infty<x<+\infty).$$

[例6]　将函数 $f(x)=\sin x$ 展开成 x 的幂级数.

解　由 $f^{(n)}(x)=\sin\left(x+\dfrac{n\pi}{2}\right)$ $(n=1, 2, \cdots)$可知 $f^{(n)}(0)$依次循环地取 $1, 0, -1, 0, \cdots, (n=1, 2, 3, \cdots)$.于是 $\sin x$ 的麦克劳林幂级数为

$$\sum_{n=0}^{\infty}\frac{f^{(n)}(0)}{n!}x^n=x-\frac{x^3}{3!}+\frac{x^5}{5!}-\frac{x^7}{7!}+\cdots+(-1)^n\frac{x^{2n+1}}{(2n+1)!}+\cdots.$$

释疑解难

函数的幂级数展开

其收敛区间为$(-\infty, +\infty)$.可以证明 $\lim\limits_{n\to\infty}R_n(x)=0$，所以 $f(x)=\sin x$ 的幂级数展开式为

$$\sin x=x-\frac{x^3}{3!}+\frac{x^5}{5!}-\cdots+(-1)^n\frac{x^{2n+1}}{(2n+1)!}+\cdots\quad(-\infty<x<+\infty).$$

随堂练习

将下列函数展开为 x 的幂级数.

① $f(x)=\dfrac{1}{1-x}(x\neq1)$；　　② $f(x)=(1+x)^m$(m 为任意常数).

答案与提示：

① $f^{(n)}(0)=n!$，所以 $a_n=\dfrac{f^{(n)}(0)}{n!}=1$.于是 $f(x)=\dfrac{1}{1-x}$的幂级数展开式为

$$\frac{1}{1-x}=\sum_{n=0}^{\infty}x^n=1+x+x^2+\cdots+x^n+\cdots\quad(-1<x<1).$$

② $(1+x)^m=1+mx+\dfrac{m(m-1)}{2!}x^2+\cdots+\dfrac{m(m-1)\cdots(m-n+1)}{n!}x^n+\cdots\quad(-1<x<1)$.

其实质是牛顿二项展开式.这里 m 为任意实数.当 m 为正整数时，就退化为中学所学

的二项式定理.

由于直接展开法计算量大,寻求 $f^{(n)}(x)$ 的规律又很困难,尤其最后一步要考察 $n\to\infty$ 时余项 $R_n(x)$ 是否趋近于零,这不是一件容易的事.因此在实际应用中,人们尽量不用直接展开法而用间接展开法.

(2) 利用间接展开法将函数展开成幂级数

所谓间接展开式,就是借助已知的幂级数展开式,利用变量代换或幂级数的运算,将所给函数展开为幂级数.

[例 7] 将下列函数展开成 x 的幂级数.

① $f(x)=\cos x$; ② $f(x)=\ln(1+x)$.

解 ① 因为

$$\sin x=x-\frac{x^3}{3!}+\frac{x^5}{5!}-\cdots+(-1)^n\frac{x^{2n+1}}{(2n+1)!}+\cdots\quad(-\infty<x<+\infty),$$

两边对 x 逐项求导,得

$$\cos x=1-\frac{x^2}{2!}+\frac{x^4}{4!}-\cdots+(-1)^n\frac{x^{2n}}{(2n)!}+\cdots\quad(-\infty<x<+\infty).$$

② 因为

$$\frac{1}{1+x}=\frac{1}{1-(-x)}=1-x+x^2-x^3+\cdots+(-1)^nx^n+\cdots\quad(-1<x<1).$$

上式两端从 0 到 x 逐项积分,得

$$\ln(1+x)=x-\frac{x^2}{2}+\frac{x^3}{3}-\frac{x^4}{4}+\cdots+(-1)^n\frac{x^{n+1}}{n+1}+\cdots\quad(-1<x<1).$$

又因为当 $x=-1$ 时该级数发散,当 $x=1$ 时该级数收敛,故有

$$\ln(1+x)=\sum_{n=0}^{\infty}(-1)^n\frac{1}{n+1}x^{n+1}(-1<x\leqslant 1).$$

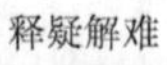

用间接展开法将函数展开成幂级数

[例 8] 将下列函数展开成 x 的幂级数.

① $f(x)=\mathrm{e}^{-3x}$; ② $f(x)=\cos^2 x$.

解 ① 因为

$$\mathrm{e}^x=1+x+\frac{x^2}{2!}+\frac{x^3}{3!}+\cdots+\frac{x^n}{n!}+\cdots\quad(-\infty<x<+\infty),$$

用 $-3x$ 代换 x,得

$$\begin{aligned}\mathrm{e}^{-3x}&=1+(-3x)+\frac{(-3x)^2}{2!}+\frac{(-3x)^3}{3!}+\cdots+\frac{(-3x)^n}{n!}+\cdots\\&=1-3x+\frac{(3x)^2}{2!}-\frac{(3x)^3}{3!}+\cdots+(-1)^n\frac{(3x)^n}{n!}+\cdots\quad(-\infty<x<+\infty).\end{aligned}$$

② 因为 $\cos^2 x=\frac{1}{2}(1+\cos 2x)$,在 $\cos x$ 的幂级数展开式中将 x 换成 $2x$ 便可得 $\cos 2x$ 的幂函数展开式,进而得

$$\cos^2 x=1-x^2+\frac{2^3}{4!}x^4-\frac{2^5}{6!}x^6+\cdots+(-1)^n\frac{2^{2n-1}}{(2n)!}x^{2n}+\cdots.$$

随堂练习

将下列函数展开成 $x-1$ 的幂级数：

① $f(x)=\ln x$；　　② $f(x)=\dfrac{x}{x^2-x-2}$.

答案与提示：

① $f(x)=\ln x=\ln[1+(x-1)]$，在 $\ln(1+x)$ 的幂函数展开式中将 x 换成 $x-1$ 便可得 $f(x)=\ln x$ 的幂函数展开式 $\ln x=\sum\limits_{n=0}^{\infty}(-1)^n\dfrac{(x-1)^{n+1}}{n+1}$ $(0<x\leqslant 2)$.

② $f(x)=\dfrac{x}{x^2-x-2}=\dfrac{x}{(x-2)(x+1)}=\dfrac{1}{3}\left(\dfrac{1}{1+x}-\dfrac{2}{2-x}\right)=\dfrac{1}{3}\left[\dfrac{1}{2\left(1+\dfrac{x-1}{2}\right)}-\dfrac{2}{1-(x-1)}\right]$.

在 $\dfrac{1}{1+x}=\sum\limits_{n=0}^{\infty}(-1)^n x^n$ $(-1<x<1)$ 中将 x 换成 $\dfrac{x-1}{2}$ 可得 $\dfrac{1}{1+\dfrac{x-1}{2}}$ 的幂级数展开；

在 $\dfrac{1}{1-x}=\sum\limits_{n=0}^{\infty}x^n$ $(-1<x<1)$ 中将 x 换成 $(x-1)$ 便得 $\dfrac{1}{1-(x-1)}$ 的幂级数展开.

于是

$$\begin{aligned}\frac{x}{x^2-x-2}&=\frac{1}{3}\left[\frac{1}{2}\sum_{n=0}^{\infty}(-1)^n\left(\frac{x-1}{2}\right)^n-2\sum_{n=0}^{\infty}(x-1)^n\right]\\&=\frac{1}{3}\sum_{n=0}^{\infty}\left[\frac{(-1)^n}{2^{n+1}}-2\right](x-1)^n\quad(0<x<2).\end{aligned}$$

(3) 幂级数展开式的应用

利用函数的幂级数展开式，可以进行近似计算，即在展开式成立的区间内，函数值可用级数的部分和按规定的精度求近似值.

[例 9]　计算 $\ln 2$ 的近似值(精确到小数点后第 4 位).

解　将展开式

$$\ln(1+x)=x-\frac{x^2}{2}+\frac{x^3}{3}-\frac{x^4}{4}+\cdots+(-1)^{n-1}\frac{x^n}{n}+\cdots\quad(-1<x\leqslant 1)$$

中的 x 换成 $-x$，得

$$\ln(1-x)=-x-\frac{x^2}{2}-\frac{x^3}{3}-\frac{x^4}{4}-\cdots-\frac{x^n}{n}-\cdots\quad(-1\leqslant x<1)$$

两式相减，得到不含有偶次幂的展开式

$$\ln\frac{1+x}{1-x}=2\left(\frac{x}{1}+\frac{x^3}{3}+\frac{x^5}{5}+\frac{x^7}{7}+\cdots\right)\quad(-1<x<1)$$

令$\frac{1+x}{1-x}=2$,解出$x=\frac{1}{3}$.以$x=\frac{1}{3}$代入得

$$\ln 2=2\left(\frac{1}{1}\cdot\frac{1}{3}+\frac{1}{3}\cdot\frac{1}{3^3}+\frac{1}{5}\cdot\frac{1}{3^5}+\frac{1}{7}\cdot\frac{1}{3^7}+\cdots\right)$$

若取前四项作为$\ln 2$的近似值,则误差为

$$\begin{aligned}|r_4|&=2\left(\frac{1}{9}\times\frac{1}{3^9}+\frac{1}{11}\times\frac{1}{3^{11}}+\frac{1}{13}\times\frac{1}{3^{13}}+\cdots\right)\\&<\frac{2}{3^{11}}\left[1+\frac{1}{9}+\left(\frac{1}{9}\right)^2+\cdots\right]\\&=\frac{2}{3^{11}}\times\frac{1}{1-\frac{1}{9}}=\frac{1}{4\times 3^9}<\frac{1}{70\ 000}<0.000\ 1,\end{aligned}$$

于是取

$$\ln 2\approx 2\left(\frac{1}{1}\cdot\frac{1}{3}+\frac{1}{3}\cdot\frac{1}{3^3}+\frac{1}{5}\cdot\frac{1}{3^5}+\frac{1}{7}\cdot\frac{1}{3^7}\right)\approx 0.693\ 1.$$

[例 10] 求$\sin 12^\circ$的近似值(精确到小数点后第6位).

解 由于展开式

$$\sin x=x-\frac{x^3}{3!}+\frac{x^5}{5!}-\cdots+(-1)^{n-1}\frac{x^{2n-1}}{(2n-1)!}+\cdots\quad(-\infty<x<+\infty)$$

是交错级数,取前n项部分和做近似估计,误差

$$|R_n(x)|\leqslant\left|\frac{x^{2n+1}}{(2n+1)!}\right|=\frac{|x|^{2n+1}}{(2n+1)!}\quad(-\infty<x<+\infty)$$

$x=12^\circ=12\times\frac{\pi}{180}=\frac{\pi}{15}$,取前三项能满足精度要求,于是

$$\begin{aligned}\sin 12^\circ&=\sin\frac{\pi}{15}\approx\frac{\pi}{15}-\frac{1}{3!}\left(\frac{\pi}{15}\right)^3+\frac{1}{5!}\left(\frac{\pi}{15}\right)^5\\&\approx 0.209\ 439\ 51-\frac{1}{6}(0.209\ 439\ 51)^3+\frac{1}{120}(0.209\ 439\ 51)^5\approx 0.207\ 911\ 70.\end{aligned}$$

精确到六位小数,$\sin 12^\circ\approx 0.207\ 912$.

[例 11] 计算定积分$I=\int_0^1\frac{\sin x}{x}\mathrm{d}x$的近似值,精确到0.000 1.

解 因$\lim\limits_{x\to 0}\frac{\sin x}{x}=1$,若定义函数在$x=0$处的值为1,则它在区间$[0,\ 1]$上连续.被积函数的展开时为

$$\frac{\sin x}{x}=1-\frac{x^2}{3!}+\frac{x^4}{5!}-\cdots+(-1)^{n-1}\frac{x^{2(n-1)}}{(2n-1)!}+\cdots\quad(-\infty<x<\infty).$$

在区间$[0,\ 1]$上逐项积分,得

$$\int_0^1 \frac{\sin x}{x}\mathrm{d}x = 1 - \frac{1}{3\cdot 3!} + \frac{1}{5\cdot 5!} - \frac{1}{7\cdot 7!} + \cdots + (-1)^{n-1}\frac{1}{(2n-1)\cdot(2n-1)!} + \cdots$$

这是交错级数，因为第四项$\frac{1}{7\cdot 7!}=\frac{1}{35\ 280}<2.9\times 10^{-5}$，所以取前三项的和作为积分的近似值就能满足精度要求.

$$I \approx 1 - \frac{1}{3\cdot 3!} + \frac{1}{5\cdot 5!} \approx 0.946\ 1$$

习题 13.2.2

1. 将下列函数展开成 x 的幂级数，并写出其收敛域.

   (1) $x^2 e^{x^2}$；　(2) $\ln(2+x)$；　(3) $\sin\frac{x}{2}$.

2. 将下列函数展开成 $x-2$ 的幂级数.

   (1) $f(x)=\frac{1}{1-x}$；　(2) $f(x)=\ln(1+x)$.

五、傅立叶级数

实例 1　振动问题

一根弹簧受力后产生振动，如不考虑各种阻尼，其振动方程为 $y=A\sin(\omega t+\varphi)$，其中 A 为振幅，ω 为频率，φ 为初相，t 为时间，称为简谐振动.人们对它已有充分的认识.如果遇到复杂的振动，能否把它分解为一系列简谐振动的叠加，从而由简谐振动去认识复杂的振动呢？

实例 2　正弦波问题

在电子线路中，对一个周期性的脉冲 $f(t)$，能否把它分解为一系列正弦波的叠加，从而由正弦波去认识脉冲 $f(t)$呢？

实际上，在科学技术中的其他一些周期运动也有类似问题，这些问题的解决都要用到一类重要的函数项级数——**傅立叶级数**.

为了研究傅立叶级数，我们先来认识一种特殊级数——**三角级数**.它在数学与工程技术中有着广泛的应用.

定义 13-11　函数项级数

$$\frac{a_0}{2} + \sum_{n=1}^{\infty}(a_n\cos nx + b_n\sin nx),$$

称为**三角级数**，其中常数 a_0，a_n，$b_n(n=1, 2, \cdots)$称为此**三角级数的系数**.特别地，当$a_n=0(n=0, 1, 2, \cdots)$时，级数只含正弦项，称为**正弦级数**；当 $b_n=0(n=1, 2, \cdots)$时，级数只含常数项和余弦项，称为**余弦级数**.对于三角级数，我们讨论它的收敛性以及如何把一个周期为 $2l$ 的周期函数展成三角级数的问题.

1. 三角函数系的正交性

称函数列

$$1,\ \cos x,\ \sin x,\ \cos 2x,\ \sin 2x,\ \cdots,\ \cos nx,\ \sin nx,\ \cdots \tag{13.11}$$

为**三角函数系**.它在区间$[-\pi,\ \pi]$上具有**正交性**,即在三角函数系(13.11)中,任意两个不同函数的乘积在$[-\pi,\ \pi]$上的积分等于零.即

$$\int_{-\pi}^{\pi}\cos nx\,\mathrm{d}x=0(n=1,\ 2,\ 3,\ \cdots),\ \int_{-\pi}^{\pi}\sin nx\,\mathrm{d}x=0(n=1,\ 2,\ 3,\ \cdots);$$

$$\int_{-\pi}^{\pi}\sin kx\cos nx\,\mathrm{d}x=0(k,\ n=1,\ 2,\ 3,\ \cdots),$$

$$\int_{-\pi}^{\pi}\cos kx\cos nx\,\mathrm{d}x=0(k,\ n=1,\ 2,\ 3,\ \cdots,\ k\neq n);$$

$$\int_{-\pi}^{\pi}\sin kx\sin nx\,\mathrm{d}x=0(k,\ n=1,\ 2,\ 3,\ \cdots,\ k\neq n),$$

上述等式,只要通过定积分的计算即可验证,具体验证留给读者.

在三角函数系(13.11)中,任意两个相同函数的乘积在$[-\pi,\ \pi]$上的积分不等于零.其中

$$\int_{-\pi}^{\pi}1\mathrm{d}x=2\pi,\ \int_{-\pi}^{\pi}\cos^2 nx\,\mathrm{d}x=\pi,\ \int_{-\pi}^{\pi}\sin^2 nx\,\mathrm{d}x=\pi\quad(n=1,\ 2,\ 3,\ \cdots).$$

2. 将周期为 2π 的函数展开成傅立叶级数

类似于函数展开成幂级数,函数展开成三角级数时也需要解决两个问题.

问题 1　一个函数 $f(x)$具备哪些性质才能展开成三角级数?另外,如果一个函数$f(x)$能展开成三角级数,那么级数中的系数 $a_0,\ a_n,\ b_n(n=1,\ 2,\ \cdots)$又如何确定?

设函数 $f(x)$的周期为 2π,且能展开成三角级数,即

$$f(x)=\frac{a_0}{2}+\sum_{n=1}^{\infty}(a_n\cos nx+b_n\sin nx) \tag{13.12}$$

为了求出式(13.12)中的系数,假设式(13.12)在区间$[-\pi,\ \pi]$可积,且右端能逐项积分,则

$$\int_{-\pi}^{\pi}f(x)\mathrm{d}x=\int_{-\pi}^{\pi}\frac{a_0}{2}\mathrm{d}x+\sum_{k=1}^{\infty}\left(a_n\int_{-\pi}^{\pi}\cos nx\,\mathrm{d}x+b_n\int_{-\pi}^{\pi}\sin nx\,\mathrm{d}x\right).$$

由三角函数系的正交性可知,上式右端除第一项外,其他各项均为零,所以

$$\int_{-\pi}^{\pi}f(x)\mathrm{d}x=\int_{-\pi}^{\pi}\frac{a_0}{2}\mathrm{d}x=a_0\pi,$$

于是

$$a_0=\frac{1}{\pi}\int_{-\pi}^{\pi}f(x)\mathrm{d}x.$$

为求 $a_n(n=1,\ 2,\ \cdots)$,先给式(13.12)两端同乘 $\cos kx$,再从$-\pi$到 π 逐项积分,得

$$\int_{-\pi}^{\pi}f(x)\cos kx\,\mathrm{d}x=\int_{-\pi}^{\pi}\frac{a_0}{2}\cos kx\,\mathrm{d}x$$
$$+\sum_{k=1}^{\infty}\left(a_n\int_{-\pi}^{\pi}\cos nx\cos kx\,\mathrm{d}x+b_n\int_{-\pi}^{\pi}\sin nx\cos kx\,\mathrm{d}x\right).$$

根据三角函数系的正交性，上式右端除 $k=n$ 的一项外，其余各项均为0，所以

$$\int_{-\pi}^{\pi} f(x)\cos nx\,dx = a_n\int_{-\pi}^{\pi}\cos^2 nx\,dx = a_n\pi,$$

于是

$$a_n = \frac{1}{\pi}\int_{-\pi}^{\pi} f(x)\cos nx\,dx \quad (n=1,\ 2,\ 3,\ \cdots).$$

类似地，为求 $b_n(n=1,\ 2,\ \cdots)$，给式(13.12)两端同乘 $\sin kx$，再从 $-\pi$ 到 π 逐项积分，得

$$b_n = \frac{1}{\pi}\int_{-\pi}^{\pi} f(x)\sin nx\,dx \quad (n=1,\ 2,\ 3,\ \cdots).$$

由此可见，如果周期为 2π 的函数 $f(x)$ 能展开成三角级数，则它的三角级数的系数可由下列式子给出

$$\begin{cases} a_0 = \dfrac{1}{\pi}\displaystyle\int_{-\pi}^{\pi} f(x)\,dx, \\ a_n = \dfrac{1}{\pi}\displaystyle\int_{-\pi}^{\pi} f(x)\cos nx\,dx \quad (n=1,\ 2,\ 3,\ \cdots), \\ b_n = \dfrac{1}{\pi}\displaystyle\int_{-\pi}^{\pi} f(x)\sin nx\,dx \quad (n=1,\ 2,\ 3,\ \cdots). \end{cases} \tag{13.13}$$

式(13.13)称为**傅立叶(Fourier)公式**，所确定的系数 a_0，a_n，$b_n(n=1,\ 2,\ \cdots)$称为函数 $f(x)$的**傅立叶(Fourier)系数**.由函数 $f(x)$的傅立叶系数所确定的三角级数

$$\frac{a_0}{2} + \sum_{n=1}^{\infty}(a_n\cos nx + b_n\sin nx)$$

称为函数 $f(x)$的**傅立叶级数**.

显然，当 $f(x)$为奇函数时，公式(13.13)中的 $a_n=0(n=0,\ 1,\ 2,\ \cdots)$；当 $f(x)$为偶函数时，公式(13.13)中的 $b_n=0(n=1,\ 2,\ \cdots)$，所以有

(1) 当 $f(x)$是以 2π 周为期的奇函数时，其傅立叶级数为**正弦级数** $\sum\limits_{n=1}^{\infty} b_n\sin nx$，式中傅立叶系数为

$$b_n = \frac{2}{\pi}\int_0^{\pi} f(x)\sin nx\,dx \quad (n=1,\ 2,\ 3,\ \cdots);$$

(2) 当 $f(x)$是以 2π 为周期的偶函数时，其傅立叶级数为**余弦级数** $\dfrac{a_0}{2} + \sum\limits_{n=1}^{\infty} a_n\cos nx$，式中傅立叶系数为

$$a_n = \frac{2}{\pi}\int_0^{\pi} f(x)\cos nx\,dx \quad (n=1,\ 2,\ 3,\ \cdots).$$

问题2　函数 $f(x)$的傅立叶级数是否收敛于 $f(x)$？

对于给定的函数 $f(x)$，只要 $f(x)$能使公式(13.13)的中各积分可积，就可以计算出 $f(x)$的傅立叶系数，从而得到 $f(x)$的傅立叶级数.但是这个傅立叶级数却不一定收敛，即

使收敛也不一定收敛于 $f(x)$.为了确保得出的傅立叶级数收敛于 $f(x)$,还需给 $f(x)$附加一些条件.对此有下面的定理.

定理 13-9(狄利克雷(Dirichlet)收敛定理) 设 $f(x)$是以 2π 为周期的周期函数,且在区间$[-\pi, \pi]$上满足狄利克雷(Dirichlet)条件:(1)连续或仅有有限个第一类间断点;(2)至多只有有限个极值点;则 $f(x)$的傅立叶级数收敛,并且有

(1) 当 x 是 $f(x)$的连续点时,级数收敛于 $f(x)$;

(2) 当 x 是 $f(x)$的间断点时,级数收敛于$\frac{1}{2}[f(x-0)+f(x+0)]$.

[例 12] 正弦交流电 $i(x)=\sin x$ 经二极管整流后变为(图 13-1)

$$f(x)=\begin{cases}0, & (2k-1)\pi\leqslant x<2k\pi,\\ \sin x, & 2k\pi\leqslant x<(2k+1)\pi,\end{cases}$$

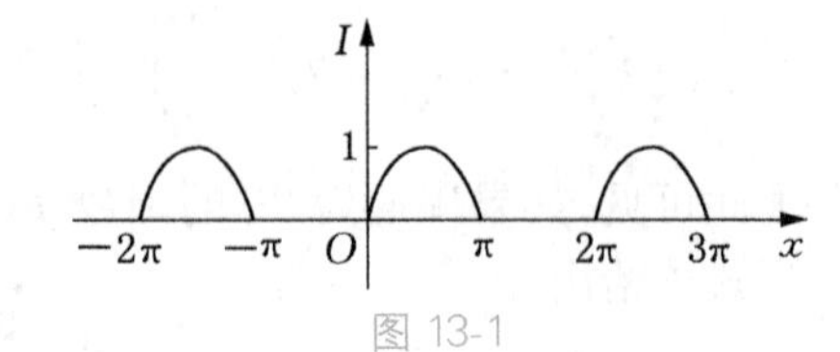

图 13-1

其中 k 为整数.把函数 $f(x)$展开为傅立叶级数.

解 函数 $f(x)$满足收敛定理的条件,且在整个数轴上连续,因此 $f(x)$的傅立叶级数处处收敛于 $f(x)$.函数 $f(x)$的傅立叶系数为

$$a_0=\frac{1}{\pi}\int_{-\pi}^{\pi}f(x)\mathrm{d}x=\frac{1}{\pi}\int_0^{\pi}\sin x\,\mathrm{d}x=\frac{2}{\pi},$$

$$a_n=\frac{1}{\pi}\int_{-\pi}^{\pi}f(x)\cos nx\,\mathrm{d}x=\frac{1}{\pi}\int_0^{\pi}\sin x\cos nx\,\mathrm{d}x=\begin{cases}0, & n\text{ 为奇数},\\ -\dfrac{2}{(n^2-1)\pi}, & n\text{ 为偶数},\end{cases}$$

$$b_n=\frac{1}{\pi}\int_{-\pi}^{\pi}f(x)\sin nx\,\mathrm{d}x=\frac{1}{\pi}\int_0^{\pi}\sin x\sin nx\,\mathrm{d}x=\begin{cases}0, & n\neq 1,\\ \dfrac{1}{2}, & n=1.\end{cases}$$

所以 $f(x)$的傅立叶展开式为

$$f(x)=\frac{1}{\pi}+\frac{1}{2}\sin x-\frac{2}{\pi}\left(\frac{\cos 2x}{3}+\frac{\cos 4x}{15}+\frac{\cos 6x}{35}+\cdots+\frac{\cos 2kx}{4k^2-1}+\cdots\right)$$
$$(-\infty<x<+\infty).$$

[例 13] 如图 13-2 所示,一矩形波的表达式为

$$f(x)=\begin{cases}-1, & (2k-1)\pi\leqslant x<2k\pi,\\ 1, & 2k\pi\leqslant x<(2k+1)\pi,\end{cases}\quad k\text{ 为整数}.$$

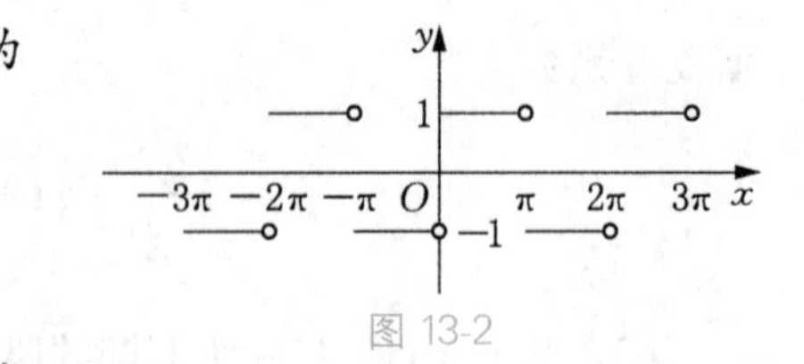

图 13-2

求函数 $f(x)$的傅立叶级数展开式.

解 函数 $f(x)$除点 $x=k\pi$(k 为整数)外处处连续,由收敛定理知,在连续点 $x(x\neq k\pi)$处,$f(x)$的傅立叶级数收敛于 $f(x)$.在不连续点$(x=k\pi)$处,级数收敛于$\frac{1+(-1)}{2}=0$.又因 $f(x)$是周期为 2π 的奇函数,因此,函数 $f(x)$的傅立叶系数为

$$a_n=0\quad(n=0,1,2,3,\cdots),$$

$$b_n=\frac{2}{\pi}\int_0^{\pi}f(x)\sin nx\,\mathrm{d}x=\frac{2}{\pi}\int_0^{\pi}1\cdot\sin nx\,\mathrm{d}x=\begin{cases}\dfrac{4}{n\pi}, & n\text{ 为奇数},\\ 0, & n\text{ 为偶数}.\end{cases}$$

所以 $f(x)$ 的傅立叶级数展开式为

$$f(x)=\frac{4}{\pi}\left(\sin x+\frac{\sin 3x}{3}+\frac{\sin 5x}{5}+\cdots+\frac{\sin(2k-1)x}{2k-1}+\cdots\right)\quad(x\neq k\pi,\ k\text{ 为整数}).$$

此例说明：如果把 $f(x)$ 理解为矩形波的波函数，则矩形波可看作是由一系列具有共同周期但频率不同的正弦波叠加而成.

随堂练习

已知脉冲三角信号 $f(x)$ 是以 2π 为周期的周期函数，它在的$[-\pi,\ \pi]$表达式为

$$f(x)=\begin{cases}1+\dfrac{2}{\pi}x, & -\pi\leqslant x<0,\\ 1-\dfrac{2}{\pi}x, & 0\leqslant x<\pi.\end{cases}$$

把 $f(x)$ 展开成傅立叶级数.

答案与提示：由函数图像(略)知，$f(x)$ 在$(-\infty,\ +\infty)$内处处连续，且满足收敛条件.由于 $f(x)$ 是偶函数，所以 $b_n=0(n=1,\ 2,\ 3,\ \cdots)$.另外，求得 $a_0=0$，$a_n=\begin{cases}\dfrac{8}{n^2\pi^2}, & n=1,\ 3,\ 5,\ \cdots,\\ 0, & n=2,\ 4,\ 6,\ \cdots.\end{cases}$ 所以 $f(x)=\dfrac{8}{\pi^2}\left(\cos x+\dfrac{1}{3^2}\cos 3x+\dfrac{1}{5^2}\cos 5x+\cdots\right)\quad(-\infty<x<+\infty)$.

3. $[-\pi,\ \pi]$或$[0,\ \pi]$上的函数展开成傅立叶级数

在实际应用中，经常会遇到函数 $f(x)$ 只在$[-\pi,\ \pi]$上有定义，或虽在$[-\pi,\ \pi]$外也有定义但不是周期函数，对于有定义的非周期函数，可以以区间$(-\pi,\ \pi)$上的图像为基础，沿 x 轴向两端无限延伸(补充定义)，使其成为以 2π 为周期的函数，这种拓广方式叫作**周期延拓**.由于求 $f(x)$ 的傅立叶系数只用到 $f(x)$ 在$[-\pi,\ \pi]$上的部分，所以我们仍可用公式(13.13)求 $f(x)$ 的傅立叶系数，如果函数 $f(x)$ 在$[-\pi,\ \pi]$上满足收敛定理的条件，则 $f(x)$ 在$(-\pi,\ \pi)$内的连续点处傅立叶级数收敛于 $f(x)$，而在 $x=\pm\pi$ 处，级数收敛于 $\dfrac{1}{2}[f(\pi-0)+f(-\pi+0)]$.

类似地，如果 $f(x)$ 只在$[0,\ \pi]$上有定义且满足收敛定理条件，要得到 $f(x)$ 在$[0,\ \pi]$上的傅立叶级数展开式，可以任意补充 $f(x)$ 在$[-\pi,\ 0]$上的定义(只要公式(13.13)中的积分可积即可)，便可得到相应的傅立叶级数展开式.常用这种延拓办法把 $f(x)$ 延拓成偶函数(这个过程称为**偶延拓**)或奇函数(这个过程称为**奇延拓**)，然后将奇延拓或偶延拓后的函数展开成傅立叶级数，再限制 x 在$[0,\ \pi]$上，此时延拓后的函数 $F(x)\equiv f(x)$，这个级数必定是正弦级数或余弦级数，这一展开式至少在$(0,\ \pi)$内的连续点处是收敛于 $f(x)$.而在区间端点以及区间$(0,\ \pi)$内的间断点处，则可根据收敛定理判定其收敛性.

[例 14]　将函数 $f(x)=x$，$x\in[0,\ \pi]$分别展开成正弦级数和余弦级数.

解　① 为了把 $f(x)$ 展开成正弦级数，先把 $f(x)$ 延拓为奇函数 $F(x)=x$，$x\in[-\pi,$

$\pi]$，如图 13-3 所示，则

$$b_n=\frac{2}{\pi}\int_0^{\pi}F(x)\sin nx\,\mathrm{d}x=\frac{2}{\pi}\int_0^{\pi}x\cdot\sin nx\,\mathrm{d}x=(-1)^{n+1}\frac{2}{n}.$$

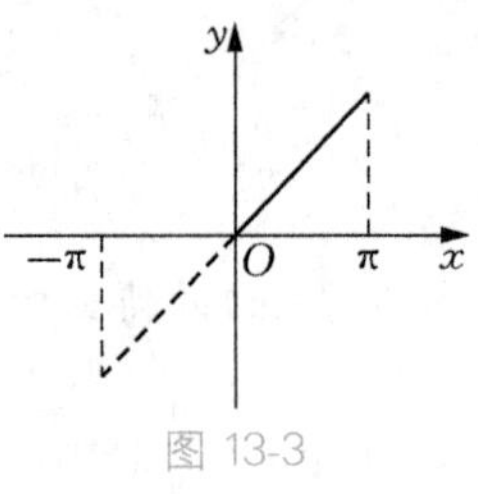

图 13-3

由此得 $F(x)$ 在 $(-\pi,\ \pi)$ 上的展开式，也即 $f(x)$ 在 $[0,\ \pi)$ 上的展开式为

$$x=2\left(\sin x-\frac{\sin 2x}{2}+\frac{\sin 3x}{3}-\cdots+(-1)^{n+1}\frac{\sin nx}{n}+\cdots\right)\quad(0\leqslant x<\pi).$$

在 $x=\pi$ 处，上述正弦级数收敛于

$$\frac{1}{2}[f(-\pi+0)+f(\pi-0)]=\frac{1}{2}(-\pi+\pi)=0.$$

② 为了把 $f(x)$ 展开成余弦级数，把 $f(x)$ 延拓为偶函数 $F(x)=|x|,\ x\in[-\pi,\ \pi]$，如图 13-4 所示，则

$$a_0=\frac{2}{\pi}\int_0^{\pi}F(x)\,\mathrm{d}x=\frac{2}{\pi}\int_0^{\pi}x\,\mathrm{d}x=\pi,$$

$$a_n=\frac{2}{\pi}\int_0^{\pi}F(x)\cos nx\,\mathrm{d}x=\frac{2}{\pi}\int_0^{\pi}x\cos nx\,\mathrm{d}x$$

$$=\begin{cases}\dfrac{-4}{n^2\pi},\ n\text{ 为奇数时},\\ 0,\ n\text{ 为偶数时},\end{cases}\quad(n=1,\ 2,\ \cdots)$$

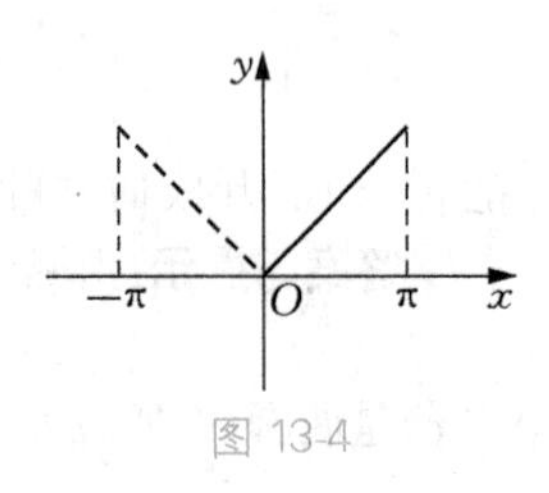

图 13-4

于是得到 $f(x)$ 在 $[0,\ \pi]$ 上的余弦级数展开式为

$$x=\frac{\pi}{2}-\frac{4}{\pi}\left(\cos x+\frac{\cos 3x}{3^2}+\frac{\cos 5x}{5^2}+\cdots+\frac{\cos(2k-1)x}{(2k-1)^2}+\cdots\right)\quad(0\leqslant x\leqslant\pi).$$

由此例可见，$f(x)$ 在 $[0,\ \pi]$ 上的傅立叶级数展开式不是唯一的.

随堂练习

试将定义在 $[-\pi,\ \pi]$ 上的函数 $f(x)=x^2$ 展开成傅立叶级数.

答案与提示：

将 $f(x)$ 在整个数轴上作周期延拓，如图 13-5 所示.由于在 $[-\pi,\ \pi]$ 上 $f(x)$ 是偶函数，所以 $b_n=0(n=1,\ 2,\ 3,\ \cdots)$，$a_0=\frac{2}{\pi}\int_0^{\pi}x^2\,\mathrm{d}x=\frac{2\pi^2}{3}$，$a_n=\frac{2}{\pi}\int_0^{\pi}x^2\cos nx\,\mathrm{d}x=\frac{4}{n^2}(-1)^n(n=1,\ 2,\ 3,\ \cdots)$. $f(x)=x^2$ 展开成傅立叶级数为 $x^2=\frac{\pi^2}{3}-4\left(\cos x-\frac{\cos 2x}{2^2}+\frac{\cos 3x}{3^2}+\cdots\right)$.

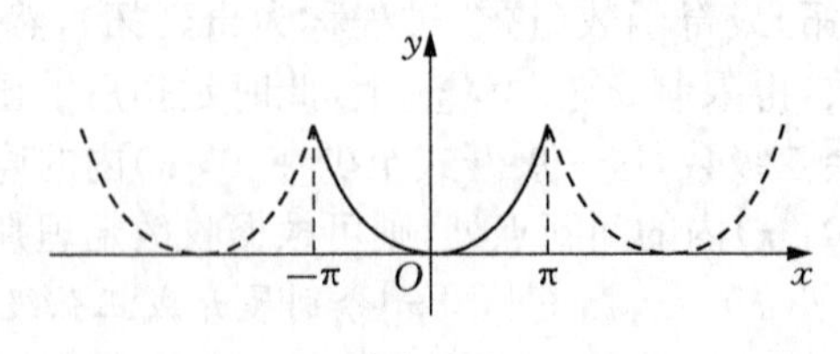

图 13-5

4. 以 $2l$ 为周期的函数展开成傅立叶级数

设 $f(x)$ 是以 $2l$ 为周期的周期函数，且在 $[-l, l]$ 上满足收敛定理的条件，作代换 $x=\frac{l}{\pi}t$，即 $t=\frac{\pi}{l}x$，$f(x)=f\left(\frac{l}{\pi}t\right)=F(t)$，则 $F(t)$ 是以 2π 为周期的函数，且在 $[-\pi, \pi]$ 上满足收敛定理的条件.于是可用前面的办法得到 $F(t)$ 的傅立叶级数展开式

$$F(t)=\frac{a_0}{2}+\sum_{n=1}^{\infty}(a_n\cos nt+b_n\sin nt),$$

然后再把 t 换回 x 就得到 $f(x)$ 的傅立叶级数展开式

$$f(x)=\frac{a_0}{2}+\sum_{n=1}^{\infty}\left(a_n\cos\frac{n\pi}{l}x+b_n\sin\frac{n\pi}{l}x\right),$$

其中傅立叶系数为

$$\begin{cases}a_n=\frac{1}{l}\int_{-l}^{l}f(x)\cos\frac{n\pi x}{l}\mathrm{d}x \quad (n=0, 1, 2, 3, \cdots),\\ b_n=\frac{1}{l}\int_{-l}^{l}f(x)\sin\frac{n\pi x}{l}\mathrm{d}x \quad (n=1, 2, 3, \cdots).\end{cases}$$

显然，当 $f(x)$ 为奇函数时，上式中的 $a_n=0(n=0, 1, 2, 3, \cdots)$；当 $f(x)$ 为偶函数时，上式中的 $b_n=0(n=1, 2, 3, \cdots)$，所以有

(1) 当 $f(x)$ 是周期为 $2l$ 的奇函数时，其傅立叶级数为正弦级数 $\sum_{n=1}^{\infty}b_n\sin\frac{n\pi x}{l}$，其中

$$b_n=\frac{1}{l}\int_{-l}^{l}f(x)\sin\frac{n\pi x}{l}\mathrm{d}x \quad (n=1, 2, 3, \cdots).$$

(2) 当 $f(x)$ 是周期为 $2l$ 的偶函数时，其傅立叶级数为余弦级数 $\frac{a_0}{2}+\sum_{n=1}^{\infty}a_n\cos\frac{n\pi x}{l}$，其中

$$a_n=\frac{1}{l}\int_{-l}^{l}f(x)\cos\frac{n\pi x}{l}\mathrm{d}x \quad (n=0, 1, 2, 3, \cdots).$$

[例 15]　如图 13-6 所示的三角波的波形函数是以 2 为周期的周期函数 $f(x)$，在 $[-1, 1]$ 上的表达式是 $f(x)=|x|$，$|x|\leqslant 1$，求 $f(x)$ 的傅立叶展开式.

解　作变换 $x=\frac{1}{\pi}t$，则得 $F(t)$ 在 $[-\pi, \pi]$ 上的表达式为

$$F(t)=\left|\frac{1}{\pi}t\right|=\frac{1}{\pi}|t|,\ |t|\leqslant\pi.$$

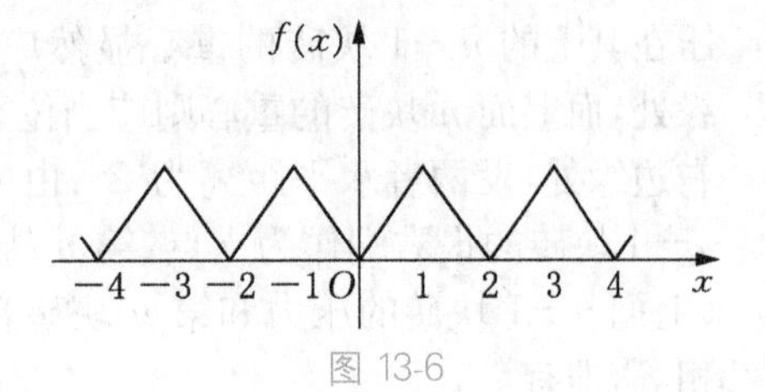

图 13-6

利用例 14 的后半部分可直接写出傅立叶系数

$$a_0=1,\ a_n=\begin{cases}\frac{-4}{n^2\pi^2},\ n\text{ 为奇数时},\\ 0,\ n\text{ 为偶数时}.\end{cases}$$

于是得 $F(t)$ 的傅立叶展开式

$$F(t)=\frac{1}{2}-\frac{4}{\pi^2}\left(\cos t+\frac{\cos 3t}{3^2}+\frac{\cos 5t}{5^2}+\cdots\right)\quad(-\infty<t<+\infty).$$

把 t 换回 $x(t=\pi x)$，即得

$$f(x)=\frac{1}{2}-\frac{4}{\pi^2}\left(\cos \pi x+\frac{\cos 3\pi x}{3^2}+\frac{\cos 5\pi x}{5^2}+\cdots\right)\quad(-\infty<x<+\infty).$$

依照例 14 的作法，也可以把 $[0,\ l]$ 上的函数 $f(x)$ 展开成正弦级数或余弦级数.

习题 13.2.3

1. 下列函数 $f(x)$ 是周期为 2π 的函数，它们在 $[-\pi,\ \pi]$ 的表达式如下，试将各函数展开成傅立叶级数.

(1) $f(x)=|x|,\ x\in[-\pi,\ \pi]$；　　(2) $f(x)=2x,\ x\in[-\pi,\ \pi]$；

(3) $f(x)=\begin{cases}x,\ 0\leqslant x\leqslant\pi,\\ x+2\pi,\ -\pi\leqslant x<0.\end{cases}$

2. 将函数 $f(x)=1+x$ 在 $(0,\ \pi)$ 上分别展开成正弦级数和余弦级数.

3. 设函数 $f(x)$ 是周期为 2 的函数，它在 $[-1,\ 1)$ 的表达式为 $f(x)=\begin{cases}1,\ -1\leqslant x<0,\\ 2,\ 0\leqslant x<1.\end{cases}$ 试将函数展开成傅立叶级数.

任务 13.3 综合应用实训

实训 1【铺砖问题】 将形状质量相同的砖块一一向右往外叠放，欲尽可能地延伸到远方，问最远可以延伸多大距离.

解 设砖块是质地均质的，长度与重量均为 1，其重心在中点 1/2 砖长处，现用归纳法推导.若用两块砖，则最远的方法显然是将上面砖块的重心置于下面砖块的右边缘上，即可向右推出 $\frac{1}{2}$ 块砖的长度.现设已用 $n+1$ 块砖叠成可能达到的最远平衡状态(图 13-7)，并考虑由上而下的第 n 块砖，为了推得最远且不至于倒下，压在其上的 $n-1$ 块砖的重心显然应当位于它的右边缘处，而上面 n 块砖的重心则应当位于第 $n+1$ 块砖的右边缘处，设两者水平距离为 Z_n.由力学知识知，以第 $n+1$ 块砖的最右端作为支点，第 n 块砖受到的两个力(上面 $n-1$ 块砖的压力和第 n 块砖自身重力)的力矩相等，即有

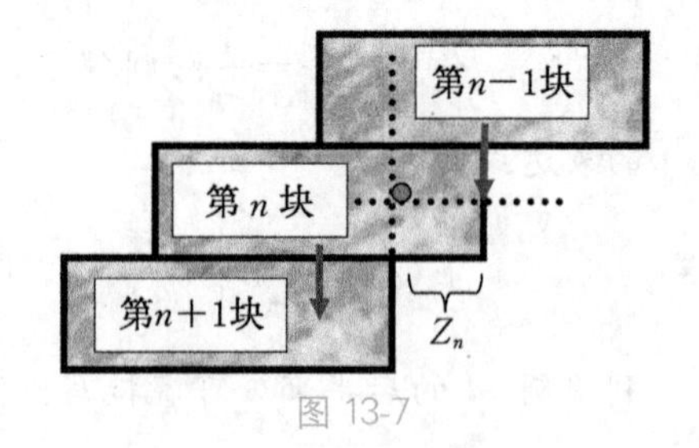

图 13-7

$$(n-1)gZ_n=g\left(\frac{1}{2}-Z_n\right),$$

故 $Z_n=\frac{1}{2n}$，从而上面 n 块砖向右推出的总距离为 $\sum_{k=1}^{n}\frac{1}{2k}$.

令 $n\to+\infty$ 时，$\sum_{k=1}^{n}\frac{1}{2k}\to\sum_{n=1}^{\infty}\frac{1}{2n}$. 而调和级数是发散的，即 $\sum_{n=1}^{\infty}\frac{1}{2n}\to+\infty$. 故砖块向右可叠至任意远，这一结果多少有点出人意料！

实训 2【数 π 的近似计算】 数 π 是一个很重要的常数，它在数学和物理中应用的频率很高，近似计算数 π，幂级数是一个理想的工具.

已知函数 $\arctan x$ 在 $(-1,\ 1)$ 的麦克劳林公式是 $\arctan x=x-\frac{1}{3}x^3+\cdots+(-1)^n\cdot\frac{x^{2n+1}}{2n+1}+\cdots,\ |x|<1$.

令 $x=1$，得

$$\frac{\pi}{4}=1-\frac{1}{3}+\frac{1}{5}-\cdots+\frac{(-1)^n}{2n+1}+\cdots 或 \pi=4\left(1-\frac{1}{3}+\frac{1}{5}-\cdots+\frac{(-1)^n}{2n+1}+\cdots\right).$$

这是人们最早发现的数 π 的既有规律又很简明的级数形式.可惜此级数收敛甚慢，没有实用价值，为了提高收敛速度，在函数 $\arctan x$ 的麦克劳林(Maclaurin)级数中，令 $x=\frac{1}{\sqrt{3}}\in(-1,\ 1)$，有

$$\frac{\pi}{6}=\frac{1}{\sqrt{3}}-\frac{1}{3(\sqrt{3})^3}+\frac{1}{5(\sqrt{3})^5}-\cdots+(-1)n\frac{1}{2n+1}\frac{1}{(\sqrt{3})^{2n+1}}+\cdots$$

$$或 \pi=2\sqrt{3}\left(1-\frac{1}{3\cdot 3}+\frac{1}{5\cdot 3^2}-\cdots+\frac{(-1)^n}{(2n+1)\cdot 3^n}+\cdots\right),$$

如果取前 8 项部分和，即

$$\pi\approx 2\sqrt{3}\left(1-\frac{1}{9}+\frac{1}{45}-\frac{1}{189}+\frac{1}{729}-\frac{1}{2\ 673}+\frac{1}{9\ 477}-\frac{1}{32\ 805}\right),$$

其误差不超过第 9 项的绝对值，即

$$2\sqrt{3}\frac{1}{17\cdot 3^8}=\frac{2\sqrt{3}}{111\ 537}<\frac{3\cdot 5}{100\ 000}=0.000\ 035.$$

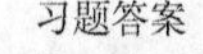

项目十三

项目十三习题

一、填空题

1. 若任意项级数 $\sum_{n=1}^{\infty}u_n$ 满 $\sum_{n=1}^{\infty}|u_n|$ 收敛，则 $\sum_{n=1}^{\infty}u_n$ 的敛散性为________.

2. 当________时，级数 $\sum_{n=0}^{\infty}\frac{a}{q^n}(a\neq 0)$ 收敛.

3. 级数 $\sum_{n=0}^{\infty}a_nx^n$ 在 $x=x_0$ 时发散，则级数 $\sum_{n=0}^{\infty}a_nx^n$ 在点 x_1(其中 $|x_1|>|x_0|$)的敛散性是____________________.

4. 若级数 $\sum_{n=1}^{\infty} u_n$ 收敛,则 $\lim_{n\to\infty} u_n=$ ________.

二、选择题

1. $\lim_{n\to\infty} u_n=0$ 是数项级数 $\sum_{n=1}^{\infty} u_n$ 收敛的(　　).

A. 必要条件　　B. 充分条件　　C. 充要条件　　D. 无关条件

2. 正项级数 $\sum_{n=1}^{\infty} u_n$ 满足条件(　　)时必收敛.

A. $\lim_{n\to\infty} u_n=0$　　B. $\lim_{n\to\infty} \frac{u_n}{u_{n+1}}=\rho<1$　　C. $\lim_{n\to\infty} \frac{u_{n+1}}{u_n}=\rho\leqslant 1$　　D. $\lim_{n\to\infty} \frac{u_n}{u_{n+1}}=\rho>1$

3. 关于级数 $\sum_{n=1}^{\infty} \frac{x^n}{n}$ 的结论正确的是(　　).

A. 当且仅当 $|x|<1$ 时收敛　　B. 当 $|x|\leqslant 1$ 时收敛

C. 当 $-1\leqslant x<1$ 时收敛　　D. 当 $-1<x\leqslant 1$ 时收敛

4. 级数 $\sum_{n=1}^{\infty} \frac{(-1)^n}{n^p}\,(p>0)$ 的敛散情况是(　　).

A. 当 $p>1$ 时绝对收敛,$p\leqslant 1$ 时条件收敛

B. 当 $p<1$ 时绝对收敛,$p\geqslant 1$ 时条件收敛

C. 当 $p>1$ 时收敛,$p\leqslant 1$ 时发散

D. 对于任意的 $p>0$,级数绝对

三、综合题

1. 判断下列级数的敛散性:

(1) $\sum_{n=1}^{\infty} \left(\frac{1}{2^n}+\ln\frac{1}{n}\right)$;　　(2) $\sum_{n=1}^{\infty} \frac{1}{2^n+3}$;

(3) $\sum_{n=0}^{\infty} \frac{\ln^n 2}{2^n}$;　　(4) $\sum_{n=1}^{\infty} \frac{1}{(3n-2)(3n+1)}$;

(5) $\sum_{n=0}^{\infty} \frac{1+n}{1+n^2}$;　　(6) $\sum_{n=1}^{\infty} \frac{\sqrt{n}}{\sqrt{n^4+1}}$;

(7) $\sum_{n=1}^{\infty} 3^n \sin\frac{\pi}{4^n}$;　　(8) $\sum_{n=1}^{\infty} \frac{2^n n!}{n^n}$.

2. 级数 $\sum_{n=1}^{\infty} \frac{(-1)^n n}{2^n}$ 是否收敛?若收敛,是绝对收敛还是条件收敛?

3. 求下列幂级数的收敛半径和收敛域:

(1) $\sum_{n=1}^{\infty} \frac{1}{n}\left(\frac{x}{5}\right)^n$;　　(2) $\sum_{n=1}^{\infty} \frac{(-1)^{n-1}}{(2n-1)!} x^{2n-1}$;

(3) $\sum_{n=1}^{\infty} \frac{(-1)^{n-1}}{n}(x-1)^n$;　　(4) $\sum_{n=1}^{\infty} \frac{x^n}{3^n+n}$;

4. 求下列级数的和函数:

(1) $\sum_{n=0}^{\infty} \frac{x^{n+2}}{(n+1)(n+2)}$;　　(2) $\sum_{n=0}^{\infty} \frac{2n+1}{n!} x^{2n}$;

5. 求幂级数 $\sum_{n=0}^{\infty} \frac{x^{2n+1}}{2n+1}$ 的和函数,并计算 $\sum_{n=0}^{\infty} \frac{1}{2n+1}\left(\frac{1}{2}\right)^{2n+1}$ 的值.

6. 设 $f(x)$ 是以 2π 为周期的周期函数，且当 $-\pi\leqslant x\leqslant\pi$ 时，将 $f(x)$ 展开成傅立叶级数，并求数项级数 $\sum\limits_{n=1}^{\infty}\frac{1}{n^2}$ 的和.

7. 设 $f(x)=\begin{cases}x, & 0\leqslant x\leqslant\frac{\pi}{2},\\ \frac{\pi}{2}, & \frac{\pi}{2}<x\leqslant\pi\end{cases}$ 是以 2π 为周期的周期函数，且当 $-\pi\leqslant x\leqslant\pi$ 时，将 $f(x)$ 分别展开成正弦级数和余弦级数.

8. 设 $f(x)$ 是以 4 为周期的函数，它在区间 $-2\leqslant x<2$ 上的表达式为 $f(x)=\begin{cases}0, & -2\leqslant x<0,\\ E, & 0\leqslant x<2\end{cases}$（常数 $E\neq 0$），将 $f(x)$ 分别展开成傅立叶级数.

9. 把下列函数展开为麦克劳林级数：

(1) $y=\mathrm{e}^{-\frac{x}{3}}$；　　(2) $y=\ln(5+x)$；　　(3) $y=\arctan x$.

10. 把 $y=\lg x$ 展开为 $(x-1)$ 的幂级数.

第二部分　数学实验

MATLAB 简介

MATLAB 是英文 Matrix Laboratory(矩阵实验室)的缩写,最早是由 Cleve Moler 用 FORTRAN 语言编写的,后来他创立了 MathWorks 公司,1977 年作为 MathWorks 公司总裁兼首席科学家的 Cleve Moler 因其对 MATLAB 的贡献当选为美国工程科学院院士.

MATLAB 将计算、可视化和编程功能集成在非常便于使用的环境中,是一个交互式的、以矩阵计算为基础的科学和工程计算软件.在欧美高等院校,MATLAB 已经成为线性代数、自动控制系统、数理统计、数字信号处理、时间序列分析和动态系统仿真等高级课程的基本教学工具,也是攻读学位的学生必须掌握的工具.MATLAB 具有编程效率高、计算功能强、使用简便等特点.

项目一　MATLAB 的 M 文件与程序设计

实验目的

本实验主要介绍 MATLAB 的两种形式的 M 文件，以及利用 MATLAB 的几个简单语句编写一些简单程序的基本方法.

任务 1.1　M 文件的建立与打开

1. M 文件概述

用 MATLAB 语言编写的程序，称为 M 文件.M 文件根据调用方式的不同分为两类：命令文件(Script File)和函数文件(Function File).

数学实验

实操演练 1

［例 1］　分别建立命令文件和函数文件，将华氏温度 f 转换为摄氏温度 c.

解　程序 1：

首先用下列语句建立命令文件并以文件 f1c.m 存盘：

```
clear; %清除工作空间中的变量
f = input('Input Fahrenheit temperature:');
c = 5 * (f - 32)/9
```

然后在 MATLAB 的命令窗口中输入 f1c，将会执行该命令文件，执行结果为：

```
Input Fahrenheit temperature: 73
c = 22.7778
```

程序 2：

首先用下列语句建立函数文件 f1c.m：

```
function c = f1c(x)
c = 5 * (x - 32)/9
```

然后在 MATLAB 的命令窗口用下列语句调用并执行该函数文件.

```
clear;
x = input ('Input Fahrenheit tesnperature:')
c = f1c(x)
```

执行结果为：

```
Input Fahrenheit tesnperature:75
c = 23.8889
```

2. M 文件的建立

M 文件是一个文本文件，它可以用任何编辑程序来建立和编辑，而一般常用且最为方便的是使用 MATLAB 提供的文本编辑器.启动 MATLAB 文本编辑器有 3 种方法：

(1) 菜单操作.从 MATLAB 主窗口的 File 菜单中选择 New 菜单项，再选择 M-file 命令，屏幕上将出现 MATLAB 文本编辑器窗口.

(2) 命令操作.在 MATLAB 命令窗口输入命令 edit，启动 MATLAB 文本编器后，输入 M 文件的内容并存盘.

(3) 命令按钮操作.单击 MATLAB 主窗口工具栏上的 New M-file 命令按钮，启动 MATLAB 文本编辑器后，输入 M 文件的内容并存盘.

3. 打开已有的 M 文件

打开已有的 M 文件，有 3 种方法：

(1) 菜单操作.从 MATLAB 主窗口的 File 菜单中选择 Open 命，则屏幕出现 Open 对话框，在 Open 对话框中选中所需打开的 M 文件.在文档窗口可以对打开的 M 文件进行编辑修改，编辑完成后，将 M 文件存盘.

(2) 命令操作.在 MATLAB 命令窗口输入命令：edit 文件名，则打开指定的 M 文件.

(3) 命令按钮操作.单击 MATLAB 主窗口工具栏上的 Open File 命令按钮，再从弹出的对话框中选择所需打开的 M 文件.

任务 1.2　程序控制结构

1. 顺序结构

(1) 数据的输入

从键盘输入数据，可以使用 input 函数来进行，该函数的调用格式为：

A=input(提示信息,选项)

其中提示信息为一个字符串，用于提示用户输入什么样的数据.

如果在调用 input 函数时采用' s '选项，则允许用户输入一个字符串.例如，想输入一个人的姓名，可采用如下命令.

```
xm = input(' what"s your name? ',' s ');
```

(2) 数据的输出

MATLAB 的常用命令窗口输出函数是 disp，其调用格式为：

disp(输出项)

其中输出项既可以为字符串，也可以为矩阵.

［例 2］　用 MATLAB 求一元二次方程 $ax^2+bx+c=0$ 的根.

解 程序如下：

数学实验

实操演练 2

```
a = input('a = ? ');
b = input('b = ? ');
c = input('c = ? ');
d = b * b - 4 * a * c;
x = [(-b + sqrt(d))/(2 * a),(-b - sqrt(d))/(2 * a)];
disp([' x1 = ',num2str(x(1)),',x2 = ',num2str(x(2))]);
```

注：若要强行中止程序的运行可使用 Ctrl+C.

2. 选择结构

在 MATLAB 中，调用 if 语句有 3 种调用格式.

① 单分支 if 语句：

```
if  条件
        语句组
end
```

当条件成立时，则执行语句组，执行完之后继续执行 if 语句的后继语句；若条件不成立，则直接执行 if 语句的后继语句.

② 双分支 if 语句：

```
If  条件
        语句组 1
else
        语句组 2
end
```

当条件成立时，执行语句组 1，否则执行语句组 2.语句组 1 或语句组 2 执行后，再执行 if 语句的后继语句.

[例 3] 用 MATLAB 计算分段函数 $f(x)=\begin{cases}\dfrac{x+\sqrt{\pi}}{e^2}, & x\leqslant 0,\\ \dfrac{\ln(x+\sqrt{1+x^2})}{2}, & x>0\end{cases}$ 的值.

解 程序如下：

```
x = input('请输入 x 的值:');
if x<= 0
     y = (x+ sqrt(pi))/exp(2);
else
     y = log(x + sqrt(1 + x * x))/2;
end
y
```

③ 多分支 if 语句：

```
if 条件 1
```

```
        语句组 1
elseif 条件 2
        语句组 2
        ……
elseif 条件 m
        语句组 m
else
        语句组 n
end
```

[例 4]　某商场对顾客所购买的商品实行打折销售，标准如下(商品价格用 price 来表示)：

price <200	没有折扣
200≤price<500	3%折扣
500≤price<1 000	5%折扣
1 000≤price	8%折扣

输入所售商品的价格，求其实际销售价格.

解　程序如下：

```
price = input('请输入商品价格:')
if price<200
    rate = 0            %没有折扣
elseif 200 < = price&price<500
    rate = 3/100       %折扣为 3%
elseif 500< = price&price<1000
    rate = 5/100       %折扣为 5%
else
    rate = 8/100       %折扣为 8%
end
price = price * (1 - rate)    %输出商品实际销售价格.
```

3. 循环结构

(1) for 语句

for 语句的调用格式为：

```
for 循环变量=表达式 1:表达式 2:表达式 3
                循环体语句
end
```

其中表达式 1 的值为循环变量的初值，表达式 2 的值为步长，表达式 3 的值为循环变量的终值.步长为 1 时，表达式 2 可以省略.

[例 5]　已知 $y=\sum_{i=1}^{n}\frac{1}{2i-1}$，当 $n=100$ 时，用 MATLAB 求 y 的值.

解　程序如下：

```
y=0;
n=100;
for i=1:n
    y=y+1/(2*i-1);
end
y
```

输出结果为 $y=3.2843$.

(2) while 语句

while 语句的一般调用格式为：

while (条件)

循环体语句

end

其执行过程为:若条件成立,则执行循环体语句,执行后再判断条件是否成立,如果不成立则跳出循环.

[例6] 用 MATLAB 求 100～200 之间第一个能被 21 整除的整数.

解 程序如下：

```
n=100;
m=0;
while rem(n,21)~=0 % ~=表示不等.
    n=n+1;
end
n
```

输出结果为 $n=105$.

任务1.3 函数文件

1. 函数文件的基本结构

函数文件由 finction 语句引导,其基本结构为：

function[输出形参表]=函数名(输入形参表)

注释说明部分

函数体语句

其中以 function 开头的一行为引导行,表示该 M 文件是一个函数文件.函数的命名规则与变量名相同.输入形参为函数的输入参数,输出形参为函数的输出参数.当输出形参多于一个时,则应该用方括号括起来.

[例7] 编写函数文件求半径为 r 的圆的面积和周长.

解 函数文件如下：

```
function[s,p] = fcircle(r)
 % CIRCLE calculate the area and perimeter of a circle of radii r
 % r 圆半径,s 圆面积,p 为圆周长.2021 年 5 月 27 日编.
s = pi * r * r;
p = 2 * pi * r;
```

2. 函数调用

函数调用的一般格式是:

[输出实参表]=函数名(输入实参表)

要注意的是,函数调用时各实参出现的顺序、个数,应与函数定义时形参的顺序、个数一致,否则会出错.函数调用时,先将实参传递给相应的形参,从而实现参数传递,然后再执行函数的功能.

[例 8]　计算椭圆的面积和周长.

解　函数文件如下:

```
function[s,p] = Tcircle(a,b)
 % 是椭圆长半轴长;b 是椭圆短半轴长,s 椭圆面积,p 为椭圆周长.2021 年 5 月 27 日编.
s = pi * a * b;
p = 2 * pi * sqrt((a * a + b * b)/2);
```

调用函数 Tcircle.m:

```
a = input(' please input x = :');
b = input(' please input y = :');
[s,p] = Tcircle(a,b)
```

数学实验

实操演练 3

实验任务

1. 建立函数 $f(x)=\dfrac{2^x}{x^5+1}$ 的 M 文件,并用 MATLAB 计算 $f(10)$和 $f(150)$.

2. 设 $H(n)=\sum\limits_{k=1}^{n}\dfrac{1}{k}$,取 n 充分大,用 MATLAB 计算 $H(n)$,观察是否收敛?$H(n)-\ln n$ 是否收敛?

3. 我们知道 $\lim\limits_{n\to\infty}\left(1+\dfrac{1}{n}\right)=\mathrm{e}$,编制 MATLAB 程序求使 $\left|\left(1+\dfrac{1}{n}\right)^n-\mathrm{e}\right|<0.01$ 成立的最小正整数 n.

4. 建立 M 文件做以下计算:

(1) 自然数 n 的阶乘;(2) 从 n 个元素中任取 m 元素的所有取法.

项目二　MATLAB 绘图

实验目的

通过实验，掌握用 MATLAB 作各种函数的平面图形和立体图形的方法.

任务 2.1　绘制二维数据曲线

plot 函数用来绘制二维数据曲线，其基本调用格式为：

plot(x,y)

其中 x 和 y 为长度相同的向量，分别用于存储 x 坐标和 y 坐标数据.

[例 1]　在 $0 \leqslant x \leqslant 2\pi$ 区间内，绘制曲线 $y=2\mathrm{e}^{-0.5x}\cos(4\pi x)$.

解　程序如下：

数学实验

实操演练 4

```
x = 0:pi/100:2 * pi;
y = 2 * exp( - 0.5 * x). * cos(4 * pi * x);
plot(x,y)
```

绘制出的图形如图 2-1 所示.

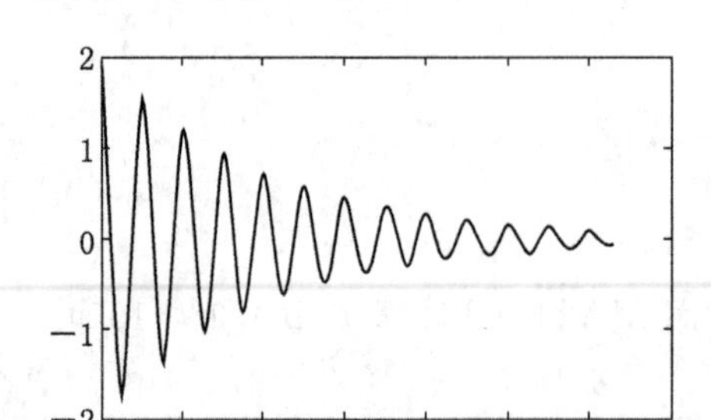

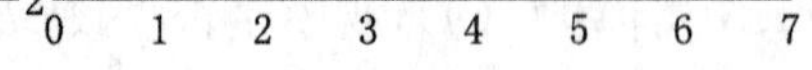

图 2-1

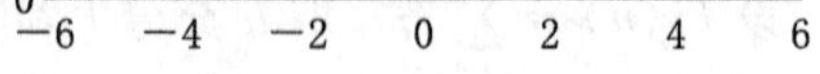

图 2-2

[例 2]　绘制曲线 $\begin{cases} x=t\sin 3t, \\ y=t\sin^2 t \end{cases}$　$(0 \leqslant t \leqslant 2\pi)$.

解　程序如下：

```
t = 0:0.1:2 * pi;
x = t. * sin(3 * t);
y = t. * sin(t). * sin(t);
plot(x,y)
```

绘制出的图形如图 2-2 所示.

[例 3] 采用图形保持法(用 hold on 命令可在同一坐标系内保持原图不变的基础上再绘制新图),在同一坐标系内绘制曲线 $y_1=0.2e^{-0.5x}\cos(4\pi x)$ 和 $y_1=0.2e^{-0.5x}\sin(\pi x)$.

解 程序如下:

```
x = 0:pi/100:2 * pi;
y1 = 0.2 * exp( - 0.5 * x). * cos(4 * pi * x);
plot(x,y1)
hold on
y2 = 2 * exp( - 0.5 * x). * sin(pi * x);
plot(x,y2)
xlabel(' Variable X');  % 加 X 轴说明
ylabel (' Variable Y');  % 加 Y 轴说明
legend(' y1 ',' y2 ')   % 加图例
```

绘制出的图形如图 2-3 所示.

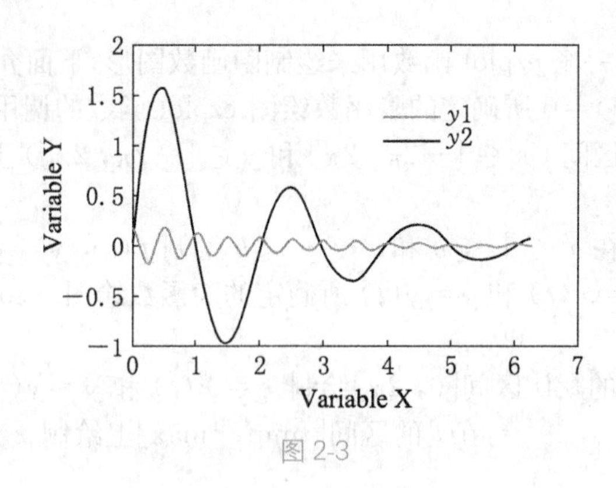

图 2-3

任务 2.2 绘制极坐标图

polar 函数用来绘制极坐标图,其调用格式为:

Polar(theta,rho,选项)

其中 theta 为极坐标极角,rho 为极坐标矢径,选项的内容与 plot 函数相似.

[例 4] 绘制 $r=0.5\sin 2t$ 的极坐标图,并标记数据点.

解 程序如下:

```
t = 0:pi/50:2 * pi;
r = 0.5 * sin(2 * t);
polar(t,r,' - * ')
```

数学实验

实操演练 5

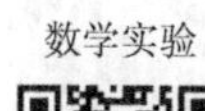

绘制出的图形如图 2-4 所示.

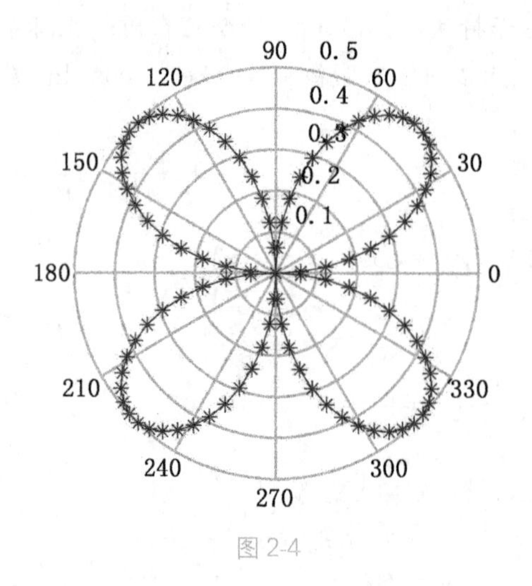

图 2-4

任务 2.3 绘制隐函数图

MATLAB 提供了一个 ezplot 函数用来绘制隐函数图形，下面介绍其用法.

1. 由方程 $f(x, y)=0$ 所确定的隐函数绘图.ezplot 函数的调用格式及说明如下.

ezplot(f)：在默认区间 ($x\in[-2\pi, 2\pi]$ 和 $y\in[-2\pi, 2\pi]$) 上绘制 $f(x, y)=0$ 的图形.

ezplot(f,[a,b])：在 $a\leqslant x\leqslant b$ 和 $a\leqslant y\leqslant b$ 绘制 $f(x, y)=0$ 的图形.

2. 由参数方程 $x=x(t)$ 和 $y=y(t)$ 所确定的隐函数绘图. ezplot 函数的调用格式及说明如下.

ezplot(x,y)：在 t 的默认区间$[0, 2\pi]$绘制 $x=x(t)$ 和 $y=y(t)$ 的图形.

ezplot(x,y,[tmin,tmax])：在 t 的区间[tmin, tmax]上绘制 $x=x(t)$ 和 $y=y(t)$ 的图形.

［例 5］ 绘制由下列方程所确的隐函数图形.

(1) $x^3+y^3-5xy+0.2=0$；　(2) $x=3(t-\sin t)$, $y=3(1-\cos t)$, $0\leqslant t\leqslant 6\pi$.

解 (1) 程序如下：

```
ezplot('x^3+y^3-5*x*y+0.2')
```

绘制出的图形如图 2-5 所示.

(2) 程序如下：

```
ezplot('3*(t-sin(t))','3*(1-cos(t))',[0,6*pi])
```

绘制出的图形如图 2-6 所示.

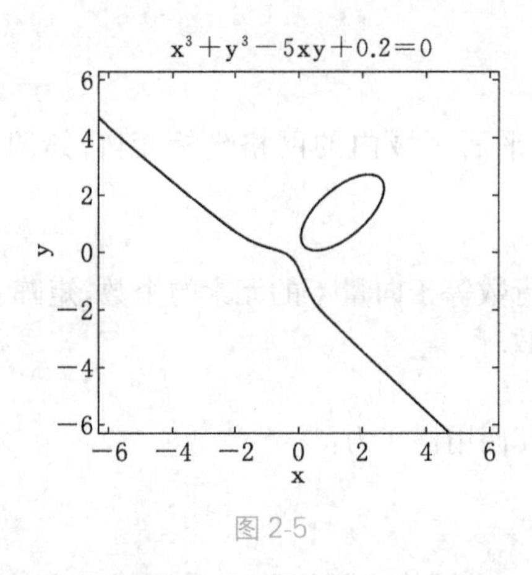

图 2-5

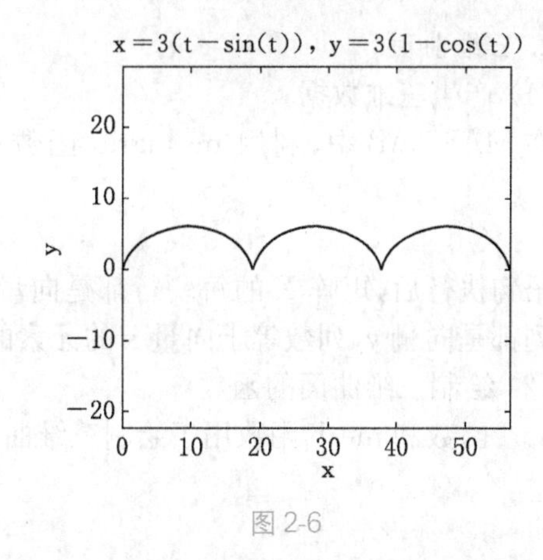

图 2-6

任务 2.4　绘制三维图

1. 三维曲线

plot3 函数与 plot 函数用法十分相似，其调用格式为：

plot3(x1,y1,z1,选项 1,x2,y2,z2,选项 2,…,xn,yn,zn,选项 n)

其中每一组 x，y，z 组成一组曲线的坐标参数，选项的定义和 plot 函数相同.当 x，y，z 是同维向量时，则 x，y，z 对应元素构成一条三维曲线.当 x，y，z 是同维矩阵时，则以 x，y，z 对应列元素绘制三维曲线，曲线条数等于矩阵列数.

［例 6］　绘制 $x=\sin t$，$y=\cos t$，$z=t\sin t\cos t$，$0\leqslant t\leqslant 20\pi$ 的三维曲线.

解　程序如下：

```
t = 0:pi/100:20 * pi;
x = sin(t);y = cos(t);z  = t. * sin(t). *  cos(t);
plot3(x,y,z); title('Line in 3 - D Space'); xlabel('x') ;ylabel('y');
zlabel('z');grid on;
```

数学实验

实操演练 6

绘制出的图形如图 2-7 所示.

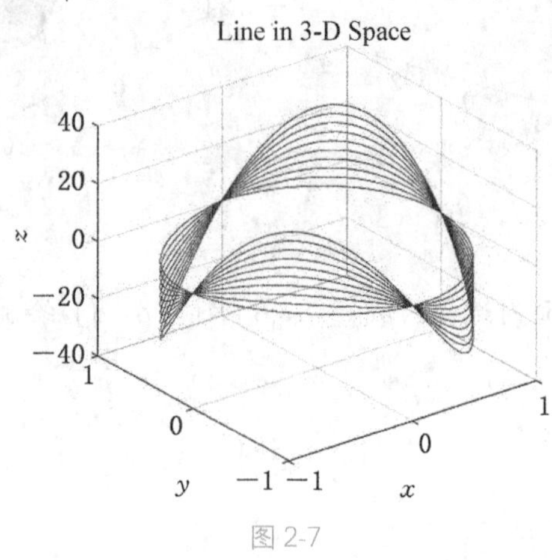

图 2-7

2. 三维曲面

(1) 产生三维数据

在 MATLAB 中，利用 meshgrid 函数产生平面区域内的网格坐标矩阵.其调用格式为：

x=a:dl:b; y=c:d2:d; [X,Y]=meshgrid(x,y);

语句执行后，矩阵 X 的每一行都是向量 x，行数等于向量 y 的元素的个数，矩阵 Y 的每一列都是向量 y，列数等于向量 x 的元素的个数.

(2) 绘制三维曲面的函数

surf 函数和 mesh 函数用于绘制三维曲面，其调用格式为：

surf(x,y,z,c)

mesh(x,y,z,c)

一般情况下，x, y, z 是维数相同的矩阵，x, y 是网格坐标矩阵，z 是网格点上的高度矩阵，c 用于指定在不同高度下的颜色范围.

[例 7] 绘制三维圆锥 $z=x^2+y^2$ 曲面图.

解 程序如下：

数学实验

实操演练 7

```
[x,y] = meshgrid( - 4:0.25:4);
z = x.^2 + y.^2;
surf(x,y,z)
axis([ - 4 4  - 4 4 0 5])
```

绘制出的图形如图 2-8 所示.

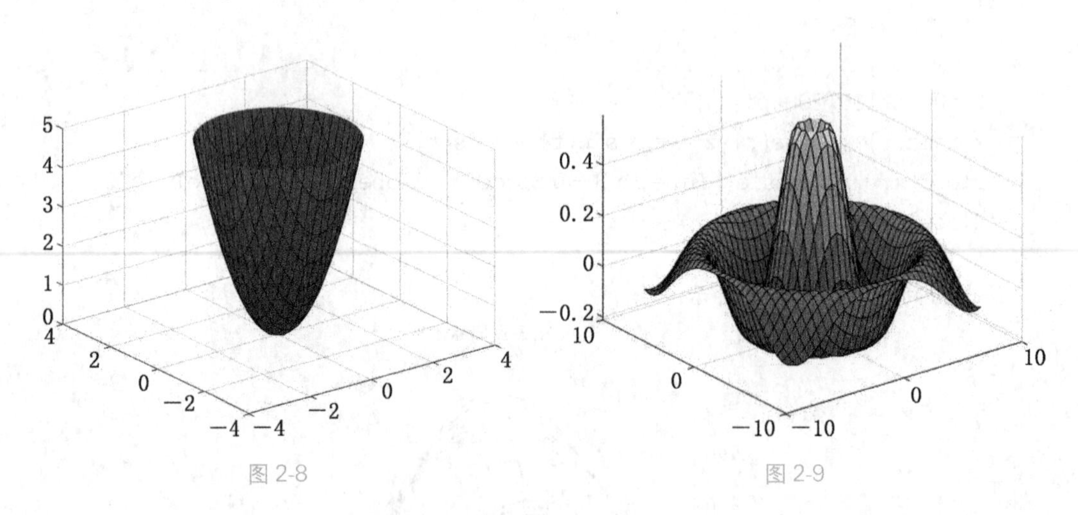

图 2-8　　图 2-9

[例 8] 在 xy 平面内选择区域$[-8,8]\times[-8,8]$，绘制 $z=\dfrac{\sin\sqrt{x^2+y^2}}{\sqrt{x^2+y^2+1}}$ 的曲面图形.

解 程序如下：

```
[x,y] = meshgrid( - 8:0.5:8);
z = sin(sqrt(x.^2 + y.^2))./sqrt(x.^2 + y.^2 + 0.001);
mesh(x,y,z)
```

绘制出的图形如图 2-9 所示.

实验任务

1. 绘制 $y=\sqrt{x}$，$y=x^2$，$y=x^3$，$y=\frac{1}{x}$，$y=\frac{1}{x^2}$，$y=\frac{1}{\sqrt{x}}$ 的图形.由此总结幂函数的性质.

2. 通过作图(在很小的区间上)，比较函数 $f(x)=x$，$g(x)=x+x^3$，$h(x)=x^3$ 在 $x\to 0$ 时的性态，同样把 x 的范围取得比较大，观察这三个函数在 $x\to\infty$ 时的性态.

3. 通过作图，比较 $y=x^{10}$ 与 $y=1.1^x$ 在 $x\to\infty$ 时的大小；比较 $y=x^{0.001}$ 与 $y=1\,000\lg x$ 在 $x\to\infty$ 时的大小，由此能得出什么结论.

4. 绘制由方程 $y^2(4-x)=x^3$ 所确定隐函数 $y=f(x)$ 的图形.

5. 绘制由参数方程 $x=t\sin 3t$，$y=t\sin^2 t$ 所确定的隐函数 $y=f(x)$ 的图形.

6. 绘制函数 $z=\sin(xy)$ 及 $z=\sin x\sin y$ 的图形.

7. 绘制椭圆抛物面 $x=3u\sin v$，$y=2u\cos v$，$z=4u^2$ 的曲面图形.

项目三　MATLAB 符号计算

通过实验,掌握 MATLAB 的符号功能和进行各种微积分的计算.

MATLAB 的符号功能介绍

MATLAB 除了进行数值计算外,还有符号运算功能,它也可以定义符号变量.

1. 用函数 sym()可以定义单个符号变量.

如:z=' x^2+sin(y)',或 z=sym(' x ') ^ 2+sin(sym(' y ')),执行得 z=x^2+sin(y).

2. 用 syms 可以定义多个符号,如

```
syms a b c k t x y
f = a * (2 * x - t)^3 + b * sin(4 * y)
```

执行上面语句后得 f=a * (2 * x—t)^3+b * sin(4 * y).

任务 3.1　求极限

求极限 limit 函数有三种形式,见表 3-1.

表 3-1

limit(f)	当符号变量 x(或最接近字母 x)→0 时函数 f 的极限
limit(f,t,a)	当符号变量 t→a 时函数 f 的极限
limit(f,t,a, ' left ');limit(f,t,a, ' right ')	指左右极限

[例 1]　用 MATLAB 求下列极限.

(1) $\lim\limits_{x\to 0}\dfrac{x-2}{x^2-4}$;　(2) $\lim\limits_{x\to 2}\dfrac{x-2}{x^2-4}$;　(3) $\lim\limits_{x\to\infty}\left(1+\dfrac{2t}{x}\right)^{3x}$;　(4) $\lim\limits_{x\to+\infty}\left(1+\dfrac{a}{x}\right)^{x}$;

(5) $\lim\limits_{h\to 0}\dfrac{\sin(x+h)-\sin x}{h}$;　(6) $\lim\limits_{x\to+\infty}\mathrm{e}^{-x}$;　(7) $\lim\limits_{x\to-1}\dfrac{1}{x+1}$;　(8) $\lim\limits_{x\to 0}\dfrac{\sin x}{x}$.

解　上述极限可用以下程序来实现

```
syms x a t h
limit((x-2)/(x^2-4),0)
limit((x-2)/(x^2-4),2)
```

```
limit((1+2*t/x)^(3*x),x,inf)
limit((sin(x+h)-sin(x))/h,h,0)
v=[(1+a/x)^x,exp(-x)];limit(v,x,inf,'left')
limit(1/(x+1),x,-1)
limit(sin(x)/x,0)
```

上述程序运行后，分别得

(1) ans =1/2; (2) ans =1/4; (3) ans =exp(6 * t); (5) ans =cos(x); (4)(6) ans =[exp(a),0]; (7) ans =NaN; (8) ans =1.

任务 3.2 求导数

求导 diff 函数有三种形式，见表 3-2.

表 3-2

diff(f)	函数 f 对符号变量 x 或(字母表上)最接近字母 x 的符号变量求(偏)导数
diff(f,'t')	函数 f 对符号变量 t 求导数
diff(f,2)	求二阶导数

[例 2] 用 MATLAB 求下列函数导数

(1) $y=\sin(\ln x)$； (2) $y=\ln(1+x^2)$； (3) $y=x^2\cos x$； (4) $y=\sqrt{1+x}$ (求二阶导).

解 上述函数可按如下程序求导：

(1)
```
y=sin(log(sym(x)));diff(y)
```

执行结果：ans =cos(log(x))/x;

(2)
```
y=log(sym(1+x^2));diff(y)
```

执行结果：ans =(2 * x)/(x^2 + 1);

(3)
```
y=sym(x^2*cos(x));diff(y)
```

执行结果：ans =2 * x * cos(x) − x^2 * sin(x);

(4)
```
y=sym(sqrt(1+x));diff(diff(y))
```

执行结果：ans =−1/(4 * (x + 1)^(3/2)).

任务 3.3 求积分

求积分 int 函数有四种形式，见表 3-3.

表 3-3

int(f)	函数 f 对符号变量 x 或最接近字母 x 的符号变量求不定积分
int(f,'t')	函数 f 对符号变量 t 求不定积分
int(f,a,b)	函数 f 对符号变量 x 或最接近字母 x 的符号变量求从 a 到 b 的定积分
int(f,'t',a,b)	函数 f 对符号变量 t 求从 a 到 b 的定积分

[例 3] 用 MATLAB 计算(1) $\int x^2\cos x\mathrm{d}x$；(2) $\int\sin 3x\mathrm{d}x$；(3) $\int_0^1\sqrt{1+x^2}\mathrm{d}x$；(4) $\int_0^{\frac{\pi}{2}}\mathrm{e}^{2x}\cos x\mathrm{d}x$.

解 上述积分可按如下程序计算.

(1)
```
f = sym(x^2 * cos(x)); g = int(f)
```
执行结果:g=sin(x) * (x^2 − 2) + 2 * x * cos(x);

(2)
```
f = sym(sin(3 * x)); g = int(f)
```
执行结果:g=−cos(3 * x)/3;

(3)
```
f = sym(sqrt(1 + x^2)); g = int(f,0,1)
```
执行结果:g=log(2^(1/2)+1)/2+2^(1/2)/2;

(4)
```
f = sym(exp(2 * x) * cos(x));g = int(f,0,1/2 * pi)
```
执行结果:g=exp(pi)/5−2/5.

任务 3.4 级数求和

级数求和函数 symsum,其格式为 symsum(s,t,a,b),其中 s 为符号表达式,t 为变量,a、b 为级数求和的区间(t 缺省时,设定为 x 或最接近 x 的字母).

[例 4] 用 MATLAB 求级数的和:

(1) $\sum\limits_{k=1}^{\infty}\frac{5}{k^4}$; (2) $\sum\limits_{k=0}^{n}k^2$; (3) $\sum\limits_{k=1}^{\infty}\frac{1}{k^2+k}$; (4) $\sum\limits_{k=0}^{n}k^4$.

解 计算程序如下:

首先定义变量:syms k n;

(1)
```
symsum(5/k^4, k, 1, Inf)
```
执行结果:ans=pi^4/18;

(2)
```
symsum(k^2, k, 0, n)
```
执行结果:ans=(n * (2 * n+1) * (n+1))/6;

(3)
```
symsum(1/(k^2 + k), k, 1, inf)
```
执行结果:ans=1;

(4)
```
symsum(k^4, k, 0, n)d
```
执行结果:ans =(n * (2 * n+1) * (n+1) * (3 * n^2+3 * n−1))/30.

任务 3.5　泰勒多项式

泰勒多项式展开函数 taylor，其格式为 taylor(f,n,a)，表示函数 f 对符号变量 x(或最接近字母 x 的符号变量)在 a 点的 n−1 阶泰勒多项式(n 缺省时设定为 6，a 缺省时设定为 0).

[例 5]　用 MATLAB 求下列函数的 Taylor 展开式：

(1) 函数 $y=\arctan x$ 在 0 点的 7 阶 Taylor 展开式；(2) 函数 $y=e^{-x}$ 在 2 处的 4 阶 Taylor 展开式.

解　用 MATLAB 程序计算步骤如下.

首先定义变量：syms x;

(1)
```
y = taylor(atan(x),x,0,'Order',7)
```

执行结果：y=x^5/5 − x^3/3 + x.

(2)
```
y = taylor(exp(-x),x,2,'Order',4)
```

执行结果：y=exp(−2) − exp(−2) * (x − 2) + (exp(−2) * (x − 2)^2)/2 − (exp(−2) * (x − 2)^3)/6.

实验任务

1. 用 MATLAB 求极限：

(1) $\lim\limits_{x\to\infty}\left(\dfrac{2x+3}{2x+1}\right)^{x+1}$；　(2) $\lim\limits_{x\to\infty}\dfrac{\tan x-\sin x}{x^3}$；　(3) $\lim\limits_{x\to\infty}\left(1+\dfrac{1}{n}+\dfrac{1}{n^2}\right)^n$.

2. 用 MATLAB 求导数：

(1) $y=\sin x-2\lg x+3\log_2 x$，求 y'；　(2) $y=\dfrac{1+\sin x}{1+\cos x}$，求 y'；

(3) $y=\sqrt{x+\sqrt{x+\sqrt{x}}}$，求 y''；　(4) $y=x^2\sin 2x$，求 $y^{(50)}$.

3. 用 MATLAB 求函数 $y=\ln(\cos x^2+\sin x)$ 在 0 点的 7 阶 Taylor 展开式.

4. 用 MATLAB 计算 $\sum\limits_{k=1}^{\infty}\dfrac{1}{(2k-1)(2k+1)}$.

5. 用 MATLAB 计算下列积分：

(1) $\int\dfrac{x^3}{\sqrt{1+x^2}}\mathrm{d}x$；　(2) $\int_1^{\sqrt{3}}\dfrac{1}{x^2\sqrt{1+x^2}}\mathrm{d}x$；　(3) $\int_0^{\pi}(x\sin x)^2\mathrm{d}x$；　(4) $\int_1^{\infty}\dfrac{1}{x^4}\mathrm{d}x$.

项目四　MATLAB 数值分析

实验目的

利用 MATLAB 进行数值积分和数值微分.通过实验,体验积分和微分在实际中的应用.

任务 4.1　数值法求定积分

定积分是微积分学中的基本计算,但有些定积分是很难求解的.而在许多实际应用中只需求近似值即可,因此求定积分的数值解在实际应用中就显得特别重要.求解定积分的数值方法有多种,如简单的梯形法、辛普生(Simp-son)法、牛顿—柯特斯(Newton-Cotes)法等.

1. 变步长辛普生法

基于变步长辛普生法,MATLAB 给出了 euad 函数来求定积分.该函数的调用格式为:

[I,n]=quad(fname,a,b,tol,trace)

其中 fname 是被积函数名;a 和 b 分别是定积分的下限和上限;tol 用来控制积分精度,缺省时取 tol=0.001; trace 控制是否展现积分过程,若取非 0 则展现积分过程,取 0 则不展现,缺省时取 trace=0;返回参数 I 即定积分值;n 为被积函数的调用次数.

[例 1]　用 MATLAB 求定积分 $\int_0^{3\pi} e^{-0.5x}\cos\left(x+\frac{\pi}{6}\right)dx$.

(1) 建立被积函数文件 fxpsin.m 如下.

数学实验

实操演练 8

```
function f = fxpsin(x)
f = exp( - 0.5 * x). * cos(x + pi/6);
```

(2) 调用数值积分函数 quad 求定积分.

执行[s,n]=quad(' fxpsin ',0,3 * pi)后得:s =−0.0541,n =69.

另一方法:(1) 建立内联函数 fx=inline(' exp(−0.5 * x). * cos(x+pi/6)');

(3) 执行[I,n]=quad(fx,0,3 * pi)后得:I = −0.0541,n = 69.

2. 被积函数由一个表格定义

在 MATLAB 中,对由表格形式定义的函数关系的求定积分问题用 trapz(x, y)函数.

[例 2]　用 MATLAB 求定积分 $\int_0^{\pi} \frac{x\sin x}{1+\cos^2 x}$.

解　程序如下:

```
x = 0:pi/100:pi;
y = x. * sin(x)./(1 + cos(x). * cos(x));
```

执行 I=trapz(x, y)得:I =2.4673.

任务 4.2　数值法求二重积分

使用 MATLAB 提供的 dblquad 函数就可以直接求出二重定积分的数值解.该函数的调用格式为

I=dblquad(f,a,b,c,d,tol,trace)

该函数求 f(x, y)在[a, b]×[c, d]区域上的二重定积分.参数 tol、trace 的用法与函数 quad 完全相同.

[例 3]　用 MATLAB 计算二重定积分 $\iint\limits_D e^{-x^2}\sin(x^2+y)\mathrm{d}x\mathrm{d}y$，其中 $D=[-2, 2]\times[-1, 1]$.

解　(1) 建立一个函数文件 fer.m 如下.

```
function f = fer(x,y)
global ki;
ki = ki + 1;        %ki 用于统计被积函数的调用次数
f = exp( - x.^2). * sin(x.^2 + y);
```

(2) 调用 dblquad 函数求解.

```
global ki;ki = 0;
```

执行 I=dblquad(' fer ',−2,2,−1,1)后得:I =0.9702;输出 ki =626.

任务 4.3　数值法求微分

在 MATLAB 中,没有直接提供求数值导数的函数,只有计算向前差分的函数 diff,其调用格式及说明如下.

DX=diff(X):计算向量 x 的向前差分,即 DX(i)=X(i+1)−X(i),i=12,…,n−1.

DX=diff(X,n):计算 X 的 n 阶向前差分.例如,diff(X,2)=diff(diff(X)).

DX=diff(A,a,n,dim):计算矩阵 A 的 n 阶差分,dim=1 时(缺省状态),按列计算差分;dim=2,按行计算差分.

[例 4]　用 MATLAB 对向量 X=[1,3,2,7,6,8,9,12]进行 1 阶差分运算.

解　执行命令 diff(X)得:ans = 2, −1, 5, −1, 2, 1, 3.

2 阶差分 diff(X,2)=diff(diff(X))= −3, 6, −6, 3, −1, 2.

[例 5]　用 MATLAB 通过不同的方法求函数 $f(x)=\sqrt{x^3+2x^2-x+12}$ 的数值导数,并在同一坐标系中作出导数 $f'(x)$的图形.

解　程序如下:

数学实验

实操演练 9

```
x = -3:0.01:3;
f = inline('sqrt(x.^3 + 2 * x.^2 - x + 12)');                    % 内联函数
g = inline('(3 * x.^2 + 4 * x - 1)./sqrt(x.^3 + 2 * x.^2 - x + 12)/2'); % 内联函数
p = polyfit(x,f(x),5);
dp = polyder(p);
dpx = polyval(dp,x);
dx = diff(f([x,3.01]))/0.01;     % 导数为一阶差分 diff/h(h 为步长)
gx = g(x);
plot(x,dpx,x,dx,'.',x,gx,'-'); % 作图
```

绘制出的图形如图 4-1 所示.

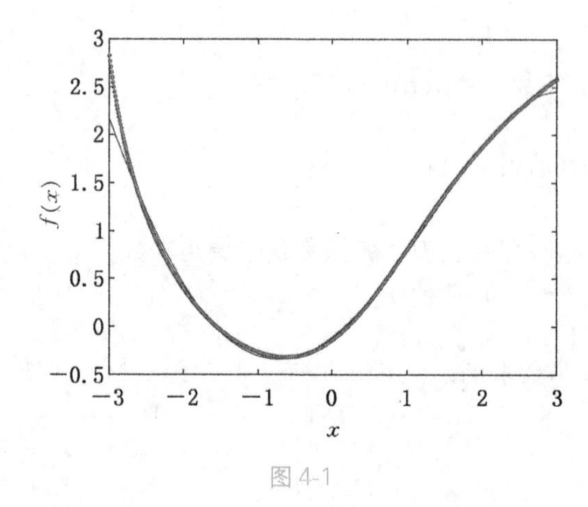

图 4-1

实验任务

1. 分别用 quad 函数和 trapz 函数求定积分 $\int_{1}^{2.5} x\mathrm{e}^{-x}\,\mathrm{d}x$ 的近似值.

2. 用 MATLAB 生成以向量 V=[1,2,3,4,5,6]为基础的范德蒙矩阵,按列进行差分运算.

3. 设 D 是正方形 $0\leqslant x\leqslant 1$, $0\leqslant y\leqslant 1$, 用 MATLAB 求 $\iint\limits_{D} xy\,\mathrm{d}x\,\mathrm{d}y$.

4. 仿例 5 用不同的求函数 $f(x)=\sqrt[6]{x+5}+5x+2$ 的数值导数,并在同一坐标系中作出导数 $f'(x)$的图形.

项目五　常微分方程的 MATLAB 数值解

实验目的

通过本实验,学会利用 MATLAB 求常微分方程的符号解和数值解.

任务 5.1　常微分方程的符号解

1. 微分方程的通解

对一些简单的微分方程可以通过初等积分法求出公式解,MATLAB 求微分方程通解的一般命令是 dsolve('微分方程')或 dsolve('微分方程',' x').

说明:

① t 是默认的独立变量.

② 规定:当 y 是应变量时,用 Dny 表法"y 的 n 阶导数".比如:Dy 表示形如 $\frac{dy}{dx}$ 或 $\frac{dy}{dt}$ 的 y 的一阶导数,Dny 表示形如 $\frac{d^n y}{dx^n}$ 或 $\frac{d^n y}{dt^n}$ 的 y 的 n 阶导数.

[例1]　用 MATLAB 求微分方程 $2y''+y'-y=2e^{-x}$ 的通解.

解　程序如下:

```
y = dsolve(' 2 * D2y + Dy - y = 2 * exp( - t)')
```

数学实验

实操演练 10

执行结果:

```
y = C7 * exp( - t) - (4 * exp(t/2) * exp( - (3 * t)/2))/9 - (2 * t * exp( - t))/3
+ C8 * exp(t/2).
```

2. 微分方程的特解

MATLAB 求微分方程的特解的一般命令是 dsolve('微分方程','定解条件')或 dsolve('微分方程','定解条件',' x').

[例2]　用 MATLAB 求微分方程 $y^{(3)}=y$ 的通解和满足初始条件 $y(0)=y'(0)=2$, 和 $y''(0)=1$ 的特解.

解　求通解:y=dsolve(' D3y=y ').

执行结果:y =C3 * exp(t) + C2 * exp(−t/2) * cos((3^(1/2) * t)/2) − C1 * exp(−t/2) * sin((3^(1/2) * t)/2).

求特解:y=dsolve(' D3y=y ',' y(0)=2,Dy(0)=2,D2y(0)=1 ',' t ').

执行结果:y =(5 * exp(t))/3 + (exp(−t/2) * cos((3^(1/2) * t)/2))/3

+ (3^(1/2) * exp(-t/2) * sin((3^(1/2) * t)/2))/3.

3. 解微分方程组

通过以下例题说明如何利用MATLAB求微分方程组的通解和特解.

[例3] 用MATLAB求微分方程组$\begin{cases}\dfrac{dx}{dt}+\dfrac{dy}{dt}=-x+y+3,\\ \dfrac{dx}{dt}-\dfrac{dy}{dt}=x+y-3\end{cases}$的通解.

解 程序如下:

```
[x,y] = dsolve('Dx + Dy = - x + y + 3,Dx - Dy = x + y - 3')
x = cos(t) * (C2 + 3 * cos(t)) + sin(t) * (C1 + 3 * sin(t))
y = cos(t) * (C1 + 3 * sin(t)) - sin(t) * (C2 + 3 * cos(t))
```

任务5.2 常微分方程的数值解

微分方程是研究函数变化规律的有力工具,在生产实践中,我们可以根据实际情况列出函数所满足的微分方程,并通过求解方程来说明实际现象和事物变化规律.但有许多微分方程难以求出它的精确解即解析解.于是,微分方程的数值解法就显得非常重要.其中龙格-库塔方法是一种行之有效的求解方法.

1. 基于MATLAB的龙格-库塔法

在MATLAB中,求微分方程数值解的一般命令是:[t, x]= solver(' f ', ts, x0, options),其中t是自变量值;x是函数值;solver是ode45,ode23,ode113,odel5s,ode23s中的一个命令(ode23:是2/3阶龙格-库塔-芬尔格算法;ode45:是运用4/5阶龙格-库塔-芬尔格算法);f是由待解方程写成的M文件名;ts=[t0,tf]为自变量的初值和终值;x0为函数的初值; options用于设定误差限(缺省时设定相对误差为10^{-3},绝对误差为10^{-6}),命令为options=odeset(' reltol ',rt,' abstol ',at),其中rt, at分别为设定的相对误差和绝对误差.

【注意】1. 在解n个未知函数的方程组时,x0和x均为n维向量,M文件中的待解方程组应以x的分量形式写成.

2. 使用MATLAB软件求数值解时,高阶微分方程必须等价地变换成一阶微分方程组.

[例4] 用MATLAB求微分方程组$\begin{cases}y'=3xy+6z,\\ z'=x^2+yz,\\ y(0)=1,\ z(0)=0\end{cases}$的数值解.

数学实验

实操演练11

解 用MATLAB编程如下:

① 先建立函数文件f21.m.

```
function dx = f21(t,x)
dx = [3 * t * x(1) + 6 * x(2);t^2 + x(1) * (2)];
```

② 调用 ode45 函数求解.

```
ts = 0:0.1:1.5;x0 = [1,0];
[t,x] = ode45('f21',ts, x0);
plot(t,x(:,1),'r-',t,x(:,2),'b-');grid;gtext('x1(t)'); gtext('x2(t)');
title('Solution of Examplel'); xlabel('time t'); ylabel('solution x');
legend('x1','x2');
```

绘制出的图形如图 5-1 所示.

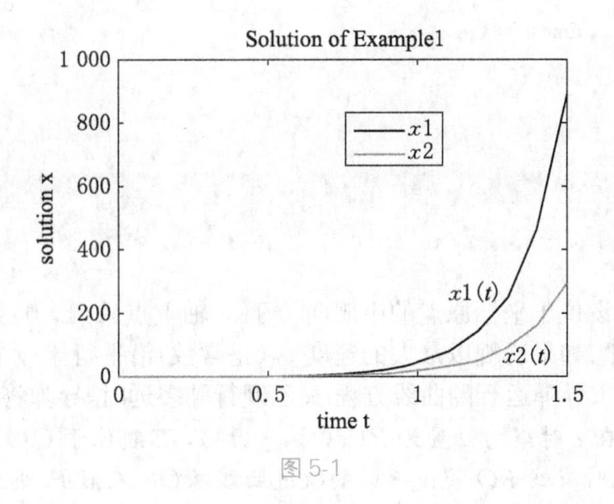

图 5-1

[例 5]　求微分方程 $\begin{cases} y''=\cos(y), \\ y(0)=1,\ y'(0)=3 \end{cases}$ 的数值解.

解　原方程等价于 $\begin{cases} x'_1=x_2, \\ x'_2=\cos(x_1), \\ x_1(0)=1,\ x_2(0)=3. \end{cases}$

① 先建立函数文件 f22.m

```
function dx = f22(t,x)
dx = [3 * t * x(1) + 6 * x(2);t^2 + x(1) * (2)];
```

② 调用 ode45 函数求解.

```
ts = 0:0.1:4;x0 = [1,3];[t,x] = ode45('f22',ts,x0);
plot(t,x(:,1),'r-',t,x(:,2),'b-.');grid;gtext('xl(t)');gtext('x2(t)');
xlabel('time t');ylabel('solution x');title('Solution of Example2');
legend('x1','x2');pause,
plot(x(:,1),x(:,2));grid; xlabel('xl');ylabel('x2');title('phase graph
of Example2')
```

绘制出的图形如图 5-2、图 5-3 所示.

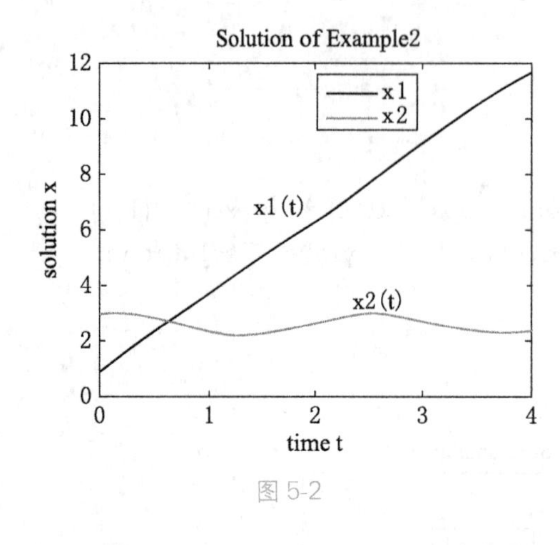

图 5-2

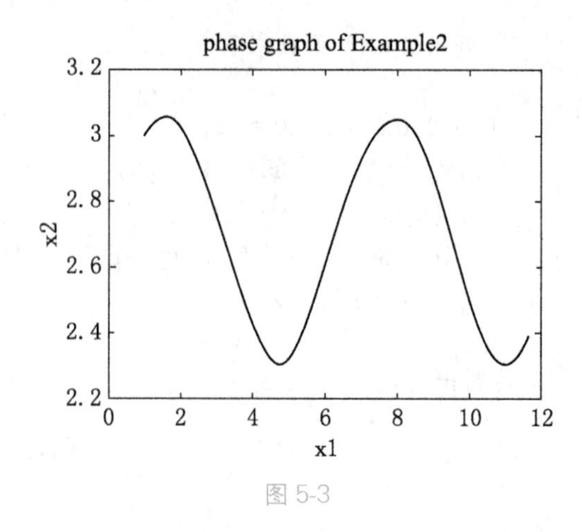

图 5-3

任务 5.3 应用举例

如图 5-4 所示，设位于坐标原点的甲舰向位于 x 轴上点 $A(1, 0)$ 处的乙舰发射导弹，导弹头始终对准乙舰.如果乙舰以最大的速度 v_0(是常数)沿平行于 y 轴的直线行驶，导弹的速度大小是 $5v_0$，求导弹运行的曲线方程.又乙舰行驶多远时，导弹将它击中?

解 假设导弹在 t 时刻的位置为 $P(x(t), y(t))$，乙舰位于 $Q(1, v_0t)$. 由于导弹头始终对准乙舰，故此时直线 PQ 就是导弹的轨迹曲线弧 OP 在点 P 处的切线，即有

$$y'=\frac{v_0t-y}{1-x}. \tag{1}$$

又根据题意，弧 OP 的长度为 $|AQ|$ 的 5 倍，即

$$\int_0^x \sqrt{1+y'^2}\,\mathrm{d}x=5v_0t. \tag{2}$$

由式(1)和式(2)得

$$(1-x)y''=\frac{1}{5}\sqrt{1+y'^2}. \tag{3}$$

方程式(3)可用数值法求解，具体如下.

① 建立 M 文件 f23.m.

数学实验

实操演练 12

```
function dy = f23(x,y)
dy= zeros(2,1)
dy(1) = y(2)
dy(2) = 1/5 * sqrt(1 + y(1)^2)/(1 - x);
```

② 取 x0=0，xf=0.9999，调用函数 ode15s 求方程的数值解.

```
x0 = 0,xf = 0.9999
[x,y] = ode15s('f23',[x0 xf],[0,0]);
plot(x,y(:,1),'b.')
hold on
y = 0:0.01:2;
plot(1,y,'b*')
xlabel('x')
ylabel('y')
```

绘制出的图形如图 5-5 所示.

结论:导弹大致在(1, 0.2)处击中乙舰.

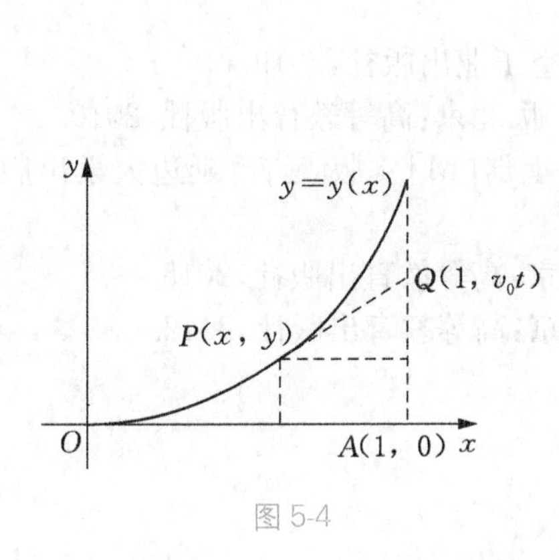

图 5-4

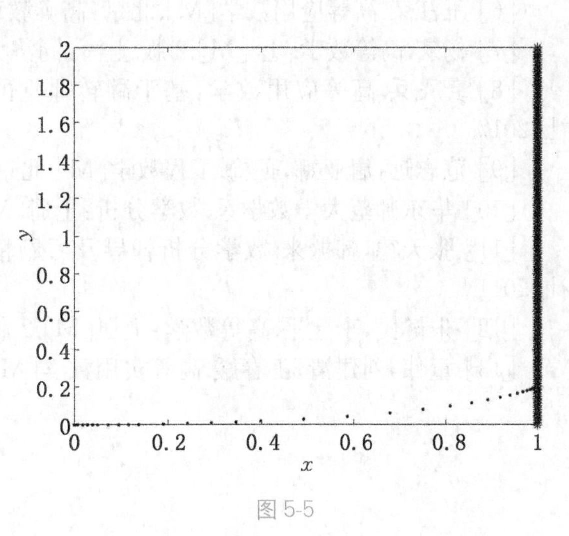

图 5-5

实验任务

1. 求下列微分方程的解:

(1) $xy'+y=x^2+3x+2$;　　(2) $y''-2y'+5y=\mathrm{e}^x\sin 2x$;

(3) $x^2y''-xy'+4y=x\sin(\ln x)$;　　(4) $(y^2-6x)y'+2y=0$.

2. 求下列微分方程的特解:

(1) $\dfrac{\mathrm{d}y}{\mathrm{d}x}+\dfrac{2-3x^2}{x^3}y=1$, $y(1)=0$;

(2) $\begin{cases}\dfrac{\mathrm{d}x}{\mathrm{d}t}+3x-y=0,\ x(0)=1,\\ \dfrac{\mathrm{d}y}{\mathrm{d}t}-8x+y=0,\ y(0)=4.\end{cases}$

3. 用基于 MATLAB 的龙格-库塔法求下列微分方程的数值解,画出解的图形,对结果进行分析比较.

(1) $y'=\dfrac{3y}{1+x}$, $0\leqslant x\leqslant 1$, $y(0)=1$, 精确解 $y=(1+x)^3$;

(2) $y'=y+2x$, $0\leqslant x\leqslant 1$, $y(0)=1$, 精确解 $y=3\mathrm{e}^x-2x-2$.

参 考 文 献

[1] 同济大学应用数学系.高等数学[M].6 版.北京:高等教育出版社,2007.
[2] 陈纪修,於崇华,金路.数学分析[M].2 版.北京:高等教育出版社,2004.
[3] 吕陇.高等数学[M].北京:清华大学出版社,2017.
[4] 高职高专规划新教材编审委员会.高等数学[M].长春:吉林大学出版社,2010.
[5] 吕保献.五年制高职数学:第三册[M].北京:北京大学出版社,2020.
[6] 王江荣.高等应用数学[M].北京:高等教育出版社,2016.
[7] 杨宏.高等数学:上 [M].2 版.上海:同济大学出版社,2013.
[8] 龚飞兵.高等应用数学:基于翻转课堂的项目化设计[M].苏州:苏州大学出版社,2017.
[9] 范志远,唐亚娜,孙梅.工程数学[M].北京:航空工业出版社,2019.
[10] 华东师范大学数学系.数学分析:上册[M].4 版.北京:高等教育出版社,2010.
[11] 张天德,韩振来.数学分析辅导及习题精解:上册[M].4 版.延吉:延边大学出版社,2011.
[12] 朱健民,李建平.高等数学:上册[M].2 版.北京:高等教育出版社,2015.
[13] 童伟,刘建清,王春媛.高等实用数学[M].北京:高等教育出版社,2012.